# DICTIONNAIRE

## DES

## SCIENCES NATURELLES.

## TOME XXXIX.

---

## PERROQ — PHOQ.

---

# DICTIONNAIRE

## DES

## SCIENCES NATURELLES,

DANS LEQUEL

ON TRAITE MÉTHODIQUEMENT DES DIFFÉRENS ÊTRES DE LA NATURE, CONSIDÉRÉS SOIT EN EUX-MÊMES, D'APRÈS L'ÉTAT ACTUEL DE NOS CONNOISSANCES, SOIT RELATIVEMENT A L'UTILITÉ QU'EN PEUVENT RETIRER LA MÉDECINE, L'AGRICULTURE, LE COMMERCE ET LES ARTS.

## SUIVI D'UNE BIOGRAPHIE DES PLUS CÉLÈBRES NATURALISTES.

Ouvrage destiné aux médecins, aux agriculteurs, aux commerçans, aux artistes, aux manufacturiers, et à tous ceux qui ont intérêt à connoître les productions de la nature, leurs caractères génériques et spécifiques, leur lieu natal, leurs propriétés et leurs usages.

### PAR

Plusieurs Professeurs du Jardin du Roi, et des principales Écoles de Paris.

## TOME TRENTE-NEUVIÈME.

F. G. LEVRAULT, Éditeur, à STRASBOURG, et rue de la Harpe, N.º 81, à PARIS.

LE NORMANT, rue de Seine, N.º 8. à PARIS.

1826.

## Liste des Auteurs par ordre de Matières.

### Physique générale.

M. LACROIX, membre de l'Académie des Sciences et professeur au Collège de France. (L.)

### Chimie.

M. CHEVREUL, professeur au Collège royal de Charlemagne. (Cs.)

### Minéralogie et Géologie.

M. BRONGNIART, membre de l'Académie des Sciences, professeur à la Faculté des Sciences. (B.)

M. BROCHANT DE VILLIERS, membre de l'Académie des Sciences. (B. de V.)

M. DEFRANCE, membre de plusieurs Sociétés savantes. (D. F.)

### Botanique.

M. DESFONTAINES, membre de l'Académie des Sciences. (Desf.)

M. DE JUSSIEU, membre de l'Académie des Sciences, prof. au Jardin du Roi. (J.)

M. MIRBEL, membre de l'Académie des Sciences, professeur à la Faculté des Sciences. (B. M.)

M. HENRI CASSINI, membre de la Société philomatique de Paris. (H. Cass.)

M. LEMAN, membre de la Société philomatique de Paris. (Lem.)

M. LOISELEUR DESLONGCHAMPS, Docteur en médecine, membre de plusieurs Sociétés savantes. (L. D.)

M. MASSEY. (Mass.)

M. POIRET, membre de plusieurs Sociétés savantes et littéraires, continuateur de l'Encyclopédie botanique. (Poir.)

M. DE TUSSAC, membre de plusieurs Sociétés savantes, auteur de la Flore des Antilles. (De T.)

### Zoologie générale, Anatomie et Physiologie.

M. G. CUVIER, membre et secrétaire perpétuel de l'Académie des Sciences, prof. au Jardin du Roi, etc. (G. C. ou CV. ou C.)

M. FLOURENS. (F.)

### Mammifères.

M. GEOFFROY SAINT-HILAIRE, membre de l'Académie des Sciences, prof. au Jardin du Roi. (G.)

### Oiseaux.

M. DUMONT DE S.te CROIX, membre de plusieurs Sociétés savantes. (Cs. D.)

### Reptiles et Poissons.

M. DE LACÉPÈDE, membre de l'Académie des Sciences, prof. au Jardin du Roi. (L. L.)

M. DUMÉRIL, membre de l'Académie des Sciences, professeur à l'École de médecine. (C. D.)

M. CLOQUET, Docteur en médecine. (H. C.)

### Insectes.

M. DUMÉRIL, membre de l'Académie des Sciences, professeur à l'École de médecine. (C. D.)

### Crustacés.

M. W. E. LEACH, membre de la Société roy. de Londres, Correspond. du Muséum d'histoire naturelle de France. (W. E. L.)

M. A. G. DESMAREST, membre titulaire de l'Académie royale de médecine, professeur à l'école royale vétérinaire d'Alfort, etc.

### Mollusques, Vers et Zoophytes.

M. DE BLAINVILLE, professeur à la Faculté des Sciences. (De B.)

---

M. TURPIN, naturaliste, est chargé de l'exécution des dessins et de la direction de la gravure.

MM. DE HUMBOLDT et RAMOND donneront quelques articles sur les objets nouveaux qu'ils ont observés dans leurs voyages, ou sur les sujets dont ils se sont plus particulièrement occupés. M. DE CANDOLLE nous a fait la même promesse.

M. PRÉVOST a donné l'article Océan, et M. VALENCIENNES plusieurs articles d'Ornithologie.

M. F. CUVIER est chargé de la direction générale de l'ouvrage, et il coopérera aux articles généraux de zoologie et à l'histoire des mammifères. (F. C.)

# DICTIONNAIRE

## DES

# SCIENCES NATURELLES.

## PER

PERROQUET ; *Psittacus*, Linn. (*Ornith.*) Genre d'oiseaux de l'ordre des grimpeurs, caractérisés principalement par un bec gros, dur, solide, arrondi de toute part, entouré à sa base d'une membrane où sont percées les narines, et par une langue le plus souvent épaisse, charnue et arrondie, quelquefois terminée par un faisceau de fibres cartilagineuses ou formée par un petit gland corné, et placée à l'extrémité d'un support cylindrique et assez mince.

Les oiseaux de ce genre ont aussi éminemment le caractère de l'ordre dans lequel ils sont placés, c'est-à-dire que leurs doigts, constamment au nombre de quatre et robustes, sont opposés deux à deux et armés d'ongles solides et assez crochus, quoique moins cependant que les ongles des oiseaux de proie ; les deux doigts antérieurs sont réunis à leur base par une petite membrane, et les deux postérieurs sont absolument séparés. Leurs tarses, dans la plupart des espèces, sont fort courts, mais dans quelques-unes ils s'alongent à peu près proportionnellement à ceux des passereaux ordinaires ; leur peau est écailleuse, ainsi que celle des doigts. Les ailes sont généralement assez courtes ; la queue est plus ou moins longue et affecte différentes formes, que nous décrirons ci-après. Les couleurs du plumage sont presque toujours brillantes.

La tête de ces oiseaux est volumineuse et de forme arrondie.

Le bec varie dans sa grosseur relative à celle de la tête

et du corps dans les différentes espèces. Ainsi les perruches ont le bec assez petit, c'est-à-dire n'ayant guère, en suivant sa courbure, que le tiers de la longueur de la tête. Les perroquets proprement dits l'ont moyen, c'est-à-dire à peu près de moitié de la longueur de la tête; tandis que les aras, et surtout les perroquets à trompe ou microglosses, l'ont aussi grand que cette tête. La mandibule supérieure est toujours la plus forte, et souvent elle cache tout-à-fait l'inférieure. Elle est articulée d'une manière assez mobile sur le front, pour qu'on la voie sensiblement former avec lui un angle rentrant, lorsque les perroquets bâillent. En général, son dos est arrondi, mais dans une espèce, néanmoins, il est caréné; sa pointe est fort aiguë, quoiqu'elle le soit moins que celle du bec des oiseaux de proie, et elle se prolonge plus ou moins en dessous; ses bords sont tranchans et quelquefois munis d'une sinuosité ou d'une dent qui rappelle celle du bec des faucons; la face inférieure de cette même partie est en voûte, légèrement arquée d'arrière en avant, et sa superficie est munie de stries nombreuses, parallèles entre elles et dont la forme est celle d'un V ou d'un chevron dont la pointe est en avant, stries dont l'usage paroît être de rendre moins glissante cette surface, sur laquelle les alimens sont appuyés, lorsque la mandibule inférieure les divise : celle-ci, courte et même ne joignant quelquefois que la base de la supérieure et ne pouvant fermer le bec entièrement, est arrondie ou proclive, très-légèrement comprimée, un peu tranchante à son bout, qui seul est employé à la division des alimens. Ces deux parties du bec, généralement formées d'une corne très-dure et très-épaisse, sont mises en action par des muscles plus nombreux qu'aux autres oiseaux. Leurs couleurs varient entre le noir, le brun, le gris de corne, le jaune, le rose et le rouge. Ordinairement la base ou le bout sont plus foncés que le milieu, et la mandibule inférieure plus obscure que la supérieure.

Le bec est entouré à sa base d'une peau nue ou cire, moins apparente que celle des oiseaux de proie, diversement colorée et dans laquelle sont percées les narines; celles-ci sont glabres, orbiculaires et assez grandes.

La langue est épaisse, charnue, molle, très-mobile dans

les perroquets proprement dits, et la peau qui la revêt, souvent très-fine et sèche, est pourvue de papilles. Ces papilles, selon M. de Blainville, sont disposées longitudinalement sur une espèce de disque antérieur, soutenu par un demi-anneau corné, qui est à la partie inférieure de la langue, et elles sont toutes recouvertes par une espèce de dépôt ou pigmentum, au-dessus duquel se trouve l'épiderme, qui est très-mince. Dans les perroquets que Levaillant a nommés aras à trompe, la langue se présente sous l'aspect d'un petit cylindre, couleur de chair et solide, assez long, non flexible et terminé par un petit gland noir, un peu corné, creusé dans son centre; mais, ainsi que l'a prouvé M. Geoffroy (Mém. du Mus., tome 6, page 186), la véritable langue consiste dans ce petit gland corné, et la partie cylindrique qui la soutient, est une dépendance de l'appareil hyoïdien, susceptible d'être plus ou moins prolongée hors du bec, à la volonté de l'animal, par un mécanisme analogue à celui qui fait sortir la langue des pics. Dans ce cas, cette langue est à la fois un organe de sens, et un instrument de tact et de préhension pour la déglutition.

Dans quelques espèces de perroquets de la Nouvelle-Hollande et des îles de la mer du Sud, la langue est terminée par un faisceau en couronne, de sortes de poils ou de filamens cartilagineux que M. de Blainville considère généralement, dans les oiseaux qui en présentent de pareils, comme des papilles, à cause de la grosseur des nerfs qui s'y rendent.

Les yeux sont médiocrement grands, et placés latéralement; leurs paupières supérieure et inférieure forment un orifice arrondi, bordé de petits tubercules, supportant des cils dans toute sa circonférence; la supérieure est évidemment mobile; la troisième paupière ou membrane clignotante est très-petite, et l'on ne voit jamais les perroquets en faire usage. La pupille est ronde, et n'est pas placée exactement au centre de l'iris, mais un peu plus en dedans, de manière que celle-ci est un peu plus large à son côté externe qu'à l'interne. La couleur de l'iris varie selon les espèces; quelques-unes l'ont jaune d'or, d'autres gris de perle, d'autres encore orangée, rouge ou brune; en général, on remarque que sa teinte devient plus foncée avec l'âge. Une particularité qui est propre aux perroquets, c'est de pouvoir plus ou moins contracter leur pupille indépendamment de l'action de la lumière, lorsqu'ils portent leur attention sur quelque objet, lorsqu'ils éprouvent quelque mouvement intérieur subit, tel que la peur ou la colère, ou même quand ils jouent. Ces oiseaux sont évidemment diurnes.

L'oreille a son ouverture ovale, petite, surtout si on la compare à celle des chouettes, et dirigée obliquement en avant : les plumes la recouvrent constamment.

Dans certains oiseaux de ce genre les joues sont nues et couvertes d'une poussière blanche farineuse, ainsi que cela se remarque dans les aras, ou bien cette peau est colorée, comme dans les microglosses. D'autres fois comme dans les perruches-aras et dans certains perroquets proprement dits, le tour de l'œil ou périophthalme est plus ou moins dégarni de plumes, et aussi couvert d'une sorte de farine, qui paroit être une production épidermique, très-abondante d'ailleurs sur les autres parties de la peau de ces oiseaux, dont le plumage rend toujours beaucoup de poussière blanche lorsqu'ils le secouent. Aucune espèce n'est pourvue de caroncules charnues. Quelques - unes, les kakatoës, les microglosses, et plusieurs psittacules, ont la tête ornée de longues plumes effilées, qui peuvent se relever en forme de huppe ou de crête à la volonté de l'oiseau, mais qui, ordinairement, restent couchées le long du cou.

Le cou de ces oiseaux est médiocrement long ou même un peu court, et assez épais. Néanmoins, lorsqu'ils veulent atteindre un objet éloigné sans changer de place, ils peuvent lui donner une certaine longueur.

Le corps est plus ou moins robuste ou svelte, selon les espèces. Les perroquets proprement dits l'ont plus épais que les autres, ce qui n'est peut-être qu'une apparence produite par la brièveté de la queue et la force des pattes. Certaines perruches à longue queue, telles que la perruche à collier, sont au contraire remarquables par la finesse de leur taille et l'élégance de leurs formes. En général, le poitrail de ces oiseaux est large et arrondi.

Les ailes sont courtes, et il est rare que leur pointe dépasse la moitié de la queue, même dans les espèces où cette dernière partie a le moins de longueur; leurs trois premières pennes, à peu près égales entre elles, sont les plus longues de toutes.

La queue présente des différences qui tiennent à l'étendue plus ou moins considérable des diverses pennes qui la composent, et qui sont au nombre de douze. Elle peut être, quant à sa grandeur totale, plus courte que le corps, égale au corps ou plus longue que lui (le corps proprement dit, le cou et la tête compris). Quant à ses formes, la queue est tantôt droite ou carrée, lorsque toutes ses pennes sont d'égale longueur, comme dans les kakatoës et la plupart des perroquets proprement dits; tantôt ronde, lorsqu'ayant une certaine longueur, ses pennes latérales sont de très-peu plus courtes que les intermédiaires, et que celles qui sont dans l'intervalle augmentent graduellement entre les unes et les autres, ainsi que cela est chez certains perroquets; tantôt étagée également lorsque les pennes ont des longueurs notablement différentes et décroissent par paires d'une manière uniforme depuis les intermédiaires jusqu'aux latérales, ainsi qu'on le voit dans beaucoup de perruches et dans les aras; tantôt en flèche ou en fer de lance, lorsque les pennes extérieures, médiocrement longues et étagées, sont dépassées par les deux pennes intermédiaires, beaucoup plus grandes qu'elles, comme cela existe dans plusieurs perruches et notamment dans celle à collier. Enfin, la queue peut être large au bout, lorsque ses pennes conservent leur largeur vers l'extrémité, au lieu de s'effiler, comme cela est d'ordinaire, que toutes ces pennes sont longues et seulement arrondies, forme qu'on trouve dans les perruches que nous avons nommées laticaudes à cause de ce caractère. Quelques espèces ont les pennes caudales aiguës au bout, comme celles des grimpereaux et des pics; tel est le perroquet à tête grise du Sénégal. Lorsque la queue est très-courte et en même temps étagée, comme dans plusieurs psittacules, on dit qu'elle est aiguë.

Dans quelques espèces de cette dernière division les couvertures supérieures de la queue se prolongent en pointe d'une manière extraordinaire, et finissent par atteindre presque l'extrémité des pennes caudales; mais ce caractère ne s'observe guère que dans les psittacules à queue presque droite.

Les pieds de ces oiseaux, ainsi que nous l'avons dit, sont robustes et pourvus de quatre doigts parfaitement disposés pour embrasser les branches d'arbres ou pour saisir les alimens. Il y a néanmoins quelques différences à cet égard dans certaines espèces qui ont reçu le nom de perruches ingambes ou de pezopores. Dans celles-ci, les tarses sont alongés et les ongles peu arqués: aussi se tiennent-elles constamment à terre, où elles marchent avec vitesse, ce que ne peuvent faire les autres espèces. Ordinairement les jambes sont emplumées jusqu'au talon, mais dans deux espèces, les microglosses, le bas de la jambe est dépourvu de plumes, ainsi que cela se remarque dans tous les oiseaux de l'ordre des échassiers; la couleur des pieds est ordinairement grise, mais quelquefois rosée, brune ou noire.

Les couleurs du plumage des perroquets sont extrêmement variées et presque toujours pures et brillantes; souvent les femelles, dans l'âge adulte, diffèrent des mâles sous ce rapport, tandis que les jeunes, soit dans leur première parure, soit dans la seconde, soit même à la troisième mue, présentent aussi des caractères qui leur sont propres. En général, le vert est la couleur dominante; puis vient le rouge, ensuite le bleu, et enfin le jaune. Cette dernière paroît remplacer chez ces oiseaux le blanc qui se voit chez les autres, et l'on remarque que plusieurs d'entre eux offrent des variétés uniformément jaunes, comme les oiseaux ordinaires ont des variétés albines: très-souvent les plumes arrachées, quelles que soient leurs couleurs, repoussent jaunes et aussi quelquefois rouges. Le nom de *tapirés* est donné, par les peuples des contrées où habitent les perroquets, à ceux de ces oiseaux qui ont leur plumage entremêlé de ces plumes repoussées jaunes ou rouges, dans les endroits où on les a arrachées [1]; quelques espèces sont aussi pourvues de couleurs violette, pourpre, brune ou lilas. On connoît des perroquets

---

1 On a prétendu, mais à tort, que le sang d'une grenouille du genre des Rainettes, introduit dans la petite plaie produite par l'arrachement des plumes, donnoit la couleur rouge aux plumes qui repoussoient dans le même endroit.

dont le plumage est presque totalement gris (le jaco ou perroquet gris du Sénégal); d'autres où il est noir (le vasa et les microglosses); d'autres, enfin, où il est blanc (la plupart des kakatoës).

On remarque quelques règles dans la distribution des couleurs : ainsi les pennes des ailes sont généralement grises, brunes ou noires à leur face inférieure et sur leurs barbes intérieures, qui sont cachées; tandis que les extérieures sont colorées dans leur partie visible. Les pennes de la queue ont leur face inférieure généralement plus terne que la supérieure; leurs pennes latérales les plus externes et les deux intermédiaires sont souvent d'une couleur différente des autres; l'épaulette de l'aile ou le bord de cette partie vers le poignet a souvent une couleur différente du dessus de l'aile, et cette couleur est ordinairement le rouge (dans les amazones), ou le jaune (dans les cricks). Presque constamment les couvertures inférieures de la queue ont une teinte différente des supérieures ou du croupion. Lorsque le manteau est vert, ainsi que le dos, il est rare que les pennes des ailes, dans leur partie visible, et les pennes latérales et intermédiaires de la queue, ne soient pas bleues d'aigue-marine, ou ne présentent quelques nuances de bleu plus ou moins foncé. Très-souvent le front est marqué d'un bandeau de couleur bleue, rouge ou jaune, qui tranche avec la couleur du sommet de la tête; celui-ci a quelquefois une calotte aussi colorée différemment du reste de la tête et qui est bornée par les yeux et par l'occiput. Enfin, plusieurs perroquets ou perruches ont reçu des noms spécifiques tirés de l'existence de moustaches ou de taches placées à la base du bec, sur les joues ou sur le *lorum* (c'est-à-dire l'espace compris entre le bec et l'œil), ou bien encore de celle d'un collier complet, simple ou double, selon qu'il est formé d'une seule teinte ou de deux, ou de demi-colliers, placés tantôt derrière la nuque et tantôt en dessous du cou. Jamais le plumage n'est grivelé, ni strié, comme celui de certains passereaux et des oiseaux de proie.

Une disposition de couleur fréquente chez les perroquets, et vraisemblablement propre aux jeunes individus, est celle qui donne lieu au plumage maillé. Elle a lieu quand les plumes du corps et surtout des parties inférieures sont bordées d'un liséré de couleur différente de leur fond : alors ces plumes se détachent les unes sur les autres, à la manière des écailles de poissons. On donne aussi quelquefois le nom d'écaillé à cette sorte de plumage.

Dans les jeunes individus on aperçoit quelquefois des plumes éparses d'une couleur différente de celles au milieu desquelles elles se trouvent. Ce sont des plumes de la livrée suivante qui ont poussé par anticipation, et qui indiquent la teinte qui sera propre à la partie où elles existent. Ces plumes fournissent un moyen excellent pour rapporter à leur véritable espèce les jeunes oiseaux de ce genre.

Lorsque le plumage de la femelle ne diffère pas de celui du mâle, on remarque que les teintes y sont seulement moins pures et moins vives; la couleur du bec est aussi quelquefois différente.

La structure intérieure des perroquets présente les particularités suivantes : La tête est forte et le crâne arrondi; l'os de la fourchette est un peu pointu vers le sternum et a la forme d'un V; le sternum est pourvu d'une forte carène ou crête médiane; il n'a pas d'échancrure latérale et postérieure; son corps est au contraire très-large et seulement pourvu d'un trou ovale, médiocrement grand et fermé par une membrane, près de l'abdomen, comme cela existe dans les oiseaux de proie et dans les oiseaux nageurs; le larynx inférieur est compliqué et garni de chaque côté de trois muscles propres, circonstance qui, jointe à la mobilité et à la forme de la langue, ainsi qu'à la forme ronde de la cavité du bec, peut déterminer la facilité avec laquelle ces oiseaux imitent la voix humaine. Leur gésier est semblable à celui des oiseaux frugivores et granivores; leurs intestins sont très-longs et manquent de cæcum; le foie est médiocre et divisé en deux lobes presque égaux; la rate petite et ronde; le cœur médiocre et arrondi au bout, etc.

Après avoir fait connoître les formes extérieures et quelques points de l'organisation des perroquets, nous devons faire connoître leur distribution géographique dans les différentes contrées du globe.

Ces oiseaux habitent généralement sous la zone torride, tant dans l'ancien que dans le nouveau continent et dans les îles de l'Océanie. Le plus grand nombre des espèces se trouvent sous les parallèles les plus rapprochées de l'équateur, mais quelques-unes se répandent dans les deux hémisphères jusqu'à des latitudes très-élevées. Ainsi, pour l'hémisphère boréal, nous citerons la perruche de la Caroline, que l'on trouve jusqu'au 42.ᵉ degré de latitude dans les états de l'Ouest ; et pour l'hémisphère austral, nous indiquerons les perroquets et les kakatoës, qui vivent à la Nouvelle-Zélande et jusques dans les îles Macquarrie, situées sous le 52.ᵉ degré de latitude, ainsi que la perruche émeraude des terres magellaniques, situées sous la même parallèle. La première de ces espèces, par conséquent, vit sous la latitude à laquelle se trouve le centre de l'Espagne et les états de Naples, et les autres à peu près dans une position équivalente, pour le nombre de degrés, à celle de Londres. Mais comme on a reconnu que la température de l'hémisphère austral est bien moins élevée que celle du boréal, et que la différence pour trouver une température égale à celle d'un point donné, est d'environ dix degrés, il s'ensuit que les perroquets des îles Macquarie et des terres magellaniques se trouvent placés dans une position à peu près analogue à celle de Stockholm.

Le Brésil et la Guiane sont les contrées d'Amérique qui contiennent le plus d'espèces de perroquets, appartenant tous à la division des perruches, à celle des perroquets proprement dits et à celle des psittacules. Ces contrées renferment exclusivement celle des aras. Il ne paroît pas qu'il existe d'oiseaux de ce genre sur la chaîne des Cordilières. Ils sont déjà peu nombreux au Paraguay. On n'en indique qu'un seul à la terre des Patagons, et une seule espèce a été signalée par Buffon comme propre aux terres magellaniques. Les îles du golfe du Mexique ont aussi des espèces de perroquets, et il est probable qu'il s'en trouve dans les Florides, mais elles n'ont pas été signalées. On n'en a pas indiqué sur le revers des Andes, depuis le Chili jusqu'à la Californie ; mais il en existe plusieurs au Chili, sur la côte de la mer du Sud.

L'Afrique renferme aussi beaucoup d'oiseaux de ce genre ( en moindre nombre d'espèces cependant que l'Inde et l'Amérique), depuis le Sénégal jusques dans les forêts qui avoisinent le cap de Bonne-Espérance. Mais la côte de Barbarie, depuis le royaume de Maroc jusqu'en Égypte, c'est-à-dire, la chaîne de l'Atlas et tout le revers septentrional de cette chaîne, en est dépourvue. Il y en a à Madagascar, mais point aux Canaries.

En Asie on n'en rencontre que dans les contrées situées au sud et à l'est du plateau du Thibet, c'est-à-dire dans l'Indostan et les îles qui en dépendent, la Cochinchine et la Chine, ainsi que dans les îles de l'Archipel indien, et c'est là où les plus belles espèces, les plus grandes et les plus remarquables par leurs formes, abondent.

Dans la Polynésie, les oiseaux de ce genre sont également répandus. La Nouvelle-Hollande a ses espèces propres. On en trouve à la Nouvelle-Zélande, dans les îles Macquarie, ainsi que nous l'avons rapporté, et aussi dans les groupes des îles des Amis et de la Société. C'est aux îles de l'Archipel indien, à la Nouvelle-Hollande, à la Nouvelle-Zélande et aux îles Macquarie que se borne la patrie des kakatoës. Les loris sont particuliers aux Philippines et à la Nouvelle-Guinée, et les psittacules à langue terminée par un pinceau de filamens cartilagineux, sont propres aux terres qui s'étendent de la Nouvelle-Hollande aux îles des Amis.¹ Deux seules espèces du genre perroquet sont connues aux îles Sandwich.

L'Europe, tout le Nord et le centre de l'Asie, les terres polaires, le Groënland, l'Islande, les parties septentrionales et tempérées de l'Amérique, dans l'hémisphère boréal, la terre des États, celle de Kerguelin, la terre de Sandwich et les Schetland méridionales, sont les seules contrées du globe où le genre, ou plutôt la famille des perroquets, n'ait pas ses représentans.

Les anciens ont connu plusieurs perroquets, parmi lesquels le plus célèbre est la perruche envoyée de l'Inde par Alexandre, dans le cours de son expédition en ce pays. Ce n'est que sous Néron, que les perroquets d'Afrique furent connus à Rome.

Il nous reste à traiter des habitudes naturelles de ces sin-

---

¹ M. Lesson a remarqué que plusieurs perruches de la Nouvelle-Hollande présentent le même caractère, qui appartient, d'ailleurs, à beaucoup d'oiseaux d'autres genres de cette même contrée.

guliers oiseaux, qu'il convient de placer, sans contredit, fort en avant de tous les autres, si on les considère sous le rapport de l'intelligence. Nous parlerons d'abord de leurs démarches et de leur vol.

Les perroquets sont des oiseaux éminemment grimpeurs; la forme, la disposition et la force de leurs doigts le prouvent assez. Lorsqu'ils marchent à terre, c'est avec une lenteur qui est due au mouvement de balancement de leur corps, occasioné par la brièveté et l'écartement de leurs pattes, dont la base de sustentation est fort large. Il leur arrive alors de poser très-fréquemment à terre la pointe ou le dessus de leur bec, qui leur sert de point d'appui. Quand ils grimpent, le crochet qu'il forme leur est encore très-utile, et souvent aussi, quand ils tiennent quelque objet dans ce bec, ils s'appuient sur les branches par le dessous de leur mandibule inférieure. Quand ils descendent, ils se soutiennent sur celle de dessus. Cela est commun à presque toutes les espèces; mais, néanmoins, il en est quelques-unes qui, ayant les jambes plus élevées, les doigts moins longs et les ongles moins crochus, marchent à terre avec assez de vitesse et ne se perchent jamais : ce sont les perruches ingambes de Levaillant, dont Illiger a fait un genre particulier sous le nom de *Pezoporus*. D'autres, au contraire, les microglosses, ont des tarses courts et plats, sur lesquels ils s'appuient en marchant.

Les ailes des perroquets étant généralement courtes et leur corps assez gros, ils ont un peu de peine à s'élever; mais ensuite ils volent bien, et quelquefois avec beaucoup de rapidité, en parcourant des espaces assez étendus : la plupart se tiennent dans des bois de haute futaie très-touffus, et souvent sur les confins des lieux défrichés, dont ils attaquent et détruisent les produits. Leur vol ordinaire consiste à se porter d'une branche à une autre, et ce n'est souvent que lorsqu'ils sont poursuivis, qu'ils se déterminent à prendre un vol soutenu. Plusieurs d'entre eux émigrent suivant la saison, et notamment la perruche de la Caroline : ceux-là faisant chaque année plusieurs centaines de lieues, dérogent un peu aux habitudes des autres; mais ils sont en petit nombre. C'est à la difficulté du vol dans quelques espèces qu'on attribue leur répartition dans des cantons fort restreints, et leur concentration dans certaines iles, à l'exclusion d'autres qui en sont très-voisines ; mais il en est plusieurs, notamment les petites perruches des iles de la Polynésie, qui habitent des terres situées à de grandes distances entre elles.

La nourriture des perroquets consiste en pulpes de fruits, tels que ceux du bananier, du goyavier, du caféier, du palmier, du limonier, etc., mais surtout en amandes. La plupart du temps même ils n'attaquent la pulpe que pour arriver au noyau : celui-ci saisi, est appuyé sur la surface inférieure rugueuse de la mandibule d'en haut ; il est tourné et retourné jusqu'à ce qu'il soit convenablement placé par la langue pour amener la scissure des valves dans une direction telle que le bord tranchant de la mandibule inférieure puisse s'y introduire. Alors, l'oiseau agissant de force, ces valves sont bientôt écartées, et l'amande, recueillie par le bec, est dépecée et épluchée, de façon que toutes ses enveloppes sont rejetées. La langue en palpe tous les fragmens, et ils sont successivement avalés. Quelques kakatoës de la Nouvelle-Hollande vivent, dit-on, de racines, et l'on assure que les perruches ingambes cherchent leur nourriture dans les herbes.

En domesticité, les perroquets, les perruches, les aras et les kakatoës montrent le même goût pour les semences de végétaux, et, en général, on les nourrit fort bien avec du chenevis, dont ils détachent les enveloppes avec une extrême adresse. Quelques-uns, à qui on donne des os à ronger, prennent un goût assez déterminé pour les substances animales ; mais surtout pour les tendons, les ligamens et autres parties peu succulentes. Il en est à qui ce genre de nourriture fait contracter l'habitude de s'arracher les plumes pour en sucer la base, ce qui devient pour eux un besoin si impérieux, qu'ils se mettent le corps absolument à nu, sans laisser le moindre brin de duvet, partout où le bec peut atteindre, à l'exception toutefois des pennes de la queue et des ailes, dont l'arrachement leur causeroit trop de douleur. Je connois, depuis plus de quatre ans, une amazone à tête blanche, appartenant à M. Latreille, qui a le corps aussi nu que celui d'un poulet prêt à mettre à la broche. Cet oiseau a cependant supporté la rigueur de deux hivers très-froids, sans que sa santé et son appétit fussent le moins du monde altérés. M. Vieillot assure, que souvent une démangeaison de la peau porte les perroquets à se déplumer ainsi, sans qu'ils aient été habitués à manger des substances animales.

Les perroquets boivent peu, fréquemment, et ils le font en levant la tête, mais moins fortement que les autres oiseaux. La plupart, en domesticité, s'accoutument à boire du vin, ou du moins à manger du pain imbibé de vin. Tous se servent avec adresse d'un de leurs pieds pour porter la nourriture à leur bec, pendant qu'ils sont perchés sur l'autre.

Ils se tiennent sur les bords des ruisseaux, des rivières ou dans les marécages, et recherchent l'eau; ils semblent éprouver une véritable jouissance lorsqu'ils se baignent, ce qu'ils font plusieurs fois par jour, dans l'état de nature. Lorsqu'ils se sont baignés, ils secouent leurs plumes jusqu'à ce qu'ils en aient fait sortir la plus grande partie de l'eau, et ensuite ils se tiennent exposés au soleil pour se sécher complétement. En captivité, et même dans la saison rigoureuse, ils cherchent aussi à se baigner, et se trempent au moins la tête très-souvent dans l'eau.

Ces oiseaux, hors le temps de la ponte, vivent en troupes plus ou moins nombreuses, s'endorment au coucher du soleil, et se reveillent à son lever. Pour dormir ils renversent leur tête sur le dos : ils ont un sommeil assez léger, et il leur arrive souvent de jeter quelques cris pendant la nuit. En domesticité on assure que c'est après leur coucher qu'il est le plus convenable de leur répéter les mots qu'on veut leur faire apprendre, parce qu'alors ils n'éprouvent aucune distraction.

Leur vie est très-longue, et on porte la durée moyenne de celle des espèces qui portent plus particulièrement le nom de perroquets, à quarante ans, bien qu'on cite quelques individus qui ont vécu en domesticité quatre-vingt-dix et même cent ans et plus. Les perruches, dit-on, vivent environ vingt-cinq ans.

Un effet de la captivité sur certaines espèces est, selon Levaillant, de changer les couleurs du plumage, et c'est à cette cause qu'il attribue les fréquentes variétés qu'on observe parmi ces oiseaux. M. Virey regarde, comme nous, les individus tapirés comme des variétés naturelles; mais qu'il suppose produites par un état de foiblesse ou de maladie.

Les oiseaux de ce genre sont monogames. Ils font leur nid dans des troncs d'arbres pourris ou dans des cavités de rochers, et le composent de détritus ou de poussière de bois vermoulu dans le premier cas, et de feuilles sèches dans le second : les œufs sont en petit nombre (ordinairement trois ou quatre par couvée), et les portées se renouvellent plusieurs fois l'année. Les petits, en naissant, sont tout nus et leur tête est si grosse, que le corps semble n'en être qu'une dépendance, et qu'ils sont long-temps sans avoir assez de force pour la remuer; ensuite ils se couvrent de duvet, et ce n'est qu'au bout de deux ou trois mois qu'ils sont totalement revêtus de plumes. Ils restent avec leurs parens jusqu'après leur première mue, et alors ils s'en éloignent pour s'apparier. Les œufs sont ovoïdes, courts, aussi gros à un bout qu'à l'autre, et ceux qu'on connoît sont de couleur blanche; leur grosseur, pour le perroquet gris ordinaire et pour l'amazone, est à peu près égale à celle d'un œuf de pigeon.

Pendant long-temps on a cru que ces oiseaux ne pouvoient procréer que dans leur pays natal; néanmoins plusieurs perroquets naquirent en Europe, en 1740 et 1741. En 1801, des perroquets amazones sont nés à Rome, et M. Lamouroux a fait connoître avec détail le résultat des pontes d'une paire d'aras bleus, qui vivoit à Caen, il y a quelques années. Ces oiseaux, en quatre ans et demi (depuis le mois de Mars 1818 jusqu'à la fin d'Août 1822), ont pondu soixante-deux œufs en dix-neuf pontes. Dans ce nombre, vingt-cinq œufs ont produit des petits, dont dix seulement sont morts; les autres ont vécu et se sont parfaitement acclimatés. Ils pondoient indifféremment dans toutes les saisons, et leurs pontes ont été plus fréquentes et plus productives dans les dernières années que dans les premières; leur différence a été graduellement croissante, et sur la fin on a perdu beaucoup moins d'élèves. Le nombre des œufs dans le nid varioit et il y en avoit jusqu'à six ensemble, et l'on a vu ces aras nourrir quatre petits à la fois : ces œufs mettoient de vingt à vingt-cinq jours à éclore, comme ceux de nos poules; leur forme étoit

celle d'une poire un peu aplatie, et leur longueur égale
à celle d'un œuf de pigeon. Les petits n'étoient couverts
qu'entre le quinzième et le vingt-cinquième jour d'un duvet
très-touffu, doux et d'un gris d'ardoise blanchâtre : les plumes
ne commençoient à paroître que vers le trentième jour et
mettoient deux mois à prendre tout leur accroissement. Ce
n'étoit qu'à douze ou quinze mois que les jeunes étoient parvenus à la grandeur de leurs parens ; mais dès six mois leur
plumage avoit toute sa beauté. A trois mois ils quittoient
le nid et mangeoient seuls, et jusqu'à ce moment ils étoient
nourris par le père et la mère, qui dégorgeoient les alimens
dans leur bec, de la même manière que les pigeons.

On doit vraisemblablement le succès de cette éducation
au soin qu'on avoit eu de préparer à ces oiseaux une sorte
de nid qui leur convenoit parfaitement, et qui consistoit en
un petit baril percé, vers le tiers de sa hauteur, d'un trou
de six pouces environ de diamètre, et dont le fond renfermoit une couche de sciure de bois, épaisse de trois pouces,
sur laquelle les œufs étoient pondus et couvés.

Depuis les observations de M. Lamouroux, de petites perruches à collier du Sénégal et des perruches pavouanes sont
nées à Paris, dans des creux qu'on avoit pratiqués à de grosses
bûches, et où leurs parens avoient établi leur nid.

Les perroquets, perruches ou autres oiseaux de la même
famille, qu'on apporte en Europe, sont en général pris jeunes
dans le nid et élevés dans leur pays natal. On en prend aussi
d'adultes, soit lorsqu'ils sont ivres pour avoir mangé de la
graine du cotonnier en arbre, soit lorsqu'ils ont été atteints
avec des flèches, dont l'extrémité est terminée par un bouton qui les étourdit sans les tuer. Tous sont susceptibles d'éducation, mais plutôt les jeunes que les vieux, et les moyens
qu'on emploie consistent à leur imposer certaines punitions,
telles que d'être immergés dans l'eau très-froide, qu'ils redou-
tent beaucoup, ou de recevoir des bouffées de fumée de
tabac. On les flatte aussi pour les récompenser, lorsqu'ils font
ce qu'on désire d'eux, en leur donnant les choses qu'ils
aiment, et notamment du sucre et du vin doux. On les
dompte et on les maintient e obéissance, en les prenant
avec hardiesse et en élevant la voix lorsqu'on leur parle.

Par ces moyens on réussit à leur faire exécuter différens gestes et à prendre diverses postures. On en voit qui se couchent sur le dos et qui ne se relèvent qu'au commandement de leur maître; d'autres qui font l'exercice avec un baton, ou qui dansent d'une manière plus ou moins grotesque. Enfin, on leur apprend à parler, en prononçant souvent auprès d'eux les mots qu'on veut leur faire répéter. Mais on ne réussit pas toujours; certaines espèces ont plus de dispositions que d'autres pour ce genre d'éducation, et il en est ainsi des individus d'une même espèce. Les perroquets gris et les amazones sont ceux qui parlent le plus distinctement et qui imitent naturellement le cri des animaux ou les bruits qu'ils entendent fréquemment. Quelques-uns apprennent à siffler des airs entiers; mais il est rare qu'ils les fassent entendre d'un bout à l'autre, et tantôt ils en sifflent seulement le milieu ou bien la fin, et tantôt le commencement. Leur voix naturelle est piaillarde et très-désagréable; c'est la seule qu'ils font entendre dans l'état de nature, et souvent tous ceux d'une même troupe crient ensemble au lever du soleil.

On ne peut, ainsi que le remarque Buffon, accorder aux perroquets une intelligence réelle qui leur apprend la signification des mots qu'ils répètent; mais on ne peut se refuser à leur accorder une grande supériorité sur les oiseaux ordinaires dans leurs rapports avec les hommes. Ils s'attachent à ceux qui ont soin d'eux, ou ils prennent en aversion soutenue les personnes dont ils ont reçu de mauvais traitemens, et cela avec un véritable discernement. Il est vrai, néanmoins, que plusieurs ont des antipathies non motivées qu'ils gardent long-temps, et dont on ne peut les corriger qu'en leur inspirant de la crainte.

Les amandes amères et le persil, dit-on, sont des poisons pour les perroquets, qui peuvent manger en abondance les graines du carthame, sans en être incommodés, tandis que c'est un violent purgatif pour l'homme.

Les espèces de perroquets sont nombreuses et leurs caractères, tirés en général de la longueur et de la forme de la queue, de la présence ou de l'absence d'une huppe de plumes sur la tête, de l'état dénudé ou emplumé des joues, ont servi de base aux divisions qu'on a formées parmi elles pour aider à les reconnoître. Ces divisions ne sont pas aussi nettement tranchées qu'on pourroit le croire, et chacune d'elles passe aux autres par la dégradation insensible des caractères de plusieurs espèces qu'elle comprend.

Buffon a partagé ces oiseaux : 1.° en perroquets de l'ancien continent, et 2." en perroquets du nouveau continent.

Les premiers sont encore subdivisés ainsi qu'il suit :

1.° Les KAKATOËS : à queue courte et carrée, et pourvus d'une huppe mobile ; 2." les PERROQUETS PROPREMENT DITS : à queue courte, égale, et à tête dépourvue de huppe[1] ; 3.° les LORIS, dont le bec est petit, courbé et aigu, dont le plumage a le rouge pour couleur dominante, et dont la voix est perçante et le mouvement prompt. Les uns, ou loris proprement dits, ont la queue médiocrement longue et en forme de coin, et les autres, les loris-perruches, l'ont plus longue et plus semblable à celle des perruches ; 4.° les PERRUCHES à longue queue, subdivisées en celles qui l'ont également étagée et celles qui ont les deux pennes intermédiaires beaucoup plus grandes que les autres ; 5." les PERRUCHES à queue courte.

Les seconds se composent : 1.° des ARAS, à longue queue étagée et à joues nues ; 2." des AMAZONES, à queue courte, égale : à plumage vert, avec du rouge au poignet de l'aile et du jaune sur la tête ; 3.° des CRICKS, semblables aux précédentes, sans rouge sur le poignet de l'aile, mais seulement sur les couvertures ; à plumage d'un vert plus mat, sans jaune pur sur la tête, et de plus petite taille ; 4.° des PAPEGAIS, plus petits que les cricks et sans rouge sur l'aile ; 5.° des PERRICHES, subdivisées en celles à queue longue, ou perriches proprement dites, et celles à queue courte, qui sont les touits.

Latham a simplifié cette division, et il ne distingue que deux groupes, quelle que soit la patrie des perroquets : 1.° les espèces à queue égale ; 2." les espèces à queue étagée.

Levaillant a aussi présenté des modifications à la classification de Buffon, en ne tenant pas compte de la patrie. Il reconnoît les groupes des aras et des kakatoës avec les caractères rapportés ci-dessus. Il réunit les perroquets, les ama-

---

1 Ces oiseaux portoient autrefois le nom de *Papegauts*, tandis que les perruches étoient désignées par celui de *perroquets*.

zones, les cricks et les papegais, sous la dénomination de
perroquets. Enfin, il place dans la division des perruches,
toutes celles qui ont la queue étagée et les joues emplumées.
Néanmoins il subdivise celle-ci en quatre groupes, qui sont :
d'abord les perruches-aras, dont le tour de l'œil reste nu ; ensuite les perruches proprement dites, à joues totalement emplumées, à queue plus ou moins longue, mais toujours aiguë
et également étagée ; puis les perruches à queue en flèche,
dont les deux pennes intermédiaires sont de beaucoup les
plus longues ; et enfin, les perruches à large queue, c'est-
à-dire, dont les pennes ne sont pas effilées vers le bout ;
parmi lesquelles viennent se ranger la plus grande partie
des loris de Buffon.

M. Cuvier, dans son *Règne animal*, a complétement adopté
la division de Levaillant ; seulement il a formé des divisions
particulières pour l'ara à trompe (devenu le genre Microglosse de M. Geoffroy), et pour la perruche à longues jambes
ou ingambe, dont Illiger a fait le type de son genre *Pezoporus*.

Feu M. Kuhl, savant naturaliste, mort dernièrement à
Java, où il avoit formé des collections précieuses, a publié
une excellente monographie de ce genre d'oiseaux [1] fondée
sur les observations qu'il a été à même de faire dans tous les
Musées d'histoire naturelle de Berlin, de Londres, de la
Haye, de Vienne, de Paris et de Groningue, ainsi que dans
les collections célèbres du prince Maximilien de Neuwied
et de MM. Temminck, Laugier, Ray, Bullock et Riddel.

C'est ce travail, auquel nous reconnoissons une supériorité
immense sur tout ce qui a été publié jusqu'à ce jour sur les
espèces de perroquets, qui nous servira de guide dans le
courant de cet article. Nous avons seulement interverti
l'ordre de certaines sections, et de plusieurs espèces, parce
que nous avons donné une importance plus grande aux caractères zoologiques qu'à la distribution géographique.

M. Kuhl sépare en deux groupes les espèces dont il traite

----

[1] *Conspectus psittacorum, cum specierum definitionibus, novarum
descriptionibus, synonymis et circà patriam singularum naturalem ad-
versariis, adjecto indice museorum ubi earum artificiosæ exuviæ ser-
vantur; cum tab. 3 æneis pictis. Nova act. acad. Cæsar. Leop. Carol.,*
tome 10, part. 1.

au nombre de 209 : 1.° les espèces qu'il a vues en nature et dont l'existence ne peut être contestée, au nombre de 171, et 2.° celles dont les ornithologistes ont fait mention, mais qu'il n'a pas vues, ou dont l'existence lui paroît douteuse : celles-ci au nombre de 38. A ces deux cent neuf espèces nous en avons ajouté quinze, dont six seulement dans le groupe des espèces certaines, et neuf dans celui des espèces dont la distinction n'est pas suffisamment établie.

Six divisions partagent les espèces admises définitivement par M. Kuhl, savoir: 1.° les ARAS, *Macrocercus* : à queue longue et joues nues; 2.° les PERRUCHES, *Conurus* : à queue longue et étagée, et joues emplumées (la 1.<sup>re</sup> division seulement présentant pour caractère d'avoir le tour de l'œil nu); 3.° les PSITTACULES, *Psittacula* : à queue très-courte, arrondie ou aiguë, et à joues emplumées; 4.° les PERROQUETS, *Psittacus* : à queue égale ou carrée, et sans huppe; 5.° les KAKATOËS, *Kakadoes* : à queue égale ou carrée, à joues emplumées et à tête pourvue d'une huppe de plumes susceptible de se relever à la volonté de l'oiseau; 6.° les PROBOSCIGÈRES, *Probosciger* (ou aras à trompe, Levaill., *Microglossum*, Geoff.): à queue égale ou carrée, à joues nues et à tête pourvue d'une huppe de plumes. Chacune de ces divisions est partagée en plusieurs subdivisions, selon que les espèces qu'elle comprend, sont d'Amérique, d'Afrique, de l'Inde et des terres australes, ou que leur patrie est inconnue. Dans celle des perruches (*Conurus*) M. Kuhl a admis les groupes proposés par Levaillant, c'est-à-dire, ceux des perruches-aras, des perruches à queue en flèche, des perruches proprement dites et des perruches à large queue; mais ces groupes sont subordonnés aux divisions géographiques indiquées ci-dessus; marche que nous n'avons pas cru devoir adopter.

Quant aux espèces incertaines ou douteuses, M. Kuhl les a divisées en deux groupes, selon la méthode de Latham : 1.° celles à longue queue ou macroures, et 2.° celles à queue courte ou brachyures. Chacune de ces divisions est ensuite partagée géographiquement.

Pour donner une idée des affinités des différens groupes admis dans cette classification, M. Kuhl a tracé le tableau que nous reproduisons ici.

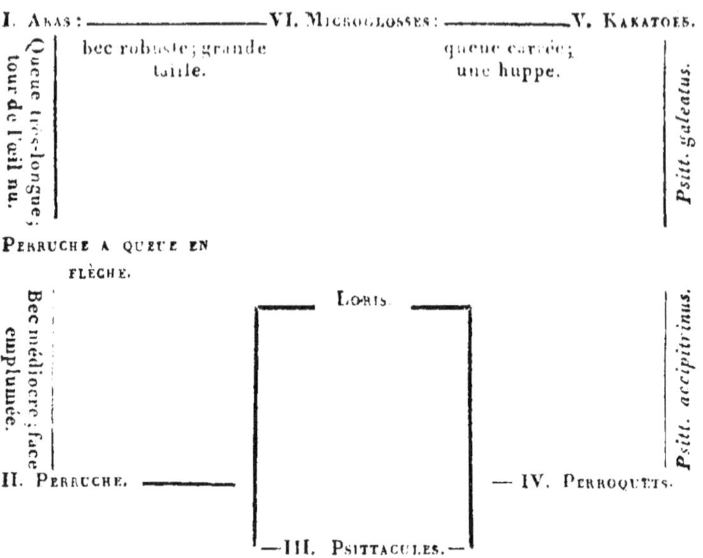


Nous terminerons ces généralités, en faisant connoître les noms de genres nouveaux *proposés récemment par MM. Vigors et Horsfield*, pour diviser le genre si naturel des *Psittacus* de Linné. Ces genres, comme la plupart de ceux qu'on veut établir par centaines, en entomologie et en ornithologie, depuis quelques années, ne sont fondés la plupart que sur des différences minutieuses, sans aucune valeur et sans aucun rapport évident avec le genre de vie des animaux dont on les compose.

Quelques-uns d'ailleurs n'ont de nouveau que leurs noms, car ils correspondent exactement à des groupes secondaires qu'avaient très-bien distingués, mais sans leur attribuer plus d'importance qu'ils n'en méritoient, Brisson, Buffon, MM. Vieillot, Levaillant, Kuhl, et les naturalistes qui ont fait faire de vrais progrès à cette partie de la science ornithologique, sans la surcharger de dénominations nouvelles et inutiles.

1.° Le genre Palæornis de M. Vigors n'est que la division des perruches a queue en flèche, *sagittifer* de Levaillant. Le nom qu'il reçoit, semble indiquer que tous les oiseaux qu'il renferme, étoient connus des anciens, et cependant il n'y en a qu'un seul, la perruche d'Alexandre.

2.° Le genre Lorius du même correspond à la division des loris de Buffon. Son type est le *P. domicella*.

3.° Le genre Psittacara, Vigors, se rapporte exactement à la division des perruches-aras de Levaillant.

4.° Le genre Brotogeris, Vigors, dont le caractère est inappréciable pour nous, a pour type le *P. pyrropterus*.

5.° Le genre Platycercus, Vigors, est formé de perruches à large queue et de perruches ingambes de Levaillant; il comprend des espèces à queue aiguë, bien que son nom indique une queue plate et large. Les espèces qui le composent, sont les suivantes: *Ps. elegans, Pennantii, eximius, erythropterus, pacificus, ulietanus* et peut-être *tabuensis* de Latham. *flavigaster, Brownii* et *Baueri* de Temminck, *auriceps* de Kuhl et *scapulatus* de Bechstein.

6.° Le genre Trichoglossus, Horsfield, comprend toutes les espèces dont la langue est terminée par un pinceau de filamens cartilagineux.

7.° Les genres Androglossa, Vigors, et Nanodes, Horsfield, nous sont inconnus.

8.° Le genre Calyptorhynchus, Horsfield, est composé des kakatoës noirs, à bec bombé, de la Nouvelle-Hollande.

9.° M. Vigors, tout en adoptant les genres que nous venons de nommer, admet aussi ceux qui ont déjà été formés par d'autres ornithologistes sous les noms de Psittacus; Microglossum, Geoff.; Plyctolophus ou Kakadoë, Vieill.; Macrocercus, Vieill.; Pezoporus, Illig., et Psittacula (section de Kuhl).

Il forme de tous ces genres la famille *psittacidæ*, partagée en cinq sous-familles, sous les noms de *psittacina, plyctolophina, macrocercina, palæornina* et *psittaculina*.

### 1.<sup>re</sup> Section.

ARA: *Ara*, Briss.; *Macrocercus*, Vieill.

Queue plus longue que le corps, étagée, aiguë; bec très-robuste; face toute nue, ou nue et marquée de petites lignes de plumes. (Américains.)

**A.** *Espèces dans lesquelles le rouge domine.*

1. Ara macao : *Psittacus macao*, Linn.; Kuhl, *Consp. psitt.*, page 15, *sp.* 1; Lev., Hist. nat. des perroq., tome 1, page 4,

pl. 1 ; ARA DE LA JAMAÏQUE , Briss.; ARA ROUGE, Buff. Il a jusqu'à trois pieds de longueur. Tout son plumage est d'un rouge foncé approchant du cramoisi sur la tête , le cou , le dessus du corps, les jambes et les petites couvertures supérieures et inférieures des ailes ; les couvertures moyennes sont en partie tachetées de vert ou même sont toutes vertes; les plus grandes et les plumes scapulaires , ainsi que les dernières pennes de l'aile , sont d'un bleu nuancé de vert; les premières pennes sont d'un beau bleu d'azur , nuancé de violet : les couvertures supérieures de la queue sont d'un bleu d'outre-mer, et les inférieures d'un bleu moins vif, nuancé de rouge et de vert obscur ; les douze pennes de la queue sont bleues ou bleues et nuancées de rouge , d'une manière très-variable , selon les individus. Quelques-uns ont les plumes du dos rouges et bordées de vert. La mandibule supérieure est en grande partie d'un blanc sale, mais brunâtre à sa pointe et noire à sa base; l'inférieure est noire ; la peau des joues est nue, blanche, et l'on y remarque plusieurs petites séries de plumes rouges, distribuées en pinceaux ; l'iris est jaune ; les écailles de la peau des pieds et les ongles sont noirs.

Cette espèce est particulière aux Antilles, bien qu'elle habite aussi le continent. Elle est devenue d'autant plus rare dans ces îles que la culture s'y est étendue davantage. On dit qu'elle se laisse facilement approcher par l'homme, et qu'en domesticité elle est très-sujette à l'épilepsie.

2. ARA ARACANGA : *Psittacus aracanga*, Linn.; Kuhl, *Consp. psitt.*, page 16, sp. 2; Lev., Perroq., tom. 1, pag. 10. pl. 2 et 3; ARA ROUGE, Buff., pl. enl., n.° 12. Celui-ci a beaucoup de rapport avec le précédent, et la plupart des naturalistes les ont considérés comme appartenant tous deux à une même espèce. Buffon regardoit seulement l'aracanga comme une variété du macao. Levaillant et M. Vieillot n'ont pas décidé la question; mais Gmelin et M. Kuhl ont séparés spécifiquement ces deux oiseaux. L'aracanga est généralement plus petit que le macao, ayant quatre pouces de moins sur la longueur totale. Les joues sont nues et dépourvues des lignes de petites plumes qu'on remarque sur celles de la première espèce. Le rouge de son plumage est

d'une couleur moins foncée et qui se nuance de jaune dans les plumes du cou et du manteau. Le bleu de ses ailes est beaucoup plus pur; les grandes couvertures sont d'un beau jaune de jonquille. et terminées par des taches vertes; le bas du dos et le croupion sont d'un bleu clair.

L'aracanga est très-commun à la Guiane. Il est fréquemment envoyé de Cayenne et de Surinam, où on en voit une prodigieuse quantité.

3. ARA TRICOLOR, Lev., Perr., t. 1. pl. 3 : *Psittacus tricolor*, Kuhl, *Consp. psit.*; *Act. nov.*, t. 10, 1.ʳ part., p. 16, *sp.* 3; le PETIT ARA, Buff., pl. enl.. pl. 641. Celui-ci, long de vingt pouces, et, par conséquent, beaucoup plus petit que l'aracanga, a le dessus de la tête. le bas des joues et tout le dessous du corps recouverts de plumes d'un rouge roussâtre; le derrière du cou jaune; les pennes des ailes bleues, avec leurs couvertures supérieures d'un brun rouge; les pennes latérales de la queue bleues sur leur bord extérieur et à leur pointe, et d'un rouge cramoisi du côté interne; les deux du milieu ou les plus longues, entièrement de cette dernière couleur, jusqu'à trois pouces de leur pointe, où elles commencent à prendre du bleu. L'espace nu des joues n'est pas très-étendu et présente des lignes de petites plumes. Levaillant remarque que dans cette espèce la mandibule supérieure du bec est moins arquée que dans les autres aras.

L'ara tricolor habite l'Amérique méridionale. On le dit rare : du moins est-il beaucoup moins commun que les précédens chez les oiseleurs et dans les collections.

## B. *Espèces dans lesquelles le bleu domine.*

4. ARA HYACINTHE : *Psittacus hyacinthinus*, Lath.; Kuhl, *Consp. psitt.*, page 16, *sp.* 4; *Psittacus augustus*, Shaw, *Mus. Leverian.*, tab. 14; Ejusd. *Miscell.*, tab. 609. Il a environ deux pieds quatre pouces de longueur totale. Sa couleur générale est un bleu foncé d'hyacinthe; les pennes de ses ailes et de sa queue sont d'un bleu violet, avec une nuance de vert sur le bord extérieur; une tache jaune et ronde se remarque à la commissure du bec; la peau du tour de l'œil et celle du menton sont nues et de couleur jaune.

On le trouve au Brésil : mais il y est rare.

**5. Ara ararauna :** *Psittacus ararauna*, Linn.; Kuhl. *Consp. psitt.*, p. 17, *sp.* 5: *Ararauna*, Lev., Perr., tom. 1, pag. 12, pl. 3; l'Ara bleu de Buffon, pl. enl., n.° 36; *Macrocercus ararauna*, Vieill., Dict. Il a trente à trente-deux pouces de longueur. Toutes les parties supérieures, c'est-à-dire le sommet de la tête, le derrière du cou, le dos, le croupion, les pennes et les couvertures supérieures des ailes et tout le dessus de la queue, sont d'un bleu d'azur éclatant. La poitrine et tout le dessous du corps sont d'un jaune brillant. L'espace nu des joues est considérable et de couleur blanche rosée, avec trois petites lignes horizontales de plumes noires; la gorge est entourée d'un large collier noir verdâtre; le front, selon Levaillant, est d'un vert obscur.

Ce bel oiseau est un de ceux de la division des aras que l'on voit le plus souvent en France, où il a produit en domesticité.

### C. *Espèces dans lesquelles le vert domine.*

**6. Ara ambigu :** *Psittacus ambiguus*, Bechstein; Kuhl, *Consp. psitt.*, page 17, *sp.* 6; Le grand Ara militaire, Lev., Perr., tome 1, page 20, pl. 6. Cet ara est presque aussi grand que le macao, et sa taille dépasse deux pieds. Il a six pouces de plus en longueur que l'ara militaire. Son corps et le dessus de sa tête sont d'un vert un peu lavé de gris et de brun, ce qui lui ôte de son éclat; son front est rouge: les grandes pennes de ses ailes et son croupion sont bleus: les pennes de sa queue, jaunâtres en dessous, sont en dessus rousses, avec l'extrémité bleue; l'espace nu des joues est médiocre, blanc, avec quelques lignes de petites plumes. Les plumes qui bordent cet espace en dessous et celles qui garnissent le menton, sont brunâtres; le bec, très-fort et long, est d'une couleur de corne noirâtre; sa mandibule supérieure est moins arquée que celle de l'ara militaire.

Il est de l'Amérique méridionale.

**7. Ara militaire :** *Psittacus militaris*, Linn.; Kuhl, *Consp. psitt.*, page 17, *sp.* 7: *Great green maccaw*, Edwards; l'Ara vert de Buffon; l'Ara militaire, Lev., Perroq., tome 1, page 14, pl. 4. Il a le plumage généralement d'un vert

assez pur, mais le dessous de la gorge est nuancé de brun ;
le front est marqué d'un large bandeau rouge ; les pennes
des ailes et les plumes du croupion sont bleues ; la queue est
rousse en dessus et l'extrémité des pennes qui la forment
est bleue ; l'espace nu des joues est peu étendu et marqué
de lignes de petites plumes ; la région qui entoure les
joues, et le dessous de la mandibule inférieure, sont d'un
brun verdâtre : le bec a ses deux mandibules aplaties,
tandis que le grand ara militaire les a comparativement
plus robustes et plus arrondies. Sa longueur totale est d'un
pied et demi.

Ces deux espèces sont d'ailleurs fort rapprochées par la
distribution des couleurs sur le plumage ; mais celle qui
nous occupe est constamment plus petite et a des couleurs
plus vives que l'autre.

L'ara militaire est un oiseau assez rare dans les collections.
Il vient de l'Amérique méridionale.

8. ARA MARACANA : *Psittacus severus*, Linn. ; Kuhl, *Consp.
psitt.*, page 18, *sp.* 8 ; *Ara Brasiliensis viridis*, Briss. ; ARA
VERT DU BRÉSIL, Buff., page 383 ; l'*Ara maracana*, Levaill.,
Perroq., tome 1, page 26, pl. 8, 9, et l'*Ara maracana tapiré*, pl. 10. Son plumage est d'un beau vert ; ses joues ont
un grand espace nu, avec quelques lignes plumeuses sur la
membrane qui les recouvre : le dessus de la tête est d'un
bleu tirant sur le vert ; le front porte près du bec un bandeau d'un brun pourpre assez étroit ; les pennes des ailes en
entier et l'extrémité de celles de la queue sont bleues ; le
milieu de ces dernières, en suivant la côte, est d'un brun
rouge, et le bord extérieur en est vert ; le dessous des
pennes des ailes et de la queue est d'un rouge brun, qui,
suivant les différens aspects, prend une teinte d'un rouge
plus ou moins pur ; un rouge de vermillon revêt toutes les
petites couvertures du dessous de l'aile ; le bas de la jambe
a quelques plumes rouges ; le bec est d'un noir de corne,
ainsi que les ongles, les écailles des doigts et les tarses : l'œil
est d'un jaune d'or. Cet oiseau a seize à dix-sept pouces de
longueur, et la femelle est plus petite que le mâle.

Selon Levaillant, cette femelle a la bordure d'un brun
pourpre ou rousse du front, moins apparente, et elle manque

de jarretières rouges. Le jeune n'a point de rouge. Quelques individus adultes sont tachetés de roux et de jaune.

Cette espèce est très-commune à la Guiane.

9. Ara macavouanne : *Psittacus makawuanna*, Linn., Gmel.; Kuhl, *Consp. psitt.*, page 18, *sp.* 9; la Perruche-ara de Cayenne, Buff., pl. enlum., n.° 864; Perriche-ara, *ejusd.* Ois., tome 6, page 277; l'Ara macavouanne, Lev., tome 1, page 23, pl. 7. Il a seize pouces depuis le front jusqu'à la pointe de la queue, qui a six pouces de longueur. Le dessus de sa tête est d'un bleu qui passe insensiblement au vert, à mesure qu'il descend sur le derrière du cou, qui est entièrement de cette couleur, de même que le dos, le croupion, les flancs, les petites et grandes couvertures des ailes et les couvertures du dessus de la queue; ce vert présentant, selon le jour, diverses nuances de jaune ou de brun olivâtre. La queue est en dessus d'un vert jaunâtre nuancé de brun, et en dessous d'un jaune luisant un peu terni par une nuance de brun olivâtre; la gorge, le cou et la poitrine sont d'un vert bleuâtre teint de roussâtre; le bas-ventre est d'un rouge brun; les grandes pennes des ailes sont bleues, avec le bord extérieur vert; le bec est noir, ainsi que les ongles et les écailles des tarses; l'espace nu des joues, qui est très-considérable, n'a pas de lignes de petites plumes, et sa couleur est blanche.

Cette espèce est de la Guiane.

10. Ara d'Illiger : *Psittacus Illigeri*, Kuhl, *Consp. psit.*, p. 19, *sp.* 10. Cette espèce, assez rapprochée de la précédente, a le front d'un rouge orangé; la tête et le cou d'un bleu tirant sur le vert; les grandes pennes des ailes et l'extrémité de celles de la queue bleues; la face supérieure de la queue d'une couleur tirant sur le pourpre, et la face inférieure jaunâtre; le bas-ventre marqué de quelques taches rouges. Cet oiseau, de la taille d'une pie, a treize pouces de longueur totale.

Il est assez commun au Brésil.

## 2.ᵉ Section.

PERRUCHE : *Psittaca*, Briss. ; *Conurus*, Kuhl.

Queue plus longue que le corps, ou égale, ou légèrement plus courte, ayant les pennes étagées, jamais carrée ; bec médiocre ; face emplumée (si ce n'est dans la première division) : habitant toute la zone torride.

### 1.ʳᵉ Division.

Perruches-Aras, Levaill. ; *Psittacara*, Vigors. Tour des yeux seulement nu.

### A. *Espèces américaines.*

11. Perruche-ara pavouane : *Psittacus guyanensis*, Linn. ; Kuhl, *Consp. psitt.*, p. 19, *sp.* 11 ; la Perriche pavouane, Buff., Ois., tome 6, page 255, *ejusd.* pl. enlum. ; Perruche de la Guiane, pl. enl., 407 et 167 ; la Perruche pavouane, Levaill., Perr., tome 1, page 50, pl. 14 et 15. Cette espèce, qui varie beaucoup dans ses teintes et dans ses dimensions, a généralement un pied ou à peu près de longueur totale. Elle est d'un beau vert, avec le sinciput d'un bleu verdâtre ; la face inférieure des ailes et de la queue d'un jaune verdâtre ; les petites couvertures inférieures de l'aile d'un beau rouge. Sa queue, étagée également, est à peu près aussi longue que le corps ; le bec est très-gros, blanchâtre à sa base et brunâtre à sa pointe ; les pieds sont gris ; les yeux d'un rouge brun et les ongles noirs.

Quelques individus ont des plumes rouges, éparses dans les plumes vertes de la tête, du cou et des joues ; d'autres en ont sur la gorge et quelquefois au bas de la jambe.

Les jeunes ont la tête verte et les petites couvertures inférieures des ailes d'un rouge orangé.

On trouve très-communément cette perruche à la Guiane et aux Antilles. Elle se tient en grandes troupes dans les forêts, pendant le jour, et s'approche des prairies et des rivières seulement le soir et le matin. Elle fait de grands dégâts dans les plantations de café, parce qu'elle aime beaucoup la pulpe qui entoure cette graine. Buffon dit qu'à Cayenne elle se nourrit surtout du fruit du *Corallodendron*.

La pavouane est très-babillarde et fort méchante; néanmoins elle apprend assez facilement à parler. et Levaillant en cite une qui récitoit en entier le *pater* en hollandois, en se couchant sur le dos et joignant les doigts des deux pieds, comme nous joignons les deux mains en priant.

12. Perruche-ara a calotte d'or: *Psittacus auricapillus*, Lichtenstein; Kuhl, *Consp. psitt.*, page 20, *spec.* 12. Elle a la taille et le *facies* de la perruche de la Caroline. Son plumage est généralement vert, avec le front rouge; le dessus de la tête d'un jaune d'or; les tempes, le ventre et le croupion pourprés; la poitrine et la gorge d'un vert jaunâtre, nuancé de rougeâtre; les pennes secondaires des ailes et la partie externe des primaires bleuâtres; les couvertures inférieures des ailes d'un rouge pourpre; la queue d'un jaune noirâtre en dessous et d'un jaune verdâtre en dessus, à la base, avec tout le reste bleu.

Les jeunes individus ont le sommet de la tête d'un jaune vert, avec la bordure antérieure du front rouge.

Cette perruche-ara est du Brésil. C'est vraisemblablement à son espèce que l'on doit rapporter le *Psittacus canicularis* de la collection du Muséum de Paris.

13. Perruche-ara écaillée: *Psittacus squamosus*, Lath.; Kuhl, *Consp. psit.*, page 20, *spec.* 13; Shaw, *Miscell.*, 24, tab. 1061, *fig. bona*; *Psittacus erythrogaster*, Lichtenstein. Elle est verte, avec le bas-ventre, le croupion, la face inférieure de la queue et la région de l'oreille rouges; la poitrine, un collier sur la nuque et le côté externe des pennes des ailes bleuâtres; le dessus de la queue d'un jaune vert.

Dans les jeunes on trouve sur le bord de l'aile quelques vestiges de la couleur rouge, et les nouvelles plumes de la poitrine sont bleuâtres, tandis que les autres sont brunes.

Shaw dit que cette espèce est de Surinam, et M. Kuhl l'indique comme étant du Brésil.

14. Perruche-ara a bandeau rouge: *Psittacus vittatus*, Shaw: Kuhl, *Consp. psitt.*, page 21, *sp.* 14; Perruche-ara a bandeau rouge. Levaill., Perroq., tome 1, page 57, pl. 17; *Psittacus undulatus*, Lichtenstein. Elle a six pouces de longueur totale. Toutes les parties supérieures, les côtés de son ventre et ses joues sont de couleur verte; sa poitrine est

d'un cendré jaunâtre, avec des bandes transversales jaunes et noires ondulées; son bas-ventre, la face inférieure de sa queue et le côté intérieur des pennes des ailes sont d'un brun pourpre; le côté externe des grandes pennes alaires est bleu; le devant du front est brun et présente quelques plumes rouges; les couvertures inférieures des ailes et de la queue sont vertes, et la région des oreilles est grisâtre. Les jeunes individus n'ont point de pourpre à l'abdomen et leurs joues sont ondulées. Cette espèce est du Brésil.

15. Perruche-ara des Patagons; *Psittacus patagonus* d'Azara, Vieill. Cette grande espèce a dix-huit pouces de longueur totale. Le haut de son dos, les scapulaires, le derrière du cou et l'occiput sont d'un brun olivâtre, qui passe au vert d'olive sur les couvertures supérieures des ailes, et au brun sur la tête, qui devient d'autant plus noirâtre qu'il se rapproche du front; les joues sont de couleur d'olive; le dessous de la gorge est brun; la poitrine présente aussi cette couleur, mais plus claire et entremêlée de blanc, qui de chaque côté forme une ligne transversale étroite assez tranchée. Mais ce qui caractérise surtout cet oiseau, c'est d'avoir le bas du dos ou le croupion et les couvertures supérieures de la queue, ainsi que les côtés du ventre et la région anale d'une belle couleur jaune, le milieu du ventre étant marqué d'une grande tache rouge; les pennes primaires des ailes sont en dessus d'un brun glacé de bleuâtre sur toute leur surface, à l'exception d'une bordure intérieure et de l'extrême pointe, qui sont d'un noir brun. Les pennes secondaires sont brunes, glacées de vert-olive, à l'exception de leur bord interne, qui est brun; tout le revers de ces pennes est d'un brun noirâtre uniforme, et les couvertures inférieures sont d'un vert olive. Les ailes, ployées, arrivent à la moitié de la longueur de la queue, qui est en dessus brune et glacée d'olivâtre, plus apparent vers la base et se dégradant insensiblement jusque vers le bout, qui est tout brun. La partie intérieure des pennes latérales et le revers de toutes sont bruns; les pennes de cette queue sont régulièrement étagées; le bec est couleur de corne.

MM. Garnot et Lesson, à qui je dois la communication de cette espèce, l'ont trouvée au Chili. Ils l'ont vue voler par bandes nombreuses, qui traversoient la vaste baie de la Conception (par le 36.ᵉ degré lat. sud). Les colons de ce pays la nomment *Cateita*, et les Araucanos l'appellent *Talcaguano*. Son cri est aigre et ses mœurs sont sauvages.

16. PERRUCHE-ARA A OREILLES BLANCHES : *Psittacus leucotis*. Lichtenstein ; Kuhl, *Consp. psit.*, page 21, *spec.* 15. Sa longueur totale est de huit pouces et demi. Sa tête est brune et parsemée de plumes bleues ; une tache à la mandibule, la queue, le croupion et le bas-ventre sont d'un marron pourpre : la région des oreilles est blanche ; le cou et la poitrine sont d'un vert bleuâtre, traversé de lignes blanches et noires ; le poignet de l'aile est rouge ; les pennes des ailes et un collier sur la nuque sont bleus ; le dos, le reste des ailes, les côtés du corps, la base de la queue en dessus et ses couvertures supérieures et inférieures sont de couleur verte.

Cet oiseau est assez commun au Brésil.

17. PERRUCHE-ARA VERSICOLORE : *Psittacus versicolor*, Lath. ; Kuhl, *Consp. psit.*, page 22, *spec.* 16 ; PERRUCHE-ARA A GORGE VARIÉE ; Levaill., Perroq., tome 1, page 54, pl. 16 ; PERRICHE A GORGE VARIÉE, Buff., pl. enl., n.° 144 ; *Psittacus lepidus*, Illig. ; *Psittacus Anaca*, Lath. Elle est de la taille de notre petite grive des vignes. Sa longueur totale est de neuf pouces, sur quoi sa queue en a plus de cinq ; sa tête est brune, avec le front et un demi-collier postérieur bleus ; la base de sa mandibule supérieure est entourée d'une peau nue et blanche, ainsi que celle qui environne les yeux ; la région qui est de chaque côté à la commissure des mandibules, est d'un pourpre nuancé de bleu ; celle des oreilles est d'un gris jaunâtre ; les plumes de la gorge et de la poitrine sont, les supérieures du même brun que la tête et les inférieures d'un noir verdâtre ; toutes étant bordées d'un brun clair, qui, les détachant les unes des autres, leur donne l'apparence d'écailles ; le poignet de l'aile est rouge ; la queue, le croupion et l'abdomen sont d'un brun pourpre ; les flancs, le dos, la base de la queue sont verts ; les grandes pennes des ailes ont leur côté externe bleu, avec un petit liséré vert ; le bec et les pieds sont d'un brun clair ; les ongles noirâtres et les yeux d'un brun rougeâtre.

Dans les jeunes individus la tête est brunâtre, avec le

front un peu bleu : un collier, une tache près de la commissure des mandibules et le ventre, sont d'un vert bleuâtre ; à peine voit-on quelques traces de pourpre à l'abdomen ; les côtés du cou et la poitrine sont variés de jaunâtre et de brunâtre ; la queue est pourpre ; les grandes pennes des ailes et les couvertures supérieures et inférieures de la queue sont bleuâtres ; tout le reste étant vert.

Elle est très-commune à la Guiane et se trouve aussi au Brésil.

## B. *Espèce africaine.*

18. PERRUCHE-ARA SOLSTICIALE : *Psittacus solsticialis*, Linn. ; Kuhl ; *Consp. psit.*, page 27, *spec.* 29 ; PERRUCHE-ARA GUA-ROUBA, Lev., Perr., tom. 1, pag. 60, pl. 18 (le mâle), 19 (la femelle). Cette belle perruche-ara a onze pouces de longueur. Le plumage du mâle est d'un jaune rougeâtre ou couleur d'orange sur la tête, la face, le devant du cou et la poitrine, ainsi que sur tout le dessous du corps, y compris les plumes des jambes et les couvertures du dessus et du dessous de la queue ; toutes les couvertures supérieures des ailes sont d'un beau jaune pur et portent chacune une bordure rougeâtre, qui les détache en écailles les unes des autres ; les scapulaires et le dos sont colorés et dessinés comme ces dernières parties ; les grandes pennes des ailes ont leur pointe bleue et leur bord extérieur vert ; les moyennes sont d'un bleu pur, et les dernières vertes et jaunes ; les pennes intermédiaires de la queue sont d'un beau vert, à l'exception de leurs pointes, qui sont d'un bleu foncé ; les latérales ont leur dessus du même bleu et leurs barbes intérieures d'un gris noirâtre ; les yeux sont d'un jaune d'or ; le bec est gris, avec l'extrémité et la base noirâtres ; les pieds sont gris.

La femelle est un peu plus petite que le mâle : son plumage est d'un jaune jonquille sur le sommet de la tête, le cou, les scapulaires, le dos, la poitrine et sur toutes les couvertures supérieures des ailes, dont aucune n'a de bordure rougeâtre ; le front, les côtés de la tête et le ventre sont d'un rouge orangé ; les plumes des jambes, du bas-ventre et du croupion, ainsi que les couvertures supérieures et inférieures de la queue, sont d'un jaune-brun mêlé de vert; les ailes ont plus de vert et moins de bleu que celles du mâle; la queue porte aussi plus de vert, n'ayant que la bordure extérieure de ses pennes latérales et les pointes des intermédiaires qui soient bleues.

Les jeunes ont le ventre et le croupion rouges: la tête, le cou et la poitrine variés de jaune rougeâtre; les interscapulaires, les ailes et les couvertures supérieures de la queue vertes, avec les rémiges et leurs couvertures bleues à l'extrémité.

Deux oiseaux ont été confondus par Buffon et par Levaillant sous le nom de guarouba, attribué par Marcgrave à une perruche du Brésil. Le vrai guarouba a été décrit par Levaillant comme le jeune âge de l'espèce dont nous venons d'exposer d'après lui les caractères: mais celle-ci est de la côte d'Angola, en Afrique, et a été désignée par Gmelin sous le nom de *Psittacus solsticialis*, que nous lui avons conservé. C'est une perrruche-ara, tandis que le guarouba est une perruche proprement dite.

## C. *Espèces d'origine inconnue.*

19. PERRUCHE - ARA SIMPLE : *Psittacus inornatus*, Temm.: Kuhl, *Consp. psit.*, page 92, *spec.* 167. Cette espèce, dont M. Temminck a possédé un individu vivant, sans en connoître la patrie, est généralement verte, avec le devant de la tête presque roussâtre et varié de bleu et de vert; sa taille est celle du *psittacus pertinax* ou perruche à front jaune. [1]

---

1 M. Vigors (*Zool. journ.*, 7, pag. 388), vient de décrire deux espèces nouvelles de cette division, savoir:

P. FRONTATUS. *Viridis, capitis fronte cœruleo, humeris coccineis; spatio inter oculos rostrumque nudo; alis caudaque viridibus, subtus flavescenti-fuscescentibus.*

P. LICHTENSTEINII. *Viridis, capite nigrescenti-brunneo, postice aureo-variegato; fascia frontali angusta, regione parotica, abdomine medio, uropygio caudaque infra castaneo purpureis; torque nuchali pectoreque cœruleis; humeris coccineis.* Le nom de Lichtenstein ayant déjà été donné à une autre espèce, nous proposons pour celle-ci la dénomination de *Psittacus Vigorsii.*

2.<sup>e</sup> DIVISION.

SAGITTIFÈRES OU PERRUCHES A QUEUE EN FLÈCHE : *Sagittifer*,
Levaill.; *Palæornis*, Vigors. Tour des yeux emplumé; les deux
pennes intermédiaires de la queue très-longues, et dépassant
de beaucoup les autres.

## A. *Espèces à la fois asiatiques et africaines.*

20. PERRUCHE-SAGITTIFÈRE A COLLIER : *Psittacus torquatus*,
Briss., *nec* Gmel.; Linn.; Kuhl, *Consp. psit.*, page 30.
*spec.* 34 ; PERRUCHE A COLLIER ROSE, Buff., Hist. nat. des ois.,
tom. 6, pag. 152, et pl. enl. n.° 551 ; Lev., Perroq., tome 1,
page 70, pl. 22 et 23 ; *ejusd.* PERRUCHE SOUFRE, page 122,
pl. 43. Cette jolie espèce, connue sous le nom de perruche
du Sénégal, a environ quinze pouces de longueur totale, sur
quoi la queue a près de dix pouces. Sa couleur est généralement d'un vert de pré uniforme. Le mâle porte un collier
couleur de rose, qui, lui ceignant le derrière du cou, s'é-
tend jusque sur les côtés, où il est contigu à un autre collier
noir, qui embrasse toute la gorge. Un petit trait noir communique de la narine à l'angle de l'œil de chaque côté du front.
Des nuances de violet se remarquent sur les plumes vertes
des joues dans le voisinage du collier; le ventre est d'un vert
plus jaune que le dos; les couvertures du dessous des ailes et
les flancs sont d'un jaune vert; les pennes des ailes sont à
l'extérieur d'un vert foncé, et leur revers est d'un joli gris
ardoisé; toutes les pennes latérales de la queue sont d'un
vert jaunâtre sur leur face supérieure, tandis que celles
du milieu sont d'un vert plus foncé, nuancé de bleu (et
jaunes à leur extrémité dans quelques individus); tout le revers de la queue est jaune ; la mandibule supérieure est rouge,
avec sa pointe noire, et l'inférieure est d'un noir tirant au
rouge; les pieds et les ongles sont gris; les yeux sont d'un
blanc gris.

Le jeune mâle est entièrement vert. ne portant ni collier
rose derrière le cou, ni plaque noire sur la gorge; son bec
est noirâtre, et ce n'est qu'à trois ans qu'il prend les signes
distinctifs de son sexe.

La femelle ressemble absolument au jeune mâle.

Levaillant décrit sous le nom de perruche soufre un oiseau absolument semblable par ses formes et sa taille à la perruche à collier, et dont le plumage est entièrement jaune de soufre, seulement plus foncé en dessus qu'en dessous.

Cette espèce, qui apprend très-bien à parler, est souvent amenée en Europe. On la trouve au Sénégal, dans l'Inde, à Pondichéry, selon M. Leschenault; au Bengale et aussi à Manille, suivant M. Bechstein, qui néanmoins a décrit celles qui viennent de ce lieu, comme formant une espèce distincte, sous le nom de *psittacus manillensis*.

## B. *Espèces asiatiques.*

21. PERRUCHE-SAGITTIFÈRE D'ALEXANDRE: *Psittacus Alexandri*, Linn.; Kuhl, *Consp. psitt.*, page 30, *sp.* 55; la GRANDE PERRUCHE A COLLIER D'UN ROUGE VIF, Buff., Hist. nat. des ois., tome 6, page 141; *ejusd.* la PERRUCHE A COLLIER DES ÎLES MALDIVES, pl. enlum., n.° 642 (adulte); Edwards, *Glean.*, pl. 292 (adulte): PERRUCHE A ÉPAULETTES ROUGES, Lev., Perr., tome 2, page 8, pl. 75 (jeune); PERRUCHE DE GINGI, Buff., pl. 259 (jeune); *Psittacus eupatria*, Linn., Gmel.; la GRANDE PERRUCHE A COLLIER, Lev., Perr., t. 1, p. 88, pl. 30 (adulte). Cette espèce, qui paroit être la véritable perruche rapportée des Indes par Alexandre, a souvent été confondue avec la précédente; mais elle est plus grande et en diffère aussi sous le rapport de l'intensité de ses couleurs, bien que leur disposition soit à peu près la même. Toutes deux ont la gorge noire et un collier rose sur la nuque; mais ici ce collier est beaucoup plus large et d'un rose bien plus vif : il n'y a pas de violet ou de lilas sur les plumes des joues; le demi-collier noir inférieur est bien marqué. Mais, ce qui caractérise surtout cette espèce, c'est que ses épaulettes sont d'un rouge foncé et bordent, en longeant les ailes, les scapulaires, qui sont d'un vert assez intense, comme toute les parties supérieures du corps, les couvertures des ailes et le côté extérieur des pennes de celles-ci; le dessous du corps est d'un vert plus clair; les pennes de la queue sont en dessus du même vert que les ailes, et jaunâtres en dessous, de même que les couvertures inférieures des ailes. Le bec et

les yeux sont d'un rouge vif, et les pieds sont grisâtres. La longueur totale de l'oiseau est de 18 à 20 pouces.

Selon Levaillant, la femelle de cette espèce ressembleroit entièrement au mâle. Suivant M. Kuhl, le jeune seroit d'un vert plus clair que les adultes, avec des reflets d'un gris bleuâtre, et il ne porteroit aucune trace de collier.

Cette espèce, dont les auteurs anciens, tels que Pline, Apulée, Solin, ont fait mention, habite les Indes orientales, et particulièrement l'île de Ceilan.

22. PERRUCHE-SAGITTIFÈRE A COLLIER JAUNE : *Psittacus annulatus*, Bechstein; Kuhl, *Consp. psit.*, p. 31, *sp.* 36; la PERRUCHE A COLLIER JAUNE, Levaillant, Perr., tom. 2, pl. 75 le mâle, et 76 la femelle; *Psittacus flavitorquis*, Shaw. De la taille de la perruche à collier ordinaire, celle-ci a le dessus du corps d'un vert brillant et le dessous d'un vert très-jaune; la tête du mâle est d'un beau bleu tendre, qui a une teinte de brun sur le front, sur les joues et sur la gorge, et celle de la femelle est grise; un collier jaune, très-marqué dans le mâle et moins dans la femelle, sépare la couleur de la tête de celle du dos et de celle de la poitrine; la queue est plus longue que le corps, et ses deux pennes intermédiaires, du double plus grandes que les deux latérales qui les touchent, sont bleues et terminées de blanc jaunâtre; le bec est d'un jaune citron et les pieds sont gris.

Levaillant a reçu cette perruche de Chandernagor, et M. Leschenault dit qu'elle est commune à Pondichéry.

23. PERRUCHE-SAGITTIFÈRE A COLLIER NOIR : *Psittacus erythrocephalus*, Linn.; Kuhl, *Consp. psit.*, pag. 30, *sp.* 37; *Psittacus ginginianus*, Lath.; PERRUCHE A COLLIER NOIR, Levaill., Perroq., tom. 1, pag. 130, pl. 45; la PERRUCHE A COLLIER A TÊTE COULEUR DE ROSE; Edwards, *Glean.*, p. 233, rapportée à tort par Buffon à l'espèce de la perruche de Mahé. Un peu plus grande que la perruche à collier ordinaire, celle-ci lui ressemble par la tache noire de la gorge et les deux prolongemens en forme de collier, qui sont sur les côtés du cou; mais les couleurs des autres parties du corps diffèrent essentiellement.

Le dessus de la tête et la face de la perruche à collier noir sont d'un joli rose, qui, vers le front, prend une teinte plus foncée; cette teinte se charge par derrière d'une nuance bleue qui donne à cette partie un beau ton lilas tendre, qui varie en plus ou moins foncé, selon les incidences de la lumière: le collier noir venant de la tache noire de la gorge, est entier et sépare en dessus le lilas de la face postérieure de la tête. du vert du derrière du cou. Le dos, les scapulaires, le croupion et le dessus de toutes les pennes des ailes sont d'un beau vert plein; les couvertures qui longent le milieu du poignet des ailes sont en grande partie d'un rouge cramoisi; les autres sont du vert du dos. Les plumes qui recouvrent la base de la queue en dessus, sont d'un vert nuancé de bleu. Le devant du cou, la poitrine, les flancs, le ventre. le bas-ventre et les jambes, ainsi que les couvertures inférieures des ailes, sont d'un vert jaunâtre très-brillant; la mandibule supérieure, qui est très-forte, a une teinte de jaune d'ocre, et l'inférieure est noire. Les pieds et les ongles sont grisâtres et les yeux jaunes.

Il est probable que cette espèce habite l'Asie méridionale, du moins d'après le nom de *Psittacus ginginianus*, que Latham lui a donné.

24. PERRUCHE-SAGITTIFÈRE A NUQUE ET JOUES ROUGES : *Psittacus barbatulatus*, Bechst.; Kuhl, *Consp. psittac.*, p. 32, *sp.* 38; *Psittacus malaccensis*, Gmel.; la GRANDE PERRUCHE A LONGS BRINS, Buff., t. 6, p. 155 et PERRUCHE DE MALACCA, pl. enlum., n.° 887. Cette espèce a quatorze pouces de longueur totale; elle est par conséquent à peu près de la taille de la perruche à collier ordinaire. Le front et le dessus de la tête sont d'un beau vert luisant. L'occiput et le derrière du cou sont d'un rose violet; une tache d'un beau noir et de forme alongée figure, de chaque côté du bas des joues, une sorte de moustache, sur laquelle on remarque quelques plumes vertes. La gorge, le devant et le derrière du cou, le haut du dos et la poitrine, sont d'un vert gai très-brillant, qui jaunit un peu sur les flancs; le bas-ventre. le croupion et les couvertures du dessus de la queue, toutes les couvertures du dessus des ailes. sont d'un vert plein ; les grandes pennes alaires sont bleuâtres à leur naissance et d'un vert foncé au-delà et jusque vers leur pointe, qui est noirâtre: la queue, d'un vert gai sur les côtés de la face supérieure, a le milieu d'un bleu

violacé, qui est plus intense sur les deux longues pennes intermédiaires dans toute leur étendue : le revers des ailes
est d'un noir glacé, et celui des pennes caudales d'un jaune
glacé de vert sur les latérales : la mandibule supérieure est
d'un rouge vermillon, et l'inférieure d'un brun jaunâtre.
Les pieds sont gris et les yeux rougeâtres.

Elle est originaire de Malacca et de plusieurs autres points
des Indes orientales.

25. Perruche-sagittifère du Bengale : *Psittacus bengalensis*,
Linn.; Kuhl, *Consp. psitt.*, pag. 52, *sp.* 39 ; Perruche fridytulah, Lev., Perr., t. 2, p. 10, pl. 74 ; *Psittacus rhodocephalus,*
Shaw, *Mus. Lever.*, tab. 45 ; Perruche de Mahé, Buff., pl. enl.
n.° 888, et petite Perruche a tête couleur de rose et a longs
brins, *ejusd.* Hist. nat. des ois., tome 6, page 154. Cette
espèce, de taille moyenne et de forme très-élancée, a le
corps généralement d'un vert très-jaunâtre; le front et la
face rouges, les joues et l'occiput violets, et ces couleurs entourées par un liséré noir, assez étroit, qui forme une sorte de
collier complet; la nuque et les épaulettes des ailes d'un vert
d'aigue-marine; les ailes d'un vert plein, avec quelques plumes
rouges vers le poignet; la queue très-pointue, avec les pennes
latérales au moins de moitié plus courtes que les deux intermédiaires, vertes et terminées de jaune à leur face supérieure ; tandis que les intermédiaires sont d'un beau bleu
violet et terminées de blanc jaunâtre ; la mandibule supérieure est blanchâtre, et l'inférieure brune; les pieds sont
d'un gris noir. Sa longueur totale est de 12 pouces et demi.

Buffon a confondu à tort cette perruche avec celle que
nous avons décrite, d'après Levaillant, sous le nom de perruche à collier noir, et à laquelle se rapporte l'espèce figurée dans la planche 233 des Glanures d'Edwards, sous le
nom de perruche à collier à tête couleur de rose.

La perruche dite de Bengale se trouve aux environs de
Pondichéry, selon M. Leschenault.

26. Perruche-sagittifère Lori-papou : *Psittacus papuensis*,
Linn.; Gmel., Kuhl, *Consp. psitt.*, page 35 ; *sp.* 40; la Perruche
Lori-papou, Levaill., Perroq., tome, 2, page 14, pl. 77 ; le
petit Lori-papou, Sonnerat, Voy. à la Nouv. Guinée, tom. 3,
page 175, pl. 3. Elle est petite et d'une taille très-dégagée

sa queue est plus longue que le corps, et les deux pennes intermédiaires sont plus que doubles des plus grandes parmi les latérales. Le front, les joues, la gorge, le cou en dessus et en dessous, la poitrine, le ventre et les flancs sont d'un beau rouge de sang; les plumes interscapulaires, les ailes en dessus, et la base de la face supérieure de la queue, sont d'un vert obscur; une bande d'un noir bleu se remarque sur la tété entre les yeux, et une tache de même couleur se voit sur la nuque; les pennes caudales latérales ont leur bord externe dans la dernière partie de sa longueur d'un beau jaune rougeàtre; le bas-ventre et le croupion sont noirs. Il y a du jaune jonquille sur les côtés de la poitrine, ainsi que sur les flancs; les pennes intermédiaires de la queue sont, comme les autres, vertes à leur base et terminées de jaune orangé. Son bec est très-arqué, rouge; et les pieds sont d'un brun rougeàtre. Sa longueur est de quatorze pouces un tiers.

Cet oiseau, qui habite la terre des Papous, est préparé par les insulaires de la même manière que les oiseaux de paradis, c'est-à-dire qu'ils lui arrachent les ailes et les pieds et le font sécher sur un roseau. Dans cet état, ses dépouilles sont apportées en assez grand nombre en Europe; mais il est rare de voir des individus entiers dans les collections.

MM. Garnot et Lesson ont rencontré fréquemment cet oiseau à la Nouvelle-Irlande, à Waigiou et à la Nouvelle-Guinée, où il porte le nom de *Mananbieffé*.

27. PERRUCHE-SAGITTIFÈRE A POITRINE ROSE, Lath. : *Psittacus pondicerianus*, Linn.; Kuhl, *Consp. psitt.*, page 33, sp. 41; PERRUCHE A MOUSTACHES, Buffon. Hist. nat. des ois., tome 6, pag. 149, et pl. enlum. n.° 517. sous le nom de PERRUCHE DE PONDICHÉRY; la PERRUCHE A POITRINE ROSE, Levaill., Perroq., tome 1. page 91, pl. 31 ; *Psittacus Osbecki*. Cette perruche est de grande taille; sa longueur est de quatorze pouces environ; sa queue est aussi longue que le corps; le derrière du cou, les scapulaires, le dos, les couvertures du dessus de la queue, sont d'un vert foncé; les pennes des ailes et de la queue sont aussi de cette couleur; mais les intermédiaires et les plus longues de cette dernière partie présentent une belle couleur bleue. Le ventre est d'un vert moins foncé que le dos et mêlé de teintes jaunàtres, ainsi que les pennes alaires; la

tête est d'un joli gris de perle, qui prend à certains jours un ton bleuâtre ou lilas tendre; le front est traversé par un trait noir, aboutissant de chaque côté au coin de l'œil, pendant qu'une large plaque noire, partant du côté de la mandibule inférieure, couvre la joue et s'y dessine circulairement; le devant du cou et la poitrine sont de couleur de rose; le bec est rouge et les pieds sont gris.

Dans les jeunes la tête est cendrée, la poitrine verte et entremêlée de plumes de couleur vineuse.

Dans les très-jeunes toutes les parties sont verdâtres; la face est d'un cendré vineux; les vestiges des taches mandibulaires sont apparens.

Cette espèce de l'Inde se trouve aux environs de Pondichéry.

28. Perruche a épaulettes jaunes : *Psittacus xanthosomus,* Bechst.; Kuhl, *Consp. psitt.*, page 34, sp. 45; la Perruche a épaulettes jaunes, Levaill., Perroq., tome 1, page 176, pl. 61. Elle est grande et sa queue est plus longue que le corps; son plumage est généralement d'un beau vert; mais la tête, le devant et le derrière du cou, ainsi que la queue, sont d'un beau bleu de turquoise; les trois premières grandes pennes des ailes sont du même bleu, mais d'un brun noir à leur pointe; toutes les autres sont d'un beau vert, et ont aussi leur pointe d'un brun noir; les couvertures du milieu des ailes, celles qui avoisinent les scapulaires, sont d'un beau jaune citron; le bec est tout entier d'un rouge de sang; les' pieds et les ongles sont d'un brun noir; les yeux et la bordure de la peau nue qui les entoure, couleur de rose.

Elle est de Ternate.

## C. *Espèce australe.*

29. Perruche-sagittifère de Swainson : *Psittacus Swainsonii,* Nob.; *Ps. Barrabandi*, Swainson et Vigors; Lath., *Syn.*, 2, pag. 121. Nous changeons le nom donné à cette espèce par M. Swainson, parce qu'il a déjà été employé pour une autre. Cette perruche de la Nouvelle-Hollande est verte, avec le front et la gorge d'un jaune doré; une bande transversale sur la poitrine et une tache sur chaque cuisse d'une belle couleur rouge.

## D. *Espéce d'origine inconnue.*

30. PERRUCHE-SAGITTIFÈRE A DOUBLE COLLIER ; *Psittacus bitorquatus*, Kuhl, *Consp. psitt.*, page 92, *sp.* 168; PERRUCHE A DOUBLE COLLIER, Levaill., Perroq., tome 1, pag. 110, pl. 39; Buff., Hist. nat. des ois., tom. 6, pag. 143; *ejusd.* PERRUCHE A COLLIER DE L'ÎLE BOURBON, pl. enlum., n.° 215. Cette perruche, un peu plus grande que la perruche à collier ordinaire, est généralement d'un vert plus foncé en dessus qu'en dessous; sa tête, aussi verte, est entourée de deux colliers contigus, l'un bleu, l'autre rouge, qui viennent aboutir en dessous à une tache noire de la gorge; la face extérieure des ailes et de la queue est d'un vert plus foncé que celui du corps; la mandibule supérieure est rouge, l'inférieure d'un noir-brun rougeâtre, et les pieds sont gris.

Brisson ayant décrit, sous le nom de perruche de l'île de Bourbon, une espèce verte, avec un collier rose surmonté d'un autre collier vert mêlé de bleu, Buffon a cru la reconnoître dans l'oiseau qu'il a décrit, et c'est pourquoi il lui a donné le même nom; mais Levaillant ayant fait voir par leur comparaison que ces deux oiseaux diffèrent spécifiquement, la dénomination de perruche de l'île de Bourbon ne peut convenir à celui que nous venons de décrire d'après lui, et dont la patrie est inconnue. Levaillant soupçonne qu'il pourroit n'être qu'une variété de sa perruche à collier rose.

### 3.ᵉ DIVISION.

PERRUCHES proprement dites. Queue longue, graduellement étagée, sans que les deux pennes intermédiaires soient de beaucoup plus longues que les autres; tour des yeux emplumé.

## A. *Espèces américaines.*

31. PERRUCHE GUAROUBA : *Psittacus guarouba*, Marcgr.; Kuhl, *Consp. psitt.*, pag. 25, *sp.*, 17; *Psittacus luteus*, Lath.; PERRUCHE-ARA GUAROUBA (jeune âge), Levaill., Perroq.. tome 1, page 63, pl. 20. Cet oiseau, qui est le guarouba des Brésiliens, décrit par Marcgrave, est une vraie perruche, et non une perruche-ara, comme l'espèce solsticiale d'Afrique, avec laquelle Levaillant l'a confondue, en la considérant

comme n'en étant que le jeune âge. Elle a treize pouces de long : sa queue est médiocre; ses ailes sont longues.

Son corps est d'un jaune uniforme, sans aucune teinte rougeâtre; la partie visible des grandes pennes des ailes, les bordures extérieures des latérales de la queue et les pointes de ses intermédiaires, sont bleues; dans tout le reste, l'aile et la queue sont d'un vert jaunâtre, sauf quelques bordures tout-à-fait jaunes sur les dernières pennes et les plus grandes couvertures de l'aile; toutes les autres couvertures du dessous de celle-ci sont du même jaune que le plumage général, à cela près, qu'on y remarque, ainsi que sur les scapulaires, quelques taches vertes, assez irrégulièrement distribuées, ce qui porte Levaillant à croire que l'oiseau qu'il décrit ainsi, doit avoir ses premières plumes vertes, et que ce n'est qu'à la seconde mue qu'il commence à les prendre jaunes.

Cette espèce, qui a quelque rapport dans la taille et la disposition générale des couleurs avec la perruche-ara solsticiale, s'en distingue non-seulement par le caractère du tour des yeux, emplumé chez elle, tandis qu'il est nu dans celle-ci; mais encore par la couleur de sa poitrine, qui n'est pas tachetée de brun ou maillée de jaune. Elle habite le Brésil.

32. Perruche de la Caroline : *Psittacus carolinensis*, Linn.; Gmel.; Kuhl, *Consp. psitt.*, page 23, *sp.* 18. Cette espèce, que M. Kuhl distingue de la suivante, avec laquelle elle a été souvent confondue, est en dessus d'un vert assez foncé, et en dessous d'un vert jaunâtre; sa tête, la partie antérieure de son cou et sa face sont d'un jaune d'ocre orangé, mais sans rouge; son ventre est presque orangé; les grandes pennes de ses ailes sont d'un bleu verdâtre ; le tour de ses yeux est un peu dénudé.[1] Les couvertures inférieures de ses ailes sont d'un vert clair. Sa longueur totale est de neuf pouces et demi.

Elle habite la Caroline.

33. Perruche de la Louisiane : *Psittacus ludovicianus*, Linn.; Kuhl, *Consp. psitt.*, page 23, *sp.* 19; la Perruche a tête jaune, Levaill., Perr., tome 1, page 96, pl. 33 (le mâle); la Perruche a tête jaune, Buff., Hist. nat., tom. 6, pag. 274 et pl.

---

[1] Le caractère du périophthalme nu devroit peut-être faire reporter cette espèce dans la division des perruches-aras.

enl. n.º 499, sous le nom de Perruche de la Caroline; *Psittacus carolinensis;* Wilson, *Amer. ornith.*, tome 3, pl. 26, fig. 1. Cette espèce, longue de onze pouces et demi, est en dessus d'un vert peu foncé, et en dessous d'un vert jaunâtre. Elle a le front, le haut de la tête et le tour des yeux d'un rouge orangé, qui, s'affoiblissant peu à peu, se change en un beau jaune de jonquille sur l'occiput et le haut du cou; la bordure de l'aile d'un jaune orangé; les ailes vertes, avec le bord externe des pennes jaunâtre à la base; la queue verte; les yeux jaunes; le bec d'un blanc jaunâtre et les pieds gris.

Elle est très-commune à la Guiane, voyage beaucoup et se répand jusque dans la Caroline et la Virginie, où elle arrive en automne par bandes innombrables. Sa nourriture consiste, selon Catesby, en graines et pepins de fruits, mais surtout en graines de cyprès, et en pepins de pommes. Le même auteur assure qu'elle niche quelquefois en Caroline.

Cette espèce est de toutes celles du genre des Perroquets celle qui se porte le plus au nord dans l'hémisphère boréal.

34. Perruche a front jaune : *Psittacus pertinax*, Linn.; Kuhl, *Consp. psitt.*, page 24, *sp.* 20; l'Aputé - Juba. Buff., Hist. nat. des ois., tom. 6, pag. 269; *ejusd.* la Perruche illinoise, pl. enl., n.º 528; la Perruche facée de jaune, Edwards, *Glean.*, p. 254; la Perruche a front jaune, Levaill., Perr., tom. 1, pag. 99, pl. 54, le mâle; 35, la femelle; 36, variété, et 57, seconde variété. Sa taille est moyenne (neuf pouces et demi); sa queue est à peu près égale au corps en longueur. Le mâle est d'un vert assez intense sur le dos et sur le derrière du cou; il a le front, les joues et la gorge, c'està-dire toute la face, d'un beau jaune; les plumes de la poitrine d'un gris-roux jaunâtre, nué d'une légère teinte verdâtre; le dessus de la tête bleuâtre; les couvertures supérieures des ailes et de la queue vertes, comme le dessus du dos; les grandes pennes des ailes toutes bleues; tandis que les moyennes ne le sont que sur leur bord extérieur; les flancs, le ventre et les couvertures du dessous de la queue d'un vert clair mêlé de jaune, surtout sur le ventre; le revers des pennes alaires d'un noir bruni, et celui des pennes de la queue d'un jaune brun; le bec et les pieds grisâtres, et les yeux d'un jaune foncé; le tour de ceux-ci étant un peu dégarni de

plumes, mais beaucoup moins que dans les perruches-aras.

La femelle est plus petite que le mâle, et sa queue est plus courte que la sienne, à proportion. Elle en diffère par les couleurs, en ce qu'elle n'a pas de jaune décidé sur le bord du front et sur une partie des joues voisine des oreilles; les autres parties de la face, jaunes dans le mâle, sont roussâtres chez elle, ainsi que le devant du cou et de la poitrine.

Les jeunes individus des deux sexes se ressemblent en ce qu'ils n'ont point de jaune sur la face, et que cette partie, ainsi que le devant du cou, la poitrine et les flancs, sont roussâtres, comme le cou et la poitrine de la femelle adulte; leurs pennes n'ont extérieurement que de légères bordures bleues.

Une variété décrite et figurée par Levaillant avoit tout le dessous du corps, à partir de la gorge jusqu'aux couvertures du dessous de la queue inclusivement, d'un beau jaune souci, et le front aussi de cette couleur; mais du reste elle étoit très-semblable à l'espèce telle que nous l'avons décrite.

Une seconde variété, aussi décrite et figurée par le même ornithologiste, a le front, le tour de la face, la gorge et le devant du cou, d'un brun roussâtre; le dessus de la tête d'un bleu terne, se fondant peu à peu dans le vert, qui couvre la nuque et toutes les parties supérieures du corps; la pointe seulement des grandes pennes alaires, et le bord externe des pennes moyennes, bleus; tout le dessous du corps d'un vert clair; et le bec et les pieds grisâtres.

Cette espèce se trouve à Cayenne, à Surinam, et généralement dans toute la Guiane et au Brésil, où elle est très-commune. Buffon rapporte qu'à Cayenne elle porte le nom de *perruche pou de bois*, parce qu'elle niche dans les nids de ces insectes. Levaillant remarque avec juste raison, qu'il est invraisemblable que cette espèce habite le pays des Illinois, et que sans doute on l'a confondue avec la perruche à tête jaune, qui réellement se trouve dans cette contrée.

35. Perruche couronnée d'or : *Psittacus aureus*, Kuhl, *Consp. psitt.*, page 24, *sp.* 21; Perruche couronnée d'or, Edwards, *Glean.*, pl. 235; Levaillant, Perr., tome 1, page 115, pl. 41; la Perruche couronnée d'or, Buffon, Hist. nat. des ois., tome 6, page 271; *Psittacus brasiliensis*, Lath.; *Psittacus regulus*, Shaw. Le plumage du dessus du corps de cette

perruche est d'un vert foncé très-brillant, et celui des parties inférieures, d'un vert clair; son front et le dessus de la tête sont d'un jaune orangé vif; les plumes de la gorge et du haut du cou sont d'un rouge foible dans leur milieu et d'un vert jaunâtre sur leur bord; les ailes ont leur dessus du même vert que le dos, mais elles y portent sur leur milieu et dans toute leur longueur une bande bleue; la queue est verte en dessus et d'un jaune sombre ou rembruni en dessous; le bec et les ongles sont noirâtres; les tarses et les doigts couleur de chair; les yeux d'un orangé vif, au rapport d'Edwards, selon lequel ces yeux seroient entourés d'un petit rebord de peau, couleur de chair bleuâtre. Sa longueur est de neuf pouces et demi.

Cette espèce est commune au Brésil.

36. PERRUCHE A FRONT ROUGE : *Psittacus canicularis*, Linn.; Gmel.; Kuhl, *Consp. psitt.*, pag. 25, *sp.* 22; la PERRUCHE A TÊTE ROUGE ET BLEUE, Edwards, *Glean.*, tome 4, pl. 176; la PERRICHE ou PERRUCHE A FRONT ROUGE, Buff., tome 6, page 268 et pl. enlum., n.° 767; Levaill., Perr., tom. 1, pag. 113, pl. 40. Elle est de la grandeur de la précédente. Sa taille est dégagée, et sa queue est plus longue que son corps. Le plumage des parties supérieures est d'un beau vert de pré, et celui des parties inférieures d'un vert jaunâtre. Son front est ceint d'un large bandeau d'un rouge de vermillon, qui vient de chaque côté aboutir à l'angle interne de l'œil; le sommet de la tête est d'un beau bleu d'outre-mer, qui prend une teinte verdâtre de plus en plus sensible, à mesure qu'il avance vers la nuque, pour se confondre avec la couleur du dos; toute la partie extérieure et visible des grandes pennes des ailes est bleue; leurs moyennes et petites pennes, ainsi que leurs couvertures supérieures, sont vertes; le revers des pennes alaires et caudales est d'un vert brunâtre glacé et légèrement nuancé de jaune sur les bords de leurs barbes; la mandibule supérieure est d'un gris blanchâtre, et l'inférieure d'un gris brun; les yeux, qu'entoure un petit espace nu et jaunâtre, sont d'un jaune orangé, et les pieds sont couleur de chair.

Cette espèce est du Brésil.

37. PERRUCHE CUIVREUSE : *Psittacus æruginosus*, Linn.; Edw.,

*Glean.*, tab. 177 ; Kuhl, *Consp. psitt.*, page 25 , *spec.* 23. Cette perruche, qui ressemble beaucoup à la perruche couronnée d'or par sa taille et par ses formes, est généralement de couleur verte, avec l'extrémité des pennes des ailes et une bande inter-oculaire, d'un demi-pouce de largeur, de couleur bleue ; le front, la gorge et la face antérieure du cou bruns ; la poitrine, le ventre, la face inférieure des ailes et de la queue jaunâtres.

Elle est de l'Amérique méridionale.

38. Perruche très-verte : *Psittacus viridissimus*, Temm. et Kuhl, *Consp. psitt.*, page 25, *spec.* 24 ; *Psittacus rufirostris,* *var.*, Lath. Celle-ci a huit pouces et demi de longueur totale. Son dos et ses ailes en dessus sont d'un vert très-obscur, tandis que ses parties inférieures sont d'un vert jaunâtre ; sa face est verte ; les plus longues pennes de ses ailes et la base de leurs grandes couvertures sont bleues ; l'extrémité de ces pennes est verte du côté externe ; la queue est presque aussi longue que le corps ; le bec d'un blanc sale.

Elle se trouve très-communément au Brésil.

39. Perruche sincialo : *Psittacus rufirostris*, Linn.; Kuhl, *Consp. psitt.*, page 26, *spec.* 25 ; la Perruche, Buff., pl. enl., n." 550, ou Sincialo, Hist. nat. des ois., tome 6, page 265 ; Perruche sincialo, Levaill., Perroq., tome 1, page 118, pl. 42, le mâle ; Edwards, *Birds,* pl. 175. Elle est de la taille du merle d'Europe ; sa queue est presque du double plus longue que le corps ; les parties supérieures, c'est-à-dire, la tête, le cou, le dos, les scapulaires. le croupion, les ailes et les couvertures du dessus de la queue , sont d'un beau vert de pré; la poitrine, les flancs et le ventre sont d'un vert jaunâtre ; les plumes du bas-ventre, celles des jambes et celles des couvertures du dessous de la queue sont tout-à-fait jaunâtres ; la queue est sur son milieu, en dessus, du même vert que le dos, jaunissant un peu cependant sur les bords latéraux ; toutes ses pennes, très-pointues, étant bleues à leur extrémité et ayant leur face inférieure jaunâtre ; les pennes des ailes ont leur revers d'un gris glacé et la partie intérieure de leurs barbes jaunâtre ; les grandes couvertures inférieures de ces ailes sont cendrées et les petites sont jaunes. Le bec est rougeâtre et la mandibule

inférieure tire au noir-brun; les pieds sont d'un rouge pâle, et les yeux, qui sont d'un jaune orangé, ont la peau qui les entoure, ainsi que celle de la base du bec, couleur de chair.

La femelle ne diffère du mâle que par le moins de longueur de sa queue et la couleur moins foncée de son bec.

Dans les jeunes le plumage est d'un gris verdâtre; le bec et les pieds sont bruns; les pennes de la queue n'ont point de bleu à leur extrémité.

Dans quelques variétés les parties inférieures prennent une teinte de jaune plus ou moins intense, ainsi que les pennes des ailes, qui sont même quelquefois d'un jaune citron.

Cette perruche est très-commune aux Antilles et notamment à Saint-Domingue. Elle vole en troupes nombreuses et en faisant un grand bruit. Sa nourriture principale, selon Dutertre, consiste dans les graines de bois d'Inde : son naturel est doux et elle apprend facilement à parler. C'est une de celles qu'on apporte en plus grande quantité en Europe.

40. PERRUCHE AUX JOUES GRISES : *Psittacus buccalis*, Bechst.; Kuhl, *Consp. psitt.*, page 26, *sp.* 26; la PERRUCHE A JOUES GRISES, Levaill., Perroq., tome 1, page 188, pl. 67. Cette perruche, de taille moyenne, a la queue tant soit peu plus courte que le corps, et très-pointue. Le plumage des parties supérieures de son corps est d'un vert de pré; celui du dessous est d'un vert jaunâtre, glacé de gris sur la poitrine; les petites plumes du bord du front sont grises, ainsi que celles de la gorge et de la partie comprise entre les yeux et le bec; les grandes couvertures du haut des grandes pennes des ailes sont bleues; ces pennes, ainsi que celles de la queue, ont toute leur partie visible verte; le bec, assez fort relativement à la taille de l'oiseau, est d'un blanc grisâtre; les pieds sont de la même couleur.

Cette perruche se trouve à Cayenne, mais y est assez rare.

41. PERRUCHE AUX AILES VARIÉES : *Psittacus virescens*, Gmel., Linn.; *Psittacus chrysopterus*, Linn., Gmel.; la PERRUCHE A AILES VARIÉES, Buff.. Hist. nat. des ois., t. 6, p. 259, et pl. enl. n.º 359, sous la dénomination de PETITE PERRUCHE VERTE DE CAYENNE; PERRUCHE AUX AILES D'OR, Edwards; PERRUCHE A

AILES VARIÉES, Levaill., Perroq., tom. 1, page 165, pl. 57. Elle n'a que huit pouces de longueur totale; sa queue est pointue et plus courte que le corps. Le dessus de la tête, le derrière du cou, le haut du dos, les scapulaires, toutes les moyennes et petites couvertures des ailes, le croupion, les couvertures supérieures de la queue et la face supérieure de celle-ci sont d'un vert blafard, un peu plus vif néanmoins sur le croupion et la queue qu'ailleurs; sur le front et vers les yeux, ce vert est mêlé de bleu; la gorge est d'un vert pâle, tirant au gris; le devant du cou, la poitrine, les flancs, le ventre et les couvertures du dessous de la queue, sont d'un vert jaunâtre; les cinq premières pennes alaires, ainsi que les plumes qui recouvrent leur base, sont d'un bleu tendre, et à bordures d'un vert jaunâtre, mais cette couleur bleue varie suivant les différens aspects; les treize pennes suivantes sont blanches et ont sur leurs barbes extérieures un liséré jaune qui s'élargit par degré, à mesure que la penne devient plus voisine du dos (ces pennes sont taillées en biais); les trois dernières du côté du corps sont toutes vertes; les grandes couvertures d'un jaune citron dans toute leur partie visible et blanches dans leur partie cachée; la face inférieure de la queue est d'un vert de mer, avec des reflets gris; les grandes couvertures de dessous des ailes sont d'un vert d'eau clair, et les moyennes et les petites d'un vert jaune; le bec, les pieds et les ongles sont d'un brun noirâtre.

La femelle ne diffère du mâle qu'en ce qu'elle a des couleurs moins vives, et que sa queue est plus courte d'un pouce. Selon Buffon, cette espèce, très-commune à Cayenne, fréquente les lieux découverts, et vient même jusqu'au milieu des endroits habités.

42. PERRUCHE SOSOVÉ: *Psittacus sosove*, Gmel., Linn.; Kuhl, *Consp. psitt.*, page 27, sp. 28; Sosové, Buff., Hist. nat. des ois., tom. 6, pag. 280, et pl. enl., n.° 456, 2, sous le nom de PETITE PERRUCHE DE CAYENNE; PERRUCHE A TACHE SOUCI, Lev., Perroq., tome 1, page 169, pl. 58 (mâle) et 59 (femelle); *Psittacus tuipara*, Gmel., Linn.; *Psittacus tovi*, Gmel., Linn.; la PETITE PERRUCHE A GORGE JAUNE, Buff., pl. enlum. n.° 190, fig. 1. La synonymie que nous donnons de cette espèce, est celle que lui attribue M. Kuhl. Elle n'est pas d'accord avec

celle que donne Levaillant, qui considère sa perruche à tache souci comme différente à la fois du tovi et du sosové de Buffon, principalement parce que ces taches souci des ailes ou manquent, ou sont remplacées par une teinte jaune dans ces oiseaux. Or, comme ces caractères dissemblables peuvent tenir à des différences d'âge ou de sexe, que ces oiseaux sont du même pays, qu'ils ont une même taille, que leurs becs se ressemblent tout-à-fait, et que la couleur générale de leur plumage est la même, nous ne craindrons pas d'admettre le rapprochement qu'en a fait M. Kuhl.

La perruche à tache souci de Levaillant est de petite taille; sa queue est pointue, quoique peu étagée et de moitié moins longue que le corps; ses ailes dépassent le milieu de cette queue. Son plumage est généralement d'un gros vert en dessus et d'un vert plus clair en dessous; une tache d'un beau souci vif occupe tout le milieu du bord extérieur de l'aile, et est portée par les plumes de l'aile bâtarde, au nombre de sept, ainsi que par quelques-unes des autres couvertures supérieures; les pennes de l'aile sont bleues et largement bordées de vert dans leur partie visible; celles du milieu de la queue présentent aussi la couleur bleue, mais très-intense; le vert du sommet de la tête offre, sous certains aspects, un reflet vert d'aigue-marine lustré; on aperçoit une teinte jaune souci sur le vert de la gorge, mais presque insensible; le bec et les ongles sont d'un blanc jaune et les pieds gris. La femelle est absolument semblable au mâle dans toutes ses couleurs, si ce n'est cependant que la partie des ailes que la tache souci occupe dans ce dernier, est chez elle d'un vert bleuâtre.

Levaillant fait remarquer les différences qui existent entre la figure et la description de l'oiseau nommé sosové par Buffon, et entre autres le tour de l'œil dénudé et blanc; les plumes bouffantes de la gorge; la queue coupée carrément dans la figure, dont le bec est coloré en rouge : caractères dont la description ne fait nullement mention.

Cette espèce est très-commune à Cayenne et se trouve aussi au Brésil.

B. Espèce africaine.

43. Perruche souris : Psittacus murinus, Linn.; Kuhl, Consp.

*psilt.*, page 28, *sp.* 30; la PERRUCHE SOURIS, Buff., H'st. nat. des ois., tome 6, pag. 148, pl. enl. n.° 768, sous la dénomination de PERRUCHE A POITRINE GRISE; PERRUCHE SOURIS, Lev., Perroq., tom. 1, page 108, pl. 38. Cette perruche d'Afrique est de taille moyenne et sa longueur totale est d'environ un pied; son corps est épais et la queue est de longueur égale à la sienne. Toute la partie supérieure de cet oiseau, c'est-à-dire, le dessus de sa tête, les côtés et le derrière de son cou, son manteau, son croupion, les couvertures du dessus de sa queue, toutes celles des ailes, sont d'un vert olivâtre, prenant, suivant les incidences de la lumière, des teintes de jaune, qui lui donnent de l'éclat; son front, le tour de sa face, la gorge, le devant du cou et toute la poitrine, sont d'un joli gris de perle, qui, dans ses reflets, prend un ton bleuâtre; toutes les plumes de ces parties sont lisérées d'une ligne blanchâtre qui les fait se détacher en écailles les unes sur les autres; le ventre, les plumes du bas des jambes et toute la partie abdominale, sont d'un vert jaunâtre, ainsi que les couvertures du dessous de la queue; les premières pennes alaires, toutes celles de la queue, sont en dessus d'un vert plus foncé qu'ailleurs, et en dessous d'un vert jaunâtre glacé de gris; les pieds sont gris et les yeux d'un brun rouge, le bec est d'un brun clair, tirant foiblement sur le rouge.

### C. *Espèces asiatiques.*

* Espèces asiatiques à queue pointue, et dans lesquelles le vert domine.

44. PERRUCHE A TÊTE BLEUE : *Psittacus hœmatopus*, Linn.; Kuhl, *Consp. psitt.*, page 34, *sp.* 43; *Psittacus cyanogaster*, Shaw, *Gen. zool.*, tome 8, pl. 59; *Psittacus moluccanus*, Gmel., Linn.; *Psittacus cyanocephalus*, *ejusd.*; la PERRUCHE A FACE BLEUE, Buff., Hist. nat. des ois., tome 6, page 159, et la PERRUCHE DES MOLUQUES, pl. 743; la PERRUCHE D'AMBOINE, *ejusd.*, pl. enl., n.° 61; la PERRUCHE A TÊTE BLEUE DES INDES ORIENTALES, *ejusd.*, pl. enlum., n.° 192; la PERRUCHE A TÊTE BLEUE, Levaill., Perroq., tome 1, page 73 et suiv., pl. 24 (mâle), 25 (femelle), 26 (jeune), 27 (la variété dite *arlequine*). Cette espèce de perruche, de taille moyenne, et dont la queue est égale au corps en longueur, présente des variétés nom-

39.                                                                    4

breuses de couleurs, et surtout par l'étendue de la couleur
jaune. Sa tête, sa face, le devant de son cou, sont d'un beau
bleu d'azur violacé, et une très-large tache de la même couleur se remarque souvent sur le bas-ventre (dans le mâle,
selon Levaillant); la poitrine et les flancs sont rouges et plus
ou moins variés de jaune; les couvertures inférieures des ailes
sont rouges; le côté interne des pennes des ailes est jaune à
leur base et l'extrémité en est noire; la queue est jaunâtre en
dessous; et tout le reste du corps, c'est-à-dire, le derrière
du cou, le dos, les scapulaires et la face supérieure de la
queue, sont d'un vert peu foncé; le bec est rougeâtre, les
yeux sont couleur d'ocre, et les pieds gris. Dans les jeunes,
selon Buffon, et dans la femelle, suivant Levaillant, les plumes
rouges de la poitrine sont bordées de bleu. Selon ce dernier,
les mâles d'un an sont d'un vert clair, avec la tête bleue, et
c'est ainsi qu'il le représente. Dans les très-jeunes le corps
est vert, et la tête, aussi verte, est variée de plumes bleues;
la poitrine, le derrière du cou et le bas-ventre sont jaunes.

Cette description est celle de l'espèce en général, mais
elle ne peut presque s'appliquer positivement à aucun individu en particulier, à cause des variétés très-nombreuses
qu'apportent les différences d'âge et de sexe, ainsi que l'état
de captivité; aussi n'est-il pas étonnant que les naturalistes
aient considéré les divers individus qu'ils ont examinés
comme appartenant à des espèces distinctes.

La perruche arlequine de Levaillant est la variété la plus
remarquable de la perruche à tête bleue. Chez elle le dos,
les couvertures supérieures des ailes, le ventre, le croupion, sont d'un jaune serin, et variés, surtout les parties
inférieures, de plumes vertes; la queue est verte en dessus
et jaune en dessous; les grandes pennes des ailes sont vertes,
variées de jaune; la poitrine et le haut du ventre sont couverts de plumes d'un beau rouge et bordées de bleu foncé;
une large tache de plumes vertes, mêlée de quelques plumes
jaunes et rouges, se voit de chaque côté du cou; enfin, la
tête est rouge et variée de petites plumes d'un bleu d'azur.
L'individu qui a servi à la description de Levaillant, existe
dans les galeries du Muséum d'histoire naturelle.

Cette espèce est commune aux Moluques. M. Leschenault
dit l'avoir trouvée à Pondichéry.

45. Perruche a face bleue : *Psittacus capistratus*, Bechst. ; Kuhl, *Consp. psitt.*, page 35, *sp.* 44? la Perruche a estomac rouge, Edwards, *Glean.*, pl. 232; la Perruche a face bleue, Levaill., Perroq., tome 1, page 136, pl. 47. Cette perruche, dont la patrie n'est pas positivement connue, mais que l'on sait venir de l'Inde, pourroit bien n'être qu'une variété de la précédente, ainsi que le pense Latham. M. Kuhl, qui l'en distingue, ne le fait cependant qu'avec doute, et nous imiterons sa réserve. Levaillant, au contraire, tranche la difficulté et regarde ces deux oiseaux comme spécifiquement différens, et en cela il se fonde, non sur les différences de couleur, mais sur ce que la perruche à tête bleue a le corps moins épais et moins fort que celle à face bleue, et sur ce que les pennes de la queue de la première sont larges et rondes au bout, au lieu d'être amincies comme celles de la seconde.

La perruche à face bleue est de taille moyenne et ses formes sont épaisses; sa queue est pointue et à peu près de la longueur de ce corps. Son plumage est d'un gros vert sur toutes les parties supérieures du corps, et d'un vert jaunâtre sur les flancs, sous le ventre et sous le cou; la face est encadrée d'un cordon bleu, qui borde la base des mandibules; un demi-collier jaunâtre est sur la nuque et interrompt le vert du dessus du cou; la poitrine et les couvertures du dessous des ailes sont rouges; le dessus et le revers de la queue sont d'un vert jaunâtre; en dessous, les pennes des ailes présentent dans tout leur ensemble une bande transversale, d'abord jaune sur les onze premières, et ensuite rouge et plus étroite sur les douzième, treizième, quatorzième, quinzième, seizième et dix-septième.

46. Perruche lori : *Psittacus ornatus*, Linn. ; Kuhl, *Consp. psitt.*, page 35, *spec.* 45; la Perruche lori, Buff., Hist. nat. des ois., tome 6, page 145, et pl. enlum.. n.° 552, sous la dénomination de Perruche variée des Indes orientales: le Lori, Edwards, *Birds*, tome 4, pl. 174; la Perruche lori, Levaill., Perroq., tome 1, page 152, pl. 52. Cette charmante espèce a huit pouces de longueur; ses formes sont trapues, et sa queue, pointue, est plus courte que le corps. Elle est sujette à beaucoup de variations dans l'état de domesticité; mais, dit Levaillant, dans l'état de nature elle

a tout le dessus de la tête d'un beau bleu foncé, auquel suc-cède par derrière un croissant rouge qui entoure l'occiput, et dont les deux pointes viennent aboutir derrière les yeux : la gorge, le dessous des yeux et tout le devant du cou jusqu'au ventre sont couverts de plumes d'un rouge vermillon, terminées chacune par une bordure d'un vert sombre, qui, dans l'ombre, paroît noire et qui, au jour, varie en violet; les plumes rouges du croissant de l'occiput ont de semblables festons, mais fort légers; le derrière du cou, le dos, les scapulaires, le croupion, les couvertures supérieures de la queue, le dessus de la queue même, sont d'un beau vert plein, ainsi que toutes les couvertures des ailes et tout ce qui se voit de leurs pennes; sur les côtés du cou règne une suite de taches jaunes sur un fond vert, qui sépare le rouge du devant du vert du derrière du cou. Ce jaune, fouetté de rouge et de vert, se porte sur les flancs et s'y montre un peu vers le bord des ailes, lorsque celles-ci sont appliquées contre le corps. Le dessous du corps est d'un vert plus clair que le dessus; les couvertures du dessous de la queue sont vertes et à bordures jaunes; les pennes en dessous sont rouges dans leur partie haute, vertes ensuite et à pointes jaunes, le rouge ne perçant pas en dessus, lorsque l'oiseau ne les étale pas. Le bec est orangé et les pieds sont gris-bruns.

Dans quelques individus les plumes qui recouvrent les oreilles sont bleues, et ce pourroit être un attribut du mâle. Les variétés de cette perruche sont surtout marquées de jaune qui s'étend plus ou moins sur le dos, sur les pennes alaires et sur les flancs. Il y en a de mouchetées de rouge. En un mot, il est difficile de voir de cette espèce d'oiseaux deux individus parfaitement semblables quand ils ont vécu en domesticité, tandis que ceux qui ont été pris à l'état sauvage, sont fort constamment marqués des couleurs que nous avons décrites ci-dessus, d'après Levaillant.

Cette petite perruche des Indes orientales est fréquemment apportée en Europe. MM. Lesson et Garnot ne l'ont point trouvée à l'état sauvage à Amboine, mais bien dans les îles Moluques de Bourou, Céram et Tidor. Elle est commune aux îles de Papous, où les sauvages la nomment *Maninihesse*. A Rony elle reçoit le nom *Manigaine*.

Elle est douce et caressante.

47. Perruche de Lichtenstein : *Psittacus Lichtensteinii*, Bechstein, *Uebersetzung*, page 83 , *index*, page 561, n.° 159: Kuhl, *Consp. psitt.*, page 36, *sp.* 46. Cette grande perruche a dix-sept pouces de longueur totale. Le sommet de sa tête est bleu ; son occiput et la partie postérieure de son cou, ainsi que son ventre, sont noirs ; les régions hypochondriales, ainsi que l'extrémité des pennes des ailes, sont jaunes ; son bec est rouge, très-arqué, avec une grande dent.

Elle est des Indes orientales.

48. Perruche lunulée : *Psittacus lunatus*, Bechstein, *Nat. Abbild.* VIII, tab. 94 ; Kuhl, *Consp. psitt.*, page 36, *sp.* 47. Cette espèce a onze pouces et demi de longueur, sur quoi la queue en a six. Tout son corps est en dessus d'un vert foncé, avec les tiges des plumes noires ; le front, le bord de l'aile et une lunule (*luna*) pectorale sont rouges ; l'abdomen est d'un vert clair ; le bec blanc, très-arqué ; la lunule de la poitrine est étroite de chaque côté vers la nuque ; les grandes pennes alaires sont d'un vert noirâtre, avec le côté extérieur d'un vert bleu ; le dessous de l'aile et de la queue est d'un jaune livide ; le ventre varié de rouge.

Elle est des Indes orientales?

49. Perruche aux ailes chamarrées : *Psittacus marginatus*, Gmel., Linn. ; Kuhl, *Consp. psitt.*, page 37, *sp.* 48 ; Buffon, Hist. nat. des ois., tom. 6, pag. 151, et pl. enl. n.° 287, sous la dénomination de Perroquet de Luçon ; la Perruche aux ailes chamarrées, Levaill., Perroq., tome 1, page 173, pl. 60 ; *Psittacus olivaceus*, Gmel., Linn. ; Perruche de l'île de Luçon, Sonnerat, Voyage, pl. 44 : *Psittacus luciunensis*, Gmel., Linn., Briss., Ornith., tome 4, 22, 2. Cette perruche, dont la longueur totale est de douze à treize pouces, a le bec très-fort, le corps massif, la queue un peu moins longue que le corps, et les ailes assez grandes pour atteindre le milieu de cette queue. Son plumage est généralement vert, seulement plus foncé en dessus qu'en dessous. Sa tête porte sur son sommet un large bandeau bleu qui se rend d'un œil à l'autre ; le front et la face sont verts comme le corps ; les couvertures et les dernières pennes des ailes sont bleues et bordées de jaune d'or ; les plumes de l'aile bâtarde sont vertes, lisérées de jaune,

et les grandes pennes sont brunes et bordées de la même couleur; la queue, verte en dessus, est jaunâtre ou vert olive en dessous; le bec est rouge foncé et les pieds sont bruns. Cette espèce qui, par ses formes, se rapproche des perroquets, habite les îles Moluques.

50. PERRUCHE A BEC COULEUR DE SANG : *Psittacus macrorhynchus*, Gmel., Linn.; Kuhl, *Consp. psitt.*, page 37, *sp.* 49; le PERROQUET A BEC COULEUR DE SANG, Buff., Hist. nat., tom. 6, pag. 122, pl. enl. n.° 713; Levaillant, Perroq., tome 2, page 29, pl. 83; *Psittacus macrorhynchus*, Shaw, *Misc.*, pl. 921. Cet oiseau, de la Nouvelle-Guinée et des Moluques, appartient à la division des perruches, seulement parce que les plumes de sa queue sont étagées, bien encore qu'elles le soient très-peu; sa forte taille, la grosseur de son corps et surtout celle de son bec, en font un véritable perroquet; aussi fait-il bien le passage des oiseaux de l'une de ces divisions à ceux qui composent l'autre. Son plumage est d'un vert très-lustré sur la tête, le cou et les parties inférieures du corps; son dos est d'un bleu d'aigue-marine; les grandes pennes de ses ailes sont bleues, lisérées de vert, et les couvertures supérieures de celles-ci sont d'un noir velouté et bordées de vert sur les unes et de jaune sur les autres; la queue, un peu plus courte que le corps, est large et étagée, sans que la dégradation de longueur des pennes soit très-grande; celles-ci sont vertes en dessus et d'un vert jaunâtre en dessous; le bec, qui a beaucoup de volume, est d'un rouge vif, et les pieds sont bruns.

** Espèces asiatiques, à queue ronde au bout, et dans lesquelles le rouge domine. (LORIS et PERRUCHES-LORIS; genre LORIUS, Vigors.)

51. PERRUCHE GRAND LORI : *Psittacus grandis*, Gmel., Linn.; Kuhl, *Consp. psitt.*, p. 38, *sp.* 50; le GRAND LORI, Buff., t. 6, p. 135, pl. enl., n.°s 683 (jeune), et 518 (adulte avec la queue fausse); le PERROQUET GRAND LORI, Levaill., Perroq., t. 2, p. 132, pl. 126, 127 et 128; *Psittacus puniceus*, Gmel., Linn.; Vosmaer, tab. 7; Brown, tab. 6 (adulte). Cet oiseau, dont la queue est un peu arrondie, parce que ses pennes sont très-légèrement étagées, se rapporte à cette division par ce seul caractère; du reste cette queue large le rapproche des per-

ruches de la quatrième division, dont nous traitons ci-après. Son plumage, dans lequel le rouge domine, et sa patrie, le lient aussi avec les perruches-loris, qui terminent la série des perruches asiatiques. Il est de la taille des perroquets amazones, c'est-à-dire qu'il n'a pas moins de treize à quatorze pouces de longueur.

Il a la tête, le cou, le dos, les scapulaires, toutes les couvertures des ailes, le croupion et le ventre, d'un rouge cramoisi; la poitrine et les flancs, couverts d'un plastron violet, qui, passant par les côtés du cou, en embrasse le derrière et semble y être suspendu. Les petites couvertures qui bordent le pli des ailes, et les grandes pennes de celles-ci, sont d'un bleu violet; leurs dernières plumes, les plus rapprochées du dos, sont du cramoisi de cette dernière partie. Le dessus de la queue est aussi cramoisi dans les deux tiers de sa longueur, et le reste, c'est-à-dire le bas, est d'un jaune d'or; les couvertures du dessous et le revers de la queue sont de ce même jaune; le bec, qui est d'une grosseur remarquable, est tout noir; les pieds et les ongles sont aussi noirs.

Une variété, décrite et figurée par Levaillant (pl. 127), est généralement rouge, avec les plumes de la poitrine et du ventre bordées de vert; la bordure entière des ailes et leurs grandes pennes bleues; le bas-ventre et le bout des pennes caudales jaunes. Cet ornithologiste la considère comme étant le moyen âge de cette espèce.

Quant au jeune âge, il consisteroit en une seconde variété, décrite par le même naturaliste (pl. 128), laquelle est rouge sur les parties supérieures du corps, avec la poitrine et le ventre couverts d'une très-grande quantité de plumes toutes vertes, entremêlées de plumes bleues sur le haut, et de plumes rouges sur le bas, avec la bordure de l'aile bleue, ainsi que les pennes; les couvertures inférieures et le bout des pennes de la queue étant jaunes.

Ce grand lori habite les Moluques.

52. PERRUCHE-LORI A FRANGES BLEUES : *Psittacus ruber*, Gmel., Linn.; Kuhl, *Consp. psitt.*, page 58, *sp.* 51; le LORI ROUGE, Buff., tome 5, page 134, et pl. enl. n.° 159, sous le nom de LORI DE LA CHINE; le PERROQUET-LORI A FRANGES BLEUES, Levaill., Perr., tome 2, page 58, pl. 93; Sonnerat, Voyage

à la Nouvelle-Guinée, pl. 112. Sa taille est moyenne ; il a onze pouces et demi de longueur ; sa queue courte est étagée foiblement et s'arrondit au bout à mesure qu'elle s'étale. Le plumage est généralement d'un beau rouge, avec la queue cramoisie en dessus ; les scapulaires et une partie du haut du dos sont d'un bleu qui se dessine en larges festons. Les premières pennes alaires, l'extrémité des dernières et le bout des plumes de l'aile bâtarde, sont d'un noir violâtre ; le bec est jaune et les pieds sont d'un noir brun.

Dans l'oiseau décrit par Sonnerat, le tour de l'œil est noir et le bout de la queue brun. Il se pourroit qu'il appartînt à une espèce distincte.

Ce lori est des Moluques.

53. PERRUCHE-LORI UNICOLORE : *Psittacus unicolor*, Levaill., Perroq., tome 2, page 151, pl. 125 ; Kuhl, *Consp. psitt.*, page 39, *sp.* 52. Cet oiseau, de taille moyenne, a la queue courte et étagée foiblement dans ses plumes latérales ; son plumage est rouge, un peu plus cramoisi sur le dos, le croupion et la queue, qu'ailleurs ; les grandes pennes des ailes sont d'un noir brun, seulement à leur pointe ; le bec est rouge et les pieds sont brunâtres.

Cet oiseau est des Moluques.

54. PERRUCHE-LORI ÉCAILLÉE: *Psittacus guebiensis*, Gmel., Linn.; Kuhl, *Consp. psitt.*, page 39, *sp.* 53 ; le LORI ÉCAILLÉ, Levaill., Perroq., tome 1, page 150, pl. 51 ; le LORI ROUGE ET VIOLET, Buff., tome 6, page 135, et le LORI DE GUEBY, pl. enlum., n.° 684 ; Sonnerat, Voyage à la Nouvelle-Guinée, pl. 109. Elle est de taille moyenne ; sa queue est un peu plus longue et plus étagée que celle des deux espèces précédentes, mais elle est plus courte que le corps. Tout le plumage est en général d'un rouge terne ; chaque plume du dessus de la tête, du derrière et des côtés du cou, de la poitrine et des flancs, ayant une bordure d'un vert sombre, qui paroît noir sous certains jours ; la queue est cramoisie ; les couvertures du dessous des ailes sont rouges et la plupart festonnées de vert sombre ; les pennes des ailes sont d'un rouge cramoisi, avec leurs pointes noirâtres ; le bec est rouge et les pieds sont bruns. Elle est d'Amboine.

Levaillant paroît douter que le Lori que nous venons de

décrire d'après lui, soit de la même espèce que le lori de
Gueby, de Buffon. M. Kuhl, au contraire, réunit ces deux
oiseaux et leur rapporte, comme individu adulte, celui
donné par Sonnerat.

55. Perruche a gorge rouge : *Psittacus incarnatus*, Gmel.,
Linn.; Kuhl, *Consp. psitt.*, page 39, *sp.* 54; la petite Perruche
a l'aile rouge, Edwards, *Glean.*, pl. 236 ; la Perruche a gorge
rouge, Buff., Hist. nat. des ois., tom, 6, pag. 157; Levaill.,
Perroq., tome 1, page 133, pl. 46. Elle a huit à neuf pouces
de longueur totale ; son corps est svelte et dégagé ; sa queue
est un peu plus longue que le corps ; tout son plumage,
généralement d'un gros vert sur les parties supérieures, est
d'un vert presque jaunâtre sur les inférieures, avec le dessous de la gorge et les couvertures supérieures des ailes d'un
rouge foncé; le revers de la queue et les couvertures inférieures des ailes sont d'un vert jaunâtre ; le bec, les pieds
et une petite peau nue qui entoure les yeux et les narines,
sont couleur de chair tendre; les yeux sont noirâtres.

Cette espèce est des Indes orientales.

56. Perruche-lori écarlate : *Psittacus borneus*, Linn.; Kuhl,
*Consp. psitt.*, pag. 40, *sp.* 55 ; *Long tailed scarlet Lory*, Edw.,
tome 4, page 173 ; le Lori-perruche rouge, Buff., Hist. nat.
des ois., t. 6, p. 136; la Perruche rouge de Bornéo, Briss.,
n.° 77; la Perruche écarlate, Levaill., Perroq., tome 1,
page 126, pl. 44. Elle est de moyenne taille; son corps est
ramassé; sa queue est presque de la longueur du corps; sa
couleur est le rouge écarlate sur le dos, plus jaunâtre vers
la poitrine; les ailes, sur leur bord, près du pli du poignet,
ou les épaulettes, sont vertes, ainsi que l'extrémité des
grandes couvertures alaires supérieures; les pennes des ailes
et de la queue sont rouges et terminées de vert; les trois
dernières pennes alaires les plus rapprochées du dos sont
bleues; le bec est fort et d'un jaune rougeâtre; les pieds et
les ongles sont d'un noir brun; le tour des yeux et le bord
des narines sont nus et brunâtres.

On trouve cet oiseau communément à Bornéo.

57. Perruche-lori a collier jaune : *Psittacus domicella*,
Gmel., Linn.; Kuhl, *Consp. psitt.*, page 40, sp. 56; *Psittacus
atricapillus*, Séba, *Thes.*, tome 1, pl. 38, n.° 4 ; le Lori a

COLLIER , Buff. , t. 6 , p. 130, et Lori des Indes orientales, pl. enl. , n.ᵒˢ 84 et 119; le Perroquet-lori a collier jaune , Lev. , Perr. , t. 2 , p. 62 , pl. 95 et 95 *bis*. Cet oiseau a onze pouces environ de longueur; ses formes sont épaisses et sa queue, médiocrement longue, est arrondie , parce qu'elle est fort peu étagée. Tout son corps est rouge , avec une bande jaune transversale entre le dessous du cou et la poitrine; toute la face supérieure des ailes est verte , et leurs couvertures inférieures, ainsi que le bord vers le poignet et les plumes du bas de la jambe, sont bleus; le dessus de la tête près du front est d'un noir foncé , et cette couleur se change insensiblement près de l'occiput en un violet azuré ; la face inférieure des pennes alaires est jaune; la queue est rouge.

Dans une variété décrite par Levaillant, les plumes de la jambe sont vertes , au lieu d'être bleues, et il n'y a pas de bande jaune sur la poitrine. Dans une autre, indiquée par M. Kuhl, les ailes sont jaunes et la tête porte du roux clair, avec des vestiges de couleur d'azur.

Le perroquet lori-noira de Buffon et de Levaillant pourroit, selon ce dernier, n'être qu'une variété de cette espèce. M. Kuhl a commis une erreur, en citant deux fois la planche 96, d'abord dans la description du *P. domicella*, et ensuite dans celle du *P. garrulus*. La première de ces citations doit être remplacée par le n.ᵒ 95 *bis*, qui représente la variété du *P. domicella* , sans jaune sous le cou , et avec les plumes des jambes vertes.

Cette espèce est commune aux Moluques.

58. Perruche-lori Radhea : *Psittacus Radhea*, Vieill. ; le Perroquet-lori Radhea, Levaill. , Perroq. , tom. 2 , pag. 60, pl. 94. Cet oiseau n'est sans doute qu'une variété d'une espèce de cette division, et peut-être de la précédente, dans laquelle la couleur jaune a pris la place d'autres teintes, ainsi qu'il arrive souvent dans ce genre d'oiseaux. Son plumage est tout rouge, à l'exception des ailes , des plumes des jambes, du sommet de la tête près de l'occiput, et d'une large tache transversale sur la poitrine, qui sont jaunes. Ce nom , qui signifie *roi des Loris*, est donné à ce perroquet par les habitans des Moluques.

59. Perruche lori a scapulaire bleu ou Lori proprement

dit : *Psittacus Lori*, Linn.; Kuhl, *Consp. psitt.*, p. 41, *sp.* 57; le LORI-PERRUCHE TRICOLOR, Buff., Hist. nat. des ois., t. 6, p. 138, et pl. enl., n.° 168, sous la dénomination de LORI DES PHILIPPINES; *First black capped Lory*, Edwards, tome 4, page 170; le PERROQUET-LORI A SCAPULAIRE BLEU, Levaill., Perroq., t. 2, page 128, pl. 125 (mâle) et 124 (femelle). Cet oiseau est de taille moyenne; sa queue, plus courte que le corps, est arrondie au bout et peu étagée. Il a d'ailleurs toutes les formes propres aux perroquets proprement dits. Le sommet de sa tête est noir; sa face est d'un rouge velouté, qui, passant sur la nuque, y forme un demi-collier et se répand ensuite sur tout le devant du cou jusque sur la poitrine, où il se termine circulairement. Tout le dessous du corps, depuis la poitrine, et les couvertures inférieures de la queue, sont d'un gros bleu violâtre, qui, traversant les côtés de la poitrine, couvre le haut du dos seulement et remonte jusqu'au demi-collier rouge de la nuque; le bas du dos et le croupion sont du même rouge que la gorge; les ailes sont d'un vert plein, avec une frange rouge sur le milieu de leur bord latéral; le dessus des pennes de la queue est d'un gros bleu tirant sur le rouge vers leur pointe; le haut du revers de celles-ci est d'un rouge cramoisi et le bas verdâtre. Le bec est rouge dans l'oiseau vivant, et blanc dans celui qui est mort depuis long-temps; les pieds sont noirâtres et les yeux sont d'un rouge brun. Tel est, dans l'état parfait, le mâle de cette espèce. La femelle ressemble au mâle, à cela près que le scapulaire bleu, au lieu de lui couvrir absolument tout le dessous du corps, ne passe chez elle que sur le milieu de la poitrine et laisse apercevoir du rouge sur les flancs. Le jeune mâle ressemble totalement à la femelle.

Ce lori, ayant la queue très-peu étagée, se rapproche, plus que tout autre oiseau de la même division, de ceux de la section des perroquets proprement dits.

Cette espèce est très-commune aux Moluques; il paroît que c'est d'elle que l'on a pris la dénomination générale de *Lori*, mot qu'elle prononce facilement, pour l'appliquer à toutes les espèces de perroquets chez lesquelles le rouge domine.

60. PERRUCHE-LORI NOIRA : *Psittacus garrulus*, Linn.; Kuhl,

*Consp. psitt.*, page 41, *sp.* 58; *Psittacus moluccensis*, Linn.; le Lori noira, Buff., Hist. nat. des ois., t. 6, p. 127, et pl. 216, sous la dénomination de Lori des Moluques; le Perroquet lori-noira, Levaill., Perroq., tome 2, page 65 et pl. 96, sous le nom de Lori nouara. Cet oiseau a onze pouces environ de longueur; ses formes sont épaisses, et sa queue, moyennement longue, est arrondie, parce qu'elle est fort peu étagée. Tout son corps est rouge, avec les ailes et l'extrémité de la queue vertes, les couvertures inférieures des ailes, le bord du poignet de celles-ci, et une tache sur le haut du dos, de couleur jaune; les barbes internes des pennes alaires rouges; les plumes des jambes vertes; la tête rouge comme le corps.

Cette espèce est assez commune aux Moluques.

61. Perruche-lori a queue bleue : *Psittacus cyanurus*, Shaw; Kuhl, *Consp. psitt.*, p. 41, *sp.* 59; *Psittacus cæruleatus*, Bechst.; le Perroquet-lori a queue bleue, Levaill., tome 2, page 67, pl. 97. Par ses couleurs générales, cette espèce a surtout beaucoup de ressemblance avec la perruche-lori à franges bleues; mais elle en diffère notablement par sa queue beaucoup plus courte et bien moins étagée que celle de cet oiseau. Tout son plumage est d'un beau rouge cramoisi, à l'exception des pennes de la queue, des plumes scapulaires, de celles du bas-ventre, des dernières pennes des ailes et de quelques-unes de leurs grandes couvertures supérieures, qui sont bleues, et des grandes pennes alaires, qui sont d'un noir brun et liserées de vert; le bec est d'un jaune d'ocre (dans l'individu empaillé), et les pieds sont noirs.

62. Perruche-lori de Stavorinus; *Psittacus Stavorini*, Garnot et Lesson. Cette espèce est de la taille du lori tricolor de Buffon, et les proportions de son corps sont les mêmes. Son plumage est d'un noir lustré uniforme, excepté l'abdomen qui, jusqu'à la poitrine, est d'un beau rouge. M. Lesson, à qui je dois la connoissance de cette espèce, l'a trouvée indiquée par l'amiral hollandois Stavorinus, dans son Voyage aux Indes orientales. Elle est de l'île de Waigiou.

L'espèce, décrite par Gmelin sous le nom de *Psittacus Novæ Guineæ*, pourroit peut-être se rapporter à celle-ci. (Voyez ci-après, espèce 65.)

Cette espèce se trouve communément à Bornéo.

63. Perruche-lori violette et rouge : *Psittacus coccineus*, Briss. ; Kuhl, *Consp. psitt.*, page 42, *sp.* 60 ; la Perruche rouge des Indes, Briss., tome 4, n.° 78, pl. 25, fig. 2 ; le Lori-perruche violet et rouge, Buff., Hist. nat. des ois., t. 6, p. 138, et pl. enl., n.° 143, sous le nom de Perruche des Indes orientales ; Levaill., Perroq., tome 1, page 156, pl. 53. Cette belle espèce est de taille un peu plus que moyenne ; sa queue, égale au corps en longueur, est bien étagée. Elle a le front, une tache sur la nuque, la gorge, le dos, les jambes et le dessous de la queue rouges ; les plumes du devant du cou et les couvertures supérieures des ailes du même rouge, mais bordées d'un liséré vert-sombre violâtre ; le dessus de sa tête, les joues, une bande auriculaire oblique, le derrière du cou, la poitrine, les flancs, le ventre et le dessus de la queue, d'un bleu foncé ; les pennes alaires d'un brun jaunâtre ; le bec rouge ; les pieds et les ongles d'un noir brun.

Elle habite les Moluques.

64. Perruche-lori a chaperon bleu : *Psittacus riciniatus*, Bechst. ; Kuhl, *Consp. psitt.*, page 42, *sp.* 61 ; la Perruche-lori a chaperon bleu, Levaill., tome 1, page 159, pl. 54. Sa taille est moyenne ; sa queue, pointue, est de moitié moins longue que le corps. Cette jolie espèce a la face, les joues et la gorge rouges, ainsi que le dos, les flancs, une bande sur la poitrine, le dessus de la queue et ses couvertures supérieures, et les plumes des jambes ; une sorte de chaperon d'un beau bleu foncé enveloppe le haut de la tête et le derrière du cou, et fait ensuite, au bas de ce dernier, le tour entier par devant, pour former une bande assez large ; la poitrine et le milieu du ventre sont marqués d'une vaste tache ovale du même bleu ; les grandes pennes des ailes, dans leur partie visible, sont d'un vert-sombre violacé et coupé de rouge ; le bec est petit et rouge, et les pieds sont gris.

Cette espèce est des Moluques.

65. Perruche-lori noire : *Psittacus Novæ Guineæ*, Linn. ; Kuhl, *Consp. psitt.*, page 42, *sp.* 62 ; le Lori noir de la Nouvelle-Guinée, Sonnerat, Voyage à la Nouvelle-Guinée, page 175, pl. 110 ; le Lori noir, Levaill., Perroq., tome 1, page 144, pl. 49. Cet oiseau a dix pouces et demi de lon-

gueur; sa taille est forte; sa queue, un peu plus courte que le corps, est étagée en fer de lance : son plumage est en général, sur le corps, les ailes et la queue, d'un brun noir, qui, à certains jours, laisse voir des reflets d'un bleu violacé très-brillant; le revers de la queue est d'un rouge brillant mêlé d'une forte teinte jaune, qui paroît d'or au soleil; le bec est noir; les pieds sont bruns, et les plumes qui composent le plumage sont douces et molleuses au toucher.

Sonnerat a indiqué cet oiseau comme habitant la Nouvelle-Guinée, et Levaillant assure qu'il existe aussi à Madagascar.

### D. *Espèces australes ou des îles de l'Océanie.*

* Perruches proprement dites.

66. Perruche a bandeau rouge : *Psittacus concinnus*, Shaw, *Miscell.*, pl. 87 ; Kuhl, *Consp. psitt.*, page 46, *sp.* 70; *Psittacus australis*, Lath., *index*, n.° 66 (non pas le *Psittacus australis* de Gmelin, ni le *Psittacus australis* de Shaw, qui appartiennent à des espèces différentes); la Perruche a bandeau rouge, Levaill., Perroq., t. 1, p. 141, pl. 48; *Psittacus rufifrons*, Bechst. Cette jolie espèce n'a que huit pouces trois quarts de longueur; ses formes sont ramassées, et sa queue, qui est bien distinctement étagée, est plus courte que le corps. Le plumage est en général d'un vert plus foncé en dessus qu'en dessous; son front est traversé par un bandeau d'un beau rouge, qui arrive à l'œil de chaque côté pour s'étendre au-delà jusque sur la région de l'oreille, où il finit: le sommet de la tête est bleu; le haut des flancs est d'un beau jaune de jonquille, qui ne paroît qu'un peu lorsque les ailes sont pliées; les couvertures du dessous de celles-ci sont généralement jaunes; les pennes alaires sont d'un vert de pré avec un liséré jaune sur le bord de leurs pennes extérieures; le dessus de la queue est du même vert; le bas du derrière du cou est marqué de jaune brun; le bec est brun-noir à sa base et jaune ou rouge à la pointe; les pieds sont grisâtres.

On la trouve à la Nouvelle-Hollande, et particulièrement aux environs de Botany-Bay.

67. Perruche a face rouge : *Psittacus pusillus*, Lath.; Kuhl, *Consp. psitt.*, page 47, *sp.* 71 ; Journ. du voy. de John White, page 262; la Perruche a face rouge, Levaill., tome 1, page

180, pl. 63. Cette espèce, n'ayant que six pouces un quart de longueur totale, est une des plus petites du genre ; ses formes sont sveltes ; sa queue, très-pointue et étagée, est plus courte que le corps ; ses ailes sont très-longues ; son plumage est généralement d'un beau vert, mais plus foncé sur les ailes et le manteau qu'ailleurs ; sa face, c'est-à-dire son front, ses joues et sa gorge, sont d'un beau rouge ; le bas du derrière du cou est marqué d'une sorte de fascie transversale ou de demi-collier de couleur roussâtre ; les grandes pennes des ailes, dont la couleur verte est mêlée de bleu, se terminent extérieurement en noir-brun ; la queue a le dessus de ses pennes d'un vert-jaune éclatant ; le bec et les pieds sont bruns ; les ailes, ployées, se portent jusqu'aux trois quarts de la longueur de la queue.

Cette espèce habite la Nouvelle-Hollande. MM. Garnot et Lesson l'ont observée par volées de plusieurs centaines d'individus dans les grands *Eucalyptus* des montagnes bleues, et des vallées de Bathurst dans la Nouvelle-Galles du Sud.

68. PERRUCHE BANKS : *Psittacus humeralis*, Bechst.; Kuhl, *Consp. psitt.*, page 47, *sp.* 72 ; la PERRUCHE BANKS, Levaill., Perroq., tome 1, page 147, pl. 50. Cette espèce est de taille moyenne ; sa queue, pointue, est beaucoup plus courte que le corps. Le derrière de la tête et du cou, les joues, les scapulaires, le dos, le croupion et les couvertures du dessus de la queue, sont d'un vert jaunâtre, qui, sur les flancs, prend un ton plus approchant du jaune décidé ; le front est ceint d'un bandeau rouge carmin, auquel succède une calotte d'un bleu d'azur qui couvre la tête seulement : la gorge est rouge, et cette couleur s'étend un peu sur les côtés au bas des joues et y forme comme deux moustaches ; le poignet des ailes est également rouge, et quelques plumes de cette couleur se voient sur les flancs ; l'espace compris entre l'œil et le bec est d'un jaune marqué d'un peu de rouge ; les pennes alaires sont brunâtres et portent toutes un liséré vert-jaunâtre sur leur bord extérieur ; leurs couvertures supérieures sont d'un bleu foncé ; la queue est étagée en forme de fer de lance ; les deux pennes du milieu sont d'un rouge cramoisi et à pointes bleues, et toutes les autres sont d'un bleu violet, liséré de rouge extérieurement, et cette bordure est

d'autant plus large sur ces pennes, qu'elles sont plus rapprochées des intermédiaires ; le revers de la queue est d'un pourpre violâtre, et celui des grandes pennes alaires brunâtre ; les grandes couvertures du dessous des ailes sont vertes ; les moyennes d'un vert jaune, et les plus petites rouges. Le bec, qui est petit, les pieds et même les ongles, sont d'un gris brun.

Cette espèce est propre à la Nouvelle-Hollande.

69. PERRUCHE LATHAM : *Psittacus discolor*, Lath. ; Kuhl, *Consp. psitt.*, page 48, *sp*. 73 ; la PERRUCHE LATHAM, Levaill., Perr., t. 1, p. 178, pl. 62 ; *Psittacus Lathami*, Bechst. Cette jolie perruche a huit pouces de longueur ; sa queue, très-étagée, est à peu près égale au corps. Tout le plumage du dessus et du dessous du corps, ainsi que la queue en dessus, sont d'un beau vert-jaunâtre très-luisant, mais qui, sur la tête, prend une belle teinte bleuâtre ; le tour de la base du bec, tant en dessus qu'en dessous , est garni d'un cercle assez étroit de plumes d'un beau rouge : la même couleur se remarque sur les petites couvertures du poignet de l'aile , mais ces plumes portent toutes une petite bordure bleue qui les détache bien les unes des autres ; un peu de rouge se voit aussi sur les parties latérales des couvertures supérieures de la queue ; les grandes couvertures supérieures des ailes et l'aile bâtarde sont d'un bleu foncé très-brillant , et sur l'une d'elles on remarque, lorsque l'aile est pliée, une ligne ou un trait d'un blanc pur, très-apparent ; les autres couvertures supérieures de l'aile sont vertes ; les grandes pennes sont aussi de cette couleur et finement lisérées de jaune ; le revers des ailes et celui de la queue sont d'un brun olivâtre, et les couvertures du dessous des premières, d'un vert-pâle jaunissant. Le bec et les pieds sont d'un jaune brun. Elle est de la Nouvelle-Hollande.

70. PERRUCHE AUSTRALE : *Psittacus australis* ; Brown ; Kuhl, *Consp. psitt.*, page 48, *sp*. 74. Cette espèce ne doit pas être confondue avec le *Psittacus australis* de Gmelin, qui est le *Psittacus pipilans* de Latham , ni avec le *Psittacus australis* de ce dernier ornithologiste, qui est le *Psittacus concinnus* de Shaw, ou notre perruche à bandeau rouge. Elle est de la grandeur de la perruche Edwards, et elle en a les formes.

Son plumage est d'un vert foncé; la partie antérieure de son front, la région des mandibules, le poignet et les couvertures inférieures de l'aile sont rouges; la région située entre le bec et l'œil, est jaunâtre; le dessus de la tête et le bord des ailes, sont bleus; les pennes de celles-ci sont noires et bordées de jaune; les plumes de la queue sont étroites, longues, d'un roux sale, avec leur extrémité bleuâtre.

Cette espèce est des régions australes, bien, qu'on ne sache pas positivement quelle contrée elle habite.

71. PERRUCHE A ÉCAILLES JAUNES; *Psittacus chlorolepidotus*, Kuhl, *Consp. psitt.*, page 48, *sp.* 75. Cette espèce nouvelle, dont il n'existe point de figures, a le dos, la poitrine et la partie supérieure du ventre, jaunes; chacune des plumes de ces régions étant d'ailleurs bordée de vert, ce qui les distingue en manière d'écailles de poissons; les ailes sont vertes, avec leurs couvertures inférieures et la base des barbes internes des grandes pennes rouges; la queue est verte en dessus et d'un jaune roussâtre en dessous; le bec est rouge; les tarses sont courts et très-épais. Cet oiseau, qui a du rapport avec la perruche à bandeau rouge, habite la Nouvelle-Hollande.

72. PERRUCHE ONDULÉE : *Psittacus undulatus*, Shaw, *Miscell.*, tab. 673 (figure médiocre); Kuhl, *Consp. psitt.*, page 49, *sp.* 76. M. Kuhl distingue cette espèce de celle à laquelle M. Lichtenstein a donné le même nom, et qu'il croit appartenir à la division des perruches-aras. Elle est de l'Australasie. Sa taille la rapproche de la perruche à face rouge; sa tête est d'un jaune verdâtre et marquée d'ondulations très-étroites d'un noir bleuâtre; la gorge est jaunâtre, et les plumes du coin du bec sont bleues; les parties supérieures du corps sont d'un brun olivâtre et marquées de fascies brunâtres; les inférieures vertes; les pennes des ailes verdâtres; la queue est alongée, aiguë, bleue en dessus, et ses pennes sont bordées de jaune. Cette espèce est très-rare.

73. PERRUCHE OUTRE-MER; *Psittacus ultramarinus*, Kuhl, *Consp. psitt.*, pag. 49, *sp.* 77. Cette nouvelle espèce n'a pas encore été figurée. Elle a le front, le derrière du cou, le dos, les ailes et la queue, d'une belle couleur bleue d'outre-mer; le sommet de la tête, la poitrine, le poignet de l'aile et les plumes des jambes bleus; le cou antérieurement et le

ventre d'un blanc varié de brun. Le bec a la mandibule supérieure jaune, et l'inférieure de couleur de corne ; les ailes sont longues ; la queue est arrondie au bout et de la longueur du corps. Elle se rapproche surtout des *Psittacus concinnus* et *virescens*. On la dit de la Nouvelle-Hollande ?

74. PERRUCHE A BOUCHE D'OR : *Psittacus chrysostomus*, Kuhl, *Consp. psitt.*, pag. 5o, *sp.* 78, tab. 1 (mâle); PERRUCHE A BANDEAU BLEU, *Psittacus venustus*, Temm., *Trans. soc. linn.*, t. 13, p. 121. Cette belle espèce est commune à la Nouvelle-Hollande. Toutes les parties supérieures de son plumage sont d'une couleur verte-olive ; le dessous de son cou et sa poitrine sont d'un vert clair ; le ventre est jaune, ainsi que l'espace compris entre le bec et l'œil, et le tour de celui-ci ; une bande étroite frontale joignant les yeux, les couvertures supérieures et inférieures des ailes, et le dessus de la queue, sont de couleur bleue ; les pennes de cette dernière partie sont terminées de jaune, et ont leur face inférieure noire, bordée de jaune, les grandes pennes des ailes sont d'un noir mêlé de bleu.

Dans la femelle, l'espace qui sépare l'œil du bec et aussi le tour de l'œil sont d'un jaune vert, au lieu d'être d'un jaune pur ; la bande bleue frontale est plus claire, et en général les couleurs des autres parties du corps sont moins brillantes que dans le mâle.

75. PERRUCHE EDWARDS : *Psittacus pulchellus*, Shaw, *Misc.*, 69 (mâle adulte); Kuhl, *Consp. psitt.*; la PERRUCHE EDWARDS, Levaill., Perr., tome 1, pag. 190, pl. 78 (jeune mâle). Dans le mâle adulte de cette espèce, dont la longueur totale est de huit pouces et demi, le plumage est vert sur les parties supérieures du corps; le front, la face et les ailes sont d'un bleu d'azur; les épaulettes sont d'une couleur rouge pourprée ; les parties inférieures du corps sont jaunes; la queue est plus longue que le corps et étagée, avec ses deux pennes extérieures jaunes, mais dont la base est noire et teinte de vert; le reste étant vert en dessus et noir en dessous ; le bec est noir.

Dans le jeune mâle les parties inférieures du corps sont d'un jaune verdâtre : le ventre est teint d'orangé et l'épaulette n'a point de rouge.

La femelle diffère du mâle parce qu'elle a sa face et sa gorge vertes, avec quelques vestiges de bleu sur le front.

Cette espèce habite la Nouvelle-Hollande.

76. PERRUCHE ZONAIRE : *Psittacus zonarius*, Shaw, *Miscell.*, n.° 657, et *Psittacus viridis*, *Gener. zool.*; Kuhl, *Consp. psitt.*, p. 51, *spec.* 80. De la taille de la perruche de Tongataboo. Cet oiseau, généralement vert, a la queue aussi longue que le corps et étagée ; la tête, la face et les pennes des ailes noires, avec un collier transversal derrière le cou et une large bande sur l'abdomen jaunes.

Elle habite la Nouvelle-Hollande.

77. PERRUCHE DES PALMIERS : *Psittacus palmarum*, Lath., n.° 57, *ind.*, n.° 68 ; Kuhl, *Consp. psitt.*, page 51, *spec.* 81. Cette perruche, dont un dessin, fait par Forster, existe dans la bibliothèque de Banks, sous le n.° 48, a environ huit pouces de longueur. Sa couleur est verte sur les parties supérieures du corps et d'un vert jaunâtre sur les inférieures ; le bec et les pieds sont rouges ; le bord et l'extrémité des pennes des ailes sont noirs ; la queue, qui est assez grande, est verte et terminée de jaunâtre.

Elle est de l'île de Tanna, l'une des nouvelles Hébrides.

** Perruches australes, platures, ayant les deux pennes intermédiaires de la queue plus longues que les autres, avec une partie de leur tige nue.

78. PERRUCHE PLATURE ou A QUEUE EN RAQUETTE : *Psittacus platurus*, Temm.; Kuhl, *Consp. psitt.*, page 43, *spec.* 63. Dans cette espèce le dos est d'un vert cendré ; la tête et le cou sont d'un vert très-brillant ; les parties inférieures du corps d'un vert jaunâtre ; le tour du sommet de la tête est d'un bleu cendré ; une tache rouge se remarque entre les yeux ; entre le cou et le dos se trouve une bande d'une couleur d'ocre orangée ; les pennes des ailes sont d'un vert foncé, avec le restant d'un bleu gris pâle ; le dessous en est bleuâtre : l'extrémité de la queue est bleue et ses deux pennes intermédiaires sont vertes, beaucoup plus longues que les autres, et une partie de leur tige est nue.

Cette espèce est de la Nouvelle-Calédonie.

* * * Perruches ingambes ou Pézopores, à tarses élevés et ongles ronds, plus droits que ceux des autres espèces; avec le bec court, médiocrement arqué; le corps grêle, alongé; la queue longue, et le plumage généralement vert. PEZOPORUS, Ill., et une partie des PLATYCERCUS, Vigors.

79. PERRUCHE-INGAMBE FORMOSE : *Psittacus formosus*, Lath.; Illig., Kuhl, *Consp. psitt.*, p. 45, *spec.* 64; *Psittacus terrestris*, Lew., *Mus.*, tab. 53 ( *bona* ); PERRUCHE INGAMBE, Levaill., Perr., tom. 1, pag. 93, pl. 32; *Pezoporus formosus*, Illiger *in Prodromo*; *Psittacus terrestris*, Shaw, *Zool. of New Holl.*, tom. 1, pag. 9, pl. 3, et *Miscell.*, pl. 228. Elle a un peu plus de douze pouces de longueur. Ses longs tarses, ses ongles presque droits et arrondis, la petitesse de sa tête, la foiblesse de son bec, dont la mandibule inférieure est très-évasée et renflée sur les côtés, la font remarquer au premier coup d'œil. Sa queue, plus longue que le corps, est étagée et très-pointue. Son plumage se compose presque entièrement de plumes d'un vert jaunâtre et marquées chacune d'une bande transversale d'un brun noir; la couleur étant plus foncée sur les parties supérieures que sur les inférieures, et les bandes des plumes y étant plus larges et plus intenses; une ligne rouge se trouve en travers du front et borde le bec; la queue présente des bandes régulières noires, en forme de V très-ouvert, sur un fond jaunâtre; les premières pennes des ailes sont d'un vert gai et ondées de jaune; le bec est jaunâtre vers sa pointe, et d'un gris brun à sa base; les pieds sont d'un jaune bruni et les ongles noirs.

Cette espèce, observée à la terre de Van-Diémen par M. Labillardière, ne se perche pas; elle se tient à terre, où elle court fort vite. On la trouve aussi sur quelques points du continent de la Nouvelle-Hollande.

80. PERRUCHE-INGAMBE DE LA MER PACIFIQUE : *Psittacus pacificus*, Lath.; *Psittacus Novæ-Zelandiæ*, Kuhl, *Consp. psitt.*, page 44, *spec.* 65; Sparrman, *Mus. Carlson.*, pl. 28; *Platycercus pacificus*, Vigors. Elle a la taille du *Psittacus pertinax*. Son plumage est vert, plus foncé en dessus qu'en dessous; son front, le dessus de sa tête et une tache en arrière des yeux, ainsi que les côtés du croupion, sont rouges; les pennes primaires de l'aile ont leur côté visible bleu; les couvertures

supérieures de ces pennes ont aussi leur base bleue ; la queue est verte en dessus, et sa face inférieure est d'un noir jaunâtre : elle est étagée et de la longueur du corps ; le bec est assez épais et de couleur de corne, avec la base de la mâchoire inférieure plombée.

Comme dans l'espèce précédente, les tarses sont élevés et de la longueur des doigts ; les ongles sont arrondis. Cet oiseau, de la Nouvelle-Zélande, et selon M. Vigors, des îles Macquarrie et d'Otaïti, a dix pouces un quart de longueur totale. Une variété a le front brunâtre, et une autre a le croupion tout vert.

81. Perruche-ingambe d'Uliéta : *Psittacus ulietanus*, Lath. ; Kuhl, *Consp. psitt.*, page 44, spec. 66 ; *Platycercus ulietanus*, Vigors, *Zool. Journ.*, n.° 4. Cette perruche, non encore figurée, est de la taille précédente ; sa tête, ses ailes et sa queue, qui est longue, sont d'un noir brun : le dos, les scapulaires et les couvertures supérieures des ailes sont d'un brun olivâtre ; le dessous du corps est jaunâtre, et le croupion d'une couleur obscure pourprée. On la trouve à Uliéta (une des îles de la Société), et aussi, selon M. Kuhl, à la Nouvelle-Hollande.

82. Perruche-ingambe a croupion rouge ; *Psittacus erythronotus*, Kuhl, *Consp. psitt.*, page 45, spec. 67. Dans cette espèce, non encore figurée et particulière à la Nouvelle-Hollande, les tarses sont élevés, comme dans les précédentes ; le dos, les couvertures des ailes et la face inférieure du corps sont de couleur d'olive ; le croupion est d'un rouge pourpré ; le front est brunâtre, et le reste de la tête vert, avec la face plus claire ; le bec est assez épais, de couleur de corne, avec sa base plombée ; la queue en dessus est bleue, avec le milieu passant au vert ; les pennes des ailes sont longues et brunes, avec leur côté externe bleu.

83. Perruche ingambe cornue : *Psittacus cornutus*, Linn., Gmel. ; Kuhl, *Consp. psitt.*, page 45, spec. 68 ; *Psittacus bisetis*, Shaw et Lath. ; *Psittacus caledonicus*, Lath. ; *Platycercus cornutus*, Vigors. Les parties supérieures du corps sont vertes, et les inférieures d'un jaune verdâtre : la tête est en dessus d'une couleur rouge de sang, avec deux plumes alongées, droites, étroites, vertes et terminées de rouge, faisant ai-

grette ; l'espace compris entre le bec et l'œil, et une tache au côté de la mandibule, de chaque côté, sont noirs ; une bande orangée joint les yeux en faisant le tour de la tête en arrière ; les barbes internes des pennes des ailes sont noires ; la base des grandes couvertures est bleue ; la face inférieure de la queue est noire et cette couleur est mêlée de bleuâtre vers le bout ; la face supérieure de cette même queue est verte à la base et bleue à l'extrémité.

La longueur totale de cette perruche de la Nouvelle-Calédonie est de douze pouces environ.

84. Perruche-ingambe tête d'or : *Psittacus auriceps*, Kuhl, *Consp. psitt.*, p. 46, *sp.* 69 ; *Psittacus pacificus*, Lath., var. *C ; Platycercus auriceps*, Vigors, *Zool. Journ.*, n.° 4. Cette perruche est verte et a sur le front une bande étroite d'un rouge pourpre, qui se prolonge de chaque côté jusqu'à l'œil ; le dessus de sa tête est d'un jaune doré, avec les sourcils verts ; la queue est longue, verte en dessus et bordée de jaune ; les grandes pennes des ailes sont d'un brun noir et bordées d'une ligne étroite, verte, leur origine étant bleue ; le bec est de couleur de plomb à sa base ; l'iris est jaune.

Cette espèce, longue de sept à huit pouces, habite la Nouvelle-Hollande. MM. Garnot et Lesson l'ont aussi trouvée à la Nouvelle-Zélande, où elle est appellée *Po-a-été-ré*.

### E. *Espèces dont la patrie est inconnue.*

85. Perruche Langlois : *Psittacus cervicalis*, Lath. ; Kuhl, *Consp. psitt.*, page 93, *sp.* 169 ; Perroquet Langlois, Levaill., *Perroq.*, tom. 2, pag. 161, pl. 136 ; *Psittacus nuchalis*, Shaw, pl. 613. Cet oiseau, long de huit pouces et demi, a la queue médiocrement longue et arrondie au bout ; le plumage généralement d'un vert céladon, plus foncé en dessus qu'en dessous, avec le front, la poitrine, et un demi-collier sur la nuque rouges, et les pieds gris. Levaillant le croit d'Amérique, à cause de sa ressemblance avec les caïcas.

86. Perruche émeraude : *Psittacus smaragdinus*, Linn., Gmel. ; Kuhl, *Consp. psitt.*, page 93, *sp.* 170 ; la Perriche émeraude, Buff., Hist. nat. des ois., tome 6, p. 262, et pl. enl. n.° 85, sous le nom de Perruche des terres magellaniques ; Perruche émeraude, Levaill., Perroq., t. 1, p. 67,

pl. 21. Cette perruche, à très-longue queue, se rapproche des perruches-aras à petite taille. Sa longueur totale est de treize pouces ; son plumage est d'un vert plein très-brillant, mais toutes ses plumes sont terminées et détachées par une bordure noirâtre ; le bas-ventre est d'un brun pourpré, légèrement teint de bleu et de violet ; la queue est entièrement d'un rouge bruni, qui prend différens tons, selon l'incidence de la lumière ; le bec est noir lavé, et les pieds sont d'un gris brunâtre.

Buffon doute que cette perruche habite les terres magellaniques, quoiqu'il l'ait indiquée sur sa planche enluminée comme se trouvant dans ces parages. Le motif qu'il allègue, savoir : qu'il n'y a pas lieu de croire, que les perroquets habitent à de si hautes latitudes, ne peut être admis comme suffisant aujourd'hui, qu'on connoît des oiseaux de ce genre à la terre de Diémen, à la Nouvelle-Zélande, et jusque dans les îles Macquarrie, par le 52.ᵉ degré de latitude australe.

4.ᵉ DIVISION.

PERRUCHES LATICAUDES OU A QUEUE LARGE, Levaill. Queue longue, plus large à l'extrémité qu'à la base.

## A. *Espèces africaines.*

87. PERRUCHE-LATICAUDE NOIRE : *Psittacus niger*, Linn. ; Kuhl, *Consp. psitt.*, p. 28, *sp.* 31 ; le VASA ou PERROQUET NOIR DE MADAGASCAR, Buff., Hist. nat., t. 6. p. 119, et pl. enl. n.° 500 Edw., t. 1, pl. 5 ; le PETIT VAZA, Lev., Perr., t. 2, p. 26, pl. 82. Sa longueur est de treize à quatorze pouces ; son corps est svelte ; sa queue large, arrondie, et à peu près de la longueur du corps ; son plumage d'un noir brun, glacé de gris, avec les pennes des ailes et les latérales de la queue bleuâtres sur les barbes extérieures ; les deux intermédiaires caudales sont noires comme le corps ; le bec, proportionnellement plus petit et moins robuste que celui de l'espèce suivante, est (selon Levaillant), pendant l'été d'un blanc légèrement rougeâtre, et durant l'hiver d'un noir lavé ; les yeux sont couleur de noisette foncée ou brun rougeâtre ; les pieds sont d'un brun avivé ; la peau nue du tour de l'œil est d'un blanc rose.

Cette espèce, qui appartiendroit à la division des perruches-aras, si sa queue n'étoit point dilatée au bout, habite l'île de Madagascar.

88. Perruche-laticaude Vasa : *Psittacus Vasa*, Shaw ; Kuhl, *Consp. psitt.*, page 29, spec. 32 ; le Grand Vaza, Levaill., Perroq., tom. 2, page. 23, pl. 81 ; *Psittacus obscurus*, Bechst. Elle est beaucoup plus grande que la précédente, puisque sa longueur totale est de vingt-un pouces. Elle a aussi le tour de l'œil nu, ce qui la rapproche des perruches aras. Son plumage est noir, glacé de gris ou de brun, suivant les incidences de la lumière ; sa queue, large et de la longueur du corps, est très-peu étagée et arrondie à l'extrémité ; ses ailes n'atteignent guère que le tiers de la longueur de celle-ci, lorsqu'elles sont couchées sur le corps ; son bec, assez fort est de couleur blanc de corne ; la peau nue, du tour de l'œil est brunâtre dans les individus empaillés, mais sans doute blanche dans les vivans ; les pieds sont noirs.

Cette belle espèce, que Levaillant considère comme faisant le passage des kakatoës aux perroquets, se trouve dans les contrées méridionales de l'Afrique.

89. Perruche-laticaude mascarin : *Psittacus mascarinus*, Linn. ; Kuhl, *Consp. psitt.*, page 29, spec. 33 ; le Mascarin, Briss. ; Buff., Hist. nat., tome 6, page 120, et pl. enl. n.° 35 ; Levaill., Perroq., tom. 2, page 171. pl. 159. Cet oiseau est de grande taille et d'une constitution presque aussi robuste que celle des perroquets amazones. La forme de sa queue est assez semblable à celle du kakatoës, mais un peu étagée, et, comme le remarque Levaillant, il ne lui manque qu'une huppe pour appartenir à la famille de ces derniers. Le mascarin, dont le plumage est généralement brun, plus foncé en dessus qu'en dessous, a un masque noir qui borde le front, embrasse le devant des joues tout autour du bec et descend sur la gorge, du bas de laquelle il s'étend sur les côtés en forme de deux cordons qui semblent lui servir d'attache ; le reste de la tête et le cou sont d'un gris cendré, légèrement violacé ; les pennes latérales de la queue sont blanches à leur naissance et brunes dans tout le reste de leur longueur ; celles du milieu sont uniformément du même brun ; le bec, la peau nue du tour de l'œil et des narines, sont rouges, ainsi que l'iris ; les pieds sont couleur de chair.

Le mascarin se trouve à Madagascar, et même, assure-t-on,
à l'île Mascareigne.

### B. *Espèces australes.*[1]

90. Perruche-laticaude batarde ; *Psittacus spurius*, Kuhl,
*Consp. psitt.*, page 52, *spec.* 82. Cette perruche, qui n'est
peut-être que le jeune âge d'une espèce déjà signalée, a
été décrite par M. Kuhl sur un individu unique de la collection du Muséum d'histoire naturelle de Paris. Les parties
supérieures de son plumage sont d'un vert olive, et les
plumes qui les composent sont bordées de noirâtre ; le
front est rougeâtre ; le croupion est jaune, et ses plumes
sont lisérées de rouge ; la poitrine et le ventre sont de couleur
vineuse, avec des reflets bleus et verts ; le bas-ventre est varié
de jaune verdâtre et de rouge ; la base des plumes de cette
partie est de la première couleur ; la queue est en dessus
d'un vert obscur et en dessous d'un blanc bleuâtre, avec
une bande noire dans son milieu ; les pennes latérales ayant
leur bord externe bleu, et les autres ayant leur extrémité
de cette couleur, moins la dernière pointe, qui est blanche ;
les pennes des ailes sont noires, avec la base des primaires,
sur leur côté externe, bleue. Elle est de la taille de la perruche-laticaude élégante.

La patrie de cette perruche est la Nouvelle-Hollande.

91. Perruche-laticaude gracieuse : *Psittacus venustus*,
Brown ; Kuhl, *Consp. psitt.*, page 52, *spec.* 83. Espèce non
figurée. Elle est de la grandeur de la précédente et elle provient du même pays. Elle a la tête noire, avec une tache
blanche entourée de bleu près de la mandibule supérieure ;
la partie postérieure du cou, le dos, les couvertures alaires
supérieures, les scapulaires et toute la partie inférieure du
corps, marqués par écailles de noir et de jaune paille ; les
ailes et la queue bleues, avec les pennes latérales de celle-ci
terminées de blanc bleuâtre ; le bas-ventre rouge.

92. Perruche-laticaude bleue et noire : *Psittacus cyano-
melas*, Kuhl, *Consp. psitt.*, page 53, *spec.* 84 ; *Psittacus melanocephalus*, Brown. Cette espèce est verte, avec la tête
noire, et une tache bleue située de chaque côté près de la

---

1 Cette subdivision renferme quelques *Platycercus* de M. Vigors.

mandibule; le milieu de son ventre et un collier placé sur le derrière du cou, sont jaunes; la base des pennes des ailes, ainsi que les couvertures et les bords de la queue, sont bleus. Les tarses sont plus alongés que ceux des espèces voisines.

Elle est de la Nouvelle-Hollande.

93. Perruche-laticaude aux ailes rouges : *Psittacus erythropterus*, Lath. ; Kuhl, *Consp. psitt.*, p. 53, *sp.* 85 : Quoy et Gaimard, Zool. du Voy. de l'Uranie, 5.ᵉ liv., pl. 27 ; *Psittacus melanotus*, Shaw (adulte); *Psittacus jonquillaceus*, Vieill., Dict.; *Platycercus erythropterus*, Vigors. Selon ce dernier auteur, cette belle perruche se trouve à la Nouvelle-Hollande. Un très-beau jaune jonquille colore sa tête, son cou en entier, sa gorge, sa poitrine et toutes ses parties inférieures. Elle a le haut du dos, les scapulaires, les parties supérieures des ailes, d'un vert foncé; les pennes alaires et caudales d'un vert plus clair, et les dernières terminées par une grande tache jaune. On remarque quelques plumes rouges sur le bord extérieur de l'aile ; le bas du dos et le croupion sont d'un bleu de ciel; le bec est rouge en dessus; les pieds sont gris. La longueur totale est de quatorze pouces environ.

M. Kuhl ajoute que la queue est noire en dessous, et que son extrémité est arrondie; que le dessous des ailes est noir, avec les grandes et les petites couvertures rouges.

Dans les jeunes les ailes sont d'un vert entremêlé de rouge; dans les adultes, le dos et les scapulaires sont noires : les grandes et les petites couvertures alaires sont rouges.

94. Perruche-laticaude a oreilles jaunes ; *Psittacus icterotis*, Temm., et Kuhl, *Consp. psitt.*, page 54, *spec.* 86. La longueur totale de cette perruche est de dix pouces et demi. Le dessus de la tête, la partie postérieure du cou et les parties inférieures du corps sont d'un rouge entremêlé de vert jaunâtre (cette dernière couleur disparoissant dans les individus adultes); les régions supérieures sont verdâtres, toutes les plumes qui les recouvrent ayant cette couleur dans leur partie visible, et la base brune ; le bord des ailes, la base des barbes extérieures de leurs grandes pennes et les pennes latérales de la queue, bleus ; les intermédiaires à celle-ci étant d'un vert olive; le bec est de moitié plus petit que celui de l'espèce suivante ; la queue est large et plus longue que le corps.

Le nom de cette espèce est tiré d'un caractère bien apparent qu'elle présente, et qui consiste dans l'existence d'une tache jaune qui s'étend de chaque côté, depuis la mandibule jusqu'à la région temporale.

Cette perruche habite la Nouvelle - Hollande.

95. PERRUCHE - LATICAUDE OMNICOLORE : *Psittacus eximius,* Lath.; Kuhl, *Consp. psitt.*, page 54, *sp.* 87; Shaw, *Miscell.*, pl. 93, et *Zool. of New Holl.*, tom. 1, tab. 1; la PERRUCHE OMNICOLORE, Levaill., Perr., t. 1, p. 84, pl. 28 et 29: *Platycercus eximius,* Vigors. Cette perruche n'a pas moins d'un pied de longueur; ses formes sont sveltes et élégantes. Le rouge pourpré couvre (si on en excepte une tache lilas tendre qui embrasse le bas des joues) toute la tête, le devant du cou et la poitrine, en s'avançant en pointe jusqu'au milieu du corps; cette même couleur se retrouve sur toutes les couvertures du dessous de la queue. Le dessous du corps est, vers la poitrine, d'un beau jaune de jonquille, qui prend une nuance plus verdâtre à mesure qu'il s'approche des parties basses; toute la région abdominale, les plumes des jambes, les couvertures du dessus de la queue et le croupion sont verts : les plumes du derrière du cou, celles du haut du dos, les scapulaires et les deux dernières pennes alaires les plus rapprochées du dos, sont d'un noir velouté, et portent toutes une bordure d'un jaune d'or qui en dessine les contours : les petites couvertures du poignet de l'aile sont d'un riche violet; les grandes couvertures du dessus sont d'un lilas clair; celles du dessous sont d'un bleu violacé; les grandes pennes alaires sont en dehors d'un bleu vif, et intérieurement d'un noir glacé, ainsi qu'à leur revers; les secondaires sont mélangées de vert et de bleu extérieurement; les quatre premières pennes les plus extérieures de la queue sont en dehors d'un lilas tendre, qui, s'éclaircissant toujours davantage, blanchit vers la pointe de chacune d'elles; la suivante est extérieurement d'un bleu d'azur, et, enfin, les deux du milieu de la queue, sont en entier d'un vert gai; toutes, à l'exception de ces deux dernières, ont leurs barbes intérieures noires, et cette couleur est aussi celle du revers de ces pennes dans la partie cachée par les recouvremens rouges du dessous de la queue; les pieds sont gris, les ongles et le bec gris-brun et les yeux rouges.

Les diverses nuances que nous venons de décrire d'après Levaillant, qui ornent le plumage de cet oiseau, sont sujettes à varier selon l'incidence de la lumière, et particulièrement la couleur violette des pennes latérales de la queue.

Une variété de cette espèce, celle que Levaillant a figurée pl. 29, diffère en ce que le derrière du cou est entièrement du même rouge que la tête, et que les plumes jaunes du dessous du corps portent toutes une bordure rouge : peut-être est-ce le plumage de la femelle, ou celui d'un jeune mâle ; celui qui est décrit ci-dessus étant le mâle adulte.

La perruche omnicolore est commune à la Nouvelle-Hollande. MM. Garnot et Lesson l'ont vue fréquemment voler en petites troupes aux environs de Sydney et de Paramatta. Les colons la nomment *rose-hill*, du lieu, où elle fut aperçue d'abord.

96. Perruche-laticaude multicolore : *Psittacus multicolor*, Brown ; Kuhl, *Consp. psitt.*, page 55, *spec.* 88 ; Temminck, *Trans. soc. linn.*, tome 15, page 119. Cette espèce n'est pas le *psittacus multicolor* de Gmelin, qu'on doit rapporter au *psittacus semicollaris* de Latham. Elle est de la grandeur de la perruche à oreilles jaunes. Sa couleur générale est le vert brillant ; son dos est d'un vert olive ; son front est jaune et l'espace interoculaire est rouge dans son milieu ; le bas-ventre est d'un jaune rougeâtre ; les épaulettes sont orangées ; le bord de l'aile, les couvertures inférieures et les barbes externes des grandes pennes des ailes sont bleues, les barbes internes de celles-ci sont noires ; la queue est très-étagée, d'un bleu clair, mêlé de vert et de noir ; le bec est couleur de corne : les tarses sont assez longs.

Elle a été trouvée au golfe Spencer sur la côte sud de la Nouvelle-Hollande.

97. Perruche-laticaude élégante : *Psittacus elegans*, Lath. ; Kuhl, *Consp. psitt.*, page 55, *spec.* 89 ; *Psittacus gloriosus*, Shaw, *Misc.*, tab. 53 (adulte) ; *Psittacus Pennantii*, Lath., sp. 26 ; *Psittacus splendidus*, *Mus. Lever.*, tab. 7, Shaw ; la Perruche a large queue, Levaill., Perroq., tom. 2, pag. 19, pl. 78 et 79 ; *Platycercus Pennantii*, Vigors. Cette belle perruche a treize à quatorze pouces de longueur totale ; c'est elle qui est le type de la division des perruches à queue

large de Levaillant, qui le premier remarqua ce caractère, ainsi que l'alongement assez considérable des tarses, qui le rapproche un peu de la perruche ingambe.[1] Ses couleurs sont très-variables; mais, ce qui la distingue d'une manière fixe, c'est que ses joues sont constamment ornées d'une tache bleue qui se rattache à la base du bec et qui forme une moustache.

Dans l'état parfait, cet oiseau a la tête, le cou, la poitrine, les flancs, le bas des jambes, le ventre, le croupion, les couvertures du dessus et du dessous de la queue d'un beau rouge moelleux; les plumes du manteau et les scapulaires noirâtres et bordées de rouge; la moustache bleue sur les joues, dont nous avons parlé; la queue, qui est aussi longue que le corps, d'un bleu foncé dans son milieu et d'un

[1] Le genre *Platycercus* de M. Vigors est évidemment fondé sur cette distinction; mais ce naturaliste y a placé des espèces à queue pointue, auxquelles le nom *platycercus* (queue plate) ne peut convenir comme aux autres. Ces espèces sont décrites ci-dessus, n.° 80, *P. pacificus;* 81, *P. ulietanus;* 83, *P. cornutus,* et 84, *P. auriceps.*

Il distingue encore deux espèces à queue large de la Nouvelle-Hollande, dont voici les caractères :

1.° PLATYCERQUE DE BROWN : *Platycercus Brownii,* Vigors; *Psitt. Brownii,* Temm., *Trans. soc. linn.,* 1822, tom. 13, page 119. Une calotte noire sur la tête, s'étendant jusqu'aux yeux et à la nuque, où les plumes noires sont terminées de rouge; joues d'un blanc qui passe au bleu; plumes du dos et des scapulaires noires dans leur milieu et bordées de jaune; croupion, devant du cou, poitrine et ventre d'un blanc jaunâtre, les plumes de ces parties étant lisérées de noir; couvertures alaires supérieures et inférieures d'un bleu d'azur; rémiges d'un bleu vif; queue bleue en dessus, avec ses quatre pennes latérales terminées de blanchâtre; couvertures du dessous de la queue rouges; pieds noirs; bec gris. Onze pouces de long.

De la terre d'Arnheim, sur la côte Nord de la Nouvelle-Hollande.

2.° PLATYCERQUE DE BAUER : *Platycercus Baueri,* Vigors; *Psitt. Baueri,* Temm., *Trans. soc. linn.,* tome 13, page 118. Une calotte brune; un large collier jaune derrière la nuque; joues d'un bleu foncé; dessus du corps, cou, poitrine, les deux pennes intermédiaires de la queue d'un beau vert foncé; poignet de l'aile d'un vert jaune; pennes alaires bordées de bleu et noires au bout; les latérales de la queue d'un bleu foncé et terminées de bleu clair; ventre d'un beau jaune; flancs et couvertures inférieures de la queue vert clair; bec cendré-jaunâtre; pieds bruns.

De Mémory-Cove, sur la côte Sud de la Nouvelle-Hollande.

bleu clair sur les bords, avec toutes ses pennes terminées de bleu très-pâle et presque blanc; les couvertures des ailes d'un bleu tendre violacé et en grande partie bordées de rouge; les pennes alaires d'un gros bleu, bordé extérieurement de bleu tendre; le bec grisâtre à sa base et jaune à sa pointe; les pieds bruns et les yeux d'un brun noir.

Dans un individu figuré par Levaillant sous le n.° 79, et qui paroît être un oiseau jeune encore, parvenu à l'époque de sa seconde mue, les deux pennes intermédiaires de la queue sont vertes, et tout le dessous du corps, depuis les moustaches jusqu'à la queue, est d'un vert olivâtre; tandis que les deux pennes caudales intermédiaires sont bleues dans l'individu adulte décrit ci-dessus, et que le dessous de son corps est rouge.

Ses couleurs varient dans la domesticité, et sa queue devient beaucoup plus étroite que dans l'état de nature.

On trouve cette espèce à la Nouvelle-Hollande, aux environs de la Baie botanique. C'est le *lourri* des colons. MM. Garnot et Lesson m'ont appris qu'elle vit en troupes dans les montagnes Bleues, et qu'elle est peu défiante.

98. Perruche-laticaude a ventre jaune : *Psittacus flavigaster*, Temm., *Trans. soc. linn.*, tome 13, page 116, 1822; *Psittacus Brownii*, Kuhl, *Consp. psitt.*, page 66, *sp.* 90; la Perruche a large queue, *var.*, pl. 80; Levaillant, Perroq., tome 1, page 22; *Platycercus flavigaster*, Vigors. Confondue à tort avec la précédente par Levaillant, cette espèce en diffère beaucoup par les couleurs de son plumage. Elle a le derrière du cou, le dos, les scapulaires, les petites couvertures supérieures des ailes d'un brun olivâtre mêlé de bleu, selon Levaillant, et d'un noir varié de vert, suivant M. Kuhl; un bleu vif se prononçant sur les épaulettes et sur une partie des couvertures des ailes. La tête en dessus, les côtes du cou et toutes les parties inférieures du corps sont d'un jaune olivacé; les pennes latérales de la queue sont bleues, ainsi que la base externe de celles des ailes, dont tout le reste est noir; les pennes caudales intermédiaires sont d'un vert olive.

On trouve dans cette espèce une moustache bleue analogue à celle qui existe dans la précédente, et qui occupe toute la joue; et de plus, l'on voit sur le front un bandeau rouge, médiocrement large. Elle est de la Nouvelle-Hollande.

99. PERRUCHE-LATICAUDE A COLLIER ET CROUPION BLEUS : *Psittacus scapulatus*, Bechst.; Kuhl, *Consp. psitt.*, page 56, sp. 91; GRANDE PERRUCHE A COLLIER ET CROUPION BLEUS, Levaill., Perr., t. 1, pl. 55 et 56; *Psittacus tabuensis*, Lath., *var.* β et γ; *Psittacus Amboinensis*, Linn.? Buff., pl. enl., n.º 240, sous le nom de PERRUCHE ROUGE D'AMBOINE? *Psittacus tabuensis*, Shaw; *Platycercus scapulatus*, Vigors. Elle a quinze pouces et demi de longueur totale. Sa queue, aussi longue que le corps, est étagée seulement dans le bout, ce qui lui donne beaucoup de largeur. Elle a toute la tête, la face, les côtés et le devant du cou, ainsi que la poitrine, les flancs, le ventre, les plumes des jambes et le recouvrement du dessous de la queue, d'un rouge foncé brillant, marqué seulement de quelques taches bleues, qui frangent le bout des plus longues couvertures du dessous de la queue; le derrière du cou est marqué d'un demi-collier bleu, qui borde le rouge de la partie supérieure de cette partie et le vert foncé qui couvre le dos; le croupion et les couvertures du dessus de la queue sont du même bleu que le collier; les scapulaires sont d'un jaune blanchâtre qui montre des reflets bleus sous certains jours; les couvertures du dessus de l'aile, les pennes de celle-ci, dans toutes leurs barbes extérieures, sont d'un vert semblable à celui du haut du dos, et leurs barbes intérieures sont noirâtres; les plus longues pennes de la queue, ou celles du milieu, sont vertes; celles qui viennent ensuite de chaque côté, d'un bleu violacé, et les latérales, lisérées de vert, sur le même fond bleu. La mandibule supérieure est d'un rouge foncé, sa pointe exceptée, qui est noire, ainsi que la mandibule inférieure. Les pieds et les ongles sont noirs.

Tels sont les caractères du mâle de cette espèce, selon Levaillant. La femelle en diffère, non-seulement par sa taille plus petite, mais aussi beaucoup par ses couleurs. Elle a la tête, la face et le derrière du cou d'un vert de pré; la gorge, les côtés et le devant du cou, ainsi que la poitrine, et de là jusqu'au ventre, d'un vert jaune; le croupion est bleu et les couvertures supérieures de la queue sont vertes; le bas-ventre, les couvertures inférieures de la queue et les plumes des jambes sont rouges ; le dos, les scapulaires, les couvertures supérieures alaires et les grandes pennes, dans leur partie extérieure, sont d'un vert moins foncé que le vert du dos du mâle ; toutes les plumes de la queue sont en dessus d'un vert nuancé de bleu ; cette dernière couleur étant plus prononcée sur celles du milieu que sur les latérales. Le bec est d'un rouge pâle et les pieds sont d'un noir brunâtre.

Dans le jeune mâle, selon M. Kuhl, la queue a plus de vert que dans l'adulte ; la tête, le cou et la poitrine sont verts ; quelques vestiges de rouge se voient sur le front et la poitrine ; le collier bleu du cou manque totalement.

Une variété, observée à Londres par le même naturaliste, avoit la tête, les parties supérieures du corps, les ailes et la queue, d'un vert jaunâtre ; le croupion bleuâtre ; la poitrine d'un rouge jaunâtre, et le ventre rouge.

C'est une des plus communes à la Nouvelle-Hollande.

100. Perruche-laticaude de Tongataboo : *Psittacus tabuensis*, Lath.; Kuhl, *Consp. psitt.*, page 57, *sp.* 92; *Psittacus atropurpureus*, Shaw, *Mus. Lever.*, tab. 34; Latham, *Synops.*, pl. 17; *Platycercus tabuensis*, Vigors? Elle a seize à dix-sept pouces de longueur totale ; la tête d'un brun-pourpre foncé ; le cou et toutes les parties inférieures du corps d'un pourpre noirâtre ; un demi-collier bleu entre la couleur de la tête et celle du derrière du cou ; les plumes de la base de la mandibule inférieure bleues ; le dos, le croupion, les couvertures des ailes verts ; la queue large, verte dans son milieu et bleue sur ses côtés ; le bord de l'aile et les rémiges bleus ; le bec beaucoup plus robuste que celui de l'espèce précédente.

La femelle diffère du mâle, parce qu'elle a la tête, le cou et le dessus du corps d'un brun olive ; le croupion bleu ; le dessous du corps vert, excepté le ventre ; la queue verte en dessus et noirâtre en dessous.

Dans une variété la tête est toute rouge ; une bande étroite, verte, se voit sur les ailes, et le croupion est bleu. Dans une autre il n'y a point de demi-collier bleu derrière le cou, et la bande des ailes est moins vive.

Cette espèce est de la Nouvelle-Hollande. Latham l'indique aussi comme habitant Tongataboo et les autres îles des Amis dans la mer du Sud.

### 3.ᵉ Section.

## PSITTACULE; *Psittacula*, Briss., Kuhl.

Queue beaucoup plus courte que le corps, arrondie ou pointue ;
bec médiocre; face emplumée; point de huppe; corps petit.
Habitant toute la zone torride du globe.

### A. *Espèces américaines.*

#### * Très-petites ; vertes.

101. Psittacule toui-été : *Psittacus passerinus*, Linn.; Kuhl,
*Consp. psitt.*, p. 58, *sp.* 93; l'Été ou Toui-été, Buff., Hist.
nat. des ois., tome 6, page 283, et pl. enlum., n.° 455,
fig. 1, petite Perruche du Cap (où elle est faussement indiquée comme venant d'Afrique); *Psittacus capensis*, Shaw,
*Miscell.*, tab. 893. Ce petit oiseau n'a que quatre pouces
trois quarts de longueur. Il est d'un vert plus foncé en dessus
qu'en dessous; sa queue est étagée et verte; les couvertures
inférieures de ses ailes sont bleues. Dans le mâle, le croupion, les plus courtes des pennes des ailes et les plus longues
des couvertures, sont bleus. Dans la femelle, les grandes
couvertures seulement et la base des pennes alaires sont
bleues; le croupion et les plus courtes des pennes de l'aile
sont d'un bleu-clair verdâtre.

Les jeunes n'ont point de bleu.

Cette espèce est très-commune au Brésil. M. Vieillot paroît disposé à lui rapporter le perroquet nain (*maracana
enano*) du Paraguay, de d'Azara, petit oiseau qui va par
bandes de huit à vingt individus, jette des cris aigus, vole
rapidement et pénètre dans les villes en hiver. Il pond quatre œufs, dans les nids abandonnés des fourmis.

102. Psittacule de Saint-Thomas ; *Psittacus S. Thomæ* ;
Kuhl, *Consp. psitt.*, page 58, *sp.* 94. Sa longueur est de quatre
pouces un tiers. Sa couleur est uniformément d'un vert clair,
le dessous étant seulement un peu plus jaunâtre ; la région
du tour du bec du mâle est jaune, et celle de la femelle est
d'un jaune verdâtre ; le dessous de la queue est d'un jaune-
verdâtre clair, et vers l'extrémité elle passe au jaune presque
brun ; les barbes intérieures des pennes des ailes sont noires ;
les pennes secondaires sont jaunâtres; le bec est pâle.

39. 6

Le front de la femelle est d'un jaune verdâtre.

Cet oiseau habite l'île Saint-Thomas, l'une des Antilles.

103. PSITTACULE TOUI : *Psittacus Tui*, Linn., Gmel.; Kuhl, *Consp. psitt.*, page 58, *sp.* 95 : variété du TOUI A TÊTE D'OR DU BRÉSIL, Buff., et pl. enl., n.° 456, fig. 1, sous la dénomination de PERRUCHE DE L'ÎLE SAINT-THOMAS; PERRUCHE TUI, Levaill., Perroq., tome 1, page 195, pl. 70. Elle a cinq pouces deux tiers de longueur. Tout son plumage est vert, sauf une tache qui s'étend du front jusqu'au sommet de la tête, et une autre petite tache postoculaire de chaque côté, qui sont jaunes; sa queue est arrondie, un peu plus longue proportionnellement que celle de l'espèce précédente, mais plus courte que le corps; le tour de sa face est d'un vert bleuâtre; les régions inférieures du corps sont d'un vert un peu moins foncé que les supérieures; le vert de la tête et du cou est foiblement nuancé de bleu; le bec et les pieds sont brunâtres.

Cette espèce se trouve très-communément à Cayenne.

** Petites, à queue variée de diverses couleurs.

104. PSITTACULE SOURDE : *Psittacus surdus*, Illiger; Kuhl, *Consp. psitt.*, page 59, *sp.* 96 : *Psittacus ochrurus*, prince Max. de Neuwied. Le dos, le croupion et les épaulettes de cet oiseau sont d'un beau vert foncé, tandis que les parties inférieures sont d'un vert clair; le dessus et les côtés du cou sont d'un vert livide; la face et la région qui entoure le bec sont d'un jaune brunâtre; le tour de l'œil est nu et cendré; les pennes secondaires des ailes ont leur extrémité noire; les scapulaires sont de couleur olive brunâtre; la queue est presque cunéiforme, d'un jaune ferrugineux, avec les bords latéraux et le bout noirs; les deux pennes intermédiaires seulement ayant leur pointe verte.

Cette espèce, dont la queue est fort courte, a six pouces deux tiers de longueur. Dans les jeunes, les bords latéraux de la queue sont verts.

Elle habite le Brésil.

105. PSITTACULE A DOS NOIR : *Psittacus melanonotus*, Licht.; Kuhl, *Consp. psitt.*, page 59, *sp.* 97 ; *Psittacus erythrurus*, pr. Maxim. Celle-ci est un peu plus petite que la précédente.

Sa couleur générale est le vert ; le dos, les scapulaires et le croupion sont d'un noir brun ; le ventre est mêlé de gris ; le bord antérieur des ailes est rouge ; la queue est d'un rouge pourpre, avec une large bande transversale près de l'extrémité, et les bords latéraux noirs, les deux pennes intermédiaires étant vertes et terminées de noir.

On trouve cette espèce au Brésil.

106. Psittacule pourprée : *Psittacus purpuratus*, Lath. ; Kuhl. *Consp. psitt.*, page 60, *sp.* 98. Espèce longue de six pouces trois quarts, verte, avec les parties inférieures du corps d'un vert jaunâtre : la tête et le cou en dessus d'un brun cendré ; le croupion et le bord antérieur de l'aile bleus ; les couvertures supérieures, les scapulaires et les pennes des ailes d'un noir brun et bordées de vert ; la queue, carrée, d'un pourpre très-brillant, verte au bout, avec une bande marginale noire, les quatre pennes intermédiaires étant vertes.

Elle est de Cayenne.

107. Psittacule aux ailes variées noires : *Psittacus melanopterus*, Linn., Gmel. ; Kuhl, *Consp. psitt.*, page 60, *sp.* 99 ; la Perruche Javane, Levaill., Perr., t. 1, page 192, pl. 69 ; la Perruche aux ailes variées, Buff., Hist. nat., t. 6, p. 172, pl. enl., n.° 791, n.° 1, sous la dénomination de petite Perruche de Batavia. On a cru long-temps que cette espèce étoit particulière à l'île de Java, et c'est ce qui lui a valu les noms que Buffon et Levaillant lui ont donnés. M. Kuhl s'est assuré que sa véritable patrie est l'île de la Trinité dans l'Amérique méridionale. Elle a cinq pouces et demi de longueur ; sa taille est ramassée ; sa queue beaucoup plus courte que le corps et médiocrement pointue ; sa tête et son cou sont verts ; son manteau et ses pennes alaires sont d'un noir brun ; sa poitrine et tout le dessous du corps d'un vert pomme ; les grandes couvertures des ailes, ainsi que leurs trois dernières pennes, sont jaunes et bordées de bleu à leur pointe ; la queue est d'un violet tendre, avec une bande noire près de l'extrémité, non marquée sur les deux pennes intermédiaires ; le bec est rosé et les pieds sont d'un brun foncé.

*** Moyennes.

108. Psittacule Caïca : *Psittacus pileatus*, Linn., Gmel.

(non le *Psittacus pileatus* de Scop.); Kuhl, *Consp. psitt.*, p. 61, sp. 100; le Caïca, Buff., Hist. nat. des ois., tom. 6, pag. 172, et pl. enlum., n.° 744, sous le nom de Perruche a tête noire de Cayenne; le Perroquet Caïca, Levaill., Perr., t. 2, page 154, pl. 133. Cet oiseau, qui a huit à neuf pouces de longueur, habite la Guiane, et y est connu sous le nom de Caïca, que les ornithologistes lui ont conservé. Son plumage est en général d'un vert très-brillant; une sorte de capuchon noir embrasse toute la tête, enveloppe le haut du cou et s'étend sur la gorge; la poitrine et le devant du cou sont d'un jaune-brun olivâtre, qui, sur le derrière de celui-ci, prend plus de largeur et se change presque en orangé assez vif; les pennes de la queue, qui est courte, sont vertes en dessus et terminées de bleu. (Buffon représente les plumes pointues au bout comme celles des pics.) Les petites couvertures du bord des ailes sont d'un beau bleu, et leurs grandes pennes sont d'un bleu noir à bordure verte; le bec est rougeâtre et les pieds sont gris. Le tour de l'œil est nu et blanc.

Dans quelques individus la teinte brune orangée du derrière du cou n'existe pas, et chez eux le vert du dos remonte jusqu'au noir du capuchon; dans d'autres, au contraire, cette teinte brune orangée se change en orangé pur.

Dans la femelle la tête est d'un vert noirâtre.

Cette espèce n'est pas commune dans les collections.

109. Psittacule de Barraband : *Psittacus Barrabandi*, Kuhl, *Consp. psitt.*, page 61, *spec.* 101; le Caïca Barraband, Levaillant, Perroq., tom. 2, pag. 156, pl. 134. Cet oiseau, que Levaillant ne sépare pas positivement du précédent, mais qui est considéré comme espèce distincte par M. Kuhl, en diffère par une moustache jaune souci, qui tranche sur le beau noir dont la tête est enveloppée, et par l'existence de cette même couleur souci sur le bas des jambes et sur le bord antérieur de l'aile, dont toutes les couvertures de dessous sont d'un rouge vif. Le bec aussi est noir, au lieu d'être rougeâtre. Du reste, les autres couleurs de ces deux oiseaux sont les mêmes et semblablement disposées : celles de la psittacule de Barraband étant nonobstant plus vives et plus brillantes.

Cette espèce est particulière au Brésil.

110. Psittacule vautourine : *Psittacus vulturinus* , Illig. ;
Kuhl, *Consp. psitt.*, page 62 , *sp.* 102. Cet oiseau est d'un
vert brillant ; sa tête est chauve et noirâtre ; le ventre est d'un
vert d'émeraude ; un collier derrière le cou et les barbes internes des pennes de la queue sont jaunes ; la poitrine est d'un
jaune olivâtre ; les couvertures inférieures des ailes sont
rouges et les épaulettes sont orangées ; la partie postérieure
du cou est noirâtre ; les pennes alaires sont d'un noir
bleuâtre, avec le bord jaune près de la pointe ; le bout de
la queue est bleu.

Elle est du Brésil.

## B. *Espèces africaines.*

Très-petites ; à queue variée de diverses couleurs.

111. Psittacule grise : *Psittacus canus*, Linn., Gmel. ; Kuhl,
*Consp. psitt.*, page 62 , *sp.* 103 ; la petite Perruche de Madagascar, Buff., pl. enl., n.° 791 , fig. 2 ; la Perruche a tête
grise, Hist. nat. des ois., t. 6 , p. 171 ; Shaw, *Miscell.*, pl.
425. Cette espèce, qui n'a que cinq pouces un tiers de longueur, a la tête, le cou et la poitrine d'un blanc à peine
teint de gris et avec des reflets violacés ; le ventre et la
région de l'anus d'un jaune-verdâtre clair ; le croupion vert ;
la queue courte, étagée, verte, avec une bande transversale noire près de son extrémité ; les couvertures inférieures
des ailes noires, et le reste du corps d'un vert brunâtre.

Dans les jeunes, la tête est un peu plus blanchâtre et l'on
y voit quelques vestiges de vert. La femelle est toute verte,
avec la tête plus claire.

Cette espèce habite les îles de France et de Madagascar.

112. Psittacule de Van-Swindern ; *Psittacus swindernianus*,
Kuhl, *Consp. psitt.*, page 62 , *sp.* 104, tab. 2. Cette petite
espèce, regardée comme africaine par les marchands de Londres, est de la taille de la psittacule à tête rouge, et présente
les mêmes formes. Le dessus de sa tête, ses joues et sa nuque,
sont d'un vert brillant ; un demi-collier noir entoure cette
couleur sur le derrière du cou ; le dos et les ailes sont d'un
vert obscur ; le croupion et les couvertures supérieures de
la queue sont d'un beau bleu lapis ; la face, le ventre et les

couvertures inférieures de la queue sont d'un vert jaunâtre; la poitrine et le cou sont d'un jaune ocracé; la queue, plus courte que les ailes, a sa base rouge et son extrémité verte en dessus, avec une bande transversale noirâtre, intermédiaire à ces deux couleurs, et son dessous est bleuâtre; les pennes des ailes sont noires et bordées de vert extérieurement.

113. PSITTACULE A COU ROSE : *Psittacus roseicollis*, Vieill., Dict. d'hist. nat.; Kuhl, *Consp. psitt.*, page 65, *sp.* 105. Elle a. dit M. Vieillot, la partie antérieure du sommet de sa tête et les sourcils rouges; les joues, la gorge et le devant du cou d'un rose clair; le reste de la tête, le dessus du cou, le dos, les ailes, la poitrine et les parties postérieures d'un vert jaunâtre, plus foncé en dessus du corps qu'en dessous; le croupion d'un bleu éclatant chez le mâle; la queue rouge à la base, et traversée par une bande noire vers son extrémité, qui est d'un bleu verdâtre; ses deux pennes intermédiaires étant vertes, de même que le bord extérieur des latérales; le bec et les pieds de couleur de chair, mais très-claire sur la première partie.

Cette espèce habite en Afrique les parties intérieures du cap de Bonne-Espérance, y vit en société, et chasse souvent de leurs nids les gros-becs sociaux ou républicains, pour y déposer ses œufs.

## C. *Espèces asiatiques.*

### * Espèces petites.

114. PSITTACULE A TÊTE BLEUE : *Psittacus Galgulus*, Linn., Kuhl, *Consp. psitt.*, page 64, *sp.* 106; la PETITE PERRUCHE DU PÉROU, Buff., pl. enlum. 190, fig. 2, et la PERRUCHE A TÊTE BLEUE, Hist. nat. des ois., tom. 6, pag. 163; Sonnerat, Voyage à la Nouvelle-Guinée, 1.re espèce, p. 76, *île de Luçon*, pl. 38, fig. infér.; Hayes, *Portraits of rare birds*, fig., pag. 82. Cette petite espèce n'a que quatre pouces un quart de longueur totale. Elle a les plumes roides; sa couleur générale est d'un vert très-brillant; une tache bleue se remarque sur le sommet de la tête; au bas du cou, en arrière, existe un demi-collier de couleur orangée; le croupion, les couvertures supérieures de la queue, qui s'étendent presque

jusqu'à son bout, et une large tache sur la poitrine, sont d'un rouge pourpre; le dessus de la queue est vert et le dessous bleu; le bec est grêle et noir.

La femelle diffère du mâle en ce qu'elle n'a pas de rouge, et que son plumage général est d'un vert plus pâle.

Cette espèce habite les îles Philippines et l'île de Java.

115. PSITTACULE COULACISSI : *Psittacus philippensis*, Briss.; Kuhl, *Consp. psitt.*, page 64, *sp.* 107; *Psittacus Galgulus, var.*, Lath.; *Psittacus minor, ejusd.*; le COULACISSI, Buff., Hist. nat. des ois., tome 6, page 169, et la PERRUCHE DES PHILIPPINES, pl. enl., n.° 520, mâle et fem.; Sonnerat, Voyage à la Nouvelle-Guinée, femelle de la 4.ᵉ espèce. Elle est d'un vert peu obscur; le front, dans le mâle et dans la femelle, est rouge; la face inférieure des ailes et de la queue est bleuâtre; le croupion et les couvertures supérieures de la queue, qui n'en atteignent pas l'extrémité, sont rouges; la poitrine du mâle est rouge.

Cette espèce, qui se trouve aux îles Philippines, a été confondue avec la précédente.

116. PSITTACULE AUX AILES ÉMERAUDES : *Psittacus vernalis*, Sparrm., *Mus. Carls.*, 29; Kuhl, *Consp. psitt.*, p. 65, *sp.* 108. Elle est d'un vert très-brillant en dessus et particulièrement sur la tête; la face inférieure du corps est d'un vert jaunâtre; le croupion et les couvertures supérieures de la queue, qui atteignent l'extrémité de cette partie, sont d'un très-beau rouge; le dessous de la queue est bleuâtre. Dans quelques individus la gorge est marquée de rouge.

Cette espèce, qui a la taille et la forme de la psittacule à tête bleue, a été rapportée de Java par M. Leschenault, et de Timor, par feu Péron.

117. PSITTACULE AUX AILES NOIRES : *Psittacus indicus*, Linn.; Kuhl, *Consp. psitt.*, page 65, *sp.* 109; *Psittacus minor, mas*, Lath.; *Psittacus asiaticus, ejusd.*; Edwards, tab. 6, *mas*; Sonnerat, Voyage à la Nouvelle-Guinée, le mâle de la 4.ᵉ espèce, mais non la femelle. La tête et le cou sont d'un vert livide, et ce dernier est teint de rouge; le bec est rouge, sans dents; la gorge est bleue; le dessous des ailes et de la queue est d'une couleur bleue verdâtre; le croupion et les couvertures supérieures de la queue, qui atteignent à la moitié de

la longueur de cette dernière partie, sont d'un rouge pourpre; la queue en dessus, les ailes et le dos sont d'un vert obscur; la poitrine et le ventre sont d'un vert jaunâtre.

La femelle diffère du mâle en ce qu'elle a le sommet de la tête d'un bleu verdâtre.

Cette psittacule est des Indes.

118. Psittacule a collier : *Psittacus sreptophorus*, Nob.; *Psittacus torquatus*, Gmel., Linn. (non celui de Briss., qui est le *psittacus manillensis* de Bechst.): Kuhl, *Consp. psitt.*, page 66, sp. 110; Sonnerat, Voyage à la Nouvelle-Guinée, page 77, pl. 59, espèce 3, de la taille de la psittacule touit-été. Elle est verte, et cette couleur est plus foncée sur le dos qu'ailleurs; le derrière du cou du mâle est marqué d'un large collier varié transversalement de jaune et de noir; la queue est courte, aiguë, de la longueur des ailes; le bec et les pieds sont noirs.

La femelle, que M. Vieillot regarde comme le mâle (et *vice versa*), a son collier varié de bleu et de noir.

Cette espèce est de l'île de Luçon.

119. Psittacule simple : *Psittacus simplex*, Kuhl, *Consp. psitt.*, page 66, sp. 111; Sonnerat, Voyage à la Nouvelle-Guinée, espèce 2, page 76, pl. 38, fig. supér. Elle est d'un vert général, seulement plus clair en dessous qu'en dessus ; son bec et ses pieds sont grisâtres; sa queue est courte. Sa taille est celle de la psittacule à tête bleue. De l'île de Luçon.

120. Psittacule a tête rouge : *Psittacus pullarius*, Linn.; Kuhl, *Consp. psitt.*, page 66, sp. 112; la Perruche a tête rouge ou Moineau de Guinée, Hist. nat. des ois., tome 6, page 165, et la petite Perruche male de Guinée, pl. enlum., n.° 60. Cette espèce, qui a environ cinq pouces de longueur, est généralement verte; son croupion est bleu; sa gorge, le tour de sa face et le sommet de sa tête sont rouges; sa queue, qui est courte et étagée, est rouge et terminée par une bande transversale, noire et verte; les couvertures inférieures des ailes sont noires, et le bord du poignet est bleu. La femelle et le jeune mâle diffèrent du mâle adulte, dont nous venons d'indiquer les caractères, en ce que la couleur de la tête est rouge orangée, au lieu d'être d'un rouge pur, et que les couvertures inférieures de l'aile sont vertes.

Cette espèce se trouve, dit-on, à la fois en Guinée, en Éthiopie et à Java. Elle est communément désignée par les oiseleurs sous les noms de *moineau de Guinée* et de *moineau du Brésil.*

** Espèces de taille moyenne, se rapprochant davantage des perroquets proprement dits.

121. Psittacule Desmarest ; *Psittacus Desmarestii*, Lesson et Garnot. Cette charmante espèce, que MM. Garnot et Lesson ont bien voulu me dédier, a huit pouces et demi de longueur totale. Le dessus de son corps, c'est-à-dire le dos, le derrière du cou, le croupion et le dessus de l'aile (les pennes exceptées), sont d'un vert brillant, mais foncé ; le ventre, le dessous et les côtés du cou sont d'un vert-jaune clair; tout le dessus de la tête est d'une belle couleur orangée, qui passe au rouge-ponceau sur le front, et y forme un bandeau de cette couleur; une tache d'un bleu-clair très-vif est sous chaque œil ; la poitrine est traversée par une large bande bleu-de-ciel, légèrement teinte de vert, derrière laquelle il y en a une plus étroite, de couleur pourpre ; quelques plumes d'un bleu clair se voient sur les flancs; les couvertures inférieures des ailes sont de couleur de verdet. Les grandes pennes alaires en dessus sont noires sur leurs barbes intérieures, vertes sur les extérieures, qui sont les seules visibles, et ce vert est bordé d'un très-léger liséré jaune ; les pennes secondaires et tertiaires ont dans le noir de leurs barbes intérieures une grande tache marginale d'un jaune serin, et sur les plus rapprochées du corps le jaune se change en orangé ; mais ces taches ne sont visibles que lorsque l'aile est déployée; en dessous, les deux premières pennes sont en entier d'un gris-brun, et toutes les autres, essentiellement de cette couleur, sont d'un jaune pâle sur une grande étendue de leurs barbes internes; la queue, qui n'a que le tiers de la longueur du corps, et pointue, est verte comme le dos en dessus, et d'un vert clair en dessous; ses couvertures supérieures s'étendent jusqu'à un pouce de son extrémité ; le bec, qui est assez fort, et les pieds sont noirs et assez robustes.

Elle a été tuée par M. Lesson dans les forêts épaisses qui

entourent le hâvre Doreny à la Nouvelle-Guinée. Les Papous la désignent par le nom de *Manigaive*.

122. PSITTACULE MICROPTÈRE : *Psittacus micropterus;* Kuhl, *Consp. psitt.*, page 67, sp. 113; Sonnerat, Voyage à la Nouvelle-Guinée, pl. 41. Cette espèce, toujours confondue avec la psittacule aux ailes noires, est plus petite que l'espèce précédente, sa longueur totale étant de six pouces et demi (la queue dépassant d'un pouce les ailes). Elle a le dos et les petites couvertures supérieures des ailes de couleur noire; la tête, le cou, le ventre et une bande transversale sur les ailes, d'un vert jaunâtre (les plumes ayant leurs barbes externes marquées d'une fascie bleue marginale); les petites pennes des ailes d'un vert noirâtre et les grandes noires; la queue marquée d'une bande très-étroite et continue, de couleur lilas.

Cette espèce habite l'île de Luçon, l'une des Philippines.

123. PSITTACULE DE MALACCA : *Psittacus malaccensis*, Lath.; Kuhl, *Consp. psitt.*, page 67, *sp.* 114. Cet oiseau, qui n'a pas été figuré, existe dans la collection du Muséum d'histoire naturelle de Paris, sous les noms de PERRUCHE AZURÉE et de *Psittacus macropterus*. C'est le PETIT PERROQUET DE MALACCA de Sonnerat, Voyage aux Indes, tome 2, page 212. Il a six pouces environ de longueur; le dos d'un cendré noirâtre; le dessus de la tête, le croupion et les couvertures supérieures de la queue bleues; la face et la partie postérieure du cou, d'un cendré bleuâtre; toutes les parties inférieures du corps d'un jaune d'ocre, vineux, livide; le dessous de la queue jaunâtre; les ailes vertes, plus longues que la queue, avec leurs couvertures supérieures bordées de jaune et les inférieures rouges, ce qui donne cette couleur au bord de l'aile; le bec gros et rouge.

Elle habite la presqu'île de Malacca.

124. PSITTACULE INCERTAINE : *Psittacus incertus*, Shaw, *Misc.*, pl. 769 (*fig. bona*); Kuhl, *Consp. psitt.*, pag. 68, *sp.* 115. Cette espèce, dont la forme est celle de la psittacule aux ailes noires, et dont la taille est seulement un peu plus forte, se trouve dans l'Inde, du moins d'après le rapport de Shaw. Elle est verte; le dessus de sa tête et le croupion sont bleus; les pennes des ailes sont noires, avec leurs barbes du côté

extérieur vertes; les couvertures supérieures des ailes, grandes
et petites, sont bordées de jaunâtre, et les couvertures inférieures sont rouges; le bec est roussâtre et la queue est
courte.

## D. *Espèces australes.*

* Petites et le bleu dominant dans leur plumage.

125. Psittacule d'Otaïti : *Psittacus taitianus*, Linn.; Kuhl,
*Consp. psitt.*, page 68, *sp.* 116; *Psittacus porphyrio*, Shaw,
*Miscell.*, pl. 7 (*fig. bona*); *Otaheitan blue parrakeet*, Lath.,
page 59; Perruche Arimanon, Levaill., Perroq., tome 1,
page 184, pl. 65; l'Arimanon. Buff., Hist. nat. des ois.,
tome 6, page 175, pl. cnl., n.° 455, fig. 2, sous le nom de
petite perruche de Taïti. Cette charmante espèce n'a que
cinq pouces et demi de longueur. Elle a le dessus de la tête,
le derrière du cou, le manteau, les ailes, la queue et tout
le dessous du corps, depuis la poitrine, y compris les couvertures du revers de la queue, d'un bleu foncé; la gorge,
la partie des joues au-dessous des yeux, le devant du cou
et le haut de la poitrine blancs; le bec et les pieds rougeâtres, et la langue terminée par un faisceau de poils ou de
fibres cartilagineuses, qui lui servent. dit-on, à tirer le suc
des fruits dont elle fait sa nourriture.

Cette psittacule se tient habituellement sur les cocotiers
dans l'île d'Otaïti, où elle est très-commune : elle vole par
troupes, est très-piaillarde, et ce n'est qu'avec peine qu'on
l'élève en domesticité. Commerson, qui a donné ces détails,
ajoute qu'elle se nourrit de bananes, et que son nom dans
la langue d'Otaïti, signifie *oiseau de coco*. Selon MM. Lesson
et Garnot, ce nom doit être prononcé Arimanou, parce
qu'il vient de *manou*, oiseau, de *ari*, cocotier. Il n'est pas
généralement employé pour désigner cet oiseau, dont la dénomination la plus vulgaire à Otaïti est *vini*.

Ces naturalistes ont observé que, dans le jeune âge de
cette espèce, les plumes blanches de la gorge sont remplacées
par des plumes noires; les pieds sont de couleur aurore et
l'iris est blanc.

Les Taïtiens vénèrent cet oiseau, qui est très-commun
dans toutes les îles de l'archipel de la Société.

126. PSITTACULE DE SPARRMAN : *Psittacus Sparrmanii*, Kuhl, *Consp. psitt.*, page 68, *spec.* 117 : PERRUCHE BLEUE D'OTAÏTI, Sparrm., *Mus. Carls.*, tab. 27 ; la PERRUCHE SPARRMAN, Levaill., *Perr.*, tome 1, page 186, pl. 66. Cette espèce est un peu plus forte de taille que l'arimanon ; elle a aussi la queue plus longue et plus largement barbée que cette dernière : cette queue est néanmoins plus courte que le corps. Tout son plumage, d'un gros bleu foncé, n'a rien de blanc sur le devant du cou. Le bec et les pieds sont rouges, et la langue est terminée par un pinceau de poils ou de fibres cartilagineuses.

** Médiocres, à plumage principalement coloré de vert et de rouge.

127. PSITTACULE FRINGILLAIRE : *Psittacus fringillaceus*, Linn.; Kuhl, *Consp. psitt.*, page 69, *sp.* 118 ; *Psittacus porphyrocephalus*, Shaw, *Miscell.*, 1 ; *Psittacus pipilans*, Lath. ; *Psittacus australis*, Linn., Gmel. (non celui de Latham) ; PERROQUET FRINGILLAIRE, Vieill. Cette espèce, longue de six pouces trois quarts, a le haut de la tête bleu avec les plumes susceptibles de se relever ; les côtés de la base du bec, la face, le devant du cou et une tache ventrale de couleur rouge ; le front et le reste du corps verts ; le bas-ventre d'un bleu violacé ; la queue, étagée et plus courte que le corps, jaunâtre en dessous. Dans un jeune individu de la collection du Muséum d'histoire naturelle de Paris, le bleu manque sous le ventre et il y a moins de rouge.

Cette espèce se trouve dans les îles de la mer du Sud.

128. PSITTACULE PHIGY : *Psittacus Phigy*, Bechst. ; Kuhl, *Consp. psitt.*, page 69, *sp.* 119 ; la PERRUCHE PHIGY, Levaill., *Perr.*, tome 1, page 182, pl. 64 ; *Psittacus coccineus*, Shaw ; *Psittacus Levaillanti*, Shaw, *Miscell.*, pl. 909. Le phigy a sept pouces et demi environ de longueur. Ses formes sont épaisses ; sa queue est beaucoup plus courte que le corps. Tout le dessus de sa tête, depuis le front jusqu'à la nuque, est d'un beau bleu foncé, légèrement violacé ; les plumes des jambes et du bas-ventre sont aussi d'un bleu foncé, et les joues, la gorge, le dessous du cou, d'un beau rouge, ainsi que la poitrine et tout le dessous du corps jusqu'au bas-ventre ; les couvertures du dessus et du dessous de la queue sont

vertes, ainsi que le dessus de la queue même, les ailes dans toute leur étendue, le croupion et tout le bas du dos; la partie postérieure du cou est d'un rouge légèrement violacé qui, se terminant en bas par la couleur verte du haut du dos, forme une espèce de collier; les scapulaires sont en partie rouges; le bec est d'un jaune brun; les ongles sont noirs et les pieds d'un jaune blafard; le revers de la queue est jaunâtre; la langue est terminée par un pinceau de poils.

On trouve le phigy dans les îles des Amis et dans celles de la Société.

129. Psittacule de Kuhl : *Psittacus Kuhlii*, Nob.; *Psittacula Kuhlii*, Vigors, *Zoological Journal*, Oct. 1824, n.° 3, p. 409. D'après les caractères attribués à cette espèce, on voit qu'elle est très-voisine des deux précédentes, et même M. Lesson croit que les trois n'en font qu'une. Néanmoins celle-ci présente une huppe occipitale d'un pourpre violet et une bande de la même couleur sur le rouge du ventre, qui manquent aux deux premières, et le devant de sa tête est d'un beau vert au lieu d'être bleu. Du reste, cette psittacule a le plumage d'un vert jaune en dessus, avec du rouge sur la gorge, les joues, la poitrine et le ventre (celui-ci étant marqué d'une bande pourpre); la région de l'anus est jaunâtre; le bec et les pieds sont rouges, et l'iris des yeux est d'un rouge doré. La longueur totale de cet oiseau est de six pouces trois quarts, mesure angloise. Il a été trouvé dans l'île de Touhoutitirouha, dans la mer Pacifique, non loin d'Otaïti. Un oiseau de l'île de Borabora, dont M. Lesson a fait un dessin, se rapporte au précédent, si ce n'est que la huppe occipitale est moins grande, et bleue au lieu d'être couleur de pourpre. La bande transversale pourpre de l'abdomen y est remplacée aussi par du bleu.

#### 4.ᵉ Section.

#### PERROQUET; *Psittacus*, Auct.

Queue courte et carrée; bec très-robuste et crochu; face emplumée; tête grosse; point de huppe de plumes; corps épais, robuste. Oiseaux répandus sur toute la zone torride du globe.

### A. *Espèces américaines.*

* De taille médiocre; le vert ne dominant pas dans le plumage; à tête forte.

130. Perroquet maïpouri : *Psittacus melanocephalus*, Linn.; Kuhl, *Consp. psitt.*, page 70, *sp.* 121; le Maïpouri, Buff., Hist. nat. des ois., tome 6, page 250, et pl. enl., n.° 527, sous le nom de petite Perruche maïpouri de Cayenne; *White breasted Parrot*, Edw., *Birds*, pl. 169; le Perroquet maïpouri, Levaill., Perroq., tome 2, page 118, pl. 119 le mâle, et 120 le jeune âge. Ce perroquet est de médiocre grandeur, puisque sa longueur totale n'est que de huit pouces trois quarts, et il a beaucoup de ressemblance par ses formes et sa taille avec la psittacule Caïca; mais son bec est plus gros à proportion. Son corps est ramassé; sa queue, courte, est un peu arrondie; le dessus de sa tête est noir, et l'on voit de chaque côté de la base du bec une tache verte entre les narines et l'œil; le manteau, les couvertures supérieures des ailes, le croupion, les moyennes et dernières pennes alaires sont de couleur vert de pré; les grandes pennes alaires sont noirâtres dans leur intérieur, et bleues extérieurement; les joues et le devant du cou sont d'un jaune d'or; le derrière du cou est d'un jaune d'ocre plus foncé sur la partie postérieure que sur l'antérieure, où elle se fond par degré avec la couleur de café au lait, qui est celle du bas du devant du cou, de la poitrine, de l'estomac et du ventre jusqu'au bas-ventre; celui-ci est d'un jaune d'ocre foncé, ainsi que les cuisses, les couvertures du dessous de la queue et le revers de cette partie; le bec est blafard; les pieds sont bruns.

Dans un jeune individu figuré par Levaillant, le noir du sommet de la tête est remplacé par du vert foncé, chaque plume de cette région étant bordée de vert plus clair; les plumes de la partie jaune ou couleur d'ocre du cou sont aussi

bordées de vert; celles du ventre et de la poitrine le sont
de couleur d'ocre orangée; enfin, celles du bas-ventre
sont de couleur d'ocre tirant au brun et bordées de brun.
Les autres parties, c'est-à-dire le manteau, les ailes et la
queue, sont comme dans l'adulte.

Cette espèce porte à Cayenne, où elle est très-commune,
le nom que nous lui avons conservé, lequel est aussi celui
du tapir. On assure qu'il est appliqué à ce perroquet parce
qu'il imite parfaitement le cri ou le sifflement de ce quadrupède.

Le maïpouri se trouve aussi au Mexique.

131. Perroquet a ventre blanc : *Psittacus leucogaster*, Illig.;
Kuhl, *Consp. psitt.*, page 70, *sp.* 121. Il est assez semblable
au précédent par sa taille et son aspect général. Sa queue,
ses ailes, son dos et ses jambes sont de couleur verte ; sa
poitrine et son ventre blancs; son bas-ventre ses joues et sa
gorge jaunes; sa tête, qui est très-grosse et de couleur
d'ocre, a du noirâtre répandu çà et là; son bec est grand et
blanc.

Cet oiseau du Brésil est rare.

** Taille médiocre; tête petite; la couleur verte étant dominante.

132. Perroquet mitré : *Psittacus mitratus;* prince Maxim.;
Kuhl, *Consp. psitt.*, page 70, *sp.* 122. Cet oiseau du Brésil
n'a point encore été figuré. Son corps est généralement d'un
vert clair, et il a la partie antérieure et supérieure de la
tête d'un rouge sanguin; la face, l'occiput et la gorge verts
et variés de rouge; les pennes des ailes avec leurs barbes
extérieures bleues et bordées de vert (et même de jaune
vers l'extrémité); le poignet de l'aile bleu; la queue d'un
bleu verdâtre en dessous, verte en dessus, avec son extrémité d'un bleu obscur.

Dans la femelle, le vert devient olivâtre, le rouge manque,
et la partie supérieure et antérieure de la tête est bleue.
Dans un adulte l'occiput étoit aussi teint d'un rouge sanguin.

133. Perroquet vert : *Psittacus signatus*, Shaw ; Kuhl,
*Consp. psitt.*, page 71, *sp.* 123; *Psittacus virescens*, Bechst.
(non celui de Linné et de Latham); le petit Perroquet vert,
Levaill., Perr., tom. 2, page 84, pl. 105. Ce perroquet, de

taille médiocre, a tout le dessus du corps d'un vert qui est nuancé de bleu et le dessous d'un vert iaunâtre; les grandes pennes alaires d'un bleu foncé extérieurement, noirâtres dans leur intérieur et en dessous; les grandes couvertures de ces pennes rouges à leur base; tout le haut de la queue rouge, avec ses bords et son bout verts; le bec et les pieds gris; les yeux d'un brun rouge, etc. Cet oiseau a surtout de la ressemblance avec celui qui porte le nom d'aouroucouraou; mais la tache rouge de l'aile qu'on voit dans tous les deux est placée sur des plumes différentes. Dans notre espèce, c'est sur les couvertures, et dans l'aourou c'est sur les moyennes pennes alaires.

Ce perroquet est du Brésil.

134. PERROQUET A VENTRE BLEU : *Psittacus cyanogaster*, prince Maxim.; Kuhl, *Consp. psitt.*, page 71, *sp.* 124; SABIASICA des Américains du Brésil, où cet oiseau se trouve très-rarement. Il est d'un beau vert foncé; son bec est blanc et le milieu de son ventre est bleu; le revers de sa queue, qui est assez longue, et le dessous des ailes, sont d'un bleu verdâtre; le bout de la queue et les barbes externes des pennes alaires et caudales sont bleus.

La femelle n'a pas de bleu sur le milieu du ventre.

135. PERROQUET A QUEUE COURTE : *Psittacus brachyurus*, Temm., et Kuhl, *Consp. psitt.*, page 72, *sp.* 125. Cette espèce, non encore figurée, a huit pouces un quart de longueur; sa couleur générale est le vert clair; sa queue est courte, carrée; les quatre pennes externes de cette queue de chaque côté ont leur base pourpre; une ligne dénuée de plumes va de l'œil à la base du bec, et porte quelques poils noirs; le bec est robuste.

Cette espèce est de Cayenne.

*** De grandeur médiocre, ayant la région de l'anus rouge.

136. PERROQUET A CAMAIL BLEU : *Psittacus menstruus*, Linn.; Kuhl, *Consp. psitt.*, page 72, *sp.* 126; le PAPEGAI A TÊTE ET GORGE BLEUES, Buff., tome 6, page 243, et pl. enlum., n.° 384, sous le nom de PERROQUET A TÊTE BLEUE DE CAYENNE; PERROQUET A TÊTE BLEUE, Edwards, *Glean.*, pl. 314; le PERROQUET A CAMAIL BLEU, Levaill., Perroq., tome 2, page 107,

pl. 114 (mâle). Il a huit ou neuf pouces de longueur. Sa queue est très-courte et un peu arrondie; sa tête, son cou et sa poitrine, sont bleus; son manteau, son croupion et les couvertures de ses ailes, d'un vert-jaunâtre glacé, très-brillant; les couvertures du dessous de sa queue sont rouges; sa poitrine et son ventre sont verts, et dans quelques individus les plumes de la première de ces parties sont bordées de bleu; le bec est brun, avec une tache rougeâtre de chaque côté au-dessous des narines; les pieds sont d'un gris brun.

Levaillant a décrit comme jeune femelle de cette espèce, un perroquet que M. Kuhl rapporte à l'espèce du perroquet pourpré. (Voyez ci-après.)

Cette espèce est très-commune à Cayenne, à Surinam et au Brésil.

137. PERROQUET MAXIMILIEN : *Psittacus Maximiliani*, Kuhl, *Consp. psitt.*, page 72, *sp.* 127; *Psittacus cyanurus*, prince Maximil. de Neuwied. M. Kuhl a changé le nom imposé à ce perroquet par le prince de Neuwied, parce qu'il a déjà été employé par Shaw pour désigner une autre espèce. Il a neuf pouces de longueur. En dessus et en dessous son plumage est d'un vert olive; sa tête est d'un gris-clair verdâtre; sa face verte; son front rouge, entremêlé de brun; son bec jaunâtre, avec la base obscure; la partie antérieure de son cou et sa poitrine présentent des reflets bleus: les pennes des ailes et les pennes intermédiaires de la queue sont d'un vert très-brillant; les pennes latérales de cette dernière partie ont les barbes externes de leur extrémité bleues, et les barbes internes de leur base rouges, ainsi que la région de l'anus.

Cette espèce est commune au Brésil.

138. PERROQUET POURPRÉ : *Psittacus purpureus*, Gmel., Linn.; Kuhl, *Consp. psitt.*, page 75, *sp.* 128; le PAPEGAI VIOLET, Buff., tome 6, page 244, et pl. enl., n.º 408, sous la dénomination de PERROQUET VARIÉ DE CAYENNE; PERROQUET NOIRATRE, Edwards, *Glean.*, n.º 315; Levaill., Perroq., tom. 2, page 110, pl. 115, sous le nom de FEMELLE DU PERROQUET A CAMAIL BLEU. Ce perroquet a huit ou neuf pouces de longueur. Le mâle a les parties supérieures du corps d'un brun noirâtre, et toutes les parties inférieures d'un pourpre-lilas très-

39.                                              7

brillant : les pennes de la queue et des ailes et les couvertures inférieures de celles-ci d'un bleu noirâtre ; la région de l'anus et la partie interne des barbes des pennes caudales rouges ; la tête d'un noir bleu ; la région des oreilles noire ; quelques petites plumes rouges près des narines ; les côtés du cou variés par lignes longitudinales de brun et de blanc.

La femelle diffère du mâle en ce que les parties inférieures de son corps sont d'un brun purpuracé ; que sa poitrine est plus pâle, que ses ailes et le dessus de son dos sont bruns et que les plumes de ces parties sont plus pâles à leur extrémité et légèrement teintes de pourpre ; enfin, en ce que les pennes secondaires des ailes ont des reflets verdoyans.

Cet oiseau se trouve à la Guiane et non au Brésil.

139. Perroquet brun : *Psittacus sordidus*, Linn. ; Kuhl, *Consp. psitt.*, p. 74, *sp.* 129 ; *Dusky Parrot*, Edw., *Birds*, p. 167 ; Perroquet de la Nouvelle-Espagne, Briss., t. 4, p. 303 ; le Papegai brun, Buff., Hist. nat. des ois., t. 6, p. 246. Ce perroquet, qui se rapproche de celui à camail bleu, est de taille moyenne. Il a le dos, le croupion, les couvertures supérieures de la queue d'un vert brunâtre, où le vert ou le brun domine, selon l'incidence de la lumière ; le sommet de la tête et les scapulaires d'un brun nué de vert ; les joues, les côtés du cou, la nuque et les ailes d'un vert plein ; la gorge et les pennes latérales de la queue bleues extérieurement ; le dessous du corps d'un brun nué de pourpre, à l'exception des couvertures inférieures de la queue, qui sont d'un rouge vif ; le dessous de celle-ci est d'un vert brun, et son dessus du même vert que les ailes ; le bec est noir sur son arête supérieure et d'un beau rouge sur les côtés, mais qui jaunit vers la base. Les ongles sont noirs ; les pieds gris-bruns, et les yeux d'un brun rougeâtre.

Ce perroquet est du Brésil.

**** Perroquets dits Amazones ; de forte taille, à corps robuste et plumage généralement vert.

140. Perroquet Amazone : *Psittacus amazonicus*, Lath. ; Kuhl, *Consp. psitt.*, pag. 74, *sp.* 130 ; *Psittacus ochrocephalus*, Linn. ; *Psittacus ochropterus* et *barbadensis*, Gmel. ; *Psittacus poïkilorhynchus*, Shaw ; *Psittacus aurora*, Linn., et *Psittacus*

*luteus*, Gmel.; le Perroquet amazone, Levaill., t. 2, p. 54, pl. 84, le mâle; l'Amazone jaune, pag. 49, pl. 90 : le Perroquet a épaulettes jaunes, pag. 69, pl. 98 et 98*bis;* le Crick a tête et gorge jaunes, Buff., Hist. nat. des ois.. tome 6, page 222; le Perroquet jaune écaillé, Levaill.. tome 2, page 163, pl. 137; le Perroquet jaune de Cuba, Buff., pl. 336; et le Papegai de paradis, Hist. nat. des ois., tome 6, page 237; *Psittacus paradisi*, Linn., Gmel. L'amazone est l'espèce de perroquets la plus commune parmi celles que l'on amène en Europe, et c'est aussi l'une de celles qui apprennent le plus facilement à parler. Ses variétés sont extrêmement nombreuses, et difficiles à rapporter au type primitif; cependant la plupart d'entre elles sont produites par l'intromission de la couleur jaune en plus ou moins grande quantité dans le plumage, au point qu'une d'entre elles est complétement d'un jaune uniforme.

Ce perroquet, dans son état de nature, et tel qu'on le voit le plus souvent en captivité, est d'une taille forte, et son corps est épais dans ses formes. Le mâle a généralement le plumage d'un vert brillant; un bandeau bleu sur le front; le tour des yeux, les joues, la gorge et les plumes d'auprès du talon, jaunes; le poignet, le milieu des pennes intermédiaires de l'aile et les barbes intérieures de celles de la queue rouges; le bec noir-brun; les pieds d'un gris blanchâtre; les yeux d'un jaune plus ou moins foncé. Dans un individu de quatorze pouces de longueur, la queue en a cinq; elle est très-légèrement étagée, mais seulement dans ses pennes les plus latérales.

La femelle diffère en ce qu'elle a du jaune sur le devant de la tête, et que le poignet de ses ailes est vert.

Dans la variété jaune (Amazone jaune, Levaill.; Perroquet jaune, Buff.) le plumage général est d'un jaune citron en dessus, et d'un jaune verdâtre en dessous; le milieu des pennes intermédiaires des ailes est rouge, et les grandes pennes sont grisâtres, ainsi que le sommet de la tête et la peau nue du tour des yeux; le bec et les pieds sont blafards.

Dans une autre variété (le Perroquet a épaulettes jaunes, Levaillant) le plumage est vert; tout le devant de la tête et une partie du cou sont jaunes; le front est blanc dans le mâle, selon Levaillant; les plumes des jambes et le poignet des ailes sont aussi jaunes; les moyennes pennes alaires ont du rouge dans leur milieu, et cette couleur se voit aussi à la base de la queue et en dessous; le bout des pennes alaires et les pennes latérales de la queue sont bleues.

Une troisième variété a le plumage jaune jonquille, avec toutes les plumes bordées de rouge, ce qui le fait paroître comme écaillé; le front et les grandes pennes sont d'un gris de perle.

Certains individus verts ont le plumage du dos, du cou et du haut du ventre entremêlé tantôt de plumes rouges, tantôt de plumes jaunes. Ce sont ceux qu'on a surtout désignés par la dénomination de *perroquets tapirés*.

Le perroquet amazone se trouve dans une grande partie de l'Amérique méridionale; il est surtout très-commun à la Guiane et à Surinam, où il cause de grands dégâts dans les plantations. Il niche dans des trous d'arbres, et sa femelle pond quatre œufs blancs à la fois. Les petits, mâles ou femelles, dans leur premier plumage, se ressemblent complétement; ils n'ont point de rouge au poignet de l'aile, et leur front est seulement marqué d'une petite tache jaune.

141. PERROQUET AOUROU-COURAOU : *Psittacus æstivus*, Linn.; Kuhl, *Consp. psitt.*, page 75, *sp.* 151; l'AOUROU-COURAOU, Buff.: Hist. nat., tome 6, page 215, et pl. enlum., n.° 547 et 859, sous les noms de PERROQUET AMAZONE et de CRICK DE CAYENNE; Lev., Perr., t. 2. p. 100, pl. 110 et 110 *bis*, *Psittacus agilis* et *æstivus*, Linn., *Psittacus aourou*, Shaw. N'ayant que douze pouces et demi environ de longueur, sa taille est un peu moindre que celle du perroquet amazone. Le mâle a le plumage des parties supérieures du corps d'un vert éteint, grisaillant ou brunissant, suivant les aspects; les plumes du dessus de la tête jaunes, et cette couleur bordée de bleu sur le front; les sourcils larges et d'un bleu d'outre-mer; les joues d'un jaune orangé; le dessous du corps d'un vert plus pâle et plus jaunâtre que le dessus; les grandes pennes alaires vertes à leur naissance et noires ailleurs; les moyennes d'un rouge orangé et terminées de bleu; les pennes latérales de la queue bleues extérieurement; toutes les autres vertes, terminées de jaunâtre en dessus et de rouge faible en des-

sous; le rouge existant en dessus de ces pennes également,
mais tout-à-fait intérieurement; le bec noir-brun au bout
et jaune à sa base; les pieds d'un gris brun et les yeux jaunes.

La femelle diffère du mâle en ce qu'elle est un peu
plus petite; que le jaune de sa tête est moins vif et s'étend
moins sur les joues, et en ce que ses sourcils sont bien
moins prononcés.

Cette espèce est très-commune à la Guiane.

142. Perroquet Bouquet : *Psittacus Bouqueti*, Levaill.,
Perr., tome 2, pag. 159, pl. 135; Kuhl, *Consp. psitt.*, p. 76,
*sp.* 132; Perroquet facé de bleu, Edwards, *Glean.*, pl 230;
le Crick a tête bleue, Buff., Hist. nat., t. 6. pag. 230; *Psittacus cærulifrons*, Shaw. Il est de la taille du précédent; les
parties supérieures de son plumage sont d'un vert plein, et
celles du dessous d'un vert jaunâtre; sa face est bleue; sa
gorge et le devant de son cou sont rouges; la queue, qui est
égale, a sa face supérieure d'un gros vert dans la partie
haute, et jaunâtre dans son extrémité : les grandes pennes
alaires sont d'un bleu d'indigo ; les pennes intermédiaires
des ailes ont du rouge dans leur milieu, et cette couleur se
voit aussi sur les barbes intérieures des plumes de la queue;
le bec est cendré et porte une bande rougeâtre sur les faces
latérales de la mandibule supérieure ; les pieds et la peau
du tour des yeux sont couleur de chair.

Cet oiseau, dédié par Levaillant au graveur des planches
de son ouvrage sur les perroquets, habite le Brésil.

143. Perroquet a joues bleues : *Psittacus cyanotis*, Temm.
et Kuhl, *Consp. psitt.*, pag. 77, *sp.* 133; *Brasilian green Parrot*, Edwards, *Birds*, 161; le Perroquet a joues bleues, Lev.,
t. 2, p. 87, pl. 106; *Psittacus brasiliensis*, Linn., et *Psittacus
autumnalis*, *var. δ*, Lath. Ce beau perroquet a la taille et la forme
du perroquet amazone; il a le dessus du corps d'un vert
brillant, et le dessous d'un vert lustré de jaune ; sa face est
d'un rouge brillant; ses joues sont d'un bleu foncé; les grandes
pennes alaires bleues et leurs couvertures vertes et lisérées
de jaune; toutes les pennes de la queue sont terminées de
jaune, et de chaque côté la première est bleue et la seconde rouge; le bec est d'un blanc rosé, et les pieds sont gris.

Cet oiseau est du Pérou.

144. Perroquet a queue rouge; *Psittacus erythrurus*, Kuhl, *Consp. psitt.*, page 77, *sp.* 184. Cette espèce nouvelle est originaire du Brésil; sa taille et sa forme la rapprochent de l'amazone. Il est vert et les plumes des parties inférieures et du dos sont jaunes à leur base, avec leur bord liséré de noir: la queue et le bord interne des ailes sont rouges, et la queue est terminée par une bande transversale jaune; le haut de la tête et la région située entre le bec et l'œil sont d'un rouge pourpre; le tour du bec et la gorge (ou la face) sont bleus, avec la base de leurs plumes rouge; les plumes de l'occiput sont bordées de bleu. Un individu de cette espèce existe dans le Muséum d'histoire naturelle de Paris.

145. Perroquet vineux : *Psittacus vinaceus*, prince Maxim.; Kuhl. *Consp. psitt.*, page 77, *sp.* 155, *Psittacus dominicensis;* Buff., pl. enlum., n.° 792, sous la dénomination de Perroquet de Saint-Domingue. Ce perroquet a treize pouces trois quarts de longueur totale, et vingt-cinq pouces un quart d'envergure. Toutes les parties supérieures de son plumage sont vertes, et beaucoup de ses plumes sont bordées de vert obscur; son bec est rouge, avec sa base et sa pointe d'une couleur de corne blanchâtre; le bord du front est rouge, et cette couleur s'étend jusqu'aux yeux; les joues, le devant du cou et la poitrine sont d'un rouge vineux, et les plumes de ces parties sont bordées de vert clair; celles du cou sont entourées d'une bordure plus obscure; cette couleur passe peu à peu au vert clair sur le ventre et les jambes : les plumes des côtés sont bordées d'une manière peu distincte, tronquées et élargies comme celles du derrière du cou; les barbes intérieures des pennes des ailes sont noirâtres, et les extérieures sont vertes à la base de ces plumes et bleues au bout; le bord externe des quatre dernières, dans son milieu, est rouge; la queue est verte, avec la partie moyenne des trois pennes latérales rouge, l'extrémité de toutes étant d'un vert jaune; le bord des ailes est d'un jaune doré, et leurs couvertures inférieures sont vertes.

146. Perroquet de Dufresne: *Psittacus dufresnianus*, Kuhl, *Consp. psitt.*, page 78, *spec.* 136; *Psittacus coronatus*, *Mus. Berol.;* Perroquet de Dufresne (jeune), Levaill., Perroq., tome 2, page 53, pl. 91. Ce perroquet, de la taille de l'a-

mazone ou même plus grand, a le bec très-robuste et de couleur roussâtre. Lorsqu'il est adulte, il a le corps vert; la partie supérieure et antérieure de la tête rouge; la région située entre le bec et l'œil jaune; la face et la gorge bleuâtres; l'extrémité des pennes des ailes bleue, avec la base des pennes intermédiaires rouge; le dessous des ailes d'un vert-clair brillant; la queue courte, verte, avec son extrémité d'un vert jaunâtre, précédé de rouge; la base des plumes du ventre d'un rougeâtre livide.

Dans le jeune ( celui figuré par Levaillant ) le front est d'un orangé qui passe au jaune vers l'œil de chaque côté; les joues, la gorge et les côtés du cou sont bleus; la queue est toute verte.

Cette espéce habite Cayenne et le Brésil.

147. PERROQUET A JOUES ORANGÉES : *Psittacus autumnalis*, Linn.; Kuhl, *Consp. psitt.*, page 79, *sp.* 137 : *Lesser green Parrot*, Edwards, *Birds*, pl. 164; le PERROQUET A JOUES ORANGÉES, Levaill., Perroq., tome 2, page 102, pl. 111. Il a le plumage d'un vert gai, tirant plus au jaune sous le corps qu'en dessus; le front rouge; le sommet de la tête bleu depuis le rouge du front jusqu'à l'occiput; les joues orangées; les grandes pennes des ailes alaires rouges dans leur milieu, bleues à leur naissance et à leur pointe; la queue verte, avec ses deux pennes les plus extérieures de chaque côté bordées de jaune en dehors; les petites couvertures du bord du poignet de l'aile également jaunes; le bec est blanc-jaunâtre et les pieds sont gris.

Il est du Brésil.

148. PERROQUET A FACE BLEUE : *Psittacus havanensis*, Linn., Gmel.; Kuhl, *Consp. psitt.*, page 79, *sp.* 138; le CRICK A FACE BLEUE, Buff., Hist. nat. des ois., tome 2, page 227, et pl. enl. n.° 360, sous le nom de PERROQUET DE LA HAVANE; PERROQUET A FACE BLEUE, Levaill., Perroq., t. 2, pag. 125, pl. 122 ( figure d'un jeune ). Ce perroquet a quinze pouces et demi de longueur; il a tout le dessus du dos et la queue d'un gros vert; les côtés du cou et la face inférieure du corps d'un lilas tendre, les plumes de ces parties étant bordées de noirâtre; la tête d'un vert bleuâtre en dessus, et la face mêlée de bleu et de rougeâtre; les grandes pennes des ailes

d'un bleu noir, avec leur base verte; la base des suivantes et une bordure étroite sur le poignet d'un rouge de sang; la queue carrée, d'un vert pourpré, avec des reflets lilas en dessus et verts en dessous.

Dans le jeune, le bas-ventre est jaune-souci; la face et le sommet de la tête sont bleus, et les plumes des parties inférieures du corps sont bordées de vert.

Levaillant, qui n'a vu que des jeunes individus de cette espèce, vante beaucoup leur douceur et l'amabilité de leur caractère.

Ce perroquet se trouve au Mexique, et peut-être dans l'île de Cuba.

149. PERROQUET A TÊTE BLANCHE : *Psittacus leucocephalus*, Linn.; Kuhl, *Consp. psitt.*, pag. 80, sp. 139; le PERROQUET A FACE ROUGE, Lev., Perr., t. 2, p. 91, pl. 107, 107 *bis*, 108, 108 *bis* et 109. Ce perroquet est un peu plus petit que l'amazone, sa longueur totale ne dépassant pas onze pouces. Quoique très-varié dans ses couleurs, selon l'âge et les sexes, son espèce peut être ainsi caractérisée : plumage vert; bec blanc; côté extérieur des pennes des ailes bleu et l'interne noir; les plumes du corps étant entourées d'une bordure noire.

Le mâle adulte ( PERROQUET A FACE ROUGE, mâle, Levaill., pl. 107 et 107 *bis*; l'AMAZONE A TÊTE BLANCHE, Buff., Hist. nat. des ois., tome 6, page 212, et pl. enlum. n." 549, et la PERRUCHE DE LA MARTINIQUE, *ejusd.* pl. enl. n.° 335) a la partie antérieure et supérieure de la tête et le tour des yeux blancs; les joues, la gorge et le dessous du cou, rouges; le bas-ventre de couleur pourprée; la base des pennes latérales de la queue d'un rouge pourpre, avec le bord de la plus extérieure bleu.

La femelle ( PERROQUET A FACE ROUGE, femelle, Levaill., pl. 108; PAPEGAI A BANDEAU ROUGE, Buff., Hist. nat. des ois., tome 6, page 241, et pl. enl. n.° 792; *Psittacus dominicensis*, Linn.) a le front rouge et sans aucune trace de blanc; les pennes alaires semblables à celles du mâle, et le reste du plumage généralement vert.

Le jeune mâle ( PERROQUET A FACE ROUGE, jeune mâle, Levaill., pl. 109; le PERROQUET ou PAPEGAI A VENTRE POURPRE

DE LA MARTINIQUE, Buff., Hist. nat. des ois., tome 6, page 242, et pl. enlum. n.° 548) diffère de l'adulte en ce qu'il a les joues et le devant du cou verts, avec le front blanc : la gorge présente plus ou moins de plumes rouges, selon l'âge plus ou moins avancé de cet oiseau.

L'individu de la seconde année (PERROQUET A FACE ROUGE, dans son premier âge, Levaill., pl. 108 *bis*) est tout vert, et a seulement les pennes alaires bleues comme dans l'adulte.

Ce perroquet est un des plus communs parmi ceux qu'on amène en Europe, et l'un de ceux qui résistent le mieux aux rigueurs de notre climat.

Il est très-commun à Saint-Domingue, et ne paroît exister ni à la Guiane, ni dans les autres parties de l'Amérique méridionale. Les oiseleurs lui donnent le nom d'*amazone à tête rouge*.

150. PERROQUET A FRONT BLANC : *Psittacus albifrons*, Lath.; Kuhl, *Consp. psitt.*, page 80, *sp.* 140; *Museum carlsonianum*, n.° 52. Il a plus de neuf pouces de longueur totale. Son plumage est composé de plumes vertes à large bord noir ; le bec et la région située entre lui et l'œil de chaque côté sont jaunes; le devant de la tête est couvert de plumes blanches très-courtes; le tour de l'œil est nu, et les plumes qui le bordent forment un cercle rouge, interrompu antérieurement ; la région de l'oreille est noire; la queue est d'un vert jaunâtre; la base des premières pennes alaires est mélangée de rouge, et le reste de leur étendue est bleu; les couvertures en sont longues et ont leur base rouge.

La patrie de cet oiseau n'est pas connue; mais il est vraisemblable qu'il est originaire d'Amérique.

151. PERROQUET MEUNIER : *Psittacus pulverulentus*, Gmel., Linn.; Kuhl, *Consp. psitt.*, page 81, *sp.* 141; le MEUNIER ou le CRICK POUDRÉ, Buff., Hist. nat. des ois., tome 6, page 225, et pl. enl., n.° 86; le PERROQUET MEUNIER, Levaill., Perroq., tome 2, page 55, pl. 91. Ce perroquet, de grande taille (quatorze pouces), est ainsi nommé par les habitans de Cayenne, où il se trouve, parce que le vert, qui est la couleur générale de son plumage, est glauque et comme saupoudré de blanc. Il a une petite tache jaune sur le haut

du front; le bord des ailes vers le poignet et le milieu des pennes moyennes roug s; leurs pennes primaires en entier et le bout de leurs pennes moyennes bleus; la queue, plus longue que celle du perroquet amazone, verte et sans rouge, avec sa penne la plus latérale bleue extérieurement; les yeux jaunes; le bec gris-noirâtre dans quelques individus, et blanc de corne chez d'autres. La figure de Levaillant présente sur le sommet de la tête, le front et les joues, une couleur verte, moins glauque que celle des autres parties du corps.

Il est commun à Cayenne et au Brésil.

152. Perroquet Tavoua : *Psittacus festivus*, Gmel., Linn.; Kuhl, *Consp. psitt.*, page 81, *sp.* 142; le Papegai Tavoua, Buff., Hist. nat. des ois., tome 6, page 240, et pl. enlum., n.° 840, sous le nom de Perroquet Tahua de Cayenne; le Perroquet Tavoua, Levaill., Perroq., tome 2, page 136, pl. 129. Sa longueur totale est d'onze pouces et demi. Son plumage est généralement vert et presque partout nuancé de bleu tendre, et le bord de ses plumes est plus foncé que leur milieu; le bas du dos et le croupion sont d'un rouge vif: les grandes pennes des ailes sont d'un gros bleu, qui passe au noir vers leur extrémité; le front est marqué d'un étroit bandeau rouge cramoisi, qui se prolonge de chaque côté jusqu'au coin de l'œil, d'où se détache une espèce de sourcil bleu de ciel, qui couronne celui-ci, les joues sont nuancées de bleu; la gorge est bleue.

Selon Levaillant, il paroît que cette espèce n'est que de passage à la Guiane, et qu'on ne la voit même que fort rarement à Cayenne.

153. Perroquet des cierges : *Psittacus cactorum*, prince Maximil.; Kuhl, *Consp. psitt.*, page 82, *sp.* 143. Cette espèce, nouvellement distinguée et non encore figurée, a onze pouces un quart de longueur. Les parties supérieures de son plumage sont d'un vert gai; le sommet de sa tête et la partie postérieure de son cou sont variés de brun; les côtés de sa tête sont verts; le devant de son cou est d'un brun-olivâtre clair; sa poitrine et son ventre sont d'une couleur orangée peu foncée; les plumes des jambes et celles de la région de l'anus sont d'un jaune verdâtre; la queue est d'un vert clair;

la partie extérieure et l'extrémité des pennes des ailes sont bleues; les couvertures inférieures de celles-ci sont mélangées de vert obscur et de vert clair.

Cette espèce se trouve au Brésil; mais y est rare.

***** Perroquets accipitrins, pouvant à volonté relever les plumes de la partie postérieure de la tête.

154. PERROQUET ACCIPITRIN : *Psittacus accipitrinus*, Linn., Gmel.; Kuhl, *Consp. psitt.*, page 82, *sp.* 144; PAPEGAI MAILLÉ, Buff., Hist. nat. des ois., tome 6, page 239, et pl. enlum., n.° 526; *Psittacus coronatus*, Linn., Gmel.; *Psittacus Clusii*, Shaw. Il est un peu plus fort et plus grand que le perroquet amazone. Son corps est généralement vert; le devant et le sommet de sa tête sont d'un jaune-brunâtre pâle; varié de jaune d'ocre et de brun pâle par petites lignes; la poitrine est d'un brun pourpré; la nuque est pourvue de plumes droites et alongées, qui sont, ainsi que celles du ventre, d'un beau rouge-brun et terminées par une bande bleue; les environs de l'anus, les côtés du ventre et les couvertures inférieures des ailes sont de couleur verte; les pennes des ailes et de la queue sont brunes en dessous.

On le trouve en Amérique. Buffon et quelques ornithologistes pensent qu'il n'est qu'une variété du perroquet varié, espèce d'Asie, qui auroit été transportée et acclimatée dans les forêts de la Guiane. A l'appui de cette opinion ils font la remarque que cet oiseau a une voix aiguë et perçante, très-différente de celle des perroquets du pays où il se trouve.

### B. *Espèces africaines.*

#### * A plumage où le gris domine.

155. PERROQUET A TÊTE GRISE : *Psittacus senegalus*, Linn., Gmel.; Kuhl, *Consp. psitt.*, page 72, *sp.* 145; le PERROQUET A TÊTE GRISE, Buff., Hist. nat. des ois., tome 6, page 123, et pl. enl., n.° 288, sous la dénomination de PETITE PERRUCHE DU SÉNÉGAL; Levaill., Perr., tome 2, page 113, pl. 116, 117 et 118. Cet oiseau est d'une taille ramassée et moindre que la médiocre; sa queue est courte, à pennes fortes, égales et pointues au bout; sa tête et son cou sont gris : un

large plastron vert couvre la poitrine et tombe en pointe sur le milieu du sternum ; le ventre est d'un beau jaune-orangé très-vif ; le manteau, les ailes et le dessus de la queue sont verts ; le bec est gris-noir ; les yeux sont d'un jaune d'or et les pieds sont blanchâtres.

La femelle est un peu plus petite que le mâle ; la couleur jaune est moins orangée chez elle, et les plumes grises de la tête et de la face y portent quelques bordures vertes, tandis que celles du plastron ont au contraire des bordures grises.

Une variété, décrite et figurée par Levaillant, pl. 118, est totalement jaune, et les grandes pennes de ses ailes prennent une teinte brunâtre.

Cette espèce du Sénégal est maintenant assez commune à Paris, et n'est pas d'un prix très-élevé. Elle est remplie d'intelligence, s'attache beaucoup à son maître et apprend à parler ou à siffler des airs avec facilité.

156. PERROQUET CENDRÉ OU JACO : *Psittacus erythacus*, Linn. ; Kuhl, *Consp. psitt.*, page 83, *sp.* 146 ; le JACO OU PERROQUET CENDRÉ, Buff., Hist. nat. des ois., tome 6, page 100, et pl. enl., n.° 311 ; le PERROQUET CENDRÉ DE GUINÉE, Briss. ; le PERROQUET CENDRÉ ou le JACO, Levaill., Perr., tome 2, page 72, pl. 99 à 103. Cette espèce est celle que l'on préfère à toutes les autres en Europe, à cause de la douceur de son caractère, de son attachement pour son maître, et de la facilité avec laquelle on lui apprend à parler. Comme ce perroquet est un des plus recherchés, c'est aussi un des plus chers. Cet oiseau est trop connu, pour que nous nous étendions sur sa description. Sa couleur générale est le gris cendré plus ou moins foncé, et ses plumes sont bordées d'un gris plus clair que le fond ; son bas-ventre et les plumes de ses flancs sont blancs ; sa queue est rouge en dessus comme en dessous ; son bec, ses pieds et le bout des grandes pennes de ses ailes sont noirs ; le tour de ses yeux et la base de son bec sont dépourvus de plumes et comme saupoudrés d'une poussière blanche.

On en distingue d'abord deux variétés indépendantes des sexes ; l'une, constamment très-foncée en couleur, est d'un gris d'ardoise, et l'autre d'un gris blanchâtre. Une troisième, d'un gris noirâtre, a la queue d'un roux noir, au lieu de l'avoir d'un beau rouge comme les deux premières; c'est le perroquet figuré par Levaillant, pl. 102. Une quatrième a le manteau, la poitrine et le ventre plus ou moins colorés en rouge vif (perroquet cendré tapiré, Levaill., pl. 101).

Enfin, une cinquième est la livrée de l'âge très-avancé : chez elle le gris est très-foncé et la queue prend une couleur jaune. Levaillant, qui la décrit, dit que c'est le dernier plumage que prit un oiseau de cette espèce à l'âge d'environ soixante-cinq ans, et qui vécut encore plusieurs années.

Le perroquet gris habite la côte occidentale d'Afrique et ne nous parvient le plus ordinairement qu'après avoir été porté en Amérique.

Il n'y a point dans cette espèce de différences appréciables entre les mâles et les femelles.

** A plumage où le vert domine.

157. PERROQUET A FRANGES SOUCI : *Psittacus Levaillantii,* Lath., Suppl.; Kuhl, *Consp. psitt.*, page 85, *sp.* 147; le PERROQUET A FRANGES SOUCI, Levaill., Perr., tome 2, p. 139, pl. 130 et 131; *Psittacus infuscatus,* Shaw; *Psittacus flammiceps,* Bechst.; *Psittacus cafer,* Lichtenstein. Cette espèce, de taille moyenne, a le corps robuste et la queue courte, un peu étagée, dont les ailes atteignent aux deux tiers de sa longueur. Sa tête, son cou et sa poitrine sont d'un gris-brun olivacé. Son estomac, son ventre, son croupion et ses jambes sont d'un vert de mer brillant et lustré; son manteau et les couvertures de ses ailes sont d'un vert brun; les grandes pennes de celles-ci et les plumes de la queue sont brunes, avec quelques bordures vertes; le bord des ailes est frangé de souci; les jarretières sont de cette couleur au bas des jambes; le bec est fort et blanc; les pieds sont grisaille et les yeux d'un brun rougeâtre.

La femelle ne diffère du mâle qu'en ce qu'elle a un peu moins de taille, et que chez elle les couleurs vertes et souci sont un peu moins vives.

Les jeunes encore couverts de leurs premières plumes, ont

la tête, le cou et la poitrine d'un vert gris ; le manteau d'un vert moins brun que celui des vieux ; les plumes vertes du croupion, du ventre et des jambes. marquées d'un trait brun dans leur milieu ; le bec d'un blanc jaunâtre.

Une variété tapirée naturellement ( Levaillant, pl. 151 ) présente la couleur orangée répandue sur presque tout le corps, mais d'une manière irrégulière. Une autre variété est toute verte. avec le bord des ailes et les plumes des jambes orangés.

Cet oiseau est la seule espèce de perroquets proprement dits que Levaillant ait trouvée dans les forêts de la côte de l'est du cap de Bonne-Espérance, à une quarantaine de lieues environ de ce cap, et de là jusque chez les Cafres. Selon ce naturaliste voyageur. il vit en grandes bandes, et émigre du nord au sud et du sud au nord deux fois l'année, de façon à se rapprocher de la ligne dans le temps des moussons pluvieuses et à passer la belle saison, c'est-à-dire, celle des chaleurs. dans les forêts des environs du cap dont nous venons de parler. Il vit en état de monogamie, fait son nid dans un trou d'arbre ou un creux de rocher, et le compose de feuilles sèches , de mousse et de poussière de bois vermoulu ; pond quatre œufs blancs, presque ronds, de la grosseur à peu près de ceux de nos pigeons domestiques, et qui sont alternativement couvés par le mâle et la femelle. Les petits naissent pourvus d'une tête énorme relativement à leur corps. qui est tout nu ; bientôt ils se couvrent d'un duvet gris et ils ne sont revêtus de plumes qu'à six semaines ; ce n'est qu'à deux mois qu'ils ont acquis toute leur grosseur et qu'ils mangent seuls. D'abord ils suivent les vieux pour apprendre à chercher leur nourriture , et ils ne s'en séparent que lorsqu'ils peuvent se suffire à eux-mêmes. Les adultes sont très-rusés et difficiles à approcher, tandis que les jeunes sont sans défiance. Ces oiseaux mangent à des heures réglées et ont grand soin de se laver chaque jour deux fois. Tous les matins, ceux d'un même canton s'assemblent sur un ou deux arbres morts et font entendre leurs cris au moment du lever du soleil. et pendant la chaleur du jour ils se tiennent dans l'épaisseur des forêts. perchés tranquillement sur les branches des arbres et en gardant le plus profond silence.

## C. *Espèces asiatiques.*

### * De taille médiocre.

158. Perroquet a tête rouge-brune ; *Psittacus spadiceocephalus*, Kuhl, *Consp. psitt.*, page 84, *sp.* 148. Cette espèce, qui a la forme du *Psittacus melanocephalus* et qui est de la même taille, a été rapportée de Java au Muséum d'histoire naturelle de Paris, par M. Labillardière. Son plumage est généralement vert, plus foncé en dessus qu'en dessous ; sa tête en entier et une petite tache sur le poignet sont de couleur brun-châtain ; les couvertures inférieures de ses ailes sont bleues ; sa queue est courte et carrée, et ses pennes ont le côté intérieur de leurs barbes de couleur jaune.

### ** De grande taille.

159. Perroquet a calotte bleue : *Psittacus gramineus*, Linn., Gmel. ; Kuhl, *Consp. psitt.*, page 84, *sp.* 148 ; le grand Perroquet vert a tête bleue, Buff., Hist. nat. des ois., tome 6, page 122, et pl. enlum., n.° 862, sous la dénomination de Perroquet d'Amboine ; le Perroquet a calotte bleue, Levaill., Perroq., tome 2, page 123, pl. 121. Ce grand perroquet a seize pouces de longueur totale. Tout le dessus de son corps est d'un vert plein brillant, et le dessous, c'est-à-dire le devant du cou, la poitrine, le ventre, les plumes des jambes et les couvertures du dessous de la queue, sont d'un jaunàtre légèrement olivacé ; le dessus de la tête et les grandes pennes des ailes sont bleus ; une bande étroite noire s'étend de chaque côté depuis la narine jusqu'à l'œil ; le milieu du dessus de la queue est vert, comme le dos ; tandis que ses côtés sont bleus, et que son revers est d'un jaune brunâtre ; le bec est rougeàtre et les pieds sont gris-bruns.

Suivant Buffon, cette belle et grande espèce est d'Amboine.

160. Perroquet a flancs rouges : *Psittacus sinensis*, Linn. ; Kuhl, *Consp. psitt.*, p. 84, *sp.* 150 ; *Psittacus Sonnerati*, Gmel., Linn., Lath. ; Perroquet vert, Buff., Hist. nat. des ois., t. 6, p. 116, et pl. enl., n.° 514, sous la dénomination de Perroquet vert et rouge de la Chine (mauvaise) ; Edwards, *Glean.*, pl. 231 (passable) ; Perroquet a flancs rouges, Levaill., Perroq.,

tome 2, page 152, pl. 132 : *Psittacus magnus*, Linn., Gmel.; *Psittacus viridis*, Lath., n.° 125 ; GRAND PERROQUET VERT DE LA NOUVELLE-GUINÉE, Sonnerat, Voyage. pl. 108. Il est grand et robuste, et sa longueur totale est d'environ quinze pouces. Son plumage général est d'un vert lustré très-éclatant, à l'exception d'une grande plaque rouge sur chaque flanc, des petites couvertures inférieures des ailes, qui sont de la même couleur, et de la partie externe des grandes pennes des ailes. qui est bleue et bordée de vert : le vert des parties supérieures du corps brunit sous certains jours ; les barbes du côté intérieur des pennes alaires sont noires : les petites couvertures qui bordent l'aile sont noires : la queue est verte jusqu'à la moitié de sa longueur : plus bas elle est d'un jaune verdissant, et l'on remarque du rouge sur son revers, près de la racine de chacune de ses pennes. Le bec est robuste : sa mandibule supérieure est rouge et l'inférieure noire ; les pieds sont d'un brun noir.

On le trouve à la Nouvelle-Guinée et aux îles Moluques, et non à la Chine, quoi qu'en dise Edwards.

### D. *Espèces australes.*

#### * De taille médiocre.

161. PERROQUET GEOFFROY : *Psittacus Geoffroyi*, Levaill.; Kuhl, *Consp. psitt.*, page 85, *sp.* 151 : le PERROQUET GEOFFROY, Levaill., Perroq., tome 2, page 104, pl. 112 (le mâle), et 113 (la femelle); *Psittacus personatus*, Shaw. Cet oiseau est au-dessous de la taille moyenne des espèces du même genre ; sa queue est fort courte ; son plumage est d'un vert de pré. Le mâle a le sommet de la tête d'un beau bleu tendre ; le front, les joues, la gorge, toute la face, d'un rouge orangé ; les couvertures du dessous des ailes d'un bleu tendre, et le revers des pennes alaires d'un gris argentin ; le bec est rouge et les pieds sont d'un gris brunâtre.

La femelle est un peu plus petite que le mâle ; tout son plumage est d'un vert uniforme, moins vif que celui de ce dernier, et l'on remarque seulement quelques teintes rougeàtres sur ses joues ; les pennes de ses ailes n'ont pas de bleu.

D'après les observations de MM. Lesson et Garnot ce petit

perroquet est extrêmement abondant dans toutes les Moluques et à la Nouvelle-Guinée, où les Papous le nomment *manangore*. Il n'est pas moins commun à la Nouvelle-Hollande, où les colons lui donnent le nom de *Bathurst Parrot*.

** De taille moyenne. Espèces faisant le passage de la division des Perroquets à celle des Kakatoës.

162. Perroquet Nestor : *Psittacus Nestor*, Lath.; Kuhl, *Consp. psitt.*, page 86, *sp.* 152 ; *Psittacus australis*, Mus. Lev.; *Psittacus meridionalis*, Linn. Il a quinze pouces de longueur totale, et il se rapproche surtout du perroquet de Banks. Son dos et le dessus de ses ailes sont bruns; sa tête est d'un cendré-brun livide, avec la région des oreilles couverte de plumes effilées d'un jaune d'ocre et bordées de brun ; son bec est très-grand, très-arqué et de couleur de corne, et la longueur de sa mandibule supérieure est double de sa hauteur; la mandibule d'en bas est oblique, non arquée, et taillée en biseau à son extrémité; les couvertures inférieures des ailes sont variées de brun et de rouge par stries transversales ; la queue est brune sur ses deux faces; le croupion et sa face inférieure sont d'un rouge brun ; les plumes brunes du bas-ventre sont largement bordées de rouge sombre.

Ce perroquet est de la Nouvelle-Zélande, où les naturels, qui le nomment *kaka*, l'apprivoisent facilement. M. Lesson en a possédé un qui recitoit deux strophes de la fameuse Ode sacrée des nouveaux Zélandois, dont ces insulaires ont perdu le sens, et dont l'ancienneté remonte peut-être au temps de leur arrivée dans les parages qu'ils habitent.

## E. *Espèces dont la patrie est inconnue.*

163. Perroquet a cou brun ; *Psittacus fuscicollis*, Kuhl, *Consp. psitt.*, page 93, *sp.* 171. Ce perroquet est à peu près de la taille de l'amazone et ressemble surtout au perroquet de Levaillant. Son ventre, son dos et ses ailes sont verts ; le dessus de sa tête est rouge ; son cou brun ; son croupion vert clair ; ses pennes alaires et caudales sont brunâtres; le bord du poignet de l'aile et la face interne des jambes sont rouges; la queue est carrée, un peu plus longue que les ailes; le bec est épais, robuste et blanc, avec le bout de

39.                               8

la mâchoire supérieure grêle, long, épais, arqué en dessous, et sans sinuosités sur ses bords.

### 5.ᵉ Section.

KAKATOÈS : *Kakadoe*, Kuhl.; *Cacatua*, Briss., Vieill.. et *Plyctolophus*, Vieill.

Queue courte, carrée, égale au bout; bec très-grand, épais et très-crochu. Le tour de l'œil nu; tête garnie d'une crête de plumes alongées et susceptibles de se dresser à la volonté de l'oiseau. Habitant la Nouvelle-Hollande ou les Indes orientales, et vivant dans les lieux marécageux.

### A. *Espèces des Indes; à plumage blanc.*

164. Kakatoès a huppe blanche : *Psittacus cristatus*, Linn.; Kuhl, *Consp. psitt.*, page 86, *sp.* 153; le Kakatoès a huppe blanche, Buff., Hist. nat. des ois., tome 6, page 92, et le Kakatoès des Moluques, pl. enl., n.º 268; *Cacatua cristata*, Vieill. Il a un pied quatre pouces de longueur. Son plumage est tout blanc; sa tête est pourvue d'une huppe grande et large, comprimée latéralement, formée de douze plumes implantées sur le front, où elles forment comme une sorte de couronne; la base de la queue et la face inférieure des ailes ont une légère teinte soufrée; le bec et les pieds sont noirs.

Cet oiseau habite les îles Moluques, où il est fort commun, ainsi qu'à la Nouvelle-Guinée. Les Papous le nomment *mangarasse*, à Doreny, et *maouareſſe*, à Rosny. Il a traversé le détroit de Torrès, et s'est répandu dans la Nouvelle-Hollande, jusque sous le 35.ᵉ degré de latitude sud. Il vit par troupes dans les forêts de la Nouvelle-Galles du Sud, pousse un cri perçant et continuel, niche dans les trous d'arbres, et se plait à ronger des écorces.

165. Kakatoès a bec couleur de chair : *Psittacus Philippinarum*, Gmel., Linn.; Kuhl, *Consp. psitt.*, page 86, *sp.* 154; le petit Kakatoès des Philippines, Buff., pl. enl., n.º 191, et le petit Kakatoès a bec couleur de chair, Hist. nat. des ois., tome 6, page 96; Lath., n.º 79; *Cacatua philippinarum*, Vieill. Plus petit que le précédent, celui-ci n'a que treize ou quatorze pouces de longueur totale. Son plumage est gé-

néralement d'un beau blanc, si l'on en excepte la région anale et les couvertures inférieures de la queue, qui sont rougeàtres; une teinte rougeàtre se remarque aussi vers la région des oreilles; sa huppe, jaune-clair à sa base, blanche au bout, n'est point comprimée, et est suceptible de se redresser à la volonté de l'oiseau; les plumes scapulaires à leur base, le dessous de la queue et les barbes internes des pennes alaires sont d'un jaune de soufre; le bec est couleur de chair.

M. Vieillot semble mettre en doute que cette espèce des Philippines soit différente de celle du Kakatoës à huppe jaune. MM. Garnot et Lesson l'ont trouvée aux Moluques et à la Nouvelle-Guinée. Elle est moins intelligente que la précédente, et apprend difficilement à parler.

166. Kakatoës a huppe rouge : *Psittacus moluccensis*, Gmel., Linn.; Kuhl, *Consp. psitt.*, page 87, *sp.* 155; *Psittacus rosaceus*, Lath.; le Kakatoës a huppe rouge, Buff., Hist. nat. des ois., t. 6, p. 95, et le Kakatoës a huppe rouge, pl. enl., n.° 498; *Cacatua rosacea*, Vieill. Il est aussi grand que le kakatoës à huppe blanche, et sa longueur totale est d'environ seize pouces. Son plumage est d'un blanc légèrement teint de rose; sa huppe est grande, arquée en dessous, au lieu de l'être en dessus, comme celle de l'espèce précédente, et les plumes de son milieu seulement sont d'un beau rouge, les autres, c'est-à-dire les antérieures et les postérieures, sont blanches; toutes sont larges, épanouies et arrondies à leur extrémité; les couvertures inférieures des ailes et de la queue sont d'un jaune de soufre; le bec est d'un noir bleuàtre et les pieds sont gris de plomb.

Cet oiseau habite les Moluques et l'île de Sumatra; il abonde à Céram. C'est le plus stupide des kakatoës. Il aime à crier très-fort en tournoyant et se pendant dans des postures forcées et singulières, et en hérissant sa huppe.

167. Kakatoës a huppe jaune : *Psittacus sulphureus*, Gmel., Linn.; Kuhl, *Consp. psitt.*, page 87, *sp.* 156; le petit Kakatoës a huppe jaune, Buff., Hist. nat. des ois., tome 6, page 93, et pl. enl., n.° 14; *Cacatua sulphurea*, Vieill. Il n'a que onze à douze pouces de longueur totale; son plumage est d'un beau blanc, et sa huppe, qui est longue et effilée, est jaune, si ce n'est à la base du front, où elle est blanche

et frisée ; le dessous des ailes et de la queue est d'un jaune de soufre, et les joues sont souvent de cette couleur ; le bec est noirâtre.

Dans la huppe de cette espèce on remarque que les barbes des plumes qui la composent, sont recourbées en dedans, de manière à prendre la forme d'un cylindre creux, et que les plumes, qui sont effilées et longues, se recourbent vers le haut par leur pointe.

M. Vieillot dit qu'il y a dans cette espèce, qui habite les îles Moluques, deux races, qui ne diffèrent guère entre elles que par la taille.

Ce kakatoës est celui que l'on amène le plus souvent en Europe. Il est rempli d'intelligence et prend beaucoup d'attachement pour ses maîtres.

## B. *Espèces australes.*

### * A plumage blanc.

168. KAKATOËS JING-WOS : *Psittacus galeritus*, Lath. ; Kuhl, *Consp. psitt.*, page 87, *sp.* 157 ; *Crested Kakatoe*, White, Voyage, page 237 ; *Cacatua galerita*, Vieill. Cette espèce est de la taille du KAKATOËS A HUPPE JAUNE, et les plumes de sa huppe ont la même forme, mais elles sont plus longues (ayant jusqu'à sept pouces) ; leur couleur est d'un jaune de soufre, qu'on retrouve aussi à la base de la queue ; le sommet de sa tête est nu ; le plumage est d'ailleurs tout blanc ; la queue, dont les pennes sont d'égale grandeur, est longue de huit pouces, et son extrémité est blanche ; le bec est couleur de corne, et les pieds sont noirâtres.

Cet oiseau se trouve à la Nouvelle-Hollande et aussi à la Chine, où il porte le nom de *Jing-Wos*, dont la signification françoise est : *Oiseau qui parle.*

169. KAKATOËS A BEC MINCE : *Psittacus tenuirostris*, Kuhl, *Consp. psitt.*, page 88, *sp.* 158 ; *Psittacus nasicus*, Temm., *Trans. soc. linn.*, tom. 13, pag. 115. Cette espèce, de la Nouvelle-Hollande, est d'un blanc rosé ; sa huppe, placée sur le front, est blanche, avec la base rose : elle est appliquée sur la tête, déprimée, mais susceptible de se relever à la volonté de l'oiseau : la partie des joues comprise entre le bec et l'œil, est rose ; la queue est d'un jaune de soufre presque jusqu'à

son extrémité ; le bec est jaune , grêle , peu courbé. La grandeur de l'oiseau est à peu près celle du kakatoës à huppe jaune.

Cette espèce habite la Nouvelle-Hollande.

** A plumage, dans lequel le rose domine.

170. KAKATOËS A TÊTE ROSE : *Psittacus Eos*, Kuhl, *Consp. psitt.*, page 88, *sp.* 159 ; *Cacatua roseicapilla*, Vieill. Cette espèce nouvelle est pourvue d'une huppe très-courte ; sa tête, son cou, toutes les parties inférieures de son corps et les barbes internes des pennes de ses ailes sont de couleur rose ; et tout le reste du plumage est d'un joli gris ; la queue est longue, d'un gris plus foncé vers le bout qu'à la base, ainsi que les pennes des ailes ; le bec est jaune.

Sa taille est un peu inférieure à celle du kakatoës à huppe jaune. Sa patrie est la Nouvelle-Hollande.

*** A plumage généralement brun ou noir. [1]

171. KAKATOËS A TÊTE ROUGE : *Psittacus galeatus*, Lath. , *Suppl.*, fig. ; Kuhl, *Consp. psitt.*, page 88, *spec.* 160 ; *Psittacus phœnicocephalus*, Mus. paris. ; *Cacatua galeata*, Vieill. Cet oiseau se trouve à la Nouvelle-Hollande, et les individus de son espèce qui existent dans la collection du Muséum d'histoire naturelle de Paris, ont été rapportés par Peron et Lesueur de l'île King, dans le détroit de Bass. Le mâle a le corps robuste, d'un cendré noirâtre, à reflets verts en dessus, avec le bord des plumes d'un blanc jaunâtre , et les parties inférieures seulement plus pâles et ondulées de rougeâtre et de vert, la tête rouge, avec une crête composée de plumes longues, effilées, très-fournies et que l'oiseau relève à volonté ; les pennes des ailes et de la queue noirâtres ; la queue courte, carrée ; le bec jaunâtre et le tarse de couleur sombre. Sa taille est à peu près égale à celle du perroquet gris.

La femelle a le dessous du corps ondulé de jaune et de cendré noirâtre ; la tête d'un noir cendré ; les parties supé-

---

1 Il est vraisemblable que les oiseaux compris dans cette petite subdivision, composent le genre *Calyptorhynchus* de M. Horsfield, et qu'ils sont ainsi nommés d'après la forme très-élargie et bombée de leur bec.

rieures, les ailes et la queue d'un noir cendré verdâtre, ondulé transversalement de blanchâtre.

172. Kakatoës funéraire : *Psittacus funereus*, Shaw, *Misc.*, fig. 186 ; Kuhl, *Consp. psitt.*, page 81, *sp.* 161 ; *Cacatua Banksii, var.*, Vieill. Cet oiseau est généralement d'un noir brun ; sa huppe est petite ; la plus grande partie du milieu de sa queue est jaunâtre et marquée d'une multitude de petits points noirâtres ; les pennes intermédiaires étant d'un brun-noir uniforme, comme le dos ; la région de l'oreille est jaune ; le bec est très-comprimé et grêle, généralement pâle, avec sa pointe couleur de corne.

Il habite la Nouvelle-Hollande, dans les forêts des montagnes Bleues. Au rapport de MM. Garnot et Lesson, cet oiseau sauvage et très-défiant vole en troupes dans les grands *Eucalyptus* des environs de Paramatta.

173. Kakatoës de Temminck : *Psittacus Temminckii*, Kuhl, *Consp. psitt.*, p. 89, *sp.* 162 ; *Psittacus Solandri*, Temm., *Trans. soc. linn.*, tom. 13, pag. 113. Dans cette espèce, le dos et les ailes en dessus sont noirs, avec des reflets verts ; le cou et les parties inférieures du corps sont bruns ; la tête est pourvue d'une crête à peine apparente ; les cinq pennes les plus extérieures de la queue ont leur partie moyenne rouge, et souvent marquée de cinq fascies noires en zigzag ; les deux pennes intermédiaires sont toutes noires. Le bec est large, corné, et a son arête supérieure carénée.

Ce kakatoës, regardé par M. Temminck comme pouvant être le jeune du kakatoës de Leach (qu'il nomme K. de Cook), a de seize à vingt pouces de longueur. Il habite la Nouvelle-Hollande.

174. Kakatoës de Banks : *Psittacus Banksii*, Linn. ; Kuhl, *Consp. psitt.*, page 90, *spec.* 163 ; Temm, *Trans. soc. linn.*, tome 13, page 112 ; *Psittacus magnificus*, Shaw, *Miscell.*, pl. 50 (fig. méd.) ; Lath., *Syn.*, pl. 11 ; Shaw, *Mus. Lever.*, 4 ; *Cacatua Banksii*, Vieill. C'est un des plus grands oiseaux de ce genre, sa longueur totale étant de deux pieds trois pouces ; sa couleur générale est le noir ; sa huppe, placée sur le front et sur le sommet de la tête, est grande, comprimée et verticale, parsemée de petites taches jaunâtres, ainsi que les couvertures des ailes ; la face inférieure de son corps est

ondulée d'une couleur approchant du jaunâtre; les cinq pennes latérales de sa queue sont marquées vers leur extrémité d'un grand nombre de fascies transverses et de points rouges. Le bec est grand, épais, blanc-jaunâtre, avec son dos arrondi et non caréné.

La femelle est d'un noir brunâtre, avec une tache soufrée aux côtés du cou, et des taches peu apparentes répandues sur le corps.

Dans les jeunes, les taches des côtés du cou existent et sont grandes, et l'on ne voit point de taches éparses, ni d'ondulations sous le ventre.

L'espèce de cet oiseau est propre à la Nouvelle-Hollande.

175. KAKATOËS DE LEACH : *Psittacus Leachii*, Kuhl, *Consp. psitt.*, page 91, *spec.* 164, pl. 111; *Banksian Cockatoo, var.*, Phillip., *Voy. New-South-Walles*, page 267 ; *Psittacus Cookii*, Temm., *Trans. soc. linn.*, p. 111. Ce bel oiseau a vingt-deux pouces environ de longueur totale, ainsi il approche beaucoup pour la taille du précédent. Tout son plumage est d'un noir foncé, avec des reflets bleus semblables à ceux du plumage des corbeaux, et sans aucun point ni raie d'autre couleur; la tête est munie d'une crête frontale non comprimée, le bec est bleu de plomb, comprimé, fortement arqué, et sa mandibule supérieure a son arête tranchante; les cinq pennes extérieures de la queue ont leur partie moyenne rouge et sans points ni taches, et le bord extérieur de la première de chaque côté est noir. La huppe de cette espèce est plus grande que celle de la précédente, et a trois pouces et demi de longueur; son bec est moins gros et plus comprimé, avec sa mandibule supérieure plus étroite, plus longue et un peu échancrée.

Ce kakatoës est de la Nouvelle-Hollande.[1]

---

1 Ici se termine la série des kakatoës. M. Vieillot y a joint, d'après quelques auteurs, deux oiseaux dont l'existence est problématique. Ce sont :

1.° Le KAKATOES A HUPPE ROUGE ET BLEUE : *Psittacus coronatus*, Linn., Lath. De Surinam. Il auroit le front jaune, la huppe rouge et terminée de bleu; le corps et la queue verts, avec les pennes caudales extérieures bordées de bleu, et les couvertures inférieures de la queue rouges avec l'extrémité bleue. Latham rapporte à cet oiseau, qui n'existe

## 6.ᵉ Section.

MICROGLOSSE : *Microglossum*, Geoff. ; *Probosciger*, Kuhl ;
*Aras à trompe*, Levaill.

Queue carrée, égale au bout ; bec très-fort et très-arqué ; tête pourvue d'une huppe composée de plumes étroites ; langue petite, en
forme de petit gland corné, creusé en cupule, et supportée par
une base cylindrique et alongée ; face nue. Oiseaux asiatiques.

176. Microglosse noir : *Psittacus aterrimus*, Gmel., Linn. ;
Kuhl, *Consp. psitt.*, page 91, *sp.* 165 ; *Psittacus gigas*, Lath. ;
grand Kakatoës noir, Edwards, *Glean.*, pl. 316 (bonne
figure) ; Kakatoës noir, Buff., Hist. nat. des ois., tome 6,
page 97. Cet oiseau est semblable à celui qui est décrit immédiatement après, par ses couleurs et les proportions des
différentes parties de son corps ; mais il est de moitié plus
petit. Son bec a deux pouces un tiers à deux pouces trois
quarts de longueur, et sa mandibule supérieure présente une
forte dent de chaque côté ; sa huppe est très-longue.

Il est des Indes orientales.

177. Microglosse Goliath : *Psittacus Goliath*, Kuhl, *Consp.
psitt.*, pl. 92, *sp.* 166 ; l'Ara gris a trompe, Levaill., Perr.,
t. 1, p. 42, pl. 11 ; *Psittacus griseus*, Bechst. ; l'Ara noir a
trompe, Levaill., Perr., t. 1. p. 45, pl. 12 et 13 ; *Cacatua ater-
rima* (ce n'est pas le *Psittacus aterrimus*, Linn,, Gmel.), Vieill.
Cet oiseau a plus de deux pieds de longueur totale, et son bec,
excessivement robuste. n'a guère moins de cinq pouces de
longueur. Son corps est aussi fort que celui des plus grands
aras de l'Amérique ; mais sa tête est proportionnellement plus
grosse. Ses joues sont nues jusque près de l'oreille, et de
couleur de chair vive ; la tête est surmontée d'une belle
huppe de plumes effilées, étroites de deux lignes, qui toutes
se terminent en pointe, et qui sont imbriquées de façon

pas dans nos collections, un autre tout aussi inconnu, le kakatoës
de la Guiane, de Bancroft, à corps et ailes verts ; tête et cou rouges :
huppe longue d'un pouce et demi, et queue verte et rouge-brun.

2.ᵉ Le Kakatoes a queue et ailes rouges ; *Psitt. erythroleucus*, Lath.,
d'après Aldrovande et Brisson. Oiseau dont la taille est celle du cha-
pon ; à plumage blanc cendré, avec le croupion, le bas du dos, les
ailes et la queue d'un rouge vif ; un pied cinq pouces de longueur ;
le bec et le tarse noirs. Sans indication de patrie.

que les plus courtes sont en avant étagées sur le front et que les plus grandes ou les postérieures ont jusqu'à quatre pouces de longueur ; ces plumes pouvant se dresser à la volonté de l'animal. La couleur grise cendrée qu'on voit sur toutes les parties du corps, et qui est seulement plus foncée sur le dos qu'ailleurs, est attribuée par M. Temminck à une poussière grise qui recouvre toutes les plumes de cet oiseau dans l'état de nature. Lorsqu'il est mort, tout le plumage gris devient d'un noir foncé, quand cette poussière est dispersée. Le bec est noir, la mandibule supérieure est pourvue d'une forte dent de chaque côté, et sa pointe est très-acérée ; l'inférieure, qui est beaucoup plus petite et n'atteint qu'à peu près vers le milieu de celle d'en haut, est en entier recouverte par celle-ci. La langue est très-petite pour un si gros bec ; sa forme est cylindrique et alongée ; sa couleur est rouge jusqu'à son extrémité, où elle se termine par un bout noir nommé gland corné par M. Cuvier, et qui est creusé en cupule. Ce gland, ainsi que M. Geoffroy l'a démontré, tout petit qu'il est, représente la vraie langue de ce perroquet, et la partie cylindrique et alongée qui la précède, et qui n'en est que le support, est une dépendance de l'appareil hyoïdien, non visible dans les autres oiseaux du même genre.

Cette langue, ainsi réduite aux plus petites dimensions, dit M. Geoffroy, ne perd rien de son efficacité comme organe du goût. Les oiseaux qui en sont pourvus, émiettent tout ce qu'on leur donne et recueillent chaque parcelle sur le centre de cette langue, qui prend alors la forme d'un cuilleron, évidemment pour en goûter la saveur. Ils brisent, comme les autres perroquets, sans aucune difficulté, les noix, noisettes et toute espèce de noyaux, mais n'avalent les amandes qu'après les avoir grugées et avoir porté l'extrémité de leur langue sur chaque partie détachée, en la saisissant au moyen du creux qui termine cet organe, et dont les bords sont susceptibles de s'ouvrir et de se resserrer à volonté.

M. Kuhl a comparé la structure de cette langue à celle de la langue des caméléons.

Ce perroquet, remarquable par sa taille et surtout par la singularité que nous venons de décrire, forme évidemment le passage des aras aux kakatoës ; aussi les ornithologistes l'ont-ils placé les uns dans le premier de ces groupes, et les autres dans le second. Il a été anciennement figuré par Van der Meulen, en 1707, sous le nom de corbeau des Indes.

Il habite les Indes orientales. MM. Lesson et Garnot m'ont dit que cet oiseau se trouve aux îles des Papous, mais qu'il y est rare, et qu'il vit solitairement.

ESPÈCES DÉCRITES PAR LES AUTEURS, ET DONT L'EXISTENCE N'EST PAS, POUR TOUTES, SUFFISAMMENT CONSTATÉE.[1]

### * A grande queue.

### A. *Espèces américaines.*

178. PERROQUET JANDAYA : *Psittacus Jandaya*, Lath., Linn., Gmel.; Kuhl, *Consp. psitt.*, page 94, *sp.* 172 ?; Marcgrave, *Bras.*, page 206. Couleur verte, avec la tête, le bas du cou et le ventre jaunes; bec et pieds noirs; orbites nus. Du Brésil. M. Kuhl pense que cet oiseau pourroit appartenir aux espèces nommées *Psittacus pertinax* ou *Psittacus ludovicianus.*

179. PERROQUET ARA NOIR : *Psittacus ater*, Lath., Linn., Gmel.; Kuhl, *Consp. psitt.*, page 94, *sp.* 173 ?; l'ARA NOIR, Buffon, Hist. nat. des ois., tome 6, page 202. Cette espèce douteuse, seulement décrite par Buffon, est noirâtre, avec des reflets verts très-brillans; son bec et ses yeux sont rougeâtres; ses pieds sont jaunes. Elle est de la Guiane.

180. PERROQUET JAQUILMA : *Psittacus Jaquilma*, Lath., Linn., Gmel.; Kuhl, *Consp. psitt.*, page 94, *sp.* 174; Molina, *Hist. nat. Chil.*, page 228. Cette espèce, du Chili, est de la taille d'une tourterelle; sa queue est longue, cunéiforme; son plumage est tout vert, avec l'extrémité de ses pennes alaires brunes et ses orbites fauves.

181. PERROQUET A COU NOIR : *Psittacus nigricollis*, Lath., *Suppl.*, n.° 8; Kuhl, *Consp. psitt.*, page 94, *sp.* 176. Cette espèce, regardée avec doute comme brésilienne, est de la taille de la perruche d'Alexandre. Son plumage est vert; le dessous de son cou et sa poitrine sont noirs; la région comprise entre le bec et l'œil, et une ligne de chaque côté du cou,

---

1 Nous désignerons ces espèces par le nom général de PERROQUETS, comme équivalant à la désignation latine *psittacus*, sans préjuger à quelle section de ce genre chacune doit précisément appartenir.

sont de couleur blanche ; le devant de la tête est d'un jaune de soufre ; les grandes pennes des ailes et celles de la queue, sont noires, avec une bordure bleue.

182. PERROQUET AUX AILES JAUNES ; *Psittacus chiriri,* Vieill., Dict., d'après d'Azara. Vert, plus jaunàtre en dessous qu'en dessus ; grandes couvertures supérieures et poignet de l'aile bleuàtres ; couvertures du milieu de l'aile d'un jaune pur ; pennes de la queue aiguës et également étagées. Cette vraie perruche du Paraguay est signalée comme ayant un caractère intraitable. M. Sonnini la rapproche de la perruche aux ailes variées.

183. PERROQUET CHIRIPEPÉ ; *Psittacus chiripepe,* Vieill. La longueur totale de cette vraie perruche du Paraguay, décrite d'abord par d'Azara, est de neuf pouces trois quarts. Le plumage est vert en dessus ; le devant du cou, l'oreille et le bas-ventre sont de couleur carmelite ; il y a deux taches rouges sur le bas de la poitrine et sur le ventre. La queue est presque rouge en dessous, et d'un rouge mêlé de jaune en dessus ; le front est marqué d'un bandeau étroit, couleur de chocolat ; la partie extérieure du bord de l'aile est bleu de ciel, et le revers brun ; le tarse et le bec sont noirâtres ; l'iris est roux ; le tour de l'œil blanchâtre et le bord de la paupière roux. D'Azara dit qu'il ne croit pas que cette espèce se trouve au-delà du 27.ᵉ degré de latitude australe, que son vol est très-rapide, qu'elle vit en troupes ou familles, etc.

184. PERRUCHE COTORRA ou la JEUNE VEUVE ; *Psittacus cotorra,* Vieill. Cet oiseau du Paraguay, espèce de la section des perruches, dont d'Azara peint les mœurs sociales et la disposition très-amoureuse, a dix pouces de longueur totale ; le bec noirâtre ; le front gris de perle ; la poitrine d'un gris verdâtre ; le croupion, le bas-ventre et les jambes d'un vert jaunâtre ; le dessus de la tête et du cou, ainsi que les couvertures supérieures des ailes, d'un vert qui prend un ton brun sur le haut du dos ; les quatre pennes latérales de la queue jaunes à leur extrémité et sur leur côté intérieur ; les pennes et les couvertures supérieures de l'aile d'un bleu tirant sur le violet ; les couvertures inférieures d'un vert jaunâtre, excepté les grandes, qui sont d'un violet luisant, comme le dessous des pennes.

Une variété est entièrement jaune, et a les yeux rougeâtres.

185. Perroquet Nenday : *Psittacus Nenday*, Nob.; *P. melanocephalus*, Vieill. Longueur, treize pouces quatre lignes. Le corps est vert-jaunâtre ; la tête est d'un noir qui se change en rouge-noirâtre sur la suture coronale ; la queue, noirâtre en dessous, est en dessus mi-partie de vert-jaunâtre et de bleu ; les pennes alaires sont d'un bleu qui se change en vert sur leur extrémité et sur une partie de leurs couvertures supérieures ; le devant du cou est d'un bleu foible ; les plumes du bas de la jambe sont écarlates ; les pieds sont olivâtres ; le bec, le tour de l'œil et l'iris sont noirs. D'Azara donne quelques détails sur les ravages que cette perruche fait dans les champs de maïs et d'autres céréales au Paraguay. Il parle aussi d'autres perruches très-semblables à celle-ci, mais à tête rouge et à plumage jaune, qui vivent habituellement avec elle. Il les considère comme formant une espèce distincte ; mais son traducteur Sonnini regarde ces dernières perruches comme n'étant qu'une simple variété du Nenday.

186. Perroquet a tête bleue du Paraguay ; *P. acuticaudatus*, Vieill., d'après d'Azara. Tout le plumage est vert ; le dessus de la tête d'un bleu foible ; les pennes latérales de la queue ont leur côté intérieur et leur extrémité de couleur incarnate ; le bec est noirâtre à sa pointe ; l'iris est rouge ; toutes les pennes caudales sont pointues et également étagées. Longueur totale, douze pouces un quart. D'Azara n'a vu qu'un seul individu de cette vraie perruche, qui avoit été trouvé sous le 24.ᵉ degré de latitude australe.

187. Perroquet a tête rouge du Paraguay : *Psittacus Azari*, Nob.; *Psittacus erythrocephalus*, Vieill. Cette perriche, extrêmement stupide et apathique, est en état de domesticité au Paraguay. Selon d'Azara, elle a huit pouces un quart de longueur totale ; le dessus du cou et du corps, les trois quarts de la queue et les côtés de la tête, d'un brun foncé ; le dessus de celle-ci rouge ; le dernier quart de la queue violet, ainsi que le bord des ailes, leurs couvertures du milieu et le côté supérieur des pennes entre la huitième et la douzième inclusivement, les autres pennes étant vertes ; toutes les parties inférieures d'un vert mêlé de jaune ; le bec généralement noirâtre, mais blanchâtre à sa pointe.

La femelle diffère du mâle en ce que les plumes de la base
du bec sont d'un vert rougeâtre ; le côté supérieur des pennes
alaires, depuis la septième jusqu'à la dixième, est d'un beau
bleu jusque vers le bout, qui est vert ; le bord de l'aile et
ses couvertures supérieures externes sont de couleur bleue ; la
tête est verte ; la queue mi-partie verte et bleue ; le bec blanchâtre, avec une tache noirâtre vers le bout. Cette espèce,
qui se trouve aussi au Brésil , est nommée au Paraguay *mara
cana cabeza roxa.*

## B. *Espèce africaine.*

188. PERROQUET OBSCUR : *Psittacus obscurus,* Lath., Linn.,
Gmel.; Kuhl, *Consp. psitt.,* page 96, *sp.* 186; Hasselquist,
*It.,* page 236. Cette espèce est brune ; ses joues sont nues et
rouges ; le sommet de sa tête est varié de cendré noirâtre ,
et sa queue est cendrée. Hasselquist l'a trouvée en Afrique.

## C. *Espèces des Indes orientales.*

189. PERROQUET MEXICAIN : *Psittacus mexicanus.* Lath.,
Linn., Gmel.; Kuhl, *Consp. psitt.,* page 97, *sp.* 188 ?; Avis
DE COCHO, Séba, *Mus.,* tome 1, page 94, tab. 59, fig. 2.
Cet oiseau, qui paroît être une perruche-lori de l'Inde, et
vraisemblablement une variété du *Psittacus garrulus,* à tort
indiquée comme de la Nouvelle-Espagne par Séba, a sept
pouces de longueur. Son plumage est généralement rouge ;
sa gorge jaune ; les grandes pennes de ses ailes sont vertes et
bordées de blanchâtre ; les plumes de ses jambes et celles du
tour de son œil sont rouges.

190. PERROQUET A COLLIER BLANC : *Psittacus semicollaris ,*
Lath., *Syn.,* n.° 53; Kuhl, *Consp. psitt.,* page 97 , *sp.* 189 ?;
*Psittacus multicolor,* Linn., Gmel. Cet oiseau, que M. Kuhl
a considéré comme pouvant être une variété du *Psittacus hœ-
matopodus,* a la tête, la gorge et le ventre bleus ; la partie
antérieure de la poitrine rouge et la postérieure jaune ; un
demi-collier blanchâtre sur le derriere du cou ; la queue
étagée, jaune en dessous ; le bec est rouge : sa taille n'est
pas indiquée.

191. PERROQUET DU JAPON : *Psittacus japonicus,* Lath., Linn.,
Gmel.; Kuhl, *Consp. psitt.,* page 97, *sp.* 190 ?; *Psittacus ery-*

*throchlorus macrourus*, Aldrov., *Ornith.*, t. 1, p. 678 ; Shaw ; Perruche verte et rouge, Buffon, Hist. nat. des ois., tome 6, page 159. Cette espèce est de la grandeur de la perruche à collier. Elle a le plumage vert en dessus, avec le dessous et les pennes latérales de la queue rouges ; les pennes des ailes bleues, et les deux très-longues pennes intermédiaires caudales vertes. On voit deux taches bleues, l'une en avant et l'autre en arrière de chaque œil.

Buffon remarque que cette perruche (qui appartient à la division des perruches à queue en flèche) ne se trouve vraisemblablement pas au Japon, mais qu'elle habite quelque contrée de l'Inde.

192. Perroquet a anus rouge : *Psittacus erythropygius*, Lath. ; Kuhl, *Consp. psitt.*, page 98, *sp.* 191 ; *Psittacus leverianus*, Linn., Gmel. Cette espèce de perruche, vraisemblablement distincte, a le plumage vert ; la tête et le cou jaunes ; le bas-ventre ou la région de l'anus rouge ; les pennes des ailes et l'extrémité de celles de la queue bleues.

193. Perroquet de Bontius : *Psittacus Bontii*, Lath. ; Kuhl, *Consp. psitt.*, page 98, *sp.* 192 ; Bontius, *Ind.*, tab. 63. Ce perroquet à grande queue est rouge, avec les ailes et les scapulaires vertes, variées de jaune sale et de rose ; les plumes latérales de la queue roses et terminées de bleu ; la poitrine et les plumes inférieures de la queue variées de rose, de bleu et de vert. Cet oiseau, de la taille d'une alouette, est indiqué comme habitant l'île de Java.

194. Perroquet varié : *Psittacus variegatus*, Lath. ; Kuhl, *Consp. psitt.*, page 98, *spec.* 193. Cette espèce, qui paroît distincte, a onze pouces de longueur, ce qui lui donne une taille un peu moins considérable que celle du *psittacus borneus*, qui s'en rapproche par ses caractères. Elle est rouge, avec la partie haute du dos et le dessous du corps d'un bleu pourpre ; la partie intérieure des pennes des ailes jaune et la queue verte. De l'Inde.

195. Grande Perruche de la Chine : *Psittacus Sonneratii*, Nob. ; Sonnerat, Voyage aux Indes, t. 2, p. 212 ; Kuhl, *Consp. psitt.*, p. 98, *sp.* 194. Un peu plus petite que le perroquet Amazone ; elle a le dessus du cou, le dos, le dessus des ailes et de la queue d'un vert gai : les premières couvertures

supérieures des ailes jaunes ; la tête, la poitrine, le ventre et le dessous de la queue d'un gris verdâtre, plus foncé sur la queue qu'ailleurs ; le bec aussi grand que la tête, et rouge.

### D. *Espèces australes.*

196. PERROQUET A AILES COULEUR DE FEU : *Psittacus pyrrhop-terus*, Lath., *Suppl.*, 7 ; Vigors, *Zool. journ.*, n.° 4, p. 555. Sa queue est médiocrement longue ; son plumage est vert, avec le sommet de la tête de couleur bleue ; les épaulettes et les couvertures inférieures des ailes sont orangées ; son bec est noir. Cet oiseau, qui n'a que sept à huit pouces de longueur, étoit indiqué à tort comme habitant le Brésil. Il se trouve aux îles Sandwich. C'est le type du genre *Brotogeris* de M. Vigors, qui a eu l'occasion de le voir et de le décrire vivant ( *loc. cit.* ).

197. PERROQUET A CALOTTE ROUGE : *Psittacus verticalis*, Lath. ; Kuhl, *Consp. psitt.*, page 100, *sp.* 200. Cette espèce, qui paroît distincte, a le plumage vert, avec le sommet de la tête rouge ; les pennes des ailes bleues ; la queue large, bleue et terminée de noir. La longueur totale de cet oiseau, qui semble appartenir à la division des perruches à large queue, est de dix-huit pouces. De la Nouvelle-Hollande.

198. PERROQUET DE LA NOUVELLE-HOLLANDE : *Psittacus Novæ Hollandiæ*, Lath. ; Kuhl, *Consp. psitt.*, page 100, *sp.* 201. Sa longueur est de douze pouces ; son plumage est généralement d'un olivâtre brun ; la tête du mâle est jaune et pourvue d'une huppe ou crête, composée de six plumes étroites et longues de deux ou trois pouces. Il y a une tache rouge en arrière de chaque œil, et les ailes sont traversées par une bande blanche. Dans la femelle la tête est olivâtre et porte aussi une huppe. M..Kuhl regarde cette espèce comme distincte.

199. PERROQUET LORI-PERRUCHE DE LA MER DU SUD : *Psittacus capitatus*, Shaw ; Kuhl, *Consp. psitt.*, p. 100, *sp.* 202. LORI-PERRUCHE DE LA MER DU SUD, Sonnini. Cette espèce, qui paroît encore réelle, n'a que sept a huit pouces de longueur. Son plumage est d'une couleur d'olive jaunâtre ; sa tête et sa poitrine sont rouges ; les pennes de ses ailes et sa queue sont bleues. Elle habite les îles de la mer du Sud.

200. Perroquet aux pattes rouges : *Psittacus peregrinus*, Lath.; Kuhl, *Consp. psitt.*, page 100, *sp.* 203 ? Cette espèce de perruche douteuse a été rencontrée dans les îles de la mer Pacifique. Elle a la queue longue; son plumage est généralement vert, à l'exception d'une tache longitudinale brune sur chaque aile; sa longueur est de huit pouces.

### E. *Espèces dont la patrie est inconnue.*

201. Perroquet aux ailes rayées : *Psittacus lineatus*, Lath., Linn., Gmel.; Kuhl, *Consp. psitt.*, page 101, *sp.* 206 ? Sa queue est plus longue que le corps; celui-ci est vert; les pennes des ailes sont brunes en dessous, avec leur bord interne pâle, d'où il résulte sur cette face de l'aile des lignes longitudinales de cette teinte pâle sur un fond brun; sa taille est celle de la tourterelle.

202. Perroquet douteux : *Psittacus dubius*, Lath.; Kuhl, *Consp. psitt.*, page 101, *sp.* 207 ? Cette espèce à queue longue a le plumage vert, le bec brunâtre, le cou roussâtre; toutes les pennes alaires et l'extrémité des quatre pennes intermédiaires de la queue bleues; les orbites nus, jaunâtres.

### ** A queue courte.

### A. *Espèces américaines.*

203. Perroquet barioLé : *Psittacus varius*, Lath., n.° 90; Linn., Gmel.; Kuhl, *Consp. psitt.*, page 95, *spec.* 178. Ce petit oiseau, qui, vraisemblablement. est une psittacule, n'a que cinq pouces de longueur totale. Son plumage est varié de brun et de bleu; ses joues et sa gorge sont blanchâtres; les pennes de ses ailes et celles de sa queue sont d'un brun obscur, avec leur bord externe bleu. Il est indiqué comme propre à l'Amérique méridionale.

204. Perroquet paragua : *Psittacus paraguanus*, Kuhl, *Consp. psitt.*, page 95, *sp.* 179; Marcgr., *Bras.*, 207. Il est de grande taille. Son plumage est rouge, avec la partie supérieure du cou, la gorge, le bas-ventre et la queue noirs; l'iris des yeux est rouge; le bec et les pieds sont d'un cendré obscur. M. Kuhl, dans sa phrase spécifique, a indiqué ce qui est noir, comme rouge, et ce qui est rouge, comme noir, dans cet

oiseau , qu'on regarde sans certitude comme propre au
Brésil. Il paroît appartenir à la famille des loris, toute indienne.

205. Perroquet sassebé : *Psittacus collarius*, Lath., Linn.,
Gmel.; Kuhl, *Consp. psitt.*, page 95, sp. 180: Bechst., 187;
le Sassebé, Buffon, Hist. nat. des ois., tome 6, page 245,
d'après Oviedo, qui le nomme *Xaxabes*. Ce perroquet de
la Jamaïque appartient sans doute à une espèce distincte.
Il a le corps et la queue verts; le menton et la gorge rouges;
les pennes des ailes noires, avec leur côté externe vert. Sa
taille est celle du pigeon.

206. Perroquet du Chili: *Psittacus choræus*, Linn., Gmel.;
Kuhl, *Consp. psitt.*, page 95, sp. 181; Molina, *Chili*, p. 228.
Ce perroquet à queue courte, a le plumage vert en dessus
et cendré en dessous. MM. Garnot et Lesson l'ont vainement
cherché aux environs de la Conception du Chili, où ils ont
relâché.

207. Perroquet tirica : *Psittacus tirica*, Linn., Gmel.;
Kuhl, *Consp. psitt.*, page 95, sp. 177 ?; Tirica, Buffon, Hist.
nat. des ois., tome 6, page 281, et pl. enl., n.° 857, sous la
dénomination de petite Jaseuse. Cette espèce a la queue assez
peu longue; mais ses pennes sont évidemment étagées, comme
celles de certaines perruches, et entre autres du *psittacus sosové*, dont M. Kuhl pense qu'elle pourroit n'être que le jeune
âge.[1] Elle est un peu plus petite que cet oiseau. Sa couleur
est généralement verte, seulement plus foncée sur les parties supérieures du corps que sur les inférieures; le tour de
ses yeux est nu et son bec est rougeâtre.

208. Perroquet de Gerini : *Psittacus Cerini*, Lath., n.° 112;
Kuhl, *Consp. psitt.*, pag. 95, sp. 182 ; Gerini, *Ornith.*, pl. 109.
Ce perroquet brachyure est vert, avec la tête blanche, presque en totalité; les petites couvertures des ailes, quelques
pennes intermédiaires de celles-ci et la base de la queue,

---

1 La brièveté de la queue de cet oiseau, qui est une véritable psittacule, nous a porté à le ranger dans la division des espèces à queue
courte. Nous ignorons sur quel motif M. Kuhl l'a placé parmi celles
à queue longue. Nous présumions seulement qu'il a pris en considération la forme étagée des pennes caudales de cette espèce.

rouges. Il est de la grandeur du perroquet Amazone, et indiqué comme habitant le Brésil.

209. PERROQUET TARABÉ : *Psittacus Tarabe*, Lath., sp. 124; Kuhl, *Consp. psitt.*, pag. 96, *sp.* 183 ; *Psittacus Taraba*, Linn., Gmel. ; *Tarabe*, Marcgr. ; TARABÉ OU AMAZONE A TÊTE ROUGE, Buff., Hist. nat. des ois., tom. 6, pag. 211. Il est vert; sa tête, le devant de son cou, sa poitrine et les petites couvertures de ses ailes sont rouges ; son bec et ses pieds sont cendrés et ses ongles noirs. La taille de cet oiseau est un peu plus forte que celle du perroquet Amazone. D'Azara l'a retrouvé au Paraguay, où il porte le nom de *maracana gargonta roxa*. Il ne dépasse pas le vingt-cinquième degré de latitude méridionale. Son naturel est triste et silencieux.

210. PERROQUET A COLLIER BLEU : *Psittacus cyanolyseos*, Linn., Gmel. ; Molina, Hist. nat. du Chili ; Kuhl, *Consp. psitt.*, pag. 96, *sp.* 184 ; Bechst., 179. Cette espèce, un peu plus grande qu'un pigeon, paroît distincte des autres, et a le plumage d'un vert jaunâtre, avec un collier bleu, et le croupion rouge. Son nom chilien est *thecan*. MM. Lesson et Garnot ne l'ont pas vu pendant leur séjour au Chili.

211. PERROQUET DE LA GUADELOUPE : *Psittacus violaceus*, Lath., Linn., Gmel. ; Kuhl, *Consp. psitt.*, pag. 96, *sp.* 185 ? ; PERROQUET DE LA GUADELOUPE, Dutertre, Hist. des Antilles, tom. 2, pag. 250, fig. ; CRICK A TÊTE VIOLETTE, Buff., Hist. nat. des ois., tome 6, page 253. Cet oiseau, que personne n'a vu à la Guadeloupe ni ailleurs, depuis le père Dutertre, auroit la tête, la nuque et le ventre d'un gris violet, mêlé de noir et de vert ; deux taches roses sur les ailes; le dos d'un vert obscur ; les grandes pennes des ailes noires, et le reste varié de jaune, de vert et de rouge ; les plumes du derrière de la tête susceptibles de se redresser, et de former une sorte de collier autour du cou. M. Kuhl pense que cet oiseau pourroit appartenir à l'espèce du *Psittacus accipitrinus*.

### B. *Espèce africaine.*

212. PERROQUET JAUNE ET ROUGE : *Psittacus guineensis*, Lath., Linn., Gmel. ; Kuhl, *Consp. psitt.*, pag. 97, *sp.* 187; Miller, *Illust.*, tab. 29. Celui-ci a dix pouces de longueur. Sa tête

et son cou sont rouges; ses sourcils et sa poitrine sont d'un
jaune pâle : ses ailes, d'un jaune verdoyant, avec leur pointe
bleue; le ventre, le croupion et le dessous de la queue,
d'un gris blanc, et l'extrémité de celle-ci rouge. Le bec est
noir; la cire de sa base, la peau nue du dessous du bec,
et celle du tour de l'œil, sont blanches.

Cette espèce habite la Guinée.

## C. *Espèces asiatiques.*

213. Perroquet de la Cochinchine : *Psittacus cochinchinensis*, Lath.; Kuhl, *Consp. psitt.*, pag. 99, *sp.* 195 ? Cet oiseau, décrit par Latham sur un dessin, est de la division des
perroquets à queue courte et carrée. Il a le plumage généralement bleu; le front, la nuque (qui est bordée de bleu),
la poitrine et le ventre rouges; une bande noire transversale
sur les couvertures alaires; les pennes des ailes et de la queue
aussi noires.

214. Perroquet a gros bec de la Chine : *Psittacus nasutus*,
Lath.; Kuhl, *Consp. psitt.*, page 99, *spec.* 196 ? Il est de la
Chine; sa taille est un peu moindre que celle du perroquet
Amazone; son bec est de la grandeur de la tête et de couleur rouge; son plumage est généralement vert, avec la tête
et la poitrine d'un cendré verdâtre; les petites couvertures
de ses ailes sont jaunes; les pieds sont gris, et l'iris de l'œil
est bleuâtre.

215. Perroquet oriental : *Psittacus orientalis*, Lath.,
Bechst., 174; Kuhl, *Consp. psitt.*, pag. 99, *sp.* 197. Cette espèce, sûrement distincte de toutes les autres, a le plumage
vert, avec le bord extérieur des pennes primaires des ailes
d'un bleu clair; la queue variée de noir et de bleu, et terminée de jaune; le bec rouge à sa base et jaune à sa pointe.
Sa taille est égale à celle du perroquet Amazone. On le dit
des Indes orientales.

216. Perroquet de Batavia : *Psittacus batavensis*, Lath.,
Bechst., 176; Kuhl, *Consp. psitt.*, pag. 99, *sp.* 198. Il est de
Batavia, comme son nom l'indique. Son plumage est généralement vert, et marqué de lignes ou stries jaunes; sa face
et ses jambes sont rouges; l'occiput et la nuque sont noi-

râtres; son bec est noir. M. Kuhl le considère comme une espèce distincte.

217. PERROQUET A TÊTE BRUNE: *Psittacus fuscicapillus*, Vieill., Dict. Vert, tirant au jaune sur les parties inférieures; tête brune; dessous du pli de l'aile et bord extérieur des premières pennes alaires d'un bleu clair: queue jaune en dessous; pieds gris; tête rougeâtre. Cet oiseau, à peu près de la taille du petit perroquet à tête grise du Sénégal, habite l'île de Java.

218. PERROQUET D'OR: *Psittacus aureus*, Bechst.; Kuhl, *Consp. psitt.*, pag. 99, *sp.* 199?; le PERROQUET D'OR, Levaill., Perr., tom. 3, pag. 168, pl. 138. Ce perroquet, rare à Gingi dans les Philippines, est de taille moyenne. Il a la queue courte et arrondie; le plumage jaune d'or sur toutes les parties du corps; jaune foible sur le sternum et sous la queue; les petites couvertures du bord des ailes rosacées; le bec blanc-rosé; les pieds couleur de chair, ainsi que la peau nue du tour des yeux et du bord des narines. Levaillant affirme que cette espèce est différente de toutes les autres, et M. Kuhl croit au contraire que ce n'est qu'une variété de l'une d'elles. Le premier de ces ornithologistes a vu deux de ces oiseaux vivans, sur la patrie desquels il n'a pu obtenir aucun renseignement certain, et c'est le second qui a donné l'indication ci-dessus rapportée.

### D. *Espèces australes.*

219. PERROQUET PYGMÉE: *Psittacus pygmæus*, Linn., Gmel.; Lath., *Syn.*, n.° 60, *Index*, n.° 72; Kuhl, *Consp. psitt.*, p. 100, *sp.* 204? Il n'a que six pouces de longueur; sa queue cunéiforme est un peu alongée; son plumage est composé de plumes vertes, dont l'extrémité de chacune est terminée de jaune; le côté interne des pennes de ses ailes est brun; son bec est blanc. Cette espèce a été trouvée dans les îles de la mer Pacifique.

220. PERROQUET SOLITAIRE: *Psittacus solitarius*, Lath., *Suppl.*, n.° 12; Kuhl, *Consp. psitt.*, p. 101, *sp.* 205. Cette perruche brachyure, de la taille de notre étourneau, habite aussi les îles de la mer du Sud. Son plumage est vert en dessus,

avec le ventre d'un bleu pourpre ; la tête, le cou, et le
reste du dessous du corps, rouges.

221. Perroquet a dos noir et jaune : *Psittacus adscitus*, Lath.,
n.° 127 ; Perruche aux joues bleues, Vieill., Dict. ; Bechst. ,
n.° 175 ; Kuhl, *Consp. psitt.*, pag. 100, *sp.* 209. Cette espèce
appartient à la division des perruches. Son plumage est vert ;
ses joues sont bleues ; le haut de son dos est noir, et marqué
de petites lignes jaunes, et le bas en est jaune ; la région de
l'anus est rouge ; le bec et le sommet de la tête sont jaunes.
Sa longueur totale est de onze pouces et demi. Selon M.
Vieillot, elle habite les iles de Sandwich.

### E. *Espèce dont la patrie n'est pas connue.*

222. Perroquet robuste : *Psittacus robustus*, Lath., Linn.,
Gmel. ; Kuhl, *Consp. psitt.*, pag. 101, *sp.* 208. Il a douze
pouces de longueur. Son plumage est vert ; sa tête cendrée ;
les couvertures de ses ailes sont d'un noir terne, et bordées
de vert ; ses pennes alaires et caudales brunes, et les ailes
sont marquées d'une tache rouge, selon Latham, et de deux,
suivant M. Kuhl. Son bec est blanc et très-robuste.

### *Table synonymique.*

Amazones : Aourou-couraou, 141 ; à capuchon jaunâtre, 140 ; jaune,
140 ; Tarabé, 209 ; à tête blanche, 149 ; à tête jaune, 140 ; à tête rouge,
209. L'amazone à calotte rouge, *P. pileatus*, Scop., n'est pas décrite dans
notre article.

Aras : ambigu, 6 ; Aracanga, 2 ; Ararauna, 5 ; bleu, 5 ; (grand) militaire, 6 ; gris à trompe, 177 ; hyacinthe, 4 ; d'Illiger, 10 ; de la Jamaïque,
1 ; Macao, 1 ; Macavouane, 9 ; Maracana, 8 ; militaire, 7 ; noir à trompe,
177 ; petit, 3 ; rouge, 1 et 2 ; tricolore, 3 ; vert du Brésil, 8. L'ara azuvert,
*Macrocercus glaucus*, espèce décrite par d'Azara, a de l'analogie avec
l'ara hyacinthe ; nous n'en avons pas fait mention. Les aras à bandeau
rouge, à gorge variée et Pavouane, sont des perruches.

Cricks : de Cayenne, ou proprement dits, 141 ; à face bleue, 148 ; à
face rouge ou à joues bleues, 143 ; à joues orangées, 147 ; poudré, 151 ;
robuste, 222 ; à tête bleue, 142 ; à tête et gorge jaunes, 140 ; à tête
violette, 211. Le Crick Moineau est la Psittacule fringillaire, 127 ; le
Crick rouge et bleu, *P. cæruleocephalus*, Lath., d'après Aldrov., nous est
inconnu, ainsi que le Crick à ventre bleu, *P. cyanogaster*, Vieill.

Kakatoes : de Banks ou Banksien, 174 ; à bec couleur de chair, 165 ;
à bec mince, 169 ; de Cook, 175 ; funéraire, 172 ; à huppe blanche,
164 ; à huppe jaune, 167 ; à huppe rouge, 166 ; à huppe rouge et bleue,
page 119, note ; Jing-Wos, 168 ; de Leach, 175 ; des Moluques, 164 ;

nasique, 169; noir, 176; noir (grand), 176; noir à trompe, 177; (petit) à bec couleur de chair, 66; (petit) à huppe jaune, 167; (petit) des Philippines, 165; à queue et ailes rouges, page 119, note; de Solander, 173; de Temminck, 173; à tête rose, 170; à tête rouge, 171. Le Kakatoës vert, *Cacatua viridis*, Vieill., n'est peut-être qu'une variété du Kakatoës banksien. Le Kakatoës vert à huppe bordée de bleu, est le même que le Kakatoës à huppe rouge et bleue.

Loris ou Perruches-loris : d'Amboine, 51; de Ceram, 60; à crûperon bleu, 64; de la Chine, 52; à collier jaune, 57; à collier des Indes, 57; cramoisi, 51; écaillé, 54; écarlate, 56; grand Lori, 51; de Guéby, 54; à franges bleues, 52; des Indes orientales, 57; des Moluques, 60; noir, 65; noir de la Nouvelle-Guinée, 65; Noira, 60; de la Nouvelle-Guinée, 51; Papou, 26; des Philippines, 59; proprement dit, 59; à queue bleue, 61; Radhea, 58; rouge, 52; rouge et violet, 54; à scapulaire bleu, 59; de Stavorinus, 62; tricolore, 59; unicolore, 53; varié, 194.

Loris-perruches : élégant, 97; (grand) à collier et croupion bleu, 99; de la mer du Sud, 95 et 199; noir et rouge, 97; rouge, 56; de Tongataboo, 100; tricolore, 59; violet et rouge, 63.

Microglosses : Goliath, 177; noir, 176.

Papegais : à bandeau rouge, 149; brun, 139; du Chili, 206; à collier bleu, 210; (grand) de Belon, 156; maillé, 154; de paradis, 140; Sassebé, 205; Tavoua, 152; à tête aurore, 33; à tête et gorge bleues, 136; à ventre pourpré, de la Martinique, 149; violet, 138.

Perroquets : accipitrin, 154; aux ailes couleur de feu, 196; aux ailes jaunes, 182; aux ailes rayées, 201; à ailes rougeâtres, Salerne, var., 141; Amazones (voyez ci-dessus); d'Amboine, 159; d'Amérique, Lath., var., 142; d'Angola, Albin (voyez perruche jaune); à anus rouge, 192; Ara noir, 179; Aourou-couraou, 141; des Barbades, 141; bariolé, 203; de Batavia, 216; à bec couleur de sang, 50; blanchâtre, 151; de Bontius, 193; Bouquet, 142; brun, 139; brunâtre, 139; Caica, 108; à calotte bleue, 159; à calotte rouge, 197; à camail bleu, 136 et 138; de la Caroline, 33; de Cayenne, 141; cendré et cendré de Guinée, 156; du Chili, 206; de la Chine, 160; Chiripepé, 183; des Cierges, 153; de la Cochinchine, 213; de Cocho, 189; à collier blanc, 190; à collier bleu, 210; à collier des Indes orientales, 21; Cotorra, 184; à cou brun, 163; à cou noir, 181; couleur de frêne, 156; à crête blanche, 167; de Cuba, 140; demi-amazone, 209; de la Dominique, 145; douteux, 202; à dos noir et jaune, 221; de Dufresne, 146; à épaulettes jaunes, 140; à face bleue, 148; à face rouge, 149; facé de bleu, 142; à flancs rouges, 160; à franges bleues, 52; à franges souci, 157; fringillaire, 127; à front blanc, 150; à front rouge du Brésil, 143; Geoffroy, 161; de Gerini, 208; à gorge rouge de la Jamaïque, 205; (grand) bleu, 5; (grand) vert de la Nouvelle-Guinée, 160; (grand) vert à tête bleue, 159; gris, 156; à gros bec de la Chine, 214; de la Guadeloupe, 211; de Guinée à ailes rouges, 156, var.; de Guinée, varié de rouge, 156, var.; de la Havane, 148; indien vert et rouge, 55; Jaco, 156; de la Jamaïque, Albin, 1; Jandaya, 178; du Japon, 191; Jaquilma, 180; jaune, 140; jaune de Cuba, 140; jaune du Brésil, 18; jaune écaillé, 140; jaune et rouge, 212; à joues bleues, 143; à joues orangées, 147; Langlois, 85; Levaillant, Shaw, 128, Lath, 157; de Luçon, 49; Loris (voyez ci-dessus);

Loris-perruches (voyez ci-dessus); de Macao, 1; maillé, 154; Maïpouri, 130; (petit) de Malacca, 123; Mascarin, 89; de la Martinique, 149; Maximilien, 137; Meunier ou Meunier de Cayenne, 151; mexicain, 189; mitré, 132; Nenday, 185; Nestor, 162; noir, 88; noirâtre, 138; de la Nouvelle-Espagne, 139; de la Nouvelle-Guinée, 50; de la Nouvelle-Hollande, 198; obscur, 188; d'or, 218; oriental, 215; de paradis, 140; Paragua, 204; aux pattes rouges, 200; à poitrine blanche du Mexique, 130; pourpré, 138; pygmée, 219; à queue courte, 135; à queue en raquette, 78; à queue rouge, 144; Radhea, 58, de la rivière des Amazones, 140; robuste, 222; rouge et vert, 160; Sabiasica, 134; de Saint-Domingue, 145; Sassebé, 205; à scapulaire bleu, 59; solitaire, 220; Tahua de Cayenne, 152; Tavoua, 152; Tarabé, 209; à tête blanche, 149; à tête bleue du Brésil, 141; à tête bleue de Cayenne 136; de la Martinique, 149; à tête bleue du Paraguay, 186; à tête brune, 217; à tête jaune de la Jamaïque, 141; à tête grise, Buff., 155; à tête grise de la Nouvelle-Zélande, 162; à tête rouge-brun, 158; à tête rouge, 170; à tête rouge du Brésil, 209; à tête rouge du Paraguay, 187; à tête rouge-brun, 158; Tirica, 207; varié de Cayenne, 138; varié de l'Inde, 194; Vasa et petit Vasa, 87; (grand) Vasa, 88; à ventre blanc, 131; à ventre bleu, 134; à ventre pourpre, 149; vert, Levaill., 133; vert, Buff., 160; (petit) vert, Levaill., 133; (petit) vert, Edw., 142; vert du Brésil, Edw., 147, vert et rouge de la Chine, 160; vert et rouge de Cayenne, 140; vert facé de bleu, 142; vineux, 145; violet, 138. M. Vieillot dit que le perroquet à bec barriolé, est une amazone; que le perroquet bleu de la Guiane, est le même que le crick rouge et bleu; que le grand perroquet vert des Indes orientales est une variété du P. varié, qu'il rapporte à tort au *Psitt. accipitrinus*; enfin que le petit perroquet vert d'Albin se rapporte à la petite perruche de Guinée ou Psittacule à tête rouge, 120.

Perruches (de l'ancien continent et de l'Océanie) : aux ailes chamarrées, 49; aux ailes rayées, 201; (grande) à ailes rougeâtres, 21; aux ailes rouges, 93; (petite) à l'aile rouge, 55; d'Alexandre, 21; d'Amboine, 44; Arimanou, 125; arlequine, 44; australe, 70; azurée, 123; à bandeau bleu, Temm., 74; à bandeau rouge, 66; Banks, 68; de Barraband, 29; à bas-ventre jaune, 192; bâtarde, 90; (petite) de Batavia, 107; à bec couleur de sang, 50; du Bengale, 25; bleue et noire, 92; bleue d'Otaïti, 126; à bouche d'or, 74; de Brown, 93; brune, 188; brune à front rouge, 66; de Buffon, 39; (grande) de la Chine, 195; à collier, 20; (grande) à collier, 21; à collier blanc, 190; (grande) à collier et croupion bleus, 99; à collier couleur de rose, 20; à collier de l'île Bourbon, 30; à collier des îles Maldives, 21; à collier jaune, 22; à collier noir, 23; (grande) à collier d'un rouge vif, 21; à collier, à tête couleur de rose, 23; cornue, 83; à croupion rouge, 82; Coulacissi, 115; à double collier, 30; à écailles jaunes, 71, écarlate, 56; Edwards, 75; élégante, 97; à épaulettes jaunes, 28; à épaulettes rouges, 21; à estomac rouge, 45; à face bleue, Buff., 44, à face bleue, Lev., 45; à face rouge, 67; Formose, 79; Fridytulah, 25; à front rouge, 80; de Gingi, 21; à gorge rouge, 55; gracieuse, 91; Guarouba, jeune, Lev., 18; (petite) mâle de Guinée, 120; huppée, 193; à huppe jaune, 198; des Indes, 55; des Indes orientales, 63; Ingambes (voyez ci-après); de l'île de Luçon, 49; du Japon, 191; jaune, 18; jonquille, 93; aux joues bleues, Vieill., 221; large queue (voyez ci-après Perruches-laticaudes); Latham,

vane, 107; aux joues grises, 40; jeune veuve, 184; à joues et gorge grises, 40; Jandaya ou Jendaya, 178; illinoise, 34; Langlois, 85; de la Louisiane, 33, Maïpouri de Cayenne, 130; de la Martinique, 149; Nenday, 185; patagone, 15; Pavouane, 11; (petite) du Pérou, 114; Pou de bois, 34; de Saint-Thomas, 103; Sinrialo, 39; Sosové, 42; à taches souci, 42; des terres Magellaniques, 86; à tête bleue du Paraguay, 186; à tête jaune, 33; à tête noire de Cayenne, 108; Tirica, 207; très-verte, 38; (petite) verte de Cayenne, 41.

Psittacules touits ou Perruches a queue courtes : aux ailes bleues, 101; aux ailes d'or, 41; aux ailes émeraudes, 116; aux ailes noires, 117; aux ailes variées, 107; à bandeau rouge, 66; de Batavia, 107; de Barraband, Swains., 29, et Lev., 109; Caïca, 108; à collier, 118; Coulacissi, 115; à cou rose, 113, à cou roux, 202; à cuisses rouges, 216; de Desmarest, 121; à dos noir, 105; fringillaire, 127; grise, 111; (petite) de Guinée, 120; à gorge jaune, 103; à gros bec de la Chine, 214; huppée à voix grêle, 127; incertaine, 124; (petite) de l'île de Luçon, 107; (petite) des Indes, 117; à joues bleues, 221; de Kuhl, 129; (petite) de Madagascar, 111; de Malacca, 123; (petite) de Malacca, 123; microptère, 122; (petite) de la Nouvelle-Galles du Sud, 67; d'Otaïti, 125; Phigy, 128; pourprée, 106; à tête bleue, 114; des palmiers, 77; des Philippines, 115; pygmée, 219; rose-gorge, 113; rouge, à queue verte, 85; solitaire, 220; de Saint-Thomas, 102; simple, 119; sourde, 104; de Sparrman, 126; à tête bleue, 114; à tête rouge, 120; à tête grise, 111; à tête d'or, 103; Touit, 103; Tuit-été, 101; Touit à queue pourprée, 106; Sosové, 42; Touit-para, 42; Touit-tirica, 207; Tui, 103; varié, 203; de Van-Swindern, 112; vautourine, 110. (Desm.)

PERROQUET. (*Entom.*) Geoffroy a donné ce nom à un de ses buprestes, qui est le *carabus cupræus* de Linné, et une espèce de *pæcilus* pour M. Bonelli. (Desm.)

PERROQUET, PERROQUET DE MER. (*Ichthyol.*) On donne vulgairement ce nom à des poissons des genres Rason et Scare. Voyez ces mots. (H. C.)

PERROQUET D'ALLEMAGNE. (*Ornith.*) Ce nom, donné au rollier d'Europe, a aussi été appliqué au bec-croisé. (Ch. D.)

PERROQUET-CALAO. (*Ornith.*) Voyez Scythrops. (Ch. D.)

PERROQUET D'EAU. (*Crust.*) Nom donné par Geoffroy aux entomostracés du genre Daphnie. Voyez ce mot et l'article Malacostracés, tom. XXVIII, pag. 599. (Desm.)

PERROQUET DE FRANCE. (*Ornith.*) Le bouvreuil a reçu ce nom. (Desm.)

PERROQUET DE MER et PERROQUET DU GROENLAND. (*Ornith.*) La forme arquée du bec des macareux leur a fait donner ce nom par quelques auteurs. (Desm.)

PERROQUET NOIR. (*Ornith.*) L'Ani est ainsi nommé à Saint-Domingue. (Desm.)

PERROQUET PLONGEON. (*Ornith.*) Les macareux ont quelquefois reçu ce nom. (Desm.)

PERROQUET A TROMPE. (*Ornith.*) Voyez la section des microglosses dans l'article Perroquet. (Desm.)

1. PERROTTETIA. (*Bot.*) Genre de plantes dicotylédones, à fleurs complètes, polypétalées, de la famille des *rhamnées*, de la *pentandrie monogynie* de Linnæus, offrant pour caractère essentiel : Un calice persistant, à cinq lobes réguliers ; cinq pétales égaux, persistans, insérés sous le disque ; cinq étamines insérées de même, persistantes ; les anthères à deux loges ; un disque orbiculaire au fond du calice ; un ovaire supérieur, à demi enfoncé dans le disque, à deux loges ; deux ovules dans chaque loge ; un stigmate presque sessile, obtus. Le fruit paroit être une baie globuleuse, renfermant un ou deux osselets monospermes.

Ce genre, établi par M. Kunth, renferme des arbrisseaux à feuilles alternes, munies à la base des pétioles de deux stipules. Les fleurs sont fort petites, en faisceau, disposées en panicules axillaires, accompagnées de bractées. Ce genre est dédié à M. Perrottet, qui a enrichi nos jardins de plantes vivantes , et nos herbiers d'un grand nombre d'espèces recueillies dans la Guiane, dans les iles de la mer des Indes, dans celle de Madagascar.

Perrottetia de Quindiu ; *Perrottetia quinduensis*, Kunth *in* Humb. et Bonpl., *Nov. gen.*, vol. 7, page 75, tab. 622. Arbrisseau garni de rameaux glabres, cylindriques, d'un brun pourpre. Les feuilles sont alternes, pétiolées, oblongues, fortement acuminées, arrondies à leur base, membraneuses, veinées, réticulées, glabres, luisantes en dessus, plus pâles en dessous, longues de quatre à cinq pouces, presque larges de deux pouces, à dents écartées ; les nervures jaunâtres et tomenteuses, ainsi que les pétioles, munis à leur base de deux stipules lancéolées, glabres, aiguës, un peu courbées en faucille ; les panicules sont axillaires, solitaires, pédonculées, presque simples ; les ramifications presque opposées, très-étalées, munies de très-petites bractées. Les fleurs sessiles, ramassées par paquets, fort petites, d'un pourpre foncé; leur calice est concave, un peu hérissé, à cinq lobes ovales, un peu aigus; les pétales sessiles, beaucoup plus longs que le calice, plans, ovales, aigus; les étamines plus courtes que les pétales, insérées les unes et les autres sur un large disque orbiculaire. Cette plante croît dans l'Amérique méridionale, sur le mont Quindiu.

Tandis que M. Kunth établissoit le genre *Perrottetia*, M. De Candolle, à peu près à la même époque, en créoit un autre sous le même nom. On conçoit que l'un des deux doit porter une autre dénomination. En attendant nous avons cru devoir présenter ici le genre publié par M. De Candolle.

2. PERROTTETIA. Genre de plantes dicotylédones, à fleurs complètes, papilionacées, de la famille des *légumineuses*, de la *diadelphie décandrie* de Linnæus, offrant pour caractère essentiel : Un calice à cinq divisions lancéolées, subulées et barbues; une corolle papilionacée, plus courte que le calice ; dix étamines diadelphes; une gousse droite, composée de plusieurs articulations comprimées, à demi orbiculaires, monospermes.

Ce genre est un des nombreux démembremens qu'a éprouvés le genre *Hedysarum* de Linné. Il comprend des espèces herbacées ou ligneuses, à feuilles ternées; à folioles pédicellées, munies de stipules à la base des pédicelles et à celle des pédoncules. Les fleurs sont petites, disposées en grappes terminales.

Perrottetia barbu : *Perrottetia barbata*, Decand., *in Ann. scient. nat.*, vol. 4, pag. 96; *Hedysarum barbatum*, Linn., *Amœn. academ.* Plante herbacée, dont les tiges sont longues, couchées, velues, garnies de feuilles alternes, pétiolées, ternées, composées de trois folioles ovales, oblongues, tomenteuses en dessous; les pétioles pileux; les stipules membraneuses, ensiformes, presque sétacées à leur sommet. Les fleurs sont disposées en grappes axillaires, droites, terminales, solitaires, de la longueur des feuilles, accompagnées de bractées membraneuses, naviculaires, acuminées, de la longueur des pédicelles : ces derniers sont géminés, uniflores. Le calice est divisé à sa moitié supérieure en cinq découpures chargées de poils longs et barbus; la corolle est petite, à peine aussi longue que le calice; les gousses sont droites, comprimées, à deux articulations monospermes. Cette plante croît aux lieux arides et sablonneux, à la Jamaïque.

PERROTTETIA ÉLÉGANT : *Perrottetia venustula*, Decand., *loc. cit.*; *Hedysarum venustulum*, Kunth *in* Humb. et Bonpl., *Nov. gen.*, vol. 6, page 519. Cette espèce est très-rapprochée de la précédente : elle a le port d'un petit arbuste ramassé en gazon. Ses tiges sont droites, rameuses, longues de cinq à six pouces, un peu pubescentes, munies de poils couchés ; ses feuilles alternes, pétiolées, à trois folioles pédicellées, oblongues, elliptiques, obtuses à leurs deux extrémités, entières, glabres et d'un vert gai en dessus, glauques et un peu soyeuses en dessous ; ses stipules petites, brunes, lancéolées, subulées, ciliées, persistantes ; ses grappes courtes, solitaires, sessiles, terminales. Les fleurs sont pédicellées, solitaires ou géminées, accompagnées de bractées oblongues, acuminées, velues sur le dos et à leurs bords ; le calice est couvert de poils mous, étalés, partagé en deux lèvres égales ; la supérieure oblongue, concave, bifide au sommet ; l'inférieure à trois découpures lancéolées, acuminées, subulées, presque égales ; la corolle papilionacée, l'étendard ovale, arrondi, échancré, un peu plus long que le calice ; les ailes plus courtes, ovales, oblongues, adhérentes à la carène ; celle-ci de la longueur de l'étendard, divisée en deux pièces ; les filamens bruns, persistans ; l'ovaire médiocrement pédicellé, linéaire, comprimé et soyeux ; la gousse à deux ou trois articulations à demi orbiculaires, couverte de poils très-courts. Cette plante croît sur les montagnes, dans l'Amérique méridionale. (Poir.)

PERRUCHE VERTE. (*Conchyl.*) Nom vulgaire d'une espèce de Toupie, *Trochus tuber*. (Desm.)

PERRUCHES. (*Ornith.*) Ce nom collectif est donné à un assez grand nombre d'oiseaux du genre Perroquet. Voyez ce mot. (Desm.)

PERSA. (*Bot.*) Nom de la marjolaine dans l'Étrurie, suivant Césalpin. (J.)

PERSCHLING. (*Ichthyol.*) Un des noms autrichiens de la Perche commune. (H. C.)

PERSCKE. (*Ichthyol.*) Un des noms prussiens de la Perche commune. (H. C.)

PERSEA. (*Bot.*) On ne connoît pas avec certitude l'arbre ainsi nommé par Pline. Césalpin doutoit si ce pouvoit être l'anacarde; mais cette opinion est contrariée par l'énoncé de Théophraste, qui dit que le fruit de cet arbre, ayant la forme d'une poire, contient un noyau dans son intérieur (et non à son sommet en dehors, comme le fruit de l'anacarde, qui n'est que le pédoncule renflé du noyau extérieur). Dioscoride dit que ce fruit pernicieux dans la Perse, lieu de sa première origine, qui lui donne son nom, devient plus doux transporté en Égypte, et qu'alors il est bon à manger (voyez Persico). Galien confirme cette indication, et en rassemblant ces renseignemens, Matthiole, Daléchamps, Clusius et d'autres pensent que c'est l'aguacate, nommé par corruption avocat, poire d'avocat, qui appartient aux laurinées, et dont Linnæus fait même une espèce de laurier, *laurus persea*. Il offre quelques caractéres dans la forme et le volume du fruit, qui détermineront peut-être à en faire un genre distinct, dont Schreber, dans une Dissertation particulière, cherche à prouver que c'est le sébestier, *cordia myxa*. Suivant M. de Sacy, c'est le *lebækh* des Arabes; et M. Delile affirme d'une autre part que l'arbre nommé *lebækh* dans l'Égypte, est son genre *Balanites*, *Agihalid* de Prosper Alpin, *ximenia ægyptiaca* de Linnæus, l'un des mirobolans, *mirobolanus chebulus*, de Vesting. (J.)

PERSÉA. (*Bot.*) Genre de plantes dicotylédones, à fleurs incomplètes, hermaphrodites, de la famille des *laurinées*, de la *dodécandrie monogynie* de Linnæus, offrant pour caractère essentiel : Un calice à six divisions profondes, souvent inégales, caduques ou persistantes; point de corolle; douze étamines placées sur un double rang; les trois intérieures stériles, opposées aux trois divisions internes du calice, trois autres fertiles, opposées aux divisions externes, glanduleuses à leur base; les anthères à quatre loges; un ovaire supérieur; un style; un stigmate presque en tête; un drupe soutenu par le calice persistant, à six lobes.

Ce genre, établi d'abord par Plumier, admis par Gærtner fils, puis par M. Kunth, est un démembrement du genre *Laurus*, très-voisin de l'*ocotea* d'Aublet, et auquel il faut rapporter le *laurus persea*, Linn., vulgairement l'Avocatier.

(Voyez Laurier avocatier.) Au reste, les caractères qui distinguent ces genres nous paroissent bien foibles. Dans les lauriers, les fleurs sont dioïques : le limbe du calice est caduc ; les anthères sont à deux loges ; dans l'*ocotea*, les fleurs sont hermaphrodites ; les divisions du calice caduques ; les anthères à quatre loges ; dans le *persea*, les fleurs sont hermaphrodites et les divisions du calice persistantes. MM. de Humboldt et Bonpland en ont découvert plusieurs belles espèces dans l'Amérique méridionale.

Perséa a feuilles lisses ; *Persea lævigata*, Kunth *in* Humb. et Bonpl., *Nov. gen.*, vol. 2, page 157. Arbre de vingt-quatre à trente-six pieds, couronné par une cime arrondie, à branches et rameaux très-glabres ; les feuilles sont alternes, pétiolées, ovales, elliptiques, obtuses, coriaces, très-glabres, luisantes en dessus, plus pâles en dessous, longues de cinq à six pouces, larges de trois et plus. Les fleurs sont disposées en panicules axillaires, portées sur de longs pédoncules, rameuses, plus courtes que les feuilles, très-glabres ; les pédicelles un peu pubescens ; le calice a six divisions blanchâtres et pubescentes en dehors, les trois extérieures ovales, un peu aiguës, les trois intérieures quatre fois plus courtes, oblongues, aiguës, un peu étalées ; neuf étamines fertiles, un peu pubescentes vers leur base, les trois intérieures munies de deux glandes à leur base, les trois stériles en forme d'écailles oblongues et pileuses. Cette plante croit à la Nouvelle-Grenade.

Perséa de Mutis ; *Persea Mutisii*, Kunth, *loc. cit.*, page 158. Cet arbre a ses rameaux glabres, cannelés, anguleux, de couleur brune ; les feuilles alternes, médiocrement pétiolées, ovales, elliptiques, obtuses, très-coriaces, entières, glabres, luisantes en dessus, glauques et pulvérulentes en dessous, longues de cinq pouces, larges de deux et demi. Les fleurs sont disposées en corymbes axillaires, pédonculés, une fois plus courts que les feuilles. Ces fleurs sont portées par des pédicelles un peu épais, pubescens et ferrugineux ; le calice est coriace, pubescent, couleur de rouille en dehors, ses trois divisions extérieures sont les plus courtes, ovales, arrondies, un peu aiguës ; les trois intérieures ovales, oblongues, obtuses ; les neuf étamines fertiles sont de la longueur des divisions extérieures. Le fruit est un drupe globuleux, de la grosseur d'une cerise. Cette plante croit sur les plaines des montagnes entre Facatativa et Santa Fé de Bogota.

Perséa soyeux; *Persea sericea*, Kunth, *loc. cit.*, page 159. Cet arbre produit des rameaux pubescens et cannelés, garnis de feuilles alternes, pétiolées, elliptiques, arrondies à leurs deux extrémités, coriaces, très-entières, glabres en dessus, soyeuses et rouillées en dessous, longues d'un pouce et demi, larges d'un pouce; les pétioles sont pubescens; les pédoncules axillaires, chargés de cinq à six fleurs réunies en corymbes au sommet des rameaux; le calice de celles-ci est campanulé, pubescent et soyeux en dehors, à six divisions ovales, aiguës, les trois extérieures une fois plus courtes que les intérieures; les neuf étamines fertiles sont plus courtes que le calice. Le fruit est un drupe ovale, de la grosseur d'un pois, monosperme, entouré par la base du calice agrandi. Cette espèce croit au Pérou, proche Loxa, dans les forêts des contrées les plus tempérées.

Perséa ferrugineux; *Persea ferruginea*, Kunth, *loc. cit.* Les rameaux sont bruns, anguleux, pubescens dans leur jeunesse; les feuilles alternes, pétiolées, ovales, aiguës ou obtuses, très-entières, coriaces, glabres et luisantes en dessus, tomenteuses et ferrugineuses en dessous, longues de trois pouces, larges de deux; les pétioles courts, épais, à demi cylindriques; les corymbes axillaires, pédonculés, dichotomes, plus courts que les feuilles; les pédoncules et les pédicelles tomenteux, de couleur brune, ainsi que le calice en dehors; les trois divisions extérieures de ce calice ovales, arrondies, un peu aiguës; les intérieures une fois plus grandes, oblongues, ovales, un peu obtuses; les neuf étamines fertiles, un peu plus courtes que le calice; l'ovaire est glabre et oblong; le style épais; le stigmate dilaté. Cette plante croit dans les environs de Loxa, aux lieux les plus froids.

Perséa pétiolaire; *Persea petiolaris*, Kunth, *loc. cit.* Cet arbre porte des rameaux bruns, un peu pubescens, légèrement anguleux; les feuilles sont alternes, pourvues d'un long pétiole, ovales, oblongues, aiguës à leurs deux extrémités, coriaces, très-entières, veinées, réticulées, à nervures saillantes, glabres et luisantes en dessus, légèrement pubes-

centes en dessous, longues de cinq à six pouces, larges
d'environ trois pouces ; les pétioles glabres, verruqueux,
longs d'environ un pouce et demi; les pédoncules glabres,
axillaires, une fois plus courts que les feuilles, chargés de
quelques drupes globuleux, de la grosseur d'un pois, entourés par le calice pubescent, à six divisions oblongues, obtuses. Les fleurs n'ont point été observées. Cette plante croit
sur les montagnes des contrées tempérées, dans l'Amérique
méridionale. (Poir.)

PERSEGA. (*Ichthyol.*) Un des noms italiens de la Perche
commune. (H. C.)

PERSEGO. (*Ichthyol.*) Voyez Persega. (H. C.)

PERSÈGUE. (*Ichthyol.*) Voyez Persèque. (H. C.)

PERSEPHONION. (*Bot.*) Nom grec ancien du nerprun,
*rhamnus*, selon Ruellius. (J.)

PERSÈQUE, PERSÈGUE, PERCHE, *Perca*. (*Ichthyol.*) On
a à peu près indifféremment désigné par ces trois noms, un
genre de poissons généralement connu des amis de la bonne
chère, des gastronomes de profession, et très-facilement
classé par eux à l'un des premiers rangs, tandis que les naturalistes, pour qui la saveur est loin d'être un des principaux caractères, le rangent dans la famille des acanthopomes,
parmi les holobranches du sous-ordre des thoraciques, ou
dans la seconde tribu de la seconde section de la quatrième
famille des acanthoptérygiens, et le reconnoissent aux notes
suivantes :

*Corps oblong, épais, comprimé, écailleux; opercules dentelées
et épineuses; calopes situés sous les nageoires pectorales; deux nageoires dorsales; museau non proéminent, alépidote; joues non
cuirassées par les sous-orbitaires; gueule largement fendue.*

Il est donc, d'après cela, facile de distinguer les Persè-
ques ou Perches, des Holocentres, des Lutjans, des Bodians,
des Tænianotes, qui n'ont qu'une seule nageoire dorsale; des
Cingles, des Ombrines, des Percis, des Ancylodons, qui
ont le museau proéminent; des Centropomes et des Sandres,
qui n'ont que des dentelures sans piquans aux opercules;
des Scienes et des Microptères, qui ont des piquans sans
dentelures aux opercules. (Voyez ces divers noms de genres,
et Acanthopomes , dans le Supplément du premier volume

de ce Dictionnaire. Voyez aussi Holobranches et Thoraciques.)

Parmi les espèces de ce genre qui, habitant les lacs et les rivières, rappellent, par leurs couleurs, les sites qui les ont vus naître, ou qui, vivant sur les bords de la mer, au milieu des algues et des conferves, contrastent d'une manière agréable avec la couleur bleue des eaux, où l'azur d'un ciel pur se réfléchit, nous citerons les suivantes:

La Persèque commune ou la Perche ordinaire des eaux douces; *Perca fluviatilis*, Linnæus. Màchoires également avancées; dents petites et pointues le long des màchoires, sur le palais et autour du gosier; langue lisse; deux orifices à chaque narine, entourés de trois ou quatre pores assez larges et destinés à verser une humeur visqueuse; préopercules dentelées et aiguillonnées; opercules terminées en une apophyse aiguë et couvertes de petites écailles, moins adhérentes que celles du corps et de la queue, qui sont, d'ailleurs, dures et dentelées; première nageoire dorsale plus longue que la seconde.

Ce poisson, dont le corps est d'un vert doré, à trois bandes transverses plus foncées, et qui, au sein d'une eau limpide, attire les regards par le brillant et par la disposition de ses couleurs, par la teinte vive de ses catopes, par la tache noire qui existe à la région postérieure de sa première nageoire dorsale, violette d'ailleurs, comme la seconde, a l'estomac grand et large, le canal intestinal doublement courbé, le pylore suivi de trois appendices aveugles ou cœcums; le foie bilobé; la vésicule du fiel jaunâtre et transparente.

La perche, universellement connue et appréciée, habite dans presque toute l'Europe, et particulièrement dans le voisinage des sources des fleuves de France, dans ceux notamment qui naissent du lac de Zurich, comme nous l'apprend Herliberger, dans sa Topographie de la Suisse. Elle est aussi, parmi les poissons dont le lac de Genéve abonde, un des meilleurs et des plus communs; elle se fait également remarquer par son abondance dans celui de Neufchâtel, d'où l'on en transporte jusqu'à Strasbourg, au rapport de Wagner. On la trouve rarement vers l'embouchure de nos rivières et spécialement vers celle de la Seine; mais nulle part elle ne paroit se plaire autant que dans les eaux tranquilles de la Piana, qui fécondent le territoire d'Arsamas en Russie, que dans les rivières de la Sibérie, comme le Tobol, l'Oby, la Kovima, etc. Elle recherche aussi beaucoup les lacs, comme ceux de Schachska et d'Irgen, à l'ouest de la chaîne des monts Jablenoï. Enfin, selon Gmelin, on la rencontre aussi parfois dans la mer Caspienne.

Quoi qu'il en soit, la perche, que les Italiens appellent *persega*, les Suisses *heverling* et *keeling*, les Autrichiens *perschling*, les Prussiens *perscke*, les Russes *okum*, les Hollandois *baars* et les Anglois *perch*, et dont Aristote a parlé sous le nom de πέρκη, ne parvient guère, dans les contrées tempérées et particulièrement au sein de nos lacs et de nos rivières, qu'à la longueur de deux pieds et au poids de quatre à cinq livres; mais, à mesure qu'on se dirige vers le Nord, elle acquiert des dimensions bien plus considérables, puisqu'en Angleterre on a pris des perches du poids d'environ dix livres, et qu'en Sibérie, en Suède, en Russie et en Laponie, dans le gouvernement d'Arsamas spécialement, au dire de quelques écrivains, on en trouve souvent de monstrueuses sous le rapport du volume. Bloch, par exemple, raconte que dans une église de cette dernière contrée, on conserve une tête d'un poisson de cette espèce, longue de plus de onze pouces.

La perche nage avec beaucoup de rapidité, et aussi bien que le brochet; elle se tient habituellement assez près de la surface des eaux. Elle ne fraie qu'à l'âge de trois ans et au moment du printemps. A cette époque la femelle se débarrasse, dit-on, des œufs, dont le poids l'incommode, en se frottant contre des roseaux ou d'autres corps aigus, dont les pointes, pénétrant dans son intérieur, vont déchirer la pellicule membraneuse des ovaires, et en se contournant ensuite en différens sens. Ces œufs, comme on le savoit, au reste, déjà dès le temps d'Aristote, sont enchaînés les uns aux autres et forment dans l'eau une sorte de chapelet analogue à celui que représente le frai de la grenouille et des crapauds, et où ils se trouvent renfermés, quatre ou cinq ensemble, dans une membrane commune, ce qui donne à la masse l'aspect d'un réseau à mailles hexagones; leur volume est à peu près celui des graines de pavot et leur nombre doit varier extrêmement, puisque Harmer, Bloch, Gmelin, affirment qu'on n'en rencontre que 300000 au plus dans une perche du poids d'une demi-livre, tandis que l'ami de De Saussure, Picot de Genève, en a compté 992000 dans un individu qui ne pesoit que le double, et que M. Rousseau, père, dans un autre, d'une livre deux onces, n'en a trouvé que 69216.

Le poisson dont nous faisons l'histoire, vit de proie, dévorant avec avidité les petits très-jeunes ou très-foibles des animaux de sa classe, les salamandres, les grenouilles, les couleuvres dans leur premier àge, les insectes aquatiques, les vers, les mollusques nus, etc. Dans le temps des chaleurs, on le voit s'élancer avec agilité au-dessus de la surface des lacs ou des rivières, pour saisir les cousins dont les essaims tourbillonnent dans l'atmosphère. Il est même si vorace, qu'il se précipite aveuglément sur des animaux que leurs armes rendent redoutables et que souvent, par exemple, on le voit rester la gueule ouverte et mourir de faim, lorsqu'après avoir saisi des épinoches, celles-ci, s'agitant avec vitesse, ont fait pénétrer dans son palais et dans les parties voisines les aiguillons pointus et inflexibles qui servent à leur défense.

Quoique plusieurs rayons de ses nageoires représentent des dards très-pointus et très-forts, et qu'en les hérissant, il soit en état de résister efficacement, au moins dans l'âge adulte, au cruel brochet, et comme l'épinoche lui résiste à lui-même, il ne manque pourtant pas d'ennemis acharnés, et souvent il devient la proie des grands poissons et particulièrement des grosses anguilles et des truites, ainsi que celle des hérons, des canards et d'autres oiseaux d'eau. De petits crustacés du genre Cymothoé, s'insinuant parfois dans le tissu délicat de ses branchies, le déchirent également et lui donnent bientôt la mort.

Il est sujet aussi à diverses maladies et spécialement quand il est forcé de séjourner pendant long-temps dans une eau dont la surface est gelée; il devient alors hydropique, et la membrane muqueuse qui tapisse la cavité de sa bouche, se gonfle, se boursoufle et sort en forme de sac, ainsi que celle dont est revêtu à l'intérieur la fin de son rectum.

On a vu aussi des perches éprouver une courbure ou une flexion de l'épine rachidienne, telles qu'elles sembloient être devenues bossues.

La perche a, du reste, la vie dure, et lorsque, par un temps frais, on l'a enveloppée d'herbe, on peut la transporter vivante à une ou deux lieues, en sorte qu'avec elle il est aisé de peupler les étangs, où l'on a la facilité de la prendre à la main, quand elle s'est suffisamment multipliée et qu'elle vient respirer au bord des trous que l'on a pratiqués dans la glace.

On s'en empare dans les rivières, en traversant le cours de l'eau avec un tramail plombé et flotté, ou avec un petit filet, nommé communément *filet à perches*. On la pêche également à l'épervier, au colleret ou à la scinette; mais l'hameçon, armé d'un très-petit poisson, d'un goujon, d'un vairon, d'un ver de terre, d'une patte d'écrevisse, d'un morceau de foie de chèvre, est, sans contredit, l'instrument à l'aide duquel on se procure des perches le plus facilement et le plus abondamment. Les pêcheurs du lac de Neufchâtel fixent leurs hameçons à l'extrémité de plusieurs ficelles attachées à une cordelette et distantes l'une de l'autre de dix à douze pieds, et prennent ainsi autant de poissons à chaque coup ou à peu près qu'ils ont placé de ficelles.

La perche a été bien connue des anciens, tant en Grèce que chez les Romains. Lorsqu'elle peut se procurer de la nourriture en abondance, et qu'elle a été pêchée dans les eaux vives, sa chair, blanche, ferme et très-salubre, acquiert une saveur exquise, qui lui a mérité de tout temps une place honorable sur les tables servies avec luxe, qui l'a fait comparer à celle si célèbre du rouget et qui lui a fait partager avec lui la gloire de servir d'ornement aux festins d'apparat.

> *Nec te delicias mensarum Perca silebo,*
> *Amnigenos inter pisces dignande marinos.*
> *Solus puniceis facilis contendere mullis,*
> *Namneque gustus iners, solidoque in corpore partes*
> *Segmentis coeunt, sed dissociantur aristis.*
>
> AUSONE, Mosell.

On fait aujourd'hui, en France surtout, un grand usage

des perches sous le rapport bromatologique, mais elles ne sont pas toutes également estimées, et certains cantons en nourrissent de meilleures que les autres. Celles du Rhin, par exemple, au dire de Xénocrate, de Louis Nunnez et de Cysat, sont particulièrement très-estimées, et, d'après un proverbe des plus vieux et des plus répandus chez les Suisses, il paroîtroit que leur réputation, sous le point de vue de leurs qualités agréables et salubres, date d'une haute antiquité. Un des mets les plus délicats que l'on puisse offrir à Genève, est composé de petites perches du lac Léman, que l'on connoît dans le pays sous la dénomination de *mille-cantons*. Il en est de même, dans les Vosges lorraines, d'une autre petite perche, simple variété de la perche commune, que l'on prend spécialement dans le lac de Géradmer, où les pêcheurs la distinguent par les noms d'*heurlin* ou d'*hirlin*, et qui doit l'excellence de sa chair à la nature des eaux de ce lac où vivent des poissons en général exquis.

Nous avons déjà dit que la Laponie nourrissoit une immense quantité de grosses perches. Dans ce pays désolé on ne se nourrit pas seulement de la chair de ces poissons, on se sert encore de leur peau pour la préparation d'une ichthyocolle fréquemment en usage dans les provinces du Nord et versée même dans le commerce des contrées civilisées de l'Europe. Les habitans, pour arriver au but désiré, commencent par faire sécher les peaux des perches; ils les ramollissent ensuite dans l'eau froide, en détachent les écailles, les renferment dans une vessie de renne, ou les enveloppent dans des écorces de bouleau, pour les plonger dans un vase rempli d'eau bouillante, où elles demeurent durant une heure environ. Après ces diverses opérations, ces peaux sont transformées en une colle à peu près aussi glutineuse et aussi bonne que celle de la vessie aérostatique de l'esturgeon, et que les Lapons emploient pour entretenir la souplesse et prolonger la durée du bois de leurs arcs.

A une époque, enfin, où la thérapeutique voyoit sa marche entravée par les obstacles que lui opposoient la superstition, l'ignorance et l'esprit dominateur des vains systèmes, on croyoit posséder un remède héroïque dans ce qu'on appeloit les *pierres de perches*, prétendus calculs qui ne sont que les osselets suspendus dans les cavités auditives de ces poissons, et que les praticiens recommandoient aux pharmaciens de porphyriser, afin de les faire prendre en poudre subtile comme lithontriptique. Ce médicament, qui ne devoit avoir d'autre vertu que celle de ne faire aucun mal par lui-même, est aujourd'hui totalement abandonné et même oublié par les médecins qu'une routine aveugle ne dirige point dans l'exercice si difficile de l'art de guérir.

Le Loup de mer : *Perca labrax; Sciæna diacantha*, Bloch, 302; *Perca punctata*, Linnæus. Nageoire caudale en croissant; mâchoires également avancées et armées de dents courtes et pointues; deux orifices à chaque narine; yeux très-rapprochés, argentés; plusieurs pores mucipares à la mâchoire inférieure; écailles petites; deux épines à l'opercule; bouche ample; ligne latérale droite.

Ce poisson brille d'une couleur argentée avec des reflets d'un bleu céleste sur le dos. Ses deux nageoires dorsales sont d'un rose tendre; ses pectorales jaunâtres, et ses catopes d'une teinte de paille; une tache noire marque la pointe postérieure de chacune de ses opercules.

Il devient grand et peut arriver au poids de trente livres. Il est très-hardi et si vorace qu'on lui donne généralement, dans les contrées méridionales de l'Europe, les noms de *loup de mer*, de *lupazzo*, de *louvazzo*, de *lupo*, de *loupasson*, de *loubine*, et que les Romains, ainsi qu'on peut s'en convaincre par la lecture de Pline, l'appeloient *lupus*, comparant, en quelque sorte, la cruauté qui le rend célèbre parmi les habitans de la mer, à l'insatiable gloutonnerie du tyran de nos forêts. Cette avidité peut, du reste, être expliquée chez lui par la vaste étendue de son estomac, par le nombre de ses cœcums, qui s'élève à cinq, tandis que dans la perche commune, déjà si portée au carnage, il n'est que de trois uniquement; par le volume de son foie et par celui de sa vésicule biliaire.

Il est fort commun dans l'Adriatique et dans toute la mer Méditerranée, spécialement sur les côtes méridionales de l'ancien département des Alpes maritimes. On le trouve aussi dans le golfe de Gascogne; quelquefois, mais plus rarement, dans la Manche et dans le Golfe britannique, et Duhamel rapporte que, vers l'embouchure de la Loire, on a pris des individus de cette espèce parvenus à des dimensions énormes.

Quoi qu'il en soit, il recherche constamment le voisinage des fleuves et des grandes rivières, mais il ne s'engage que rarement dans leur lit et nage toujours très-près de la surface de l'eau.

Il dépose deux fois dans l'année, et près des rivages, ses œufs, qui ont souvent été employés à la préparation de la *boutargue*, dans le Midi de l'Europe.

On le pêche pendant toute l'année, d'ailleurs, et avec plusieurs sortes de filets, mais le moment le plus favorable pour le prendre est communément vers la fin de l'été.

Sa chair est fort délicate et des plus recherchées. Au rapport d'Athénée, on l'estimoit beaucoup en Grèce, quand il avoit été pris autour de Milet. Les anciens Romains en faisoient un cas tout particulier et le payoient aussi cher que les murènes, les surmulets, les rougets, les esturgeons, pour en orner leurs tables dans les festins les plus splendides. Ceux que l'on prenoit dans le Tibre, entre les deux ponts, étoient alors surtout recherchés, dit Pline, quoique, du temps de Rondelet, on préférât ceux qui avoient vécu dans le voisinage de l'embouchure des fleuves, ou dans les étangs salés qui baignent certaines plages de la Méditerranée.

Aujourd'hui, les Italiens le nomment *spigola* et *bronchini*, le plus communément, mais il paroit évident, que c'est de lui qu'Aristote et Oppien ont parlé sous l'appellation de λάϐραξ.

Quant au *sciæna labrax*, que Bloch a figuré (n.° 3o1), il n'est point le véritable loup si commun dans la mer Méditerranée. C'est une autre espèce de persèque.

La Persèque pointillée : *Perca punctulata ; Sciæna punctata*, Bloch, 3o5. Un seul orifice à chaque narine ; deux ou trois aiguillons à chaque opercule ; dos bleuâtre avec un grand nombre de points noirs ; flancs argentés ; nageoires pectorales et catopes rougeâtres, ainsi que les nageoires anale et caudale, dont l'extrémité est bleuâtre ; un mélange de jaune et de bleu sur les deux dorsales.

De la mer Méditerranée, comme la précédente.

La Persèque Vanloo ; *Perca Vanloo*, Risso. Écailles grandes.

à rayons divergens, placées transversalement; museau arrondi; bouche ample; mâchoires égales; dents aiguës, crochues et isolées; langue lisse et d'un beau jaune, de même que le palais; gosier garni d'aspérités; yeux ronds, à iris doré et à prunelle bleue; anus plus près de la queue que de la tête; ligne latérale droite; nageoire anale fort courte; caudale rectiligne.

Ce poisson, qui parvient à la taille de six pieds et au poids de 120 à 140 livres, brille des couleurs les plus magnifiques; l'or et l'argent resplendissent sur ses écailles, où se réfléchissent aussi des teintes douces d'azur et d'améthyste. Il vit dans les fonds vaseux de la plage de Nice, où on le prend en Mai, Juin et Juillet, et où il a été observé, pour la première fois, par M. Risso, qui l'a dédié au peintre Charles-André Vanloo, du même pays.

La PERSÈQUE DIACANTHE. *Perca diacantha.* Deux orifices à chaque narine et deux aiguillons à chaque opercule; mâchoires égales; dents petites; écailles dures, dentelées et étendues jusque sur la base de la nageoire caudale et de la seconde dorsale; corps et queue comprimés et alongés, d'un blanc argentin plus ou moins mêlé de bleu, avec un grand nombre de raies longitudinales, étroites et dorées; toutes les nageoires bleuâtres et à base rouge pour la plupart.

De la mer Méditerranée.

La PERSÈQUE LOUBINE; *Perca loubina*, Lacépède. Mâchoires arrondies et échancrées par devant; l'inférieure plus avancée que la supérieure; écailles rhomboïdales et ciliées; ligne latérale étendue jusqu'à l'angle rentrant de la nageoire caudale.

Ce poisson est originaire des eaux de Cayenne, d'où il a été envoyé à feu M. de Lacépède, par M. Leblond.

La PERSÈQUE PRASLIN; *Perca Praslin*, Lacépède. Quatorze raies longitudinales alternativement brunes et blanchâtres de chaque côté du corps; nageoires d'un jaune rougeâtre; tête comme ciselée; lèvre supérieure extensible; dents petites, serrées et semblables à celles d'une lime; teinte générale rougeâtre; une tache pourpre sur la nageoire de l'anus.

Ce poisson, qui atteint la taille de onze pouces et dont la chair est d'une saveur agréable, se plaît au milieu des coraux et des madrépores qui bordent les rivages de la Nouvelle-Bretagne, où il a été observé par Commerson. On l'a décrit sous le nom de *Perche d'Utopie et de la Nouvelle-Bretagne.*

La PERSÈQUE FOURCROY; *Perca Fourcroy*, Lacépède. Écailles arrondies et dentelées; nageoire caudale en fer de lance; museau avancé; lèvre supérieure double et extensible; yeux gros; dents très-menues.

Cette espèce a été décrite par M. de Lacépède pour la première fois. (H. C.)

PERSICA. (*Bot.*) Nom latin du PÊCHER, qui lui vient de la Perse, lieu de sa première origine, où son fruit n'a ni la saveur ni le volume qu'il acquiert dans les lieux tempérés de l'Europe, lorsqu'on le cultive en espalier. Olivier en avoit fait l'observation dans la Perse, et les noyaux qu'il en avoit apportés, mis en terre au Jardin du Roi, ont donné des individus dont les fruits, un peu plus gros que ceux qu'il avoit observés dans la Perse, étoient très-inférieurs, pour le goût et la grosseur, à ceux de notre climat. Il est probable que les pieds provenus de ceux-là, donneront des fruits sensiblement meilleurs, qui se perfectionneront à chaque génération. Cette différence entre les pêches de la Perse et celles de l'Europe, ne pourroit-elle pas faire présumer que le PERSEA des anciens (voyez ce mot) est le pêcher? Tournefort faisoit du *persica* un genre, que Linnæus a réuni à l'*amygdalus*, en observant qu'il existe des transitions assez marquées de l'un à l'autre.

Ruellius cite un autre *persica* comme nom ancien de l'aunée, *inula helenium*. (J.)

PERSICAIRE. (*Bot.*) Nom vulgaire donné à quelques espèces de renouées, dont les feuilles ont quelque ressemblance avec celles du pêcher. (L. D.)

PERSICARIA. (*Bot.*) Ce genre de Tournefort a été réuni au *polygonum*, en françois la RENOUÉE. Voyez ce mot. (J.)

PERSICULE, *Persicula.* (*Conchyl.*) M. Schumacher, dans son Nouveau système de conchyliologie, établit sous ce nom un genre distinct avec la marginelle tigrine, *M. persicula* de M. de Lamarck, c'est-à-dire avec les espèces dont la spire n'est pas saillante. Voyez MARGINELLE. (DE B.)

PERSIEN. (*Ichthyol.*) Bloch appelle ainsi l'*acanthure noiraud*. Voyez Acanthure. (H. C.)

PERSIL ; *Apium*, Linn. (*Bot.*) Genre de plantes dicotylédones polypétales, de la famille des ombellifères, Juss., et de la *pentandrie digynie*, Linn., dont les principaux caractères sont les suivans : Calice à peine visible, entier ; corolle de cinq pétales arrondis, égaux, recourbés en dedans ; cinq étamines à filamens très-courts ; un ovaire infère, surmonté de deux styles courts ; un fruit ovoïde ou globuleux, marqué de nervures saillantes et composé de deux graines convexes d'un côté, plancs et appliquées l'une contre l'autre par leur face interne.

Les persils sont des plantes herbacées, à feuilles une ou plusieurs fois ailées ; à fleurs jaunâtres, disposées en ombelles munies d'une collerette composée de trois à quatre petites folioles, quelquefois d'une seule, ou qui même peut manquer tout-à-fait. On en connoît cinq espèces, dont trois sont exotiques et les deux autres naturelles à l'Europe.

Persil odorant, vulgairement Ache, Céléri : *Apium graveolens*, Linn., *Spec.*, 379 ; *Flor. Dan.*, t. 790. Sa racine est bisannuelle, blanchâtre, de la grosseur du doigt, divisée en fibres plus menues ; elle produit une tige haute de deux pieds, rameuse, sillonnée, glabre, garnie de feuilles longuement pétiolées, une ou deux fois ailées, composées de cinq à sept folioles courtes, larges, incisées, dentées, lisses et un peu luisantes. Les fleurs sont d'un blanc jaunâtre, disposées en ombelles terminales ou latérales, presque sessiles, composées de rayons assez nombreux. Cette plante croît naturellement dans les marais et sur les bords des ruisseaux dans toute l'Europe ; on la trouve aussi en Barbarie.

Sa racine a une saveur désagréable, âcre, un peu amère ; son odeur est forte et un peu aromatique. Elle étoit comptée autrefois, sous le nom de racine d'ache, au nombre des racines apéritives majeures des anciens formulaires ; elle passe pour avoir la propriété d'exciter la sécrétion des urines, et comme telle elle a été recommandée dans les hydropisies. On lui a attribué encore d'autres vertus ; mais elle n'est plus guère usitée aujourd'hui.

Outre l'espèce sauvage, dont il vient d'être question, le

persil odorant offre deux variétés remarquables, qui diffèrent
de la première par leur saveur agréablement piquante et
aromatique, et qui sont cultivées pour les usages culinaires.
L'une porte particulièrement le nom *céléri*, et se fait remarquer par la grandeur et la force de toutes ses parties ; l'autre
se distingue à la grosseur de sa racine qui égale presque
celle d'un navet ; ce qui l'a fait appeler *céléri-rave*.

On sème le céléri à diverses époques, afin d'en avoir dans
les différentes saisons. Les premiers semis se font en Janvier et les derniers en Juin. Ceux faits pendant l'hiver,
exigent quelques précautions. De Janvier jusqu'en Mars on
sème sur couche et sous cloche, et on repique le jeune plant
sur couche et sous cloche, ou sous châssis, pour ne le mettre
en pleine terre que vers le commencement d'Avril, dans des
planches de terre légère, bien amandée, où les pieds de céléri sont disposés en quinconce, par rangées éloignées de huit
à neuf pouces l'une de l'autre. Aussitôt la plantation faite, on
arrose chaque pied pour le faire reprendre, et on continue
d'en faire autant tous les deux jours, à moins qu'il ne sur-
vienne des pluies un peu abondantes. Ensuite on débarrasse
la planche des mauvaises herbes, et lorsque le céléri est
assez fort, on le fait blanchir en rapprochant ses feuilles et
en les liant, par un temps sec, avec trois liens de paille, et
on le butte ensuite, c'est-à-dire qu'on amoncèle la terre du
sentier autour de chaque pied, en la faisant monter d'abord
jusqu'au premier lien, ensuite, huit jours après, jusqu'au second, et, enfin, huit autres jours après, jusqu'au troisième.

Les semis de Mai et Juin se font en pleine terre, et la
graine doit être répandue claire, afin de n'avoir pas besoin
de repiquer, ce qui retarderoit le plant. Lorsque ce céléri
est assez fort, on le met en planche, comme celui du
printemps, et on le gouverne de même. On le butte ordinairement avant les premières gelées. La seconde année,
quelques pieds, conservés exprès, donnent des graines.
Celles-ci peuvent se garder trois à quatre ans ; cependant
les plus nouvelles sont toujours les meilleures.

Ce sont les pétioles étiolés et la racine du céléri qui se
mangent. On les accommode le plus souvent en salade, mais
on en prépare aussi de diverses manières, cuits dans les ra-

goûts et les potages. Le céleri provoque l'appétit et il passe pour être très-échauffant.

Le céleri-rave se mange comme le céleri ordinaire ; sa culture est plus simple : il n'a pas besoin d'être butté ; on le couvre seulement pendant les grands froids. Il a une sous-variété nommée *céleri-rave rouge*. Le céleri proprement dit a deux sous variétés ; le *céleri tendre*, ou *long*, ou *grand céleri*, et le *céleri court*, ou *dur*, ou *petit*, et encore le *céleri branchu* ou *fourchu*.

PERSIL COMMUN, ou tout simplement le PERSIL ; *Apium petroselinum*, Linn., *Spec.*, 379. Sa racine est alongée, blanchâtre, bisannuelle ; elle produit une tige droite, striée, rameuse, haute de trois à quatre pieds, munie de feuilles deux fois ailées, à folioles ovales, cunéiformes, incisées inférieurement, et celles de la partie supérieure de la tige linéaires. Les fleurs sont d'un blanc jaunâtre, disposées en ombelles terminales, composées de sept à huit rayons, accompagnées à leur base d'une collerette formée par une seule foliole ; les ombellules ont une involucelle de trois à quatre folioles étroites. Cette espèce fleurit en été et croit naturellement dans les lieux ombragés en Provence et dans le Midi de l'Europe ; elle passe pour être originaire de l'île de Sardaigne.

Les Grecs et les Romains ont connu le persil. Les premiers le désignoient sous le nom de σελινον, et les derniers sous celui d'*apium*. Hercule, selon les anciens, s'en étoit couronné, après avoir tué le lion de Némée, et c'étoit d'après cela qu'on donnoit une pareille couronne aux vainqueurs dans les jeux Néméens. Une couronne de persil étoit aussi le prix des jeux isthmiques, consacrés à Neptune. L'odeur forte et pénétrante de cette plante étoit probablement considérée comme propre à exalter l'imagination, en excitant agréablement le cerveau, et c'étoit sans doute pour produire cette exaltation dans les idées que les poëtes s'en couronnoient.

*Floribus atque apio crines ornatus amaro.*

VIRG.

*Quis udo deproperare apio coronas curatve myrto ?*

HORACE.

Aujourd'hui le persil n'est plus employé que dans la cui-
sine. Ses feuilles ont une odeur aromatique et une saveur
agréable, un peu piquante, qui les rendent propres à servir
comme assaisonnement pour relever et parfumer divers mets.
On les emploie également crues et cuites ; elles ont la propriété d'exciter l'appétit et de favoriser la digestion.

Les feuilles de persil étoient autrefois regardées comme
vulnéraires, et on leur attribuoit aussi une vertu particulière,
comme lactifuges ; ce qui les faisoit appliquer fraîches et
contuses sur les meurtrissures et sur le sein des nouvelles ac-
couchées qui vouloient se dispenser de nourrir. Aujourd'hui
elles sont à peu près abandonnées sous ces rapports, si ce
n'est par le peuple.

La racine de persil, considérée comme diurétique, dia-
phorétique et apéritive, a été conseillée dans l'hydropisie,
la jaunisse, les obstructions, la chlorose, les maladies cuta-
nées, etc. Elle a passé aussi pour lithontriptique.

Les feuilles de persil sont très-recherchées par les lièvres
et les lapins, qui, suivant Miller, accourent de très-loin
pour les manger. Tous les bestiaux les aiment aussi ; et l'on
assure qu'en leur en donnant deux à trois fois par semaine,
cela les préserve de certaines maladies. Elles sont au contraire un poison dangereux pour les poules, les perroquets
et plusieurs autres oiseaux.

On cultive dans les jardins trois variétés de persil ; 1.º le
*persil commun*, 2.º le *persil panaché*, 3.º le *persil frisé*. Les
graines mettent environ un mois à lever, et il faut avoir
le soin d'arroser plusieurs fois le semis pendant ce temps,
s'il fait sec.

On sème le persil depuis le mois de Mars jusqu'en Août,
en pleine terre, dans une plate-bande bien ameublie, ou en
bordure, à une exposition chaude, et le mieux au pied d'un
mur au midi. Ses feuilles se coupent et repoussent plusieurs
fois, pendant la belle saison, en ayant soin d'arroser la plante
toutes les fois que la sécheresse se fait sentir. Le persil ne
fleurit et ne donne de graines que la seconde année, et si
même avant la floraison on coupe les tiges, il repousse assez
souvent et dure encore une troisième année. Pour en avoir
pendant l'hiver, il faut, lors des gelées et des neiges, avoir

soin de le couvrir avec des paillassons ou de la paille.

Les feuilles de persil ont la singulière propriété de faire casser les gobelets de verre, non-seulement si on en frotte ces derniers, mais encore il suffit quelquefois, lorsqu'on a manié de ces feuilles, de passer tout de suite après les mains sur un gobelet, pour le faire fendre. (L. D.)

PERSIL D'ANE. (*Bot.*) Nom vulgaire du cerfeuil sauvage. (L. D.)

PERSIL BATARD. (*Bot.*) Nom vulgaire de l'éthuse faux-persil. (L. D.)

PERSIL DE BOUC. (*Bot.*) C'est le boucage saxifrage. (L. D.)

PERSIL DE CERF. (*Bot.*) C'est l'*athamanta oreoselinum* de Linnæus. (L. D.)

PERSIL DE CHAT. (*Bot.*) Nom vulgaire de l'éthuse faux-persil et de la cicutaire aquatique. (L. D.)

PERSIL DE CHIEN. (*Bot.*) C'est encore un des noms de l'éthuse faux-persil. (Lem.)

PERSIL DE CRAPAUD. (*Bot.*) Nom vulgaire de la cicutaire. (L. D.)

PERSIL DES FOUS. (*Bot.*) Un des noms de la cicutaire aquatique. (Lem.)

PERSIL [Gros]. (*Bot.*) Un des noms du maceron commun. (L. D.)

PERSIL LAITEUX. (*Bot.*) L'œnanthe safranée et le sélin des marais portent vulgairement ce nom. (L. D.)

PERSIL DE MACÉDOINE. (*Bot.*) Nom vulgaire du bubon de Macédoine. (L. D.)

PERSIL DE MARAIS. (*Bot.*) L'ache ou persil odorant et le sélin de marais portent vulgairement ce nom, ainsi que la berle à feuilles étroites. (L. D.)

PERSIL MARSIGOIN. (*Bot.*) Dans les environs d'Angers on donne ce nom au géranier robertin. (L. D.)

PERSIL DE MONTAGNE. (*Bot.*) La livêche commune, le sélin des cerfs et le sélin de montagne sont désignés sous ce nom. (L. D.)

PERSIL DE MONTAGNE BLANC. (*Bot.*) C'est un des noms vulgaires de l'*athamanta Libanotis*, Linn. Le PERSIL DE MONTAGNE NOIR est une autre espèce du même genre, l'*athamanta oreoselinum*, Linn. (J.)

PERSIL DES ROCHERS. (*Bot.*) On donne vulgairement ce nom au bubon de Macédoine et au sison amome. (L. D.)

PERSILLÉE. (*Bot.*) Le *caucalis grandiflora* porte ce nom aux environs d'Angers. (Lem.)

PERSIMON. (*Bot.*) Nom d'une espèce de prune dans les colonies angloises de l'Amérique. Suivant M. Bosc, ce seroit celui du plaqueminier de Virginie. (J.)

PERSION. (*Bot.*) Nom grec ancien de la belladone, cité par Mentzel. (J.)

PERSIS. (*Bot.*) Voyez Hedera. (J.)

PERSISTANT, E. (*Bot.*) On désigne par cette épithète les feuilles qui se maintiennent sur le végétal plus d'une année révolue (*hedera*, *pinus*); les stipules qui se soutiennent après la chute des feuilles (*coccoloba pubescens*, etc.); les spathes qui accompagnent le fruit dans sa maturité (*arum*, *calla*); le calice qui subsiste après la floraison, soit qu'il se fane (*anagallis*, *rhinanthus*), soit qu'il prenne de l'accroissement (*physalis alkekengi*, rose); la corolle qui se dessèche après la fécondation sans se détacher (*trientalis*, *campanula*, *trifolium procumbens*); le nectaire qui subsiste encore après la maturité du fruit (*cobæa*, etc.); le style qui ne tombe pas après la fécondation (crucifères, *geranium*, *anemone pulsatilla*, clématites); la pannexterne du drupe, lorsqu'elle ne se détache jamais du noyau (*cocos nucifera*, etc.); les cloisons d'un péricarpe qui restent en place après la chute des valves (crucifères); le placentaire qui ne se divise pas dans la déhiscence du fruit; exemples : *digitalis*, *polemonium*, *rhododendrum*. (Mass.)

PERSONA. (*Conchyl.*) Nom latin du genre Masque, établi par Denys de Montfort avec le *murex anus*, Linn. (De B.)

PERSONARIA. (*Bot.*) Voyez nos articles Gazanie (tome XVIII, page 248), Gortérie (tom. XIX, pag. 232), Mélanchryse (tom. XXIX, pag. 444, 448, 449, 453), Mussinia (tom. XXXIII, pag. 453). Nous y avons clairement démontré que la *Gorteria personata* de Linné étant l'espèce primitive et le vrai type du genre *Gorteria*, comme Gærtner l'a judicieusement remarqué, elle doit incontestablement conserver l'ancien nom générique de *Gorteria*; et qu'il seroit contraire à toutes les règles de lui donner le nouveau nom de *Personaria*, proposé par M. de Lamarck, qui applique fort mal à propos le nom de *Gorteria* au genre *Berkheya*. (H. Cass.)

PERSONATA. (*Bot.*) Matthiole et Daléchamps nommoient ainsi la bardane ordinaire, *lappa* de Tragus, Brunfels, Césalpin, Bauhin et Tournefort; *arctium* de Dioscoride et Linnæus. Ce dernier a adopté le nom *personata* comme nom spécifique d'une espèce congénère, que C. Bauhin range parmi les chardons. ( J. )

PERSONÉE [Corolle]. (*Bot.*) Corolle à deux lèvres, dont la gorge est close par une saillie de la lèvre inférieure, saillie qu'on nomme *palais;* exemples : *linaria, antirrhinum,* etc. Tournefort a appliqué le nom de personnées à beaucoup de fleurs anomales qui n'ont entre elles aucun rapport de figure et d'organisation. (Mass.)

PERSONÉES. (*Bot.*) On a donné ce nom à des plantes monopétales dont l'extrémité irrégulière de la corolle présente à peu près la forme d'un masque, *persona,* comme dans le muflier et la linaire : ce nom avoit été transporté à la famille de plantes qui renferme ces genres et d'autres à corolle irrégulière, dont le fruit capsulaire est séparé intérieurement en deux loges par une cloison parallèle à ses deux valves. C'est celle que nous avions nommée les scrophulaires, et qui, conformément aux règles postérieurement établies, porte le nom adjectif de scrophularinées, sous lequel nous décrirons son caractère général. ( J. )

PERSOONIA. (*Bot.*) Genre de plantes dicotylédones, à fleurs incomplètes, de la famille des *protéacées,* de la *tétrandrie monogynie* de Linnæus, offrant pour caractère essentiel : Quatre pétales rapprochés en tube à leur base, réfléchis à leur partie supérieure; point de calice; quatre étamines saillantes; un style; quatre glandes à la base de l'ovaire; un drupe à une seule loge, renfermant une noix osseuse, monosperme.

On trouve dans Willdenow un autre genre sous le nom de *Persoonia,* qui est le Carapa d'Aublet ( voyez ce mot). Michaux avoit établi sous le même nom un genre particulier pour quelques espèces d'*athanasia* de Walther. Nous rapportons ici le *linkia* de Cavanilles.

Persoonia linéaire : *Persoonia linearis*, Andr., *Bot. repos.*, tab. 37; Venten., Jard. Malm., tab. 32; *Bot. Magaz.*, tab. 760. Arbrisseau de la Nouvelle-Hollande, dont la tige, droite, cylindrique, chargée de rameaux nombreux, très-rapprochés, presque verticillés, velus, d'un brun rougeàtre, s'élève à la hauteur d'environ trois pieds. Les feuilles sont sessiles, éparses, articulées, étroites, linéaires, mucronées, parsemées de quelques poils rares et couchés, toujours vertes, longues d'environ trois pouces. Les fleurs sont solitaires, axillaires, pédicellées, d'un jaune de jonquille ; les pétales linéaires, aigus, pubescens en dehors; les filamens rapprochés presque dans toute leur longueur, en un tube qui engaîne le style. L'ovaire est pédicellé, accompagné à sa base de quatre glandes saillantes; le style a la longueur des étamines; le drupe est ovale, monosperme.

Persoonia a feuilles de genévrier ; *Persoonia juniperina*, Labill., *Nov. Holl.*, 1. pag. 33, tab. 45. Cette espéce diffère de la précédente par ses feuilles roides, bien plus courtes ; par sa corolle plus petite, par son ovaire à deux loges. Sa tige est haute de trois à quatre pouces, rameuse, un peu tuberculée, garnie de feuilles éparses, sessiles, droites, linéaires, un peu pileuses, longues d'un pouce, terminées par une pointe piquante ; les fleurs sont solitaires, axillaires, médiocrement pédicellées ; les pétales jaunes, linéaires, réfléchis à leur sommet, couverts en dehors de poils roides ; l'ovaire est pédicellé, à deux lobes; le drupe rougeàtre, ovale, rempli d'une pulpe comestible, à une ou deux loges. Cette plante croît au cap Van-Diémen, à la Nouvelle-Hollande.

Persoonia a feuilles lancéolées; *Persoonia lanceolata*, Andr., *Bot. repos.*, tab. 74. Arbrisseau rameux, garni de feuilles alternes, lancéolées ou elliptiques, très-lissès, glabres à leurs deux faces, mucronées au sommet. Les fleurs sont petites, pédonculées, situées dans l'aisselle des feuilles; les pédoncules uniflores ; la corolle est couverte d'un léger duvet un peu soyeux et couché; le pédicelle de l'ovaire point articulé. Cette plante croît au port Jackson, à la Nouvelle-Hollande.

Persoonia a feuilles de sauge : *Persoonia salicina*, Pers., *Synops.; Linkia lævis*, Cav., *Icon. rar.*, 4, tab. 389? Arbrisseau dont les tiges sont hautes, droites, fortes et rameuses, re-

39.                                         11

vêtues d'une écorce qui se détache en plaques scarieuses. Les feuilles sont alternes, lancéolées, oblongues, à côtés inégaux ; les pédoncules axillaires, uniflores, formant par leur ensemble des grappes latérales. La corolle est presque glabre, à quatre divisions très-profondes, égales, rapprochées en tube. Cette plante croît au port Jackson, à la Nouvelle-Hollande.

Persoonia ferrugineux : *Persoonia ferruginea*, Rob. Brown, *Nov. Holl.*, pag. 373 ; Smith, *Exot.*, 2, tab. 85 ; *Persoonia laurina*, Pers., *Synops.*, 1, pag. 118. Arbrisseau de la Nouvelle-Hollande, qui s'élève à la hauteur de trois ou quatre pieds sur une tige droite, cylindrique, glabre, rameuse, garnie de feuilles, la plupart opposées, à peine pétiolées, glabres, ovales, elliptiques, très-entières, longues d'environ un pouce et demi, larges d'un pouce, très-aiguës à leur sommet, rétrécies à leur base ; les fleurs, réunies trois ou quatre ensemble dans l'aisselle des feuilles, d'un roux ferrugineux, presque sessiles, ont la corolle pileuse en dehors ; les pétales ovales, obtus, un peu courbés ; les anthères bleuâtres, point saillantes ; le style plus long que les étamines ; le stigmate légèrement bifide.

Persoonia a feuilles de pin : *Persoonia pinifolia*, Rob. Brown, *Nov. Holl.*, 1, pag. 372 ; Rudg., *Trans. linn.*, 10, pag. 290, tab. 16, fig. 1. Cette plante a des tiges cylindriques, ligneuses, couvertes de poils, garnies de feuilles touffues, très-étroites, linéaires, canaliculées, aiguës, recourbées, pubescentes dans leur jeunesse ; celles qui accompagnent les fleurs, sont très-courtes : ces fleurs forment un épi terminal, touffu, imbriqué ; les pédoncules sont courts ; les pétales pubescens, courbés à leur sommet ; les filamens courts ; les anthères fort longues, linéaires, à deux loges, à quatre valves ; l'ovaire est alongé ; le style glabre, persistant ; le stigmate obtus. Cette plante croît au port Jackson.

Persoonia hérissé : *Persoonia hirsuta*, Rob. Brown, *Nov. Holl.*, pag. 372 ; Rudg., *Trans. soc. linn.*, 10, pag. 291, tab. 16, fig. 2. Cet arbrisseau a des tiges cylindriques, très-velues ; des feuilles sessiles, linéaires, canaliculées, un peu recourbées, couvertes de poils. Les fleurs, solitaires et axillaires, ont les pédoncules courts, très-velus ; les pétales lancéolés, spatulés, très-velus, courbés au sommet; les filamens très-courts; les anthères fort longues, linéaires; l'ovaire ovale, très-velu; le style glabre, cannelé, persistant; le stigmate hémisphérique. Cette plante croit au port Jackson. (Poir.)

PERSOONIA. (*Bot.*) Ce nom de M. Persoon, recommandable par ses travaux sur les champignons et par son *Synopsis plantarum*, a été donné à différens genres; par Willdenow, au *carapa* d'Aublet ou *xylocarpus* de Kœnig et de Schreber; par Michaux au *marshallia* de Schreber, que M. Persoon lui-même nommoit *trattenikia*; par MM. Smith, Labillardière et Persoon, à un nouveau genre dans les protéacées : c'est ce dernier qui a été conservé. Voyez ci-dessus. (J.)

PERSPECTIVE [La]. (*Conchyl.*) Nom marchand, quelquefois employé pour désigner la coquille qu'on désigne plus souvent sous celui de cadran, *trochus perspectivus*. Linn., *solarium perspectivum* de Lamarck. (De B.)

PERSPICILLARIUS. (*Ornith.*) Commerson a donné ce nom, et ceux de *nictitarius* et *lichenops* au traquet à lunettes ou Clignot. Voyez ce dernier mot. (Ch. D.)

PERSPICILLUM. (*Bot.*) Heister nommoit ainsi la lunetière, *thlaspidium* de Tournefort, *biscutella* de Linnæus, dont les deux loges séparées de la silicule présentent la forme d'une paire de lunettes. (J.)

PERSPIRATION. (*Anat. et Phys.*) Voyez Transpiration. (F.)

PERTURBATEUR DES POULES. (*Ornith.*) L'oiseau qui est ainsi nommé dans Albin, tom. 3, pag. 2, est la soubuse commune, *falco subbuteo*, Linn. (Ch. D.)

PERTUSARIA. (*Bot.*) Genre de la famille des hypoxylées de De Candolle; c'est le *porina* d'Acharius qui le maintient dans la famille des lichens. Il a pour type le *lichen pertusus*, Linn., si commun sur les écorces de nos arbres. Son caractère consiste dans son expansion semblable à une croûte cartilagineuse, relevée, en bosses ou verrues, qui renferment chacune un ou plusieurs conceptacles uniloculaires, membraneux et diaphanes qui débouchent à la surface des verrues par une petite ouverture ou ostiole colorée diversement. Chaque conceptacle contient un noyau globuleux, celluleux et vésiculifère.

Les espèces, au nombre d'une vingtaine, croissent sur les

écorces des arbres. Le petit nombre de celles connues avant Acharius, ont été tantôt considérées comme des *sphæria*, tantôt comme des lichens. Acharius, après les avoir données pour des espèces de *Verrucaria* et de *Patellaria*, les réunit à son *Thelotrema*, qu'il divisa ensuite en deux genres, dont le *Porina* est un, et le *Thelotroma* modifie le second; celui-ci représente le *Volvaria* de De Candolle.

Les espèces de Pertusaria croissent pour la plupart en Europe; quelques-unes ont été découvertes sur des écorces de plantes d'Amérique, telles que les écorces de quinquina.

1.° PERTUSARIA COMMUN : *Pertusaria communis*, Decand., Fl. fr.; *Lichen pertusus*, Linn.; Hoffm., *Enum.*, tab. 3, fig. 1: *Fl. Dan.*, pl. 766; *Engl. Bot.*, pl. 677; *Sphæria melanostoma*, Bernh. *in* Rœm., *Arch.*, 4, pl. 1, fig. 1. La croûte est compacte, plus ou moins verdâtre ou gris cendré; ses verrues de même couleur, très-rapprochées, de la grosseur d'une tête d'épingle, hémisphériques, déprimées en dessus, et percées de cinq à six petits trous noirs. On trouve cette espèce communément sur les écorces des arbres. Une variété croît sur les rochers calcaires et le grès; sa croûte est épaisse et gercée en manière de rézeau.

2.° PERTUSARIA LEUCOSTOME : *Porina leucostoma*, Ach., *Synops. lich.*, p. 107; *Sphæria leucostoma*, Bern., *loc. cit.*, tab. 1, fig. 1, e. Croûte brunâtre. lisse; verrues presque globuleuses, à plusieurs ouvertures ou pores blancs, déprimés. On trouve cette espèce sur les écorces des arbres.

3.° PERTUSARIA GRANULÉ; *Porina granulata*, Ach., *loc. cit.*, p. 112. La croûte est membraneuse, blanchâtre, parsemée de tubercules très-petits et très-blancs, et de verrues hémisphériques, de grandeur inégale, pulvérulentes, un peu renfoncées supérieurement, n'ayant qu'une ouverture ou pore solitaire et brunâtre. Cette espèce se rencontre sur les écorces d'un quinquina jaune (*cinchona flava*), qui croît dans l'Amérique méridionale.

PERTUSARIA AGRÉGÉE; *Porina aggregata*, Ach., *l. c.* Sa croûte est d'un gris jaunâtre; cartilagineuse, fendillée. glabre et un peu rugueuse, marquée de petites lignes noires, enfoncées; les ouvertures des conceptacles ou pores sont noirs, enfoncés dans les aréoles de la croûte, à peine proéminens, très-

petits, réunis plusieurs, tantôt distincts, tantôt se touchant.
Cette espèce se trouve, mais rarement, sur l'écorce du charme.

5.° Pertusaria de l'if; *Porina taxi*, Ach., *loc. cit.* p. 113. Sa
croûte est mince, fendillée, un peu granulaire, cendrée,
garnie de verrues éparses, un peu convexes, lisses, percées
de plusieurs pores très-petits, convexes, noirs. On a observé
cette espèce en France, sur l'écorce des ifs. ( Lem.)

PERTUSES [Feuilles], (*Bot.*) : percées irrégulièrement de
grands trous; exemples : les feuilles du *dracuntium pertu-
sum;* les feuilles et les cotylédons du *menispermum fenestra-
tum*, etc.; les feuilles de l'*hydrogeton fenestralis*, qui privées
de parenchyme et n'ayant que les nervures, sont toutes percées à jour comme un grillage. (Mass.)

PERU. (*Bot.*) Nom malabare du *dolichos catiang*, dans
Rhéede, *Mal.*, 3, pl. 41. (Lem.)

PERUISCH - CATTL. (*Mamm.*) Mots anglois qui signifient
bétail du Pérou et qui ont été donnés comme nom spécifique
au lama. (F. C.)

PÉRULA. (*Bot.*) Genre de plantes dicotylédones, à fleurs
dioïques, peu connu, de la *dioécie polyandrie* de Linnæus,
offrant pour caractère essentiel : Des fleurs dioïques: un calice à deux folioles; un pétale concave; plusieurs écailles
laciniées, vingt-quatre ou trente étamines insérées sur le réceptacle; dans les fleurs femelles, quatre ovaires, une capsule
à trois loges, à trois valves; une semence dans chaque loge.

Pérula en arbre: *Perula arborea*, Mutis, *Act. Holm.*, 1784,
pag. 299, tab. 8; Willd., *Spec.*, 4, pag. 836. Arbre de l'Amérique méridionale, dont les branches se divisent en rameaux
glabres, alternes, cylindriques, garnis de feuilles très-médiocrement pétiolées, simples, alternes, oblongues, veinées,
obtuses, acuminées, entières à leurs bords. Les feuilles sont
latérales, dioïques, placées dans l'aisselle des feuilles, soutenues par des pédoncules uniflores et agrégés. (Poir.)

PÉRULE. (*Bot.*) M. Mirbel donne ce nom à l'enveloppe
des boutons; enveloppe ordinairement formée d'écailles qui
doivent leur origine soit à des feuilles avortées (*daphne me-
sereum*, etc.), soit à des bases de pétioles (*juglans*), soit à des
stipules (charme, tulipier, etc.).

Les boutons à écailles paroissent dès le printemps (sous le

nom d'yeux), et la production dont ils protègent les rudimens, ne se développe que le printemps suivant. Une végétation active empêche la formation des pérules écailleuses. Voilà pourquoi les boutons des arbres des pays chauds sont en général dépourvus de cette enveloppe; voilà aussi pourquoi, lorsque dans les pays tempérés on supprime, au moment de la végétation, les feuilles ou les branches d'un arbre à boutons écailleux, il nait tout-à-coup des boutons sans écailles.

Les écailles des pérules recouvrent si exactement le rudiment de la jeune pousse, que l'on a pu conserver intacts sous l'eau, pendant des années entières, des boutons détachés de l'arbre que l'on avoit enduits de résine à la base.

Lorsqu'il n'y a pas de pérule écailleuse, les boutons sont abrités de diverses manières : ceux de l'acacia, par exemple, et de beaucoup d'autres légumineuses, restent cachés dans la substance même des tiges jusqu'au moment du bourgeonnement : ceux des sumacs, des platanes, etc., de l'*aristolochia sypho*, etc., ont pour abri la base creuse des pétioles, etc. (Mass.)

PERUM-PONNAKU. (*Bot.*) Nom du *melochia cordata* de Burmann sur la côte du Coromandel. (J.)

PERUSSIER. (*Bot.*) Nom provençal du poirier sauvage, suivant Garidel. (J.)

PERUTOTOTL. (*Ornith.*) Espèce de canard du Mexique que Fernandez, au chap. 167, pag. 47, ne fait qu'indiquer comme se trouvant aussi en Europe, et offrant quelquefois des différences dans les sexes. (Cu. D.)

PERVENCHE ; *Vinca*, Linn. (*Bot.*) Genre de plantes dicotylédones monopétales, de la famille des *apocynées*, Juss., et de la *pentandrie monogynie* du Système sexuel, qui a pour caractères : Un calice monophylle, persistant, à cinq divisions ; une corolle monopétale, infundibuliforme, à tube très-long, et à limbe partagé en cinq découpures planes, contournées ; cinq étamines à filamens subulés, insérés dans le haut du tube, portant des anthères aiguës, à deux loges ; deux ovaires supères, à styles adhérens et à stigmates réunis en un seul, en forme de plateau ; un fruit composé de deux follicules cylindriques, uniloculaires, contenant chacun plusieurs graines planes, oblongues.

Les pervenches sont des arbustes droits et roides, ou des

plantes sarmenteuses, à feuilles opposées, entières, persistantes, et à fleurs axillaires, pédonculées, assez grandes et
d'un joli aspect. On en connoît neuf espèces, dont trois sont
indigènes de l'Europe; les autres croissent en général dans
les pays chauds.

Pervenche mineure, vulgairement petite Pervenche, petit
Pucelage, Violette des sorciers : *Vinca minor*, Linn., *Spec.*,
304; Blackw., *Herb.*, tab. 59. Sa racine est fibreuse, vivace;
elle produit plusieurs tiges grêles, sarmenteuses, rampantes,
longues de deux à trois pieds, prenant racine de distance
en distance, et garnies de feuilles ovales-oblongues, glabres,
luisantes, persistantes, portées sur de très-courts pétioles.
Ces tiges donnent naissance à quelques rameaux axillaires,
redressés, hauts de quatre à six pouces, feuillés, portant un petit
nombre de fleurs axillaires, solitaires, longuement pédonculées et le plus souvent d'un beau bleu d'azur. Cette espèce
croît assez communément dans les bois et les haies, en
France et dans une grande partie de l'Europe, principalement aux lieux montagneux. Elle fleurit en Mars et Avril,
et quelquefois en automne pour la seconde fois.

Le joli aspect des fleurs de la petite pervenche lui a
fait donner place dans les jardins d'agrément, où, par les
semis et la culture, on en a obtenu plusieurs variétés : l'une est
à fleurs blanches, doubles ou simples; l'autre à fleurs purpurines ou d'un bleu violâtre, simples ou doubles; une troisième a les feuilles panachées de blanc ou de jaune. Toutes
ces plantes demandent fort peu de soins : elles se plaisent à
l'ombre, sous les arbres et le long des murs exposés au nord;
cependant la variété à feuilles panachées devient plus belle
quand elle est exposée au soleil. Toutes les pervenches reprennent facilement de marcottes, lorsqu'on enterre quelques-
unes de leurs branches; et celles mêmes qui traînent à terre,
se garnissent si promptement de racines, qu'il ne faut souvent
qu'assez peu de temps à un seul pied pour s'étendre dans un
bosquet, et en couvrir le sol d'une sorte de tapis de verdure. Lorsque les diverses variétés sont plantées dans ces
espèces de gazons, leurs fleurs bleues, blanches ou purpurines, présentent à l'œil un charmant aspect, qui contraste
agréablement avec les arbres qui sont encore dépouillés de

leurs feuilles et dépourvus de fleurs. Les variétés à corolles simples sont plus élégantes que celles qui sont doubles. Il est fort rare que la pervenche donne des fruits. Tournefort dit qu'il n'en a jamais vu aux environs de Paris, ni même en Provence et en Languedoc; mais elle est si facile à multiplier, comme il vient d'être dit, qu'on n'en a pas besoin; cependant le même auteur ajoute que le moyen d'en avoir du fruit est de la planter en pot avec peu de terre.

La pervenche étoit la fleur favorite de J. J. Rousseau; chaque fois qu'il la voyoit son cœur palpitoit de joie, parce qu'elle rappeloit à son souvenir les plaisirs de sa jeunesse. Cette jolie fleur a été, en divers pays, le symbole de la virginité, comme l'attestent son nom belge, *maegden-palm*, et son vieux nom françois *pucelage*. On trouve dans Simon Pauli, qu'il étoit autrefois d'usage, dans la Belgique, de la répandre, au moment des noces, sous les pas des jeunes filles. En Toscane on en couronnoit anciennement les vierges après leur mort, en les portant au tombeau. Seroit-ce parce qu'on a cru jadis que la pervenche, par sa vertu astringente, pouvoit rendre au moins l'apparence de la virginité, que cette plante a été consacrée à ces usages? Le nom de violette des sorciers qu'elle a porté, lui vient sans doute de quelque emploi mystérieux, dès long-temps tombé dans l'oubli.

Les feuilles et les tiges de la pervenche ont une saveur amère et astringente. Cette dernière qualité est surtout prononcée lorsque ces parties sont sèches, et leur décoction devient noire par l'addition du sulfate de fer. Cette décoction, ou seulement l'infusion, s'employoit autrefois en médecine dans l'intention de modérer les menstrues trop abondantes, les flux hémorrhoïdaux, la leucorrhée, la dyssenterie, le crachement de sang. Quelques auteurs ont prétendu que la pervenche étoit propre à rappeler la sécrétion du lait; mais le vulgaire lui attribue en général une vertu toute contraire, et les femmes, surtout dans le peuple, lorsqu'elles ne nourrissent pas leurs enfans, ou lorsqu'elles cessent de le faire, prennent souvent sa décoction dans l'intention de faire passer leur lait. Madame de Sévigné avoit, sous ce rapport, une grande confiance dans la pervenche; sa fille, Madame de Grignan, avoit été, à ce qu'il paroit, guérie d'une maladie laiteuse,

après en avoir fait usage, et peut-être que c'est cette femme
célèbre qui a fait la réputation de cette plante dans ce cas.
Le passage suivant, tiré d'une lettre à sa fille, pourroit au
moins le faire croire : « Cette chère pervenche pouvoit faire
« des merveilles dans cet état. Je suis ravie que vous l'ayez
« trouvée à votre point; on diroit qu'elle est faite pour vous.
« Quand vous redevintes si belle, on disoit, mais sur quelle
« herbe a-t-elle marché? je répondois, sur de la pervenche.
« (*Lettre du 6 Avril* 1689.) »

La pervenche entre dans les *Falltrank*, ou vulnéraires suisses,
parmi lesquels elle se remarque facilement. Elle entre aussi
dans l'eau vulnéraire et dans quelques autres compositions
pharmaceutiques, aujourd'hui tombées en désuétude.

Jean Bauhin dit, d'après Tragus, que, si l'on met une quantité suffisante de pervenche dans un tonneau de vin trouble,
on le rétablira en quinze jours, surtout si on l'a transvasé
auparavant.

Pervenche majeure, vulgairement grande Pervenche,
grand Pucelage : *Vinca major*, Linn., *Spec.*, 304; Duham.,
Arb. et Arbust., édit. 2, vol. 1, page 41, t. 14. Cette espèce diffère de la précédente, parce que ses tiges fleuries
s'élèvent beaucoup davantage, que ses feuilles sont plus
grandes, beaucoup plus larges, légèrement ciliées en leurs
bords et échancrées en cœur à leur base; enfin, parce que
ses fleurs sont une fois plus grandes. Elle fleurit en Avril,
Mai et Juin, et se trouve dans le Midi de la France, en
Suisse, en Italie, en Espagne. etc.

La grande pervenche se cultive et se multiplie comme
la petite pervenche, et on l'emploie de même à l'ornement
des jardins; elle est propre surtout à placer dans ceux dits
paysagers, où elle fait un bon effet contre les murs et sur
les rocailles à l'ombre. Comme elle s'élève à un pied et demi
ou deux pieds, on peut en faire de petites palissades basses,
en ayant le soin de soutenir ses rameaux à des treillages.
On en a une variété à fleurs blanches et une autre à feuilles
panachées de jaune ou de blanc.

Pervenche rose, Pervenche de Madagascar : *Vinca rosea*,
Linn., *Spec.*, 305; Lois., Herb. de l'amat., tab. 474. Sa tige est
droite, rameuse, herbacée dans sa jeunesse, ligneuse lors-

qu'elle persiste au-delà d'une année, et pouvant s'élever à la hauteur de deux à trois pieds; elle se divise en rameaux légèrement velus, garnis de feuilles ovales-oblongues, portées sur de courts pétioles, munis de deux petites dents à leur base. Ses fleurs sont grandes, d'un pourpre clair ou presque rose, avec un petit cercle d'un pourpre plus foncé dans le centre; dans une variété elles sont blanches, avec une bande circulaire rose dans leur milieu. Ces fleurs naissent presque sessiles, et ordinairement deux à deux, dans les aisselles des feuilles supérieures.

Ce charmant arbuste est originaire de l'île de Madagascar; on le trouve aussi dans l'Inde, à la Cochinchine et au Japon. On l'a cultivé d'abord, il y a plus de soixante-dix ans, au Jardin du Roi à Paris, où ses graines avoient été envoyées de Madagascar, et c'est de cet établissement qu'il s'est répandu dans les divers jardins de l'Europe, qu'il embellit maintenant. Dans les premiers temps on ne le multiplioit que de marcottes ou de boutures; mais aujourd'hui, qu'il est presque naturalisé dans les parties méridionales de la France et de l'Europe, on se procure facilement des graines de ces pays, et on préfère ce mode de propagation. Dans le climat de Paris les graines doivent être semées au printemps sur couche et sous cloche. On repique le jeune plant lorsqu'il a deux à trois pouces de hauteur, dans des pots qu'on met également sur couche, sous cloche ou sous châssis jusqu'à la fin de Juin. Ces jeunes pieds commencent à donner des fleurs en Juillet, et ils continuent à fleurir pendant tout l'automne, si on a soin de les rentrer dans la serre chaude dès que la saison commence à se refroidir, et ils peuvent ainsi se conserver pendant plusieurs années. Autrement, si on les abandonne à l'air libre, ils périssent dès les premiers froids; dans une simple orangerie, ils languissent et finissent presque toujours par mourir avant la fin de l'hiver. La pervenche de Madagascar donne quelquefois des fruits dans les serres de Paris; mais, en général, on tire ces graines du Midi de la France ou de l'Italie, où la douceur du climat est si favorable à cette plante, qu'elle donne des fruits en abondance, et qu'on peut la laisser en pleine terre pendant sept à huit mois de l'année. (L. D.)

PERVINCA. (*Bot.*) Nom latin de la pervenche, donné par Tragus et adopté par Tournefort. Linnæus a préféré celui de *vinca*, mentionné par Brunfels, Gesner, Pena et Daléchamps. (J.)

PERZEWIASCA ou PEROUASCA. (*Mamm.*) Voyez Pé-RÉGUSINE. (F. C.)

PES. (*Mamm.*) C'est un des noms du chien en Russie. (DESM.)

PES URSINUS. (*Bot.*) Gesner désigne ainsi le lycopode commun, *lycopodium clavatum*, Linn., lequel porte encore, dans quelques parties de l'Allemagne et des Alpes, le nom de *patte-d'ours*. (LEM.)

PESALE. (*Bot.*) Nom égyptien de l'*hyssope*, suivant Ruellius et Mentzel. (J.)

PESANG. (*Bot.*) Nom du bananier dans l'île de Sumatra, suivant Marsden. (J.)

PESANTEUR. (*Physique.*) On entend par ce mot la tendance de tous les corps à tomber vers l'intérieur de la terre, et de laquelle résulte une pression constante sur les obstacles qui s'opposent à leur chute. On se sert encore de ce mot pour exprimer la cause inconnue de cette tendance, qui retient ou ramène à la surface terrestre les corps placés dans quelque contrée que ce soit. C'est sa direction qui détermine les expressions relatives *haut* et *bas* : la dernière, indiquant partout l'intérieur de la terre, se rapporte aux pieds de nos antipodes comme aux nôtres. Les phénomènes que produit la pesanteur, quoique les premiers de ceux qui frappent nos sens, n'ont été mesurés avec exactitude que dans le 17.ᵉ siècle par Galilée. (Voy. le troisième de ses *Dialogues*.)

Nous en avons déjà indiqué quelques-uns à l'article Mouvement (tome XXXIII, page 242 et suiv.) : d'abord que les corps tombent tous avec la même vitesse lorsqu'on les soustrait à la résistance de l'air, d'où il faut conclure que la pesanteur agit également sur toutes leurs molécules, quelle qu'en soit la composition ; ensuite, que le mouvement qu'elle imprime aux corps libres est uniformément accéléré ; et, en effet, tant qu'on ne change pas beaucoup de lieu, l'intensité de cette force ne paroît pas varier. Quant à sa direction, elle est perpendiculaire à la surface des eaux stagnantes ou en repos, et marque la *ligne verticale ou à-plomb*.

Pendant la première seconde sexagésimale de sa chute, un corps, dans nos régions, parcourt $4^m,9044$ (15 pieds 1 pouce 2 lignes); et il se mouvroit ensuite uniformément avec une vitesse double, c'est-à-dire de $9^m,8088$ (30 pieds 2 pouces 4 lignes), si la pesanteur cessoit d'agir, en sorte que ce nombre exprime la mesure de son intensité, comme force accélératrice constante (tome XXXIII, page 245 et 246). Mais son action ne cessant point, la vitesse des corps qui tombent augmenteroit toujours sans la résistance de l'air; ils parcourroient dans la deuxième, troisième, quatrième, etc., secondes, trois fois, cinq fois, sept fois, etc., autant d'espace que pendant la première, et alors les espaces parcourus depuis l'origine du mouvement, seroient égaux à quatre fois, neuf fois, seize fois, etc., celui qui répond à la première seconde, c'est-à-dire, proportionnels aux carrés des temps écoulés depuis cette origine.

Les choses ne se passent ainsi que pour les corps qui ont beaucoup de poids sous un petit volume (voyez plus loin, page 174); à ceux qui sont légers, ou qui présentent beaucoup de surface, l'air oppose une résistance très-grande, qui détruit l'accélération que la pesanteur tend à leur imprimer, et les réduit bientôt à un mouvement uniforme.

La rapidité avec laquelle s'effectue la chute d'un corps très-pesant, ne permettoit pas une mesure bien exacte de sa vitesse, avant l'invention des pendules, dont les oscillations sont aussi l'effet de la pesanteur (t. XXXIII, p. 255); mais cependant Galilée avoit rendu visibles les principales circonstances de cette chute, en faisant mouvoir une boule de cuivre dans un canal très-peu incliné à l'horizon; parce qu'alors l'action de la pesanteur sur ce corps diminuant à mesure que le canal approche de la situation horizontale, le mouvement de la boule peut être assez ralenti pour qu'il soit possible de faire la comparaison des espaces parcourus, et des temps qui leur correspondent. On a depuis imaginé une machine beaucoup plus commode, dont nous indiquerons plus loin le principe: mais c'est par l'observation exacte de la longueur du pendule, qui bat les secondes, qu'on a conclu, avec la plus grande précision, le nombre qui mesure l'intensité de la pesanteur.

Par ce genre de détermination on a reconnu que la pesanteur n'etoit pas la même dans toutes les régions de la terre.
Dés 1672, Richer, astronome françois, avoit vu qu'une
pendule réglée à Paris, retardoit à Cayenne beaucoup plus
qu'on ne devoit l'attendre de l'alongement que la chaleur
du climat pouvoit opérer sur la verge du pendule. L'expérience, répétée depuis dans un grand nombre de lieux, a
donné, généralement, la pesanteur moindre à mesure qu'on
approchoit de l'équateur, et plus grande lorsqu'on s'avan-
çoit vers les poles. En comparant les observations de ce genre,
faites à l'équateur et au Spitzberg, par 79° 50′ de latitude, on
a trouvé que la pesanteur à ce dernier point surpassoit de $\frac{1}{189}$.$^e$
celle qui a lieu à l'équateur, où la chute d'un corps, pendant
la première seconde, seroit moindre de 23 millimètres ($11^{l..},8$)
qu'au *Spitzberg*. Tout cela répond bien à la théorie de
la figure de la terre, fondée sur sa rotation et sur l'équilibre
des fluides qui recouvrent sa surface, et dont il sera parlé au
mot TERRE. Les anomalies que présentent d'ailleurs ces expériences, peuvent s'attribuer au défaut d'homogénéité de l'intérieur de la terre et à des attractions locales particulières,
comme celles qu'exercent dans leur voisinage les grandes montagnes, et qui modifient celle des parties intérieures de la
terre; car les faits ont bien prouvé que la pesanteur devoit
être regardée comme la *résultante* (tom. XXXIII, pag. 246) des
attractions exercées par toutes les molécules de la terre, qui
agissent en raison directe de leur masse et en raison inverse
du carré de leur distance au corps attiré. (Voyez ATTRACTION
CÉLESTE, ATTRACTION DES MONTAGNES, et le Supplément à ce
dernier article). De là vient que la pesanteur décroît, si l'on
s'élève au-dessus de la surface terrestre d'une quantité assez
considérable, ou que l'on s'enfonce au-dessous de cette surface.

Long-temps avant d'avoir observé les effets de cette force,
on en avoit proposé diverses explications, qui sont aujour-
d'hui très-justement oubliées. On peut même dire que le
phénomène n'est pas encore expliqué, du moins dans le sens
qu'on donnoit autrefois à cette expression, puisqu'il n'est
point déduit de l'action immédiate de corps en contact; mais,
ce qui vaut beaucoup mieux, ses lois sont connues et se pré-

tent à des calculs que l'observation confirme ; et c'est en comparant à la chute des corps pesans, le mouvement de la lune autour de la terre et celui des planètes autour du soleil, que Newton a découvert les lois de la *pesanteur* ou *gravitation universelle*, dont la pesanteur à la surface terrestre, n'est qu'un effet particulier. (Voyez Système du monde.)

Maintenant, pour s'exprimer avec exactitude sur la pesanteur, il faut observer que la terre, n'étant pas sphérique, la résultante de toutes les attractions exercées par ses molécules, ne passe point constamment par son centre, comme on l'avoit d'abord supposé, et de plus que le mouvement de rotation qu'elle exécute, imprimant à toutes ses molécules une tendance à s'éloigner de l'axe autour duquel elle tourne ( tendance appelée *force centrifuge* ), modifie cette résultante depuis les pôles jusqu'à l'équateur, où les deux forces sont directement opposées. L'observation du pendule sous l'équateur a fait connoître que la résultante de toutes les attractions y est égale à deux cent quatre-vingt-huit fois la force centrifuge, en sorte qu'il faut ajouter $\frac{1}{289}$." à l'intensité de la pesanteur observée dans ce lieu, pour obtenir la mesure de la force totale d'attraction ; force à laquelle on donne souvent le nom de *gravité*. Au pôle, où il n'y a point de force centrifuge, la gravité a tout son effet, et elle y est en outre plus grande qu'à l'équateur, à cause de l'aplatissement de la terre à ce point.

### Du poids des corps.

On confond quelquefois, et mal à propos, la *pesanteur* avec le *poids* : l'une est, comme on l'a vu, la force qui agit sur chaque molécule des corps ; l'autre est *la somme de ces actions pour toutes les molécules d'un même corps*, parce que c'est *l'effort qu'il faut faire pour l'empêcher de tomber*. Pour concevoir la différence de ces deux choses, il suffit de considérer un corps divisé, dans le sens de son épaisseur. en plusieurs parties qui demeurent superposées. Il est évident que toutes resteroient contiguës, si le corps venoit à tomber sans avoir éprouvé aucune secousse ; car, ayant la même vîtesse, elles garderoient leurs positions respectives : mais, s'il étoit question de soutenir le corps, il faudroit que la force employée fût capable de détruire l'action de la pesanteur sur chaque partie : elle devroit donc être égale à la somme de ces actions. Voilà ce qu'il faut entendre par le *poids* d'un corps, et ce que mesurent les *balances ordinaires* et les *balances romaines* ou *pesons*, par lesquels on met les corps dont on veut conoître le poids, en équilibre avec d'autres corps qui servent de terme de comparaison.

En changeant tant soit peu l'un des poids qui sont en équilibre, le plus fort commence à se mouvoir, mais avec une vitesse d'autant plus petite que leur différence est moindre, parce qu'il partage sa quantité de mouvement avec le poids le plus foible, qui doit remonter (tome XXXIII, page 247).

Qu'on attache donc deux poids à un même fil passant sur une poulie très-mobile, on pourra donner au mouvement du plus pesant une lenteur aussi grande qu'on voudra, en prenant ces poids de moins en moins inégaux; et par là on rendra sensibles à la vue et mesurables tous les phénomènes du mouvement accéléré. Tel est le principe de la machine inventée par Atwood, qu'on voit maintenant dans tous les cabinets de physique, et dans laquelle on a introduit un grand nombre de moyens délicats pour augmenter la mobilité en diminuant les frottemens, afin d'approcher le plus possible des circonstances de la chute des corps qui tombent librement.

Tout le monde sait qu'un corps suspendu par l'un quelconque de ses points à un fil flexible, dont l'autre extrémité est fixe, finit toujours par prendre une position dans laquelle il reste en repos, et que, lorsqu'il a certaines formes, on peut aisément trouver sur sa surface un point tel qu'en l'appuyant sur ce point seul, il demeure en équilibre. Il est évident que le point d'attache dans le premier cas et le point d'appui dans le second, appartiennent à la résultante de toutes les actions que la pesanteur exerce sur chaque molécule du corps, puisqu'alors elles sont toutes détruites par une seule force, qui est la résistance que leur opposent ces points.

Mais il y a dans ces deux manières de soutenir un corps, une différence essentielle. Si l'on dérange le corps de la situation du repos, il y revient toujours quand il est suspendu :

tandis qu'il se renverse tout-à-fait et tombe lorsqu'il n'est qu'appuyé sur un point.

Le premier état s'appelle en conséquence *équilibre stable*, et le second, *équilibre instable* ; dans l'un le poids du corps agit au-dessous de l'obstacle qui le soutient, et au-dessus dans l'autre, circonstances qu'il est important de distinguer.

Quand un corps est suspendu à un fil, la direction de ce fil, prolongée au travers du corps, passe par une suite de points formant une ligne droite, qui change lorsqu'on varie le point d'attache ; mais toutes ces lignes droites se croisent dans un seul point, situé dans l'intérieur du corps.

La résultante des actions de la pesanteur passant toujours par ce point, quelle que soit la position du corps, on l'a nommé *centre de gravité*. On démontre son existence en faisant voir que la résultante d'un nombre quelconque de forces égales et parallèles, comme le sont les actions de la pesanteur, et appliquées à un ensemble quelconque de points dans l'espace, passe toujours par le même point, quelle que soit d'ailleurs la direction commune de toutes ces forces.

Pour empêcher un corps de tomber, il suffit donc de soutenir immédiatement son centre de gravité, ou de placer sous ce corps au moins trois appuis, entre lesquels tombe toujours la verticale, abaissée du centre de gravité. Quand, par le déplacement du corps, cette ligne vient à tomber en dehors des appuis, il se renverse. C'est ce qui arrive à une voiture lorsqu'elle s'incline assez pour que la verticale passant par le centre de gravité de la voiture et de sa charge, considérées comme ne faisant qu'un seul corps, tombe en dehors des roues.

En passant dans les mains des physiciens et des chimistes, les balances sont devenues des instrumens très-délicats, que je n'entreprendrai point de décrire ici. Je me bornerai à dire qu'on est parvenu à faire en sorte qu'une balance trébuche, c'est-à-dire, soit sensible à la cinq millionième partie du poids qu'elle peut peser.

Les conditions principales à remplir pour qu'une balance soit exacte, sont d'abord la perfection du *couteau* sur lequel le *fléau* s'appuie, et que celui-ci soit construit de manière que son centre de gravité tombe plus bas que son point d'appui, sans quoi la balance se renverseroit au plus petit mouvement, et n'étant susceptible que de l'équilibre instable, deviendroit *folle*. (Voyez pag. 175.)

On peut ajouter à ces conditions la parfaite égalité des longueurs des bras, de leur poids, et de celui des chaines et des bassins; mais on y supplée par les *doubles pesées*, où, après avoir mis le corps en équilibre avec une quantité suffisante de poids, on l'ôte du bassin où il étoit contenu et on y met autant de poids qu'il est nécessaire pour ramener l'équilibre. Il est évident que ces derniers représentent bien exactement le poids du corps dont ils ont pris la place.

### *Du nouveau système métrique.*

Il me semble que je ne puis terminer cet article sans donner une idée générale du nouveau système des poids et mesures, ouvrage remarquable des savans les plus distingués de notre temps.

Ils en ont pris les bases dans les dimensions de la terre, et dans le poids de l'eau, substance des plus communes et la plus susceptible d'être amenée à un état constant de pureté. C'est la dix-millionième partie de la distance du pole à l'équateur, qui a fourni l'unité des mesures de longueur, de laquelle on a déduit les mesures de volume et de capacité, et pour unité de poids on a pris celui d'un volume précis d'eau distillée, ramenée à une température fixe.

En multipliant et en divisant ces unités suivant la progression décuple, on a formé les grandes et les petites mesures de la manière la plus commode pour le calcul, et on a simplifié considérablement l'arithmétique usuelle. Tous ces avantages seroient aussi bien sentis qu'ils sont incontestables, si la routine et le préjugé n'avoient pas jusqu'ici détourné la plupart des ouvriers et des administrat urs de l'adoption franche et complète du nouveau système, et si l'on n'avoit pas laissé vaciller et presque se perdre une nomenclature qui, par sa simplicité et sa régularité, fait voir d'un coup d'œil l'enchainement de tous les genres de mesures dont chacun formoit autrefois un système à part et demandoit une étude particulière.

C'est ce que le tableau suivant met très-bien en évidence.

*TABLEAU des mesures décimales, montrant le système méthodique de leur nomenclature.*

| RAPPORTS DES MESURES de chaque espèce À LEUR VALEUR PRINCIPALE. | | PREMIÈRE PARTIE du nom qui indique le rapport à la mesure principale | MESURES PRINCIPALES. | | | | | EXEMPLES DES NOMS COMPOSÉS pour exprimer différentes unités de mesures. |
|---|---|---|---|---|---|---|---|---|
| EN LETTRE. | EN CHIFFRE. | | DE LONGUEUR. | DE CAPACITÉ. | DE POIDS. | AGRAIRES. | POUR LE BOIS de chauffage. | |
| Dix mille. . . | 10000 | Myria. . . (M.) | | | | | | MYRIAMÈTRE, longueur de dix mille mètres. |
| Mille. . . . . | 1000 | Kilo. . . . (K.) | | | | | | KILOGRAMME, poids de mille grammes. |
| Cent. . . . | 100 | Hecto. . . (H.) | | | | | | HECTARE, mesure agraire de cent ares. |
| Dix . . . . . | 10 | Déca. . . . (D) | MÈTRE (mè.) | LITRE (li.) | GRAMME (gr.) | ARE (ar.) | STÈRE (st.) | DÉCALITRE, mesure de capacité de dix litres. |
| Un. . . . . | 1 | . . . . . . | | | | | | DÉCIMÈTRE, dixième partie du mètre. |
| Un dixième. . | 0,1 | Déci. . . . (d.) | | | | | | CENTIGRAMME, centième partie du gramme. |
| Un centième . | 0,01 | Centi. . . . (c.) | | | | | | |
| Un millième . | 0,001 | Milli. . . . (m.) | | | | | | |
| *Rapports des mesures principales entre elles et avec la grandeur du méridien. .* | | | Dix-millionième partie de la distance du pôle à l'équateur. | Un décimètre cube. | Poids d'un centimètre cube d'eau distillée. | Cent mètres carrés. | Un mètre cube. | *Nota.* Plusieurs composés, tels que decaare, kiloare, et tous ceux qui sont formés avec le stère, ne sont point d'usage. L'unité monétaire s'appelle FRANC. Le franc se divise en dix DÉCIMES. Et le décime en dix CENTIMES. La valeur du franc est celle d'une pièce d'argent à neuf dixièmes de fin, pesant cinq grammes. |

(Voyez pour plus de détail mon *Traité élémentaire d'arith-métique.*)

Les tables pour la réduction des mesures anciennes en nouvelles, étant très-multipliées et se trouvant dans l'*Annuaire* du bureau des longitudes, il seroit inutile d'en insérer ici.

Je crois devoir seulement indiquer les valeurs suivantes, qui sont les fondemens de ces tables.

$$1 \text{ mètre équivaut à } 3^{\text{pieds}} \ 0^{\text{pouce}} \ 11^{\text{lignes}},295.$$
$$1 \text{ toise à } \qquad 1^{\text{metre}}94904.$$
$$1 \text{ kilogramme à } \qquad 18827^{\text{grains}},$$
$$1 \text{ livre à } \qquad 0^{\text{kilog.}},48951.$$

La plus grande des difficultés qu'éprouve l'adoption des nouvelles mesures, c'est la maladresse avec laquelle on les emploie dans la traduction des anciennes, en ne distinguant point les valeurs qui doivent être rendues très-exactement, et celles qui, prises d'abord à volonté, en nombre rond, ou ne représentant que des choses peu précises, doivent être exprimées de la même manière dans le nouveau système. Un botaniste, par exemple, ne doit pas dire qu'une plante s'élève à 3⒋4 *millimètres*, parce qu'on lui donne 1 pied dans l'ancien système, puisque cette hauteur n'est qu'une valeur moyenne, dont les extrêmes peuvent différer beaucoup ; elle sera suffisamment indiquée par 3 décimètres. De même parce que, suivant l'usage, un mur de clôture devoit avoir 6 pieds sous chaperon, il ne faut pas dire à présent qu'il doit avoir 1 *mètre* 9 *décimètres* 4 *centimètres* et 9 *millimètres;* mais il faut lui donner 2 mètres, nombre rond qui ne diffère du précédent que de 51 millimètres ou moins de 2 pouces. En remplaçant ainsi tous les nombres ronds des anciennes mesures, par les nombres ronds les plus approchans dans les nouvelles, on fera disparoître tous les résultats bizarres qu'on attribue à tort à celles-ci.

Par un statut de l'année dernière (1824), le parlement d'Angleterre a fixé les rapports des étalons des mesures légales avec la longueur du pendule à secondes, observée à Londres, et avec le poids d'un pouce cube d'eau distillée, en conservant d'ailleurs les anciennes divisions, qui ne sont pas moins bizarres que les nôtres. L'*acre*, par exemple, contenant 4840 verges carrées, ne forme pas un carré exact ; la *livre troy* est composée de 5760 grains, dont 7000 forment la *livre aver du poise* (expression de l'ancien normand), qui est divisée en 16 onces. S'arrêter là, c'est, à ce qu'il me semble, donner la préférence à la partie la moins utile de la réforme du système métrique, celle qui n'intéresse que les savans.

On peut ajouter encore que, sous le rapport de la déduction des mesures, le système françois a l'avantage sur le système anglois. La longueur du quart du méridien ne porte point un caractère local comme celle du pendule, qui varie selon les lieux. De plus, cette dernière n'étant point un sous-multiple exact de la première, n'enchaine pas, comme le fait celle-ci, par des rapports simples, les mesures de longueur, les mesures itinéraires et les mesures géographiques.

Voici ce qui résulte des données adoptées par le statut dont nous parlons.

Le pied anglois vaut $0,^m304$,

La verge contenant 3 pieds, $0^m,915$,

Le *fathom* ou double verge, $1^m,1829$,

Le mille d'environ 69 au degré, et contenant 880 fathoms, $1617^m,7$,

L'*acre*, mesure de superficie, $1640^{ar},46$,

Le *gallon*, mesure de capacité, $4^{litres},543$,

Le *bushel*, contenant 8 gallons, $36^{litres}.348$,

La *livre troy*, mesure de poids, $373^{grammes}$,

La *livre aver du poise*, $453,^{grammes}3$.

(Voyez un article de M. Francœur dans le *Nouveau Bulletin des sciences par la Société philomatique de Paris*, 1825, page 129.)

## Pesanteur spécifique.

La diversité des poids qu'il faut employer pour faire équilibre à des volumes égaux de matières différentes, a conduit à l'idée de la pesanteur spécifique, c'est-à-dire, d'une pesanteur propre à l'espèce de matière dont est composé le corps qu'on éprouve. On s'exprimeroit peut-être plus correctement, en disant *poids spécifique*, et réservant le mot *pesanteur* pour la force elle-même; car ici c'est véritablement de poids relatifs dont il s'agit.

En effet, si pour mettre en équilibre, dans une balance exacte, deux corps de matières différentes, il faut poser dans l'un des bassins un volume double de celui qui est dans l'autre, on dit que ce dernier a une pesanteur spécifique double de celle du premier; mais cela ne veut dire autre chose, sinon que le rapport des poids de volumes égaux de ces matières est celui de 1 à 2. Ce rapport varie avec les diverses comparaisons qu'on peut instituer; mais, afin d'arriver à quelque chose de fixe, les physiciens ont pris pour terme de comparaison l'eau distillée.

Ainsi, à moins qu'on n'avertisse du contraire, *les tables de pesanteur spécifique indiquent les rapports de poids entre les diverses substances et l'eau distillée, comparées à volume égal.* On voit par là que dans le nouveau système métrique le seul énoncé du poids fait connoître la pesanteur spécifique, quand il s'agit de l'unité de volume. Le poids d'un décimètre cube de fer, par exemple, étant exprimé par 7,8 kilogrammes, donne la pesanteur spécifique du fer, puisque le kilogramme est le poids d'un décimètre cube d'eau distillée; et réciproquement, lorsque dans une table des pesanteurs spécifiques on trouve 7,8 pour celle du fer, comparé à l'eau distillée, on en doit conclure qu'un décimètre cube de ce métal pèse 7,8 kilogrammes.

C'est sur les observations de la pesanteur spécifique qu'est fondée la mesure de la *densité* et la distinction entre la *masse* et le *volume*. Des différences considérables qu'on a trouvées entre les pesanteurs spécifiques de diverses substances, on a conclu que sous le même volume les unes contenoient plus de matière que les autres ; ce qui s'explique en observant que le corps le plus compact renferme encore du vide entre ses molécules, et que ces intervalles, qu'on nomme *pores*, varient d'une substance à l'autre, et dans la même, suivant l'état où elle se trouve ( voyez Pores). Il suit de là que, si l'on compare les poids de deux corps formés de substances différentes, mais prises sous le même volume, le rapport indique celui des quantités de matière contenues dans chacun de ces corps, c'est-à-dire, celui des *densités* de ces deux corps ; car cette dernière expression ne sauroit être que relative, puisqu'on n'a aucun moyen de connoître la quantité absolue de matière contenue dans un corps. En continuant de prendre le fer pour exemple, on voit que sa densité est 7,8 fois plus grande que celle de l'eau, ou que, sous le même volume, il renferme 7,8 fois plus de matière ; et comme toute mesure suppose un terme de comparaison, on prend ordinairement, pour mesurer les densités, celle de l'eau : on dit alors que la densité du fer est exprimée par le nombre 7,8.

Ensuite, pour comparer les quantités de matière contenues dans deux corps de substances et de volumes différens, il faut multiplier la densité de chacun par son volume, puisque la substance demeurant la même, la quantité de matière est évidemment proportionnelle au volume.

Dans le nouveau système métrique, le produit de la pesanteur spécifique ou densité par le volume, est précisément le poids du corps ; il n'en seroit pas de même avec les anciennes mesures : il faudroit multiplier encore ce produit par le poids d'un volume d'eau égal. Mais, ce nombre entrant de même dans l'expression de tous les poids, il s'en suit que le rapport de ceux-ci exprime encore le rapport des quantités de matières contenues dans les deux corps comparés. L'expérience ayant appris que les actions réciproques des corps, toutes choses d'ailleurs égales, dépendent de la quantité de matière qu'ils renferment, et qu'on appelle leur *masse*, on a aussi donné ce nom au *produit de la densité par le volume*. On dit en conséquence que la *masse est proportionnelle au poids*, et que la *densité est le rapport de la masse au volume*. Suivant ces définitions, en prenant, comme ci-dessus, la densité de l'eau pour unité, la *masse* d'un morceau de fer de 4 décimètres cubes de volume sera exprimée par 31,2 kilogrammes, produit des nombres 7,8 et 4.

La difficulté de déterminer avec une précision suffisante le volume des corps solides, qui sont le plus souvent très-irréguliers, s'oppose à ce qu'on déduise leur densité immédiatement de leur poids ; mais on a vu ( à l'article FLUIDE, tom. XVII, pag. 168 ) *qu'un corps plongé dans un fluide perd une partie de son poids, égale à celle du volume du fluide qu'il dé-place;* il suffit donc de connoître cette perte de poids pour obtenir celui du volume d'eau égal au volume du corps et en déduire la pesanteur spécifique cherchée [1]. Or, en mettant dans le même plateau d'une bonne balance le corps à éprouver et un vase plein d'eau, déterminant le poids du tout, puis introduisant le corps dans le vase, ce qui en fera sortir un volume égal d'eau, et pesant de nouveau le tout, la diffé-rence des deux résultats sera le poids du volume d'eau dont le corps a pris la place. Si, par exemple, cette différence est de 10 grammes, et que le poids du corps pris d'abord dans l'air, soit de 25 grammes, le volume d'eau qu'il déplace pesant 10 grammes, le rapport de 10 à 25, le même que celui de 2 à 5, donnera 2,5, pour la pesanteur spécifique du corps éprouvé.

On emploie aussi à cette détermination des instrumens appelés *balance hydrostatique* et *aréomètre*. Pour se faire une idée de la première, il faut concevoir que sous l'un des bassins d'une balance l'on place un crochet auquel on puisse suspendre le corps proposé; qu'on établisse d'abord l'équilibre au moyen de poids mis dans l'autre bassin, qu'ensuite on plonge dans un vase contenant de l'eau distillée, le corps suspendu au-dessous de la balance : s'il s'enfonce entièrement il en déplacera un volume égal au sien, et pour maintenir l'équilibre, il faudra ôter de l'autre bassin un poids égal à celui de l'eau déplacée.

J'ai d'abord supposé que le corps à éprouver étoit spécifi-quement plus pesant que l'eau distillée ; si le contraire a lieu,

---

1 Dans la philosophie scolastique on faisoit de la *légèreté* une qua-lité absolue, propre à certains corps, tandis qu'elle n'est que relative. Ceux qui pèsent moins que le volume d'eau ou d'air qu'ils déplacent, remontent à la surface du premier liquide ou s'élèvent dans l'atmos-phère par l'effet de la pression des colonnes latérales du fluide envi-ronnant et non point par une force qui leur soit propre.

Quand on parle de substances *impondérables*, il ne faut pas non plus entendre par ce mot qu'elles n'ont aucune pesanteur; mais seu-lement que nous n'avons pu jusqu'ici la constater avec les meilleurs instrumens.

il faudra joindre à ce corps un autre corps, assez lourd pour
faire plonger le tout, et dont on auroit auparavant déterminé le poids dans l'air et dans l'eau.

Supposons que le premier de ces poids soit 36 grammes et
le second 5o; que le corps à éprouver ait pesé 10 grammes
dans l'air : enfin, que dans l'eau les deux corps réunis n'aient
pesé que 25 grammes, d'où il résulte 21 grammes de perte
sur le poids total dans l'air. En soustrayant de ce dernier
nombre les 6 grammes que pèse le volume déplacé par le
premier corps ajouté, il reste 15 grammes pour le poids du
volume que déplace le corps qu'on éprouve, qui, n'en pesant que 10 dans l'air, est plus léger que l'eau dans le rapport de 10 à 15, le même que celui de 2 à 3, et dont la
pesanteur spécifique est par conséquent égale à $\frac{2}{3}$.

Il peut être utile de remarquer que la même opération
détermine le volume du corps plongé dans l'eau, puisque le
poids du volume déplacé dans ce fluide, comparé au poids du
kilogramme, en fait connoître le volume : les 15 grammes de
cet exemple répondent à 15 centimètres cubes.

Ce procédé ne peut être employé que pour les corps qui
ne se dissolvent pas dans l'eau ; et il doit être modifié pour
ceux qui sont perméables à ce fluide et qui l'absorbent en
plus ou moins grande quantité sans changer de volume. Il
faut alors déterminer cette quantité en pesant le corps lorsqu'il est complétement imbibé ; retranchant alors de ce poids
celui du corps dans l'air, on aura celui du fluide introduit, qu'il faudra ensuite retrancher du poids du corps dans
l'eau, pour obtenir à part le poids du volume de fluide déplacé.

Rien n'étant plus aisé que de peser des volumes égaux
de liquides en les mesurant par le même vase, on obtient
facilement leur pesanteur spécifique ; mais on peut employer
aussi la balance hydrostatique à cette détermination.

En plongeant successivement dans l'eau et dans un autre
fluide le même corps attaché sous l'un des bassins de cette
balance, la perte de poids qu'on trouve dans chaque fluide,
se rapportant toujours au même volume, donne, par sa comparaison avec la perte de poids dans l'eau, la pesanteur
spécifique du fluide éprouvé : par exemple, si le même corps

perd dans l'eau 8 grammes de son poids et 16 dans un autre liquide, ce dernier sera 2 fois plus pesant que l'eau.

La forme des aréomètres a varié selon l'usage auquel on les a destinés. Celui que Nicholson a proposé, qui a retenu son nom, et dont les minéralogistes se servent presqu'exclusivement (voyez l'article Minéralogie, tom. XXXI, p. 199), peut remplacer la balance hydrostatique. C'est un tube cylindrique, portant à sa partie supérieure une tige très-mince qui supporte un plateau; au-dessous de ce cylindre est suspendue une capsule dans laquelle on met les corps qu'on veut éprouver.

Le poids de cet instrument est tel que, placé dans l'eau distillée, il ne s'y enfonce pas entièrement, et qu'il faut mettre des poids dans le plateau supérieur, pour faire descendre à fleur d'eau un trait qui est marqué sur la tige.

Cela posé, on met d'abord dans le plateau supérieur le corps proposé, et on y joint les poids nécessaires pour faire descendre la marque à fleur d'eau : la différence entre ce poids et celui qu'il a fallu pour produire le même effet, indépendamment du corps, exprime le poids du corps dans l'air.

On le place ensuite dans la capsule inférieure, et l'on charge le plateau supérieur jusqu'à ce que le trait vienne à la surface de l'eau; la différence entre le poids qu'on trouve alors, et celui qui a produit le même effet sur l'aréomètre avant qu'on y ait mis le corps, donne le poids de celui-ci dans l'eau. Le calcul s'effectue d'ailleurs comme pour la balance hydrostatique.

S'agit-il de déterminer la pesanteur spécifique d'un liquide, on y met l'aréomètre, et l'on cherche le poids nécessaire pour le faire enfoncer jusqu'à la marque. En y joignant le poids de l'aréomètre, on aura celui du volume de fluide qu'il déplace; comparant la somme à celle du poids de l'aréomètre, augmenté du poids qui le fait enfoncer dans l'eau jusqu'à la marque, on aura les poids d'un même volume du liquide proposé et d'eau, d'où l'on conclura la pesanteur spécifique du premier. Employé de cette manière, l'aréomètre de Nicholson remplace celui de Fahrenheit.

On pourroit encore s'en servir comme d'une balance hydrostatique, en pesant successivement par son moyen un même corps dans l'eau et dans le liquide à éprouver.

Les aréomètres les plus répandus sont ceux qu'on nomme aussi *pèse-liqueurs*, et dont le principal usage est de faire connoître la quantité proportionnelle des sels dissous dans l'eau, de l'alcool mêlé avec ce fluide dans les liqueurs spiritueuses. Ces instrumens consistent en un tube de verre terminé par une boule, et une capsule chargée de mercure, pour faire enfoncer le tube et lui donner de la stabilité; sur ce tube sont marquées des divisions déterminées par l'expérience, en plaçant l'instrument dans de l'eau distillée, où l'on a mis successivement des quantités diverses de sel ou d'alcool pur, et en marquant sur le tube l'enfoncement observé dans chaque mélange.

On sent que la perfection de ces instrumens dépend du soin qu'on a mis à rendre les circonstances pareilles, et d'abord la température qui, selon qu'elle s'élève ou qu'elle s'abaisse, augmentant ou diminuant le volume des corps, fait varier leur densité; secondement l'état du baromètre.

M. Gay-Lussac a fait pour les liqueurs spiritueuses, un travail remarquable par son étendue et son exactitude, au moyen duquel il a construit un *alcoholomètre centésimal*, qui donne avec précision, en centièmes du volume total, la quantité d'alcool (ce que dans le commerce on nomme la *force* ou la quantité d'*esprit*) contenue dans un mélange de cette substance avec l'eau pure.

Je n'ai point à parler ici de l'air et des gaz; on trouve à l'article Air (tom. I.$^{er}$, pag. 399, et Suppl., p. 97) la manière dont on en détermine le poids sous un volume donné; et prenant le rapport du poids au volume, ou, ce qui est la même chose, calculant le poids du volume pris pour unité, on a la densité.

Jusqu'ici j'ai employé le poids des corps dans l'air comme si c'étoit leur poids absolu, parce que cela suffit dans presque tous les cas. En effet, pour obtenir le poids absolu, il faut ajouter au poids trouvé dans l'air celui du volume de ce fluide, déplacé par le corps; mais le litre ou décimètre cube d'air ne pèse que 1$^{\text{gram}}$,2995, environ 13 décigrammes, et le plus souvent on n'opère que sur des échantillons très-petits. Au reste, connoissant le volume du corps pesé dans l'eau (p. 184), il sera facile de calculer le poids d'un pareil volume d'air, pour en conclure les poids absolus que l'on substituera ensuite aux poids trouvés dans l'air. (L. C.)

PESANTEUR SPECIFIQUE [des minéraux.] (*Min.*) Nous avons fait connoitre au §. 3 de l'article Minéralogie, en traitant de la densité des minéraux, tout ce que cette propriété présentoit d'important pour la connoissance complète de ces corps, et tout ce qu'il y avoit à y considérer ; mais nous n'avons pas dû traiter de la manière de l'évaluer, parce qu'elle est la même pour les minéraux que pour les autres corps. Voyez Minéralogie, §. 3, et ci-dessus *Pesanteur spécifique*, p. 180, *Densité*, page 181 [Phys.]. (B.)

PESCAIROOU. (*Ornith.*) Nom languedocien de l'alouette de mer ordinaire, *tringa cinclus*, Linn. (Ch. D.)

PESCARINS. (*Ornith.*) Nom générique des sternes ou hirondelles de mer, à Turin. (Ch. D.)

PESCATORE DEL RE. (*Ornith.*) Dénomination italienne de l'alcyon ou martin-pêcheur d'Europe, *alcedo ispida*, Linn. (Ch. D.)

PESCE CAPONE. (*Ichthyol.*) Un des noms italiens du Malarmat. Voyez ce mot. (H. C.)

PESCE FORCHA ou FORCHATO. (*Ichthyol.*) Voyez Pesce capone. (H. C.)

PESCE ORGANO. (*Ichthyol.*) A Naples, on appelle ainsi la *lyre* ou le *gronau*, poisson du genre Trigle. Voyez ce mot. (H. C.)

PESCE PARSICO. (*Ichthyol.*) Dans quelques-unes des îles de la mer Méditerranée, on appelle ainsi la Perche commune. (H. C.)

PESCE PETAZZO, PESCE TAMBURRO. (*Ichthyol.*) Deux des noms italiens de l'*orthagoriscus mola*. Voyez Orthagoriscus. (H. C.)

PESCHE GATTO. (*Ichthyol.*) Nom portugais de l'*holocentre pira-pixanga*, que nous avons décrit dans ce Dictionnaire, tome XXI, page 300. (H. C.)

PESCHETEAU. (*Ichthyol.*) Voyez Pécheteau. (H. C.)

PESCI. (*Mamm.*) Nom de l'isatis au Kamtchatka. (F. C.)

PESÉ, PEZÉ. (*Bot.*) Dans l'idiome de la Provence et du Languedoc ce nom est donné au pois. Celui de *pesette* distingue plus particulièrement, dans quelques provinces voisines du Midi, la vesce employée pour la nourriture des oiseaux de basse-cour. (J.)

PESETTE. (*Bot.*) Nom vulgaire du pois chiche ou cicérole et de la vesce cultivée. (L. D.)

PESETZ. (*Mamm.*) Nom russe de l'isatis. (F. C.)

PESIENGONI. (*Mamm.*) Dapper dit qu'on trouve dans les lacs du royaume d'Angola des amphibies qui, à la description qu'il en donne, paroissent être des phoques; mais, comme il ajoute que les Portugais les nomment Pezza Muller, on devroit croire que ce sont des morses. (F. C.)

PESOU. (*Entom.*) Dans quelques provinces du Midi, ce mot désigne le pou. (Desm.)

PESSE; *Hippuris*, Linn. (*Bot.*) Genre de plantes dicotylédones apétales, de la famille des *éléagnées*, Juss., et de la *monandrie monogynie*, Linn., dont les principaux caractères sont les suivans : Calice entier, très-petit, adhérent à l'ovaire; corolle nulle; une seule étamine à filament droit, très-court, terminé par une anthère arrondie, sillonnée d'un côté; un ovaire infère, surmonté d'un style subulé, reçu dans le sillon de l'anthère; un fruit monosperme, couronné par le limbe du calice persistant.

Les pesses sont des plantes aquatiques, à tiges simples, garnies de feuilles verticillées et à fleurs axillaires. On en connoît deux espèces, toutes deux indigènes de l'Europe. La suivante est la plus commune.

Pesse vulgaire, Pesse d'eau : *Hippuris vulgaris*, Linn., *Spec.*, 6; Bull., Herb., t. 365. Cette plante a le port d'une prêle; mais on l'en distingue facilement par la présence de ses fleurs. Sa racine est vivace, couchée sur la terre, au fond de l'eau; elle produit des tiges cylindriques, verticales, élevées de huit à dix pouces au-dessus de la surface de l'eau, et garnies, dans toute leur longueur, de feuilles linéaires, verticillées dix à quinze ensemble. Ses fleurs sont axillaires, sessiles, verdâtres et très-petites. Cette plante croit en France et dans la plus grande partie de l'Europe, dans les rivières, les étangs et les fossés aquatiques. Elle a passé pour être astringente. Quelques oiseaux aquatiques la mangent; mais les bestiaux n'en veulent point. (L. D.)

PESSE ou PECE. (*Bot.*) Espéce de SAPIN. Voyez ce mot. (J.)

PESSE D'EAU. (*Bot.*) Voyez PESSE (*Hippuris*). (J.)

PESSEGUIER. (*Bot.*) Garidel dit qu'on nomme ainsi le pêcher dans la Provence. C'est le *pessegueiro* des Portugais. (J.)

PESTASISCH. (*Ornith.*) Les Knisteneaux donnent ce nom à une pie grise de l'Amérique septentrionale, que les Algonquins appellent *pos-ta-kisk*. (CH. D.)

PEST-VOGEL. (*Ornith.*) Nom allemand du jaseur, *ampelis garrulus*, Linn. (CH. D.)

PESZI, PETSI. (*Mamm.*) Voyez PESCI. (F. C.)

PET D'ANE. (*Bot.*) Nom vulgaire de l'*onopordum acanthium*. (J.)

PET DU DIABLE. (*Bot.*) On nomme ainsi le fruit du *hura crepitans*, qui, exposé à la chaleur, s'ouvre avec une forte explosion et lance au loin ses graines, ainsi que les valves de ses loges. Voyez HURA. (J.)

PETAGNANA. (*Bot.*) Gmelin donnoit ce nom au genre qui est le *smithia* d'Aitone, Schreber et Willdenow. (J.)

PÉTALAIRE. (*Erpét.*) Nom spécifique d'une couleuvre décrite dans ce Dictionnaire, tome XI, page 189. (H. C.)

PÉTALES (*Bot.*): pièces qui composent la corolle polypétale, vulgairement nommées feuilles de la fleur. On distingue dans le pétale l'onglet, qui est la base rétrécie par laquelle le pétale tient à la fleur, et la lame, qui est sa partie supérieure, mince et dilatée. Lorsque l'onglet est peu apparent, on dit le pétale *sessile*.

Les pétales, très-variés dans leurs formes, sont arrondis dans le fraisier, linéaires dans le frêne à fleur, en cœur dans le *cerastium arvense*, en casque dans l'aconit, en cornet dans l'ancolie, prolongés inférieurement en éperon dans la violette, bilabiés dans la nigelle, inégaux dans le pois, difformes dans l'*epimedium*, laciniés dans le réséda, appendiculés dans le *silène*, glandulifères dans le *berberis*, etc. (MASS.)

PÉTALIFORME (*Bot.*): mince et coloré comme les pétales; exemples: le périanthe des *ixia*, le calice de l'*aquile-*

*gia*, la spathe du *calla ethiopica*, le filet des étamines du *kæmpferia*, les styles et les stigmates des iris, les nectaires du *tilia alba*, etc. (Mass.)

PÉTALITE. [1] ( *Min.* ) Cette pierre est composée de Lithine et d'Alumine sursilicatées.

Sa *structure* est *laminaire*. Le clivage conduit à un prisme droit à base rhomboïdale de 137$^d$ 10′. ( Haüy. )

Elle est *fusible* en un verre blanc bulleux qui attaque la lame de platine sur laquelle on le fond.

## *Composition.*

| Lithine. | Alumine. | Silice. | |
|---|---|---|---|
| 5,76.... | 17,22.... | 79,21 | Arfweds. |
| 7. .... | 13. .... | 78. | Vauquelin. |

Les joints parallèles aux pans du prisme sont brillans. Ce prisme est sous-divisible par la petite diagonale de sa base.

Sa *dureté* est celle du felspath ; et sa *pesanteur spécifique* 2,43.

Elle a l'*éclat* vitreux, quelquefois nacré.

Elle se présente en masses laminaires assez faciles à casser, à cassure transversale un peu écailleuse. Les lames sont généralement ondulées.

Le pétalite ne s'est encore trouvé ni entièrement transparent, ni en cristaux réguliers. Il s'est toujours présenté en petites masses opaques ou translucides d'un *blanc laiteux*, d'un *blanc rosàtre*, ou d'un *blanc verdàtre*.

Ces petites masses font partie de la roche ou des filons qui constituent ou traversent des terrains primordiaux, et sont accompagnés de minérais de fer, d'argent, d'arsenic, d'étain, de felspath, de calcaire spathique, de quarz, de mica, de lépidolithe, de tourmaline, de triphane, etc.

---

1 Nom donné par M. Dandrada, adopté par Haüy qui a appliqué à la grande ouverture de l'angle la signification de ce mot grec, qui veut dire *épanoui, étendu.* Non content d'un nom adopté par les vrais inventeurs de cette espèce, on a voulu le changer en lui donnant celui de *berzelite,* et comme chacun peut s'attribuer le droit de ces innovations faciles, mais nuisibles à la science, d'autres ont aussitôt proposé, et toujours sur des motifs semblables, de l'appeler *arf: wedsonite.*

On ne l'a encore trouvée qu'en Suède, dans les mines de
fer de la petite ile d'Utoë en Sudermanie. M. Swedenstierna
assure qu'il n'a jamais vu aucun échantillon de ce minéral
venant évidemmment d'un autre lieu.

Le pétalite a été trouvé et regardé comme une espèce
minérale particulière, il y a plus de vingt ans, par M. Dandrada. Sa présomption étoit uniquement fondée sur des caractères extérieurs; et il est même douteux que ce pétalite de Dandrada soit le même que celui que nous décrivons ici.

M. Haüy, vers 1815 ou 1816, reconnut ce pétalite
d'Utoë pour une espèce distincte, d'après l'incidence de ses
joints qui n'appartenoit à aucun prisme rhomboïdal connu,
et cela, avant que l'analyse de M. Arfwedson ait établi cette
différence sur des bases non moins solides, la composition et
la présence d'un nouvel alcali.

Les minéralogistes paroissent être d'accord actuellement sur
le minéral qu'on doit appeler pétalite; mais il n'en étoit pas
ainsi avant la détermination précise d'Haüy et d'Arfwedson.

La première notion de cette pierre nous vient de M. Dandrada vers 1800. Il lui donne une couleur rougeàtre, une
texture lamellaire, une dureté inférieure à celle du felspath,
une pesanteur spécifique de 2,6, et le dit infusible; tous caractères qui s'accordent peu avec ceux du pétalite. Il l'indique dans les mines de Sala et dans les environs de Nyakop-
parberg en Westmanie[1]. M. Hisinger l'indique dans le même
lieu[2], tout en notant que M. Haussmann doute de l'exactitude de cette indication. M. Swedenstierna, qui a décrit
ce minéral en 1818[3], le donne comme venant uniquement
d'Utoë. ( B. )

PÉTALITE. (*Min.*) Forster, dans un ouvrage intitulé *Ono-
matologie*, dans lequel il a cherché à désigner par des noms
tirés du grec, c'est-à-dire, d'une langue qui appartient
à tous les peuples instruits, qui est sonore et tout-à-fait

---

1 Journal de physique, Fructidor an 8, pag. 244. — Journ. des
min., tom. 15, pag. 256.

2 W. Hisinger, *Miner. Geogr. von Schweden*, 1819, p. 113.

3 Leonhard, *Taschenbuch*, tom. 13, p. 460.

propre à donner des noms composés, clairs et agréables, les roches qui sont nommées en allemand, en anglois, d'une manière si spéciale pour ces peuples , mais si impropre pour les autres , a proposé de donner au gneiss le nom de Pétalite, *pierre feuilletée*, et de remplacer un nom barbare d'ouvrier mineur , qu'on ne sait comment écrire et prononcer dans les langues du Midi, en un nom sonore et propre à tous les peuples. Mais cette innovation , renfermée dans un petit ouvrage extrêmement rare et uniquement consacré a cette considération, n'a point été admise ; et les François, les Anglois , les Italiens, etc. , sont encore réduits à ne savoir comment écrire, prononcer et employer dans leur langue le mot *kneis*, *gneis*, *gneiss*, *gneus*, *gneisse*, qui n'est cependant pas le plus long, le plus difficile à prononcer et à écrire , ni le plus étrange des noms de la même origine, conservés dans les ouvrages des savans de ces pays. (B.)

PÉTALOCÈRES ou LAMELLICORNES. ( *Entom.* ) Nous avons désigné sous ce nom une famille d'insectes coléoptères pentamérés à élytres durs couvrant le ventre , à antennes en masse feuilletée à l'extrémité, et que nous avons fait figurer sur la planche 4 de l'atlas de ce Dictionnaire.

Ce nom, tiré du grec πέταλον, signifie *feuille*, et celui de κερας , *corne* , *antenne*, indique la particularité que nous avons cherché à exprimer encore par le mot *lamellicornes*, composé des deux mots latins francisés.

Il est très-facile au premier aperçu de distinguer cette famille très-naturelle, qui comprend la plupart des espèces du genre Scarabée de Linnæus, de tous les autres insectes coléoptères. Ainsi, d'abord, le nombre des articles aux tarses, qui est de cinq à toutes les pattes, les éloigne de tous ceux qui appartiennent aux trois autres sous-ordres des hétéromérés, des tétramérés et des trimérés; ensuite la solidité de leurs élytres les distingue des téléphores et autres genres voisins dont les élytres sont mous et flexibles , et que l'on a nommés à cause de cela apalytres. Puis ces élytres ne sont pas très-courts, laissant la majeure partie de l'abdomen à découvert, comme dans les staphylins, de la famille des brachélytres. Troisièmement leurs antennes ne sont pas en soie

ou en fil, 1.° comme dans les carabes, de la famille des créo-
phages ; 2.° comme dans les dytiques, de la famille des nec-
topodes ; 3.° comme dans les taupins et les buprestes, de la
famille des sternoxes ; 4.° enfin comme dans les lymexilons
et les vrillettes, de la famille des térédyles.

Parmi les familles qui ont aussi les antennes en masse,
cette partie libre de l'antenne n'est pas lamellée dans les
hélocères, tels que les boucliers, les hydrophiles ; ni dans
les stéréocères, tels que les léthres, les escarbots. Il ne reste
donc que la famille qui comprend les cerfs-volans, les syno-
dendres, etc., de la famille des priocères ; mais ceux-ci,
comme ce dernier nom l'indique, ont les antennes en scie
ou dentelées d'un seul côté ; tandis qu'elles sont entièrement
feuilletées à l'extrémité dans tous les genres dont nous allons indiquer les principaux caractères, après avoir fait
connoître leurs mœurs d'une manière générale.

Tous les pétalocères proviennent de larves qui se nourrissent de matières végétales, et qui sont souvent plusieurs années
avant de passer à l'état parfait. Leur corps, alongé, épais,
presque cylindrique, courbé sur lui-même, ridé, de couleur
blanche, est formé d'une douzaine d'anneaux : leur tête est
écailleuse comme celle des chenilles, munie de deux fortes
mandibules : on voit très-près de cette extrémité six pattes
écailleuses. Placées sur un plan horizontal, ces larves ne peuvent s'y traîner ; si elles ne trouvent quelque moyen de s'ac-
crocher, elles tombent bientôt sur le côté. La larve du
hanneton, qu'on appelle le mans, donne une idée exacte
de la forme de la plupart de ces larves.

Prêtes à se métamorphoser, ces larves dégorgent une matière gommeuse, à l'aide de laquelle elles agglutinent les
particules solides qui les environnent ; elles se creusent ainsi
une sorte de cocon ou de follicule dans lequel elles subissent
leur métamorphose. La nymphe qui en provient, laisse distinguer en dehors, comme toutes celles des coléoptères, les
parties qui doivent former l'insecte parfait ; mais dans un état
de contraction et de situation bizarre, les élytres étant en
dessous, les pattes et les antennes placées au milieu sur une
ligne longitudinale.

Sous l'état parfait, les pétalocères ne se nourrissent que de

végétaux; la plupart préfèrent même ceux qui ont été dé-
composés et qui ont passé par le corps des animaux, tels que
les bousiers; d'autres de fumier de tan, tels que les scarabées; d'autres de feuilles, tels que les mélolonthes ou han-
netons. La plupart ne volent que le soir; leur vol est lourd
et bruyant. On a remarqué que les espèces dont les couleurs
sont ternes, noires ou brunes, se trouvent sous les fumiers,
et que celles dont les couleurs sont vives et brillantes se rencontrent le plus ordinairement sur les fleurs : c'est ce qu'on
remarque dans les cétoines, les trichies et quelques mélolonthes.

Nous allons indiquer, dans le tableau suivant, les noms
des genres qui entrent dans cette famille. Nous rappellerons
seulement que le chaperon est la partie avancée de la tête,
qui se prolonge au dessus de la bouche et qui fait partie continue de la corne du crâne; et que l'écusson est la petite pièce
triangulaire qui se trouve au haut de la suture moyenne des
élytres, derrière le corselet.

```
                          ( distinct ................... 4. APHODIE.
          ( en croissant; {
          (  écusson ...  ( nul; chaperon ( sans dents... 3. BOUSIER.
Chaperon {                               ( dentelé ..... 2. ONITE.
  large  {                 ( rhomboïdal; un écusson ...... 1. GÉOTRUPE.
          ( quadrila-     {     ( long et étroit ........... 7. HANNETON.
          (  tère ...    { carré { large; appendice en ( distinct. 8. CÉTOINE.
                         (     ( dehors de l'élytre ( nul .... 9. TRICHIE.
  ( extrêmement court; pre- ( velu, épineux......... 6. TROX.
  ( mier article des antennes ( non épineux ......... 5. SCARABÉE.
```

Voyez chacun de ces noms de genres. ( C. D. )

PÉTALOCHEIRE, *Petalochirus.* (*Entom.*) M. Palisot de
Beauvois a décrit sous ce nom de genre deux espèces d'insectes hémiptères du royaume d'Oware, qui sont très-voisins
des réduves, famille des zoadelges ou suceurs d'animaux,
dont le nom pétalocheires indique que les jambes antérieures
sont dilatées en forme de mains. ( C. D. )

PÉTALODES. (*Min.*) Nom donné par M. Linz au tellure
feuilleté auro-plombifère. Voyez TELLURE. ( B. )

PÉTALOLÈPE, *Petalolepis.* (*Bot.*) Ce genre de plantes,
que nous avons proposé dans le Bulletin des sciences de Septembre 1817 (pag. 138), appartient à l'ordre des Synanthérées, à notre tribu naturelle des Inulées, et à la section

des Inulées-Gnaphaliées , dans laquelle nous l'avons placé ( tom. XXIII , pag. 562 ) entre l'*Ozothamnus* et le *Metalasia*. Voici les caractères du genre *Petalolepis* , observés par nous, dans l'herbier de M. Desfontaines , sur les deux espéces que nous lui attribuons.

Calathide incouronnée, équaliflore, pauciflore , régulari-flore , androgyniflore. Péricline radié , un peu supérieur aux fleurs , subcampanulé , formé de squames imbriquées : les extérieures appliquées, ovales, scarieuses , à base coriace ; les intérieures radiantes, longues, largement linéaires , *sur-montées d'un appendice pétaloïde, blanc, arrondi , étalé.* Clinanthe petit, plan, inappendiculé. Ovaires courts, munis d'un bourrelet basilaire ; aigrette longue , blanche , compo-sée de squamellules égales , unisériées , entregreffées à la base , filiformes, barbellulées. Anthères pourvues de longs appendices basilaires. Style et stigmatophores d'Inulée-Gna-phaliée.

Il nous a paru que le point de libération des filets des étamines étoit élevé , comme dans le Cassinia. (Voyez tom. XXXIV , pag. 504.)

Pétalolèpe a feuilles de romarin : *Petalolepis rosmarinifolia*, H. Cass. ;-*Eupatorium rosmarinifolium* , Labill. C'est un arbris-seau découvert, ainsi que le suivant, par M. Labillardière, dans l'ile de Van-Diémen ; ses feuilles sont alternes , linéaires, très-entières ; elles ont la face supérieure ridée , les bords roulés en dessous , la face inférieure tomenteuse ; les cala-thides sont disposées en corymbes terminaux ; les squames intérieures du péricline sont surmontées d'un appendice pé-taloïde, blanc, arrondi, ondulé ; l'aigrette est blanche , com-posée de squamellules obtuses au sommet, peu barbellulées.

Pétalolèpe ferrugineuse : *Petalolepis ferruginea*, H. Cass. ; *Eupatorium ferrugineum* , Labill. Cette seconde espéce se dis-tingue de la première, principalement par ses feuilles , qui sont linéaires-lancéolées, ferrugineuses en dessous dans l'àge adulte , et qui n'ont point de veines manifestes ; les appen-dices pétaliformes du péricline sont réfléchis horizontalement, suborbiculaires , point ondulés ; l'aigrette est blanchâtre, composée de squamellules barbellulées, un peu épaissies au sommet, mais aiguës.

Le genre *Petalolepis* diffère de l'*Ozothamnus*, principale-ment par son péricline radié, pétaloïdé, c'est-à-dire dont les squames intérieures portent un appendice étalé, coloré. Il diffère du *Metalasia*, principalement par ses aigrettes, dont les squamellules sont entregreffées à la base, persistantes, pas sensiblement épaissies en leur partie supérieure. (Voyez notre article MÉTALASIE, tom XXX, pag. 222.)

Le nom de *Petalolepis*, composé de deux mots grecs, fait allusion aux squames intérieures du péricline, qui ressem-blent à des pétales.

M. R. Brown a proposé, en 1817, dans ses Observations sur les Composées, un genre *Ozothamnus*, qui correspond en partie à notre *Petalolepis*, et qu'il caractérise de la ma-nière suivante :

Involucre imbriqué, scarieux, coloré. Réceptacle sans paillettes, glabre. Fleurons au-dessous de vingt, tubuleux, tous hermaphrodites, ou accompagnés à la circonférence d'un très-petit nombre de fleurons femelles plus étroits. An-thères incluses, munies de deux soies à la base. Stigmates à sommet obtus, presque tronqué, hispidule. Aigrette sessile, pileuse, quelquefois pénicillée, persistante. = Arbrisseaux de la Nouvelle-Hollande, de la Nouvelle-Zélande et de l'Afrique australe, tomenteux, ayant une odeur forte et désagréable. Feuilles éparses, très-entières, à bords le plus souvent recourbés. Inflorescence terminale, corymbée ou ramassée. Involucres blancs ou cendrés; à écailles intérieures tantôt conformes aux extérieures et conniventes, tantôt en lames étalées, blanches, formant un rayon court, obtus. Corolles jaunes. Aigrette blanche.

M. Brown rassemble, dans son genre *Ozothamnus*, la *Calea pinifolia* de Forster, les *Eupatorium ferrugineum* et *rosmarini-folium* de M. Labillardière, et la *Chrysocoma cinerea* du même botaniste. Il remarque que, dans la *Calea pinifolia*, consi-dérée par lui comme le type du genre *Ozothamnus*, les écailles intérieures de l'involucre sont simples, tandis qu'elles forment un court rayon dans les deux Eupatoires de M. Labillardière; cependant il est porté à croire que toutes ces espèces ne forment que deux sections d'un seul et même genre.

L'opuscule de M. Brown, imprimé à Londres vers le milieu

de 1817, ne nous est parvenu que le 5 Septembre; et comme nous ne savions pas un mot d'anglois, et que nous n'avions d'autre secours qu'un dictionnaire, nous avons mis un temps prodigieux à le traduire. Le Bulletin de Septembre 1817, où se trouvent nos *Petalolepis* et *Oligocarpha*, a été distribué aux abonnés de Paris le 25 Septembre; et l'on croira sans peine que le manuscrit de ce Bulletin étoit rédigé et livré à l'imprimeur, dès le mois d'Août. Nous rapportons ces faits, pour prouver qu'à l'époque où nous avons proposé nos genres *Petalolepis* et *Oligocarpha*, nous ne pouvions pas connoître les *Ozothamnus* et *Brachylæna* de M. Brown. Quoi qu'il en soit, nous ferons remarquer que l'*Ozothamnus* et le *Petalolepis* peuvent très-bien être considérés comme deux genres suffisamment distincts, et que rien n'empêche de les conserver l'un et l'autre, ou tout au moins d'admettre le *Petalolepis* comme sous-genre de l'*Ozothamnus*. C'est pourquoi, dans notre tableau des Inulées ( tom. XXIII, page 562 ), nous avons admis l'*Ozothamnus* de M. Brown et notre *Petalolepis* comme deux genres immédiatement voisins, mais distingués principalement par le péricline, non radié dans le premier, radié dans le second, en restreignant ainsi le genre *Ozothamnus* dans des limites plus étroites et plus exactes.

Nous avions dit, dans le Bulletin des sciences, que notre genre *Petalolepis* étoit voisin du *Calea*, parce que nous ne connaissions point alors le beau travail de M. Brown sur le genre *Calea*, et que nous voulions désigner les espèces de *Calea* dont ce botaniste a fait le genre *Cassinia*.

C'est peut-être ici le lieu d'avertir nos lecteurs que, depuis la publication de notre tableau des Inulées, inséré dans le tome XXIII de ce Dictionnaire, M. Brown a établi, sous le nom d'*Ammobium*, un nouveau genre d'Inulées-Gnaphaliées, à clinanthe squamellifère, qu'il faut placer dans notre tableau entre le *Cassinia* et l'*Ixodia* (pag. 561 et 562). Nous décrirons ce nouveau genre sous le titre de Sabulicole, qui est la traduction latine francisée du nom grec *Ammobium*. Le genre *Piptocarpha*, que nous avons rapporté au même groupe, mais que nous ne connoissons que par la description de M. Brown, est-il convenablement classé dans la section des Inulées-Gnaphaliées ? On peut en douter, puisque l'auteur lui attribue des stigmates (ou plutôt des stigmato-phores) filiformes, aigus, hispidules. Cependant, jusqu'à ce que nous ayons pu observer nous-même ce genre, nous le laisserons à la place où nous l'avons mis, en regrettant que son auteur ait négligé d'indiquer ses affinités naturelles. Cette indication est, selon nous, le premier devoir du botaniste qui propose un nouveau genre: et il est surprenant que M. Brown, dans son opuscule sur les Synanthérées, se soit pres-que toujours dispensé de cette obligation, dont personne assurément ne pourroit s'acquitter mieux que lui. (H. Cass.)

PETALOMA. (*Bot.*) Genre de Swartz, dans lequel l'auteur réunit au *mouriria* d'Aublet, le *myrtifolia arbor* de Sloane, t. 18, ou *myrtus brasiliana* de Linnæus. Schreber veut que ces genres soient réunis au myrte, quoique le nombre de leurs étamines soit défini. Cette opinion n'est pas encore adoptée. Voyez Mouriri. (J.)

PÉTALOSOMES. (*Ichthyol.*) M. le professeur Duméril a donné ce nom à une famille de poissons osseux holobranches thoraciques, à corps alongé, mince, et en forme de lame.

Le tableau suivant donnera une idée des genres qui la composent.

Famille des Pétalosomes.

|  |  |  |  |  |
|---|---|---|---|---|
| Bouche .. | à barbillons; nageoire caudale | distincte; | double... | Bostriche. |
|  |  | dorsale | unique .. | Bostrichoïde. |
|  |  | nulle............. | | Tænioïde. |
|  | sans barbil-lons; rayons des catopes, | deux au plus, | très-courts, écailleux. | Lépidope. |
|  |  |  | très-longs, en fils.... | Gymnètre. |
|  |  | en grand nombre........... | | Cépole. |

Voyez ces divers noms de genres, et Holobranches et Thoraciques. (H. C.)

PÉTALOSTEMUM. (*Bot.*) Voyez Dalea. (Poir.)

PÉTARD. (*Bot.*) A Saint-Domingue, suivant Nicolson, on nomme ainsi le *capparis cynophallophora*. (J.)

PÉTARD. (*Entom.*) Nom d'une espèce de brachyn que nous avons fait figurer dans l'atlas de ce Dictionnaire, planche 1, n.° 5. (C. D.)

PETASITE. (*Bot.*) Genre de Tournefort réuni au tussi-lage. (J.)

PÉTASITE , *Petasites*. ( *Bot.* ) Ce genre de plantes appartient à l'ordre des Synanthérées, et à notre tribu naturelle des Tussilaginées, dans laquelle nous l'avons placé à la suite du genre *Nardosmia*. ( Voyez notre tableau méthodique de la tribu des Tussilaginées, tom. XXXIV, pag. 195. )

Nous attribuons au genre *Petasites* les caractères suivans, observés par nous principalement sur le *Petasites vulgaris*, qui est le type du genre.

Subdioïque. *Calathide mâle* multiflore, régulariflore, offrant ordinairement une à cinq fleurs femelles marginales , beaucoup plus courtes, à corolle tubuleuse, grêle, à ovaire ovulé, à aigrette de squamellules nombreuses. Péricline un peu inférieur aux fleurs, formé de squames à peu près égales, subunisériées, appliquées, oblongues, foliacées, membraneuses sur les bords. Clinanthe plan et nu. Faux-ovaires privés d'ovule, et portant une aigrette de squamellules peu nombreuses. Corolles masculines régulières, à limbe large , campaniforme, divisé jusqu'à moitié en cinq lanières demi-lancéolées. Style masculin terminé par un renflement qui s'élève au-dessus du tube anthéral. *Calathide femelle* multiflore, tubuliflore, offrant une à cinq fleurs mâles centrales, à corolle régulière, à faux-ovaire demi-avorté. Péricline cylindracé, inférieur aux fleurs, formé de squames à peu près égales, subunisériées, ovales, foliacées. Clinanthe plan , inappendiculé. Ovaires pédicellulés, oblongs, cylindriques, glabres, cannelés, munis d'un bourrelet basilaire, et contenant un ovule ; aigrette composée de squamellules filiformes, à peine barbellulées. Corolles féminines tubuleuses, grêles, dentées au sommet. = Hampes polycalathides.

PÉTASITE COMMUN : *Petasites vulgaris*, Desf., *Flor. atl.*; *Tussilago petasites*, Willd.; Decand., Fl. fr., tom. 4 , pag. 158 ; *Tussilago petasites* et *Tussilago hybrida*, Linn. C'est une plante herbacée , vivace, dont la tige souterraine, rampante, munie de racines fibreuses, produit au printemps une fausse hampe haute d'environ un pied, simple, épaisse, garnie de larges membranes foliacées , analogues à la base du pétiole des vraies feuilles, et dont la plupart sont terminées par un appendice représentant le limbe avorté ; les calathides sont nombreuses , et disposées en un thirse oblong sur la partie supérieure de la hampe: chacune d'elles, composée de fleurs purpurines, est portée sur un pédoncule ordinairement simple, court dans l'individu mâle, long dans l'individu femelle; après la fleuraison, la tige souterraine pousse plusieurs feuilles assez grandes, pétiolées, à limbe ovale, denté inégalement sur les bords, obtus au sommet, très-échancré en cœur à la base, qui forme deux oreillettes arrondies et rapprochées; la face supérieure est glabre et d'un vert foncé; l'inférieure est pubescente.

Cette plante, vulgairement nommée *chapelière*, se trouve en France, dans les lieux humides, aux bords des fossés et des torrens. M. Watd, qui dit avoir soigneusement observé, pendant plusieurs années, les *Tussilago petasites* et *hybrida* de Linné, affirme qu'ils croissent toujours dans le voisinage l'un de l'autre; que le premier ne s'élève jamais à plus de huit pouces, et ne donne jamais aucune graine mûre, son thirse se desséchant toujours sans fructifier; que le second, au contraire, s'élève toujours de douze à trente pouces, que toutes ses graines mûrissent, que jamais son thirse ne se dessèche, mais qu'il s'élance constamment et devient fructifère. L'auteur de ces observations en conclut que le *Tussilago petasites*, Linn., est l'individu mâle, et le *Tussilago hybrida*, Linn., l'individu femelle, d'une seule et même espèce dioïque. Nos propres observations nous persuadent qu'il est plus exact de dire que c'est une espèce subdioïque, composée d'individus subfemelles et d'individus submâles. Au reste, nous croyons devoir réclamer en faveur de Smith la priorité sur M. Watd, dont les observations sont consignées dans le Journal de botanique d'Avril 1813. En effet, dans le second volume, publié en 1800, de la *Flora britannica*, nous trouvons les premières observations exactes qui aient été faites sur ce sujet intéressant, et qui paroissent n'avoir pas été remarquées. Le célèbre auteur y déclare positivement que le *Tussilago petasites*, Linn., lui semble être l'individu mâle du *Tussilago hybrida*, Linn., parce que ses ovaires avortent constamment. Quant au *Tussilago hybrida*, qui, selon lui, seroit probablement l'individu femelle de la même espèce, il remarque que les deux ou trois fleurs centrales, pourvues d'étamines, ont l'ovaire toujours stérile; tandis que toutes les autres fleurs de la calathide sont femelles, à ovaire naturellement fertile, mais qui souvent avorte comme celui des fleurs centrales, ce que l'auteur attribue à la propagation extraordinaire des racines. Cette observation de Smith sur la fréquente stérilité des fleurs femelles dans la plante dont il s'agit, est très-importante, et elle confirme bien ce que nous avons dit (tom. XXXIV, pag. 193) sur la stérilité des ovaires de la couronne dans le *Nardosmia denticulata*. M. Watd, qui trouve une seule fleur femelle dans la calathide du *Tussilago petasites*, dit qu'elle est stérile : ce qui n'a rien d'étonnant, d'après l'observation de Smith : mais il affirme que toutes les nombreuses fleurs femelles du *Tussilago hybrida* sont constamment fertiles ; ce qui sembleroit contredire l'observation précitée, si l'on ne remarquoit pas que la stérilité des fleurs femelles doit être considérée comme accidentelle dans les deux plantes, et qu'ainsi ces fleurs peuvent être fertiles ou stériles, en tout ou en partie, selon que les circonstances sont plus ou moins favorables ou défavorables à leur fructification. Smith observe que les anthères, qui sont entregreffées dans le *Tussilago petasites*, sont tantôt absolument libres, tantôt à peine cohérentes dans le *Tussilago hybrida*. Cette observation s'accorde avec celle de Retzius, suivant laquelle les anthères sont libres dans les trois fleurs mâles occupant le centre de la calathide de l'individu subfemelle du *Petasites niveus* ; et l'on peut présumer que ce caractère, que nous avons négligé d'observer, est commun à toutes les espèces du genre *Petasites*, dont les individus submâles et les individus subfemelles différeroient ainsi par la connexion ou la liberté des anthères. N'est-il pas aussi présumable que les anthères des individus subfemelles sont ordinairement stériles, c'est à-dire privées de pollen ? C'est ce que nous avons observé sur un individu subfemelle de *Petasites albus*. Le même individu nous a offert une calathide contenant au centre quatre fleurs mâles, dont deux avoient l'ovaire pourvu d'un ovule, quoique sur tout le reste, et particulièrement à l'égard du style, ces deux fleurs mâles ovulées fussent absolument conformes aux deux fleurs mâles privées d'ovule. Les autres calathides contenoient environ quatre à huit fleurs mâles, dont les ovaires étoient privés d'ovules, et les anthères privées de pollen.

Smith paroît douter de l'exactitude des observations de Linné fils et de Haller, qui ont quelquefois trouvé deux ou trois fleurs femelles dans la calathide du *Tussilago petasites* : nous pouvons affirmer, d'après nos propres observations, que cette plante offre souvent, sur le même individu, des calathides absolument privées de fleurs femelles, et d'autres calathides contenant ordinairement trois, quelquefois cinq fleurs femelles, à ovaire pourvu d'un ovule; quelquefois aussi nous avons trouvé quelques fleurs monstrueuses, intermédiaires, quant à la structure, entre les mâles et les femelles. Le *Tussilago hybrida* nous a offert, au centre de ses calathides, une, deux, trois, quatre ou cinq fleurs mâles, dont le faux-ovaire, excessivement court et privé d'ovule, est remarquable en ce que sa base est entourée d'environ huit à dix filets inégaux, longs, cylindriques, transparens, articulés, naissant de l'ovaire même, autour de son aréole basilaire.

Pétasite blanchatre : *Petasites albus*, Gærtn., *De fruct. et sem. pl.*, vol. 2, p. 406, tab. 166, fig. 2 ; *Tussilago alba*, Linn.; Willd.; Decand., Fl. fr., tom. 4, pag. 159. Cette seconde espèce diffère de la première, 1.° par ses feuilles cotonneuses et blanchâtres, plus petites, plus arrondies, bordées de lobes courts, aigus et dentelés, échancrées en cœur à la base, qui forme ainsi deux lobes peu saillans et un peu divergens; 2.° par ses calathides composées de fleurs blanches, et disposées en un thirse élargi, corymbiforme, dont chaque pédoncule porte deux à quatre calathides. L'individu mâle, ou plutôt submâle, a les pédoncules peu alongés, et chacune de ses calathides contient un très-petit nombre de fleurs femelles; tandis que l'individu femelle, ou plutôt sub-femelle, a les pédoncules longs et rameux, et que chacune de ses calathides a presque toutes les fleurs femelles. On trouve cette plante en France, dans les lieux humides des montagnes des Alpes, du Jura, de la Bourgogne, du Mont-d'Or.

Pétasite blanc de neige : *Petasites niveus*, H. Cass.; *Tussilago nivea*, Willd.; Decand., Fl. fr., tom. 4, pag. 159. Cette troisième espèce ressemble beaucoup à la première par ses calathides, et à la seconde par ses feuilles; celles-ci sont pétiolées, en forme de cœur alongé, couvertes en dessous d'un duvet blanc, serré, cotonneux, pubescentes en dessus dans leur jeunesse, ensuite glabres et d'un vert pâle: les bords de ces feuilles sont garnis de dentelures très-peu prononcées; l'échancrure de leur base est beaucoup plus large que dans les deux espèces précédentes, et les lobes qu'elle forme sont divergens; le fond de cette échancrure est formé par une nervure dénuée de parenchyme dans une partie de sa longueur; les calathides, composées de fleurs blanches ou d'un rouge très-pâle, forment un thirse oblong, et sont toutes solitaires sur leurs pédoncules; l'individu submâle a les pédoncules assez courts, et les calathides composées de fleurs presque toutes mâles: l'individu subfemelle a les pédoncules très-alongés, et les calathides composées de fleurs presque toutes femelles. Cette espèce, plus rare que les deux précédentes, se trouve en France aux bords des ruisseaux, dans les hautes montagnes des Alpes du Dauphiné, du Jura, de la Provence, des Vosges.

Les trois genres *Tussilago*, *Nardosmia*, *Petasites*, dont se compose notre tribu des Tussilaginées, sont distingués par nous de la manière suivante.

1. *Tussilago*. Calathide longuement radiée; disque pauciflore; couronne multiflore, plurisériée; péricline inférieur aux fleurs de la couronne; languettes de la couronne étalées, longues, très-étroites, linéaires; hampe monocalathide.

2. *Nardosmia*. Calathide courtement radiée; disque multiflore; couronne pauciflore, unisériée; péricline égal aux fleurs de la couronne; languettes de la couronne dressées, courtes, larges, elliptiques; hampe polycalathide.

3. *Petasites*. Plantes subdioïques; calathides subunisexuelles, point radiées; péricline inférieur aux fleurs; corolles féminines courtes, tubuleuses, non ligulées; hampes polycalathides.

Nos lecteurs trouveront, dans l'article Nardosmie (tom. XXXIV, pag. 186), une dissertation sur les Tussilaginées, et notamment une discussion sur le genre *Petasites*. (H. Cass.)

PETAURISTA. (*Mamm.*) Nom latin de la guenon blanc-nez et de l'écureuil volant de l'Amérique septentrionale. (F. C.)

PÉTAURISTE, *Petaurus*. (*Mamm.*) Genre formé des Phalangers pourvus de membranes sur les flancs propres à les soutenir dans leurs sauts. Voyez PHALANGER. ( F. C.)

PETAURUS. ( *Mamm.* ) Voyez PÉTAURISTE. ( F. C.)

PETAVENT. ( *Entom.* ) M. Langlès dit , que ce nom est celui des araignées, en tartare *mantcheou*. ( DESM. )

PETELIN. ( *Bot.* ) Nom provençal du térébinthe, cité par Garidel. ( J. )

PETER - MÆNNCHEN. ( *Ichthyol.* ) Nom du surmulet dans le Holstein. Voyez MULLE. ( H. C.)

PÉTÉSIA. ( *Bot.* ) Genre de plantes dicotylédones, à fleurs complètes, monopétalées, régulières, de la famille des *rubiacées*, de la *tétrandrie monogynie* de Linnæus, offrant pour caractère essentiel : Un calice persistant, campanulé, à quatre dents à son orifice; une corolle infundibuliforme; le tube plus long que le calice; le limbe partagé en quatre lobes; quatre étamines: les anthères oblongues; un ovaire inférieur; le style filiforme; le stigmate bifide, aigu. Le fruit est une baie globuleuse, couronnée par les dents du calice, partagée en deux loges, qui renferment plusieurs semences arrondies.

Les espèces que Linnæus a rapportées à ce genre, offrent, la plupart, des doutes que l'observation sur des individus vivans peut lever. Le *petesia stipularis*, Linn., dont le calice est à cinq dents, a fait soupçonner à Swartz qu'il pourroit bien être la même plante que son *rondeletia tomentosa*.

Le *petesia lygistum*, Linn., a déjà été mentionné au genre *Lygistum* (voyez LYGISTE). On ne peut également admettre qu'avec doute le *petesia simplicissima* de Loureiro, à cause de son calice à cinq dents. Il ne restera guères alors pour ce genre que les deux espèces suivantes.

PÉTÉSIA TOMENTEUSE: *Petesia tomentosa*, Jacq., *Stirp. Amer.*, pag. 18. Arbrisseau dont les tiges sont foibles ; les rameaux quelquefois tombans, les plus jeunes un peu tomenteux, presque quadrangulaires, garnis de feuilles oblongues rétrécies à leurs deux extrémités, aiguës, très-entières, opposées, pétiolées, longues d'environ trois pouces, couvertes d'un duvet fort léger. Les fleurs sont disposées en corymbes axillaires et terminaux fort petits. Leur calice est campanulé, à quatre petites dents obtuses; la corolle d'un blanc jaunâtre; le tube cylindrique, un peu ventru à sa base, une fois plus long que le calice ; le limbe à quatre lobes presque ovales, obtus, de la longueur du tube ; les quatre étamines ont les filamens très-courts, velus à leur base ; les anthéres arrondies ; le style, plus long que la corolle, est terminé par un stigmate à deux divisions subulées, longues et ouvertes. Cette plante croît en Amérique, dans les forêts des environs de Carthagène.

Pétésia trifide; *Petesia trifida*, Lour., *Flor. Cochin.*, 1, pag. 97. Cette espéce a des tiges presque ligneuses, tétragones, droites, réunies en touffes, hautes d'un pied, garnies de feuilles sessiles, opposées, lancéolées, très-entiéres, à trois pointes. Les fleurs sont blanches, disposées en corymbes terminaux ; la corolle, en forme d'entonnoir, a le limbe partagé en quatre lobes. Le fruit est une capsule inférieure, à plusieurs semences. Cette plante croît sur les montagnes, à la Cochinchine.

Forster (*Prodr.*, n.° 51) en a mentionné une autre espéce, sous le nom de *petesia carnea*, dont les feuilles sont très-lisses, oblongues, lancéolées, opposées. Les fleurs sont réunies en grappes à l'extrémité des tiges et des rameaux ; ces grappes se divisent en trois branches. Cette plante a été recueillie à Namoka, une des îles de la mer du Sud. (Poir.)

PETESIOIDES. (*Bot.*) L'arbre des Antilles, ainsi nommé par Jacquin, paroît être le même que le *vallenia* de Swartz, Schreber et Willdenow, qui est rapporté aux ardisiacées. (J.)

PÉTEUSE. (*Ornith.*) C'est par ce terme que Barrère, *Ornith. specimen*, pag. 62, traduit génériquement en françois le nom latin de l'agami, *psophia*, Linn. (Ch. D.)

PÉTEUSE. (*Ichthyol.*) Voyez Bouvière. (H. C.)

PÉTEUX ou PÉTRAT. (*Ornith.*) Nom vulgaire du proyer, *emberiza miliaria*, Linn. (Ch. D.)

PÉTHÉSIEN. (*Ornith.*) Suivant Mackenzie, tom. 1.er, pag. 264 de ses Voyages en Amérique, c'est, dans le langage des Knisteneaux, le nom générique des oiseaux qui sont nommés *pi-na-sy* chez les Algonquins. (Ch. D.)

PÉTHOLE. (*Erpét.*) Nom spécifique d'une couleuvre, décrite dans ce Dictionnaire, tome XI, page 192. (H. C.)

PETILIUM. (*Bot.*) Nom donné à l'impériale par Linnæus

dans son *Hort. Cliff.*, qu'il a ensuite supprimé pour réunir ce genre à la fritillaire. On a pensé plus récemment qu'il devoit être séparé. Adanson le nommoit *imperialis*, et nous l'avons suivi : cependant si l'on rejette des noms adjectifs pour désigner des genres, il faudra peut-être rétablir le nom de *petilium* plutôt que d'en chercher un nouveau. (J.)

PÉTIMBE. (*Ichthyol.*) Un des noms vulgaires de la *fistulaire pipe.* Voyez Fistulaire. (H. C.)

PETIMBUABA. (*Ichthyol.*) Voyez Pétimbe. (H, C.)

PÉTIOLAIRE (*Bot.*) : qui naît sur le pétiole ; par exemple : les stipules des rosiers, les glandes du *viburnum opulus*, les fleurs de l'*hisbiscus abelmoschus*, les épines du *chamœrops humilis*, etc. (Mass.)

PÉTIOLE (*Bot.*) : partie inférieure de la feuille, qui se resserre et prend la forme d'un support. Lorsque la feuille est composée de folioles, le support général porte le nom de pétiole commun ; ses divisions immédiates portent celui de pétioles secondaires, et les dernières subdivisions celui de pétiolules.

Dans un grand nombre de feuilles on observe au point d'attache du pétiole ou à ses divisions un bourrelet, ou un étranglement, ou enfin une marque quelconque, à laquelle on a donné le nom d'articulation. Cette articulation, qui permet à la feuille d'exécuter certains mouvemens, est produite par la réunion en un seul filet de tous les filets vasculaires, qui marchent séparément dans tout le reste du pétiole. Le *robinia pseudo-acacia*, les *mimosa*, l'*hedysarum gyrans*, les casses, et en général toutes les légumineuses ont les pétioles articulés.

Plusieurs *mimosa* de la Nouvelle-Hollande (*mimosa stricta, floribunda, obliqua, suaveolens, longifolia*, etc.) offrent un exemple frappant de l'extrême flexibilité de l'organisation végétale. Les premières feuilles de ces plantes sont composées, c'est-à-dire ont des pétioles garnis de folioles ; peu à peu les folioles disparoissent, les pétioles s'élargissent et finissent par offrir la forme et la structure des feuilles simples.

Dans les graminées, les cypéracées, le bananier, les pétioles forment une gaine autour de la tige. Dans le *trapa*, les pétioles creux et renflés servent à soutenir la plante à la surface de l'eau. Ils portent des vrilles dans le *smilax horrida*, etc.; ils se transforment eux-mêmes en vrilles dans le *lathyrus aphaca;* ils en remplissent les fonctions dans le *fumaria capreolata,* le *clematis cyrrhosa,* etc. (Mass.)

PÉTIOLÉ ou PÉDICULÉ. (*Entom.*) On nomme ainsi l'abdomen dans quelques insectes, quand il est supporté par un ou plusieurs anneaux plus étroits, comme dans la plupart des hyménoptères, excepté les uropristes, dans les araignées, plusieurs diptères, etc. (C. D.)

PÉTIOLÉENNE (*Bot.*) : provenant de pétioles métamorphosés; exemples : feuilles du *mimosa longifolia,* etc.; pérule des boutons du noyer, vrilles du *lathyrus latifolius,* épines du *mimosa verticillata,* etc. (Mass.)

PÉTIOLULAIRES [Stipules], (*Bot.*) : accompagnant les pétiolules; exemple : *dolichos,* etc. M. De Candolle les nomme stipelles, etc. (Mass.)

PETIT, PETITE. (*Bot.*) Ce nom adjectif, préposé à d'autres substantifs, sert à désigner vulgairement des plantes très-différentes. La petite centaurée est le *gentiana centaurium* de Linnæus, *erythræa* de Richard; le petit chêne est le *teucrium chamædryis;* la petite consoude est, l'*ajuga reptans;* le petit cyprès est la *santolina chamæcyparissus;* le petit houx est le *ruscus aculeatus;* la petite serpentaire ou langue-de-serpent est l'*ophioglossum vulgatum;* le petit sureau ou yèble est le *sambucus ebulus;* la petite éclaire est le *ficaria.* (J.)

PETIT ANDROSACÉ, ou CHAMPIGNON ANDROSACÉ de Paulet. (*Bot.*) C'est l'*agaricus androsaceus,* Linn., etc. Voyez Androsacé et Fonge, vol. XVII, p. 206. (Lem.)

PETIT ANE. (*Conchyl.*) Nom employé quelquefois encore par les marchands pour désigner la porcelaine aselle de M. de Lamarck, *C. asellus,* Linn. (De B.)

PETIT AURORE et BLEU. (*Bot.*) Paulet (Tr. ch., 2, p. 193, pl. 86, fig 4, 5) donne ce nom à un petit agaric mentionné à l'article Aurore, tom. III, suppl. p. 137. Il appartient à la famille des Glaireux. Voyez ce mot. (Lem.)

PETIT-AZUR. (*Ornith.*) Ce nom a été donné à un gobemouche bleu des Philippines, *muscicapa cærulea,* Gmel. (Ch. D.)

PETIT BARBU. (*Conchyl.*) Nom peu connu de la coquille type du genre Dauphinule, *Turbo delphinus,* Linn. (De B.)

PETIT BIJOU BLANC DE LAIT. (*Bot.*) Cet agaric est celui mentionné tom. IV, suppl. p. 94, *Bijou blanc de lait.* Il fait partie des entonnoirs mous de Paulet, qui l'a figuré pl. 66, fig. 5, de son Traité des champignons. (Lem.)

PETIT-BLEU. (*Bot.*) Voyez Turquoise et Plateaux. (Lem.)

PETIT-BŒUF. (*Ornith.*) Ce nom et celui d'œil-de-bœuf sont donnés vulgairement au roitelet, *motacilla regulus*, Linn. (Ch. D.)

PETIT-BOIS. (*Bot.*) Nom vulgaire du chèvre-feuille des Alpes. (L. D.)

PETIT-CÈDRE. (*Bot.*) C'est le genévrier oxycèdre. (L. D.)

PETIT CERISIER D'HIVER. (*Bot.*) Nom vulgaire de la morelle faux-piment. (L. D.)

PETIT CHAMPIGNON A L'AIL et AILLIER DE JUSSIEU ET DES BOIS. (*Bot.*) Paulet, Trait., 2, page 223, pl. 104, fig. 10, 11, et vol. 1ᵉʳ, page 564. Ce petit champignon est d'une couleur de corne transparente, haut de deux à trois pouces ; son chapeau, large de six lignes, est porté sur un stipe grêle, brun ou noirâtre. Toute la plante répand l'odeur d'ail ; elle n'a pas de saveur piquante, et n'a rien qui annonce des qualités suspectes. C'est l'*agaricus alliatus*, Schæff., 1, tab. 99, et peut-être une variété de l'*agaricus alliaceus*, Jacq., *Aust.*, tab. 82. Il paroît aussi que les *fungus* de Michéli, *Gen.*, page 144, pl. 78, fig. 4 et 5 doivent y être ramenés. Ces champignons ont tous une odeur d'ail très-marquée, et ne diffèrent que par des nuances dans leur couleur. Voyez Fonge, vol. XXII, p. 207, n.º 21. (Lem.)

PETIT-CHANTEUR DE CUBA. (*Ornith.*) C'est la passerine musicienne de M. Vieillot, *passerina musica*, pl. 14, fig. 4, de l'Ornith. amér. de Wilson. (Ch. D.)

PETIT CHAPEAU DE SÉNART. (*Bot.*) Voyez Chapeau de sénart. (Lem.)

PETIT CHATEAU A TRUFFE. (*Bot.*) Paulet donne ce nom à un agaric qui croît en Italie : il est blanchâtre, à stipe long, chapeau orbiculaire et racine tubéreuse. Cimel en a fait une figure, conservée dans la Collection des vélins du Muséum d'histoire naturelle. Le petit château du saule est le *fungus* représenté dans Steerbeck, tab. 27, fig. E. (Lem.)

PETIT-CHÊNE. (*Bot.*) La germandrée chênette porte vulgairement ce nom. ( L. D. )

PETIT-CHÊNE. (*Ornith.*) Cette espèce de linotte, qui se plaît dans les contrées du Nord , et à laquelle le nom de petit-chêne, *linaria truncalis* , n'a probablement été donné que parce qu'on la voit souvent sur la cime des chênes, où elle grimpe et s'accroche comme les mésanges, est le sizin de Lottinger et le sizerin de Buffon, *fringilla linaria* , Linn. ( Cʜ. D. )

PETIT - COLIBRI. (*Ornith.*) Cette dénomination et celle d'oiseau-mouche se trouvent souvent confondues dans les Voyages. ( Cʜ. D. )

PETIT COLLET CIRE JAUNE. (*Bot.*) C'est l'*agaricus cereolus*, Schæff., dans Paulet. ( Lᴇᴍ. )

PETIT COLLET FAUVE, de Paulet. (*Bot.*) C'est le champignon agaric figuré dans Michéli, pl. 75, fig. 4, qu'il rapproche des *amanita*, 2402 et 2403 de Haller, dont le premier est l'*agaricus excoriatus*, Schæff., et une variété de l'*agaricus procerus*, Pers. ( Lᴇᴍ. )

PETIT COLLET TUBERCULEUX. (*Bot.*) Paulet donne ce nom à l'*amanita*, Hall. (*Hist. nat.*, n.° 2364), qui est peut-être l'*agaricus mastoideus*, Fries. ( Lᴇᴍ. )

PETIT-COQ. (*Ornith.*) La description de cet oiseau, donnée dans le tom. XVIII de ce Dictionnaire, pag. 113, sous le nom de *gallite tricolore*, a été rectifiée dans le tom. XXXIII, page 94, où l'on a indiqué la figure 155 des planches coloriées de MM. Temminck et Laugier , bien différente de celle qui se trouve dans l'atlas joint par Sonnini à sa traduction de l'ouvrage de d'Azara. Cet oiseau est maintenant le gobe-mouches petit coq, *muscicapa alector*, P. Max. ( Cʜ. D. )

PETIT - COQ DORÉ. (*Ornith.*) Suivant Salerne, page 240 de son Ornithologie, ce nom est donné, dans quelques endroits, au roitelet huppé ou proprement dit, *motacilla regulus*, Linn. ( Cʜ. D. )

PETIT-COQ DES MONTAGNES. (*Ornith.*) Les colons du cap de Bonne-Espérance , qui désignent spécialement par ce nom le faucon à culotte noire , l'appliquent , en général , aux oiseaux de proie d'assez grande taille. ( Cʜ. D. )

PETIT-CRIARD. (*Ornith.*) Un des noms vulgaires du sterne

ou hirondelle de mer pierre-garin, *sterna hirundo*, Lath. (Ch. D.)

PETIT-CUL-JAUNE. (*Ornith.*) Les auteurs ont désigné sous ce nom des oiseaux appartenant aux genres *Carouge* et *Troupiale*, mais dont les espèces ne paroissent pas encore bien nettement déterminées. (Ch. D.)

PETIT-CYPRÈS. (*Bot.*) Nom vulgaire de l'aurone, espèce du genre Armoise, et aussi d'une santoline. (Lem.)

PETIT-DEUIL. (*Entom.*) La teigne du fusain, *phalæna evonymella*, Linn., type du genre Yponomeute de M. Latreille, a reçu ce nom vulgaire. (Desm.)

PETIT-DEUIL. (*Ornith.*) La mésange ainsi nommée est le *parus capensis*, Gmel. (Ch. D.)

PETIT-DEUIL. (*Conchyl.*) C'est le *Turbo pica* de Linné, type du genre Méléagre de Denys de Montfort, ainsi appelé parce que, lorsqu'on a altéré la superficie de cette coquille, elle est noire et blanche. (De B.)

PETIT-DORÉ (*Ornith.*) Un des noms vulgaires du roitelet, *motacilla regulus*, Linn. (Ch. D.)

PETIT-DUC. (*Ornith.*) Cet oiseau de proie nocturne est le *strix scops*, Linn. (Ch. D.)

PETIT-FOU. (*Mamm.*) Nom d'un singe du genre des Sapajous, remarquable par deux aigrettes de poils qu'il a sur le front. C'est le *simia fatuellus* de Linn. (Desm.)

PETIT-GOBE-MOUCHES D'ALLEMAGNE. (*Ornith.*) Dénomination donnée par M. Vieillot, Nouv. Dict., tom. 21, pag. 483, au gobe-mouches rougeâtre, *muscicapa parva*, de MM. Bechstein et Temminck, dont il est parlé dans ce Dictionnaire, tom. XXXIII, pag. 84. (Ch. D.)

PETIT-GOYAVIER DE MANILLE. (*Ornith.*) Le gobe-mouches, auquel ce nom a été donné parce qu'il se perche sur les goyaviers pour faire sa pâture des insectes que les fruits de ces arbres y attirent, est le *muscicapa psidii*, Gmel. (Ch. D.)

PETIT-GRIS. (*Mamm.*) Nom que porte la fourrure d'un écureuil gris du Nord de l'Europe que l'on regarde comme l'écureuil commun dans son pelage d'hiver. (F. C.)

PETIT-GRIS. (*Entom.*) Nom donné par Geoffroy à une phalène des environs de Paris. (Desm.)

PETIT-HIBOU. (*Ornith.*) La chevèche, petite espèce de chouette, porte ce nom dans l'ouvrage d'Edwards. (Desm.)

PETIT-HOUX. (*Bot.*) Nom vulgaire du fragon piquant. (L. D.)

PETIT-LAIT. (*Chim.*) Voyez Lait, tom. XXV, p. 142. (Ch.)

PETIT-LOUIS. (*Ornith.*) L'oiseau ainsi nommé par les créoles de Cayenne est le tangara téité ou teitei, *tanagra violacea*, Linn. (Ch. D.)

PETIT-MÉNAGE. (*Ornith.*) Ce nom est donné, suivant l'Encyclopédie méthodique, à la perruche à tête rouge, Briss., t. 4, p. 346. (Ch. D.)

PETIT-MINO ou MINOR. (*Ornith.*) Ce nom désigne, dans Edwards, le mainate proprement dit, *gracula religiosa*, Linn. (Ch. D.)

PETIT-MOINE ou MOINETON. (*Ornith.*) Un des noms vulgaires de la mésange charbonnière, *parus major*, Linn. (Ch. D.)

PETIT-MOINEAU. (*Ornith.*) Cet oiseau, appelé aussi moineau des bois ou friquet, est le *fringilla montana*, Linn. (Ch. D.)

PETIT-MONDE. (*Ichthyol.*) Daubenton a donné ce nom au *tétrodon ocellé*. Voyez Tétrodon. (H. C.)

PETIT-MOUCHET. (*Ornith.*) C'est la fauvette d'hiver ou traîne-buisson, *motacilla modularis*, Linn. (Ch. D.)

PETIT MOUSSERON TIGE NOIRE. (*Bot.*) Paulet donne ce nom à l'*agaricus pusillus*, Batsch, tab. 14, fig. 66. (Lem.)

PETIT-MUGUET. (*Bot.*) C'est l'aspérule odorante. (L. D.)

PETIT-NEPTUNE de Paulet. (*Bot.*) C'est un petit groupe d'agarics qui renferme les *agaricus alutaceus* et *neptuneus*, Batsch, pl. 23, fig. 118, 119. (Lem.)

PETIT-NOIR AURORE. (*Ornith.*) C'est le *muscicapa ruticilla*, Lath. (Ch. D.)

PETIT-PAON DE MALACA. (*Ornith.*) Voyez Éperonnier. (Ch. D.)

PETIT-PAON DES ROSES. (*Ornith.*) Les habitans de Cayenne nomment ainsi le caurale ou oiseau du soleil, *ardea helias*, Gmel., dont Illiger a fait le genre *Eurypyga*. (Ch. D.)

PETIT-PAON SAUVAGE. (*Ornith.*) Dénomination ancienne du vanneau, suivant Salerne, pag. 343. (Ch. D.)

PETIT-PAPILLÉ. (*Bot.*) Paulet donne ce nom à l'*agaricus papillatus* de Roussel, espèce dont on ne connoît que le dessin conservé à Paris au Muséum d'histoire naturelle dans la Collection des vélins, et exécuté par Cimel. (L.EM.)

PETIT-PASSEREAU ou PASSETEAU. (*Ornith.*) Un des noms vulgaires du moineau friquet, *fringilla montana*, Linn. (CH. D.)

PETIT-PIERROT. (*Ornith.*) Un des noms vulgaires du pétrel, dit oiseau de tempête, *procellaria pelagica*, Linn. (CH. D.)

PETIT-PILLERY ou GUILLERY. (*Ornith.*) Un des noms vulgaires du moineau friquet, *fringilla montana*, Linn. (CH. D.)

PETIT-PINSON DES BOIS. (*Ornith.*) Une des dénominations du gobe-mouches noir à collier, *muscicapa atricapilla*, Lath. (CH. D.)

PETIT-PLOMB-D'OR. (*Conchyl.*) M. de Favanne a donné ce nom au strombe poule, S. *canarium*, Linn. (DE B.)

PETIT-POIVRE. (*Bot.*) C'est le gatilier commun. (L. D.)

PETIT-PRÊTRE ou CLERC. (*Ornith.*) Nom vulgaire du rossignol de muraille, *motacilla phœnicurus*, Linn. (CH. D.)

PETIT-RIC. (*Ornith.*) L'oiseau ainsi appelé est le tyran pipiri, *lanius tyrannus*, Linn. (CH. D.)

PETIT-ROI. (*Ornith.*) Nozeman dit, tom. 1.er, pag. 79, qu'au nombre des œufs du moineau friquet, *fringilla montana*, Linn., il y en a toujours un beaucoup plus petit, et que l'oiseau qui en sort, et dont la taille est inférieure à celle des autres de la même couvée, s'appelle, en Hollande, le *petit-roi*. (CH. D.)

PETIT-ROI PATAN. (*Ornith.*) On donne, en Savoie, ce nom au troglodyte, *motacilla troglodytes*, Linn. (CH. D.)

PETIT - ROSSIGNOL DE MURAILLE D'AMÉRIQUE. (*Ornith.*) Voyez ci-dessus PETIT-NOIR AURORE. (CH. D.)

PETIT-ROUGE-QUEUE NOIR. (*Ornith.*) Ce nom est donné mal à propos, dans la traduction de Catesby, au bouvreuil noir à bec crénelé, dont il est question dans l'original. (CH. D.)

PETIT-SIMON. (*Ornith.*) Cet oiseau est le figuier de l'île de Bourbon, *motacilla borbonica*, Gmel. (CH. D.)

PETIT-SOLEIL. (*Conchyl.*) C'est le sabot molette, *Turbo calcar*, Linn. (DE B.)

PETIT-SOURD. (*Ornith.*) Nom vulgaire de la grive de vigne ou mauvis, *turdus iliacus*, Linn. (CH. D.)

PETIT-TAILLEUR. (*Ornith.*) C'est la fauvette couturière de Latham, *sylvia sutoria*, qui est figurée pl. 17, tab. 8, de la *Zoologie indienne*. (CH. D.)

PETIT VIOLET-ÉVÊQUE. (*Bot.*) Voyez *Plateau de Sainte-Lucie* à l'article PLATEAUX. (LEM.)

PETITE-AILE. (*Ornith.*) Traduction du nom groënlandois *esarokitsok*, qui désigne une sorte de plongeon, *colymbus immer*, Linn. (CH. D.)

PETITE-ARDERELLE. (*Orn.*) V. PETITE-CENDRILLE. (CH. D.)

PETITE BOUCHE. (*Conchyl.*) Il paroit qu'on a donné autrefois ce nom à l'ovule verruqueuse. (DE B.)

PETITE-CENDRILLE BLEUE. (*Ornith.*) Nom vulgaire donné, dans le département des Deux-Sèvres, à la petite mésange bleue, *parus cæruleus*, Linn., que, suivant Salerne, on appelle, en Sologne, *petite-arderelle* ou *arderolle-bleue*. (CH. D.)

PETITE-DAME ANGLOISE. (*Ornith.*) Descourtilz dit, dans le tom. 1.er des Voyages d'un naturaliste, pag. 331, que ce nom est donné, dans certains quartiers de l'île Saint-Domingue, à une espéce de troupiale. (CH. D.)

PETITE-DIGITALE. (*Bot.*) Nom vulgaire de la gratiole officinale. (L. D.)

PETITE-FAUVETTE. (*Ornith.*) L'oiseau auquel ce nom et celui de passerinette sont donnés, est la fauvette œdonie ou bretonne, *sylvia passerina*, Lath., et *sylvia œdonia*, Vieill. (CH. D.)

PETITE FEUILLE MORTE. (*Bot.*) C'est dans Paulet l'*agaricus obsolescens*, Batsch, pl. 20, fig. 102, 103. (LEM.)

PETITE GIROLLE. (*Bot.*) Voyez GIROLLE. (LEM.)

PETITE JASEUSE. (*Ornith.*) L'oiseau ainsi appelé est la perruche tirica. (CH. D.)

PETITE-JOUBARBE. (*Bot.*) C'est l'orpin brûlant. (L. D.)

PETITE-MIAULLE. (*Ornith.*) Nom vulgaire de la petite mouette cendrée, *larus cinerarius*, Gmel., ainsi appelée parce qu'elle est fort criarde. (CH. D.)

PETITE OPERCULÉE AQUATIQUE. (*Conchyl.*) Dénomination employée par Geoffroy, dans ses Coquilles des environs de Paris, pour désigner la petite coquille d'eau douce, que Draparnaud a nommée cyclostome sale, *C. impurum*, et qui entre maintenant dans le genre Paludine de M. de Lamarck. (De B.)

PETITE OREILLE DE MIDAS. (*Conchyl.*) C'est le nom que l'on donnoit autrefois, plus qu'on ne le fait maintenant, à la *voluta auris Judæ*, Linn., maintenant, l'auricule de Judas de M. de Lamarck. (De B.)

PETITE-ORGE. (*Bot.*) La cevadille a quelquefois reçu ce nom. (Lem.)

PETITE-OSEILLE. (*Bot.*) Nom vulgaire de l'oxalide oseille. (L. D.)

PETITE - PASSE PRIVÉE. (*Ornith.*) Nom vulgaire du mouchet ou fauvette d'hiver , *motacilla modularis*, Linn. (Ch. D.)

PETITE - PIE DES INDES. (*Ornith.*) Edwards nomme ainsi la pie-grièche noire du Bengale, ou pie-grièche cadran, *gracula saularis*, Linn. (Cn. D.)

PETITE SOUCOUPE OLIVATRE. (*Bot.*) Petit agaric mentionné par Paulet, et avant lui, par Michéli : il est petit, odorant, en forme de coupe profonde, obscure ou couleur d'olive brunâtre. Ce champignon croît aux environs de Florence, et on le mange dans cette ville. (Lem.)

PETITE-DE-TERRE. (*Ornith.*) Salerne dit qu'on appelle ainsi, en Normandie, le guignard, *charadrius morinellus*, Linn. (Ch. D.)

PETITE - TÉTE. (*Ichthyol.*) Voyez Leptocéphale. (H. C.)

PETITE VÉROLE. (*Conchyl.*) C'est le *cypræa nuculus*, Linn., la porcelaine grenue de M. de Lamarck. (De B.)

PETITE VESSE-DE-LOUP. (*Bot.*) Paulet donne ce nom à trois petites espèces de champignons : l'une est sa *petite vesse-de-loup laineuse* ou *à plumet*, qui est le *lycoperdon radiatum*, Linn., ou *stictis radiata*, Pers.

L'autre, sa *petite vesse-de-loup du tussilage*, est le *lycoperdon epiphyllum*, Linn., qui est l'*æcidium tussilaginis*, Gmelin, considéré comme une variété de l'*æcidium compositarum* de Martius.

La troisième espèce est sa *petite vesse-de-loup* couleur de sang, ou *lycoperdon epidendrum*, Linn., c'est-à-dire le *lycogala miniata*, Pers. ( LEM. )

PETITE - VIE. ( *Ornith.* ) C'est la sittelle à huppe noire de la Jamaïque, *sitta jamaicensis*, Lath., qui est ainsi nommée par les créoles, selon Barrère, pag. 136, de sa France équinoxiale ; le même auteur en fait un guépier dans son *Ornithol. specim. nov.*, p. 47. ( CH. **D.** )

PETITES CLOCHETTES. ( *Bot.* ) Petits agarics qui doivent leur nom à leur chapeau en forme de clochette, et à leur habitude de croître en touffes : Paulet les distingue en trois variétés. La première, *gris de souris*, qu'il rapporte à l'*agaricus campanulatus*, Linn., et au *fungus*, Vaill., n.° 7, pl. 12, fig. 1, 2.

La deuxième, *brune*, représentée dans Vaillant, pl. 12, fig. 5, 6.

La troisième, de couleur *châtain*, que Vaillant a également représentée, pl. 12, fig. 3, 4. Voyez CLOCHETTE. ( LEM. )

PETITES MAMELLES A RUBAN COLLETÉES. ( *Bot.* ) Paulet donne ce nom à un agaric roussâtre, à bord blanchâtre, cité par Vaillant.

C'est aussi, selon Paulet, un petit agaric mentionné par Vaillant, qui croît en touffe : son chapeau a le centre élevé en forme de mamelon, roux, entouré d'une zone ou ruban d'un blanc sale. ( LEM. )

PETITIA. ( *Bot.* ) Genre de plantes dicotylédones, à fleurs complètes, monopétalées, de la famille des *verbénacées*, de la *tétrandrie monogynie* de Linnæus, offrant pour caractère essentiel : Un calice persistant, fort petit, à quatre dents ; une corolle monopétale ; le tube long, cylindrique ; le limbe à quatre lobes presque inégaux, réfléchis en dehors, deux fois plus courts que le tube ; quatre étamines attachées à la partie supérieure du tube ; les anthères droites ; un ovaire supérieur ; le style de la longueur des étamines ; le stigmate simple. Le fruit est un drupe arrondi, renfermant une noix à deux loges : un noyau oblong dans chaque loge.

Ce genre a été consacré à la mémoire de François Petit, chirurgien distingué, qui a fait connoître plusieurs plantes rares. Il arrive quelquefois que le calice et la corolle n'ont que trois divisions, et dans ce cas il n'y a que trois étamines.

PETITIA DE SAINT - DOMINGUE ; *Petitia Domingensis*, Jacq., *Stirp. amer.*, pag. 14, tab. 192, fig. 6. Arbuste à tige droite, divisée en rameaux, dont les plus jeunes sont tétragones et cannelés, garnis de feuilles ovales, glabres, oblongues, opposées, acuminées, très-entières, veinées à leur face inférieure, longues d'environ six pouces, portées sur des pétioles refléchis à leur partie inférieure. Les fleurs sont nombreuses, disposées en panicules opposées, axillaires, longues d'environ trois pouces, munies, à chaque division, d'une petite bractée subulée. La corolle est blanche, fort petite, à quatre, quelquefois à trois lobes aigus, rabattus en dehors. Cette plante croît dans les forêts, à l'île de Saint-Domingue. ( POIR. )

PÉTITRIZ. ( *Ornith.* ) Ce mot et ceux de *pétritz* et *pétatritz* sont au nombre des dénominations vulgaires et multipliées auxquelles a donné lieu le cri du **proyer**, *emberiza miliaria*, Linn. ( CH. D. )

PETITS CHAPEAUX. ( *Bot.* ) Voyez CHAPEAUX. ( LEM. )

PETITS CLOUS DORÉS. ( *Bot.* ) Voyez CLOUS DORÉS. ( LEM. )

PETITS ENTONNOIRS BLANCS. ( *Bot.* ) Ce sont de petits agarics blancs, mentionnés par Michéli (sous la dénomination de *fungus albus*, pl. 141, fig. 4, et pl. 146, n.<sup>os</sup> 12, 13, 31 et 32 ), et que Paulet pense devoir former en groupe particulier. ( LEM. )

PETITS ÉTEIGNOIRS BLANCS DE LAIT. ( *Bot.* ) Paulet donne ce nom à l'*agaricus extinctorius*, Linn., qui croît en touffe. Voyez ÉTEIGNOIR. ( LEM. )

PETITS PLISSÉS. ( *Bot.* ) Paulet groupe sous ce nom les *agaricus narcoticus*, *griseus*, *pilosus* et *tintinabulum* de Batsch, ainsi que les *agaricus plicatus* et *brunneus* de Schæffer, qu'il rapporte aux deux derniers de Batsch. Il les divise en gris et grisâtres bruns. Le *fungus epipterigios* de Vaillant forme une troisième section caractérisée par la couleur, laquelle est le châtain clair. ( LEM. )

PETITS PLUCHÉS. ( *Bot.* ) C'est dans Paulet le nom d'un petit agaric qui croît en touffe, et dont la surface du chapeau est parsemée de flocons bruns ou fauves : il le dit le même que le *fungus* n.° 42, Vaillant, et le champignon nommé *florispersi* par les Italiens.

PETITS PREVATS. ( *Bot.* ) Voyez Poivrés. ( Lem. )

PÉTIVÈRE, *Petiveria.* ( *Bot.* ) Genre de plantes dicotylédones, à fleurs incomplètes, de la famille des *atriplicées,* de l'*hexandrie tétragynie* de Linnæus, dont le caractère essentiel consiste dans un calice persistant, à quatre folioles linéaires; point de corolle; six ou huit étamines; les anthères simples; un ovaire supérieur; le style latéral; plusieurs stigmates réunis en pinceau; une capsule monosperme, munie à son sommet de quatre stigmates courbés en crochet.

La découverte du genre *Petiveria* est due à Pétiver, pharmacien de Londres, botaniste instruit, auteur de plusieurs ouvrages de botanique, et auquel ce genre a été consacré.

Pétivère alliacée : *Petiveria alliacea,* Linn.; Lamk., *Ill. gen.,* tab. 272; *Trew,* Ehr., 33, tab. 67; vulgairement *Herbe aux poules de Guinée.* Cette plante répand une odeur forte, pénétrante. Sa racine est forte, ténace, fibreuse; elle s'étend au loin, et pénètre profondément dans la terre; elle produit des tiges hautes de deux ou trois pieds, noueuses, ligneuses à leur base. Les feuilles sont alternes, pétiolées, ovales, oblongues, rétrécies a leurs deux extrémités, entières, persistantes, longues de trois pouces, larges d'un pouce et demi, d'un vert foncé; les pétioles très-courts. Les fleurs sont petites, distantes, blanchâtres, peu apparentes, disposées en épis grêles, terminaux; le calice est un peu rude, à quatre folioles courtes et obtuses; point de corolle : les anthères sont oblongues, bifides à leurs deux extrémités; le style part de la base de l'ovaire, suit un sillon longitudinal, et se termine par plusieurs stigmates en pinceau. La semence est solitaire, obtuse, couronnée par quatre pointes en crochet, dont deux plus longues.

Cette plante croît dans les prairies, à la Jamaïque, et dans la plupart des îles de l'Amérique. Comme elle supporte bien la sécheresse, elle se conserve verte, tandis que les autres plantes sont brûlées par le soleil, ce qui fait que les bestiaux s'en nourrissent; mais son odeur étant très-forte, et sa saveur approchant de celle de l'ail, le lait des vaches qui en mangent participe à ces qualités, et les animaux qu'on égorge lorsqu'ils s'en sont rassasiés, ont un goût désagréable. On se sert de ses racines pour écarter des habits et des étoffes de laine les insectes qui les attaquent. Leur odeur est si pénétrante que, quand on les manie, elle reste long-temps aux doigts. (POIR.)

PETOLA. (*Bot.*) Nom malais donné avec des surnoms par Rumph dans l'*Herb. Amboin.*, au *momordica luffa*, au *cucumis anguinus* et au *cucumis acutangulus*. ( J. )

PÉTOLE. (*Erpét.*) Voyez PÉTHOLE. (DESM.)

PÉTONCLE, *Pectunculus.* ( *Malacoz.* ) Genre de malacozoaires acéphalophores, lamellibranches, de la famille des arcacées, c'est-à-dire, séparé du genre Arche de Linnæus, établi par M. de Lamarck, adopté par presque tous les zoologistes modernes et qui peut être caractérisé ainsi : Corps arrondi, plus ou moins comprimé; manteau ouvert dans toute sa partie inférieure, sans cirres tentaculaires ni tubes; pied sécuriforme et fendu à son bord inférieur et antérieur; appendices buccaux linéaires; coquille orbiculaire, équivalve, subéquilatérale; les sommets presque verticaux et plus ou moins distans; charnière formée sur chaque valve d'une série assez nombreuse de petites dents, disposées en une ligne courbe, quelquefois interrompue sous le sommet; ligament extérieur assez large, autant avant qu'après le sommet; deux impressions musculaires, distinctes, réunies par une ligule abdominale, sans excavation postérieure.

Ce genre est évidemment assez différent des arches par la forme générale de la coquille et même par la disposition du pied de l'animal, pour mériter d'être conservé; aussi M. Poli, qui n'envisage rigoureusement que les animaux dans l'établissement de ses genres, avoit-il constitué celui-ci sous le nom d'*axinœa*. Cependant il ne faut pas cacher que quelques espèces d'arches, pour la forme générale, ont déjà un peu la courbure du bord cardinal des pétoncles. Les mœurs des pétoncles ne doivent du reste pas différer beaucoup de celles des arches, si ce n'est qu'ils ne s'attachent pas aux rochers d'une manière aussi fixe, aussi constante, que le font les arches, et surtout celles qui, comme l'arche de Noë, ont une large échancrure au bord ventral de leur coquille. Il paroît que ces animaux ne s'enfoncent pas dans le sable.

mais qu'ils restent à la surface du sol. M. Poli nous a donné quelques détails anatomiques sur l'arche velue de la Méditerranée, où l'on ne trouve rien de bien différent de ce qui existe dans les autres lamellibranches. Le pied est seulement énorme et attaché dans toute la longueur de l'abdomen ; il est en forme de hache et fendu dans toute sa longueur, ce qui fait présumer qu'il sert à l'animal à s'attacher et même peut-être à ramper, comme cela est fort probable pour les nucules. Le canal intestinal ne forme qu'un grand coude dans le milieu de la cavité abdominale, et les bords du manteau sont lisses et sans papilles.

On connoît des pétoncles dans toutes les parties du monde. M. de Lamarck en caractérise dix-neuf espèces, parmi lesquelles il y en a un assez grand nombre de nouvelles, ou du moins qu'il n'a pu reconnoître dans les figures et les descriptions incomplètes données par les auteurs. Il fait observer, en effet, que, beaucoup de ces coquilles étant susceptibles d'acquérir une épaisseur considérable et même de changer un peu de forme, il est souvent fort difficile de distinguer les espèces, à moins que d'avoir recours à des descriptions complètes, que le plan de son ouvrage lui a malheureusement interdites. Il les partage en deux sections, que nous adopterons, suivant qu'elles sont pectinées ou non.

### A. *Espèces non pectinées.*

Le P. LARGE : *P. glycimeris*, Linn.; Gmel., n.° 35; Gualt., *Test.*, t. 82, fig. *C, D, E*, et Poli, *Test.*, 2, t. 25, fig. 17, 18. Coquille grande et épaisse avec l'âge, orbiculaire, un peu plus haute que longue, subéquilatérale, sillonnée et striée verticalement, avec des zones obscures.

M. de Lamarck, en caractérisant cette espèce d'après un individu de sa collection qui vient de la Méditerranée, doute que ce soit bien exactement l'*arca glycimeris* de Linné. Il y rapporte comme variété la coquille figurée par Pennant, Zool. brit., 4, t. 58, fig. 58, qui est d'un blanc jaunâtre, zonée de brun fauve, et provenant de la Manche.

Le P. FLAMMULÉ; *P. pilosus*, de Lamk., Anim. sans vert., t. 6, part. 1, page 49, n.° 2. Coquille ovale, orbiculaire, renflée, à sommets obliques, striée dans les deux sens, couverte d'un épiderme brun, pileux.

M. de Lamarck distingue deux variétés dans cette espèce : l'une qui est plus épaisse, nuée de brun et de fauve, avec le bord inférieur un peu irrégulier et saillant en arrière. Elle est figurée dans Lister, *Conch.*, t. 240, fig. 77 ; et l'autre, qui est suborbiculaire, renflée, blanche, peinte de flammes brunes, avec le bord inférieur arrondi et subrégulier : c'est l'*arca pilosa* de Linné, figurée dans Gualtieri, *Test.*, tab. 72, fig. G.

Cette espèce, qui diffère de la précédente, suivant M. de Lamarck, parce qu'elle est moins alongée, que ses sommets sont plus obliques et qu'elle devient plus gibbeuse, plus irrégulière, plus épaisse, en viellissant, enfin qu'elle a une tache d'un roux-brun en dedans, est de la Méditerranée.

Le P. ONDULÉ : *P. undulatus*, de Lamk., *loc. cit.*, n.° 3 ; *Arca undata*, Linn.; Gmel., n.° 32 ? Coquille ovale, orbiculaire, renflée, inéquilatérale, anguleuse en arrière et sillonnée longitudinalement, à sommets droits et recourbés en dedans. Couleur blanche, ornée de taches brunes, ondées, en séries longitudinales. Des mers d'Amérique ?

Le P. MARBRÉ : *P. marmoratus* ; *Arca marmorata*, Linn.; Gmel., n.° 40 ; Chemn., *Conch.*, 7, t. 57, fig. 353. Coquille lenticulaire ou convexe, comprimée, subéquilatérale, finement striée dans les deux sens, blanche, variée de flammules subanguleuses, jaunes, fauves ou brunes, disposées en bandes inégales. De l'Océan d'Europe et d'Amérique.

Le P. ÉCRIT : *P. scriptus* ; *A. scripta*, Born., *Mus.*, page 93, tab. 6, fig. 1, *a*, et Enc. méth., pl. 311, fig. 8. Coquille orbiculaire, lenticulaire, striée dans les deux sens, blanche, peinte de lignes fauves, anguleuses. Des côtes de Saint-Domingue.

Le P. PENNACÉ : *P. pennaceus*, de Lamk., *loc. cit.*, n.° 6 ; Knorr, *Vergn.*, E, t. 30, fig. 3, et Enc. méth., pl. 310, fig. 5 ? Coquille orbiculaire, renflée, striée dans les deux sens ; ligament tout-à-fait en arrière de la pointe des sommets. Couleur blanche, variée de taches longitudinales, fasciculées, rousses. De la mer des Indes.

M. de Lamarck paroît avec raison douter que cette coquille soit l'*arca decussata* de Linn., Gmel., n.° 20.

Le P. ROUGEATRE : *P. rubens*, de Lamk., *loc. cit.*, n.°7; Enc. méth., pl. 310, fig. 3? Coquille orbiculaire, grande, convexe, très-finement treillissée, à facette ligamenteuse très-étroite. Couleur rouge, avec des taches petites, nombreuses et plus foncées. Patrie?

Le P. ANGULEUX : *P. angulatus; A. angulosa*, Linn.; Gmel., n.° 28; Chemn., *Conch.*, 7, t. 57. Coquille subcordiforme, ventrue, anguleuse en arrière, sillonnée et striée dans sa hauteur; surface ligamenteuse assez courte. Couleur roussâtre, nuée de blanc en dehors, avec une grande tache d'un roux-brun à l'intérieur. Des mers d'Amérique.

Le P. ÉTOILÉ : *P. stellatus; A. stellata*, Brug., Encycl., n.° 32; Bonnani, *Recreat. ment.*, 2, fig. 62. Coquille orbiculo-subcordiforme, avec des stries verticales très-éloignées. Couleur fauve, avec une sorte d'étoile blanche sur les sommets. Océan atlantique, côtes du Portugal.

Le P. PALE : *P. pallens; A. pallens*, Linn.; Gmel., n.° 22; Schröter, *Einl. in Conch.*, 3, pag. 370, tab. 9, fig. 1. Coquille assez petite, lenticulaire, inéquilatérale, striée dans les deux sens; les stries verticales plus marquées; sommets rapprochés et parfaitement droits. Couleur blanche, nuée ou tachetée de violet pâle. De l'Océan indien.

M. de Lamarck cite une variété de cette espèce, plus colorée, à sommets un peu moins rapprochés, obscurément obliques, qui vient du golfe de Tarente.

Le P. VIOLATRE; *P. violacescens*, de Lamk., n.° 11. Coquille orbiculaire, cordiforme, renflée, marquée de sillons verticaux, distans, croisés par des stries très-fines. Couleur violâtre, par un mélange de gris et de rouge, quelquefois avec les sommets tachetés de blanc. De la mer Méditerranée.

M. de Lamarck convient qu'elle est fort rapprochée du P. velu.

Le P. ZONAL : *P. zonalis*, de Lamk., n.° 12; Bonnani, *Recr.*, 2, fig. 63. Coquille cordiforme, renflée, avec des sillons verticaux, striée en travers; de couleur rousse, élégamment zonée de fauve et de brun en dehors, toute blanche à l'intérieur. Mer de Cadix.

Le P. STRIATULAIRE; *P. striatularis*, de Lamk., n.° 13. Coquille ovale, subcordiforme, plus longue que haute, à sommets un peu obliques et très-finement striées suivant la hauteur. Couleur d'un blanc roussâtre en dehors, blanche à l'intérieur, avec une grande tache d'un rouge brun. Mers de la Nouvelle-Hollande.

Le P. NUMMAIRE : *P. nummarius*, de Lamk., n.° 14; *Arca nummaria*, Linn.; Gmel., n.° 37? Coquille lenticulaire, subauriculée, équilatérale, striée dans sa longueur. Couleur blanche, peinte de nébulosités fauves ou rougeâtres. Mer Méditerranée.

### B. *Espèces pectinées.*

Le P. MARRON : *P. castaneus*, de Lamk., n.° 15; Enc. méth., pl. 11, fig. 2. Coquille orbiculaire, presque équilatérale, avec des côtes nombreuses, striées et peu marquées au sommet. Couleur marron, tachetée de blanc en dehors, toute blanche en dedans. Des mers d'Amérique?

Le P. PECTINIFORME : *P. pectiniformis*, de Lamk., n.° 16; *Arca pectunculus*, Linn.; Gmel., n.° 35. Coquille lenticulaire, convexe, déprimée, subauriculée, avec des côtes épaisses, striées en travers; sommets petits, non inclinés. Couleur blanche, tachetée de brun. De l'Océan d'Asie et d'Amérique.

Le P. PETITES CÔTES : *P. pectinatus; Arca pectinata*, Linn.; Gmel., n.° 34; Enc. méth., pl. 311. fig. 6. Coquille lenticulaire, avec des côtes nombreuses, assez petites, striées en travers. Couleur blanche ou roussâtre, peinte de taches carrées, ou blanche avec des taches rousses. Des mers de l'Amérique méridionale.

Le P. RAYONNANT; *P. radians*, de Lamk., n.° 18. Coquille suborbiculaire, inéquilatérale, un peu plus longue que haute, avec des côtes très-fines, très-nombreuses, striées dans le même sens. Couleur rousse, avec les natèces très-blanches. Une variété a les côtes plus larges. Des mers de la Nouvelle-Hollande.

Le P. VITRÉ; *P. vitreus*, de Lamk., n.° 54. Coquille orbiculaire, très-plate, subauriculée, mince, pellucide, à côtes striées transversalement; la série des dents de la charnière anguleuse et interrompue. Couleur blanche, avec quelques petites taches aurores.

Cette espèce, dont le Muséum ne possède qu'une valve, rapportée par MM. Péron et Lesueur, a, à quelque chose près, la charnière des nucules; cependant sa forme, et surtout la position de son ligament, appartiennent tout-à-fait aux pétoncles. (De B.)

PÉTONCLE. (*Foss.*) Les coquilles de ce genre se rencontrent dans les mers de presque tous les climats, comme on les trouve à l'état fossile dans presque tous les pays. Ce n'est que dans les couches inférieures de la craie que l'on commence à les rencontrer. Elles se montrent abondamment dans le calcaire coquillier grossier; mais je ne connois d'autre exemple qu'on en ait trouvé dans le grès marin supérieur, qu'à Montmartre, où M. Brongniart annonce en avoir rencontré.

L'absence des couleurs, pour celles de ces coquilles qu'on trouve à l'état fossile, doit nécessairement faire confondre des espèces qui auroient été bien distinctes, si on avoit été aidé par elles.

PÉTONCLE ÉLARGI : *Pectunculus pulvinatus*, Lamk., Anim. sans vert., tom. 6, 1.<sup>re</sup> partie, page 54; Ann. du Mus., tom. 9, pl. 16, fig. 9; Brongn., Terrains du Vicentin, pl. 6, fig. 15, var. *taurinensis*, et fig. 16, var. *pyrenaicus*. Coquille orbiculaire, transverse, subéquilatérale, couverte de légers sillons longitudinaux, à sommets peu élevés, à bords crénelés. M. de Lamarck rapporte à cette espèce des coquilles de ce genre qu'on trouve à Dax; en Italie; à Grignon, département de Seine-et-Oise; à Courtagnon près de Reims; à Beauvais; dans la Touraine; près de Bordeaux; dans le Piémont; à Sienne; mais il est difficile de croire que la même espèce vivoit dans tous ces lieux. Les plus grandes de ces coquilles, qu'on trouve à Grignon et aux environs de Paris, ont un pouce et demi de longueur; tandis que quelques-unes de celles des environs de Sienne ont plus de cinq pouces. On trouve en Angleterre, à Holywel dans le *crag*, à Bognor dans le grès vert et à Anvers, des coquilles qui paroissent avoir beaucoup de rapports avec cette espèce.

PÉTONCLE DE L'OISE ; *Pectunculus dispar*, Def. Cette espèce, qu'on rencontre à Saint-Félix, à Chaumont et dans d'autres localités du département de l'Oise, est couverte sur une partie de son têt de fines stries longitudinales, et sur l'autre de légères côtes ; du reste elle ressemble au *pecten pulvinatus*. Longueur, quatorze lignes.

Pétoncle cœur : *Pectunculus cor*, Lamk., *loc. cit.; an Arca imbrica?* Brocc., *Test.*, 2., tab. 11, fig. 10. Coquille en cœur, oblique. bombée, subinéquilatérale, couverte de fines stries longitudinales et à sommets épais. Longueur, deux pouces. On la trouve à Léognan et Saucats près de Bordeaux.

Pétoncle planicostal: *Pectunculus planicostalis*, Lamk., Anim. sans vertèbr. ; *Pectunculus ter⸱bratularis*, Ann. du Mus., 6, p. 216; *Pectunculus jœrsienus*, Lesueur. Coquille ovale, orbiculaire, subinéquilatérale, couverte de côtes longitudinales très-légères, qui sont coupées par de très-petites stries transverses. Longueur, deux pouces. On la trouve à Bracheux ; à Abbécourt près de Beauvais ; près d'Etampes, dans une couche de sable quarzeux. On trouve à Kleinspowen près de Tongres, et aux environs de Maëstricht, dans une pareille couche, une espèce dont le têt est très-épais et qui a beaucoup de rapports avec le *P. planicostalis*.

Pétoncle transverse; *Pectunculus transversus*, Lamk., Anim. sans vert., n.º 5. Coquille elliptique - transverse, un peu épaisse, subéquilatérale, à côtes longitudinales écartées et coupées par de légères stries transverses. Longueur, plus d'un pouce et demi. On la trouve dans le Plaisantin.

Pétoncle a oreilles : *Pectunculus auritus; Arca aurita*, Brocc.. *loc. cit.*, tab. 11, fig. 9. Coquille ovale-oblique, couverte de stries concentriques à charnière avec des oreilles, à fossette triangulaire et à bord uni. Longueur, huit lignes. On la trouve dans le Plaisantin et dans la Coroncinne.

Pétoncle oblique ; *Pectunculus obliquus*, Def. Cette espèce a quelques rapports avec celle qui précède ; mais elle est plus aplatie, elle n'a point d'oreilles et elle est quelquefois du double plus grande. On la trouve dans le falun de Hauteville, département de la Manche, et à Acy, département de l'Oise.

Pétoncle coupé ; *Pecten recisus*, Def. Cette espèce a encore des rapports avec les deux précédentes ; mais elle en diffère par l'un de ses côtés, qui est aplati, et par sa taille, puisqu'elle

n'a que trois à quatre lignes de longueur. On la trouve à
Thorigné près d'Angers.

PÉTONCLE NUCULÉ ; *Pectunculus nuculatus*, Lamk., Ann. du Mus.,
tom. 9, pl. 16, fig. 8. Coquille inéquilatérale, transverse,
couverte de stries concentriques très-fines : sa charnière est en
ligne arquée ; le bord intérieur des valves n'est point crénelé.
Longueur, une ligne. On la trouve à Grignon.

PÉTONCLE GRANULÉ ; *Pectunculus granulatus*, Lamk., *loc. cit.*,
même pl., fig. 6. Coquille lenticulaire, subéquilatérale, luisante, couverte de petites côtes longitudinales, qui sont coupées par des stries concentriques. Le bord intérieur des
valves est à peine crénelé. Longueur, cinq lignes. On la
trouve à Grignon et à Hauteville dans le calcaire grossier.

*Pectunculus romuleus; Arca romulea*, Brocc., *l. c.*, tab. 11,
fig. 11. Je possède des coquilles pareilles à celles figurées
dans cet ouvrage, et qui viennent du mont Marius et du
Plaisantin ; mais je pense que les rugosités qui se trouvent
dessus, proviennent de la disparition d'une partie du têt.

PÉTONCLE A CÔTES ÉTROITES ; *Pectunculus angusticostatus*, Lamk.,
Ann. du Mus., tom. 9, pl. 16, fig. 7. Coquille ovale-transverse, couverte de côtes aiguës longitudinales et à sommets
recourbés. Longueur, un pouce et demi. On la trouve près
de Pontchartrain, département de Seine-et-Oise, dans une
couche analogue à celle qui se trouve près de la Ménagerie
dans le parc de Versailles.

PÉTONCLE SILLONNÉ ; *Pectunculus sulcatus*, Def. Coquille ovale,
couverte de côtes longitudinales élevées et nombreuses, qui
sont coupées, ainsi que l'intervalle qui les sépare, par de fines
stries transverses. Je ne possède de cette espèce que deux
valves, qui ont été rapportées de la Caroline du Nord par
M. Michaux. Elles ont six lignes de longueur.

PÉTONCLE AMÉRICAIN ; *Pectunculus americanus*, Def. Coquille
suborbiculaire, aplatie et couverte de larges côtes longitudinales peu élevées et finement striées. Longueur, plus de deux
pouces. On la trouve à la Caroline du Nord.

PÉTONCLE A CÔTES-DOUCES ; *Pectunculus costarius*, Def. Coquille
orbiculaire, couverte de côtes longitudinales peu élevées et
de stries concentriques. Longueur, neuf lignes. On la trouve
près d'Étampes, dans une couche de sable quarzeux.

39.                                        15

Pétoncle subconcentrique ; *Pectunculus subconcentricus*, Lamk. Coquille ronde-ovale, convexe, à têt épais, striée longitudinalement, et portant quelquefois des stries d'accroissement très-marquées. Longueur, un pouce. On la trouve à Coulaine, près le Mans.

*Pectunculus costatus*, Sow., *Min. conch.*, tab. 27, fig. 2. Coquille orbiculaire, déprimée, couverte de légères côtes longitudinales, dont l'intervalle est rempli de stries dans la même direction. Ces côtes et ces stries sont coupées par d'autres stries transverses ; la charnière porte quatorze dents. Longueur, dix lignes. On la trouve à Hordewel, en Angleterre.

*Pectunculus plumstediensis*, Sow., *loc. cit.*, pl. 27, fig. 3. Coquille ovale-transverse, un peu oblique, couverte de côtes longitudinales serrées et peu élevées, et à bord légèrement crénelé. Longueur, neuf lignes. On la trouve à Plumstead, près de Wolwich, en Angleterre, dans les couches inférieures de la craie. Cette coquille a extérieurement l'aspect d'un *cardium*.

Pétoncle pectiné ; *Pectunculus pectinatus*, Def. Coquille suborbiculaire, un peu transverse, couverte de stries longitudinales et d'autres qui sont concentriques. Le bord est finement crénelé. Longueur, un pouce. On la trouve à Hauteville, dans le calcaire grossier, et dans le Hamsphire en Angleterre.

*Pectunculus decussatus*, Sow., *loc. cit.*, tab. 27, fig. 1. Coquille ovale-transverse, couverte de très-petites côtes longitudinales et serrées. La charnière porte vingt-cinq à trente dents, et les bords ne sont point crénelés. Longueur, sept à huit lignes. On la trouve à Highgate en Angleterre.

Dans l'ouvrage sur les animaux sans vertèbres M. de Lamarck donne encore la description du P. ovoïde, qu'on trouve près de Cassel ; du P. nudicarde, du P. monnoyer, qu'on trouve dans la Touraine, et du P. pygmée, que ce savant annonce avoir été trouvé à Grignon.

On en trouve dans les couches inférieures de la craie à Rethel ; mais il ne nous ont pas présenté de caractères suffisans pour être déterminés. Il en est de même de ceux qu'on trouve à Néhou, département de la Manche, qui n'ont laissé que leurs moules extérieur et intérieur dans des couches analogues à la craie. qui ont été pétrifiées. (D. F.)

PÉTONCLE EN FAMILLE. (*Bot.*) Paulet (Traité des champ., 2, page 119, pl. 27, fig. 3) a décrit sous ce nom une petite espèce d'agaric de la famille des *oreilles-de-terre* ou *demi-champignons feuilletés* et de son groupe des *coquilles pétoncles*. Il est très-voisin de l'*agaricus defluens*, Batsch et Willd. Son chapeau est blanc, garni de feuillets roses. Ce champignon, qui est promptement la pâture des vers, n'a point de mauvaises qualités. (Lem.)

PÉTONCLES. (*Bot.*) Voyez Coquilles, t. X, p. 344. (Lem.)

PETOROI. (*Ornith.*) Nom donné, dans les îles Kouriles, à la bécasse, *scolopax rusticola*, Linn. (Ch. D.)

PETOUA. (*Ornith.*) Nom provençal du roitelet, qui s'écrit aussi *petoue.* (Ch. D.)

PETOUMO. (*Bot.*) Nom galibi, cité par Aublet, de son *apeiba petoumo.* Barrère le nomme *patoumou.* (J.)

PET-PET. (*Ornith.*) Descourtilz, Voyage d'un naturaliste, tom. 2, p. 257, dit, en parlant de l'échasse du Mexique, *himanthopus*, Briss., tom. 5, p. 36, qu'on lui a vulgairement donné ce nom à cause du cri qu'elle fait entendre en partant. (Ch. D.)

PETRAC. (*Ornith.*) Ce nom vulgaire, qui s'écrit aussi *pétrat*, désigne tantôt le moineau friquet, *fringilla montana*, Linn.; tantôt le proyer, *emberiza miliaria*, Linn. (Ch. D.)

PÉTRACEAU. (*Ornith.*) Nom vulgaire de la canepétière ou petite outarde, *otis tetrax.* (Ch. D.)

PÉTRÉE, *Petrea.* (*Bot.*) Genre de plantes dicotylédones, à fleurs complètes, monopétalées, de la famille des *verbénacées*, de la *didynamie angiospermie* de Linnœus, offrant pour caractère essentiel: Un calice coloré, très-grand, à cinq divisions scarieuses, profondes. linéaires, persistantes; garni à son orifice de cinq écailles, en forme de second calice; une corolle plus courte que le calice: le tube court; le limbe à cinq lobes étalés, presque égaux; quatre étamines didynames, non saillantes; un ovaire supérieur; le style simple; le stigmate presque en tête: une capsule à deux loges monospermes, entourées par le calice persistant.

Ce genre renferme des arbres ou arbrisseaux grimpans, à

feuilles simples, opposées, entières; les fleurs presque opposées, pédicellées, munies de bractées, disposées en épis axillaires ou terminaux. Il a été consacré par Houston à la mémoire du lord Pétrée, mort de la petite vérole à l'âge de trente-deux ans, l'an 1741, digne d'une plus longue vie. Il s'occupoit à préparer une *Flore des Indes*, ouvrage d'un grand intérêt.

PÉTRÉE GRIMPANTE : *Petrea volubilis*, Linn., *Spec.*; Lamk., *Ill. gen.*, tab. 559; Gærtn., *De fruct.*, tab. 177. Arbrisseau dont la tige est rude, sarmenteuse, cylindrique, rameuse, haute de vingt pieds. Les feuilles sont opposées, pétiolées, ovales, lancéolées, entières, aiguës, rudes à leurs deux faces, longues de trois ou quatre pouces. Les fleurs sont disposées en épis ou en belles grappes longues, pendantes, lâches, terminales. Le calice est, surtout à l'intérieur, d'une belle couleur purpurine ou bleuâtre, à cinq grandes divisions profondes, trèsouvertes, linéaires, obtuses; la corolle, caduque, d'un violet foncé, a le tube court et les cinq divisions du limbe presque en deux lèvres. Le fruit consiste en une capsule, contenue dans le tube du calice, dont l'ouverture est fermée par les cinq écailles conniventes situées entre les cinq grandes divisions du calice : cette capsule est d'une seule pièce, divisée intérieurement en deux loges, renfermant chacune une semence presque ovale. Cette plante croît à la Martinique.

PÉTRÉE RIDÉE : *Petræa rugosa*, Kunth *in* Humb. et Bonpl., *Nov. gen.*, 2, pag. 282. Cet arbrisseau a des rameaux presque anguleux, rudes, hérissés; les feuilles sont opposées, médiocrement pétiolées, elliptiques, arrondies au sommet, mucronées, légèrement en cœur à leur base, entières, coriaces, luisantes, rudes et ridées en dessus, hérissées en dessous, longues de deux pouces et plus, larges d'un pouce et demi. Les épis sont droits, axillaires, solitaires, terminaux, lâches, longs de quatre pouces: les fleurs pédicellées, alternes ou opposées, munies à leur base de bractées hérissées, linéaires, acuminées: elles ont le calice un peu hispide, à cinq découpures ovales-oblongues, obtuses; les écailles intérieures courtes, inégales et ciliées; la corolle violette, plus courte que le calice: le tube court: le limbe à cinq divisions égales, étalées: les étamines presque égales, insérées à l'orifice du tube; les filamens courts, glabres et subulés; l'ovaire glabre, presque globuleux; le style non saillant, glabre; le stigmate en tête. Cette plante croît dans la province de Caracas.

PÉTRÉE EN ARBRE; *Petræa arborea*, Kunth, *loc. cit.* Arbre d'environ vingt pieds de haut, chargé de rameaux presque opposés, glabres, cylindriques, revêtus d'une écorce lisse et cendrée. Les feuilles sont opposées, presque sessiles, ovales, oblongues, médiocrement acuminées, coriaces, entières, un peu ondulées à leurs bords, un peu en cœur à leur base, rudes et luisantes en dessus, à nervures saillantes en dessous, longues de trois pouces et plus, larges d'un pouce et demi. Les épis sont pendans, solitaires, axillaires, longs de trois pouces; les fleurs distantes, opposées, pédicellées; les bractées caduques; les pédoncules pubescens; le calice est verdâtre, hérissé sur le tube, à divisions violettes : la corolle d'un rouge violet, pubescente en dehors, une fois plus courte que le calice, le limbe partagé en cinq lobes ovales, obtus : le supérieur marqué d'une tache blanche. Cette plante croît dans les vallées de l'Amérique méridionale. (Poir.)

PÉTREL; *Procellaria*, Linn. (*Ornith.*) Ces oiseaux, dont Linné n'a connu que six espèces, ont été par lui caractérisés d'une manière imparfaite, qui ne suffisoit pas pour indiquer les différentes particularités qu'on a observées sur des espèces découvertes depuis, et d'après lesquelles des naturalistes plus modernes ont établi des sections et même créé des genres distincts. Ces considérations frappoient principalement sur la forme des mandibules, sur celle des narines, et sur une propriété spéciale de la gorge. Dans l'état actuel, et quoique les espèces soient loin d'être suffisamment connues, on divise assez généralement les pétrels en trois genres, dont le premier conserve le nom de Pétrel, et dont le second est nommé Prion et le troisième Pélécanoïde.

Les caractères généraux des pétrels sont d'avoir le bec de médiocre longueur, dur, crochu, et dont l'extrémité semble faite d'une pièce articulée au reste; les narines proéminentes, contenues dans un tube et couchées sur le dos de la mandibule supérieure ; les trois doigts antérieurs joints ensemble par des membranes entières, et le doigt de derrière remplacé par un ongle très-pointu.

Les espèces de ce genre se divisent assez naturellement en deux groupes, dont le premier est composé de celles chez lesquelles la mandibule supérieure est seule crochue, et l'inférieure droite et tronquée à la pointe : tandis que dans le second les deux mandibules sont pointues et courbées dans le même sens à leur extrémité. Les espèces se distinguent encore par les narines, qui ont un orifice commun dans le premier groupe, c'est-à-dire chez les pétrels proprement dits, et deux orifices séparés dans le second groupe, auquel on a conservé le nom de puffin, *puffinus*, originairement donné par Brisson et par Buffon.

M. Temminck a introduit une troisième section dans ce genre, sous le nom de *pétrels hirondelles* ; mais elle est caractérisée moins nettement, et elle présente des alternatives dont les deux premières sont dégagées. Le bec des oiseaux de cette section est plus court que la tête, et très-comprimé à la pointe. Les narines sont tantôt réunies en un seul tube, tantôt elles laissent voir deux orifices distincts. La queue est carrée ou foiblement fourchue, et le tarse est plus long que chez les autres.

Les espèces que notre illustre Lacépède a, le premier, détachées de cette famille pour en former deux genres séparés, sous les noms de *prion* et de *pélécanoïde*, se reconnoissent en ce que les prions, *pachyptila* d'Illiger, ont le bec élargi à la base et ses bords garnis extérieurement de lames, comme les canards, et que les pélécanoïdes, *haladroma* d'Illiger, ont la gorge dilatable, comme les cormorans, et manquent tout-à-fait de pouce, comme les albatros. Le naturaliste prussien ajoute à ces caractères ceux d'une langue épaisse, charnue et conique pour les prions, et d'une langue terminée en forme de spatule et à bords dentelés à la base, pour les pélécanoïdes.

Les pétrels ont reçu cette dénomination de ce qu'outre la faculté de nager, ils ont celle de se soutenir sur les eaux, en les frappant de leurs pieds avec une vitesse extrême, ce qui les a fait comparer à S. Pierre marchant sur l'eau.

On voit des pétrels dans toutes les mers, d'un pôle à l'autre ; ce sont les compagnons inséparables des marins pendant leurs longues navigations. Ceux qu'on rencontre le plus fréquemment, sont les damiers et les plus petites espèces. Le vol de ces oiseaux s'effectue presque toujours en planant et sans offrir de vibrations apparentes. Ils s'élèvent avec facilité, et, tournant brusquement sur eux-mêmes à l'aide de leur queue, ils vont contre le vent le plus fort, qui ne ralentit pas leurs mouvemens. Non-seulement la tempête ne les effraie pas, mais c'est pour eux une sorte de nécessité de rechercher les mers où l'agitation des flots ramène à la surface une plus grande quantité des animaux marins qui leur servent de pâture, et c'est aussi pour cela qu'ils se tiennent dans le tourbillon formé par le sillage du vaisseau, que la mer soit grosse ou belle.

Les pétrels, qui s'abattent sur leur proie avec une promptitude extrême et l'enlèvent avec le bec comme avec un harpon, n'ont pas l'habitude de plonger pour l'atteindre. On ne les voit jamais se submerger, et seulement lorsque l'animal qu'ils guettent se tient à une assez grande profondeur, ils enfoncent une partie de leur corps dans l'eau pour le saisir.

On a mal à propos regardé les poissons comme formant la principale nourriture des pétrels; leurs habitudes et la structure de leur bec ne semblent pas propres à la chasse de ces animaux, et il paroît plus naturel de regarder la chair des cétacés morts comme étant leur aliment de préférence, et les mollusques, les vers marins et le frai des poissons comme fournissant, surtout aux petites espèces, une nourriture habituelle. Si les naturalistes qui ont voyagé sur l'Uranie, commandée par le capitaine Freycinet, n'ont pas trouvé dans l'estomac des individus par eux disséqués, des débris des mollusques dont les mers sont parfois couvertes et dont la digestion est très-prompte, ils n'y ont pas non plus trouvé des débris de poissons, mais seulement des fragmens de sèches et de calmars. Lorsqu'ils voyoient de petits pétrels, de la grandeur de ceux qu'on nomme vulgairement alcyons, lancer à chaque instant des coups de bec, comme pour attraper quelque chose qu'ils ne pouvoient distinguer, c'étoient vraisemblablement des insectes marins que saisissoient ces oiseaux.

Les pétrels, trouvant toujours en mer un élément qui leur

convient. ne la quittent qu'au temps de la ponte, et pour placer leur nid dans des trous de rochers fort escarpés, où ils nourrissent leurs petits d'animaux à demi digérés. Ils s'y retirent la nuit et y font entendre une voix désagréable qui ressemble au coassement d'un reptile. Quand on essaie de les surprendre sur leurs œufs, ils lancent aux yeux du chasseur une huile dont leur estomac est rempli, ce qui a coûté la vie à des observateurs non instruits de ce fait, qui sont tombés dans la mer ou dans des précipices.

Quoique les pétrels aient les ailes fort longues, leur vol est en général peu élevé : c'est surtout dans la haute mer qu'on les rencontre; mais il arrive que des individus, emportés peut-être par des coups de vent, et perdant ensuite leur route, paroissent jusque sur les eaux douces.

Il résulte des observations faites par MM. Quoy et Gaimard pendant le voyage du capitaine Freycinet, que la présence seule des pétrels n'est pas un signe certain de l'approche des terres. Il auroit été à désirer qu'ils eussent pu joindre aux faits généraux par eux recueillis, des descriptions de quelques-unes des espèces nouvelles qui ne sont qu'indiquées ; mais, comme ils le remarquent, ces oiseaux n'entourent les vaisseaux que quand la mer est agitée, et si les vents déchaînés n'empêchent pas de tuer plusieurs individus, on ne pourroit les aller chercher sans compromettre la vie des hommes qui s'y hasarderoient. Il faut donc presque renoncer à l'espoir de compléter la description des nombreuses espèces dont ce genre paroit composé. On ne croit pas toutefois inutile de mentionner ici les remarques faites par les deux naturalistes dans le cours de leur voyage. Ils en ont vu de tout noirs, et d'autres joignant à cette couleur un ventre blanc avec des taches brunes sur la tête et le dos, ou privés des taches brunes; d'autres grisâtres. Aux approches de l'île Campbell, ils ont rencontré de grands pétrels dont le corps étoit blanc, le dessus des ailes, le dos dans sa largeur et le bout de la queue noirs, couleur qui sous les ailes étoit traversée par une bande longitudinale blanche ; et parmi eux il y en avoit dont la tête étoit toute noire. Après avoir dépassé ce rocher, ils ont vu un pétrel dont la forme étoit différente et qui voloit avec moins de rapidité. Il étoit plus gros, d'un noir très-foncé, avec quelques taches blanches à l'extrémité de l'aile. A l'égard des petites espèces, souvent confondues sous la dénomination vague d'oiseau de tempête, *procellaria pelagica*, et qui se montrent depuis les mers du nord jusque vers le pôle sud, les mêmes naturalistes en indiquent plusieurs dont les unes étoient noires et avoient le croupion blanc, et sur chaque aile une large ligne longitudinale d'un noir plus foncé; les autres également noires, avec des taches grises en dessus; celles-ci noires, à ventre blanc et à queue fourchue; celles-là de la même couleur à queue carrée.

En présentant comme deux genres séparés les prions et les pélécanoïdes, que M. Temminck regarde comme étant aujourd'hui bien caractérisés, on croit, dans l'état peu avancé de nos connoissances sur les pétrels, devoir se borner à diviser en deux sections avec M. Cuvier les espèces sur lesquelles on a des données assez positives.

### §. 1.<sup>er</sup> *Mandibule inférieure tronquée.*

Pétrel géant; *Procellaria gigantea*, Gmel. Cette espèce, dont la taille est supérieure à celle de l'oie, et qui est le *quebranta huessos*, ou briseur d'os, des Espagnols, est figurée dans le *Synopsis* de Latham, pl. 100. Elle a plus de trois pieds de longueur : sa tête est noirâtre; le dessus du cou et du corps a des taches d'un brun obscur sur un fond blanchâtre; les pennes alaires et caudales sont du même brun, plus foncé sur leur milieu; les côtés du cou, la gorge et le dessous du corps sont blancs; le bec, très-fort et très-crochu, est d'un beau jaune; les pieds, d'un gris jaunâtre, ont leurs membranes noirâtres.

Ce grand pétrel, qu'on pourroit prendre en mer pour l'albatros, en est facilement distingué, lorsqu'il passe près des vaisseaux, par les deux tubes de ses narines, qui forment une protubérance très-saillante, tandis qu'elle est à peine apparente chez l'albatros. Le premier habite depuis le cap Horn jusqu'au cap de Bonne-Espérance, et. suivant MM. Gaimard et Quoy, ses limites en latitude paroissent être celles de la zone tempérée, hors de laquelle on l'aperçoit très-rarement. Le capitaine américain Orne leur a dit qu'au printemps ces pétrels venoient en grandes troupes aux iles Malouines, où ils pondoient sur la grève des œufs en si grande quantité qu'on pouvoit en charger des canots. Un autre capitaine américain, nommé Delano, a écrit que ces oiseaux mettoient beaucoup d'ordre dans l'arrangement général de leurs œufs, et que, vivant à cette époque comme en république, ils exerçoient tour à tour une surveillance particulière sur l'espéce d'établissement temporaire qu'ils formoient; mais le capitaine Orne n'a point parlé de ce fait extraordinaire.

Pétrel damier ou Pétrel tacheté; *Procellaria capensis*, Linn., pl. enl. de Buff., 964. Le nom de damier, donné généralement à cet oiseau, vient de ce que ses parties supérieures sont marquées symétriquement de taches blanches et noires. Comme il est à peu près de la grosseur d'un pigeon commun, dont il a l'air et le port, on l'a aussi appelé *pigeon de mer;* et il a été nommé par les Espagnols *pardelas*, et par les Portugais *pintade*. Sa longueur est de quatorze ou quinze pouces, et il en a trente-deux ou trente-trois d'envergure. Le dessus de la tête et du cou, et les pennes alaires et caudales, sont de la même couleur; le ventre est blanc; le bec et les pieds sont noirs.

Linné avoit cru, d'après le rapport des voyageurs, que les pétrels damiers étoient en quelque sorte relégués sous le 40.ᵉ degré de latitude australe, mais MM. Quoy et Gaimard les ont vus fréquenter en même temps, dans le mois de Février, les parages brumeux des iles Malouines et le beau ciel du Brésil, où ils les ont encore retrouvés en Septembre, de sorte que, s'arrêtant en latitude vers les limites de la zone tempérée, ils parcourent en longitude l'espace qui sépare l'Afrique du nouveau monde et de la Nouvelle-Hollande.

Quoique les pétrels de cette espéce n'aient pas les ailes très-longues ni les jambes très-courtes, ceux qu'on a pris vivans et que l'on met à terre ou sur le pont du navire, ne font que sauter, sans pouvoir marcher ni s'envoler : on a même observé que sur l'eau ils attendent, pour s'en séparer, l'instant où la lame et le vent les soulèvent.

Parmi les remarques que le vicomte de Querhoënt a faites dans ses navigations et qu'il a communiquées à Buffon, il en est une dont ne parlent pas d'autres marins, et qui en conséquence ne frappe peut-être que sur un fait particulier, mais qui est assez intéressante pour la consigner ici. Le mâle et la femelle auroient un si grand attachement l'un pour l'autre, qu'ils s'inviteroient respectivement à partager leur nourriture, et que, dans le cas où l'un seroit tué, l'autre, s'abattant autour du mort, lui donneroit des signes manifestes de tendresse et de douleur.

La description de cet oiseau est suivie dans Buffon de celles du DAMIER BRUN ou PÉTREL ANTARCTIQUE, *Procellaria antarctica*, Gmel. et Lath., qui ne diffère du précédent qu'en ce que le noir y est remplacé par du brun, et du PÉTREL BLANC ou PÉTREL DE NEIGE, *Procellaria nivea*; mais la taille et les formes de ces oiseaux sont les mêmes que celles du pétrel damier, et l'on doute encore qu'ils soient des espèces particulières. En effet, comme le premier ne se voit que dans les hautes latitudes australes, et que le second s'approche encore plus des régions polaires, et paroit fixer son séjour habituel entre les îles de glaces flottantes, la dégradation de la couleur du plumage et son passage au blanc ne pourroient-ils pas être produits par la même cause qui altère ainsi les couleurs de tous les animaux de ces contrées, sans qu'ils cessent d'être de la même espèce?

PÉTREL FULMAR ; *Procellaria glacialis*, Linn. Cette espèce, nommée aussi pétrel gris-blanc, et que des auteurs ont confondue avec les pétrels puffins, est celle qui est représentée sous le nom de pétrel de Saint-Kilda sur la planche enluminée de Buffon, n.° 59, où l'on voit qu'elle a la mandibule inférieure tronquée et les narines dans un seul tube. Elle a seize pouces de longueur ; la tête, le cou, les parties inférieures, le croupion et la queue sont blancs ; le manteau, les couvertures des ailes et les pennes secondaires sont d'un cendré bleuâtre, et les rémiges brunes. Le bec, l'iris et les pieds sont jaunes. Les jeunes de l'année sont en général d'un gris cendré ; les plumes du dos et des ailes sont terminées par du brun plus foncé, et les pennes alaires sont noires. On voit devant les yeux une tache angulaire de cette dernière couleur. Le bec et les pieds sont d'un cendré jaunâtre.

Ces pétrels sont très-nombreux sur les mers du pôle arctique à des distances très-éloignées de la terre, et ils ne se rapprochent des côtes que pour faire dans les trous des rochers leurs nids, où il paroît que la femelle ne pond qu'un seul œuf blanc. On en voit accidentellement sur les côtes de l'Angleterre et de la Hollande.

On a déjà dit que M. Cuvier ne formoit pas, comme M. Temminck, une section particulière des petits pétrels, dont il plaçoit l'espèce vulgairement connue sous le nom d'oiseau de tempête, *Procellaria pelagica*, Linn., à la suite de sa première division, en faisant toutefois observer que, quand les différentes espèces de pétrels seroient mieux connues, il y auroit lieu peut-être de séparer celles dont la queue est fourchue : ce savant professeur cite d'avance les *procellaria fregata*, *furcata*, *marina* et *fuliginosa*. M. Temminck, de son côté, forme sa troisième section (les pétrels hirondelles) de trois espèces, savoir, 1.º le Pétrel tempête, sous le nom ancien de *Procellaria pelagica*; 2.º le Pétrel échasse, *Procellaria oceanica*, Forst., et 3.º le Pétrel de Leach, *Procellaria Leachii*, dont les deux premières ont la queue carrée et dont la troisième a la queue fourchue.

Le seul des caractères indiqués pour cette section qui paroisse applicable à ces trois espèces, est la longueur du tarse. M. Temminck dit aussi que toutes trois sont demi-nocturnes; que de jour elles se cachent habituellement dans les trous des rochers et ne chassent qu'au crépuscule, faits qu'on a pu observer chez les individus qui séjournent sur les côtes d'Europe, mais qui paroissent peu d'accord avec les récits des navigateurs, qui les ont vus à toutes les heures du jour sur les mers éloignées. Le vol de ces oiseaux est si rapide, que l'œil les suit à peine. Lorsque le ciel est couvert, ils se rapprochent des vaisseaux, et dans les tempêtes ils se réfugient à la poupe ; mais on est bien revenu, disent MM. Gaimard et Quoy, de l'opinion où l'on étoit, que leur présence annonce les ouragans. Cependant Salerne avoit donné, page 384, une raison assez plausible de l'instinct qui les détermine dans ces circonstances. L'étendue de leurs ailes, si favorable en temps serein, fait, lorsque le vent est violent, qu'ils en deviennent le jouet et quelquefois les victimes: sentant donc derrière eux l'air chargé, il est naturel qu'ils en cherchent un plus libre et devancent ainsi la tempête. Ceux qui n'ont pas la ressource des vaisseaux pour s'abriter, se mettent à couvert dans le creux profond que forment entre elles deux hautes lames de la mer agitée, et ils s'y tiennent quelques instans, quoique la vague y roule avec une rapidité extrême. Ils courent dans ces sillons mobiles des flots comme les alouettes dans les sillons des champs, et, balancés sur leurs ailes, ils effleurent la surface de l'eau en la frappant vivement des pieds.

M. Temminck a décrit trois espèces de ces pétrels hirondelles, et il a donné, pour chacune, de courtes phrases indicatives des signes distinctifs les plus prononcés. M. Ch. Bonaparte, qui a fait un travail particulier sur l'ornithologie américaine de Wilson, a porté ces espèces à quatre, dans un Mémoire dont M. Desmarest a donné l'analyse au tome 4.ᵉ du Bulletin des sciences naturelles, Janvier 1825, pag. 126 et suiv. C'est d'après ces documens que les quatre espèces vont être ici présentées.

PÉTREL TEMPÊTE : *Procellaria pelagica*, Linn. et Temm. ; OISEAU DE TEMPÊTE, Buff., tom. 9, in-4.°, pag. 527 (mais non la pl. enl. 993); PÉTREL, Briss., Ornith., tom. 6, pag. 140, pl. 13, fig. 1; Edwards, *Glean.*, pl. 90. M. Temminck désigne particulièrement cette espèce par cette phrase : *Queue carrée, extrémité des ailes dépassant très-peu la pointe de la queue, tarse long de dix lignes.* Elle a cinq pouces six lignes de longueur; la tête, le dos, les ailes et la queue sont d'un noir fuligineux; le croupion d'un blanc pur; les scapulaires et les pennes secondaires des ailes terminées de blanc; les grandes pennes alaires et les pennes caudales noires, ainsi que le bec et les pieds. Les deux sexes se ressemblent, mais les jeunes individus ont des teintes plus claires et leurs plumes sont bordées de roussâtre. M. Ch. Bonaparte dit que cette espèce n'a pas été trouvée sur les côtes de l'Amérique septentrionale, où, suivant M. Temminck, elle seroit néanmoins plus commune qu'en Europe; mais les deux auteurs sont d'accord sur son séjour dans les îles à l'ouest de l'Écosse.

Cet oiseau se nourrit des insectes et des vers qui flottent à la surface des eaux et qui s'attachent à la peau des cétacés et de leurs cadavres. Il niche dans les trous des rochers et pond un œuf blanc, presque rond et de la forme de ceux des chouettes.

PÉTREL ÉCHASSE, Temm.; *Procellaria oceanica*, Forster. Cette espéce paroît être la même que le *Procellaria grallaria* de M. Vieillot, puisqu'elles habitent également les mers australes, et que les deux auteurs s'étoient accordés dans la dénomination d'échasse. La figure s'en trouve dans les dessins originaux de Forster, sous le n.º 12, et MM. Temminck et Ch. Bonaparte s'accordent à lui appliquer aussi la planche enluminée de Buffon, n.º 993, qui jusque-là avoit été donnée comme représentant l'oiseau de tempête proprement dit. La phrase caractéristique de cet oiseau est : *Plumage comme celui du pétrel tempête; taille un peu plus forte; ailes dépassant de plus d'un pouce l'extrémité de la queue; longueur du tarse, un pouce quatre lignes.*

PÉTREL DE LEACH, *Procellaria Leachii.* M. Temminck, qui a dédié cette espèce au directeur du cabinet de zoologie du Musée britannique, la regardoit comme fort rare et particulière à l'île de Saint-Kilda; mais M. Ch. Bonaparte dit qu'on la rencontre dans toute l'étendue de l'Océan atlantique septentrional et qu'elle est commune aux attérages de Terre-Neuve. Sa longueur est de sept pouces trois lignes et sa couleur générale un brun noirâtre; les pennes alaires et caudales sont plus foncées; le croupion est blanc; le bec et les pieds sont noirs. La phrase caractéristique de M. Temminck est conçue en ces termes : *Queue fourchue; extrémité des ailes ne dépassant point celle-ci; longueur du tarse, onze lignes.*

M. Ch. Bonaparte regarde comme une espèce distincte celle que Wilson a décrite, tom. 7, pag. 90, de son Ornithologie, et qu'il a figurée pl. 60, n.º 6. Il la nomme *Procellaria Wilsonii*, PÉTREL DE WILSON. Cette espèce, qui est très-commune sur les côtes des États-Unis, et qui fréquente celles de Cuba et des Florides, a la queue presque carrée : ses ailes, fermées, s'étendent un peu au-delà de celle-ci; son tarse est haut d'environ seize lignes. Sa couleur générale est un noir ferrugineux; les plumes uropygiales et anales sont d'un blanc pur, et les pennes alaires et caudales d'un noir très-foncé : les premières couvertures des ailes ont chacune un point blanchâtre : le bec est noir, ainsi que les pieds, dont les membranes ont chacune une grande tache jaune. Il n'y a pas de différence entre les sexes.

§. 2. *Les deux mandibules recourbées vers le bas.*

On a déjà fait connoître les caractères particuliers de cette section, qui renferme les *pétrels puffins*, dont les narines s'ouvrent en deux tubes rapprochés à la surface du bec, qui est plus alongé à proportion. Il n'a pas encore été remarqué de différence dans la manière de vivre des pétrels à mandibule inférieure tronquée, et de ceux chez lesquels les deux mandibules sont courbées dans le même sens ; cependant la dernière conformation sembleroit indiquer des différences dans les habitudes: elle est, comme l'observe Buffon, très-peu avantageuse à l'oiseau, qui manque de point d'appui pour saisir sa proie, et cette circonstance mérite l'attention des navigateurs qui se trouveroient à portée d'étudier plus particulièrement le genre de nourriture de ces oiseaux et la manière dont ils s'y prennent pour se la procurer. M. Temminck dit que ce sont, comme les petits pétrels, des oiseaux nocturnes, qui chassent au crépuscule du matin et se cachent le jour dans les trous des rochers où dans ceux des lapins et des rats, d'où ils ne sortent qu'au crépuscule du soir ou pendant les ouragans si fréquens dans les parages qu'ils habitent.

Pétrel puffin ; *Procellaria puffinus*, Linn., pl. enl. de Buff., 962. Cette figure est celle d'un individu encore jeune ; mais l'oiseau parvenu à un âge plus avancé est celui qui dans Gmelin porte l'épithète de *cinerea*, et dont la longueur est d'environ dix-huit pouces. La tête, les joues, la nuque et le dos sont alors d'un cendré clair ; les scapulaires, les ailes et la queue d'un cendré noirâtre, et les rémiges d'un noir profond. Les parties inférieures sont d'un blanc pur, à l'exception des côtés du cou et de la poitrine, qui sont d'un cendré clair. Le bec, déprimé à la base, sillonné en dessus, et comprimé à la pointe, où il se renfle, est long de deux pouces et de couleur jaunâtre ; les tarses ont un pouce dix lignes de longueur, et sont, ainsi que les membranes, d'un jaune livide ; l'iris est brun. Les parties supérieures sont plus foncées chez les jeunes, et ce qui est d'un cendré clair chez les vieux, est de couleur d'ardoise dans ceux-ci.

L'espèce dont il s'agit habite presque toutes les mers, et elle est assez répandue dans la Méditerranée, mais non dans l'Adriatique. On n'a point remarqué de différence chez des individus tués au Sénégal et au cap de Bonne-Espérance.

Pétrel Manks ; *Procellaria Anglorum*, Temm. Cette espèce, qui est figurée dans Edwards, pl. 359, mais que M. Temminck dit n'avoir pas été connue de Linné ni de Latham, quoiqu'elle soit commune dans le Nord, est désignée par lui comme ayant le bec grêle, long d'un pouce sept ou huit lignes, la queue arrondie, un peu moins longue que les ailes, et le tarse long d'un pouce neuf lignes ; sa longueur totale est d'environ treize pouces, et sa grosseur celle d'une bécasse : le sommet de la tête et tout le dessus du corps sont d'un noir lustré ; les côtés du cou présentent des croissans noirs et blancs, et les parties inférieures du corps sont de cette dernière couleur. Le nombre de ces oiseaux est si considérable aux Orcades et le long des côtes du nord de l'Écosse, que les habitans les salent pour leurs provisions d'hiver : il y en a aussi beaucoup sur les côtes d'Angleterre et d'Irlande, et l'on en voit même en Norwége ; mais ils sont très-rares sur les côtes d'Angleterre et de France. Les lieux de leur retraite, les heures de leurs chasses et la ponte, sont les mêmes que pour les petits pétrels.

Pétrel obscur ; *Procellaria obscura*, Gmel. et Lath. Cet oiseau, long de dix à douze pouces, a le bec très-grêle, long d'un pouce une ligne, et le tarse d'un pouce six lignes ; la queue arrondie et de la longueur des ailes. La description qu'en donne M. Temminck diffère si peu de celle de son pétrel Manks que, de son aveu, pour bien distinguer les deux espèces, il est presque nécessaire de pouvoir en comparer les individus. Celle-ci néanmoins est par lui donnée comme habitant plus particulièrement les contrées australes des deux mondes ; et, suivant M. Vieillot, qui ne parle pas du pétrel Manks, le *procellaria obscura* se voit à l'île de Noël, à la baie du Roi George, sur les côtes occidentales de l'Amérique, et sur celles de la Bretagne et de la Picardie.

M. Cuvier cite comme appartenant à la section des puffins,

le *Procellaria pacifica*, Pétrel puffin a bec bleuatre de M. Vieillot, qui ne lui semble point différer du *Procellaria æqui-noctialis*, Pétrel puffin brun de ce dernier, lequel est figuré dans Edwards, pl. 89. Ces grands pétrels sont en effet donnés par les auteurs comme étant de la même taille ( vingt-un à vingt deux pouces ), et ayant un plumage noir en dessus et noirâtre en dessous; mais le *procellaria æquinoctialis* est rapproché par M. Temminck du *procellaria grisea*, et ce dernier n'a, suivant Latham, qu'environ quatorze pouces de longueur.

Dans cet état de choses on a pu remarquer combien la monographie des pétrels est encore embrouillée, et, pour ne pas s'exposer à y jeter de nouvelles incertitudes, on va se borner à la simple indication des autres espèces dont les divers ouvrages d'ornithologie contiennent des descriptions. Ce sont, 1.° le *Procellaria fuliginosa*, Lath., Pétrel fuligineux d'Otahiti, et qui, d'environ dix pouces de longueur, a la queue un peu fourchue, mais qui n'est pas le même que le *procellaria leucorhoa*, Vieill., long de sept pouces et demi, et dont la queue est également fourchue; 2.° le *Procellaria gelida*, Lath., ou Pétrel des glaces, d'environ huit pouces de longueur; 3.° le *Procellaria desolata*, Lath., qui est long de dix pouces, et qui a reçu son nom de ce qu'on l'a trouvé dans l'île de la Désolation; 4.° le *Procellaria melanopus*, Lath., Pétrel mélanope, long de douze pouces, et qu'on dit habiter le Nord de l'Amérique; 5.° le *Procellaria alba*, Lath., Pétrel a poitrine blanche, long de quinze pouces, qu'on trouve aux îles de Noël et des Tourterelles; 6.° le *Procellaria brasiliana*, Lath., ou Pétrel puffin du Brésil, qui est dit de la grosseur d'une oie, et qui paroît appartenir à l'espèce du *procellaria gigantea*.

Pour le *procellaria urinatrix*, Lath., voyez le mot Pélécanoïde; et pour les *procellaria cœrulea* et *Forsteri*, voyez Prion.

MM. Quoy et Gaimard ont décrit, dans la partie zoologique du Voyage du capitaine Freycinet, pag. 135, un petit pétrel, qui y est figuré pl. 57, sous le nom de Pétrel Bérard, *Procellaria Berardii*. Cet oiseau, tué près des îles Malouines, a environ huit pouces dans sa plus grande longueur, et ses ailes ne s'étendent pas au-delà de la queue; son port est celui des damiers, c'est-à-dire qu'il est court, gros et ramassé; ses jambes sont assez longues, et ses pieds largement palmés; son bec est court, robuste et noir, avec des taches blanches. Il a la tête, les joues, le dessous du cou, le dos et la queue d'un noir peu intense avec des reflets. Quelques plumes d'un blanc sale, répandues çà et là sur ces parties, donnent lieu de penser que l'individu étoit un jeune. Au reste, le dessous de la gorge, la poitrine et le ventre étoient d'un blanc pur. (Ch. D.)

PÉTRICOLE, *Petricola*. (*Conchyl.*) Genre de coquilles, établi par M. de Lamarck pour un certain nombre d'espèces de vénus un peu irrégulières, à cause de leur habitude de vivre dans les excavations des rochers, et dont les dents cardinales offrent quelque variation en nombre, au point que le même conchyliologiste en avoit d'abord fait deux genres, les Pétricoles et Rupellaires. Il ne diffère du reste des vénérupes qu'en ce que celles-ci ont trois dents cardinales au moins sur une valve, tandis que les pétricoles n'en ont que deux sur chaque valve ou sur une seule. M. de Blainville a réuni toutes ces coquilles térébrantes de la famille des vénus sous le nom commun de Vénérupe, qui indique parfaitement leurs rapports. Voyez ce mot. (De B.)

PÉTRICOLE. (*Foss.*) On connoît peu d'espèces de ce genre à l'état fossile, et jusqu'ici on ne les a rencontrées que dans les couches plus nouvelles que la craie.

Pétricole élégante; *Petricola elegans*, Desh., Descr. des coq. foss. des environs de Paris, tom. 1.ᵉʳ, p. 67, tab. 10, fig. 1, 2. Coquille transverse, très-inéquilatérale, à crochets petits et peu saillans: la charnière a sur chaque valve deux dents très-obliques; la surface extérieure est élégamment ornée de lames transversales, qui se relèvent surtout vers l'extrémité postérieure; elles sont coupées par des stries rayonnantes qui partent du crochet, et qui sont plus apparentes sur le côté postérieur que sur l'antérieur. Longueur, cinq lignes; largeur, un pouce. Lieu natal, Valmondois, département de Seine-et-Oise, où M. Deshayes l'a trouvée dans des morceaux roulés de calcaire grossier.

Il existe au même lieu une variété de la même espèce, qui

est plus étroite ; elle a ses lames moins relevées et ses stries moins prononcées.

PÉTRICOLE CORALLIOPHAGE ; *Petricola coralliophaga*, Desh., *loc. cit.*, même planche, fig. 8, 9, 10. Coquille ovale, transverse, inéquilatérale, lisse, à crochets très-petits, portant deux dents sur la valve droite et une seule sur la gauche. Longueur, quatre lignes. Localité, Chaumont, département de l'Oise, dans l'intérieur des polypiers dépendant du calcaire grossier.

PÉTRICOLE LAMELLEUSE : *Petricola lamellosa*, Lamk., Anim. sans vert., tom. 5, page 503, n.° 1; *an Donax irus?* Linn., *Syst. nat.*, p. 1128 ; *an Venus rupestris?* Brocch., *Conch.*, 2, t. 14, fig. 1. Il paroit qu'on trouve fossile en Italie cette espéce, qui vit dans la Méditerranée ; elle porte deux dents sur une valve et une seule sur l'autre.

PÉTRICOLE MENUE; *Petricola exilis*, Lamk., *loc. cit.*, n.° 8. Coquille très-petite, d'une forme sub-elliptique, couverte de stries transverses écartées, et de stries longitudinales serrées et très-fines. Localité, les environs de Pont-Levois, à huit lieues de Blois.

PÉTRICOLE CHAMOÏDE; *Petricola chamoides*, Lamk., *loc. cit.*, n.° 10. Coquille ovale, enflée, épaisse, portant près le bord supérieur des sillons longitudinaux et lamelleux, et à bord postérieur plus large que l'autre. Deux dents sur chaque valve. Longueur, quatorze lignes. Localité, l'Italie.

PÉTRICOLE VARIABLE; *Petricola variabilis*, Def., Vélins du Mus., n.° 9, fig. 6, et n.° 22, fig. 12. Coquille ovale-trigone, oblique, de forme irrégulière et couverte de légéres stries transverses. Largeur, six lignes. Localité, Grignon, département de Seine-et-Oise dans le calcaire grossier. Il paroit que cette espéce a vécu dans les coquilles univalves vides ; car on l'y trouve souvent, et souvent aussi elle porte à son bord antérieur un sinus, occasioné probablement par la columelle de ces coquilles, qu'elle a rencontrée pendant qu'elle a pris son accroissement. Il paroit qu'elle auroit quelque rapport avec la *venus rupestris* de Brocchi, mentionnée ci-dessus : la figure de celle-ci porte aussi un sinus à son bord antérieur. (D. F.)

PÉTRIFICATION. (*Foss.*) On a dit que la pétrification des

corps qui ont été organisés, étoit une opération mécanique, où la matière pierreuse auroit remplacé, molécule à molécule, la matière de ces corps ; mais cette supposition n'est pas clairement démontrée. Quelques corps, en passant à cet état, ont conservé leur forme extérieure et leur forme intérieure ; d'autres n'ont conservé que la première, et il en est d'autres, comme certains polypiers fongiformes, dont la partie rapprochée du bord a conservé sa contexture ; tandis que celle qui se trouve vers le milieu, n'est plus qu'une pétrification ou cristallisation confuse, dans laquelle on ne peut distinguer aucune organisation.

Quelques auteurs anciens qui ont écrit sur l'oryctographie, étoient convenus de ne ranger parmi les pétrifications que celles dont les analogues étoient connus ; le surplus étoit rangé dans les pierres figurées, qui étoient dues au hazard. Aujourd'hui il n'est pas un de ceux qui étudient cette partie intéressante de l'histoire naturelle, qui doute que les corps qu'on trouve dans les couches de la terre n'aient appartenu à des êtres qui ont été doués de la vie, et dont les restes ont été enfouis les uns après la mort naturelle par des dépôts lents, et les autres par des révolutions subites ; mais nous ne saurons sans doute jamais combien de temps il a fallu pour que chaque couche se soit déposée et pétrifiée. Certaines substances ont pu se conserver dans la terre et passer à l'état de pétrification ; mais toutes ne sont pas également propres à être conservées. Tant qu'il est à ma connoissance, on n'a jamais trouvé à l'état fossile des chairs, des becs d'oiseaux, des ongles, des cornes, des fruits mous ou d'autres substances molles. Les dents et les os se sont quelquefois pétrifiés ; mais plus souvent on les trouve seulement conservés, et on retrouve même encore de la gélatine dans les derniers, qui sont susceptibles de se pénétrer de différentes substances minérales.

Des morceaux qu'on trouve dans le calcaire grossier, ainsi que dans le grès marin supérieur, et qu'on a regardés comme des côtes de lamantin, sont changés en pierre calcaire très-dure et sonore, quoique les couches dans lesquelles on les trouve ne soient pas pétrifiées.

Il est très-remarquable que dans plusieurs localités, comme

à Nice, à Gibraltar, à Cette, à Aix et en Corse, on trouve des os fossiles empâtés dans une couche pierreuse qui est d'une couleur rouge-brune dans tous ces endroits.

Le succin, ainsi que les différens corps organisés qu'il contient, se sont conservés; mais ils ne se sont pas pétrifiés.

Les bois et les cônes ligneux se sont très-souvent changés en silex et quelquefois ont disparu dans les couches pétrifiées, après avoir laissé leur moule extérieur.

Le têt calcaire des mollusques est en général le corps qui s'est le mieux conservé; on le trouve souvent pénétré de différentes substances minérales, et nous ne devons souvent la connoissance de certaines coquilles que parce qu'elles ont été pénétrées d'une matière calcédonieuse qui les a conservées.

L'étude des corps organisés fossiles nous a appris qu'après les cristallisations qu'on observe dans le granite, dans le porphyre et dans les autres substances primitives qui ne contiennent jamais aucun vestige des corps qui auroient été doués de la vie, les eaux couvrirent ces cristallisations, si déjà elles n'avoient été formées dans leur sein, comme tout porte à le croire; car on passe sans intermédiaire sensible de ces dernières aux couches qui contiennent des corps organisés, qui, bien certainement, ont vécu dans les eaux.[1]

Nos observations ne peuvent nous faire savoir si les substances primitives que nous voyons, n'ont pas été précédées par un ou plusieurs autres mondes plus anciens, qu'elles pourroient recouvrir; mais, en admettant qu'elles n'ont été précédées que par d'autres substances semblables, nous voyons que la vie a commencé par des animaux aquatiques d'espèces et de genres très-différens, en général, de ceux qui existent aujourd'hui.

Dans les plus anciennes couches on trouve des trilobites, des orthocératites, des ammonites, des bélemnites, des encrinites,

---

1 Quelques savans ont annoncé qu'au-dessus de certaines couches renfermant des corps organisés, on a trouvé des cristallisations semblables à celles des granites; mais ces circonstances, qui pourroient avoir les volcans pour cause, sont si rares, et les lieux où on les a remarquées si peu étendus, comparativement à la surface du globe, sur laquelle ou n'a trouvé rien de semblable, que peut-être on peut s'abstenir encore d'établir un principe à cet égard.

des térébratules, et beaucoup d'autres genres dont la plus grande partie n'existe plus à l'état vivant. Parmi ceux qui vivent encore, quelques-uns, tels que les encrines, qui sont de la plus grande rareté à l'état vivant dans les mers, furent autrefois si communs, que leurs débris, liés par un ciment calcaire, constituent à eux seuls des couches très-considérables.

Si l'on peut élever quelques doutes relativement à la cristallisation des substances primitives dans les eaux, on ne peut presque en avoir aucun sur celle dans laquelle on trouve des corps organisés, et qui paroit évidemment y avoir eu lieu. Dans cette hypothèse, il est probable que les eaux qui contenoient les élémens de ces cristallisations, les ayant déposés, n'en contiennent plus ou presque plus aujourd'hui, puisque de nos jours nous ne voyons pas qu'il se forme de véritables pétrifications, comme autrefois. Cependant il paroit, comme nous le verrons ci-après, que certaines cristallisations qui ont eu lieu depuis qu'une précédente avoit saisi les corps que nous trouvons fossiles, auroient pu s'opérer après la retraite des eaux.

On peut croire que certaines couches, telles que celles des phyllades et de la craie, auroient été déposées dans des liquides qui auroient eu la propriété de détruire ou de dissoudre certaines substances calcaires qui s'y trouvoient, et dans lesquelles on n'en verroit plus de traces aujourd'hui.

Si nous ne sommes conduits que par l'analogie pour prendre une telle croyance à l'égard des phyllades, il n'en est pas de même de la craie, qui présente des faits capables de nous mener à la certitude.

Dans les couches de phyllades on ne trouve en général que des trilobites et des corps contournés sur eux-mêmes, comme des ammonites, et dont le têt n'existe plus; mais ces couches ont pu contenir un bien plus grand nombre de corps marins qui auroient été détruits. Ce qui le feroit croire, c'est que, dans le temps où vivoient des trilobites, il existoit déjà une très-grande quantité d'animaux marins : on en a la preuve dans plusieurs localités, et entre autres à Dudley en Angleterre et à Chimay dans les Pays-Bas.

Puisque, dans le temps où des trilobites vivoient à Dudley et à Chimay, il existoit dans ces endroits une grande quantité d'animaux marins, pourquoi ne pourroit-on pas croire qu'avec ceux que l'on trouve dans les formations de phyllades et de calcaire de transition, il en existoit également qui ont disparu, surtout quand on a la presque-certitude qu'un très-grand nombre a été dissous dans la craie supérieure, sans y laisser aucune trace ? D'ailleurs, les trilobites des phyllades et les autres corps contournés qu'on y rencontre, et dont quelques-uns sont plus grands que la main, se nourrissoient d'animaux et probablement d'animaux testacés, dont on devroit retrouver des traces, s'ils n'avoient été dissous ou détruits dans le temps où les schistes phyllades ont été formés.

C'est probablement l'absence ou la présence des corps organisés dans les couches de phyllades, qui a fait ranger les uns dans les substances primitives, et les autres dans les intermédiaires; car la superposition des roches primitives ne peut plus guider en ce cas, depuis l'exemple du granite de Christiana, qui repose sur une couche à orthocératites ; mais les corps organisés étant déjà fort rares dans certaines couches de phyllades, ne seroit-il pas possible qu'ils fussent encore plus rares, ou qu'ils eussent disparu tout-à-fait, dans celles qui ont été rangées avec les substances primitives ?

Certaines familles de mollusques, comme les huîtres et les gryphites, en passant à l'état fossile, ont conservé leur têt dans toutes les localités et dans tous les terrains ; d'autres, comme celles des volutes, des porcelaines, des crassatelles et autres, ont disparu dans presque tous les lieux où il y a eu cristallisation ou pétrification : les térébratules se sont conservées presque partout; mais dans certaines couches anciennes, comme à Valognes, à Coblentz, à Timor, dans les monts Alléghanys et dans la Virginie, elles ont disparu, et n'ont laissé que leurs moules intérieurs et extérieurs.

Les polypiers, les serpules, et généralement tous les têts qui adhèrent sur quelques corps, se sont conservés mieux que les autres.

Les parties solides des stellérides, des échinides et des encrines, en passant à l'état fossile, se sont changées en spath calcaire qui se brise en lames rhomboïdales, et il est toujours aisé de vérifier si ces corps sont fossiles, en s'assurant s'ils sont dans un état spathique. Très-souvent le têt des animaux dépendans de ces familles est conservé, même dans la craie, où tant d'autres corps ont disparu; mais dans quelques endroits, comme dans les monts Alléghanys et dans quelques lieux de l'Angleterre, les tiges d'encrines ont disparu et n'ont laissé que leur empreinte.

Il faut admettre que le têt de quelques coquilles peut, dans certaines couches, se changer en une cristallisation irrégulière; sans cela il faudroit croire que les corps qui ont la forme la plus exacte de coquilles, tant univalves que bivalves, que l'on trouve dans les environs de Caen et de Bayeux, dans une couche à oolithes inférieure à la craie, et qui sont souvent dégagés de leur pâte, ne seroient pas de véritables coquilles. Il semble que le têt de celles qu'ils représentent, après avoir disparu, auroit été remplacé par une cristallisation qui en auroit pris exactement toutes les formes. Ce qui est bien certain, c'est qu'en les brisant, au lieu d'un têt fibreux, on trouve que ces corps ne sont composés que de cristaux. Les différentes espèces de pleurotomaires, les ammonites, les cypricardes modiolaires, dont le têt est fort épais, et d'autres coquilles de cette couche sont dans ce cas.

A ma connoissance, les bélemnites ne disparoissent jamais, et on les rencontre même dans la craie et dans les localités (Nehou, département de la Manche) où toutes les coquilles solubles ont disparu. En les brisant, on les trouve toujours composées d'une sorte de cristallisation en aiguilles rayonnantes du centre à la circonférence; mais, comme on ne les a jamais rencontrées qu'à l'état fossile, on n'est pas assuré si déjà elles n'étoient pas ainsi organisées avant de passer à cet état, et on ne peut faire pour elles la même supposition que pour les radiaires échinodermes et les encrines. Ce qui paroît bien certain, c'est qu'avant de passer à l'état fossile, elles étoient d'une matière solide et calcaire, puisque l'on en trouve quelques-unes qui ont été percées et habitées par des pholadaires, et que sur d'autres il adhère des serpulées.

En disparoissant dans les couches autres que celles de la craie, le têt des mollusques a laissé le moule de ses formes, tant extérieures qu'intérieures. Ce moule est tellement exact, qu'il représente dans toutes ses parties les lignes, ou les stries, ou les plus petites aspérités qui en dépendoient. Ceux de ces moules qui tirent leur origine du règne animal, ont été appelés helmintholites, entomolithes, ichthyolithes, amphibiolithes, ornitolithes, zoolithes; on a appelé phytolithes, ceux qui la tirent du règne végétal.

Les moules extérieurs étant entiers, et souvent sans la moindre fracture, les têts sur lesquels ils ont été formés ne peuvent en être sortis que parce qu'ils ont été dissous après que la matière molle, dans laquelle ils étoient plongés, a subi une cristallisation ou pétrification qui s'est emparée de toutes leurs formes.

Dans certaines couches, comme dans une qui se trouve dans la montagne de Saint-Pierre de Maëstricht, on voit que des moules extérieurs de coquilles univalves ne se trouvent remplis qu'à moitié dans leur longueur d'une matière pareille à la pâte de la couche, comme si cette matière ne se fût pas trouvée en quantité suffisante pour remplir tout le moule; mais l'on ne peut être certain qu'il en a été ainsi quand on voit que dans ces moules extérieurs il existe des portions bien formées du moule intérieur. On pourroit soupçonner qu'après leur formation, une dissolution partielle de ce dernier seroit la cause de ce singulier fait.

Quoique nous ne connoissions aujourd'hui aucun agent qui eût la faculté de produire une pareille dissolution sans attaquer le moule calcaire qui entoure ces corps, il semble qu'on ne peut attribuer leur disparition qu'à l'action des eaux et des autres liquides qui traversent continuellement de la surface de la terre jusqu'à de grandes profondeurs.

Si les eaux ont pu dissoudre la matière calcaire qu'on ne retrouve plus dans le moule du têt des mollusques, elles ont dû la porter dans des lieux plus bas, où peut-être elles ont formé de nouvelles cristallisations. (Voyez Moules fossiles.)

On a annoncé que dans les environs d'Amberg on trouvoit une quantité considérable d'alvéoles de bélemnites, tandis que l'enveloppe extérieure de ce fossile y étoit d'une rareté extrême, et n'y existoit presque jamais en entier.

N'ayant point été à portée de voir ces alvéoles, je ne puis rien dire sur leur nature et leur origine; mais voici ce qui se présente à la réflexion : les alvéoles n'ont pu être conservés que parce qu'ils ont été saisis par une pétrification qui a rempli la cavité des bélemnites en même temps qu'elle a enveloppé ces dernières et très-probablement formé la couche où on les trouve. S'ils existent seuls aujourd'hui, c'est qu'après cette pétrification, les coquilles qui contenoient ces alvéoles ont été dissoutes; mais, dans ce cas, on devoit trouver le moule de leurs formes extérieures.

Dans certaines localités, comme à Montmartre, on trouve dans des couches marneuses, des modèles, ou moules en marne, de coquilles marines et de crustacés, sans qu'il paroisse qu'un moule extérieur d'une nature différente du modèle ait existé.

En brisant la marne, ces modèles se détachent du reste de la masse, et représentent exactement les formes extérieures des coquilles et des crustacés. Ils sont recouverts d'un enduit jaunàtre, sans épaisseur, et il paroit que cet enduit est la cause qu'ils se détachent de la masse.

Si l'on ne peut admettre que les coquilles et autres corps se soient changés en marne, il est très-difficile d'expliquer la formation de ces modèles, ces derniers, ainsi que leurs moules, étant composés de la même substance.

S'il y avoit eu disparition du têt des coquilles comme dans les autres localités, il auroit fallu qu'une pétrification fût venue saisir les corps, qu'ensuite la marne se fût moulée, et que depuis le moule se fût lui-même changé en marne. J'avoue que ces transmutations ne sont pas aisées à comprendre; et, sans pouvoir l'expliquer mieux, l'on pourroit peut-être plus facilement croire que tous les corps calcaires contenus dans la couche auroient été convertis en marne.

Quand les hipponyces se trouvent dans une couche où il y a eu disparition, ils présentent un fait singulier. Leur coquille supérieure, qui est composée d'une matière analogue à celle des porcelaines, des volutes et autres coquilles solubles, a disparu, en ne laissant que son moule, tandis que leur support, qui est d'une contexture feuilletée comme celle des huitres, est resté intact, à l'exception de l'endroit de ce support où s'est trouvé le muscle adducteur : cet organe, qui se déplace, ou au moins qui s'étend à mesure que l'animal prend de l'accroissement, a fourni du côté du support la même matière soluble qu'il fournissoit à l'extrémité par laquelle il étoit attaché à la coquille ; en sorte que quand celle-ci et son épais support se sont trouvés dans une circonstance propre à les dissoudre, la coquille, ainsi que la place du support où le muscle étoit attaché, ont seules disparu, et le reste de ce dernier s'est conservé intact.

Les jodamies ou birostrites ( Lamk.), ainsi que les sphérulites, présentent également des faits très-singuliers dans leur pétrification. Leur têt, ou au moins celui de la valve inférieure des premières, que j'ai pu seulement me procurer et observer, et dont la contexture est analogue à celle des huîtres, s'est conservé. Un moule intérieur, pétrifié et libre, se trouve dans cette valve, mais ne la remplit pas tout entière. Un espace vide et assez grand se trouve d'un côté, et cet espace a dû nécessairement être occupé par un corps, ou par une portion soluble de la coquille, qui a disparu après la pétrification du moule.

Quant aux moules intérieurs des sphérulites, ou de coquilles analogues, ils sont encore plus singuliers, en ce qu'indépendamment de deux enfoncemens considérables qui s'avancent dans ce moule, il se trouve deux grands trous qui le traversent de part en part. Enfin il est quelques-uns de ces moules qui sont comme feuilletés. Il semble que l'intervalle entre chaque feuillet a dû être rempli par des corps solides et solubles qui ont disparu depuis la pétrification du moule. Rien de ce qu'on connoît à l'état vivant ne peut aider à concevoir quelle a dû être l'organisation des animaux qui ont laissé de pareils moules.

Nous ne savons si la pétrification qui a saisi les corps a été rapide : nous pourrions le supposer en voyant les moules ci-dessus, qui nous feroient penser que certaines parties molles des animaux auroient été détruites par elle, ou avant son effet, et que d'autres, comme des muscles plus solides qui avoient résisté, ont disparu depuis ; mais il est difficile de former des conjectures satisfaisantes à cet égard. Ce qui paroît certain, c'est que, dans quelques cas relatifs à ces moules, la matière molle s'est glissée et pétrifiée dans des vides très-étroits, et que, ce qui les environnoit ayant disparu, il est resté des lames très-minces.

Les baculites ne se sont présentées jusqu'à présent que dans des couches analogues à la craie, ou voisines de cette substance, et où leur têt extrêmement mince a disparu. Souvent les moules intérieurs de leurs nombreuses cloisons n'adhèrent pas les uns aux autres; en sorte que des portions de cette singulière coquille, composées quelquefois de plus de trente de ces moules qui se tiennent par leurs parties à queue d'aronde, semblent être articulées. Elles ne sont jamais tapissées de cristaux comme les ammonites des couches plus anciennes que la craie.

Dans la pâte qui remplit la dernière loge, il se trouve une quantité prodigieuse de petites coquilles ou de débris de polypiers et d'autres corps marins. Il en est de même des autres cloisons quand le moule n'est pas parfait, ce qui fait croire que dans ce cas le têt de la coquille a été détruit sur l'un de ses côtés: mais à l'égard de ceux de ces moules qui sont parfaits dans leur circonférence, et que l'on peut supposer avoir été formés dans des coquilles entières, celui de chaque cloison n'est composé que d'une pâte très-fine, sans mélange de corps organisés, leur siphon marginal ayant été trop étroit pour les laisser passer.

Ces dernières remarques se rapportent également aux ammonites, qu'on rencontre souvent avec leur têt, mais plus souvent sans ce dernier. Dans le premier cas, il arrive fréquemment que la dernière loge se trouve remplie de la pâte qui forme la couche où elles ont été déposées, et que les autres loges sont remplies d'une pâte fine, ou seulement tapissées de cristaux. L'on voit dans ce cas que le liquide dans lequel cette couche a été formée, contenoit deux substances distinctes, savoir: la matière opaque de la couche et celle qui, s'étant filtrée au travers du têt de la coquille, ou par le siphon, a formé les cristaux, et fourni la cristallisation qui a durci la couche. On pourroit penser que les animaux qui habitoient ces coquilles, ou dans lesquels elles étoient contenues, pouvoient vivre dans les eaux qui tenoient en dissolution la substance des cristaux ; car, quand elles ont été abandonnées, elles ne sont tombées ou restées au fond de la mer qu'après avoir été remplies de l'eau qui les environnoit; et il est difficile de croire que cette eau ait pu en être chassée par une autre qui auroit déposé les cristaux.

Certaines ammonites ayant été remplies par du sable quarzeux, leur moule intérieur s'est trouvé formé de grès, et ce qui est resté du têt a été changé en silex. Celui de certaines coquilles trouvées dans le sable vert de Blackdown en Angleterre, se trouve aussi changé en cette substance. On voit souvent des coquilles saisies par du silex, ou des moules intérieurs qui en sont formés; mais j'ai cru remarquer que le têt des coquilles a été rarement changé en cette substance.

On pourroit croire que la matière qui forme le siphon des ammonites ne seroit pas exactement la même que celle du reste de la coquille; car il a quelquefois résisté, quand les autres parties ont été dissoutes.

On trouve à Saint-Paul-Trois-Châteaux (Drôme), à Folkstone en Angleterre, à Rethel (Ardennes), et dans la montagne Sainte-Catherine près de Rouen, dans des couches de la craie inférieure, des ammonites, dont le têt du dernier tour, après avoir été rempli de la matière qui compose la couche, paroît avoir disparu, tandis que celui des cloisons, le siphon, et tout ce qui étoit intérieur, n'a point été rempli, et s'est conservé; en sorte que dans ces parties l'on voit ces coquilles avec leur têt mince, telles qu'elles étoient quand les mollusques qui les ont formées, les ont abandonnées. Il y a lieu de croire que les eaux dans lesquelles ces coquilles, ainsi que les baculites, se sont trouvées, et dont elles ont été remplies, ne contenoient pas de substances propres à former des cristaux, comme dans celles plus anciennes des environs de Nevers, de Caen et autres. C'est sans doute l'absence de ces substances qui est la cause que les couches de la craie ne se trouvent pas pétrifiées comme ces dernières.

A l'égard des ammonites dont le têt a disparu, il n'est resté que le moule intérieur et le moule en creux de l'extérieur, et très-ordinairement tous les tours ont été soudés ensemble après la disparition du têt. C'est aussi après cette disparition que des vermiculaires qui s'y trouvoient attachés, et qui n'ont pas disparu avec lui, se trouvent aujourd'hui adhérer sur le moule intérieur. Pour prouver ce fait et empêcher qu'on ne puisse croire qu'ils auroient été attachés sur le moule déjà formé, je pourrois faire voir des moules intérieurs d'ammonites, dont les bords plissés de la dernière cloison sont soudés sans aucun intermédiaire, et forment un tout avec le moule du tour qui leur sert d'appui, quoiqu'avant la pétrification il existât en cet endroit deux épaisseurs du têt, celui de l'intérieur du dernier tour et celui de l'extérieur du tour précédent.

Les grandes et les petites huîtres fossiles qui constituent le banc dont les environs de Paris sont couverts, se sont conservées intactes, avec les balanes, les flustres et les serpules dont elles sont souvent chargées; tandis que les coquilles d'autres genres avec lesquels elles se trouvent, n'ont laissé que leur moule, comme on peut le remarquer à Montmartre, à Fontenai-aux-Roses et dans d'autres endroits.

Nous avons vu que les bélemnites ne disparoissoient jamais; mais il n'en est pas de même de leurs cloisons qui semblent être d'une autre substance que la coquille. Elles se sont conservées dans quelques couches plus anciennes que la craie; mais je n'ai aucun exemple qu'on en ait trouvé dans cette dernière. Quand elles se sont conservées, elles se présentent, ou totalement remplies par des cristallisations, ou par une pâte qui tend à se séparer entre chaque cloison, ou enfin quelques cloisons seulement sont cristallisées, et les autres remplies de pâte fine pétrifiée; mais, dans aucun cas, la matière qu'elles contiennent n'a de rapport avec la contexture de la singulière coquille dont elles dépendent, et ce qui remplit l'alvéole ne ressemble entièrement à la pâte de la couche que quand elle en a été remplie après que les cloisons avoient été détruites, soit à cause de leur fragilité ou de leur solubilité.

Il est très-remarquable que dans la montagne crayeuse de Saint-Pierre de Maëstricht on trouve assez communément des pattes de crustacés qui ne peuvent être rapportées qu'à des pagures, et qu'on ne trouve pas les coquilles dans lesquelles ces crustacés ont dû se loger; tandis que dans les couches du Plaisantin, où il n'y a point eu de pétrification, et où rien n'a disparu, on rencontre souvent des coquilles univalves couvertes d'un polypier dont la présence, ainsi que la forme de leur ouverture, prouvent jusqu'a l'évidence qu'elles ont été habitées par des pagures, et qu'on ne trouve pas ces derniers. Peut-être que, si on en a trouvé, leur fragilité n'aura pas permis de les ramasser, car on n'en voit pas dans les collections.

On peut se demander si les oolithes qu'on rencontre dans les couches à ammonites étoient déjà formés quand les coquilles existoient, ou s'ils se sont formés en même temps que la couche a été pétrifiée. L'état dans lequel on trouve ces coquilles, ainsi que les bélemnites, peut aider à résoudre cette question.

On trouve des ammonites dont les cloisons, et surtout les plus nouvelles, sont remplies d'oolithes ; mais je n'ai pu m'assurer que le têt de ces coquilles étoit parfaitement entier pour celles où ils se trouvoient. On peut soupçonner que ce têt n'étoit pas entier, vu sa fragilité, puisque celui de quelques-unes qui en sont remplies, et qui ont six pouces de diamètre, n'est pas beaucoup plus épais qu'une feuille de papier ; mais dans des espèces dont le têt est plus épais, et qui sont bien conservées, on ne voit des oolithes que dans la dernière loge, qui est toujours ouverte, et les autres sont remplies de cristaux. On peut donc croire, d'après les observations qui précèdent, que les oolithes se trouvoient faire partie du dépôt où on les voit avant que les coquilles fussent remplies ; et, si l'on pouvoit penser qu'ils se sont formés en même temps que la pétrification a eu lieu, l'on pourroit croire que le liquide qui a déposé les cristaux n'en contenoit pas les élémens, ou qu'il les auroit perdus en se filtrant au travers du têt ou en passant par le siphon. Il en est de même de l'alvéole des bélemnites, qui est rempli d'oolithes lorsque les cloisons ont été détruites, mais dans lequel on n'en trouve jamais quand elles sont entières.

Il y a des oolithes qui diffèrent beaucoup les uns des autres. Dans quelques localités, comme aux environs de Caen et de Bayeux, ils sont ronds ou ovoïdes, et ont souvent jusqu'à un millimètre de diamètre ; leur surface est luisante ; leur couleur est ferrugineuse ; leurs couches sont concentriques ; un petit point d'une couleur plus claire paroît leur servir de centre, et dans quelques-uns on croit en remarquer deux. Dans quelques localités des mêmes contrées, ils sont plus petits, aplatis, et quelques-uns plus grands se présentent sous différentes formes aplaties. Ces oolithes, d'une forme régulière en général, se rencontrent dans des couches qui, par la conservation des fossiles qu'elles contiennent, paroissent avoir été tranquilles, et semblent différer essentiellement de

ceux qu'on rencontre aux environs de Nevers et d'Auxerre.
On trouve ces derniers dans des couches blanches dont ils
constituent la majeure partie : ils y sont accompagnés de
débris de coquilles, de polypiers et d'autres corps marins.
Il paroît que ces dépôts ont été exposés à de grandes tour-
mentes, car il ne reste de certaines coquilles univalves extrêmement épaisses (des nérinés), que des portions fort courtes
et mutilées. On y reconnoît, à leur éclat brillant et spathique,
et à leur forme, des restes de tiges d'encrinites, des morceaux
aplatis, et dont quelques-uns qui sont de la grandeur de
l'ongle, paroissent être des débris de coquilles bivalves, mais
ils n'en ont pas la contexture ; d'autres, qui sont arrondis,
sont remplis de cristaux à leur centre ; le surplus de la masse
est composé d'oolithes de différentes grandeurs, depuis la
grosseur d'une graine de pavot jusqu'à celle d'un petit pois.
Quelques-uns plus gros paroissent formés par une agglomération
de plus petits. Le tout est lié par une cristallisation blanche
et transparente.

Ces oolithes sont blancs, et paroissent avoir été formés
par la matière broyée des coquilles et autres corps marins,
dont on trouve avec eux des débris mutilés. Vu l'état de
désordre dans lequel on les trouve, on pourroit penser qu'ils
n'auroient pas la même origine que ceux des couches des
environs de Caen et de Bayeux.

Ce que l'on remarque dans certains marbres qui renferment
des corps marins, doit faire penser qu'à plusieurs reprises
différentes ils auroient subi une pétrification. La première,
qui probablement a eu lieu dans les eaux, auroit formé la
couche ordinairement coloriée, qui les entoure dans toutes
leurs parties. Par une raison que nous ne connoissons pas,
cette couche se seroit fendillée dans tous les sens, brisant les
coquilles et autres corps marins qui s'y trouvoient, et laissant
un certain intervalle entre les parties brisées. Une seconde
pétrification ou infiltration spathique et blanche seroit venue
remplir exactement, non-seulement toutes les fentes, mais
encore le moule en creux des coquilles qui avoient disparu,
comme on le remarque dans certains marbres noirs.

Une troisième pétrification pourroit avoir eu lieu pour les
brèches ; car on trouve dans les débris dont elles sont com-

posées des morceaux qui paroissent avoir déjà été divisés et
rejoints par une cristallisation spathique, qui n'a aucune analogie avec celle qui lie ensemble tous ces morceaux. Certains
marbres paroissent avoir été brisés deux fois dans les mêmes
endroits, puisque la même fente se trouve remplie de deux
infiltrations parallèles, dont l'une est blanche et l'autre jaune.

Je possède une sorte d'orthocératite à cloisons, qui s'est
trouvée dans la couche du marbre brun de Valognes. Ce fossile est traversé en différens sens par des veines sinueuses de
spath calcaire d'une demi-ligne à deux lignes de largeur; et,
ce qui est très-remarquable, c'est qu'une de ces veines traverse dans leur diamètre quelques cloisons dont les parties
écartées ne répondent plus les unes devant les autres, comme
avant l'écartement. Ce fait sembleroit prouver que le corps
marin, rempli de pâte, auroit été fendu depuis sa pétrification; et que le spath calcaire seroit venu depuis se cristalliser dans la fente, mais, d'un autre côté, on ne peut concevoir, d'après ce que nous voyons de nos jours, comment
deux fentes, comme on en voit sur le même morceau,
auroient pu avoir lieu à une demi-ligne de distance l'une
de l'autre. Il n'y a que les fentes produites par l'humidité
sur une pierre de chaux ou sur de la glaise desséchée qui
puissent présenter de l'analogie avec des faits semblables.
Comment pouvoir encore expliquer certaines veines spathiques à peu près parallèles, quelquefois très-rapprochées,
qui traversent des morceaux coquilliers que je possède, et
qui, sans les détruire, coupent exactement toutes les coquilles
et autres corps marins dont ces marbres sont composés? Un
simple desséchement ne pourroit avoir produit un effet tel
qu'il auroit divisé en petites parties des coquilles ou des polypiers, comme on en voit qui le sont. Quelques-uns de ces
derniers sont même quelquefois fendillés et remplis de spath,
sans que la pâte qui les entoure le soit comme eux. Ces faits
ont peut-être encore été trop peu étudiés, et ils méritent
bien de l'être.

Il paroît qu'il est plus rare de trouver dans les couches antérieures à la craie des localités où les corps marins, qui ont
disparu, ont laissé leur place vide, que dans les couches
postérieures à cette substance.

39.                                    17

Sans vouloir contester les raisons que les géologues ont pu avoir pour donner aux terrains qui se trouvent postérieurs aux roches primitives, les noms d'intermédiaires ou de transition, de secondaires et de tertiaires, j'ai cru pouvoir faire avec quelque certitude trois coupes différentes de ceux dans lesquels on trouve des corps organisés fossiles ; savoir : les terrains antérieurs à la craie, ceux de la craie, et ceux qui sont postérieurs à la formation de cette substance. C'est de cette manière que j'ai divisé, pour les époques, le tableau des genres des corps organisés que l'on trouve à l'état fossile, et dont il sera question ci-après.

Ce tableau ayant été fait, en très-grande partie, d'après mes études particulières, contient probablement beaucoup d'erreurs ; mais elles seront rectifiées par ceux qui auront pu recueillir des faits qui ne sont pas parvenus à ma connoissance.

On y verra avec détail que les couches antérieures à la craie renferment quarante-sept genres de polypiers, sept genres d'échinides, cinq genres de crustacés, un genre d'annelides, trois genres de serpulées, un genre de céphalopodes monothalames, un genre de cirrhipèdes, quarante-quatre genres de coquilles bivalves, un genre de phyllidiens, quinze genres de coquilles univalves, dix genres de coquilles cloisonnées, trois genres de corps marins peu connus, trois genres de reptiles, onze genres de poissons et douze genres de végétaux. Les détails indiquent quels sont ceux de ces genres qui se trouvent encore à l'état vivant, ceux qui se rencontrent dans la craie et ceux qu'on trouve dans les couches postérieures à cette substance.

Dans les terrains antérieurs à la craie, on trouve des coquilles univalves et des coquilles bivalves dans une proportion dont la différence n'est pas très-remarquable. Dans les couches inférieures de la craie, on trouve encore des coquilles univalves ; mais il n'en est plus de même dans la craie supérieure : là, on ne trouve presque jamais des coquilles univalves uniloculaires, telles que des cérites, des volutes et autres coquilles solubles, et les corps marins qu'on y rencontre appartiennent aux familles qui résistent à la dissolution dans les localités où les autres disparoissent.

Il est extrêmement probable que, dans la craie supérieure, il existoit des coquilles univalves comme dans les terrains qui l'ont précédée, et qu'elles ont disparu, n'ayant laissé aucune trace, attendu que cette substance n'a pas pris une consistance ou une cristallisation capable d'avoir conservé les formes des coquilles ou autres corps marins qu'elle contenoit et qui y ont été dissous. On ne peut se refuser à le croire, lorsqu'on y trouve des supports d'hipponyces, sans y rencontrer les coquilles qu'ils ont soutenues, et lorsqu'on voit que les huîtres, les valves inférieures des cranies, celles des dianchora, les spirorbes et autres coquilles adhérentes que l'on trouve dans la craie, éloignées de tous autres corps, portent les traces des polypiers et des autres corps testacés marins sur lesquels elles ont adhéré, et qu'on ne retrouve pas ces corps.

Je possède un morceau de la substance crayeuse de la montagne de Saint-Pierre de Maëstricht, qui a eu assez de solidité pour avoir conservé le moule extérieur et le moule intérieur d'une espèce de grosse cérite sur laquelle adhéroient des huîtres. Le têt de la coquille univalve a disparu, mais celui des huîtres est resté intact.

J'ai encore de pareils exemples de certaines huîtres bien conservées qui proviennent de la couche de sable vert (*green sand*) que l'on trouve en Angleterre au-dessous de la craie. Cette couche est d'une telle consistance, que la forme des coquilles univalves sur lesquelles les huîtres ont adhéré par leur sommet, s'est conservée, quoique leur têt ait disparu.

Dans certaines localités, comme à Néhou (Manche), la craie a pris une telle consistance avant la dissolution des coquilles et autres corps marins qu'elle contenoit, que leur forme s'y trouve aujourd'hui, et l'on y voit avec le *belemnites mucronatus* et autres corps qui caractérisent essentiellement cette substance, une quantité prodigieuse de pétoncles, de baculites, de gervillies, d'ammonites et d'autres coquilles qu'on ne voit jamais dans la craie supérieure des environs de Paris ; mais il est à remarquer que les coquilles bivalves y sont dans une bien plus grande proportion que les autres.

Les silex que l'on trouve dans la craie ont saisi des coquilles et d'autres corps marins, et les échinides en sont souvent remplis ; mais il est très-remarquable qu'ils n'ont

saisi que des corps de la classe de ceux qui se conservent
ordinairement.

Quelques auteurs ont annoncé que le silex que l'on trouve
dans les coquilles avoit été formé par la matière animale
qu'elles contenoient; mais il est aisé d'être convaincu qu'il
ne peut avoir cette origine dans des échinides qui en sont
remplis, et dont l'extérieur est couvert d'huîtres, de cranies
et d'autres corps qui n'ont pu vivre à cette place qu'après
la mort de l'animal sur le têt duquel on les trouve. Si ces
exemples ne suffisoient pas, j'en ai d'autres qui établissent
que des moules siliceux ont été formés dans des ananchites,
après que l'intérieur du têt avoit été tapissé par des cristaux
de spath calcaire.

Les moules siliceux de galérites et autres échinides que
l'on trouve à la surface de la terre, dépourvus de têt, en
ont été très-probablement recouverts pendant leur séjour dans
les couches de la craie d'où ils proviennent; mais il a été
détruit quand les couches ont été lavées et emportées par
les pluies, et qu'ils se sont trouvés exposés à l'injure des saisons et aux chocs; car dans les couches crayeuses on ne trouve
pas de moules siliceux sans être accompagnés du têt dans lequel ils se sont formés.

En frottant avec une brosse un morceau de la craie de
Meudon, après l'avoir mouillé, il paroît sonore quand il
est séché, et l'on voit qu'il est traversé dans tous les sens par
des veines comme les marbres dont il a été déjà parlé;
mais, dans les morceaux que j'ai été à portée d'observer,
je n'ai pas rencontré des coquilles qui aient pu donner la
preuve, comme dans ces derniers, que les veines les eussent
traversées; l'état dans lequel on les trouve prouveroit au
contraire que ces veines ne les brisent pas ou ne les traversent pas.

La craie présente dix-neuf genres de polypiers, deux genres
de stellérides, ou plutôt des débris qui peuvent appartenir
aux quatre genres établis dans cette famille, mais que je
n'ai pu distinguer : on y trouve huit genres d'échinides,
deux genres de crustacés, un genre d'annelides, trois genres
de serpulées, vingt-cinq genres de coquilles bivalves, le
genre Planospirite peu connu, douze genres de coquilles

eloisonnées, deux genres de poissons, deux genres de reptiles, un genre de végétaux, et, ce qui est bien remarquable
pour le petit nombre, quatre genres de coquilles univalves.

Il paroît que les couches de la craie ne se sont pas trouvées
dans les circonstances propres à former des marbres ; car, à
ma connoissance, on n'y en a point rencontré.

Le silex se présente abondamment dans la craie et dans les
couches les plus nouvelles ; mais il est plus rare dans les couches
anciennes. Les bois que l'on rencontre dans ces dernières ne
sont pas aussi généralement siliceux comme le sont presque tous
ceux que l'on trouve dans les nouvelles. Il est assez rare d'en
rencontrer à l'état calcaire.

On trouve des restes de poissons fossiles dans les couches
les plus anciennes, dans la craie et dans celles qui sont plus
nouvelles que cette substance.

Il est assez rare d'en trouver qui soient isolés, et surtout
dans le calcaire grossier, où la présence fréquente des osselets calcaires de leur oreille atteste qu'il en existoit quand
les eaux de la mer baignoient les couches où on les trouve.

Puisque, dans les couches où il n'y a point eu de cristallisation ou de pétrification, comme à Grignon, on ne rencontre
point de squelettes de poissons, et qu'on y rencontre des osselets calcaires qui prouvent qu'il y en avoit, on est fondé à
croire que la pétrification a été nécessaire pour la conservation des squelettes que renferment les couches pétrifiées.

Les poissons qui périssent d'une mort non forcée, doivent
nécessairement devenir la pâture d'autres poissons ou des
crustacés ; en sorte qu'il ne doit pas paroître étonnant de n'en
pas trouver à l'état fossile dans des lieux où l'on est assuré
qu'il en existoit beaucoup.

Il est plus ordinaire d'en trouver un grand nombre dans le
même endroit, comme à Monte-Bolca et autres localités ; où
une éruption volcanique ou quelque autre révolution subite les
a fait mourir tous ensemble. Dans quelques lieux, leurs restes se
présentent couchés à plat, alongés, et avec les nageoires et
la queue étendues. Ces restes consistent dans les os, les aiguillons et les écailles, qui sont restés à leur place ; dans
d'autres, on les trouve dans une posture forcée, qui feroit
croire qu'ils auroient péri dans des eaux bouillantes, comme

on en a vu des exemples de nos jours. Enfin, dans quelques endroits, comme dans le canton de Glaris, on les trouve aplatis, mais couverts de leurs écailles, sans qu'on puisse apercevoir leur squelette.

On ne peut mettre en doute que la révolution qui a rassemblé ceux que l'on trouve à Monte-Bolca, ait été subite, et qu'ils aient été recouverts quelques instans après leur mort par le dépôt dans lequel on les observe; car un de ces poissons fossiles qu'on voit dans les galeries du Muséum, et qu'on a cru reconnoître pour un blochius, n'a pas eu le temps, avant de mourir, d'abandonner un autre poisson qu'il avoit commencé à avaler.

Dans nos climats, quand un poisson (et surtout celui qui est muni d'une vésicule aérienne) meurt en été, il reste au fond de l'eau pendant deux ou trois jours, ensuite il monte à la surface avant même qu'il sente mauvais, et il ne retombe au fond pour ne plus remonter, que lorsque la putréfaction désunit les parties qui le constituoient. Bien certainement, s'il s'étoit passé quelques jours entre la mort du blochius ci-dessus et son empâtement dans la cristallisation où on l'a trouvé, il seroit monté à la surface de l'eau, et il auroit été séparé du poisson qu'il avaloit quand il a été surpris par la catastrophe qui l'a détruit.

Si l'on n'avoit pas cet exemple qui prouve évidemment la rapidité de cette catastrophe, on pourroit citer d'autres poissons trouvés dans le même endroit, dans le corps desquels on voit le squelette de ceux qu'ils avoient avalés. Ils prouveroient qu'ils seroient morts subitement après avoir satisfait leur appétit.

Il ne doit donc pas paroître étonnant de rencontrer si peu de poissons fossiles dans les couches coquillières qui ont été formées dans le fond de la mer et sans catastrophe, et ceux qu'on y trouve ont dû être recouverts peu de temps après leur mort par une couche de sable qui les aura cachés, et qui les aura empêchés de remonter à la surface.

Certaines meulières compactes renferment des coquilles, et dans d'autres on n'en trouve pas: mais il y a lieu de croire que toutes celles qu'on rencontre dans des circonstances analogues à celles qui en contiennent, en renfermoient qui ont disparu.

Quelques-unes des couches coquillières, postérieures à la craie, comme celle de Grignon, se présentent sans être pétrifiées, et avec une foible compacité. Dans d'autres, comme à Doué, département de Maine et Loire, et à Saillencourt, département de Seine-et-Oise, les coquilles, les polypiers et les débris d'autres corps marins sont déposés légèrement les uns sur les autres, et liés par leurs points de contact avec une cristallisation presque imperceptible, en sorte que la masse est poreuse et incapable de retenir les eaux.

A Sainteny, département de la Manche, une couche semblable présente tous les corps marins fossiles et leurs débris enduits d'une légère croûte brune.

Dans les couches du calcaire grossier des environs de Paris, comme à Grignon et à Chaumont, département de l'Oise, les coquilles univalves sont remplies jusqu'au sommet de sable coquillier; ce sable se présente souvent sans aucune adhérence; mais dans certaines coquilles il se trouve pétrifié dans les tours de la spire les plus éloignés de l'ouverture, quand il ne l'est pas dans cette dernière.

Dans les îles Bahama, il se forme de nos jours une couche pareille à celle de Doué. Je possède un morceau de cette couche, dans lequel on reconnoît les débris des coquilles bivalves des mêmes parages avec des couleurs. Il y a agrégation des corps qui la composent, mais il n'y a point de pétrification.

Certains morceaux qui proviennent probablement de la Méditerranée, sont composés d'un calcaire très-dur et caverneux, qui empâte des valves de petites moules ou modioles violettes, des vermiculaires ou des serpules dont l'intérieur est resté vide, et des débris de ces mêmes testacés. Ces morceaux sont chargés à l'extérieur de polypiers de différens genres, de serpules, de quelques portions de corail et de valves inférieures de cranies. D'autres morceaux qu'on trouve dans la mer, sur les côtes du département du Calvados, sont composés des grains de sable quarzeux, de coquilles de moules avec leur couleur rousse en dessus et nacrée en dedans, de débris de balanes, d'astrées et d'autres polypiers. Comme les débris des corps marins qui sont contenus dans ces morceaux, et surtout dans les premiers, paroissent ne différer en rien de ceux qui ne sont pas fossiles, on pourroit croire que ces pétrifications ne seroient pas aussi anciennes que celles qui se trouvent dans les couches de la terre. A l'égard des polypiers qu'on trouve dans les seconds, ils sont étrangers à notre climat et ont été détachés des falaises du bord de la mer et dépendent de la couche à polypiers des environs de Caen, en sorte que s'il étoit bien prouvé que ces morceaux sont des pétrifications nouvelles, ils se trouvent composés de débris d'êtres qui ont vécu à des époques bien éloignées. Au surplus, il est très-remarquable que les premiers morceaux ne sont pas percés par des coquilles ou des animaux perforans, comme le sont les calcaires anciens qui se trouvent dans la Méditerranée.

Quelques localités présentent des couches de calcaire grossier qui ne sont composées que de miliolites et autres très-petits corps marins, soit entiers, soit en débris, sans aucun autre mélange, et presque sans adhérence. On trouve une couche semblable à Beynes près de Grignon ; les couches antérieures à la craie ne présentent rien de pareil, tant pour la petitesse des corps marins, que pour le défaut d'adhérence des corps entre eux. Dans le temps qu'elles ont été formées, les espèces n'étoient pas aussi nombreuses, et en général il n'y en avoit pas d'aussi petites.

On remarque, en général, que dans les couches antérieures à la craie on trouve les coquilles bivalves avec leurs deux valves très-souvent réunies, ou le moule intérieur de ces deux valves, qui prouve qu'elles l'étoient au moment de la pétrification ; et il n'en est pas ainsi dans les autres couches, et surtout dans celle du calcaire grossier, où il est assez rare de trouver les coquilles bivalves entières, et je ne connois que celui du Plaisantin qui fasse une exception à cet égard.

On a remarqué que les corps organisés que l'on trouvoit à l'état fossile, différoient d'autant plus de ceux qui vivent aujourd'hui, qu'ils se trouvoient dans des couches plus anciennes. Cette remarque se trouve pleinement confirmée par la récapitulation de l'état dont il est parlé. En effet, nous voyons dans cette récapitulation, que sur quatre cent deux genres que nous présentent les polypiers, les stellérides, les échinides, les annelides, les serpulées, les cirrhipèdes et les

coquilles, quatre-vingt-neuf genres ne se présentent pas à l'état
fossile; deux cents se présentent à l'état vivant et en même
temps à l'état fossile, et cent quinze fossiles seulement. En
réunissant ces deux derniers nombres, et en observant dans
quelles couches on les rencontre, on trouve cent trente-
quatre genres dans les couches les plus anciennes, soixante-
quinze dans la craie, et deux cent trois dans les couches
postérieures à cette substance. Si l'on examine dans quelles
couches se rencontrent les genres qui se trouvent à l'état vivant et en même temps à l'état fossile, on voit que les plus
anciennes en contiennent soixante-cinq, celles de la craie,
quarante-deux, et les plus nouvelles, cent soixante-douze.
Le contraire se remarque relativement aux corps qui ne se
rencontrent qu'à l'état fossile, puisque les plus anciennes
couches contiennent soixante-trois genres, quand la craie
n'en contient que trente-un, et que les plus nouvelles couches
n'en présentent que trente.

On a annoncé qu'on avoit trouvé des ammonites dans l'argile de Londres, qui paroît remplacer notre calcaire grossier; mais nous croyons avec un savant géologue anglois
( M. Stokes ), que c'est une erreur.

M. de Humboldt a dit dans son ouvrage sur l'indépendance
des formations ( pag. 42 ), que parmi les coquilles fossiles
les univalves dominoient, comme elles dominent encore aujourd'hui à l'état vivant sous les tropiques. Voici le résultat
que présente le tableau relativement aux genres. Le nombre
des genres des univalves excède celui des bivalves, savoir :
de onze pour ceux à l'état vivant seulement; de vingt-quatre
pour ceux qui se trouvent à l'état vivant et en même temps
à l'état fossile, et de cinq pour ceux qu'on ne trouve qu'à
l'état fossile. Il est inférieur de seize pour ceux qui se
trouvent dans les couches antérieures à la craie, et de neuf
sur vingt-cinq pour ceux qui se trouvent dans cette substance;
mais il redevient supérieur dans ceux qu'on trouve dans les
couches les plus nouvelles, puisque le nombre des genres des
bivalves ne s'élève qu'à cinquante, tandis que celui des univalves monte à quatre-vingt-neuf.

A l'égard des espèces, le nombre des univalves à l'état
vivant excède les bivalves de huit cent cinquante-huit, et

à l'état fossile, le nombre des univalves excède les bivalves de quatre cent trente - trois.

On croit avoir remarqué qu'à Orglandes et à Hauteville, département de la Manche, une couche de calcaire grossier, analogue à celle de Grignon, se trouvoit placée sous un terrain de formation crayeuse; mais cela ne peut s'être opéré sans une catastrophe qui auroit déplacé les couches, ou bien, les couches du terrain crayeux ayant laissé des espaces vides entre elles, le falun s'y seroit introduit. autrement, il faudroit abandonner la belle remarque que M. Cuvier a faite sur l'analogie toujours croissante qui existe entre les êtres qui vivent aujourd'hui, et ceux qu'on rencontre dans les couches à mesure qu'elles sont plus nouvelles.

Les falunières d'Orglandes et de Hauteville renferment une grande quantité de genres qui se trouvent aujourd'hui à l'état vivant, et qui n'ont aucune analogie avec les fossiles de la craie, ni avec ceux qui sont plus anciens. Si cette dernière, qui renferme des ammonites et des bélemnites. étoit plus nouvelle que les falunières, comment pourroit-il se faire que des coquilles de ces genres ne se fussent jamais rencontrées dans les falunières, puisqu'elles n'ont disparu que dans la craie? Il paroît au contraire qu'on a toutes sortes de raisons de croire que les débris des êtres que renferment les falunières, sont d'une époque plus récente que cette dernière.

Nous ne savons ce qui arriveroit si quelques genres des animaux existans aujourd'hui venoient à s'éteindre : mais cependant nous pouvons soupçonner qu'il surviendroit un événement très-remarquable pour les insectes et les poissons, s'ils n'étoient plus dévorés par les hirondelles et par les squales. Comme nous sommes certains qu'un très-grand nombre de genres que l'on trouve à l'état fossile, ne se présentent plus à l'état vivant, nous pouvons conjecturer qu'après leur disparition il s'est opéré quelques changemens dans les êtres qui vivoient alors; mais nous ne pourrons jamais les apprécier, nous voyons seulement que le nombre des genres a augmenté dans la couche du calcaire grossier.

On a annoncé que dans cette couche ( à Grignon ) on trouve plus de genres et d'espèces qu'on ne pourroit en trouver sur une de nos côtes : cela peut être vrai à cause du climat tempéré dans lequel nous nous trouvons; mais je ne doute pas qu'entre les tropiques, où les mers contiennent une bien plus grande quantité de mollusques, il ne se trouve des côtes ou des fonds de mer aussi riches en débris de corps marins testacés que la couche de Grignon, et l'on ne peut douter que cette dernière n'ait été formée dans un climat analogue à ces contrées. Les nautiles et beaucoup d'autres genres fossiles de cette localité, qu'on ne trouve vivans que dans les pays chauds, en établissent la presque-certitude.

Je n'ai pu reconnoître de différence remarquable entre les fossiles de l'Europe et ceux de l'Amérique que j'ai pu voir. On trouve à l'embouchure de la rivière des Alléghanys, et sur les bords de celle de Mohawk près Utica, état de New-York, des trilobites, des encrinites, des térébratules et d'autres coquilles qui doivent provenir de couches très-anciennes, dans lesquelles il y a eu disparition du têt. Un morceau de grès provenant du sommet des monts Alléghanys, et rapporté par M. Michaux, est rempli de moules intérieurs de débris de tiges d'encrinites. Au-delà de la rivière du Genessée, en allant au saut du Niagara, on trouve des moules intérieurs siliceux de coquilles, tant univalves que bivalves, que l'on peut soupçonner appartenir au calcaire grossier; mais je possède un morceau rapporté de la Virginie, qui paroît provenir d'une couche de calcaire grossier : il renferme des pétoncles, des arches, des mactres, des solens liés avec un sable grossier et quarzeux. Ces coquilles ne diffèrent presque en rien des mêmes espèces provenantes de la même couche de nos pays.

On trouve, dans la Caroline du Nord, des natices, de grandes pernes (*perna maxillata*), des vénéricardes, des huîtres, des peignes, et d'autres coquilles qui ont beaucoup de rapports avec des espèces pareilles que l'on rencontre dans le Plaisantin. Ces coquilles sont libres, remplies d'un sable jaune quarzeux, et paroissent dépendre du calcaire grossier ou d'autres couches moins anciennes que la craie; mais je n'ai vu aucun fossile provenant du nouveau continent, qui puisse se rapporter aux couches de cette dernière substance.

Dans le calcaire grossier, qui est bien certainement un dépôt marin, on rencontre des coquilles dont les genres ne se trouvent plus à l'état vivant que dans les eaux douces; tels sont ceux des ampullaires ou ampullines, des mélanies et des cyclostomes; et ces genres, à l'exception du dernier, ne se trouvent aujourd'hui que dans des climats plus chauds que celui que nous habitons. A l'égard du climat, tout étonne et rien ne s'explique dans les fossiles. Il en est à peu près de même relativement aux genres qui vivoient autrefois dans la mer, et qu'on ne trouve plus que dans les eaux douces, à moins qu'on ne puisse admettre le degré différent de salure de la mer, qui paroît devoir évidemment être plus considérable aujourd'hui qu'avant le très-grand nombre de siècles qui se sont écoulés depuis qu'elle occupoit nos continens, et pendant lesquels les fleuves et les rivières y ont porté et y portent sans cesse des sels qui n'en sortent plus. Si l'on peut admettre que la mer, ayant été moins salée, auroit permis à certains genres de vivre dans ses eaux, il faut admettre aussi que ceux des genres qui y vivent aujourd'hui et qui existoient déjà à l'époque de la formation du calcaire grossier, ont pu supporter depuis un plus haut degré de salure, et l'un n'est pas plus aisé à concevoir que l'autre.

Au surplus, il n'est point de caractères précis qui puissent servir à distinguer les coquilles marines et les coquilles d'eau douce; ce qui fixe ordinairement le jugement pour ces dernières, c'est l'identité reconnue de certains genres ou espèces qu'on n'a jamais rencontrés à l'état vivant que dans les eaux douces, et qui n'ont jamais été trouvés fossiles dans des dépôts marins.

Les dépouilles fossiles ont plus ou moins d'analogie avec ce qui existe vivant aujourd'hui, et cette analogie est plus ou moins facile à constater.

On distingue aisément la contexture des bois fossiles de la famille des arbres monocotylédons de celle des dicotylédons; mais il n'en est pas de même des genres. Cette difficulté de les distinguer provient peut-être de ce que jusqu'à présent l'on n'a point assez étudié la contexture des bois à l'état vivant.

L'étude des tiges, des feuilles et des fruits fossiles a conduit à reconnoître beaucoup de genres qui viennent d'être signalés par un jeune savant ( M. Ad. Brongniart ), qui doit porter un jour de grandes lumières dans cette partie ; mais il est beaucoup de débris de végétaux qu'on n'a pu jusqu'à présent rapporter à ce qu'on connoît à l'état vivant.

Les longs travaux d'un illustre anatomiste nous ont fait connoître une grande quantité d'espèces de cétacés, de reptiles, d'oiseaux et de mammifères dont plusieurs genres ont disparu de la surface du globe, et n'ont peut-être jamais été connus à l'état vivant par les hommes ; mais on n'a jamais rien trouvé qui puisse se rapporter à ces derniers, ni même aux quadrumanes, et jusqu'à présent ce n'est que dans les couches plus nouvelles que celles du calcaire grossier, qu'on a trouvé des restes fossiles de mammifères.

Les poissons étant en grande partie composés d'organes mous, qui ont été détruits avant que la pétrification ait pu les saisir, il n'est resté souvent que leur squelette, leurs écailles ou leur empreinte. Ces restes peuvent conduire quelquefois à reconnoître le genre, mais rarement l'espèce.

Il n'en est pas ainsi du têt des animaux aquatiques ou terrestres, qui s'est souvent conservé intact dans les sables ou dans les roches, ou qui n'a disparu de ces dernières qu'après avoir laissé la trace de ses formes intérieures et extérieures.

Cette conservation permet de reconnoître les genres et les espèces, et d'apprécier le degré d'analogie qu'ils peuvent avoir avec ce qui existe aujourd'hui à l'état vivant : mais il est difficile, en général, de porter des jugemens certains à cet égard ; pour y parvenir, il faudroit être fixé sur ce qui constitue l'espèce, et connoître la ligne de démarcation entre cette dernière et la variété, s'il en existe une.

Les observations nous ont démontré, relativement au têt des animaux qui en sont pourvus, qu'il existe souvent des différences très-sensibles, 1.º entre des individus de la même espèce pris dans la même localité ; et 2.º entre les mêmes espèces prises dans des localités différentes, soit à l'état vivant ou à l'état fossile.

Ces différences consistent dans la grandeur, dans l'absence ou la présence, ou le nombre, des côtes, des tubercules, ou des stries, ou plutôt, dans quelques localités ces caractères sont à peine visibles, tandis que dans d'autres ils sont quelquefois très-marqués.

Il y a des différences sensibles entre les *cardium rusticum*, pris sur différentes côtes, telles que celles de la Rochelle, celles de Cherbourg, celles de Normandie et celles de Dunkerque.

Il en est de même des fossiles. Je possède une espèce ( le *pleurotoma dentata* ) prise dans dix localités différentes, et qui varie dans ses formes suivant les localités. Il est, en général, beaucoup plus long et moins gros dans le Plaisantin que dans les environs de Paris.

Parmi les coquilles à l'état vivant, beaucoup d'espèces n'étant distinguées qu'à cause de leurs couleurs, et ce caractère manquant dans les fossiles, ces derniers doivent présenter, et présentent en effet beaucoup moins d'espèces dans certains genres, comme dans les cônes, les olives, les porcelaines, etc.

On est forcé de reconnoître l'identité de certaines espèces fossiles avec les vivantes : dans d'autres cas on ne trouve que de l'analogie ; enfin il en est où ces rapports sont encore plus éloignés. Pour exprimer ces trois circonstances, je me suis servi des mots *identique*, *analogue* et *subanalogue* dans les observations consignées dans le tableau qui termine ce travail.

A l'exception d'un trochus et de deux ou trois espèces de térébratules qui proviennent des couches antérieures à la craie, et qui ont de l'analogie avec des espèces qui vivent aujourd'hui, et encore d'une espèce de ce dernier genre qu'on trouve dans cette substance, et qui paroît être identique avec la *terebratula vitrea*, ce n'est que dans les couches plus nouvelles que la craie, que l'on observe l'identité ou l'analogie.

Il y a sans doute un beaucoup plus grand nombre d'analogues et d'espèces identiques que je n'en ai signalé dans l'état ; car je n'ai dressé cet état, en très-grande partie, que sur les pièces de mes collections, et la comparaison de plusieurs milliers d'espèces est un travail si considérable, que je ne doute pas qu'il ne me soit échappé beaucoup de ces analogues.

Ce qui est bien remarquable, c'est que le plus grand nombre d'espèces identiques ou analogues se trouve dans les couches du Plaisantin et de l'Italie, puisque sur deux cent quarante que porte l'état, on y en trouve cent soixante, et dans ce nombre cent trente-neuf ont été signalées comme identiques par M. Brocchi. N'ayant pas été à portée de voir tous les ana-

logues qu'il a cités, je ne doute pas que parmi eux il ne se
trouve beaucoup d'espèces identiques ; mais je crois que cet
estimable savant a placé les limites de l'identité et de l'analogie plus loin que je ne l'ai fait.

La couche de grès marin supérieur de environs de Paris
paroît renfermer un moins grand nombre d'espèces de corps
marins fossiles que celle du calcaire grossier, quoique dans
la première on trouve quelques espèces qu'on ne rencontre pas
dans l'autre. Quelques-unes, provenant des deux couches,
paroissent identiques ; mais la presque-totalité ne présente
que de l'analogie, puisque, sur cinquante espèces prises dans
le grès supérieur, je n'en ai trouvé que trois qui ressem-
blassent parfaitement à celles du calcaire grossier. Dans ce
dernier, certaines espèces sont plus grandes et d'autres sont
plus petites que dans le premier ; et, dans celui-ci, ces différentes dimensions appartiennent à d'autres espèces. Enfin,
quelques espèces, qui sont fort communes dans le calcaire grossier, se trouvent très-rarement dans le grès marin supérieur.

Le fuseau bulbiforme que l'on trouve à Grignon, paroît
se trouver aussi dans la couche de grès supérieur des environs de la Chapelle et de Louvres, département de Seine-et-
Oise ; mais il est tellement modifié dans cette dernière, qu'il
a été rangé dans le genre Pyrule, avant de savoir que cette
modification pouvoit provenir de l'influence d'une couche
qui n'étoit point identique avec celle de Grignon. Dans ce
dernier endroit on ne trouve pas cette pyrule, et dans les
autres on ne trouve pas ce fuseau. Les travaux de MM.
Brongniart et Cuvier n'avoient pas encore appris à distinguer
ces couches, quand le savant auteur du Système des animaux
sans vertèbres classa ces coquilles, qui ont toujours embar-
rassé ceux qui possèdent des collections de fossiles des environs de Paris. Cette espèce se trouve aussi en Angleterre dans
le Hampshire, mais avec des formes encore différentes.

En prenant les environs de Paris pour centre, je crois
avoir remarqué que les genres et les espèces qu'on trouve
dans le calcaire grossier, ont une tendance à l'analogie avec
ceux d'Italie, en les suivant par l'Anjou, la Touraine[1] et les

---

[1] On trouve dans ces deux derniers endroits plusieurs espèces qu'on ne

environs de Bordeaux, et que de même on étoit conduit pour certains fossiles d'Angleterre, par ceux que l'on trouve dans le département de l'Oise, où un naturaliste distingué ( M. Graves ) en a découvert plus de cent soixante localités.

Beaucoup de genres que l'on trouve fossiles dans nos pays, non-seulement ne se rencontrent pas à l'état vivant dans les mers ou les eaux de nos climats, mais encore ne se trouvent en grande partie que dans les régions équatoriales : tels sont les genres Disticopore, Tubipore, Sarcinule, Fongie, Méandrine, Monticulaire, Astrée, Pocillopore, Madrépore, Oculine, Isis, Encrine, Clypéastre, Cassidule, Siliquaire, Fistulane, Crassatelle, Érycine, Corbeille, Pyrène, Cypricarde, Cucullée, Trigonie, Perne, Pintadine, Lime, Plicatule, Parmophore, Crépidule, Mélanie, Mélanopside, Ampullaire, Nérite, Pyramidelle, Vermet, Dauphinule, Pleurotome, Cancellaire, Fasciolaire ? Pyrule, Struthiolaire ? Strombe, Licorne, Harpe, Vis ? Colombelle, Mitre, Volute, Marginelle, Volvaire, Tarière, Ancillaire, Olive, Cône, Spirule, Sidérolite, Nautile, et le genre Porcelaine, quoique dans nos mers on trouve une très-petite espèce qui en dépende.

Le nombre des genres qui se trouvent à l'état fossile est supérieur à celui des genres à l'état vivant dans les polypiers, les échinides, les annelides, les tubicolées, les coquilles bivalves et les coquilles cloisonnées, et il se trouve inférieur dans les serpulées, les cirrhipèdes, les ptéropodes, les phyllidiens, les coquilles univalves et les hétéropodes.

Le nombre des genres des crustacés qu'on a trouvés fossiles, n'étant à peu près que le tiers de ceux qui vivent aujourd'hui, on peut croire que ce dernier se seroit augmenté depuis les révolutions qui ont enfoui les restes de ceux que l'on trouve fossiles.

Malgré le nombre plus considérable de quelques familles de corps organisés marins que l'on trouve fossiles, on peut croire que celui de ces corps qui existent aujourd'hui à l'état vivant, est plus grand qu'il n'ait été à aucune autre époque, attendu que celle où nous vivons est unique, tandis que les fossiles proviennent de plusieurs époques successives.

---

rencontre pas aux environs de Paris, et qui ne diffèrent de celles de Bordeaux et de l'Italie que parce qu'elles sont plus petites.

Les ammonites se rencontrant en Europe, dans l'Amérique, dans l'Inde et (suivant M. Lamarck) dans tous les pays, présentent un genre qui a pu vivre sous tous les climats, si les climats étoient distribués autrefois sur la terre comme ils le sont aujourd'hui, ou, dans le cas contraire, qui pourroit faire croire que par toute la terre la température étoit la même, ou encore que successivement elle auroit pu changer.

Les nautiles et les spirules étant, parmi les genres qui vivent aujourd'hui, ceux qui ont le plus d'analogie avec les ammonites, et ne vivant que dans des climats dont la température est très-élevée, on peut penser que celle dans laquelle ont vécu les ammonites, étoit semblable. Si la présence des ammonites dans les régions polaires pouvoit faire croire que dans ces lieux la température étoit élevée au point où elle l'est aujourd'hui dans les régions équinoxiales, comme on ne voit rien qui puisse empêcher de croire que celle de ces dernières régions étoit augmentée de la quantité relative de chaleur qu'elles éprouvent aujourd'hui, on peut penser qu'elles n'étoient pas habitables.

S'il en étoit ainsi au premier âge du monde et que, depuis, le globe se soit refroidi, la vie a dû commencer par les pôles, et s'il se refroidissoit toujours davantage, ces régions deviendroient désertes les premières.

La présence dans le Nord des restes d'animaux et de végétaux qui ne pourroient, à cause du climat, y vivre aujourd'hui, pourroit nous conduire à soupçonner qu'il auroit pu en être arrivé ainsi; mais une telle conjecture auroit besoin d'être appuyée par un plus grand nombre de faits.

Il est certains genres (les huîtres, les moules et autres) qu'on rencontre à l'état fossile dans tous les pays, comme les ammonites : mais la conséquence qu'on en peut déduire ne pourroit être la même que pour les nautiles et les spirules, auxquels nous assimilons les ammonites, attendu que les huîtres et les moules se rencontrent à l'état vivant dans tous les climats.

Les espèces identiques sur différens points éloignés les uns des autres, sont rares parmi les coquilles fossiles, surtout si, pour être identiques, elles doivent être parfaitement semblables, et je ne connois à cet égard qu'un véritable exemple présenté par le *bulimus terebellatus* que l'on trouve à Grignon tout-à-fait pareil à celui qui a été recueilli dans le Plaisantin. Il est d'autres espèces, comme l'*auricula ringens*, qu'on trouve dans les couches postérieures à la craie en Angleterre, aux environs de Paris, dans la Touraine, aux environs de Bordeaux et en Italie ; mais cette espèce est plutôt analogue qu'identique pour chacune de ces localités. Cependant, ayant égard à la modification qu'éprouvent en général toutes les espèces prises dans des localités différentes, on est fondé à les regarder comme identiques ; et nous n'avons jamais vu qu'aucune des espèces trouvées dans les couches postérieures à la craie, pénétrât au-dessous du calcaire grossier.

Au-dessus de toutes les couches, soit marines ou d'eau douce, qui paroissent avoir été déposées dans des eaux plus ou moins tranquilles, on en trouve une autre qui se présente aux environs de Paris dans les bassins de la Seine, de la Marne, de l'Oise, de la Loire. et sans doute de beaucoup d'autres fleuves et rivières, et dans laquelle on rencontre des débris de toutes les autres couches mêlés avec des ossemens de mammifères terrestres et de cétacés.

Cette couche, qui se montre immédiatement sous la terre végétale, et même quelquefois à la surface du terrain, n'est pas pétrifiée : elle offre cependant ( dans la plaine de Grenelle ) des agglomérats siliceux, que l'on trouve assez profondément. Son épaisseur varie, et probablement suivant la situation plus ou moins élevée du terrain sur lequel elle repose. On la voit commencer sur la route d'Orléans, près du Grand-Montrouge, par quelques pouces d'épaisseur, et aller en augmentant jusqu'à plus de dix-huit pieds dans la plaine de Grenelle près de Vaugirard. Ensuite elle s'étend en remontant vers le nord de l'autre côté du bassin, jusqu'à la forêt de S. Germain.

Ce qui se présente depuis cette forêt jusqu'à Montrouge, prouve que des eaux ont rempli cet espace : et elles ne pouvoient le remplir sans qu'il en fût de même à de grandes distances à l'est et à l'ouest dans le bassin dont la Seine occupe les lieux les plus bas ; et on ne peut douter qu'il n'en fût ainsi pour les bassins de la Marne et de l'Oise, puisqu'une pareille couche les couvre.

Il est extrêmement probable que ces bassins étoient déjà formés quand ils ont été remplis d'eau par l'événement qui y a déposé la couche, comme il l'est également qu'ils étoient plus grands et plus profonds, puisqu'il y a déposé une couche dont l'épaisseur, dans quelques endroits, est de plus de dix-huit pieds, à moins qu'on ne pût supposer, que dans le commencement de l'irruption, les eaux n'eussent eu la faculté d'enlever quelques parties des couches sur lesquelles elles auroient coulé, et qu'elles auroient remplacées par les corps que le torrent charrioit quand il a diminué d'intensité. Cette supposition pourroit prendre quelque degré de probabilité, quand on voit que tous ces corps sont étrangers au lieu où ils ont été déposés, et que près du pont de Sèvres on voit des blocs de poudingues ayant jusqu'à trente-six pieds cubes, et qui ont été arrachés à des couches sans doute très-éloignées, puisqu'on n'en connoît pas de pareilles aux environs de Paris. La presque-totalité des corps déposés est ou quarzeuse, ou siliceuse ; les morceaux calcaires ont sans doute été broyés. On y trouve quelques coquilles fossiles et calcaires dépendantes de la couche du calcaire coquillier grossier, et étrangères aux couches des environs de Paris ; mais elles sont usées et mutilées. On y rencontre des morceaux de bois siliceux, et beaucoup de corps enlevés aux couches de la craie.

Les eaux qui charrioient des masses énormes de rochers dans cette vallée, et qui déposoient des cailloux roulés jusqu'à la hauteur de Montrouge et à celle de la forêt de Saint-Germain, devoient être bien élevées au-dessus de ces lieux, pour avoir eu la faculté d'y faire ce dépôt.

On ne peut douter qu'un courant, qui ne peut être ni apprécié ni comparé, n'ait déposé cette couche. On pourroit plutôt élever des doutes sur sa direction ; mais il y a tout lieu de croire qu'il étoit dirigé dans le sens du cours actuel de la Seine.

Le volume d'eau étoit si considérable que la pente du terrain qui fait couler la Seine dans le sens où elle coule aujourd'hui, ne pourroit peut-être pas suffire pour établir cette conjecture ; mais les morceaux de granite rouge que j'ai trouvés dans cette couche à Issy et dans le bois de Boulogne, qu'on trouve aussi dans les bassins de l'Oise et de la Marne ( Monnet ), et qu'on croit reconnoître pour avoir été détachés de celles de la Bourgogne (Avalon), font penser que le torrent venoit de ce côté plutôt que de celui de la Normandie, où l'on ne trouve point de granite semblable.

Les cailloux arrondis que l'on trouve sur les bords de la mer, ont été forcés de prendre cette forme par le retour périodique du flux et du reflux qui peut les rouler pendant long-temps à la même place ; mais il n'en est pas de même de ceux de cette couche, qui ont été usés et arrondis en roulant ensemble dans le sens du torrent, et en s'éloignant toujours davantage du lieu où il les avoit saisis.

Le sable qui tapisse le fond de la Seine aujourd'hui, est composé, comme celui de la plaine de Grenelle, de petits morceaux de granite ou de quarz, qui sont restés anguleux à cause de leur dureté, et de débris arrondis de substances calcaires, qui font croire qu'il dépend encore de la couche apportée dans le bassin par le torrent. Il est extrêmement probable que ce sable descend toujours davantage, puisqu'on en peut retirer de nouveau dans les endroits où il paroissoit avoir été épuisé.

Quand l'eau se trouvoit au-dessus de la hauteur de Montrouge, il est hors de doute qu'elle couvroit une étendue bien considérable de terrain à droite et à gauche du cours de la Seine, et surtout dans les vallons dans lesquels coulent les rivières ou les ruisseaux qu'elle reçoit ; mais l'absence de tout dépôt roulé hors de la limite de Montrouge, m'a convaincu que le torrent ne la dépassoit pas, et que les eaux répandues dans les vallons étoient à peu près tranquilles. C'est sans doute à ces eaux tranquilles, qui déposoient les parties les plus ténues des terres et des autres corps charriés par le torrent qu'elles tenoient suspendues, qu'on doit les couches considérables de terre franche ou argileuse qui couvrent les environs de Sceaux, de Bagneux, d'Arcueil, de Chatenay, et probablement de tous les endroits où leur tranquillité permettoit de faire ce dépôt.

Si les eaux du torrent eussent été si élevées qu'elles eussent recouvert toutes les hauteurs des environs de Paris, il se seroit établi au-dessus d'elles un courant qui auroit dû transporter des cailloux roulés au-delà de Montrouge, et jusques dans le vallon de la rivière de Bièvre de ce côté. Il auroit emporté la totalité des dépôts marins de sable quarzeux et fin qui couvrent le sommet de collines des environs, et dont elles sont quelquefois même composées, comme celles du Plessis-Piquet; enfin il n'auroit pas permis le dépôt des matières fines qui composent la terre franche ou argileuse. On pourroit pourtant croire qu'elles étoient assez hautes pour avoir formé, en se retirant, les ravins que l'on voit dans ces dépôts de sable.

Ce que l'on remarque au midi de Fontenai-aux-Roses, pourroit faire croire qu'une grande partie de certaines collines escarpées auroit été emportée par des eaux qui n'auroient pas eu un courant au-dessus d'elles. Le fond du vallon est couvert d'une couche épaisse de terre franche ou argileuse; en montant à la fontaine des moulins, on voit de chaque côté du chemin le banc d'huîtres qui suit le mouvement du terrain, et qui étoit déjà en pente quand elles vivoient dans cet endroit : en montant au haut de la colline, on trouve sous la terre végétale le sable quarzeux disposé en couches horizontales, qui n'auroient pu avoir cette disposition, si la vallée n'en avoit été remplie, au moins en partie, quand le dépôt a eu lieu.

Quant à la disparition de ces sables, que j'ai cru pouvoir être attribuée aux eaux qui ont couvert ces endroits, lorsque la vallée dans laquelle coule la Seine était remplie, on pourroit également la rapporter aux eaux qui les ont déposés, et qui les auroient emportés en partie, quand elles se sont retirées.

Le dépôt de matières ténues qui composent la terre franche ou argileuse, paroît être un des derniers aux environs de Paris, et il semble que depuis cette époque cette substance ne se seroit pas rencontrée dans une circonstance propre à être cristallisée; car, à ma connoissance, on n'en a pas trouvé à l'état de cristallisation dans ces environs.

Je suis porté à croire que toutes les couches de terre franche ou argileuse seroient dues à quelque torrent qui auroit fourni des eaux troubles, mais détournées, et à peu près tranquilles, qui auroient fait ces dépôts. Il seroit à désirer que, par des observations ultérieures sur la position des couches de cailloux roulés que l'on trouve dans un si grand nombre de lieux, on pût savoir si tous les dépôts de terre franche auroient été fournis par les torrens qui ont déposé les cailloux roulés.

# TABLEAU

*Des Genres des Corps organisés que l'on trouve à l'état fossile, et des Couches dans lesquelles on les rencontre ; contenant aussi, relativement aux Corps marins testacés, la désignation des Genres qu'on ne rencontre pas à l'état fossile, de ceux qui se trouvent à cet état et aussi à l'état vivant, et de ceux qui se trouvent fossiles seulement.*

Nota. L'astérisque qui est placée sur la ligne du genre, indique les états ainsi que les couches dans lesquels on le trouve.

| GENRES ou noms des familles. | NOMS DES GENRES. | GENRES QUI SE TROUVENT — À L'ÉTAT — vivant seulement. | vivant et à l'état fossile. | fossile seulement. | DANS LES COUCHES — antérieures à la craie. | de la craie. | postérieures à la craie. | NOMBRE D'ESPÈCES — à l'état vivant. | à l'état fossile. | Observations. |
|---|---|---|---|---|---|---|---|---|---|---|
| POLYPIERS. | Acétabule..... | | ★ | | | | ★ | 2 | 1 | Débris qui pa- roissent apparte- nir à ce genre. |
| | Flustre...... | | ★ | | | ★ | ★ | 11 | 11 | |
| | Discopore..... | ★ | | | | | | 9 | | |
| | Cellépore..... | | , | | | ★ | ★ | 8 | 6 | |
| | Eschare...... | | ★ | | | ★ | ★ | 11 | 25 | |
| | Adéone....... | ★ | | | | | | 2 | | |
| | Rétépore..... | | ★ | | | ★ | ★ | 7 | 10 | |
| | Alvéolite..... | | ★ | | ★? | | ★ | 1 | 3 | |
| | Ocellaire..... | | ★ | | | | ★? | | 2 | |
| | Dactylopore... | | ★ | | | | ★ | | 2 | |
| | Lunulite..... | | ★ | | | ★ | ★ | | 10 | Craie inférieure pour celles trou- vées dans la craie. |
| | Orbulite..... | | ★ | | | | ★ | 1 | 4 | |
| | Disticopore... | | ★ | | | | ★ | 1 | 1 | |
| | Ovulite...... | | ★ | | | | ★ | | 5 | |
| | Millepore..... | | , | | | ★ | ★ | 14 | 14 | Craie inférieure. |
| | Favosite...... | | | ★ | | ★ | | | 6 | |
| | Caténipore.... | | | ★ | | ★ | | | 2 | |
| | Tubipore..... | | ★ | | | | | 1 | 2 | Couche incer- taine, mais très- probablement an- térieure à la craie. |
| | Styline....... | ★ | | | | | | 1 | | |
| | Sarcinule..... | | ★ | | ★? | | | 2 | 1 | |
| | Caryophyllie.. | | ★ | | ★ | ★ | ★ | 15 | 36 | |
| | Turbinolie.... | | | ★ | | | ★ | | 18 | |
| | Cyclolite..... | | | ★ | ★ | ★ | | | 15 | Genre douteux pour la craie. |
| | Fongie...... | | ★ | | ★ | | | 8 | 4 | |
| | Pavone....... | ★ | | | | | | 8 | | |

| ORDRES ou noms des familles. | NOMS DES GENRES. | GENRES qui se trouvent | | | | | | NOMBRE D'ESPÈCES | | Observations |
| | | à l'état | | | dans les couches | | | | | |
| | | vivant seulement. | vivant et à l'état fossile. | fossile seulement. | antérieures à la craie. | de la craie. | postérieures à la craie. | à l'état vivant. | à l'état fossile. | |
|---|---|---|---|---|---|---|---|---|---|---|
| POLYPIERS. | Agarice | * | | | | | | 7 | | |
| | Méandrine | | * | | | | * | 9 | 5 | |
| | Monticulaire | | * | | * | | | 5 | 5? | |
| | Échinopore | * | | | | | | 1 | | |
| | Explanaire | * | | | | | | 6 | | |
| | Astrée | | * | | * | | * | 3 | 80? | |
| | Porite | * | | | | | | 16 | | |
| | Pocillopore | | * | | | | * | 7 | 1 | Le genre fossile est douteux. |
| | Madrépore | | * | | * | | * | 9 | 7 | |
| | Seriatopore | | * | | * | * | * | 3 | 4 | Craie inférieure. |
| | Oculine | | * | | | | * | 9 | 4? | |
| | Corail | * | | | | | | 1 | | |
| | Isis | | * | | | | *p | 5 | 1 | |
| | Mélite | * | | | | | | 4 | | |
| | Antipate | * | | | | | | 17 | | |
| | Gorgone | | * | | * | | | 48 | 1 | Couche et genre douteux. |
| | Coralline | * | | | | | | 3 | | |
| | Pinceau | * | | | | | | 3 | | |
| | Flabellaire | | * | | | | * | 7 | 1 | |
| | Éponge | | * | | * | | | 10 | 11 | |
| | Alcyon | | * | | | * | | 40 | 15? | |
| | Anthelie | * | | | | | | 1 | | |
| | Xenie | * | | | | | | 2 | | |
| | Ammothée | * | | | | | | 3 | | |
| | Lobulaire | * | | | | | | 3 | | |
| | Funiculine | * | | | | | | 3 | | |
| | Virgulaire | | * | | | | * | 3 | 1 | Le genre fossile est douteux. |
| | Encrine | | * | | * | | * | 1 | 1 | Dans le calcaire grossier (de Gerville). |
| | Potériocrinites | | | * | * | | | | 2 | |
| | Platycrinites | | | * | * | | | | 5 | |
| | Apiocrinites | | | * | * | * | | | 2 | |
| | Pentacrinites | | | * | * | | | | 5 | |
| | Cyathocrinites | | | * | * | | | | 5 | |
| | Actinocrinites | | | * | * | | | | 3 | |
| | Rodocrinites | | | * | * | | | | 1 | |
| | Caryophillite | | | * | * | | | | 1 | |
| | Marsupite | | | * | *p | * | | | 1 | |

| ORDRES ou noms des familles. | NOMS DES GENRES. | GENRES QUI SE TROUVENT À L'ÉTAT | | | DANS LES COUCHES | | | NOMBRE D'ESPÈCES | | Observations. |
|---|---|---|---|---|---|---|---|---|---|---|
| | | vivant seulement. | vivant et à l'état fossile. | fossile seulement. | antérieures à la craie. | de la craie. | postérieures à la craie. | à l'état vivant. | à l'état fossile. | |
| POLYPIERS. | Alecto | | | ★ | ★ | ★ | | | 1 | |
| | Apseudésie | | | ★ | ★ | | | | 1 | |
| | Bérénice | | | ★ | ★ | | | | 3 | |
| | Cellaire | ★ | | | | | | 2 | | Craie inférieure. |
| | Chenendopore | | | ★ | | ★ | | | 1 | |
| | Chrysaore | | | ★ | ★ | | | | 2 | |
| | Eudée | | | ★ | ★ | | | | 1 | |
| | Eunomie | | | ★ | ★ | | | | 1 | |
| | Fabulaire | | | ★ | | | ★ | | 3 | |
| | Halliroé | | | ★ | ★ | | | | 2 | |
| | Hornère | | ★ | | | | ★ | 1 | 5 | |
| | Mopsée | ★ | | | | | | 2 | | |
| | Krusensterne | ★ | | | | | | 1 | | |
| | Tilésie | | | ★ | ★ | | | | 1 | |
| | Diastopore | | | ★ | ★ | | | | 1 | |
| | Mélobésie | ★ | | | | | | 1 | | Et plusieurs autres espèces. (Lamx.) |
| | Spirobore | | | ★ | ★ | | | | 3 | |
| | Microsolène | | | ★ | ★ | | | | 1 | |
| | Limnorée | | | ★ | ★ | | | | 1 | |
| | Lichenopore | | ★ | | | ★ | ★ | 2 | 5 | 1 analogue dans le calcaire grossier. |
| | Pélie | | | ★ | ★ | | | | 1 | |
| | Montlivaltie | | | ★ | ★ | | | | 1 | |
| | Iérée | | | ★ | ★ | | | | 1 | |
| | Idmonée | | | ★ | ★ | | | | 4 | |
| | Intricarie | | | ★ | ★ | | | | 1 | |
| | Obélie | ★ | | | | | | 1 | | |
| | Entalophore | | | ★ | ★ | | | | 1 | |
| | Théonée | | | ★ | ★ | | | | 1 | |
| | Térébellaire | | | ★ | ★ | | | | 2 | |
| | Turbinolopse | | | ★ | ★ | | | | 1 | |
| | Nubéculaire | | | ★ | | | ★ | | 1 | |
| | Orizaire | | ★ | | | | ★ | | 4 | |
| | Palmulaire | | | ★ | | | ★ | | 1 | |
| | Polytripe | | | ★ | | | ★ | | 5 | |
| | Saracenaire | | | ★ | | | ★ | | 1 | |
| | Lycophre | | | ★ | | ★ | ★ | | 2 | Craie inférieure. |
| | Textulaire | | | ★ | | | ★ | | 2 | |
| | Vaginopore | | | ★ | | | ★ | | 1 | |

| ORDRES ou noms des familles. | NOMS DES GENRES. | A l'état : vivant seulement. | A l'état : vivant et à l'état fossile. | A l'état : fossile seulement. | Dans les couches : antérieures à la craie. | Dans les couches : de la craie. | Dans les couches : postérieures à la craie. | Nombre d'espèces : à l'état vivant. | Nombre d'espèces : à l'état fossile. | Observations. |
|---|---|---|---|---|---|---|---|---|---|---|
| POLYPIERS. | Vinculaire .... | | | ★ | | | ★ | | 1 | |
| | Thamnastérie.. | | | ★ | ★ | | | | 1 | |
| | Pagrus........ | | | ★ | | ★ | | | 2 | |
| | Ventriculites .. | | | ★ | | ★ | | | 3 | |
| | Larvaire ...... | | | ★ | | | ★ | | 5 | |
| STELLÉRIDES. | Euryale ...... | | ★ | | | ★ | ★ | 6 | 1 | Le genre fossile est douteux. |
| | Astérie ....... | | ★ | | | | ★? | 44 | 1 | Idem. |
| | Comatule .... | | ★ | | | ★ | ★ | 8 | 1 | Idem. |
| | Ophiure ...... | | ★ | | | | ★ | 18 | 1 | Idem. |
| ÉCHINIDES. | Scutelle ...... | | ★ | | ★ | | | 17 | 12 | |
| | Clypéastre .... | | ★ | | ★ | ★ | ★ | 3 | 10 | |
| | Fibulaire ..... | ★ | | | | | | 3 | | |
| | Échinonée .... | ★ | | | | | | 3 | | |
| | Galérite ...... | | | ★ | | ★ | ★? | | 16 | |
| | Ananchite .... | | | ★ | | ★ | | | 12 | |
| | Spatangue .... | | ★ | | ★ | ★ | | 15 | 21 | |
| | Cassidule ..... | | ★ | | ★ | ★ | ★? | 1 | 9 | |
| | Nucléolite .... | | | ★ | ★ | ★ | ★ | | 11 | |
| | Oursin ....... | | ★ | | ★ | ★? | ★ | 35 | 13 | |
| | Cidarite ...... | | ★ | | ★ | ★ | | 18 | 8 | |
| CRUSTACÉS. | Agnoste....... | | | ★ | ★ | | | | 1 | Il a paru superflu d'indiquer le nombre des espèces de crustaces à l'état vivant. |
| | Calymène..... | | | ★ | ★ | | | | 4 | |
| | Paradoxide.... | | | ★ | ★ | | | | 5 | |
| | Asaphe ....... | | | ★ | ★ | | | | 5 | |
| | Ogygie ....... | | | ★ | ★ | | | | 2 | |
| | Portune ...... | | ★ | | | | | | 2 | La couche est douteuse. |
| | Podophthalme . | | ★ | | | | | | 1 | Idem. |
| | Crabe ........ | | ★ | | | | ★ | | 6 | |
| | Grapse ....... | | ★ | | | | | | 1 | Le genre et la couche sont douteux. |
| | Gonoplace .... | | ★ | | | | ★? | | 5 | |
| | Gélasime ..... | | ★ | | | | ★? | | 1 | |
| | Gécarcin ..... | | ★ | | | | ★? | | 1 | |
| | Atélécycle .... | | ★ | | | | ★ | | 1 | |
| | Leucosie...... | | ★ | | | | | | 3 | Couche inconnue. |
| | Inachus....... | | ★ | | | | | | 1 | Idem. |

| ORDRES ou noms des familles. | NOMS DES GENRES. | A L'ÉTAT | | | DANS LES COUCHES | | | NOMBRE D'ESPÈCES | | Observations. |
|---|---|---|---|---|---|---|---|---|---|---|
| | | vivant seulement. | vivant et à l'état fossile. | fossile seulement. | antérieures à la craie. | de la craie. | postérieures à la craie. | à l'état vivant. | à l'état fossile. | |
| CRUSTACÉS. | Dorippe | | ★ | | | | | | 1 | Couche inconnue. |
| | Ranine | | ★ | | | | | | 1 | Idem. |
| | Pagure | | ★ | | | ★ | | | 1 | Craie inférieure; le genre fossile est douteux. |
| | Éryon | | ★ | | | | | | 1 | Couche inconnue. |
| | Scyllare | | ★ | | | | | | 1 | Idem. |
| | Langouste | | ★ | | | | | | 2 | Idem. |
| | Palémon | | ★ | | | | | | 1 | Idem. |
| | Écrevisse | | ★ | | | ★ | | | 1 | Genre fossile douteux et couche inconnue. |
| | Galathée | | ★ | | | | | | 1 | Genre fossile douteux. |
| | Sphérome | | ★ | | | | ★ | | 1 | Idem. |
| | Limule | | ★ | | | | ★ ? | | 1 | Couche inconnue. |
| | Cypris | | ★ | | | | ★ | | 2 | |
| | Crust. Macroure | | ★ | | | | ★ ? | | | Genre fossile douteux et couche inconnue. |
| ANNÉLIDES. | Siliquaire | | ★ | | | | ★ | 5 | 7 | 1 espèce analogue en Italie (Brocchi.) |
| | Dentale | | ★ | | ★ | | ★ | 12 | 24 | 4 espèces analogues en Italie (Brocchi.) |
| | Entale | | | ★ | | ★ | | | 1 | Craie inférieure. |
| SERPULÉES. | Spirorbe | | ★ | | | ★ | ★ | 5 | 11 | 1 espèce analogue du calcaire grossier, avec 1 espèce de la Nouvelle-Hollande. |
| | Serpule | | ★ | | ★ | ★ | ★ | 20 | 6 | Il est très-difficile de distinguer les serpules des vermilies à l'état fossile; 2 analogues en Italie (Brocc.) |

| ORDRES ou NOMS DES FAMILLES | NOMS DES GENRES | GENRES QUI SE TROUVENT | | | | | | NOMBRE D'ESPÈCES | | Observations. |
| | | À L'ÉTAT | | | DANS LES COUCHES | | | | | |
| | | vivant seulement. | vivant et à l'état fossile. | fossile seulement. | antérieures à la craie. | de la craie. | postérieures à la craie. | à l'état vivant. | à l'état fossile. | |
|---|---|---|---|---|---|---|---|---|---|---|
| SERPULÉES. | Vermilie...... | | * | | * | * | * | 8 | 45 | 2 analogues en Italie. (Brocc.) |
| | Rotulaire..... | | | * | * | | | | 7 | Couche douteuse. |
| | Caléolaire.... | * | | | | | | 2 | | |
| | Magile....... | * | | | | | | 1 | | |
| CIRRHIPÈDES. | Tubicinelle... | * | | | | | | 1 | | |
| | Coronule..... | * | | | | | | 3 | | |
| | Balane....... | | * | | * | | * | 28 | 16 | 3 espèces analogues en Italie (Brocc.); 1 identique. (Lamk.) |
| | Acaste....... | * | | | | | | 3 | | |
| | Creusie...... | * | | | | | | 3 | | |
| | Pyrgome...... | * | | | | | | 1 | | |
| | Anatife...... | * | | | | | | 5 | | |
| | Pousse-Pied... | | * | | | | * | 3 | 1 | |
| | Cinéras...... | * | | | | | | 1 | | |
| | Otion........ | * | | | | | | 2 | | |
| TUBICOLÉES. | Arrosoir...... | | * | | | | * | 4 | 2 | |
| | Clavagelle.... | | | * | | | * | | 4 | |
| | Fistulane..... | | * | | | | * | 4 | 2 | |
| | Cloissonnaire.. | * | | | | | | 1 | | 1 espèce analogue en Italie. (Brocc.) |
| | Térédine...... | | | * | | | * | | 4 | |
| | Taret........ | | * | | | | * | 2 | 4 | Idem. |
| PHOLADAIRES. | Pholade...... | | * | | | | * | 9 | 3 | 1 espèce analogue en Italie. (Brocc.) |
| | Gastrochêne... | | * | | | | * | 3 | 1 | 1 espèce analogue à Grignon. |
| SOLÉNACÉES. | Solen........ | | * | | | | * | 21 | 9 | 3 espèces identiq. dans le Plaisantin; 1 espèce anal. à Grignon. |
| | Gervillie..... | | | | * | * | | | 1 | Craie inférieure. |
| | Panopée...... | | * | | | | * | 1 | 1 | 1 espèce analogue dans le Plaisantin. |
| | Glycimère.... | * | | | | | | 2 | 1 | |
| MYAIRES. | Myc......... | | * | | * | | * | 4 | 11 | Quelques-unes sont douteuses. |
| | Anatine...... | | * | | * | | | 10 | 1 | Couche douteuse. |

| ORDRES OU NOMS DES FAMILLES. | NOMS DES GENRES. | GENRES QUI SE TROUVENT À L'ÉTAT | | | DANS LES COUCHES | | | NOMBRE D'ESPÈCES | | Observations. |
|---|---|---|---|---|---|---|---|---|---|---|
| | | vivant seulement. | vivant et à l'état fossile. | fossile seulement. | antérieures à la craie. | de la craie. | postérieures à la craie. | à l'état vivant. | à l'état fossile. | |
| MACTRACÉES. | Lutraire ...... | | ★ | | ★ | ★ | ★ | 12 | 3 | Genre douteux des anciennes couches et de la craie ; 2 espèces analogues en Italie. (Brocc.) |
| | Mactre ....... | | ★ | | | | ★ | 33 | 8 | 1 espèce identique et 1 espèce analogue dans le Plaisantin ; une anal. dans la Caroline du Nord. |
| | Crassatelle .... | | ★ | | | ★ ? | ★ | 11 | 20 | Craie inférieure ? |
| | Erycine ....... | | ★ | | | | ★ | 1 | 11 | 3 espèces anal. dans le Plaisantin (Brocc.) ; une des figures de ces analogues ne se rapporte pas à ce genre. |
| | Onguline ..... | ★ | | | | | | 2 | | |
| | Solémye ...... | ★ | | | | | | 2 | | |
| | Amphidesme .. | ★ | | | | | | 16 | | |
| CORBULÉES. | Corbule ...... | | ★ | | | | ★ | 9 | 30 | 1 espèce analogue en Italie ( Brocc ) : 1 autre à Grignon. |
| | Sphæna ....... | | ★ | | | | ★ | 1 | 1 | |
| | Pandore ...... | | ★ | | | | ★ | 3 | 2 | |
| LITHOPHAGES. | Saxicave ...... | | ★ | | ★ | | | 5 | 1 | Le genre fossile est douteux. |
| | Pétricole ..... | | ★ | | | | ★ | 13 | 2 | 1 espèce analogue dans le Plaisantin (Brocc.) ; 1 autre à Grignon. |
| | Vénérupe ..... | | ★ | | | | ★ | 7 | 6 | |
| NYMPHACÉES SOLÉNAIRES. | Sanguinolaire .. | | ★ | | | | ★ | 4 | 1 | |
| | Psammobie .... | ★ | | | | | | 18 | | |
| | Psammotée .... | ★ | | | | | | 8 | | |

| ORDRES ou noms des familles. | NOMS DES GENRES. | GENRES QUI SE TROUVENT | | | | | | NOMBRE D'ESPÈCES | | Observations. |
|---|---|---|---|---|---|---|---|---|---|---|
| | | A L'ÉTAT | | | DANS LES COUCHES | | | | | |
| | | vivant seulement. | vivant et à l'état fossile. | fossile seulement. | antérieures à la craie. | de la craie. | postérieures à la craie. | à l'état vivant. | à l'état fossile. | |
| NYMPHACÉES TELLINAIRES. | Telline........ | | * | | | | * | 54 | 23 | 4 espèces anal. dans le Plaisantin (Brocc.) ; 3 espèces identiq. à Grignon. |
| | Tellinide...... | * | | | | | | 1 | | |
| | Corbeille...... | | * | | | | * | 1 | 2 | |
| | Lucine........ | | * | | | | * | 17 | 35 | 1 espèce analogue en Italie ; 1 identique en Touraine : 5 analogues aux environs de Paris. |
| | Donace...... | | * | | | | * | 27 | 17 | 3 espèces analogues, dont l'une de Léognan, près de Bordeaux, 1 autre d'Italie, et 1 autre des environs de Paris. |
| | Capse........ | * | | | | | | 2 | | |
| | Crassine...... | | * | | | | * | 2 | 18 | 1 e pèce anal. en Angleterre. 1 espèce subanalogue à Anvers. |
| CONQUES FLUVIATILES. | Cyclade...... | | * | | | | * | 11 | 2 | 1 espèce anal. dans le Plaisantin. (Brocc.) |
| | Cyrène........ | | * | | | | * | 11 | 9 | 1 espèce analogue du calcaire grossier. |
| | Galatée........ | * | | | | | | 1 | | |
| | Cyprine...... | | * | | | | * | 1 | 7 | 2 espèces identiques en Italie, aux environs de Bordeaux et en Angleterre. (Lamk.) |
| CONQUES MARINES. | Cythérée...... | | * | | | | * | 78 | 35 | 1 espèce identique en Italie, 1 près de Bordeaux et 1 à Grignon ; 6 espèce analog. en Italie. Celle de Bordeaux s'y trouve beaucoup plus grande et trois à quatre fois plus épaisse. |

| ORDRES ou NOMS DES FAMILLES. | NOMS DES GENRES. | GENRES QUI SE TROUVENT | | | | | | NOMBRE D'ESPÈCES | | Observations. |
| | | À L'ÉTAT | | | DANS LES COUCHES | | | | | |
| | | vivant seulement. | vivant et à l'état fossile. | fossile seulement. | antérieures à la craie. | de la craie. | postérieures à la craie. | à l'état vivant. | à l'état fossile. | |
| --- | --- | --- | --- | --- | --- | --- | --- | --- | --- | --- |
| CONQUES MARINES. | Vénus ........ | | ★ | | | | ★ | 88 | 40 | 6 espèces analogues en Italie (Brocc.), et 1 à Grignon. |
| | Vénéricarde ... | | ★ | | | | ★ | 2 | 25 | 1 espèce identique à Chaumont (Oise.) |
| | Cypricarde.... | | ★ | | ★ | | | 4 | 3 | |
| CARDIACÉES. | Bucarde ...... | | ★ | | ★ | | ★ | 48 | 40 | 2 espèces identiques en Italie, 4 analogues aux mêmes lieux, 1 analogue plus petite à Grignon. |
| | Cardite ...... | | ★ | | | | ★ | 22 | 10 | 1 espèce identique du Plaisantin, 1 analogue audit lieu, et 1 autre en Anjou. |
| | Hiatelle ...... | ★ | | | | | | 1 | | |
| | Isocarde ...... | | ★ | | ★ | | ★ | 3 | 6 | Le genre des couches anciennes est douteux; 1 espèce identique du Plaisantin. |
| ARCACÉES. | Cucullée...... | | ★ | | ★ | | ★? | 1 | 3 | |
| | Arche ...... .. | | ★ | | ★ | ★ | ★ | 37 | 25 | Craie inférieure; 4 espèces identiques du Plaisantin, 1 de l'Anjou, 2 analogues des environs de Paris. |
| | Pétoncle...... | | ★ | | | ★ | ★ | 19 | 34 | Craie inférieure; 3 espèces analogues en Italie (Brocc.), 1 autre près de Versailles et dans la Caroline du Nord. |

| ORDRES OU NOMS DES FAMILLES | NOMS DES GENRES | GENRES QUI SE TROUVENT À L'ÉTAT | | | DANS LES COUCHES | | | NOMBRE D'ESPÈCES | | Observations. |
|---|---|---|---|---|---|---|---|---|---|---|
| | | vivant seulement | vivant et à l'état fossile | fossile seulement | antérieures à la craie | de la craie | postérieures à la craie | à l'état vivant | à l'état fossile | |
| ARCACÉES. | Nucule ........ | | ★ | | ★ | ★ | ★ | 6 | 12 | Craie inférieure; 1 espèce identique à Grignon. 2 analogues en Italie (Brocc.), et 4 aux environs de Paris. |
| TRIGONÉES. | Trigonie ...... | | ★ | | ★ | ★ | | 1 | 21 | Craie inférieure. |
| | Opis ......... | | | ★ | ★ | | | | 1 | |
| | Castalie ...... | ★ | | | | | | 1 | | |
| NAYADES. | Mulette ...... | | ★ | | ★ | | ★ | 48 | 8 | Genre douteux dans les anciennes couches. |
| | Uyrie ........ | ★ | | | | | | 2 | | |
| | Anodonte ..... | | ★ | | | | ★ | 15 | | On a trouvé quelques espèces fossiles, mais difficiles à distinguer. |
| | Iridine ....... | ★ | | | | | | 1 | | |
| CAMACÉES. | Dicérate ...... | | | ★ | ★ | | | | 5 | |
| | Came ........ | | ★ | | | | ★ | 17 | 10 | 3 espèces analogues en Italie. (Brocc.). |
| | Étherie ....... | ★ | | | | | | 4 | | |
| TRIDACNÉES. | Tridacne ...... | | ★ | | ★ | | | 6 | 1 | Ce genre fossile est douteux. |
| | Hippope ...... | ★ | | | | | | 1 | | |
| MYTILACÉES. | Mytiloïde ..... | | | ★ | | ★ | | | 1 | |
| | Modiole ...... | | ★ | | ★ | | ★ | 23 | 20 | 1 espèce analogue en Italie (Brocc.), 1 autre à Grignon. |
| | Pholadomye ... | | ★ | | ★ | ★ | | 1 | 2 | Craie inférieure: le genre fossile est douteux. |

| ORDRES OU NOMS DES FAMILLES. | NOMS DES GENRES. | GENRES QUI SE TROUVENT — À L'ÉTAT | | | GENRES QUI SE TROUVENT — DANS LES COUCHES | | | NOMBRE D'ESPÈCES | | Observations. |
|---|---|---|---|---|---|---|---|---|---|---|
| | | vivant seulement. | vivant et à l'état fossile. | fossile seulement. | antérieures à la craie. | de la craie. | postérieures à la craie. | à l'état vivant. | à l'état fossile. | |
| **MYTILACÉES.** | Moule ........ | | ★ | | ★ | ★ | ★ | 35 | 11 | 1 espèce anal. d'Italie (Brocc.); 1 subanal. dans le grès supérieur de Longjumeau. |
| | Pinne ........ | | ★ | | ★ | | ★ | 15 | 6 | 1 espèce anal. d'Italie. (Brocc.) |
| | Lithodome .... | | ★ | | ★ | | ★ | | 1 | On ne trouve souvent que les moules de ces coquilles. |
| **MALLÉACÉES.** | Catillus....... | | | ★ | | ★ | | | 2 | |
| | Crénatule..... | ★ | | | | | | 7 | | |
| | Perne ........ | | ★ | | ★ | | ★ | 10 | 5 | 1 espèce subanalogue en Égypte; mais la couche est incertaine. |
| | Pulvinite ..... | | | ★ | | ★ | | | 1 | Craie inférieure. |
| | Inocérame .... | | | ★ | | ★ | | | 3 | |
| | Marteau ..... | ★ | | | | | | 6 | | |
| | Avicule ....... | | ★ | | ★ | | ★ | 13 | 12 | |
| | Pintadine..... | | ★ | | ★ | | | 2 | 3 | Ou genre voisin. |
| **PECTINIDES.** | Houlette ...... | ★ | | | | | | 1 | | |
| | Lime ......... | | ★ | | ★ | | ★ | 6 | 11 | Le genre des couches anciennes est douteux; 2 espèces analogues en Italie (Brocc.); 2 analogues à Grignon. |
| | Dianchora .... | | | ★ | ★ | | | | 3 | |
| | Plagiostome ... | | | ★ | ★ | | | | 3 | |
| | Pachytos...... | | | ★ | | ★ | | | 15 | |
| | Peigne ....... | | ★ | | ★ | ★ | ★ | 59 | 98 | 4 espèces identiques en Italie; 3 anal. au même lieu. (Brocc.) |
| | Plicatule ..... | | ★ | | ★ | | ★ | 4 | 10 | |
| | Spondyle ..... | | ★ | | | ★ | ★ | 21 | 5 | Craie inférieure; 1 espèce analog. dans le Plaisantin. (Brocc.) |
| | Hinnite....... | | | ★ | ★ | | ★ | | 2 | Il est douteux qu'on en ait trouvé dans les couches anciennes. |

| ORDRES ou noms des familles. | NOMS DES GENRES. | GENRES QUI SE TROUVENT | | | | | | NOMBRE D'ESPÈCES | | Observations. |
|---|---|---|---|---|---|---|---|---|---|---|
| | | A L'ÉTAT | | | DANS LES COUCHES | | | | | |
| | | vivant seulement. | vivant et à l'état fossile. | fossile seulement. | antérieures à la craie. | de la craie. | postérieures à la craie. | à l'état vivant. | à l'état fossile. | |
| PECTINIDES. | Podopside..... | | | ★ | | ★ | | | 2 | Craie tuffau. Ce genre doit entrer dans celui des huîtres. |
| | Vulselle ...... | | ★ | | | | ★ | 6 | 1 | |
| OSTRACÉES. | Gryphée...... | | ★ | | ★ | ★ | | 1 | 20 | Le genre vivant est très-douteux. |
| | Huître........ | | ★ | | ★ | ★ | ★ | 48 | 120 | 7 espèces anal. dans le Plaisantin. (Brocc.) |
| | Anomie...... | | ★ | | *? | | ★ | 9 | 10 | 5 espèces anal. dans le Plaisantin (Brocc.) |
| | Placune ...... | | ★ | | ★ | | *? | 3 | 2 | 1 espèce anal. en Égypte ; mais la couche est incertaine. |
| RUDISTES. | Caprine ...... | | | ★ | ★ | | | | 1 | |
| | Sphérulite ... | | | ★ | ★ | | | | 1 | |
| | Radiolite ..... | | | ★ | ★ | | | | 3 | ( Lamk.) |
| | Calcéole ...... | | | ★ | ★ | | | | 1 | |
| | Birostrite ou Jodamie ...... | | | ★ | | ★ | | | 3? | Craie inférieure |
| | Cranie ....... | | ★ | | | ★ | | 2 | 4 | |
| BRACHIOPODES. | Pentamérus ... | | | ★ | ★ | | | | 1 | |
| | Strygocéphale . | | | ★ | ★ | | | | 1 | |
| | Orbicule ou Discine ....... | ★ | | | | | ★ | | 1 | |
| | Productus..... | ★ | | ★ | ★ | | ★ | 2 | 14 | |
| | Térébratule .. | | ★ | | ★ | ★ | ★ | 12 | 180 | 1 espèce identique? de la craie ; 1 ou 2 espèces anal. des couches anciennes. |
| | Uncite........ | | | ★ | ★ | | | | 1 | |
| | Strophomène .. | | | ★ | ★ | | | | 3 | |
| | Thécidée ..... | ★ | | | ★ | | | 1 | | |
| | Spirifer....... | | ★ | ★ | | | | 1 | 4 | Craie inférieure ; |
| | Lingule....... | ★ | | ★ | | | | 1 | 10 | 1 espèce subanalogue. |
| | Magas ........ | | | ★ | ★ | | | | 2 | |

39.      19

| ORDRES ou NOMS DES FAMILLES. | NOMS DES GENRES. | GENRES QUI SE TROUVENT | | | | | | NOMBRE D'ESPÈCES | | Observations. |
| --- | --- | --- | --- | --- | --- | --- | --- | --- | --- | --- |
| | | À L'ÉTAT | | | DANS LES COUCHES | | | | | |
| | | vivant seulement. | vivant et à l'état fossile. | fossile seulement. | antérieures à la craie. | de la craie. | postérieures à la craie. | à l'état vivant. | à l'état fossile. | |
| PTÉROPODES. | Hyale ........ | * | | | | | | 2 | | |
| | Cléodore...... | | * | | | | * | | 1 | |
| | Limacine ..... | * | | | | | | 1 | | |
| | Cimbulie ..... | * | | | | | | 1 | | |
| PHYLLIDIENS. | Oscabrille .... | * | | | | | | 2 | | |
| | Oscabrion..... | | * | | | | * | 20 | 2 | Les espèces vivantes sont en général très-grandes : les espèces fossiles sont très-petites. |
| | Patelle ....... | | * | | * | | * | 50 | 4 | Même observation : 1 espèce identiq. du Plaisantin. |
| SEMI-PHYLLIDIENS. | Pleurobranche. | * | | | | | | 1 | | |
| | Ombrelle ..... | * | | | | | | 2 | | |
| CALYPTRACIENS. | Parmophore... | | * | | | | * | 3 | 3 | Les espèces vivantes sont grandes et épaisses ; celles fossiles sont petites et très-minces. |
| | Rimulaire..... | | | * | | | * | | 2 | |
| | Émarginule ... | | * | | | | * | 7 | 12 | 1 espèce analogue des environs de Paris. |
| | Fissurelle ..... | | * | | | | * | 20 | 6 | 1 espèce anal. de Grignon : 1 autre du Plaisantin. |
| | Cabochon ..... | | * | | | | * | 6 | 6 | 1 espèce identique du Plaisantin (pileopsis ungarica). |
| | Hipponyce .... | | * | | | | * | 5 | 5 | 1 espèce analogue aux environs de Paris. |

| ORDRES OU NOMS DES FAMILLES | NOMS DES GENRES | GENRES QUI SE TROUVENT À L'ÉTAT — vivant seulement | vivant et à l'état fossile | fossile seulement | DANS LES COUCHES — antérieures à la craie | de la craie | postérieures à la craie | NOMBRE D'ESPÈCES — à l'état vivant | à l'état fossile | Observations. |
|---|---|---|---|---|---|---|---|---|---|---|
| CALYPTRACIENS. | Calyptrée ..... | | * | | | | * | 6 | 14 | 2 espèces anal dans le Plaisantin (Brocc.); 1 autre à Grignon, et 1 autre identique près de Bordeaux. |
| | Crépidule ..... | | * | | | | * | 6 | 6 | 1 espèce identique du Plaisantin; 1 autre espece anal. de. |
| | Ancyle ....... | | * | | | | * | 3 | 1 | |
| BULLÉENS. | Bullée ........ | | * | | | | * | 2 | 2 | 1 espèce anal d'Italie (Brocc.); 1 identique de Grignon. |
| | Bulle ......... | | * | | | | * | 11 | 12 | 5 espèces analogues du Plaisantin (Brocc.); 1 espece subanalogue de Grignon. |
| | Dolabelle ..... | * | | | | | | 2 | | |
| LIMACIENS. LAPLISIENS. | Parmacelle .... | * | | | | | | 1 | | |
| | Limace ....... | * | | | | | | 4 | | |
| | Testacelle ..... | * | | | | | | 1 | | |
| | Vitrine ....... | * | | | | | | 1 | | |
| COLIMACES. | Hélice ....... | | * | | | | * | 107 | 8 | 2 espèces analogue. (Brong.) |
| | Carocole ...... | | * | | | | * | 18 | 1 | Le genre fossile est douteux. |
| | Anostome ..... | * | | | | | | 2 | | |
| | Hélicine ...... | | * | | | | * | 4 | 3 | Le genre fossile est douteux et trouvé dans des dépôts marins; le vivant est terrestre et fluviatile. |
| | Maillot ....... | | * | | | | * | 27 | 1 | |
| | Clausilie ...... | * | | | | | * | 12 | | |

| ORDRES ou NOMS DES FAMILLES. | NOMS DES GENRES. | GENRES QUI SE TROUVENT | | | | | | NOMBRE D'ESPÈCES | | Observations. |
| | | À L'ÉTAT | | | DANS LES COUCHES | | | | | |
| | | vivant seulement. | vivant et à l'état fossile. | fossile seulement. | antérieures à la craie. | de la craie. | postérieures à la craie. | à l'état vivant. | à l'état fossile. | |
| --- | --- | --- | --- | --- | --- | --- | --- | --- | --- | --- |
| COLIMACÉS. | Bulime ........ | | * | | * | | * | 34 | 37 | 1 espèce anal. à Grignon; 1 espèce de Grignon identique avec une du Plaisantin; cas fort rare. |
| | Agathine...... | | * | | | | * | 19 | 1 | Genre terrestre trouvé fossile dans un depôt marin. |
| | Ambrette ..... | | * | | | | * | 3 | 1 | |
| | Auricule...... | | * | | | | * | 14 | 9 | 1 espèce analogue ( Brocc.) |
| | Cyclostome ... | | * | | | | * | 28 | 17 | 2 espèces anal. dans le Plaisantin. ( Brocc. ) |
| LIMNÉENS. | Planorbe...... | | * | | | | * | 12 | 18 | L'état de quelques espèces regardées comme fossiles et douteux: 4 espèces anal ( Brong. ) |
| | Physe ........ | | * | | | | * | 4 | | |
| | Limnée........ | | * | | | | * | 12 | 10 | 2 espèces analogue. du Plaisantin. ( Brocc. ) |
| | Rissoa......... | | * | | | | * | 15 | 6 | 1 espèce identique de Grignon, 4 espèces analog. de Grignon et de Hauteville. |
| MÉLANIENS. | Mélanie ...... | | * | | * | | * | 16 | 36 | 1 espèce ident. de Grignon et de l Anjou; cette espèce vit sur les côtes d'Angleterre. |
| | Mélanopside... | | * | | | | * | 11 | 10 | 3 espèces identiques et 1 analogue. (Féruss.) |
| | Pyrène ........ | * | | | | | | 4 | | |

| ORDRES ou noms des familles | NOMS DES GENRES | GENRES QUI SE TROUVENT — À L'ÉTAT | | | DANS LES COUCHES | | | NOMBRE D'ESPÈCES | | Observations |
|---|---|---|---|---|---|---|---|---|---|---|
| | | vivant seulement | vivant et à l'état fossile | fossile seulement | antérieures à la craie | de la craie | postérieures à la craie | à l'état vivant | à l'état fossile | |
| PÉRISTOMIENS | Valvée | ★ | | | | | | 1 | | |
| | Paludine | | ★ | | | | ★ | 7 | 5 | |
| | Ampullaire | | ★ | | | | ★ | 11 | 17 | Les vivantes sont fluviatiles et les fossiles sont marines. |
| NÉRITACÉS | Navicelle | ★ | | | | | | 3 | | |
| | Piléole | | | ★ | ★ | | ★ | | 4 | |
| | Néritine | | ★ | | | | ★ | 21 | 5 | 1 analogue dans le Plaisantin. (Brocc.) |
| | Natice | | ★ | | | | ★ | 31 | 8 | 1 espèce ident. du Plaisantin, 3 espèces anal. et 1 subanalogue. |
| | Nérite | | ★ | | | | ★ | 17 | 5 | 2 espèces anal. d'Italie. (Brocc.) |
| | Janthine | ★ | | | | | | 2 | | |
| MACROSTOMES | Sigaret | | ★ | | | | ★ | 4 | 3 | 1 espèce ident. du Plaisantin; 2 analogues, l'une de Grignon, l'autre près de Bordeaux. |
| | Stomatelle | ★ | | | | | | 5 | | |
| | Stomate | ★ | | | | | | 2 | | |
| | Haliotide | ★ | | | | | | 15 | | |
| PLICACÉS | Tornatelle | | ★ | | | | ★ | 6 | 5 | 1 espèce subanalogue en Angleterre. |
| | Pyramidelle | | ★ | | | | ★ | 5 | 7 | |
| | Nériné | | | ★ | ★ | | | | 5 | |
| SCALARIENS | Vermet | | ★ | | ★ | | ★ | 1 | 2 | Le genre des couches anciennes est douteux. |
| | Scalaire | | ★ | | | | ★ | 7 | 12 | 1 espèce anal. du Plaisantin. (Brocc.) |
| | Dauphinule | | ★ | | | | ★ | 3 | 30 | 1 esp. analogue? |
| | Pleurotomaire | | | ★ | ★ | | | | 3 | |
| | Euomphalus | | | ★ | ★ | | | | 6 | |

| Ordres ou noms des familles. | Noms des genres. | Genres qui se trouvent — à l'état : vivant seulement. | vivant et à l'état fossile. | fossile seulement. | dans les couches : antérieures à la craie. | de la craie. | postérieures à la craie. | Nombre d'espèces : à l'état vivant. | à l'état fossile. | Observations. |
|---|---|---|---|---|---|---|---|---|---|---|
| TURBINACÉS. | Cadran | | ★ | | | ★ | ★ | 7 | 17 | Craie tuffau ; quelques espèces subanalog. dans le calcaire grossier. |
| | Maclurite | | | ★ | ★ | | | | 1? | |
| | Roulette | ★ | | | | | | 5 | | |
| | Toupie | | ★ | | ★ | ★ | ★ | 69 | 56 | 11 espèces analogues, 1 dans les ancienn. couches du Havre, 6 d'Italie, 1 dans l'Anjou et 3? à Grignon. |
| | Monodonte | | ★ | | | | ★ | 25 | 5 | 3 espèces identiq.. dont 2 dans le Plaisantin et 1 en Angleterre. |
| | Sabot | | ★ | | | | ★ | 34 | 28 | |
| | Planaxe | ★ | | | | | | 2 | | |
| | Phasianelle | | ★ | | | | ★ | 10 | 7 | 1 esp. analogue. |
| | Turritelle | | ★ | | ★ | | ★ | 13 | 37 | Le genre des couches ancienn. est douteux ; 5 espèces anal. en Italie (Brocc.), 1 en Touraine ; 1 identique en Angleterre. |
| | Cirrus | | | ★ | ★ | | | | 5 | |
| | Proto | ★? | | | | | | 1? | | L'état vivant ou fossile n'est pas certain. |
| CANALIFÈRES. | Pleurotome | | ★ | | | | ★ | 23 | 95 | 3 espèces analog. dans le Plaisantin. (Brocc.) |
| | Cérite | | ★ | | ★ | ★ | ★ | 56 | 190 | Le genre de celles de la craie est douteux ; 3 anal. dans l'Italie (Brocc.) ; 2 ident. à Grignon. |
| | Turbinelle | ★ | | | | | | 23 | | |
| | Cancellaire | | ★ | | | | ★ | 12 | 20 | 1 esp. ident. et 1 analog. d'Italie (Brocc.), 1 de Grignon, qui seroit ident. si elle n'avoit 2 plis à la columelle. |

| ORDRES ou NOMS DES FAMILLES. | NOMS DES GENRES. | GENRES QUI SE TROUVENT | | | | | | NOMBRE D'ESPÈCES | | Observations. |
|---|---|---|---|---|---|---|---|---|---|---|
| | | À L'ÉTAT | | | DANS LES COUCHES | | | | | |
| | | vivant seulement. | vivant et à l'état fossile. | fossile seulement. | antérieures à la craie. | de la craie. | postérieures à la craie. | à l'état vivant. | à l'état fossile. | |
| CANALIFÈRES. | Nasse........ . | | ★ | | | | ★ | 30 | 21 | 3 espèces ident. et 3 anal. d'Italie (Brocc.), 1 anal. de Touraine. |
| | Fasciolaire .... | | ★ | | | | ★ | 8 | 15 | 1 anal. d'Italie (Brocc.) |
| | Cyclope ...... | | ★ | | | | ★ | 1 | 1 | 1 espèce ident. dans le Piémont. |
| | Fuseau ........ | | ★ | | | | ★ | 37 | 70 | 4 espèces analog. du Plaisantin (Brocc.), 1 de Grignon. |
| | Pyrule ........ | | ★ | | | | ★ | 28 | 12 | 3 espèces analog. du Plaisantin (Brocc.). 3 autres près de Bordeaux, l'une d'elles très-grosse et presque ident. |
| | Potamide ..... | | | ★ | | | ★ | | 4 | |
| CANALIFÈRES, avec bourrelet au bord droit. | Struthiolaire .. | | ★? | | | | ★ | 2 | 1 | Le genre fossile est douteux. |
| | Ranelle........ | | ★ | | | | ★ | 14 | 5 | 3 ident. d'Italie. |
| | Rocher ....... | | ★ | | | | ★ | 66 | 50 | 20 espèces analogues du Plaisantin. (Brocc.) |
| | Triton ........ | | ★ | | | | ★ | 51 | 10 | 1 anal. du Plaisantin. (Brocc.) |
| AILÉES. | Rostellaire .... | | ★ | | | | ★ | 5 | 13 | 1 esp. ident. du Plaisantin ; 1 espèce analogue à Grignon. |
| | Ptérocère ..... | ★ | | | | | | 7 | | |
| | Strombe ....... | | ★ | | | | ★ | 33 | 5 | 1 espèce analog. du Plaisantin (Brocc.) : les espèces vivantes sont en général plus grandes que les fossiles. |

| ORDRES ou noms des familles. | NOMS DES GENRES. | GENRES QUI SE TROUVENT | | | | | | NOMBRE D'ESPÈCES | | Observations. |
| | | À L'ÉTAT | | | DANS LES COUCHES | | | | | |
| | | vivant seulement. | vivant et à l'état fossile. | fossile seulement. | antérieures à la craie. | de la craie. | postérieures à la craie. | à l'état vivant. | à l'état fossile. | |
|---|---|---|---|---|---|---|---|---|---|---|
| PURPURIFÈRES. | Cassidaire..... | | ★ | | | | ★ | 7 | 7 | 1 esp. ident. de Grignon, 2 analog. du Plaisant. (Brocc.) |
| | Casque ...... | | ★ | | | ★ | ★ | 26 | 8 | Craie inférieure ; 4 espèces analogues du Plaisantin (Brocc.) ; les esp. vivant. plus grandes que les fossiles ; 1 espèce identique près de Bordeaux. |
| | Ricinule....... | ★ | | | | | | 9 | | |
| | Pourpre ...... | | ★ | | | | ★ | 50 | 9 | 1 espèce ident. d'Angleterre. |
| | Licorne....... | | ★ | | | | ★ | 5 | 2 | |
| | Concholepas... | ★ | | | | | | 1 | | |
| | Harpe ........ | | ★ | | | | ★ | 8 | 2 | 1 espèce analogue? de Grignon. |
| | Buccin ...... | | ★ | | | | ★ | 49 | 36 | 1 espèce ident. du Plaisantin ; 3 analogues, l'une du Plaisantin, l'autre près de Bordeaux, et l'autre de Grignon. |
| | Éburne ....... | | ★ | | | | ★ ? | 5 | | |
| | Vis.......... | | ★ | | ★ | | ★ | 24 | 17 | Le genre des anciennes couches est douteux ; 5 esp. identiques, 3 d'Italie, 1 de Grignon, 1 près de Bordeaux. |
| | Tonne....... | | ★ | | ★ | | ★ | 7 | 4 | Le genre des couches ancienn. est douteux ; 2 esp. anal. d'Italie (Brocc.) |
| COLUMELLAIRES. | Colombelle ... | | ★ | | | | ★ | 18 | 1 | |
| | Mitre ........ | | ★ | | ★ | | ★ | 80 | 30 | Le genre des couches anc. est douteux ; 2 esp. analog. du Plaisantin. (Brocc.) |
| | Volute........ | | ★ | | | | ★ | 44 | 40 | Point d'espèces analogues. |

| ORDRES ou noms des familles | NOMS DES GENRES | À L'ÉTAT | | | DANS LES COUCHES | | | NOMBRE D'ESPÈCES | | Observations |
|---|---|---|---|---|---|---|---|---|---|---|
| | | vivant seulement | vivant et à l'état fossile | fossile seulement | antérieures à la craie | de la craie | postérieures à la craie | à l'état vivant | à l'état fossile | |
| COLUMELLAIRES | Marginelle…. | | ★ | | | | ★ | 25 | 8 | 4 espèces anal., 3 de Grignon et 1 du Plaisantin. (Brocc.) |
| | Volvaire…… | | ★ | | | | ★ | 5 | 1 | |
| ENROULÉS | Ovule…….. | | ★ | | | | ★ | 12 | 2 | 2 espèces anal. du Plaisantin, (Brocc.) |
| | Porcelaine…. | | ★ | | | | ★ | 68 | 19 | 1 espèce ident. dans le Plaisantin et en Touraine ; 1 analogue du Plaisantin. (Brocc.) |
| | Tarière…… | | ★ | | | | ★ | 1 | 1 | |
| | Céraphs …… | | | ★ | | | ★ | | 1 | |
| | Ancillaire….. | | ★ | | | | ★ | 4 | 6 | Rares à l'état vivant, très-communes à l'état fossile. |
| | Olive…….. | | ★ | | | | ★ | 62 | 7 | 1 espèce anal. du Plaisantin. (Brocc.) |
| | Cône…….. | | ★ | | | | ★ | 181 | 33 | Il est très-difficile de constater les analogues de ce genre, nombreux en espèces. |
| ORTHOCÉRÉS | Bélemnite …. | | | ★ | ★ | ★ | | | 24? | |
| | Orthocère….. | | ★ | | ★ | | | 6 | 11 | Le genre vivant est douteux dans ses rapports avec le fossile. |
| | Nodosaire….. | | ★ | | | ★ | | 3 | | |
| | Hippurite….. | | | ★ | ★ | ★ | | | 10 | |
| | Conilite …… | | | ★ | ★ | | | | 1 | |
| LITUOLÉS | Spirule……. | | ★ | | ★ | | | 1 | 1 | |
| | Spiroline ….. | | ★ | | | | ★ | 1 | 7 | 1 espèce anal. |
| | Lituole……. | | | ★ | | | ★ | | 2 | |

| Ordres ou noms des familles | Noms des genres | Genres qui se trouvent — A l'état : vivant seulement | Genres qui se trouvent — A l'état : vivant et à l'état fossile | Genres qui se trouvent — A l'état : fossile seulement | Genres qui se trouvent — Dans les couches : antérieures à la craie | Genres qui se trouvent — Dans les couches : de la craie | Genres qui se trouvent — Dans les couches : postérieures à la craie | Nombre d'espèces : à l'état vivant | Nombre d'espèces : à l'état fossile | Observations |
|---|---|---|---|---|---|---|---|---|---|---|
| CRISTACÉS. | Rénulite ...... | | | ★ | | | ★ | | 1 | |
| | Cristellaire ... | | ★ | | | | ★ | 7 | 7 | |
| | Pirgo ........ | ★? | | | | | | 1? | | Son état vivant ou fossile est douteux. |
| | Orbiculine .... | ★ | | | | | | 3 | | |
| | Miliole ....... | | ★ | | | | ★ | 2? | 12 | |
| SPHÉRULÉS. | Mélonie ...... | ★ | | | | | | 2 | | |
| RADIOLÉS. | Rotalie ....... | | | ★ | | | ★ | | 5 | |
| | Lenticuline ... | | | ★ | | | ★ | | 6 | Ce genre vient d'être trouvé à l'état vivant, depuis la confection de ce tableau. |
| | Placentule .... | ★ | | | | | | 2 | | |
| | Vasculite ..... | | | ★ | | | ★ | | 1 | |
| NAUTILACÉS. | Discorbe. .... | | | ★ | | | ★ | | 8 | |
| | Sidérolite .... | | ★ | | | ★ | | 2 | 1 | Craie inférieure; 1 espèce subanalogue. |
| | Polystomelle . | ★ | | | | | | 4 | | |
| | Vorticiale..... | ★ | | | | | | 4 | | |
| | Nummulite ... | | | ★ | | | ★ | | 20? | |
| | Nautile........ | | ★ | | ★ | ★ | ★ | 2 | 15 | Craie inférieure. |
| AMMONÉS. | Ammonite .... | | | ★ | ★ | ★ | | | 120 | Craie inférieure; il en existe un plus grand nombre d'espèces. |
| | Orbulite.. .... | | | ★ | ★ | ★ | | | 12 | Craie inférieure. |
| | Ammonocérate. | | | ★ | ★ | | | | 2 | Genre douteux. |
| | Turrilite. ..... | | | ★ | | ★ | | | 2? | Craie inférieure. |
| | Baculite ...... | | | ★ | | ★ | | | 1 | Idem. |
| | Hamite ...... | | | ★ | ★? | ★ | | | 15 | Idem. |
| | Scaphite ...... | | | ★ | | ★ | | | 2 | Idem. |
| CÉPHALOPODES. SÉPIAIRE. MONOTHALAMES. | Argonaute .... | ★ | | | | | | 3 | | |
| | Bellérophe .... | | | ★ | ★ | | | | 2 | |
| | Sèche ........ | | ★ | | | | ★ | 2 | 4? | Des débris de plusieurs espèc. |

| ORDRES OU NOMS DES FAMILLES | NOMS DES GENRES | GENRES QUI SE TROUVENT | | | | | | NOMBRE D'ESPÈCES | | Observations. |
|---|---|---|---|---|---|---|---|---|---|---|
| | | À L'ÉTAT | | | DANS LES COUCHES | | | | | |
| | | vivant seulement. | vivant et à l'état fossile. | fossile seulement. | antérieures à la craie. | de la craie. | postérieures à la craie. | à l'état vivant. | à l'état fossile. | |
| HÉTÉRO-PODE. | Carinaire | ★ | | | | | | 3 | | |
| GENRES PEU CONNUS. | Amplexus | | | ★ | ★ | | | | 1 | |
| | Planospirite | | | ★ | | ★ | | | 2? | |
| | Trigonellite | | | ★ | ★ | | | | 1 | |
| | Réceptaculite | | | ★ | ★ | | | | 1 | |
| POISSONS. | Anenchelum | | | ★ | ★ | | | | 2 | Il a paru superflu d'indiquer le nombre des espèces vivantes de tout ce qui suit. |
| | Palæorhynchum | | | ★ | ★ | | | | 2 | |
| | Palæoniscum | | | ★ | ★ | | | | 1 | Une autre espèce est douteuse. |
| | Palæothrissum | | | ★ | ★ | | | | 4 | |
| | Anormurus | | | ★ | | | ★ | | 1 | |
| | Palæobalistum | | | ★ | | | ★ | | 1 | |
| | Hareng | | ★ | | ★ | | ★ | | 2 | 1 espèce anal. |
| | Zée | | ★ | | ★ | | ★ | | 5 | |
| | Brochet | | ★ | | ★ | | ★ | | 7 | 1 espèce ident. et 1 autre analogue à Vestena-Nuova. |
| | Stromatée | | ★ | | ★ | | ★ | | 3 | |
| | Élops | | ★ | | ★ | | | | 1 | |
| | Labre | | ★ | | ★ | | ★ | | 4 | Le genre est douteux pour les couch. antérieures à la craie; 1 espèce analogue. |
| | Cyprin | | ★ | | ★ | | ★ | | 30 | 1 esp. anal. à Vestena-Nuova. |
| | Pœcilie | | ★ | | | | ★ | | 2 | |
| | Pleuronecte | | ★ | | | ★ | ★ | | 3 | Idem. |
| | Squale | | ★ | | | ★ | ★ | | 10 | 1 espèce identique. 2 anal. et 1 douteuse à Vestena-Nuova. |
| | Amie | | ★ | | | | ★ | | 2 | 1 espèce anal. à Vestena-Nuova. |
| | Raie | | ★ | | | | ★ | | 2 | |

| ORDRES OU NOMS DES FAMILLES. | NOMS DES GENRES. | GENRES QUI SE TROUVENT | | | | | | NOMBRE D'ESPÈCES | | Observations. |
|---|---|---|---|---|---|---|---|---|---|---|
| | | A L'ÉTAT | | | DANS LES COUCHES | | | | | |
| | | vivant seulement. | vivant et à l'état fossile. | fossile seulement. | antérieures à la craie. | de la craie. | postérieurs à la craie. | à l'état vivant. | à l'état fossile. | |
| POISSONS. | Ammodyte .... | | ★ | | | | ★ | | 1 | |
| | Anarrhichas .. | | ★ | | | | ★ | | 1 | Le genre fossile est douteux. |
| | Aptérichthe ... | | ★ | | | | ★ | | 1 | *Idem.* |
| | Baliste ....... | | ★ | | | | ★ | | 1 | 1 espèce anal. à Vestena-Nuova. |
| | Baudroie ..... | | ★ | | | | ★ | | 1 | |
| | Blennie........ | | ★ | | | | ★ | | 1 | |
| | Blochie ....... | | ★ | | | | ★ | | 1 | Le genre fossile est douteux. |
| | Callionyme ... | | ★ | | | | ★ | | 1 | Le genre fossile est très-douteux. |
| | Cæcilie ...... | | ★ | | | | ★ | | 1 | *Idem.* |
| | Caranxomore.. | | ★ | | | | ★ | | 2 | |
| | Centrisque... | | ★ | | | | ★ | | 2 | |
| | Chætodon..... | | ★ | | | | ★ | | 18 | 4 espèces anal. et 1 espèce identique a Vestena-Nuova. |
| | Coryphène .... | | ★ | | | | ★ | | 1 | Le genre fossile est douteux. |
| | Cyprinodon ... | | ★ | | | | ★ | | 1 | *Idem.* |
| | Diodon ....... | | ★ | | | | ★ | | 1 | Le genre fossile est très-douteux. |
| | Exocet........ | | ★ | | | | ★ | | 1 | Le genre fossile est douteux. |
| | Fistulaire..... | | ★ | | | | ★ | | 2 | |
| | Gade.. ...... | | ★ | | | | ★ | | 1 | |
| | Gobie ........ | | ★ | | | | ★ | | 2 | Une d'elles est douteuse. |
| | Holocentre.... | | ★ | | | | ★ | | 1 | L'espèce est analogue. |
| | Lamproie .... | | ★ | | | | ★ | | 1 | |
| | Loche ........ | | ★ | | | | ★ | | 2 | |
| | Loricaire ..... | | ★ | | | | ★ | | 1 | Le genre fossile est très-douteux. |
| | Lutjan........ | | ★ | | | | ★ | | 2 | L'une est analogue, et l'autre douteuse. |
| | Monoptère .... | | ★ | | | | ★ | | 1 | |
| | Muge......... | | ★ | | | | ★ | | 2 | 1 esp. est identique. |

| ORDRES OU NOMS DES FAMILLES. | NOMS DES GENRES. | GENRES QUI SE TROUVENT | | | | | | NOMBRE D'ESPÈCES | | Observations. |
| | | A L'ÉTAT | | | DANS LES COUCHES | | | | | |
| | | vivant seulement. | vivante à l'état fossile. | fossile seulement. | antérieures à la craie. | de la craie. | postérieures à la craie. | à l'état vivant. | à l'état fossile. | |
|---|---|---|---|---|---|---|---|---|---|---|
| POISSONS. | Mugil ........ | | ★ | | | | ★ | | 2 | 1 espèce ident. à Vestena-Nuova. |
| | Murène....... | | ★ | | | | ★ | | 2 | |
| | Ophidie ...... | | ★ | | | | ★ | | 1 | |
| | Perche ....... | | ★ | | | | ★ | | 3 | L'une d'elles est douteuse. |
| | Saumon....... | | ★ | | | | ★ | | 2 | 1 espèce anal. à Vestena-Nuova. |
| | Scie ......... | | ★ | | | | ★ | | 1 | Le genre fossile est douteux. |
| | Sciæne ....... | | ★ | | | | ★ | | 2 | 1 espèce analogue , et l'autre douteuse. |
| | Scombéroïde .. | | ★ | | | | ★ | | 1 | |
| | Scombre ...... | | ★ | | | | ★ | | 8 | 3 espèces anal. à Vestena-Nuova. |
| | Scorpène...... | | ★ | | | | ★ | | 1 | Le genre fossile est douteux. |
| | Silure ........ | | ★ | | | | ★ | | 1 | Idem. |
| | Spare ........ | | ★ | | | | ★ | | 2 | L'une d'elles est douteuse. |
| | Syngnathe .... | | ★ | | | | ★ | | 2 | 1 espèce anal. à Vestena-Nuova. |
| | Tétrodon ..... | | ★ | | | | ★ | | 2 | Une d'elles est douteuse. |
| | Torpille ...... | | ★ | | | | ★ | | 1 | |
| | Truite ........ | | ★ | | | | ★ | | 1 | Le genre fossile est douteux. |
| MAMMIFÈRES. | Ours ......... | | ★ | | | | ★ | | 4 | |
| | Marte ........ | | ★ | | | | ★ | | 2 | |
| | Chien ........ | | ★ | | | | ★ | | 4 | |
| | Hyène........ | | ★ | | | | ★ | | 1 | |
| | Chat ......... | | ★ | | | | ★ | | 2 | |
| | Phoque....... | | ★ | | | | ★ | | 2 | |
| | Sarigue....... | | ★ | | | | ★ | | 2 | |
| | Castor........ | | ★ | | | | ★ | | 1 | |
| | Campagnol... | | ★ | | | | ★ | | 2 | |
| | Lagomys...... | | ★ | | | | ★ | | 2 | |
| | Lièvre........ | | ★ | | | | ★ | | 2 | |

| ORDRES ou noms des familles | NOMS DES GENRES | GENRES QUI SE TROUVENT — A L'ÉTAT | | | GENRES QUI SE TROUVENT — DANS LES COUCHES | | | NOMBRE D'ESPÈCES | | Observations |
| --- | --- | --- | --- | --- | --- | --- | --- | --- | --- | --- |
| | | vivant seulement | vivant et à l'état fossile | fossile seulement | antérieures à la craie | de la craie | postérieures à la craie | à l'état vivant | à l'état fossile | |
| MAMMIFÈRES | Mégalonyx | | | ★ | | | ★ | | 1 | |
| | Mégatherium | | | ★ | | | ★ | | 1 | |
| | Éléphant | | ★ | | | | ★ | | 2 | |
| | Mastodonte | | | ★ | | | ★ | | 6 | |
| | Hippopotame | | ★ | | | | ★ | | 4 | |
| | Cochon | | ★ | | | | ★ | | 1 | |
| | Anoplotherium | | | ★ | | | ★ | | 2 | |
| | Xiphodon | | | ★ | | | ★ | | 1 | |
| | Dichobune | | | ★ | | | ★ | | 3 | |
| | Anthracotherium | | | ★ | | | ★ | | 2 | |
| | Adapis | | | ★ | | | ★ | | 1 | |
| | Chœropotame | | | ★ | | | ★ | | 1 | |
| | Rhinocéros | | ★ | | | | ★ | | 4 | |
| | Palæotherium | | | ★ | | | ★ | | 8 | |
| | Lophiodon | | | ★ | | | ★ | | 5 | |
| | Tapir | | ★ | | | | ★ | | 1 | |
| | Elasmotherium | | | ★ | | | ★ | | 1 | |
| | Cheval | | ★ | | | | ★ | | 1 | |
| | Rat | | ★ | | | | ★ | | 1 | |
| | Cerf | | ★ | | | | ★ | | 5 | |
| | Bœuf | | ★ | | | | ★ | | 4 | |
| | Loir | | ★ | | | | ★ | | 2 | |
| CÉTACÉS | Lamantin | | ★ | | | | ★ | | 1 | |
| | Dauphin | | ★ | | | | ★ | | 4 | |
| | Baleine | | ★ | | | | ★ | | 3 | |
| OISEAUX | Étourneau | | ★ | | | | ★ | | 1 | Il est extrêmement difficile de reconnoître les genres des oiseaux dont on trouve les restes fossiles, et il en existe un plus grand nombre que celui qui est signalé. |
| | Pélican | | ★ | | | | ★ | | 1 | |
| | Alouette de mer | | ★ | | | | ★ | | 1 | |
| REPTILES | Tortue | | ★ | | | ★ | ★ | | 6 | |
| | Crocodile | | ★ | | ★ | | ★ | | 6 | |
| | Plesiosaurus | | | ★ | ★ | | | | 1 | |
| | Ichthyosaurus | | | ★ | ★ | | | | 4 | |
| | Ptérodactyle | | | ★ | | | ★ | | 3 | |

| ORDRES OU NOMS DES FAMILLES. | NOMS DES GENRES. | GENRES QUI SE TROUVENT — À L'ÉTAT | | | DANS LES COUCHES | | | NOMBRE D'ESPÈCES | | Observations. |
|---|---|---|---|---|---|---|---|---|---|---|
| | | vivant seulement. | vivant et à l'état fossile. | fossile seulement. | antérieures à la craie. | de la craie. | postérieures à la craie. | à l'état vivant. | à l'état fossile. | |
| REPTILES. | Grenouille .... | | ★ | | | | ★ | | 1 | |
| | Mosasaurus .... | | | ★ | | ★ | | | 1 | |
| | Salamandre ... | | ★ | | | | ★ | | 1 | |
| INSECTES. | Silpha ........ | | ★ | | | | ★ | | | Dans le lignite. On n'a pu signaler le nombre des espèces dans les articles qui suivent. |
| | Charançon .... | | ★ | | | | ★ | | | Dans le succin. |
| | Scorpion ...... | | ★ | | | | ★ | | | Idem. |
| | Mouche ....... | | ★ | | | | ★ | | | Idem. |
| | Blatte ........ | | ★ | | | | ★ | | | Idem. |
| | Tipule ........ | | ★ | | | | ★ | | | Idem. |
| | Araignée ...... | | ★ | | | | ★ | | | Idem. |
| | Ichneumon .... | | ★ | | | | ★ | | | Idem. |
| | Libellule ..... | | ★ | | | | ★ | | | Dans les pierres fissiles (d'après les anciens auteurs). |
| | Scarabée ...... | | ★ | | | | ★ | | | Idem. |
| | Scolopendre ... | | ★ | | | | ★ | | | Idem. |
| | Papillon ...... | | ★ | | | | ★ | | | Idem. |
| | Hémérobe ..... | | ★ | | | | ★ | | | Idem. |
| | Carabe ....... | | ★ | | | | ★ | | | |
| VÉGÉTAUX. | Culmite ...... | | | ★ | | | ★ | | | |
| | Calamite ...... | | ★ | | ★ | | | | | Genre Equisetum ? |
| | Syringodendron | | | ★ | ★ | | | | | |
| | Sigillaire ..... | | | ★ | ★ | | | | | Fougères en arbres ? |
| | Clatraire ...... | | | ★ | ★ | | | | | Idem. |
| | Sagenaire ..... | | | ★ | ★ | | | | | A beaucoup d'analogie avec les lycopodes. |
| | Stigmaire ..... | | | ★ | ★ | | | | | A quelques rapports avec les potirons ou les euphorbes. |

| ORDRES ou noms des familles. | NOMS DES GENRES. | GENRES QUI SE TROUVENT | | | | | | NOMBRE D'ESPÈCES | | Observations. |
| | | A L'ÉTAT | | | DANS LES COUCHES | | | | | |
| | | vivant seulement. | vivant et à l'état fossile. | fossile seulement. | antérieures à la craie. | de la craie. | postérieures à la craie. | à l'état vivant. | à l'état fossile. | |
|---|---|---|---|---|---|---|---|---|---|---|
| VÉGÉTAUX. | Lycopodite.... | | * | | * | | * | | | |
| | Filicite....... | * | | | * | | | | | Fougères. |
| | Asterophyllite . | | * | | * | | * | | | A quelque ressemblance avec le gallium. |
| | Schœnophyllite. | | | * | * | | | | | Voisin du genre Ceratophyllum. |
| | Fucoïde ...... | * | | | * | | * | | | Fucus. |
| | Phyllite ...... | * | | | | | * | | | Voisin des aroïdes, des pipéracées. |
| | Poacite ....... | * | | | | | * | | | |
| | Exogénite ..... | * | | | | | * | | | |
| | Palmacite..... | * | | | | | * | | | Palmiers, dattiers, areca, bactris, cocotiers. |
| | Endogénite.... | * | | | | | * | | | |
| | Equisetum .... | * | | | | | * | | | |
| | Chara ........ | * | | | | | * | | | |
| | Pinus ........ | * | | | | * | * | | | On trouve dans la craie des débris analogues à ce genre. |
| | Nymphea ..... | * | | | | | * | | | |
| | Thalictrum.... | * | | | | | * | | | |
| | Juglans....... | * | | | | | * | | | |
| | Nœggerathia... | | | * | *? | | | | | Couche incertaine. |

# RÉCAPITULATION.

| NOMS DES CLASSES, DES ORDRES OU DES FAMILLES. | NOMBRE DES GENRES QUI SE TROUVENT | | | | | | TOTAL DES GENRES. | NOMBRE DES ESPÈCES. | | Observations. |
| --- | --- | --- | --- | --- | --- | --- | --- | --- | --- | --- |
| | À L'ÉTAT | | | DANS LES COUCHES | | | | | | |
| | vivant seulement. | vivant et à l'état fossile. | fossile seulement. | antérieures à la craie. | de la craie. | postérieures à la craie. | | à l'état vivant. | à l'état fossile. | |
| Polypiers | 23 | 30 | 52 | 47 | 19 | 36 | 105 | 527 | 414 | |
| Stellérides | | 4 | | | 2 | 4 | 4 | 76 | 4 | |
| Échinides | 2 | 6 | 3 | 7 | 8 | 5 | 11 | 95 | 112 | |
| Annelides | | 2 | 1 | 1 | 1 | 2 | 3 | 17 | 29 | |
| Serpulées | 2 | 3 | 1 | 3 | 3 | 3 | 6 | 36 | 69 | |
| Cirrhipèdes | 8 | 2 | | 1 | | 2 | 10 | 50 | 17 | |
| Tubicolées | 1 | 3 | 2 | | | 5 | 6 | 11 | 16 | |
| Pholadaires | | 2 | | | | 2 | 2 | 12 | 4 | |
| Coquilles bivalves | 18 | 61 | 24 | 44 | 25 | 51 | 103 | 1009 | 1104 | |
| Coquilles univalves | 33 | 87 | 28 | 27 | 16 | 93 | 148 | 1945 | 1544 | |
| Genres peu connus | | | 4 | 3 | 1 | | 4 | | 5 | |
| Crustacés | | 21 | 5 | 5 | 2 | 9 | 28 | | 54 | |
| Poissons | | 54 | 6 | 11 | 2 | 55 | 60 | | 185 | |
| Mammifères et Cétacés | | 24 | 12 | | | 36 | 36 | | 89 | |
| Oiseaux | | 3 | | | | 3 | 3 | | 5 | Les débris fos-siles des oiseaux étant bien diffi-ciles à reconnoî-re, le nombre des genres à cet état est sans dou-te beaucoup plus considérable. |
| Reptiles | | 4 | 4 | 3 | 2 | 4 | 8 | | 25 | |
| Insectes | | 14 | | | | 14 | 14 | | | |
| Végétaux | | 14 | 10 | 12 | 1 | 15 | 24 | | | |

Il est évident que les genres Oursin, Balane, Bucarde,
Arche, Nucule, Modiole, Pinne, Avicule, Plicatule, Lime,
Patelle et Nautile, qui se sont élevés depuis les couches anciennes jusqu'aux plus nouvelles, ainsi que dans nos mers,
à l'état vivant, ont dû traverser la craie, et leurs débris de-
vroient s'y rencontrer aujourd'hui comme dans les autres
couches, si leur têt soluble n'avoit disparu.

Les genres qui se trouvent dans toutes les couches, même
dans celles de la craie, ainsi qu'à l'état vivant, sont au nombre
de huit, savoir : Caryophyllie, Sériatopore, Serpulée, ou
Vermilie, Moule, Peigne, Huître, Térébratule et Toupie. A
l'égard de ce dernier, il a été très-rarement trouvé dans la
craie.

Le grès marin se trouvant au sommet de toutes les hauteurs
des environs de Paris, on est assuré que les eaux de la mer
ont couvert toutes ces hauteurs. Ces eaux ne pouvoient être
là sans s'étendre à de très-grandes distances, tant en France
que dans d'autres pays. Leur retraite a dû s'opérer, soit avec
lenteur, soit avec rapidité. Si elles se fussent retirées lente-
ment, toutes les parties qui sont sèches aujourd'hui auroient
été successivement rivages. On verroit partout les traces des
escarpemens et des falaises, comme on en voit sur les bords
de la mer ; et partout on trouveroit des cailloux arrondis
par les vagues; mais c'est ce qu'on ne voit pas. Il y a donc
lieu de croire que la retraite s'est faite rapidement; et c'est
là l'opinion générale. Dans ce cas, lorsque le niveau des eaux
eut atteint celui du fond de la mer, et même, avant de l'avoir
atteint, elles ont dû le sillonner en se retirant et en gagnant
de différens côtés les lieux plus bas, et former en sens divers
les longues vallées au fond desquelles coulent aujourd'hui
nos fleuves et nos rivières, et dont les principales sont couvertes de cailloux roulés.

Le fond de la mer qui a couvert les lieux que nous habitons aujourd'hui, pouvoit être inégal comme celui qu'elle
recouvre de nos jours; mais la correspondance des couches
de chaque côté des bassins nous fait croire qu'en général ils
ont été formés par le déchirement de ces dernières, et les
corps qu'ils contiennent, et qui sont étrangers aux lieux où
on les trouve, prouvent bien que des couches des pays plus

élevés ont dû être déchirées pour les avoir fournis. (D. F.)

PETRILITE. (*Min.*) Kirwan nomme , en l'écrivant ainsi ( Min., t. 1 , p. 525 ), le minéral qu'il rapporte au felspath cubique de Karsten, qui n'est point cubique , et qui ne paroît être autre chose qu'un felspath d'un brun rouge , à structure laminaire et à clivage imparfait. Voyez Felspath. (B.)

PETRILL. (*Ornith.*) Ce nom et ceux de *petteril* et *pettere* sont donnés aux pétrels par les Anglois. (Ch. D.)

PETRINE. (*Bot.*) Voyez Paganaton. (J.)

PETRO. (*Ornith.*) Nom donné en Picardie, selon M. Vieillot, aux petites alouettes de mer. (Ch. D.)

PÉTROBION , *Petrobium*. (*Bot.*) Ce genre de plantes, proposé, en 1817, par M. R. Brown, dans ses Observations sur les composées, appartient à l'ordre des Synanthérées, à la tribu naturelle des Hélianthées, et probablement à notre section des Hélianthées-Prototypes, ou peut-être à celle des Hélianthées-Coréopsidées. Voici les caractères de ce genre, que nous empruntons à la description de M. Brown , parce que nous n'avons point vu la plante sur laquelle il est fondé.

Dioïque. *Calathide mâle* subradiatiforme , régulariflore. Péricline oblong, formé de squames subbisériées ; les extérieures moins nombreuses et plus courtes. Clinanthe planiuscule, garni de squamelles presque semblables aux squames du péricline. Faux-ovaires demi-avortés, portant un nectaire, et munis d'une aigrette analogue à celle des ovaires de la calathide femelle. Corolles à tube arqué en dehors, à limbe quadrifide. Quatre étamines dans chaque fleur, à anthère exerte, échancrée à la base, pourvue d'un appendice apicilaire très-court, aigu. Styles à deux stigmatophores aigus, hispidules. *Calathide femelle :* Ovaires comprimés parallèlement, ou anguleux ; aigrette composée de deux ou trois squamellules aristiformes , persistantes , denticulées par devant, correspondant aux deux ou trois angles de l'ovaire. Fausses-étamines distinctes, à anthère stérile, sagittée. Styles à deux stigmatophores aigus, recourbés. (Tout le reste à peu près comme dans la calathide mâle.)

Pétrobion de Forster : *Petrobium Forsteri ,* H. Cass. ; *Petrobium*, R. Brown, *Trans. linn. soc.,* vol. 12, pag. 115; *Bidens arborea* et ? *Spilanthus tetrandrus*, Roxb., *List S. Hel.; Spilan-*

*thus arboreus*, G. **Forst.**, *Comment. Gotting.*, **tom.** 9, **pag.** 66;
*Laxmannia*, G. Forst. C'est un arbre de l'île Sainte-Hélène,
à feuilles opposées, indivises, et à panicules terminales,
fourchues et divergentes; les calathides semblent en apparence être radiées, parce que leurs corolles sont arquées en
dehors; ces corolles sont jaunâtres; les anthères des mâles
sont noirâtres, et leurs loges ont offert à M. Brown le vestige d'une cloison longitudinale.

Cette plante, selon M. Brown, ressemble à son *Salmea?
curviflora*, par la courbure très-remarquable des corolles,
et par quelques autres caractères. C'est ce qui nous porte à
croire que le genre *Petrobium* se rapporte à notre section des
Hélianthées-Prototypes, à laquelle le genre *Salmea* appartient
indubitablement. L'auteur auroit levé tous nos doutes, s'il
avoit clairement exprimé, dans ses descriptions génériques
du *Salmea* et du *Petrobium*, le sens suivant lequel les fruits sont
aplatis. Dans la description du *Salmea*, nous lisons *achenium
verticaliter compressum;* dans celle du *Petrobium*, nous lisons
*achenium parallelo-compressum.* Ces deux expressions différentes signifient-elles que l'aplatissement des fruits est en
sens contraires dans les deux genres? En ce cas, le *Petrobium* auroit les fruits obcomprimés, c'est-à-dire aplatis en
avant et en arrière; et il appartiendroit à notre section des
Hélianthées-Coréopsidées, dans, laquelle il seroit voisin de
notre genre *Narvalina*, décrit dans ce Dictionnaire (tom.
XXXIV, pag. 335) sous le nom de *Needhamia*, que nous
avons dû changer, comme ayant été précédemment appliqué
par M. Brown à un autre genre. M. Brown dit que les fruits
du *Petrobium* ont souvent trois angles et trois arêtes, au lieu
de deux : c'est ce qui nous fait conjecturer que ce genre
pourroit bien appartenir aux Coréopsidées. Cependant, si
le *Petrobium* a, comme le *Salmea*, les fruits comprimés bilatéralement, c'est-à-dire aplatis à droite et à gauche, il appartient sans aucun doute à notre section des Hélianthées-
Prototypes, dans laquelle il est voisin du genre *Salmea* de M.
De Candolle, et de notre genre *Ditrichum* décrit dans ce
Dictionnaire (tom. XIII, pag. 371). Cette distinction des
fruits *comprimés bilatéralement* et des fruits *obcomprimés* [1],

---

1 Obcomprimé, *obcompressus*, est l'abréviation d'*obversè* ou *ob-*

est très-importante dans l'ordre des Synanthérées, et surtout dans la tribu des Hélianthées. Espérons que les botanistes reconnoîtront enfin quelque jour l'importance de cette distinction, qu'ils observeront avec soin le sens de l'aplatissement, et qu'ils exprimeront ses différences par les termes que nous avons proposés, ou par d'autres équivalens, également clairs et sans équivoque. Il est superflu de démontrer que les deux expressions employées par M. Brown sont tellement insignifiantes, qu'il y a lieu de douter s'il y attache deux sens différens, et qu'on ne peut deviner celui qui seroit propre à chacune. On ne comprend pas mieux ce qu'il a voulu exprimer, en disant que les arêtes qui forment l'aigrette du *Petrobium* sont denticulées par devant (*antrorsùm*).

L'observation de M. Brown sur les anthères du *Petrobium*, confirme ce que nous avions avancé long-temps auparavant dans notre second Mémoire sur les Synanthérées. Nous n'avions pas pu nous assurer par des observations directes, que chaque loge de l'étamine des Synanthérées fût divisée en deux logettes par une cloison; mais, ayant observé cette cloison chez les Campanulacées, Lobéliacées, Dipsacées, Valérianées, Rubiacées, nous avions conclu par analogie qu'elle devoit exister chez les Synanthérées. (Voyez le Journal de physique, tom. 78, pag. 275 et 285.)

Le *Petrobium* fut d'abord observé par George Forster, qui, n'ayant sous les yeux que l'individu mâle, prit le nectaire pour un ovaire supère, et le faux-ovaire muni de ses deux arêtes, pour un périanthe bidenté : il nomma *Larmannia* ce genre ainsi faussement caractérisé, et le rapporta à la polygamie séparée. Il a, depuis, corrigé ces erreurs, en attri-

---

*viàm compressus*, c'est-à-dire, aplati à l'opposite, en face, au devant de l'observateur. Comprimé bilatéralement, *bilateraliter compressus*, est une expression trop claire pour avoir besoin d'être commentée : mais on pourroit convenir, pour abréger, de dire simplement, en ce cas, *compressus*, en sous entendant *bilateraliter*; et l'on emploiroit le mot *complanatus*, aplati, quand le sens de l'aplatissement est indéterminé. Quant au mot *depressus*, qui signifie nécessairement aplati de haut en bas, c'est-à-dire étalé horizontalement, il ne peut pas être régulièrement employé dans le sens adopté par M. De Candolle à l'égard du fruit des Crucifères (*Regn. veg. syst. nat.*, vol. 2, pag. 140).

buant son *Laxmannia* au genre *Spilanthus*, mais sans remarquer que cette plante étoit dioïque.

M. de Jussieu (*Gen. plant.*, pag. 188) pensoit que le *Laxmannia* de Forster pouvoit appartenir au genre *Bidens*.

M. Brown s'est assuré que le *Spilanthus arboreus* de Forster est vraiment dioïque, en examinant de nombreux échantillons recueillis par Joseph Banks dans l'île de Sainte-Hélène, où cette espèce forme un petit arbre appelé dans le pays *White-wood*, c'est-à-dire bois blanc. C'est, dit-il, le *Bidens arborea*, et peut-être aussi le *Spilanthus tetrandrus* de la liste des plantes de Sainte-Hélène, rédigée par Roxburgh, et jointe au traité du général Beatson sur cette île; le premier nom se rapportant probablement à l'individu femelle, et le second à une variété de l'individu mâle.

En rétablissant le *Spilanthus arboreus* comme un genre suffisamment distinct du *Bidens*, du *Spilanthus* et du *Salmea*, M. Brown ne pense pas qu'il soit à propos de lui rendre le nom de *Laxmannia*, que Forster ne lui avoit donné que par suite d'une erreur, qu'il a ensuite abandonné, et qu'on a depuis appliqué à un autre genre généralement adopté aujourd'hui. C'est pourquoi M. Brown lui donne le nom de *Petrobium*, dont il n'indique pas l'étymologie, mais qui paroît composé de deux mots grecs, exprimant sans doute que cet arbre croît dans les terrains pierreux.

L'erreur de Forster, qui a pris pour un ovaire supère le nectaire de la fleur mâle du *Petrobium*, a été commise par Bergius, par Linné, par M. De Candolle, par M. Desfontaines, et par beaucoup d'autres botanistes, à l'égard du *Tarchonanthus camphoratus*. C'est ce que nous avons démontré dans un Mémoire sur cet arbrisseau, lu à la Société philomatique le 15 Juillet 1816, et publié dans le Bulletin de cette Société, le mois suivant, ainsi que dans le Journal de physique de Mars 1817.

Nous avons parcouru chez M. de Jussieu un manuscrit de Jean Reinold Forster, intitulé *Descriptiones plantarum quas in itinere ad maris australis terras suscepto, collegit, descripsit et delineavit J. R. Forster; opus incœptum mense Augusto anni 1772;* et nous y avons trouvé, sous le nom de *Laxmannia spectabilis*, la description d'une plante qui appartient

réellement au genre *Trichilia.* Le genre *Laxmannia* de Schreber est, selon M. de Jussieu ( tom. XXV, pag. 384 ), le *Cymi-*
*nosma* de Gærtner. Le nom générique de *Laxmannia* pourroit
donc être restitué au *Petrobium* : mais cela seroit, suivant
nous, fort injuste, parce que nous pensons que le véritable
auteur d'un genre n'est pas toujours celui qui le premier lui
a donné un nom, mais bien plutôt celui qui le premier l'a
caractérisé avec exactitude. (H. Cass.)

PETROCALLIS. (*Bot.*) Genre de plantes de la tétradyna-
mie siliculeuse, et de la famille des crucifères, établi par
Robert Brown, et adopté par M. De Candolle, qui le caractérise ainsi : Silicule sessile, ovale, à valves presque planes;
graines sans bordure, réunies deux ensemble dans chaque
loge, et fixées à la cloison par un petit cordon; cotylédons
ovales, obliquement couchés.

Ce genre ne comprend qu'une espèce, qui est le *Draba*
*pyrenaica,* Linn., déjà décrit à l'article DRAVE de ce Dictionnaire; il se distingue essentiellement du *draba* par le
mode d'insertion des cordons des graines, et la disposition
des cotylédons. ( LEM. )

PETROCARYA. (*Bot.*) On ne voit pas pour quel motif
Schreber et Willdenow ont substitué ce nom à celui de
*parinarium,* un des genres d'Aublet que nous avons conservé. (J.)

PETRO-CHELIDON. ( *Ornith.* ) Ce nom est donné par quelques auteurs grecs au martinet noir, *hirundo apus,* Linn.
(CH. D.)

PETRO-COSSUPHOS. (*Ornith.*) Nom du merle bleu, *turdus*
*cyanus,* Linn., en grec moderne. ( CH. D. )

PETRODROMA. (*Ornith.*) Nom tiré du grec, et donné
par M. Vieillot à son genre *Picchion,* établi pour l'oiseau
nommé ordinairement grimpereau de muraille, *certhia mu-*
*raria,* Linn., lequel est le type du genre Échelette de M.
Cuvier, *Tichodroma* d'Illiger. (CH. D.)

PÉTROGLOSSES. (*Foss.*) On a autrefois donné ce nom
aux dents de poissons fossiles. Voyez GLOSSOPÈTRES. (D. F.)

PETROKOTSIPHO. (*Ornith.*) Le merle bleu ou solitaire
est ainsi appelé dans l'île de Scio, selon Sonnini. ( DESM. )

PÉTROLE. (*Bot.*) Chomel, dans ses Plantes usuelles, cite

ce nom vulgaire pour la bruyère commune, et ceux de *pétron* et *pérot* pour le genièvre. (J.)

PÉTROLE. (*Min.*) C'est le bitume liquide ayant une consistance huileuse et une couleur noire. Il découle des pierres comme une huile, de là son nom. Voyez BITUME PÉTROLE. (B.)

PÉTROLE. (*Chim.*) La pétrole paroit être un naphte mêlé à un bitume brun; ce qu'il y a de certain, c'est qu'en le soumettant à la distillation, on en retire du naphte, et il reste une matière grasse, épaisse, visqueuse. (CH.)

PETROMARULA. (*Bot.*) Belli, médecin ancien dans l'île de Crète, cité par Clusius et C. Bauhin, désignoit le *phyteuma spicata*, naturel dans cette île, sous ce nom, qui signifie *lactuca petræa*. Le même nom étoit donné par J. Bauhin au *phyteuma pinnata*, distinct du genre par le stigmate en tête, les filets d'étamines élargis par le bas et les feuilles pennées. M. Persoon, qui en fait un genre, lui a appliqué le nom de J. Bauhin. (J.)

PÉTROMYZON, *Petromyzon*. (*Ichthyol.*) D'après les mots grecs πέτρος (*pierre*), et μυζω (*je suce*), la plupart des ichthyologistes, depuis un long laps de temps déjà, ont donné ce nom à un genre de poissons cartilagineux, de l'ordre des trématopnés et de la famille des cyclostomes de M. Duméril, communément appelés *Lamproies*.

On reconnoit les animaux de ce genre aux caractères suivans:

*Opercules nulles; corps cylindrique, nu, visqueux, sans nageoires paires; bouche arrondie à l'extrémité du tronc; pas de mâchoires horizontales; lèvres sans tentacules et formant un cercle entier autour de la bouche, qui est conique, concave, armée de dents; trous des branchies latéraux et au nombre de sept de chaque côté; calopes nuls; un évent sur le front.*

A l'aide de ces notes, on distinguera facilement les PÉTROMYZONS des MYXINES, qui ont les trous des branchies ouverts sous le ventre et au nombre de deux seulement; des EPTATRÈMES, qui ont les lèvres tentaculées; des AMMOCÈTES, dont la bouche est dépourvue de dents. (Voyez ces différens mots, CYCLOSTOMES et TRÉMATOPNÉS.)

Ces poissons, que M. Omalius-d'Halloi, en 1808, paroit avoir, le premier, pensé à séparer des ammocètes, avec les quels Artédi les avoit confondus, et dont M. le professeur Duméril a composé un genre à part, en 1812, avec d'autant plus de raison qu'il existe dans leur organisation intérieure des différences non moins grandes que celles que l'on observe dans leur forme extérieure, vivent dans l'eau des mers, des lacs, des fleuves et des rivières, et doivent à leur tête oblongue, à leur corps long et arrondi, à leur peau nue, lisse et visqueuse, une ressemblance notable avec les serpens et les anguilles. Ils paroissent avoir l'habitude de s'attacher aux rochers avec beaucoup de force, de jeter, pour ainsi dire, l'ancre sur les corps solides et submergés, et cela à l'aide du disque concave, de la véritable ventouse, que forme leur bouche circulaire, faculté singulière d'où leur viennent les noms de *pétromyzon*, de création nouvelle, et ceux de *lampetra* ou *lambreda*, qui tous trois ont la même signification en grec et en latin.

Étant privés de vessie aérostatique, ils tombent, d'ailleurs, au fond de l'eau dès qu'ils cessent de s'y mouvoir, et ils avoient besoin de trouver dans leur organisation des moyens de se fixer, pour ne point être entraînés malgré eux par le courant.

Tous se repaissent de matières animales vivantes ou mortes. Les instrumens destinés en eux à la préhension ou à la mastication des alimens, sont semblables à ceux de plusieurs annelides. Leur bouche conique et charnue rappelle, par exemple, celle des néréides et des aphrodites, garnie de pièces calcaires souvent dentelées en scie et qui se meuvent transversalement. Elle se trouve armée de rangées régulières de dents coniques, disposées en quinconce sur des lignes courbes, très-grêles vers la grande circonférence de la cavité, de plus en plus grosses à mesure qu'on les observe vers la gorge. Celles de la ligne interne correspondante au palais, sont bicuspidées, et celle du milieu, qui est la plus volumineuse de toutes, fait partie du disque cartilagineux et circulaire antérieur de la bouche. Elle paroit correspondre à une autre, beaucoup plus considérable encore, que supporte le bord inférieur du disque, et qui offre huit pointes disposées en croissant et se tenant toutes par leur base. Ces dents sont recouvertes d'une matière cornée très-solide, de couleur orangée, qui se détache par la macération et par l'ébullition.

L'ouverture de la gorge, dit M. Duméril, auquel nous empruntons la plupart de ces détails d'anatomie, que nous avons d'ailleurs eu l'occasion de vérifier avec lui sur la nature, se trouve au centre du grand disque antérieur de la bouche, et la membrane qui forme là le commencement de l'œsophage, est lisse, muqueuse. Dans la partie inférieure, dans le lieu que pourroit occuper la langue, on voit une masse de dents de la même couleur que les précédentes, mais supportées par des cartilages mobiles, qui font l'office d'hyoïdes. L'ensemble a quelque rapport de configuration avec le haut d'un larynx d'homme. Quoique ces dentelures soient nombreuses, elles ne se rapportent qu'à trois pièces principales dont elles font partie. L'une d'elles, la plus voisine de la bouche, est impaire ; elle présente douze dentelures régulières, six de chaque côté, courbées en croissant et adossées de manière que l'angle résultant de leur réunion est dirigé en arrière vers l'orifice de l'œsophage et entre deux pièces symétriques, qui, courbées en C alongé, se regardent par leurs côtés concaves, portent neuf dentelures et sont munies en dedans de petits muscles destinés à les rapprocher.

Au-dessus de ces deux pièces est une concavité qui les loge lorsque l'animal fait le vide pour s'attacher, et que termine en arrière un repli membraneux, sorte de véritable *voile du palais*, s'abaissant par la contraction de muscles spéciaux qui viennent du haut de l'apophyse temporale, et offrant deux piliers prolongés assez loin dans la cavité du pharynx, au fond de laquelle on observe l'épiglotte, avec l'ouverture du sinus aqueux des branchies en dessous, et l'origine de l'œsophage en dessus.

Cette dernière, très-rétrécie et arrondie, ne peut permettre l'introduction que de corps d'un petit volume.

En outre, vers le commencement du canal alimentaire et dans l'épaisseur de deux masses musculaires coniques, on rencontre deux réservoirs membraneux, dont le conduit excréteur, grêle, alongé, va s'ouvrir dans la cavité de la bouche, dont la surface est bosselée à peu près comme celle des vésicules séminales, dont la couleur varie, car elle est rosée dans la lamproie marine, et noire dans la pricka ; et dont, enfin, les parois sont transparentes. M. Duméril est porté à les regarder comme des organes salivaires.

L'œsophage est entièrement membraneux, entouré de quelques rubans charnus et placé au-dessus du canal commun des branchies et au-dessous de l'échine. Parvenu au delà du cœur, il s'engage entre le diaphragme et celle-ci, s'étrangle manifestement, présente un bourrelet circulaire, dur, épais, d'une consistance presque cartilagineuse, analogue à celui du pylore des mammifères et garni en dedans d'un repli valvulaire de la membrane muqueuse.

A partir de ce point, le canal alimentaire s'identifie avec le foie, reçoit de cet organe plusieurs vaisseaux sanguins, se dilate, prend une teinte d'un violet noir à l'extérieur, d'un rouge foncé en dedans, continue son trajet au-dessous de l'ovaire, est libre de toute espèce d'adhérence, n'offre aucune trace de replis ou d'appendices quelconques ; conserve à peu près le même volume jusqu'à sa terminaison, et renferme beaucoup de valvules conniventes, disposées en spirale, noirâtres et épaisses, mais plus abondantes en haut qu'en bas.

L'anus est ouvert dans le cloaque au-devant des deux orifices des uretères, et présente sur ses côtés deux trous à l'aide desquels la cavité du péritoine communique avec l'extérieur.

Le foie est d'une teinte jaune-rougeâtre, et n'est ni vert, ni bleu, comme l'ont prétendu Belon, Gesner, Brunzer, Rondelet, et autres. Il est alongé, unilobé, creusé en devant pour loger le péricarde, et mince, tranchant, flottant du côté de l'abdomen.

La vésicule du fiel manque totalement, de même que les conduits hépatiques et la rate.

Les reins sont placés au-dessus des ovaires, à la région la plus profonde de l'abdomen, et leur longueur égale la moitié de celle de cette cavité. Leur teinte est rougeâtre et ils semblent comprimés. L'uretère, très-dilatable et membraneux, règne tout le long de leur bord libre, et se termine au sommet d'un petit mamelon, derrière l'anus, dans le cloaque.

Pendant l'acte de la respiration, chez les lamproies, l'eau entre et sort par les sept trous extérieurs des branchies, dont chacune est contenue dans un sac isolé, membraneux, solide, et communique par un pertuis dans un canal commun, sorte de cul-de-sac qui se termine au-dessus du péricarde en bas et qui s'ouvre en haut vers le gosier, à l'entrée du thorax, derrière une sorte d'épiglotte a deux ou à cinq pointes, suivant les espèces, munie de muscles propres et pouvant s'élever et s'abaisser pour ouvrir ou pour fermer le sac membraneux qui mène l'eau aux branchies.

Ces poissons ont sur la tête un évent qui ne communique ni avec le pharynx, ni avec le canal dont il vient d'être question, mais qui se rend dans un sinus logé au-dessous de l'œsophage, et qui s'abouche avec la cavité des nerfs olfactifs, située au-devant et au-dessus du crâne, dans des capsules particulières. M. Duméril pense que cet évent n'agit que comme une éprouvette destinée à faire connoître à l'animal les qualités de l'eau dans laquelle il est plongé.

La circulation des lamproies est à peu près la même que dans les autres poissons. Leur cœur est renfermé dans un péricarde cartilagineux, séparé du bas-ventre par une cloison charnue qui fait l'office de diaphragme; il est très-volumineux et offre deux valvules à l'entrée de son orifice unique et trois à l'origine de l'aorte, qui présente un petit bulbe dans l'intérieur même du péricarde, passe entre les branchies et leur fournit leurs artères. Les veines qui proviennent des branchies, veines véritablement artérieuses, vont se décharger dans une aorte qui commence sous l'échine et qui règne dans toute la longueur du corps. Elles sont au nombre de sept.

Toutes les artères du corps n'ont point de parois isolées; elles percent les muscles et les organes, et leur adhèrent par un tissu fibreux, à peu près comme le fait, à l'égard de la dure-mère, l'artère sphéno-épineuse chez l'homme.

Les veines sont absolument dans le même cas, et forment des sinus analogues aux sinus méningiens des mammifères, et dans lesquels baignent le plus souvent les artères.

Les organes de la sensibilité chez ces animaux sont peu compliqués. Leur crâne, très-resserré, est beaucoup moins étendu encore que celui des autres poissons, et n'est fermé en devant que par une substance transparente et comme gélatineuse. L'encéphale, fort petit, a néanmoins des nœuds,

des lobes ou tubercules bien distincts, parmi lesquels ceux
des nerfs olfactifs sont les moins volumineux. Les hémisphères
forment une masse commune, très-molle, qui recouvre
les couches des nerfs optiques. La moelle, alongée, fort grosse
à son origine, présente là un espace triangulaire.

La membrane pituitaire qui tapisse les cupules des narines, est noire comme la chorioïde, et reçoit l'épanouisse-
ment des cordons des nerfs olfactifs. Ce fait est remarquable;
car depuis Artédi jusqu'au moment où M. Duméril a publié
sa Dissertation sur les poissons cyclostomes, tous les ichthyologistes avoient affirmé que les lamproies n'avoient point de
narines.

Les oreilles offrent des canaux demi-circulaires, mais on
n'y observe aucune partie dure ou amylacée, comme dans
les autres poissons.

L'œil reçoit un nerf optique, alongé et entouré d'un
névrilemme noirâtre. Il est mu par six muscles et renferme
un crystallin sphérique.

La moelle épinière est aplatie comme un ruban et enveloppée d'un tissu vasculaire. Elle est contenue dans une échine
molle, moins que cartilagineuse, étendue de la tête à l'extrémité de la queue, susceptible de devenir plus dure à certaines époques de l'année, et formant un tout continu, terminé en devant par le crâne, articulé lui-même avec une
sorte de cuilleron moyen, le disque de la bouche et deux
pièces qui correspondent à l'os hyoïde.

Le mode de reproduction des poissons du genre Pétromyzon n'est point encore, il s'en faut, parfaitement connu. En
1812, le professeur Duméril, avec lequel j'eus alors l'avantage de faire quelques recherches à cet égard, avouoit que,
comme tous les ichthyologistes, il n'avoit pu observer que
des femelles et ne savoit rien sur la disposition des organes
de la génération chez les individus mâles de la famille des
cyclostomes en général. Depuis cette époque, MM. les docteurs Magendie et Desmoulins ont cru les avoir reconnus et
les ont décrits sur la grande espèce de nos lamproies.

Quoi qu'il en soit, lorsqu'on ouvre le ventre des femelles
dans ce genre de poissons, on trouve une grappe d'œufs très-
considérable, située sous le péritoine, dans la ligne médiane,

et adhérente à l'aorte depuis l'extrémité libre du foie jusqu'à quelque distance de l'anus. Ces œufs n'ont que le volume des graines de pavot dans la lamproie marbrée; ils sont plus petits encore dans la fluviatile. Leur support commun est divisé en feuillets transversaux que recouvre le mésentère. Il n'existe, du reste, aucune apparence ni de trompes, ni d'oviductes, en sorte qu'il paroit que les œufs, après avoir acquis le développement nécessaire, tombent dans la cavité du péritoine, d'où ils s'échappent par deux orifices qui se remarquent sur les côtés du rectum et qui aboutissent au support des uretères.

Parmi les espèces qui composent le genre Pétromyzon, nous citerons les suivantes.

La GRANDE LAMPROIE, ou LAMPROIE MARBRÉE ou LAMPROIE MARINE; *Petromyzon marinus*, Linnæus; Bloch, LXXVII. Deux nageoires dorsales bien distinctes et d'une couleur orangée pâle; peau relevée au-dessus et au-dessous de la queue en une crête longitudinale ptérygoïde et soutenue par des rayons mous qui ne sont que des fibres à peine sensibles; vingt rangées de dents ou environ, disposées en cercles dans la cavité de la bouche, jaunâtres, pyramidales, un peu crochues, creuses et non enchâssées; tête alongée et portant sur son sommet une petite tache transparente, blanche, arrondie; yeux d'un brun doré, à pupille bordée de noir, et entourés de plusieurs petits pores par où s'écoule une humeur visqueuse; dos d'un vert brunâtre ou jaunâtre, et marbré de brun; ventre d'un blanc argenté, jaunâtre.

La lamproie, qui atteint la taille de deux ou trois et même de cinq pieds de longueur, et qui peut peser plus de trois livres, se nourrit de substances animales, ce qui est contraire à l'assertion de Rondelet, qui avance qu'elle ne vit que d'eau et de bourbe. Elle fait sa proie ordinaire de vers marins et de petits poissons, et se contente même souvent des lambeaux de chair qu'elle arrache à des cadavres submergés. Sans armes pour se défendre contre ses ennemis, elle ne leur échappe que par l'excessive souplesse de ses mouvemens, par la viscosité de sa peau lisse et comme vernissée d'un enduit muqueux, par la fuite ou par la retraite dans quelque trou obscur et étroit dans lequel les loutres et

les poissons voraces, comme le brochet et le silure, ne sauroient la poursuivre. Analogue aux serpens, non moins par
son mode de progression, que par sa conformation extérieure,
aussi flexible, aussi agile que ces reptiles, elle imite dans les
eaux la marche ondoyante et tortueuse qu'ils exécutent à la
surface du sol, et décrit, en nageant, des replis et des portions
d'arc avec une aisance et une rapidité des plus extraordi-
naires.

On a cru, et Rondelet paroît avoir donné naissance à cette
opinion, que la durée de la vie de la lamproie n'étoit que
de deux ans; on n'a à cet égard que des données peu certaines, mais il est probable que la nature lui laisse parcourir
une carrière bien plus longue, à en juger du moins par les
dimensions auxquelles elle peut parvenir, puisque, selon
Bloch, elle acquiert quelquefois la grosseur du bras et pèse
jusqu'à six livres.

On trouve des lamproies dans presque toutes les mers,
mais plutôt dans celles du Nord que dans celles du Midi, et
quoiqu'elles habitent la partie occidentale de la Méditerranée, que M. Risso en ait observé sur la côte de Nice, elles
ne s'avancent pas à l'orient et disparoissent dans la mer de
la Grèce. A l'arrivée du printemps, le signal de la reproduction, donné par la nature à tous les êtres, se fait entendre
au fond des abymes qu'elles fréquentent ; elles abandonnent
les sombres retraites que leur offroient les rochers au sein
des mers, et durant le cours des mois de Mars, d'Avril et
de Mai, elles entrent dans la plupart des fleuves et des rivières de France, d'Angleterre, d'Allemagne, de Suède,
d'Italie, et y déposent leurs œufs.

Elles sont assez rares dans la Baltique et dans le détroit
d'Aresund, mais Kæmpfer les a retrouvées sur les côtes du
Japon, et Stedmann, ainsi que Philippe Fermin, ont parlé
de celles de Surinam.

Le temps du frai est celui que l'on choisit généralement
pour la pêche des lamproies; le moment où le besoin impérieux de leur multiplication les aiguillonne est celui où elles
périssent en plus grand nombre, celui que l'homme met à
profit pour leur faire une guerre très-active.

Pour cette pêche, on se sert souvent de nasses, c'est-à-

dire de paniers faits de jonc ou d'osier à claire-voie et présentant successivement plusieurs goulets, composés de brins
d'osier déliés et souples, et dont les bouts ne sont point rete-
nus par des traverses, en sorte que leur flexibilité permette
l'entrée du poisson, qui les écarte, tandis que leur élasticité,
les faisant se rapprocher les uns des autres, mette un obstacle à sa sortie en lui présentant de toutes parts leurs pointes
réunies.

Les nasses n'étant point, comme les filets, susceptibles
d'être pliées, doivent constamment présenter une ouverture
pour qu'on puisse en retirer le poisson, et cette ouverture
se ferme à l'aide d'une petite trappe fixée au corps de la
nasse et que l'on n'ouvre qu'au besoin. Du reste, elles sont
de différentes formes et de diverses grandeurs. Celles des
pêcheurs de Nantes sont coniques et ne sont munies que d'un
seul goulet pratiqué vers le bout que l'on oppose au courant.

A l'embouchure de certains fleuves, de la Loire en particulier, on construit en bois et en pierres, dans le temps
des fêtes de Noël, et vers les endroits où le flot se fait sentir
à chaque marée, des chaussées qu'on appelle des *duits*, et sur
lesquelles on établit quarante à soixante nasses d'environ six
pieds de long, à ventre fort gros, à large ouverture, se
touchant l'une l'autre par leurs côtés, et ayant un fond
bouché avec un tampon de foin ou de paille, ou avec une
petite porte d'osier arrêtée par une cheville. C'est par là que
les pêcheurs tirent les lamproies qui s'y sont prises, hors des
nasses, dont le séjour dans l'eau n'est pas borné à moins de
trois ou quatre mois, et que l'on visite au moins une fois
par jour.

Dans d'autres lieux, on emploie pour cette pêche la *louve*
ou le *loup*, espèce de filet en nappe, dont les mailles ont ordinairement seize à dix-sept lignes en carré, dont le milieu
forme une poche, que l'on tend avec trois grandes perches
et qu'il ne faut point confondre avec le *double verveux* usité
dans quelques rivières poissonneuses. Quelquefois aussi on
se sert d'un filet du même genre, mais moins grand, lesté
et flotté, que l'on tient à la main, après l'avoir attaché par
les extrémités à deux longues perches, traînées par deux

hommes nus sur les sables de la côte à marée montante. Assez communément aussi, enfin, dans la Loire, on s'empare des lamproies à l'aide d'un filet de l'espèce des *demi-folles* et que les pêcheurs bretons nomment une *lampresse*. Ce filet a vingt-huit brasses de longueur et six pieds de hauteur. Ses mailles ont dix-huit lignes d'ouverture.

Les lamproies qui proviennent de ce dernier filet et des louves, ont plus de prix que celles qui ont été pêchées avec les nasses, parce qu'elles en sont retirées presque immédiatement et avant de s'être épuisées en efforts pour en sortir.

Ce poisson, que beaucoup d'auteurs ont cru reconnoître dans le γαλεξιας, vu à Rome par Galien, qui en parle dans ses Livres sur les alimens, et que les Anglois nomment *lamprey*, les Allemands *lamprete*, les Italiens *lampreda*, les Espagnols *lamprea*, que quelques écrivains ont décrit sous les dénominations de *mustela*, de *lampetra*, et qui est probablement l'*échénéis* d'Oppien, au sujet duquel on a raconté tant de fables, est fort estimé dans certains pays, et spécialement à Rome, où il se vend quelquefois à un très-haut prix, au rapport du poëte ichthyologiste Paolo Giovio, qui, en 1524, a vu les grands de cette ville le payer jusqu'à dix pièces d'or, surtout au printemps, ce que confirme Platine, quand, dans son indignation, il reproche aux papes et aux seigneurs de la capitale d'Italie le luxe, qui les engageoit à régaler leurs convives de lamproies achetées à cinq, six, sept et même vingt pièces d'or, noyées dans du vin de Chypre, ayant une muscade dans la bouche et un clou de girofle dans chacune des ouvertures des branchies et roulées sur elles-mêmes dans une casserolle, avec des amandes pilées et des épices de toutes sortes.

En Angleterre, dans la saison où elles sont rares, on les paie jusqu'à une guinée la pièce, et la ville de Glocester est dans l'usage de présenter tous les ans, vers les fêtes de Noël, un pâté de lamproies au Roi de la Grande-Bretagne.

En France, cet animal n'est pas dédaigné des gourmets, mais on attache bien moins de prix à son usage. Beaucoup de médecins l'ont condamné comme une nourriture pernicieuse et même vénéneuse. On a même été jusqu'à attribuer la mort du roi d'Angleterre, Henri I, à un repas dans lequel il avoit mangé beaucoup de chair de lamproie. Quoi qu'il en soit, nombre de nos docteurs acceptent leur part des poissons de ce genre qu'on sert sur nos tables, et, quoique les estomacs délicats aient communément quelque peine à digérer une viande aussi grasse et aussi molle, tout en étant tendre et savoureuse, tout en semblant réunir à la fois les qualités de celles de l'anguille et de la raie, les gastronomes vigoureux n'en ressentent aucun mal, et peuvent avec elle satisfaire leur sensualité, sans nuire à leur santé.

On tire, dit-on, du foie des lamproies une couleur verte très-belle et très-durable, et beaucoup d'auteurs de matière médicale et de thérapeutique ont recommandé leur graisse comme émolliente et adoucissante. Rien cependant ne la distingue spécialement de celle des autres poissons.

Il est certain, du reste, que dans plusieurs contrées, les lamproies méritent la distinction dont on les honore dans la Grande-Bretagne, comme nous venons de le dire. Dès le treizième siècle, ainsi qu'il conste d'un manuscrit contenant le catalogue des meilleures choses fournies alors par le royaume de France et conservé à la Bibliothèque du Roi, les lamproies de Nantes étoient en grande réputation, et J. Bruyren-Champier, dans son traité *De re cibaria*, publié à Lyon, en 1560, nous apprend que leur renommée n'avoit encore rien perdu de son éclat, et que, par la poste, on en envoyoit de vivantes à Paris, de cette capitale de la Bretagne. On sait d'ailleurs que le duc de Bourgogne, Philippe le hardi, qui avoit un dominicain pour confesseur, régaloit tous les ans ce moine, le jour de Saint-Thomas d'Aquin, avec une lamproie, ou lui faisoit payer quarante-cinq sols en argent, s'il n'étoit pas possible de se procurer ce poisson.

A une certaine époque, il y avoit aussi des marchands qui n'apportoient à Paris que des lamproies; car, dans une ordonnance du roi Jean, publiée en 1550, et renouvelée par Charles VII. il est défendu aux détaillans d'aller sur les chemins, au-devant d'eux, pour acheter leur marchandise.

Enfin, au commencement du dix-huitième siècle, Chaulieu, en disant que

.... Pleins d'une sainte joie,
De dits joyeux et de bons mots
Nous assaisonnons la *lamproie*;

semble nous indiquer encore que ce poisson étoit alors servi
sur les meilleures tables.

Dans les pays où la pêche des lamproies est fort abondante, on les conserve en les faisant griller et en les mettant dans des barils avec du vinaigre et des épices, tandis
qu'à Hambourg on les sale, et qu'à Dantzick on les fume, afin
de les envoyer dans des contrées plus ou moins éloignées,
pour y être servies sur la table des riches et des puissans du
jour.

La Pricka ou Lamproie de rivière; *Petromyzon fluviatilis*,
Linnæus. Seconde nageoire du dos anguleuse et réunie avec
celle de la queue; circonférence de la bouche garnie d'un
seul rang de dents très-petites; dans l'intérieur de ce contour, une rangée de six dents également très-petites et, de
chaque côté, trois dents échancrées; près de l'entrée de la
bouche, sur le devant, un os épais et en croissant, et, sur
le derrière, un os alongé, placé en travers et garni de sept
petites pointes; plus loin, un second os découpé également
en sept pointes, et, enfin, à une plus grande profondeur,
une dent ou pièce cartilagineuse.

Ce poisson, qui ne parvient guère qu'à la taille de quinze
à dix-huit pouces, a la tête verdâtre; les nageoires violettes;
le dos noirâtre ou d'un gris tirant sur le bleu; les côtés d'un
jaune de paille clair; le ventre argenté, et de petites raies
foncées, transversales et ondulées sur le dos. Ses yeux ont
l'iris de couleur d'or ou d'argent avec de petits points noirs,
et sont voilés par une prolongation de la peau : une tache
blanchâtre ou rougeâtre paroît auprès de sa nuque.

Il passe la plus grande partie de l'année, et spécialement
la saison de l'hiver, au milieu des eaux douces des lacs de
l'intérieur des continens et des îles, qu'il abandonne au
printemps pour remonter dans les fleuves ou dans les rivières
qui s'y jettent ou qui en sortent. On le trouve dans un très-
grand nombre de contrées de l'Europe, de l'Asie et de l'Amérique méridionale, où il est recherché non - seulement
par ceux qui spéculent sur la nourriture de l'homme, mais

encore par toutes les grandes associations de marins qui se livrent à la pêche du turbot, de la morue, du saumon, etc., et qui s'en servent comme d'appât.

Le Sucet; *Petromyzon sanguisuga*, Lacépède. Ouverture de la bouche très-grande et plus large que la tête; un grand nombre de dents petites et couleur d'orange; neuf dents doubles auprès du gosier; taille de sept à huit pouces.

Ce poisson a été observé, par Noël de la Morinière, sur les rivages de la Seine inférieure, où il paroît en même temps que les aloses, spécialement auprès de Quevilly. Il poursuit ces grandes clupées, s'attache à la partie la plus tendre des tégumens de leur ventre et suce leur sang à la manière des sangsues. Il paroit être le même animal que le *petromyzon argenteus* de Bloch, tab. 415, fig. 2.

La Lamproie Planer; *Petromyzon Planeri*, Linnæus. Corps annelé; circonférence de la bouche garnie de papilles aiguës, nageoires dorsales élevées; teinte olivâtre.

Découverte par le professeur Planer, d'Erford, dans les très-petites rivières de la Thuringe, où elle devient plus longue et plus grosse que le lamproyon. (Voyez Ammocœte.)

La Lamproie sept-œil; *Petromyzon septœil*, Lacép. Ensemble du corps et de la queue presque conique; nageoire caudale spatulée; dos d'un gris plombé; ventre d'un blanc jaunâtre.

On prend cette espèce dans les eaux de la Seine, dans l'Epte et dans l'Andelle, et principalement auprès du Pont-de-l'Arche. On la mange habituellement à Rouen, à Elbœuf, à Louviers, à la Bouille, quoiqu'elle n'ait guère que cinq à six pouces de longueur. (H. C.)

PÉTRON ou PÉTROT. (*Bot.*) Noms vulgaires du genévrier commun. (L. D.)

PÉTRONA. (*Bot.*) Champignon dont le chapeau est orbiculaire, convexe et lisse en dessous, plat en dessus et couvert de lames qui vont des bords au centre; attaché sans tige par toute sa surface inférieure; d'une substance coriace, dure et presque pierreuse; à graines répandues à la surface des lames. C'est ainsi qu'Adanson caractérise ce genre, qu'il établit sur le *lithodermomyces* de Battara, pl. 24, fig. B. Paulet croit que cette figure de Battara représente un litophyte plutôt qu'un agaric ordinaire. Fries, au contraire, rapporte le *petrona* d'Adanson au genre agaric, et n'y cite point Battara; tandis qu'à la fin de son genre *Cantharellus* (*Myc.*, 1, p. 326, obs. 1) il dit, Batt., tab. 24, *B*, *Amethystinus*, *suprà saxa*, ce qui suppose qu'il est porté à le considérer comme une espèce de ce genre. (Lem.)

PETRONCIANUM. (*Bot.*) Nom de la mélongène dans quelques lieux, suivant Césalpin. (J.)

PETRONE. (*Ornith.*) C'est à Bologne le nom du bruant-fou, *emberiza cia*, Linn. (Ch. D.)

PETRONELLA. (*Ornith.*) Nom italien de l'alouette commune, *alauda arvensis*, Linn., que Schwenkfeld rapporte mal à propos à la fauvette de roseaux. (Ch. D.)

PETRONELLO. (*Ornith.*) Le proyer, *emberiza miliaria*, Linn., est ainsi nommé à Gènes. (Ch. D.)

PETRONIA MARINA. (*Ornith.*) Nom italien de la soulcie, *fringilla petronia*, Linn. (Ch. D.)

PÉTROPHILA. (*Bot.*) Genre de plantes dicotylédones, à fleurs incomplètes, de la famille des *protéacées*, de la *tétrandrie monogynie* de Linnæus, offrant pour caractère essentiel : Une corolle (calice, Brown) caduque, à quatre divisions profondes; quatre étamines placées dans la concavité supérieure des pétales; un ovaire supérieur; le style persistant à sa base; le stigmate fusiforme, aminci à son sommet; le réceptacle dépourvu d'écailles; un cône ovale; une noix lenticulaire, barbue à sa base.

Ce genre a été établi par M. Rob. Brown pour un grand nombre de plantes très-rapprochées des *protea*. Elles forment une suite d'arbrisseaux à tige droite : les feuilles sont très-variées dans leur forme, les unes planes, filiformes, entières; d'autres lobées ou pinnatifides, quelquefois sur le même individu; les chatons sont ovales ou alongés, terminaux ou axillaires, quelquefois fasciculés. Ces espèces sont distribuées en plusieurs sections.

* *Stigmate articulé; l'articulation inférieure glabre, anguleuse; la supérieure tomenteuse ; une noix comprimée, lenticulaire, chevelue à sa base et à ses bords; les feuilles filiformes, entières.*

M. Rob. Brown, dans les *Transactions linnéennes de Londres*, vol. 10, pag. 68, place ici le *petrophila teretifolia*, dont les feuilles sont cylindriques, point cannelées; les écailles du cône dépourvues de nervures, l'articulation supérieure du stigmate tomenteuse, trois fois plus longue que l'inférieure. Cette plante et les suivantes croissent à la Nouvelle-Hollande. Dans le *petrophila filifolia*, les feuilles sont fines, cylindriques, sans sillon; les écailles du cône orbiculaires, marquées de nervures; l'articulation supérieure du stigmate barbue, à peine une fois plus longue que l'inférieure. Le *petrophila acicularis* est pourvu de feuilles filiformes, un peu sillonnées en dessus; les écailles du cône sont ovales et nerveuses.

** *Stigmate point articulé, un peu hispide ; une noix comprimée, lenticulaire, chevelue à sa base et à ses bords ; écailles du cône distinctes ; feuilles filiformes, deux fois pinnatifides.*

Pétrophila élégant : *Petrophila pulchella*, Rob. Brown, *Trans. linn.*, vol. 10, pag. 68; *Protea fucifolia*, Salisb., *Prod.* 48: *Protea pulchella*, Schrad., *Sert. Hann.*, vol. 1, fasc. 2, pag. 15, tab. 7; Cav., *Ic. rar.*, vol. 6, tab. 550, var. *B; Protea dichotoma*, Cav., *Ic. rar.*, 6, pag. 34. Arbrisseau de cinq à six pieds, rameux, garni de feuilles éparses, pétiolées, deux et trois fois ailées; les pinnules roides, cylindriques, un peu mucronées. Les fleurs sont agrégées, coniques, terminales, munies d'écailles imbriquées, rougeâtres, subulées, tout-à-fait réfléchies en dehors à l'époque de la maturité. La corolle est d'un blanc pâle, velue extérieurement, à découpures linéaires; l'ovaire velu; le stigmate pubescent, à peine saillant hors de la corolle.

Dans la variété *B*, les tiges sont tortueuses, hautes de quatre à cinq pieds, glabres; les rameaux alternes; les feuilles deux fois ailées, presque sessiles; les têtes de fleurs solitaires, situées dans l'aisselle des rameaux; les écailles ovales, aiguës, imbriquées, point réfléchies, qui s'élargissent et acquièrent la solidité du bois; celles qui sont placées sur le pédoncule, sont rougeâtres et subulées. Cette plante croît au port Jackson et à la baie Botanique, dans la Nouvelle-Hollande.

Dans le *petrophila rigida*, R. Brown, *l. c.*, les feuilles sont trois fois ternées; les découpures étalées; la corolle barbue, glabre, aiguë vers le sommet. Le *petrophila fastigiata* a des feuilles trifides, deux fois ailées; les découpures redressées et en faisceau, un peu arrondies, mutiques; la corolle glabre; les cônes sessiles et terminaux; les écailles lanugineuses. Dans le *petrophila pedunculata*, les feuilles sont à trois divisions, deux fois pinnatifides; les découpures canaliculées, très-étalées; la corolle glabre; les cônes pédonculés; les écailles glabres.

*** *Cônes à écailles conniventes; noix ( ou samare) foliacée, dilatée; stigmate non articulé, un peu hispide; feuilles planes, deux fois pinnatifides.*

Il faut rapporter à cette division le *petrophila diversifolia*, Rob. Brown, *loc. cit.*, dont les feuilles sont planes, trois fois pinnatifides; les découpures mucronées; les corolles barbues; les cônes axillaires, pédonculés; les écailles lanugineuses, adhérentes.

**** *Cône à écailles séparées; noix (ou samare) presque plane; feuilles planes, à découpures ternées.*

M. Rob. Brown place dans cette division le *petrophila squamata*, dont les feuilles sont trifides; les lobes linéaires, lancéolés, les latéraux très-souvent à deux et trois découpures; les cônes axillaires et sessiles; les écailles glabres, scarieuses au sommet. Dans le *petrophila trifida* les feuilles sont trifides; les lobes spatulés, lancéolés, très-souvent entiers; les cônes axillaires, sessiles; les écailles soyeuses au sommet. Ces plantes croissent toutes à la Nouvelle-Hollande. (Poir.)

PÉTROPHILE. (*Bot.*) Nom françois donné par Bridel aux mousses du genre *Andreæa*. (Lem.)

PETROSCORODON. (*Bot.*) Gesner, cité par C. Bauhin, désignoit sous ce nom un ail de montagne. (J.)

PETROSELINUM. (*Bot.*) Nom latin ancien du persil, *apium*. On le trouve aussi donné par quelques anciens, soit à la petite ciguë, *æthusa*, soit à l'énanthe aquatique, *œnanthe fistulosa*. (J.)

PÉTROSILEX. (*Min.*) Cronstedt, Linné, Wallerius principalement, ont employé ce mot pour désigner les pierres dont nous allons faire l'histoire : il est vrai qu'ils l'ont aussi appliqué à quelques minéraux que nous ne regardons plus comme des pétrosilex ; mais c'est un genre de correction applicable à tout ce qu'on appelle genre ou espèce en histoire naturelle. C'étoit donc un nom déjà consacré, et quelque mauvais qu'il soit, il est plus convenable d'oublier sa signification littérale que de vouloir le changer : c'est ce que Dolomieu a senti. En étudiant les pétrosilex, il a vu que les naturalistes que nous venons de citer, et particulièrement Wallerius, avoient approché de bien près d'une détermination précise de cette pierre ; au lieu de changer le nom, il a perfectionné la spécification du pétrosilex, et se l'est appropriée par une définition aussi bonne qu'on puisse la faire pour une pierre rarement simple et pure. Deux autorités, non moins respectables que celles que nous venons de citer, Werner et Haüy, n'ont pas adopté cette spécification ; le premier ne paroît pas avoir connu ou devoir reconnoître le pétrosilex. Il en a réuni quelques variétés avec le felspath sous le nom de felspath compacte, et, dans ce cas, il a pu fonder cette réunion sur des principes scientifiques ; mais il a réuni les autres variétés avec la pierre qu'il a désignée sous le nom de *horn-stein*, et ici il a commis une erreur, mais une erreur conséquente : car, en fondant ses espèces uniquement sur les caractères extérieurs, il est très-exact de dire qu'ils sont les mêmes dans les *hornstein* infusibles ou silex cornés, que dans les *hornstein* fusibles, qui sont des pétrosilex.

Haüy a eu des motifs encore plus scientifiques pour rejeter entièrement ce nom comme désignant une espèce particulière, parce que, regardant les pétrosilex de Wallerius, et surtout ceux de Dolomieu, comme des felspaths compactes, il a dû les laisser parmi les variétés de cette espèce minérale. Nous eussions entièrement adopté cette réunion, s'il étoit sûr ou vrai que tous les pétrosilex, tels que nous allons les définir et les caractériser, sont des felspaths compactes ; mais il n'en est rien. On peut se convaincre, par des expériences faciles à faire, que ces minéraux, d'apparence homogène, n'appartiennent ni au silex de quarz, ni au felspath ; mais qu'ils sont de véritables mélanges à parties indiscernables, et par conséquent des minéraux extérieurement homogènes, qu'on ne peut réunir ni sûrement, ni convenablement au felspath. Il leur faut donc une place séparée, une dénomination particulière; et du moment que nous admettions ce principe de spécification, nous devions aussi admettre le nom de l'espèce qu'il consacroit.

Malgré ces motifs, peu de minéralogistes ont adopté ce nom, ce qui seroit peu important; mais ils ont continué de placer les variétés du pétrosilex de Dolomieu, les unes parmi les *hornstein*, et les autres parmi les felspaths, ce qui est, selon nous, d'une part, une véritable erreur scientifique, et de l'autre, une réunion au moins hypothétique.

Le pétrosilex, tel qu'il a été caractérisé par Dolomieu, a la cassure facile, écailleuse, semblable à celle de la cire et quelquefois conchoïde. Il ressemble, par ce caractère, aux silex de la division des agates; mais ces silex sont absolument infusibles, tandis que le pétrosilex que nous décrivons est essentiellement fusible en un émail blanc qui, examiné à la loupe, paroît renfermer beaucoup de bulles. La fusibilité des pétrosilex est très-variable. Il y en a qui fondent à peine et qui demandent à être réduits en très-petits fragmens pour offrir ce caractère. Sa composition est en général à peu près la même que celle du felspath, mais il est difficile de l'établir avec précision. La nature du minéral, que nous regardons comme une roche à parties indiscernables, c'est-à-dire comme un mélange, sera toujours un obstacle à cette précision. Les analyses que l'on en connoît sont anciennes, et l'une d'elles est appliquée à une variété peu répandue.

*Composition.*

| | Alumine. | Potasse. | Silice. | Fer. | Perte et corps étrangers | |
|---|---|---|---|---|---|---|
| De Sahlberg en Suède | 19. | 5,5 | 68. | 4. | 3,6 | Godon de Saint-Memin.[1] |
| Des monts Pentland en Écosse ......... | 13,6. | 3,2 | 71,2 | 4,1 | 10. | Mackensie. |

[1] Journal de physique, 1806, Juillet, pag. 60.

Il paroît qu'il y a des pétrosilex d'albites ou de felspath à soude. Klaproth dit, en 1812, que le felspath compacte, base de la roche nommée *weisstein*, et qui vient de Styrie, renferme de la soude et non pas de la potasse, comme le felspath, et les analyses de pétrosilex, faites depuis cette époque tant par lui que par d'autres chimistes, paroissent prouver cette opinion. Telles sont les deux analyses suivantes :

| | Soude. | Chaux. | Alumine. | Fer. | Silice. | Eau. | |
|---|---|---|---|---|---|---|---|
| Petrosilex, base du porphyre sonore du Donnersberg, près Milleschau en Bohème[1] | 8,1 | ,7 | 23,5 | 3,2 | 57,2 | 3,= | Klaproth. |
| Petrosilex, base de l'eurite porphyroïde sonore (*Klingstein* ou phonolithe) de la roche Sanadoire au Mont-dor en Auvergne | 6,= | 3,5 | 24,5 | 4,5 | 58,= | 2,= | Bergmann jeune.[2] |

Le pétrosilex est souvent assez dur et assez solide pour étinceler sous le choc du briquet; il est translucide sur les bords, et offre quelquefois dans sa texture quelques facettes cristallines brillantes. Sa pesanteur spécifique est de 2,6 environ. Ses couleurs, sa pâte et sa texture présentent des différences qui ont fait établir les variétés suivantes.

1. PÉTROSILEX AGATOÏDE. Haüy. Sa cassure est cireuse comme celle des silex de la division des agates; quelquefois elle approche de la cassure luisante et grenue de certains grés, et ce pétrosilex est ordinairement translucide sur ses bords. Ses couleurs sont le rougeâtre, le gris, le gris verdâtre, le vert-olive sale, le noirâtre. Il est quelquefois d'une seule couleur, et quelquefois veiné. Nous citerons comme exemple du pétrosilex agatoïde :

Le *Pétrosilex agatoïde rouge* de Salberg en Suède. Il est d'un rouge peu vif; sa texture est très-homogène; sa cassure cireuse est bien caractérisée. Il est fusible au chalumeau, mais très-difficilement. Celui de la cascade de Pisse-Vache, dans la vallée du Rhône, qui est gris de perle et translucide. Celui de la mine de fer de Danemora, qui est moins translu-

---

1 Voyez l'article EURITE, tom. XVI, pag. 41.
2 Journ. des min., tom. 21, pag. 75.

cide et qui présente des couleurs variées, mais sales, de rougeàtre, brunàtre, jaunàtre, rubanées, et qui devient, dans
celui-ci même, la base d'une eurite porphyritique.

2. Pétrosilex jaspoïde, Haüy. Il est presque opaque, peu
dur, mais fragile; il a la cassure conchoïde et l'aspect terne
du jaspe : tantôt il est moins compacte que lui, et sa cassure
est alors presque terreuse; tantôt il est aussi et même plus
compacte, et sa cassure prend un aspect luisant. Il est à peine
fusible au chalumeau et ne fait aucune effervescence avec
les acides.

Nous citons comme exemples de cette variété un pétrosilex blanc des Vosges, à cassure terne ; il est assez solide ; et
un autre pétrosilex gris du même lieu, qui est compacte, très-
fragile, et à cassure conchoïde un peu luisante. C'est sur
l'autorité de Dolomieu que nous plaçons ces pierres parmi
les pétrosilex. Il les a vues en place, et leur gisement nous
décide sur leur nature équivoque.

Nous ajoutons aux caractères de cette variété, celui de
ne point faire effervescence, afin de distinguer le pétrosilex à
cassure terne, de la pierre que nous avons nommée, d'après
Saussure, *silicicalce*, et qui est un mélange de silex et de
chaux carbonatée.

3. Pétrosilex feuilleté [1]. Il est fissile, sonore, et a d'ailleurs, d'une manière très-sensible, les autres caractères du
pétrosilex.

Ce pétrosilex se divise quelquefois en feuillets tellement
minces, qu'il ressemble à une ardoise. Saussure en a trouvé
sur la route de Martigny à Saint-Maurice, vis-à-vis les dernières maisons du village de Bathia : il est gris, fort dur, sonore et translucide.

J'en ai trouvé dans la gorge d'Allevard, département de
l'Isère, une sous-variété opaque, verdàtre et très-fissile.

La roche nommée phonolithe (*klingstein*, W.) appartient
tantôt à ce pétrosilex, tantôt à une roche hétérogène que
nous avons désignée sous le nom d'eurite sonore.

Telles sont les principales variétés de l'espèce du pétrosilex.

---

1 *Petrosilex lamellaris*, Wall.

Tous les échantillons de cette pierre, que Dolomieu connois-
soit, et que j'ai vus, peuvent assez bien s'y rapporter.

Le gisement du pétrosilex est encore pour nous un caractère qui peut lever bien des doutes. Cette pierre appartient
exclusivement aux terrains primordiaux de cristallisation,
et aux terrains pyrogènes anciens; tantôt elle se trouve dans
les premières en grandes masses, et se présente en couches étendues qui forment des montagnes; tantôt elle entre
dans la composition des roches: elle en devient la base, c'est-
à-dire, la partie dominante, celle qui semble envelopper les
autres : telles sont les eurites ( *weisstein* ).

Les bancs que forme le pétrosilex sont ordinairement assez
droits, mais d'ailleurs très-inclinés et même presque verticaux.

La base des porphyres rouges, verts, etc., se rapproche
des pétrosilex. Celle de plusieurs porphyres noirs paroît
appartenir à une autre espèce de pierre. Souvent les cristaux de felspath, disséminés dans cette pâte, ont eux-mêmes
la texture compacte et la cassure cireuse des pétrosilex.

On trouve des pétrosilex et des roches à base de pétrosilex
dans toutes les chaînes de montagnes primitives. On cite dans
les Vosges des montagnes entières de cette pierre, que des
minéralogistes ont d'abord prises pour du quarz.

Nous avons averti, en commençant cet article, que les
minéralogistes n'étoient point d'accord sur la détermination
du pétrosilex. Ils ont en effet décrit sous ce nom des pierres
entièrement différentes les unes des autres et par leur nature
et leur gisement. Le pétrosilex, tel que nous l'avons caractérisé d'après Dolomieu, paroît être au felspath ce que le
silex est au quarz. Ce minéralogiste le regardoit comme un
felspath en masse. En effet, il a tous les caractères de cette
pierre, et souvent même, lorsqu'on examine à la loupe certains pétrosilex, ils offrent de petites lames spathiques qui
décèlent le felspath. Enfin, le pétrosilex est susceptible d'é-
prouver à peu près les mêmes décompositions que le felspath,
et de se réduire comme lui en argile kaolin. Cette aptitude
à la décomposition est la cause de celle qu'éprouvent assez
communément les porphyres dans leur masse, ou du moins
à leur surface.

MM. de Saussure, Haüy, Lelièvre, et d'autres minéralogistes, ont embrassé l'opinion de Dolomieu sur la manière
de caractériser le pétrosilex, et ils le regardent tous comme
un felspath compacte. Le *palaïopètre* de Saussure doit se rapporter, comme il le dit lui-même, à la pierre dont nous
traitons; tandis que son pétrosilex secondaire, qu'il a ensuite
nommé *néopètre*, se rapporte à l'espèce du silex.

L'espèce appelée *hornstein* par Werner et par les autres
minéralogistes allemands, espèce qu'il ne faut pas confondre
avec celle que nous nommons *cornéenne* ou *pierre de corne*,
renferme des variétés à cassure cireuse, qui se trouvent, les
unes dans les filons des montagnes primitives, les autres roulées dans divers terrains, tandis que d'autres forment la base
d'une espèce de porphyre. Parmi ces divers *hornstein*, les
uns sont infusibles; d'autres, mais c'est le plus petit nombre,
sont fusibles.

D'après l'examen que j'ai fait de quelques-unes des pierres
nommées *hornstein*, il me paroît que celles qui entrent dans
la composition des filons doivent être rapportées, comme
nous l'avons fait, à l'espèce du silex. Elles n'en diffèrent que
par une cassure un peu plus cireuse; mais d'ailleurs elles
sont absolument infusibles, et ont tous les autres caractères
des silex. Il paroît même qu'on a trouvé de ces pierres dont
les interstices renfermoient des cristaux de quarz, qui ne
se rencontrent point ordinairement dans le pétrosilex.

Les autres *hornstein* de Werner peuvent être rapportés
au pétrosilex toutes les fois qu'ils ont les caractères que nous
avons assignés à cette pierre.

L'opinion que nous venons d'émettre sur les rapports de
notre pétrosilex avec le *hornstein* des Allemands, est celle
de MM. Haüy, de Saussure, Brochant, etc.; d'autres variétés
de cette pierre peuvent être rapportées au *felspath compacte*,
comme on l'a dit plus haut, et d'autres au *klings'ein* ou phonolithe, lorsque cette pierre, par son homogénéité, sort de la
classe des roches ou pierres mélangées.

Le pétrosilex étant pour moi une roche homogène à la vue,
ou au moins la base ou la pâte homogène d'une roche hétérogène; je ne peux y comprendre des minéraux en masse
ou des roches qui sont évidemment composées de plusieurs

sortes de minéraux ; je ne puis donc regarder comme pétrosilex les variétés qu'on a nommées pétrosilex globulifère et pétrosilex bréchiforme : leur nom suffit pour indiquer que ce sont des roches composées, qui doivent appartenir, la première, soit à la roche hétérogène nommée Pyroméride par M. Monteiro, soit aux Amygdaloïdes ( voyez ces mots ), et les autres aux brèches pétrosiliceuses. Je ne pourrois réunir ces roches au pétrosilex, quoique ce minéral en fasse la base, sans être inconséquent aux principes de classification des roches mélangées que j'ai admises dans mon Essai de classification de ces roches.[1] ( B. )

PÉTROSILEX CRISTALLISÉ. ( *Min.* ) Dans le cas présent, ce nom n'est plus appliqué dans le sens où nous l'avons pris. C'est un véritable silex corné, c'est-à-dire à cassure grenue, qui a pris la forme cristalline d'un autre minéral. En général, de Born, qui désigne ce pétrosilex, a confondu sous ce nom les pétrosilex fusibles et les silex cornés. ( B. )

PÉTROSILEX MOLAIRE ; *Petrosilex molaris*, Wall. ( *Min.* ) Wallerius, après avoir très-bien distingué les silex des pétrosilex, par l'infusibilité pour les premiers et la fusibilité pour les seconds ; après avoir donné des exemples nombreux, clairs et exacts de chacune de ces pierres, commit une erreur assez grave à l'article du *Petrosilex molaris*, en confondant ensemble deux pierres qui n'ont d'autres rapports que d'être dures, poreuses et de servir à faire des meules : l'une est la téphrine ou lave téphrinique d'Andernach, près Cologne, et l'autre est le silex molaire ou carié du bassin de Paris. On reconnoît à sa description et aux autorités dont il s'appuie, qu'il n'avoit vu ni l'une ni l'autre de ces pierres, mais seulement la meulière de Guettard, et qu'il doutoit lui-même de l'exactitude du rapprochement : aussi les met-il à la fin des pétrosilex. ( B. )

PE-TSAY. ( *Bot.* ) C'est une herbe potagère de la Chine, mentionnée dans le petit Recueil des voyages. Les Chinois, qui en font une grande consommation, la conservent dans du sel pour la faire cuire avec le riz, dont elle relève le goût naturellement insipide. Elle croit dans les provinces septentrionales de la Chine, dont les premiers frimas servent à la

---

1 Journal des min., 1813, tom. 34, pag. 5.

rendre plus tendre. Ses premières feuilles ressemblent à celles de la laitue, ce qui avoit fait croire d'abord qu'elle étoit une espèce du même genre ; mais on ajoute, sans donner d'autres renseignemens, qu'elle en diffère par la fleur, la graine, le goût et par tout son port. (J.)

PETTERIL. (*Ornith.*) Voyez Petrill. (Ch. D.)

PETTIROSSO. (*Ornith.*) L'oiseau auquel les Italiens donnent ce nom et celui de *petusso*, est le rouge-gorge, *motacilla rubecula*, Linn. (Ch. D.)

PETTYCHAPS. (*Ornith.*) Nom anglois d'une fauvette, qui est appliqué tant au *motacilla hortensis*, Gmel., ou fauvette proprement dite de Buffon, pl. enl. 579, fig. 1, qu'au *motacilla hippolais*, Linn. (Ch. D.)

PETUGO. (*Ornith.*) C'est le nom provençal de la huppe, *upupa epops*, Linn. (Ch. D.)

PETUM. (*Bot.*) Premier nom sous lequel le tabac étoit connu dans le Brésil. Suivant Monardez, il se nommoit *picielt* dans le lieu où il a été primitivement découvert ; mais il n'indique pas ce lieu. (J.)

PETUN. (*Bot.*) Un des noms vulgaires du tabac. Il est une altération des noms de *Petum* et *Petume*, que les Brasiliens donnoient à cette plante. (L. D.)

PETUNCULITES. (*Foss.*) C'est le nom que l'on a donné autrefois aux pétoncles fossiles. (D. F.)

PÉTUNE, *Petunia*. (*Bot.*) Genre de plantes dicotylédones, à fleurs complètes, monopétalées, de la famille des *solanées*, de la *pentandrie monogynie* de Linnæus, offrant pour caractère essentiel : Un calice à cinq découpures profondes, dont une presque spatulée ; une corolle monopétale, tubulée ; le tube rétréci dans son milieu, évasé en cinq lobes courts, inégaux ; cinq étamines inégales ; un ovaire supérieur ; un style, un stigmate en tête, à deux lobes ; une capsule bivalve, à deux loges ; les semences nombreuses.

Pétune a fleurs de nyctage ; *Petunia nyctaginiflora*, Juss., *Ann. Mus. paris.*, 2, pag. 214, tab. 47, fig. 2. Cette plante ressemble, par son port, ses feuilles et ses fleurs, à la belle-de-nuit (*mirabilis jalapa*, Linn.). Ses tiges sont un peu charnues, cylindriques, pileuses, pubescentes, garnies de feuilles alternes, médiocrement pétiolées, ovales, oblongues, très-entières; les supérieures ovales, en cœur, un peu aiguës, pubescentes; les fleurs solitaires à l'extrémité de chaque rameau, ayant le calice velu, à cinq découpures très-profondes, linéaires, obtuses. presque égales, la cinquième un peu spatulée; la corolle blanchâtre, longue de deux pouces, un peu pubescente en dehors; le tube cylindrique, au moins deux fois plus long que le calice, dilaté en un limbe à cinq lobes; les filamens de la longueur du tube; les anthères arrondies; une capsule s'ouvrant par le haut en deux valves, divisée intérieurement en deux loges par une cloison parallèle aux valves, portant sur le milieu de chacune de ses faces un grand nombre de semences fort petites. Cette plante a été découverte à Buénos-Ayres par Commerson.

Pétune a petites fleurs; *Petunia parviflora*, Juss., *loc. cit.*, tab. 47, fig. 1. Cette espèce a le port, et surtout les feuilles, d'un *cerastium*. Ses tiges sont couchées, rameuses, assez nombreuses, garnies de feuilles fort petites, alternes, presque sessiles, linéaires, entières, obtuses, finement ciliées à leur contour, longues de quatre ou six lignes, à peine larges d'une ligne et demie, portant souvent, dans leur aisselle, de petits paquets de feuilles, dont quelques-uns se prolongent en rameaux. Les fleurs sont rouges, sessiles, axillaires, un peu irrégulières; la corolle à peine plus longue que le calice. Cette plante a été découverte par Commerson à l'embouchure du Rio de la Plata. (Poir.)

PÉTUNTZÉ. (*Min.*) C'est une des matières pierreuses qui entrent dans la composition de la porcelaine de la Chine, par conséquent de la porcelaine dure. On a cru que c'étoit le felspath en roche, souvent mêlé de quarz, qui sert de fondant dans la pâte et qui est employé comme couverte. Mais il paroit, d'après le récit des missionnaires, que ce n'est pas la roche dans son état naturel que les Chinois désignent par ce nom, mais les parallélipipèdes ou carreaux que l'on fait avec cette roche pulvérisée, lavée et séchée, et que l'on vend, sous cette forme, aux fabricans de porcelaine. Voyez l'article Argile, tom. III. pag. 90. (B.)

PETURSKOFA. (*Ornith.*) Ce nom, qui se trouve dans les Voyages de Olafsen et de Povelsen en Islande, et dans le *Fauna groënlandica* de Fabricius, désigne le petit guillemot ou vulgairement pigeon du Groënland, *uria grille*, Lath. (Ch. D.)

PETUSSO. (*Ornith.*) Voyez Pettirosso. (Ch. D.)

PETUVE. (*Ornith.*) Ce nom provençal désigne le grand-duc, *strix bubo*, Linn. (Ch. D.)

PEUCE. (*Bot.*) C'est sous ce nom grec que Théophraste désignoit le pin, suivant Stapel, son commentateur, et non pas le *picea*, espèce du sapin. C. Bauhin partage cette opinion. (J.)

PEUCÉDANE; *Peucedanum*, Linn. (*Bot.*) Genre de plantes dicotylédones polypétales, de la famille des *ombellifères*, Juss., et de la *pentandrie digynie*, Linn., qui présente les caractères suivans : Calice très-court, à cinq dents très-petites ; corolle de cinq pétales oblongs, égaux, courbés ; cinq étamines à filamens très-courts, terminés par des anthères un peu arrondies ; un ovaire infère, oblong, surmonté de deux styles courts, à stigmates obtus ; fruit ovale, comprimé, formé de deux graines appliquées l'une contre l'autre, convexes extérieurement, marquées de trois stries, et garnies d'un rebord particulier.

Les peucédanes sont des plantes herbacées, à feuilles ailées, dont les fleurs sont ordinairement jaunâtres, disposées en ombelles munies de collerettes composées de plusieurs folioles linéaires, aiguës, réfléchies. On en connoît une vingtaine d'espèces, parmi lesquelles les cinq suivantes croissent naturellement en France.

Peucédane officinal, vulgairement Fenouil de porc, Queue-de-pourceau ; *Peucedanum officinale*, Linn., *Spec.*, 353. Sa racine est vivace, alongée, grosse, noirâtre en dehors, blanchâtre en dedans, abondante en suc propre jaune et d'une odeur vireuse. Sa tige est haute de deux à trois pieds, cylindrique, rameuse, garnie de feuilles, dont les inférieures sont grandes, munies d'un pétiole trois à quatre fois trichotome, et dont les dernières ramifications portent chacune trois folioles linéaires. La tige et les rameaux se terminent par des ombelles lâches, ouvertes, dont les fleurs sont jaunes. Les graines sont ovales-oblongues, sans rebord marqué. Cette plante croît dans les prés du Midi de la France, en Italie, etc. Elle fleurit en été. Sa racine en nature, ou le suc qui en découle, ont été autrefois employés dans la paralysie, l'épilepsie, les maladies nerveuses, etc. Aujourd'hui on n'en fait plus d'usage. Les cochons sont très-friands de cette racine, et lorsqu'on les met dans un pré où elle est commune, elle y devient bientôt plus rare, ce qui n'est point un mal, parce que la plante elle-même, par la hauteur de ses tiges et ses grandes feuilles, est nuisible à la production du fourrage, et que les bestiaux ne la mangent pas.

PEUCÉDANE DE PARIS; *Peucedanum parisiense*, Decand., Fl. fr., n.° 3517. Sa racine, qui est vivace, cylindrique, produit une tige haute de trois pieds ou environ, peu rameuse, légèrement striée, garnie à sa base de feuilles grandes, pétiolées, trois fois ailées, à folioles linéaires, très-étroites. Les ombelles sont composées d'environ vingt rayons et à fleurs blanches; leur collerette générale est formée de huit à dix folioles étroites. Cette espèce n'est pas rare dans les bois aux environs de Paris et dans plusieurs parties de la France.

PEUCÉDANE SILAÜS, vulgairement SAXIFRAGE DES ANGLOIS *Peucedanum silaüs*, Linn., *Spec.*, 354; Jacq., *Fl. Aust.*, t. 15. Sa racine est cylindrique, peu rameuse, noirâtre en dehors, vivace; elle donne naissance à une tige haute de deux à trois pieds, striée, rameuse dans sa partie supérieure, munie de feuilles trois fois ailées, à folioles linéaires-lancéolées, trifides dans le bas et entières au sommet de la tige. Les fleurs sont d'un blanc jaunâtre, disposées en ombelles terminales et à huit ou dix rayons. Les fruits sont oblongs et cannelés. On trouve cette espèce dans les prés humides en France et en Europe. Sa racine a été employée autrefois comme diurétique.

PEUCÉDANE D'ALSACE : *Peucedanum alsaticum*, Linn., *Spec.*, 354; Jacq., *Flor. Aust.*, tab. 70. Sa racine est vivace; elle produit une tige droite, glabre, striée, d'un vert un peu rougeâtre, rameuse, garnie de feuilles trois fois ailées, à folioles peu nombreuses, découpées en cinq à sept lobes pointus. Les fleurs sont d'un jaune pâle, disposées sur des ombelles petites, assez nombreuses et à huit ou dix rayons. Les folioles de la collerette générale sont linéaires, rougeâtres et réfléchies. Cette espèce croît dans les bois un peu humides en Alsace, en Provence, en Autriche, en Hongrie, etc.

Peucédane paniculé ; *Peucedanum paniculatum*, Lois. , *Flor. Gall.*, 722. Sa tige est droite, striée, haute de quatre pieds et plus, rameuse et paniculée dans sa partie supérieure. Ses feuilles radicales sont très-grandes, six ou sept fois ternées; celles de la tige quatre à cinq fois, et les supérieures simplement ternées, à pétioles dilatés, membraneux, un peu engainans et souvent dépourvus de feuilles. Les ombelles sont nombreuses, à huit ou douze rayons, terminales et axillaires sur les rameaux, et disposées en panicule. Les collerettes générales et partielles sont formées le plus communément de deux folioles linéaires. Cette plante croit en Corse, dans les lieux pierreux. (L. D.)

PEUCEDANUM. ( *Bot.* ) Voyez Peucédane. (Lem.)

PEUMO, *Peumus.* ( *Bot.* ) Genre de plantes dicotylédones, à fleurs complètes, polypétalées, de l'*hexandrie monogynie* de Linnæus, offrant pour caractère essentiel : Un calice à six divisions ; une corolle à six pétales, plus courtes que le calice ; six étamines de la longueur du calice ; les anthères sagittées ; un ovaire supérieur, arrondi ; un style épaissi vers son sommet ; un stigmate oblique, comprimé. Le fruit est un drupe de la grosseur d'une olive, renfermant un noyau monosperme.

*Peumo* est le nom que les habitans du Chili donnent aux arbres dont il va être question. Molina, auteur de ce genre, en distingue quatre espèces, entre lesquelles il existe un grand nombre de variétés. Ces arbres sont d'une hauteur considérable, garnis de feuilles persistantes et aromatiques. Les fleurs sont blanches ou couleur de rose. Les fruits des trois premières espèces se mangent ; il suffit pour cela de les tremper dans l'eau tiède : un plus fort degré de chaleur les gâteroit et les rendroit amers. La pulpe intérieure du fruit est blanche, butireuse, et d'un goût agréable. Le noyau contient beaucoup d'huile, qui pourroit être avantageusement employée ; l'écorce des arbres sert dans la teinture, ainsi que pour tanner les cuirs.

Peumo a fruits rouges ; *Peumus rubra*, Molin., Hist. du Chili, édit. franç, pag. 159. Arbre très-élevé, dont les rameaux sont garnis de feuilles alternes, pétiolées, ovales, dentées à leurs bords, très-entières, de la grandeur de celles du charme. Les fruits sont ovales, d'une belle couleur rouge.

Peumo a fruits blancs ; *Peumus alba*, Molin., *loc. cit.* Cet arbre ne paroît différer du précédent que par ses feuilles dentées et non entières ; elles sont ovales, pétiolées. Les fruits sont blancs dans le *peumus mammosa*, le tronc est moins élevé; les feuilles sessiles, alternes, entières, échancrées en cœur. Le fruit est ovale, terminé à son sommet par un mamelon.

Peumo boldu : *Peumus boldu*, Molin.. *loc. cit.; Boldu*, Feuill., part. 3, tab. 6, fig. 2. Ses feuilles sont opposées, pétiolées, ovales, velues à leur face inférieure, longues d'environ quatre pouces: d'un vert obscur. Les fruits sont plus petits que ceux des espèces précédentes, et presque ronds. Le noyau est si dur que l'on en fait des chapelets. Le nom de *boldu* a été donné à ce fruit par les habitans du Chili, parce qu'ils emploient sa coque pour parfumer les tonneaux dans lesquels ils mettent leur vin. Voyez Boldu. (Poir.)

PEUPLADE. ( *Ichthyol.* ) Voyez Alvin. (H. C.)

PEUPLE. (*Bot.*) Dans les livres anciens c'est sous ce nom qu'est désigné l'arbre nommé maintenant peuplier. La terminaison en *ier*, signifiant probablement *qui porte*, paroissoit réservée aux végétaux produisant un fruit bon à manger, tels que le cerisier, le prunier, l'abricotier, l'arbousier, le fraisier, etc. Le peuplier est le seul qui auroit pu contrarier cette assertion, si on ne reconnoissoit pas que son nom actuel est nouveau, de même que celui de plusieurs autres plus récemment connus, auxquels on a donné la même terminaison, quoique leur fruit ne soit pas comestible. On observera que cette finale peut bien aussi signifier *qui fabrique*, si l'on fait attention aux noms des artistes qui exercent certains arts, tels que les serruriers, menuisiers, charpentiers, tabletiers, etc. Il faudroit rechercher si cette terminaison est tirée d'une langue étrangère, et particulièrement de quelque langue orientale, et quelle est dans cette langue sa véritable signification. (J.)

PEUPLIER ; *Populus*, Linn. (*Bot.*) Genre de plantes dicotylédones apétales, de la famille des *amentacées*, Juss., et de la *diœcie octandrie*, Linn., dont les fleurs sont unisexuelles sur des individus différens, et qui offrent les caractères suivans : fleurs mâles réunies sur des chatons cylindriques ;

chacune d'elles formée d'une écaille déchirée au sommet et
tenant lieu de calice, d'une corolle en godet tronqué obliquement, et de huit à trente étamines : fleurs femelles disposées et ayant un calice et une corolle comme les mâles :
un ovaire surmonté de quatre stigmates ; une capsule à deux
loges contenant chacune plusieurs graines chargées d'une
houpe cotonneuse.

Les peupliers sont de grands arbres, dont les boutons sont
enduits d'un suc visqueux et odorant, dont les fleurs se développent toujours avant les feuilles qui sont alternes, souvent
arrondies ou triangulaires, inégalement dentées, portées sur
des pétioles assez longs, et comprimés latéralement, surtout
vers le sommet ; ce qui donne une extrême mobilité à leur
feuillage et fait qu'il est agité au moindre mouvement de
l'air. On en connoît une vingtaine d'espèces, dont plusieurs
croissent naturellement en France ou en Europe, les autres
sont, pour la plupart, cultivées, soit pour l'ornement des
parcs, soit pour les usages de leur bois.

L'étymologie du nom de *populus*, donné au peuplier par
les Latins, n'est pas connue ; les conjectures, formées par
quelques auteurs sur l'origine de ce mot, paroissent assez
chimériques. Ainsi R. Étienne prétend que le nom de *populus*
a été appliqué au peuplier à cause de la multitude de ses
feuilles (πόλυς), et Bullet, parce que son feuillage est dans
un mouvement perpétuel, comme un peuple qui va et vient
sans cesse.

Peuplier blanc, vulgairement Ypréau ; *Populus alba*, Linn.,
*Spec.*, 1463. Ce peuplier est un grand et bel arbre. Son tronc
s'élève jusqu'à cent pieds de hauteur, sur trois pieds et plus
de diamètre par le bas. Il est facile à reconnoître, parmi les
autres espèces du genre, à ses feuilles presque triangulaires,
fortement dentées, un peu lobées, à peu près glabres et d'un
vert sombre en dessus, revêtues en dessous d'un duvet cotonneux, qui les rend toutes blanches en cette partie. L'écorce
du tronc et des branches est d'un gris blanchâtre ; celle des
jeunes rameaux est cotonneuse, comme le dessous des feuilles.
Ses fleurs naissent en chatons oblongs, composés d'écailles
jaunâtres : les mâles n'ont que huit étamines. Elles paroissent
de très-bonne heure et long-temps avant les feuilles, en fé-

vrier ou Mars, selon la douceur du climat. Cet arbre croît naturellement en France et dans une grande partie de l'Europe, dans les forêts humides et quelquefois dans les lieux secs et montueux.

Les Grecs désignoient le peuplier blanc sous le nom de λευκη, qui, probablement, lui avoit été donné à cause de la blancheur de son feuillage. Quelquefois aussi ils lui donnoient le nom d'αχερoις ( Hom., Il., XIII. vers. 389), parce que, lorsque Hercule, selon la mythologie, descendit aux enfers et qu'il en arracha Cerbère, il se couronna des feuilles de cet arbre, qui croissoit sur les rives de l'Acheron. Le côté de la feuille qui touchoit sa tête, conserva la couleur blanche, pendant que la partie qui étoit en dehors, fut noircie par la fumée de ce triste séjour, et de là vient que le peuplier, qui auparavant avoit les feuilles blanches des deux côtés, les a maintenant d'un vert noirâtre en dehors.

C'est d'après cela aussi que le peuplier, chez les anciens, étoit consacré à Hercule.

> *Populus Alcidæ gratissima . . . . .*
>
> VIRG., Écl., II, v. 61.

> . . . . . *Herculeæque arbos umbrosa coronæ.*
>
> Georg., II, v. 66.

Une particularité remarquable, c'est qu'un voyageur moderne (Bertholdy, Voyage en Grèce, vol. 1, page 177) a retrouvé les bords du lac *Acherusia* couverts de peupliers.

On se couronnoit de peuplier pour faire des sacrifices à Hercule; et c'est ainsi que, dans l'Énéide, Virgile nous montre les Saliens :

> *Tum Salii ad cantus incensa altaria circum*
> *Popule . . . . : evincti tempora ramis.*
>
> Lib. VIII, v. 285.

Les athlètes, qui cherchoient à marcher sur les traces d'Alcide, ornoient de même leur front de couronnes faites de l'arbre chéri de ce héros. Enfin les bacchantes se plaisoient aussi à parer leur tête de couronnes de peuplier

sans doute parce que cet arbre, chez les peuples du Midi,
servoit, comme l'ormeau, à soutenir les rameaux de la vigne.

*Adulta vitium propagine*
*Altas maritat populo.*

*Populi vitibus placeant, et Cæcuba educent.*

PLINE, lib. XVI, cap. 37.

Avant de quitter l'histoire du peuplier chez les anciens,
il faut encore rappeler la fable des sœurs de Phaéton, qui,
s'étant livrées au plus violent désespoir après la mort de leur
frère, foudroyé par Jupiter, furent changées par les dieux
en peupliers sur les bords de l'Éridan, aujourd'hui le Pô.
(Ovide, *Metam.*, II.)

Le peuplier blanc, considéré d'une manière plus positive,
offre beaucoup de variétés, qui peuvent être distinguées, soit
par le port général des arbres, dont les rameaux sont tantôt
gros et droits, tantôt flexibles et pendans; soit par les feuilles
couvertes en dessous d'un duvet abondant, plus ou moins
long, ou quelquefois seulement glauques à leur face inférieure et presque sans duvet; soit parce que ces mêmes
feuilles sont plus amples ou plus petites, à dentelures ou
lobes plus ou moins aigus, plus ou moins rentrans, formant
des sinus plus ou moins obtus; enfin les chatons des deux
sexes présentent aussi des différences dans leur forme : ils
sont, ou plus grêles et alongés, ou plus gros et courts. La
variété qu'on préfère pour planter en avenue ou dans les
jardins paysagers, est celle connue sous le nom de *blanc
de Hollande*, dont les feuilles sont triangulaires, lobées,
larges de deux à trois pouces, d'un vert sombre en dessus
et d'un blanc de neige en dessous. Cet arbre le dispute au
chêne par la grosseur et la hauteur de sa tige, l'étendue et
la belle forme de sa cime. Soit planté en avenue, soit isolé
dans les jardins paysagers, il produit un coup d'œil toujours
agréable, quelquefois magnifique, par la majesté de son port
et par la couleur différente des deux surfaces de ses feuilles;
aussi les peintres de paysages aiment-ils à le placer dans
leurs tableaux, où il produit, comme dans la nature, un
effet agréable par le contraste qu'il fait avec le vert des
autres arbres.

Cet arbre a le grand avantage de croître avec beaucoup de rapidité et presque également bien dans les terrains les plus humides, comme dans les plus arides. Il peut vivre, d'ailleurs, deux siècles et plus. Cependant, c'est sur les bords des rivières et des fleuves, ou dans les îles répandues au milieu de leur lit, qu'il acquiert les plus belles proportions. Ce peuplier, nous écrit M. Audibert, de Tonnelle, que l'on rencontre depuis la source du Rhône jusqu'à son embouchure, prend surtout un développement rapide et magnifique dans les îles de ce fleuve qui avoisinent Avignon. L'île de Valabrègues, près de Tarascon, entre autres, est celle où l'on remarque les plus beaux individus de cette espèce ; ceux du diamètre de trois pieds ou plus et de cent pieds de hauteur, n'y sont pas rares, et l'on en a même vu qui avoient le double en grosseur : mais ce sont des individus isolés, et qui alors n'ont pas autant d'élévation. Un auteur moderne, qui a beaucoup vu les bords du Rhône, dit que le peuplier blanc est si fréquent sur ses rives, qu'on pourroit l'appeler *l'arbre du Rhône.*

Le bois de ce peuplier est léger, blanchâtre : il se travaille bien et prend un beau poli ; mais il est mou et peu solide. Les anciens l'employoient, à cause de sa légèreté, pour faire des boucliers : *populus apta scutis,* dit Pline. Dans les pays où il est commun, et où, au contraire, le chêne est rare, on fait, avec les gros troncs, des poutres, des solives ; refendu en planches, on en fabrique des armoires, des tables, des portes, des boiseries et autres objets de menuiserie. En planches plus minces, on en fait des barriques pour l'emballage de certaines marchandises. Les branches qui ont assez de grosseur, servent à faire des sabots ; enfin, les débris et les menus branchages sont employés à brûler. Ce bois ne donne d'ailleurs que peu de chaleur en brûlant.

Dans plusieurs parties de la Flandre, le bois de peuplier blanc sert presque seul à tous les ouvrages de menuiserie ; les ouvriers l'y nomment bois blanc. Son produit est si précieux et si certain, que dans ces cantons il est d'usage que lorsqu'une fille vient au monde, son père, pour peu qu'il ait d'aisance, lui assure sa dot, en plantant, lors de la saison favorable et dans la première année de sa naissance, un

millier de petits peupliers blancs, qui, par leur croissance
rapide, valent vingt à trente mille francs lorsqu'elle est en
âge de se marier.

A Paris, les ébénistes emploient beaucoup de bois de peuplier blanc pour faire la carcasse de meubles plaqués en
Acajou. Nous avons même vu ce bois, tiré de certains arbres
noueux et dont la coupe présentoit des veines multipliées
et très-variées d'une couleur brunâtre sur un fond blanc,
être employé par quelques ébénistes pour faire des meubles
plus chers que ceux du plus bel acajou. Ce précieux bois
de peuplier, qu'on nous a dit venir de Russie, étoit refendu
en feuilles très-minces, qui se plaquoient sur du bois commun. Il seroit possible que ce bois ne fût pas celui de notre
peuplier blanc ordinaire, mais nous croyons bien que c'est
au moins celui de quelque espèce voisine et du même genre.

Par un procédé assez ingénieux, mais en même temps fort
simple, on fait avec le bois du peuplier blanc et du tremble,
réduit en copeaux minces, des tissus assez délicats, que les
marchandes de modes de Paris et de beaucoup de villes de
France emploient, soit pour faire des chapeaux de femme,
soit pour servir à établir la carcasse de ceux qu'elles recouvrent d'étoffes de soie ou autres. Les bois qu'emploient les
ouvriers dans ce genre doivent être absolument sans nœuds
et bien droits, et ils choisissent de préférence ceux qui ont
crû au milieu des forêts, parce que leur tissu est plus mou
et moins dur que celui des arbres qui sont venus dans les
lieux aérés et en avenues.

Pour faire leurs copeaux, ils débitent leur bois encore
vert en planches de trois pieds de longueur ou à peu près,
sur six à huit pouces de large, et ayant douze à quatorze
lignes d'épaisseur, et sans les laisser sécher. ils les découpent
en copeaux de la manière suivante : la planche étant blan-
chie et rabotée convenablement, est fixée de champ sur un
établi ; un ouvrier dresse et unit de nouveau avec une varlope à deux fers le côté supérieur de la planche, et lorsque celui-ci commence à donner des copeaux qui s'enlèvent
tout d'une pièce d'un bout de la planche à l'autre, le même
ouvrier prend un rabot à joue et à dix-huit ou vingt dents,
ou, pour mieux dire, dont le fer est un composé de dix-

huit ou vingt petites lames, dont la pointe et le tranchant
sont dirigés en avant, de manière qu'en promenant l'outil
le long de la planche, toutes ces petites lames tracent en
coupant des lignes parfaitement parallèles entre elles. Après
avoir poussé une fois son rabot jusqu'au bout de la planche,
le même ouvrier le quitte pour prendre sa varlope, avec
laquelle il enlève un copeau découpé en dix-huit ou vingt
lanières, larges chacune d'environ une demi-ligne et épaisses
d'un dixième de ligne, et comme ce copeau se tortilleroit et
seroit sujet à se déchirer, s'il étoit abandonné à lui-même,
un enfant le saisit de la main droite au moment où il commence à sortir par la lumière de la varlope, et il le prend
par le bout, dont l'extrémité, dans un pouce de longueur
ou environ, n'a pas été découpée par le ciseau à dents, afin
que toutes les lanières puissent tenir ensemble ; il le tire à
lui pour l'empêcher de se rouler, et quand il est tout-à-fait
séparé, il le met dans sa main gauche, où il en réunit plusieurs, jusqu'à ce qu'il en ait une poignée. Chaque tracé du
rabot à dents donne ordinairement deux copeaux de cette
espèce. mais le troisième est toujours plus ou moins défec-
tueux ; l'enfant le rebute et l'ouvrier repasse une ou deux
fois sa varlope, jusqu'à ce que la planche soit de nouveau
bien unie ; alors il recommence avec son aide le tirage des
copeaux par lanières, et le continue de la même manière
jusqu'à ce que sa planche soit entièrement employée. Cet
ouvrage va en général fort vîte, et un menuisier habile peut
à lui seul faire de ces sortes de copeaux de quoi occuper
plusieurs métiers à tisser. Ce sont ordinairement des femmes
qui fabriquent les tissus, et elles se servent pour cela de
métiers qui ressemblent beaucoup à ceux des tisserands.
Les fibres ne pouvant avoir qu'une longueur déterminée,
environ trois pieds, le plus communément, il en résulte
que les morceaux de tissu n'ont aussi que cette dimension
en carré. Ces tissus, les plus fins et les plus soignés, servent
à faire des chapeaux qui imitent en quelque sorte ceux de
paille d'Italie ; on leur donne le nom de chapeaux de spar-
terie. Avec les tissus plus grossiers on fait seulement la char-
pente ou la carcasse d'autres chapeaux que les marchandes
de modes recouvrent en étoffes de soie ou autres. On fa-

brique aussi une autre sorte de ces chapeaux de bois , en
formant avec les copeaux des tresses plates, comme on en
fait avec les pailles de froment ou de seigle, et en cousant
ces tresses à plat à côté l'une de l'autre , et en les tournant
en même temps en spirale , on leur donne facilement la
forme d'un chapeau.

Les chèvres et les moutons mangent volontiers les feuilles
du peuplier blanc. Les petits oiseaux emploient le coton de
ses graines dans la confection de leurs nids. Schæffer et de
Bruyset ont fait servir ce duvet, ainsi que celui de quelques
autres espèces du même genre, à faire du papier ; on est
même parvenu à le filer pour en fabriquer une sorte de
toile. Mais ces premiers essais paroissent avoir été abandonnés,
à cause du peu d'avantage et des difficultés que présentoit ce
genre de travail. Pallas ( Voyage , vol. 11 , page 85 et 86 )
a peut-être beaucoup trop vanté ce coton , en disant qu'on
le substitueroit avec avantage au coton étranger; que son
lustre est beaucoup plus beau, sa qualité plus fine et plus
soyeuse que dans ce dernier. Pour en faire facilement la
récolte, il faudroit , selon le même auteur, couper les branches
des peupliers avant l'ouverture spontanée des capsules. Par
ce moyen on en recueilleroit une grande quantité, parce
que les arbres sont très-abondans en Sibérie.

Le peuplier blanc se multiplie de graines et de reje-
tons ; mais la facilité qu'on a à se procurer les jets venant
sur les racines qui rampent au loin près de la surface du
sol, fait qu'on néglige presque toujours d'employer la voie
des semis. Il suffit de laisser ouverts les creux où l'on a
abattu quelques-uns de ces arbres, pour qu'il y repousse des
milliers de rejets. Il est aussi facile d'en faire croître dans
un endroit où il y en a déjà ; il ne faut pour cela que faire
creuser plusieurs tranchées ou fossés parallèles, qu'on laisse
ouverts pendant un an ou deux : les racines coupées dans
ce travail, poussent des jets vigoureux, que l'on transplante
partout où l'on veut. Le peuplier blanc reprend difficilement
de boutures: celles-ci ne peuvent réussir qu'en très-petits
rameaux et faites dans un terrain très-frais, comme sur les
bords d'une rivière, d'un ruisseau, ou tenu constamment
humide par des arrosemens fréquens.

Peuplier grisard, vulgairement Grisard, Franc-Picard, Abèle; *Populus canescens*, Willd., *Sp.*, 4, p. 802. Cet arbre a été confondu par Linné et beaucoup de botanistes avec le précédent; mais Miller, Willdenow, MM. Bosc et De Candolle le regardent comme une espèce distincte, parce qu'il s'élève moins et porte ses rameaux plus redressés; parce que ses feuilles sont plus arrondies, plus petites, moins dentées, nullement lobées, chargées en dessous d'un duvet cotonneux moins abondant, mais plus grisâtre, et parce que ses chatons sont deux fois plus longs, composés d'écailles très-velues et brunes. Ce peuplier croît dans les bois humides; il se multiplie comme le précédent.

Peuplier tremble, vulgairement Tremble; *Populus tremula*, Linn., *Sp.*, 1464. Cette espèce est un arbre de quarante pieds ou environ, dont les branches, revêtues d'une écorce lisse, blanchâtre, se divisent en rameaux souples, rougeâtres, disposés en tête arrondie et peu serrée; ses feuilles sont arrondies, plus larges que longues, crénelées, légèrement cotonneuses dans leur jeunesse, parfaitement glabres dans un âge plus avancé: leur pétiole est si long et si comprimé qu'elles sont encore plus agitées que toutes celles des autres espèces par le moindre vent, et c'est ce qui a valu à l'arbre le nom vulgaire qu'il porte. Le tremble croît dans les bois des montagnes aux expositions froides.

On cultive peu le tremble dans les parcs et les grands jardins, parce qu'il ne présente pas un si bel aspect que le peuplier blanc. Il pousse d'ailleurs, comme lui, une grande quantité de rejets de ses racines. Son bois est moins estimé, parce qu'il est trop tendre; on n'en fait que d'assez mauvais sabots et de la volige, employée principalement à faire des caisses d'emballage. Il se consume rapidement au feu, ne donne que peu de chaleur, et n'est guère employé comme combustible que pour chauffer le four des boulangers.

Dans les forêts, les daims et les chevreuils broûtent ses feuilles et les jeunes branches; les vaches, les chèvres et les moutons les aiment aussi beaucoup lorsqu'elles sont vertes, et l'on peut même les employer à la nourriture de ces animaux pendant l'hiver, en ayant la précaution de les faire recueillir et sécher dans la saison convenable.

En Sibérie, selon Pallas, on emploie contre les affections vénériennes et scorbutiques la lessive alcaline des cendres de son écorce, qu'on fait prendre intérieurement aux malades. En France, on a donné avec succès cette écorce en poudre, comme vermifuge, à des chevaux.

PEUPLIER FAUX-TREMBLE; *Populus tremuloides*, Mich., Arbr. amér., 5, p. 286, t. 8. La hauteur la plus ordinaire de cet arbre est d'environ trente pieds sur cinq à six pouces de diamètre. Ses jeunes rameaux sont pubescens, et les chatons oblongs, soyeux, placés aux extrémités des branches; ces derniers naissent quinze jours avant les feuilles, qui sont arrondies, un peu cordiformes, légèrement velues dans leur jeunesse, d'un vert foncé, glabres et bordées de dents inégales et obtuses dans l'âge adulte, portées sur des pétioles assez longs et très-comprimés, ce qui fait qu'elles sont très-mobiles et qu'il ne faut que le plus léger zéphir pour les agiter. Ce peuplier croît dans le nord des États-Unis, dans le Canada; il vient dans les terrains médiocres et peu couverts. Son bois est très-léger, très-tendre, sans force, ce qui fait que dans son pays natal il n'est employé à aucun usage. On le cultive en France dans quelques jardins, depuis qu'il y a été introduit par M. Michaux.

Selon M. Steudel, le *populus trepida* de Willdenow ne diffère pas du *populus tremuloides* qui vient d'être décrit; mais M. Audibert, qui cultive l'une et l'autre espèce, croit que le *populus trepida* en diffère par ses feuilles ovales, arrondies, acuminées, coriaces, bordées de dents aiguës: par ses jeunes rameaux glabres, et par ses pétioles glabres et rougeâtres.

PEUPLIER D'ATHÈNES; *Populus græca*, Willd., Sp. 4, p. 804. Cet arbre s'élève à quarante pieds et plus; ses branches sont étalées, d'un vert grisâtre, et ses feuilles cordiformes, presque aussi longues que larges, coriaces, glabres, d'un vert assez foncé en dessus, d'un vert plus clair et un peu jaunâtre en dessous, bordées de dents écartées, courtes et obtuses; elles sont portées par des pétioles plus longs que leur limbe et glanduleux. Les chatons mâles sont grêles, munis à leur base d'écailles glutineuses, d'un jaune brun, ovales, entières, un peu obtuses. Les chatons femelles sont plus courts, composés de fleurs pédiculées.

Ce peuplier passe pour être originaire de la Grèce ; quelques auteurs ont dit qu'il avoit été apporté de l'Amérique septentrionale, où il avoit été trouvé dans les environs d'une bourgade qui porte le nom d'Athènes ; mais cela paroit être une erreur, puisque M. Michaux ne fait aucune mention de cette espèce dans son Histoire des arbres de l'Amérique septentrionale. On le cultive dans les jardins en France depuis 1779. C'est un très-bel arbre, qui produit un bon effet dans les jardins paysagers. Les feuilles ont souvent six pouces de largeur dans les jeunes individus. On le multiplie de marcottes et mieux en le greffant sur le peuplier blanc ; il ne réussit ni sur le peuplier d'Italie, ni sur le peuplier noir.

PEUPLIER A GRANDES DENTS : *Populus grandidenta*, Mich., *Fl. boreal. Amer.*, 2, p. 243 ; Arbr. amér., 3, p. 287, t. 8, fig. 2. La hauteur de ce peuplier est de quarante à quarante-cinq pieds, et son tronc, qui acquiert environ trois pieds de circonférence, est très-droit, couvert d'une écorce unie et verdâtre. Ses feuilles, lorsqu'elles commencent à se développer, sont couvertes d'un duvet très-épais, de couleur blanche, qui disparoit successivement à mesure qu'elles grandissent, et elles finissent par devenir entièrement glabres : ces feuilles sont alors presque arrondies, bordées de dents très-larges. Les chatons, longs d'environ deux pouces, sont très-velus. Cet arbre croît dans les États-Unis d'Amérique, où on le trouve également dans les lieux élevés comme dans le voisinage des marais. Son bois, très-léger et très-tendre, ne paroît pas susceptible d'être d'aucune utilité. On le cultive en France depuis quelques années. Son aspect est assez agréable dans un jardin paysager, lorsqu'il ne s'élève pas à plus de quatorze ou quinze pieds. Il n'est pas encore commun, parce qu'il ne reprend pas des boutures. On le multiplie de marcottes, et surtout par la greffe sur le peuplier blanc ou sur le grisard.

PEUPLIER ARGENTÉ : *Populus heterophylla*, Linn., *Sp.*, 1464 ; *Populus argentea*, Mich., Arbr. amér., 3, p. 290, t. 9. Le peuplier argenté est un très-grand arbre, qui s'élève quelquefois à soixante-dix et quatre-vingts pieds, sur un tronc de deux à trois pieds de diamètre. Ses jeunes pousses sont cylindriques. Ses feuilles, dans leur première jeunesse, sont couvertes d'un duvet très-épais, de couleur blanche, qui disparoît à mesure qu'elles grandissent, et lorsqu'elles ont acquis leur parfait développement, elles deviennent lisses en dessus, et elles ne restent plus chargées que d'un léger duvet en dessous. Ces feuilles, portées sur de longs pétioles, ont souvent six pouces de largeur et quelquefois huit à dix; elles sont assez régulièrement cordiformes, et dentées en leurs bords. Les chatons formés par les fleurs mâles, sont longs de trois pouces. Cette espèce croît dans les États-Unis et la Louisiane, sur les bords des rivières et dans les marais.

Le bois de cet arbre est tendre et léger, jaunâtre ou tirant sur le rouge dans le cœur. Dans son pays natal, il n'est employé à aucun usage. Il vient très-bien en France, où on le cultive depuis 1765. Il n'est que peu répandu et mériteroit de l'être davantage dans les grands jardins, où il produit beaucoup d'effet par ses grandes et belles feuilles. On le multiplie de marcottes et de greffes sur le peuplier blanc.

PEUPLIER NOIR, PEUPLIER FRANC; *Populus nigra*, Linn., *Sp.*, 1464. Cet arbre se divise en rameaux nombreux, étalés, dont l'écorce est glabre, ridée, un peu jaunâtre. Ses bourgeons et ses feuilles, dans leur jeunesse, sont enduits d'un suc visqueux et odorant. Ces dernières, dans l'âge adulte, sont presque triangulaires, pointues au sommet, dilatées sur les côtés dans leur partie inférieure, glabres des deux côtés, bordées de crénelures inégales, glabres des deux côtés et portées sur de longs pétioles. Les fleurs mâles ont seize à vingt-deux étamines à anthères purpurines, et sont disposées en chatons grêles; les femelles sont un peu écartées et forment des chatons encore plus grêles. Ce peuplier acquiert une grande élévation lorsqu'il croît dans les lieux humides ou sur les bords des eaux, et principalement lorsque tous les quatre à cinq ans on élague toutes ses branches latérales : il vient mal dans les terrains secs et sa végétation y est toujours languissante. Il croît naturellement en France et dans la plus grande partie de l'Europe : il a une variété qui s'élève moins haut et qu'on cultive ordinairement en tétard, pour couper ses jeunes rameaux, qui sont très-flexibles, et les employer à faire des liens. Cette variété, connue vulgairement sous le nom d'*osier blanc*, a assez généralement ses feuilles plus profondément dentées et un peu ondulées sur les bords. On la plante principalement dans les haies et sur les bords des ruisseaux dans les prairies.

Le bois de peuplier noir sert à plusieurs usages : on en fait communément des sabots, de la volige, et la rareté et la cherté toujours croissante du bois de chêne le font employer dans les campagnes pour faire les poutres et les solives des maisons ; les menuisiers s'en servent aussi pour faire des tables communes, des portes, des boiseries, des volets, des châssis, des tablettes de bibliothèque et autres, etc. Le bois de l'arbre mâle est, selon les ouvriers, plus facile à travailler que celui de la femelle, ce dernier se coupe mal au rabot et il est sujet à se déchirer.

Les branches du peuplier noir, qu'on émonde tous les quatre à cinq ans, peuvent servir à faire des échalas pour les vignes ; mais ils sont de peu de durée et se pourrissent promptement. Ordinairement on en fait des fagots pour brûler. C'est un mauvais combustible, parce que ce bois, de même que celui de tous les peupliers, dure peu au feu, qu'il donne peu de chaleur et que sa braise se couvre de cendres. Ce peuplier ne laisse pas cependant que d'être d'une grande utilité dans les campagnes où il est commun, parce que les émondes qu'on en retire, coûtent peu et fournissent beaucoup de menu bois.

Le peuplier noir peut vivre très-longtemps et acquérir avec les années de grandes dimensions. M. Bosc en a vu un en 1810, dans le jardin de l'arquebuse à Dijon, qui avoit vingt-un pieds de tour à hauteur d'homme. Sa tête, à la vérité, étoit couronnée, et son tronc ulcéré à sa base et sans doute dans le centre. C'est depuis trente jusqu'à cinquante ans que cet arbre est bon à abattre et qu'il peut donner le plus de produit ; au-delà il finit toujours par se détériorer et par se pourrir dans l'intérieur. Le baron de Tschoudi assure avoir retiré d'un de ces arbres, après trente ans de plantation, pour cent francs de planches, deux cordes de bois et deux à trois cents fagots.

Ses feuilles, soit vertes, soit desséchées, peuvent servir à la nourriture des bestiaux.

Ses bourgeons, enduits au printemps d'un suc visqueux, résineux, d'une odeur balsamique assez agréable et d'une saveur amère, ont été employés autrefois en médecine contre

les ulcérations internes, la phthisie pulmonaire, les rhumatismes, les diar: hées chroniques, la goutte, l'aménorrhée,
etc. Ils entrent dans un onguent qui de leur nom est appelé
*populeum*.

L'écorce de peuplier noir est employée en Russie pour
apprêter les maroquins. Cette même écorce, réduite en une
sorte de farine et de pâte, devient pour le Kamtschadale
une ressource précieuse; pour lui, elle remplace le pain.

Enfin, les aigrettes soyeuses des graines ont été converties
en papier, et on a tenté à diverses reprises d'en faire des
étoffes; mais, quelle que soit leur finesse, leur peu de longueur
et leur défaut d'élasticité seront toujours un obstacle pour les
filer et en fabriquer des étoffes solides.

Le peuplier noir pourroit se multiplier de graines; mais
la facilité avec laquelle il reprend de boutures, fait qu'on
néglige toujours la voie des semis, qui seroit plus lente. On
fait communément les boutures en plançons formés de branches
de trois à quatre et même cinq ans. Ces plançons peuvent se
mettre en terre depuis le mois de Novembre jusqu'en Mars,
et l'on n'a pas besoin de trous à la bêche; il suffit de percer
la terre avec une grosse pince de fer, et d'y ficher la branche,
enfoncée d'un pied à quinze pouces. Dans un sol humide ou
sur le bord d'un fossé rempli d'eau, il est rare qu'il en manque.

M. Audibert a vu, dans quelques vallées des Pyrénées et
principalement sur les bords des rivières en Catalogne, un
peuplier noir, différent par son port de celui de Provence
et des îles du Rhône; celui qu'on trouve dans ces dernières
localités a ordinairement l'écorce raboteuse, les rameaux
grêles, nombreux, étalés, et quoiqu'il devienne grand, il a
le plus souvent un aspect rabougri. Celui de Catalogne a
l'écorce lisse, blanchâtre; ses rameaux sont élancés et l'arbre
a en général une forme pyramidale, quoique moins prononcée que dans le peuplier d'Italie : il paroît grandir plus que
l'autre; mais il est surtout remarquable par l'écorce blanchâtre de son tronc. A Perpignan, sur les bords de la Tecka,
on trouve l'un et l'autre de ces arbres.

PEUPLIER PYRAMIDAL, PEUPLIER D'ITALIE : *Populus fastigiata*,
Poir., Dict. enc., 5, p. 235; *Populus dilatata*, Willd., *Sp.*,
4, p. 804. Cette espèce, quant au feuillage et à la floraison,

a les plus grands rapports avec le peuplier noir; mais elle s'en distingue au premier coup d'œil par sa tige élancée, parfaitement droite, dont toutes les branches sont rapprochées et presque serrées contre la tige principale, de manière que celle-ci forme une longue pyramide. Ses fleurs mâles, qui n'ont que douze à quinze étamines, forment des chatons moins épais, et leurs écailles, déchiquetées en leurs bords, n'ont point de cils. On ne connoît pas au juste la patrie de cet arbre; il y a environ quatre-vingts ans que de l'Italie il a été apporté en France, et c'est ce qui lui a valu chez nous le nom de peuplier d'Italie ou de Lombardie; mais le nom de peuplier turc, qu'on lui donne en Hongrie, pourroit faire présumer qu'originairement il est venu de l'Orient. Les premiers arbres de cette espèce, apportés en France, furent plantés sur les bords du canal de Briare.

La forme pyramidale régulière et la hauteur de ce peuplier lui assignent une place distinguée parmi les arbres d'ornement. Il produit un bel effet planté le long des rivières. Quelques pieds isolés dans un vaste jardin, ou quelques massifs distribués avec art dans un parc, forment un joli coup d'œil; mais, planté en longues avenues, il offre à la vue une monotonie peu agréable. Lorsque le peuplier pyramidal commença à être connu en France, on le trouva si beau dans les premiers temps, qu'il devint bientôt à la mode et qu'on en voulut planter partout. « Il a été un temps en France, « dit Rosier, où l'on ne voyoit, ne parloit, et où l'on ne plan- « toit plus que des peupliers d'Italie. C'étoit une manie, une « fureur qui en fit établir des pépinières dans presque toutes « les provinces; on alla même jusqu'à écrire que cet arbre « pourroit servir à faire des mats de vaisseaux. La *peuplomanie* « fit déraciner les avenues plantées en ormeaux, en tilleuls, « et dans lesquelles on bravoit les ardeurs du soleil. »

On est un peu revenu aujourd'hui de l'enthousiasme qu'on a eu pour cet arbre et on n'en plante plus autant. On a reconnu que son bois, quant à l'usage qu'on en pouvoit faire dans la menuiserie ou pour les constructions, étoit inférieur à celui du peuplier noir. Ce bois est le plus léger de tous ceux de son genre, excepté celui du peuplier de Caroline, le pied cube ne pèse que vingt-cinq livres trois onces, étant sec. Cela le rend très-propre à faire des caisses pour les emballages, et on en emploie beaucoup à Paris sous ce rapport.

La rapidité de la croissance du peuplier d'Italie et les nombreux rameaux qui garnissent sa tige depuis la base jusqu'au sommet, le rendent propre à former de grands rideaux de verdure, pour cacher les murs et pour faire dans les pépinières des abris contre les vents et contre le soleil.

Les plantations de cet arbre, faites autour des prairies et sur les bords des rivières, sont ordinairement soumises tous les quatre ou cinq ans à l'émondage, ce qui augmente leur accroissement en hauteur, mais le diminue en grosseur. Il fournit, lorsqu'on le soumet à cette opération, beaucoup moins de rameaux que le peuplier noir, auquel sous ce rapport, comme sous plusieurs autres, il est encore inférieur.

Le peuplier d'Italie se plaît et réussit mieux dans les terrains gras et humides; mais il peut aussi venir assez bien dans les terres légères et sablonneuses, pourvu qu'elles ne soient pas trop sèches. Quand il est dans un bon sol, sa végétation est très-rapide; en peu d'années il acquiert une grande élévation, et ce n'est que lorsque sa crue en hauteur se ralentit un peu, qu'il prend de la grosseur.

On le multiplie exclusivement de boutures, parce que, comme le peuplier noir, il prend très-bien de cette manière, et parce que jusqu'à présent on ne possède que l'individu mâle. Ces boutures se plantent de deux manières : dans les prairies et sur les bords des eaux, on les fait de plançons de sept à huit pieds de hauteur, avec des branches de quatre à cinq ans dont on ne retranche point le sommet, et dont on coupe le gros bout en biseau pour l'enfoncer en terre dans un trou rond préparé seulement avec une forte pince de fer introduite auparavant. Dans les pépinières, on prend de jeunes rameaux de l'année et longs d'environ deux pieds; on les enfonce à peu près jusqu'à moitié dans un trou fait avec un plantoir, et dans un terrain bien ameubli par un labour profond. Il faut choisir, pour faire ces boutures, un terrain naturellement frais, autrement on s'exposeroit à en perdre beaucoup lors des sécheresses, où l'on seroit obligé de pratiquer des arrosemens. Dans la pépinière, les boutures doivent être tenues à quinze ou dix-huit pouces de distance dans des rangées espacées de trois pieds. Au bout de trois à quatre ans, les jeunes peupliers ainsi élevés sont bons à mettre en place ; mais ils reprennent également bien plus tard jusqu'à l'âge de huit et même dix ans. Ces peupliers, plantés en bordure autour des prairies, n'ont pas besoin d'être placés à des intervalles éloignés ; six pieds leur suffisent, et avec ce peu d'espace on les voit croître à quatre-vingts pieds de hauteur et plus.

Le peuplier d'Italie repousse de sa souche et des racines, quand il a été coupé du pied ou arraché ; nous en avons eu qui, au bout de deux ans, avoient ainsi fait de nouveaux jets de cinq à six pieds de hauteur ; mais on ne profite pas ordinairement de cette recrue, le plus souvent même on ne la laisse pas venir, parce que cela formeroit une plantation irrégulière, et qu'on trouve plus avantageux d'ailleurs, pour en former une nouvelle, d'employer des plançons de sept à huit pieds de hauteur, qui, par la facilité avec laquelle ils reprennent, sont plus tôt venus.

Peuplier d'Hudson : *Populus hudsonica*, Bosc, Dict. d'agric. ; Mich., Arb. amér., 3, p. 293, t. 10. Ce peuplier s'élève à la hauteur de trente à quarante pieds et peut-être plus ; l'écorce qui couvre ses rameaux est d'un gris blanc et les bourgeons, qui naissent dans les aisselles des feuilles, sont d'un brun foncé ; mais ce qui le fait bien distinguer du peuplier noir, avec lequel il a quelque ressemblance, c'est que ses jeunes pousses et les pétioles de ses feuilles sont légèrement velus ainsi que le revers des nouvelles feuilles. Celles-ci sont deltoïdes, un peu plus longues que larges, lisses, d'une belle couleur verte, dentées en leurs bords. Les chatons ont quatre à cinq pouces de longueur ; ils sont lisses et non chargés de poils, comme dans plusieurs autres espèces. Cet arbre croît sur les bords de la rivière Hudson, dans le Nord de l'Amérique. On le cultive en France depuis quelques années ; il reprend facilement des boutures comme les deux précédens. Ses jeunes rameaux sont très-flexibles, et nous ont paru propres à faire des liens.

Peuplier monilifere, Peuplier du Canada : *Populus monilifera*, Willd., *Sp.*, 4, p. 805 ; *Populus canadensis*, Mich.,

Arb. amér., 3, p. 298. Cet arbre s'élève à soixante-dix et
quatre-vingts pieds, sur neuf à douze pieds de circonférence
à sa base. Ses rameaux sont presque cylindriques, d'un vert
jaunâtre. Ses feuilles sont deltoïdes, presque en cœur, toujours plus longues que larges, glabres, inégalement dentées,
portées sur de longs pétioles, ayant deux glandes jaunâtres à
leur base. Ses chatons femelles sont pendans, longs de six à
huit pouces. Les capsules, un peu coniques, contiennent
des graines surmontées d'une aigrette de poils très-blancs et
très-soyeux. Cette espèce croit naturellement dans l'Amérique septentrionale, et elle est principalement abondante
sur les rives du Mississipi et du Missouri. M. Michaux pense
que c'est le *cotton wood*, bois à cotou, dont parle fréquemment Gass dans le Journal de son voyage à la mer du Sud,
dont les jeunes branches servent aux Indiens Mandanes à
nourrir leurs chevaux pendant l'hiver. On la cultive depuis
long-temps en France et en Europe, où on ne possède que
l'individu femelle. Elle se multiplie facilement de boutures.

Peuplier de Virginie, Peuplier suisse : *Populus virginiana*,
Desf.; *Catal. hort. par.; Populus monilifera*. Mich., Arb. amér.,
3, pag. 295 (*non* Willd.). Ce peuplier s'élève à soixante
et jusqu'à soixante-dix pieds de hauteur sur un tronc d'une
grosseur proportionnée. Ses rameaux sont anguleux, d'un
gris un peu roussâtre. Ses feuilles sont deltoïdes, presque en
cœur, un peu plus longues que larges, inégalement dentées
ou même sinuées, portées sur de longs pétioles pourvus de
glandes. Ces feuilles, dans les jeunes individus, ont quelquefois six pouces de largeur. Cet arbre est cultivé en Europe
depuis bien des années comme originaire de l'Amérique
septentrionale ; mais MM. Michaux père et fils ne l'y ont
jamais rencontré, quoiqu'ils aient parcouru dans toutes sortes
de directions les États Atlantiques et une grande partie de
ceux de l'Ouest.

Ce peuplier et le précédent ont de grands rapports entre
eux ; aussi plusieurs agronomes distingués, parmi lesquels il
faut citer feu M. Thouin, ont-ils pensé que ces deux arbres
appartenoient à une seule et même espèce, et que le peuplier
de Virginie étoit le mâle, et le peuplier monilifère ou de
Canada étoit la femelle. Si cela étoit ainsi, rien ne seroit si

facile que de s'en assurer; il ne faudroit que planter les deux arbres l'un auprès de l'autre, et si les fleurs femelles du peuplier de Canada étoient fécondées et rapportoient des graines bien conformées, en semant ces mêmes graines, le semis devroit reproduire de jeunes arbres, dans lesquels on retrouveroit des individus mâles et des individus femelles semblables à ceux dont ils seroient provenus. Quoi qu'il en soit, le bois du peuplier monilifère a une végétation très-rapide, et cela fait qu'on le plante de préférence dans les campagnes ; et depuis vingt-cinq à trente ans on le multiplie avec profusion dans certaines parties de la France, où presque partout il remplace, dans les nouvelles plantations, le peuplier d'Italie, parce qu'on a trouvé qu'il acquéroit encore plus promptement que ce dernier la grosseur désirable pour être exploité. Son bois est aussi de meilleure qualité, selon M. Bosc. Il vient bien dans tout terrain qui n'est pas trop argileux ou trop sec. On en voit de belles allées dans les parties inférieures du parc de Versailles. Dans quelques cantons on lui donne le nom de peuplier carolin, et on commence à l'employer pour faire des planches. Le peuplier de Virginie est beaucoup moins répandu. Il y en avoit une belle allée dans le Jardin du Roi ; elle a été abattue il y a quatre ou cinq ans.

PEUPLIER DE MARYLAND ; *Populus marylandica*, Bosc, Dict. d'agric. Cette espèce a les feuilles ovales, légèrement en cœur, presque également dentées, pourvues d'une glande recourbée et de quelques poils à chaque dent. Ses rameaux sont à peine anguleux. Elle est originaire de l'Amérique septentrionale comme les précédentes. Elle est rare dans les pépinières et encore peu connue. On la multiplie de boutures.

PEUPLIER ANGULEUX, PEUPLIER DE CAROLINE : *Populus angulata*, Willd., *Spec.*, 4, p. 805; Mich., Arb. amér., 3, pag. 302, tab. 12. Cet arbre acquiert les plus grandes dimensions; il s'élève à quatre-vingts et jusqu'à cent pieds de hauteur sur une grosseur proportionnée. Ses pousses de l'année sont quadrangulaires, vertes, garnies de quatre membranes décurrentes qui paroissent formées par le prolongement de la base des pétioles. Dans les jeunes individus et sur les nouvelles pousses, les feuilles ont quelquefois jusqu'à sept ou huit pouces de largeur ; mais dans les grands arbres elles sont trois à quatre

fois plus petites. Ces feuilles sont arrondies et presque en
cœur à leur base, un peu coriaces, d'un beau vert, lisses,
crénelées en leurs bords, traversées par des nervures d'un
blanc jaunâtre, et portées sur des pétioles fortement déprimés à leur partie supérieure, ce qui les rend extrêmement
mobiles et susceptibles d'être agitées par le moindre vent. Ce
peuplier croît naturellement dans la Virginie, les Carolines,
la Géorgie et la basse Louisiane, où il se trouve principalement sur les bords marécageux des grandes rivières. Il a été
introduit depuis assez long-temps en Europe, où on ne le
plante que pour la décoration des jardins paysagers. Il est
loin d'atteindre, dans le climat de Paris, à l'élévation gigan-
tesque qu'il acquiert dans son pays natal, parce que ses jeunes
pousses sont très-sujettes à être frappées par les gelées : six
à huit degrés de froid les font périr. Il réussit beaucoup mieux
dans le Midi de la France ; son accroissement y est extrêmement rapide, quand il se trouve dans des terrains d'alluvion
neufs et profonds : M. Audibert nous écrit qu'il a eu un arbre
ainsi placé, qui, à l'âge de douze ans, avoit acquis six pieds
de circonférence à sa base, et dont plusieurs couches concentriques présentoient un espace de plus de deux pouces et
demi. Son bois est très-tendre, ce qui tient à la rapidité extrême avec laquelle il croît. On n'en fait aucun usage en
Amérique. Cette espèce reprend difficilement de boutures
et même de marcottes ; c'est en la greffant sur le peuplier
d'Italie qu'on la multiplie le plus ordinairement.

Peuplier a feuilles vernissées ; *Populus candicans*, Willd.,
*Spec.*, 4, pag. 806. Ses feuilles sont ovales, un peu en cœur,
bordées de dents obtuses et inégales, d'un vert sombre en
dessus, blanchâtres, réticulées et comme vernissées en dessous :
leur pétiole est garni de poils. Ses bourgeons sont enduits
d'une substance résino-balsamique, d'une odeur agréable. Ce
peuplier est originaire du Canada. M. Michaux dit que dans
le Nord des États-Unis on le plante, devant les maisons des
villes et dans les campagnes, moins comme arbre d'ornement
que pour garantir, en été, les habitations des rayons du soleil.
Il s'élève dans ce pays, selon le même auteur, à quarante
ou cinquante pieds de hauteur. Son bois est très-tendre et
n'est employé à aucun usage dans le pays. On le cultive en

France depuis assez long-temps ; mais on ne le plante que comme arbre d'ornement dans les jardins paysagers, où son feuillage produit un effet agréable par le contraste de ses deux faces. Il reprend facilement de boutures. Quoiqu'il devienne un assez grand arbre en Amérique, il ne s'élève que médiocrement en France, et sa croissance y est lente ; elle est même encore plus ralentie dans le Midi, car M. Audibert nous marque que le plus grand individu qu'il connoisse en Provence n'a pas vingt pieds de hauteur.

PEUPLIER BAUMIER ; *Populus balsamifera*, Linn., *Spec.*, 1464. Cette espèce ne forme qu'un arbrisseau qui n'a que quelques pieds de hauteur. Ses bourgeons sont résineux, ses feuilles ovales-oblongues, dentées en leurs bords, d'un vert assez foncé en dessus, chargées en dessous d'un duvet à peine visible, et réticulées par des veines nombreuses. Ce peuplier croît dans le Nord de l'Amérique, où la résine dont ses bourgeons sont enduits est recueillie avec soin pour être employée dans plusieurs maladies, principalement la goutte et les rhumatismes. Il se trouve aussi en Sibérie. On le cultive en France ; mais il n'y est que peu répandu, et seulement dans les jardins. M. Michaux fils, dans son Histoire des arbres de l'Amérique septentrionale, parle du *Populus balsamifera* comme d'un arbre de quatre-vingts pieds de hauteur, ce qui ne peut convenir en aucune manière à l'espèce dont il est ici question.

Depuis quelques années, on cultive au Jardin du Roi, à Paris, une espèce de peuplier assez voisine de la précédente, mais qui paroit en différer ; elle a été envoyée de Russie par M. Fischer, qui lui a donné le nom de *Populus suaveolens*.

M. Noisette, parmi un grand nombre d'autres arbres et plantes dont il a enrichi l'année dernière ses jardins, dont le principal est situé au faubourg Saint-Jacques, à Paris, a rapporté d'Angleterre, il y a environ un an, trois espèces de peupliers qui n'étoient pas connus en France : ce sont les *Populus pendula*, *hispida* et *ontariensis*. Les individus de ces espèces que possède M. Noisette, sont encore trop petits pour qu'on puisse les décrire. Cependant nous pourrons dire quelque chose du dernier de ces arbres, d'après une note que nous a communiqué M. Audibert, qui le possède aussi, depuis deux à trois ans, dans son bel établissement situé à Tonelle, près de Tarascon, département des Bouches-du-Rhône, établissement si favorablement situé par sa position au 43.ᵉ degré 48 minutes de latitude, qu'il peut être considéré comme un point d'acclimatation pour les plantes du Nord et celles du Midi, puisque beaucoup de végétaux des pays chauds, préservés des vents du nord, y prospèrent en pleine terre; tandis que ceux des pays froids, garantis des ardeurs du soleil, n'y offrent pas moins une belle végétation. Cette belle espèce (le *populus ontariensis*), nous écrit M. Audibert, paroît se rapprocher des *populus balsamifera* et *candicans* par ses bourgeons résineux et ses feuilles glauques, réticulées en dessous, ayant cinq à six pouces de longueur sur quatre à cinq de largeur; elles sont d'ailleurs à peu près cordiformes, portées sur des pétioles cylindriques, cotonneux dans leur jeunesse. Les rameaux, lorsqu'ils commencent à se développer, sont enduits d'une substance résineuse.

Au reste, les espèces du genre Peuplier ne sont pas encore bien connues, et leurs véritables caractères sont souvent très-imparfaitement établis. Presque tous les auteurs n'ont décrit que plus ou moins incomplétement les fleurs mâles ou femelles et les fruits : il seroit à désirer qu'on en entreprît une bonne monographie, accompagnée de figures exactes dans lesquelles ces parties fussent fidèlement représentées. (L. D.)

PEUPLIER D'AMÉRIQUE. (*Bot.*) C'est le *cocoloba uvifera*, Linn. Voyez Raisinier. (Lem.)

PEUPLIÈRE BRUNE. (*Bot.*) Paulet, Tr., 2, p. 118, pl. 27, fig. 1, 2. Elle fait partie des agarics, dont le même auteur a composé sa famille des Oreilles-de-terre ou Demi-champignons feuilletés (voyez ce dernier nom). Elle est d'une substance sèche, ferme, d'une couleur gris-roussâtre ou plutôt de noisette; ses feuillets sont blancs. Elle croit au pied des peupliers, des chênes, des noyers, etc. Elle s'élève perpendiculairement et s'étale en éventail : dans quelques pays on lui donne le nom de *chabanes*, qui paroît signifier Oreille-de-chat. Elle est très-bonne à manger. Paulet en distingue quatre variétés principales, d'après le ton de la couleur; mais il est possible qu'il confonde ici plusieurs espèces.

La première est toute blanche, couleur qui, au reste, est celle de toutes les variétés lorsqu'elles sont naissantes. C'est ici qu'il faut rapporter les *fungi œgiriti* de Terentius, de Ruellius, de Book, Porta, etc., et de tous leurs contemporains. C'est aussi l'*agaricus umbilicatus* de Scopoli et de Gouan; c'est le *pivoulado* et *piboulado* des Languedociens.

La seconde variété est brunâtre; c'est d'elle dont Aldrovande a parlé dans sa Dendrologie et qu'il dit être le champignon *ragagni* des Italiens. Il paroît encore que c'est le *gelone* ou *cardela* et *cerrena* des Florentins, mentionné par Michéli.

La troisième est rousse et croît sur le châtaignier; elle est figurée dans Steerbeck, tab. 12, fig. *C, D*.

La quatrième est grise et croît sur le prunier; elle a été mentionnée également par Steerbeck, pl. 27, fig. *A*. ( Lem. )

PEUPLIÈRES. (*Bot.*) Voyez Alberini. (Lem. )

PEUPLIÈRES DE QUATRE COULEURS. (*Bot.*) Ce nom est donné par Paulet à des agarics colletés, décrits dans Michéli, et que les Italiens nomment *piopini* et *alberini*. Ils sont bons à manger et croissent en touffes au pied des peupliers. Dans une variété à feuillets étroits et grand collet, le chapeau est comme plissé ou raboteux, avec de petites excavations. Dans sa jeunesse, elle est d'une couleur obscure, puis elle est fauve, et enfin elle devient jaunâtre et un peu blanchâtre; le stipe est blanc. Une autre variété se distingue par son petit collet et par ses feuillets très-larges, ayant six lignes, tandis que dans la première ils n'ont qu'une ligne. ( Lem. )

PEUTHERON. (*Bot.*) Un des noms grecs anciens du câprier, selon Ruellius et Mentzel. (J.)

PEVERINO. (*Bot.*) Voyez Perlé-roux. (Lem.)

PEVETERA. (*Bot.*) Nom vulgaire, dans la province de Caracas en Amérique, du *vernonia odoratissima* de M. Kunth, plante de la famille des corymbifères, qui a l'odeur de l'héliotrope du Pérou. (J.)

PEVETTI. (*Bot.*) Nom malabare d'un coqueret, *physalis flexuosa*. (J.)

PEVRÆA. (*Bot.*) Commerson, voulant conserver la mémoire de Poivre, intendant de l'Isle-de-France, zélé pour la botanique, avoit donné son nom à un arbrisseau nommé à la même île *aigrette de Madagascar*, dont les fleurs forment de beaux épis ; mais ce genre n'a pu être conservé, parce qu'il n'est qu'une espèce de *combretum*. (J.)

PEWIT. (*Ornith.*) Terme anglois rapporté au vanneau, *tringa vanellus*, Linn., et à la mouette rieuse, *larus ridibundus* du même. Ce nom est aussi donné, dans les États-Unis, à un moucherolle noirâtre, *muscicapa hisca*, Lath. (Cн. **D.**)

PEXISPERMA. (*Bot.*) Substance charnue, déprimée, brun-rougeâtre, ayant ses bords arrondis et obtus, offrant des gongyles oblongs. Ce genre a été établi par Rafinesque-Schmaltz sur des plantes marines de la Sicile du genre *Fucus*, et qu'il ne précise point autrement. (Lem.)

PEXO OLIVE. (*Ornith.*) Nom provençal du gros-bec commun, *loxia coccothraustes*, Linn. (Cн. **D.**)

PEYROUSIA. (*Bot.*) Genre de plantes monocotylédones, à fleurs incomplètes, de la famille des *iridées*, de la *triandrie monogynie* de Linnæus, offrant pour caractère essentiel : Une corolle monopétale, hypocratériforme ; le tube très-grêle, presque filiforme ; le limbe partagé en six découpures étalées, à peine irrégulières, plus courtes que le tube ; trois étamines ; un ovaire inférieur ; le style terminé par un stigmate à trois divisions bifides ; une capsule membraneuse, à trois valves, à trois loges polyspermes ; les semences arillées.

Ce genre a été formé par M. Pourret pour plusieurs des nombreuses espèces de glayeuls, dont il diffère par le tube grêle de la corolle, par les divisions du limbe étalées, presque toutes égales. Les fleurs sont petites, et se rapprochent de celles des *ixia*. On y rapporte les espèces suivantes :

Peyrousia a deux angles : *Peyrousia anceps*, Pourr., *Act. Tolos.*, 3, pag. 15 ; *Gladiolus anceps*, Linn., *Suppl.*, 94 ; Jacq., *Ic. rar.*, 269 ; Thunb., *Diss.*, n.° 17, tab. 2, fig. 3 ; *Gladiolus denticulatus*, Lamk., Encycl. Cette plante s'élève à la hauteur de huit à dix pouces sur une tige flexueuse, glabre, paniculée, à deux angles opposés et dentelés d'une manière remarquable ; légèrement ailée par la décurrence de l'angle dorsal des feuilles. Celles-ci sont ensiformes, émoussées ou obtuses à leur sommet, striées, la plupart glabres, toutes plus courtes que la tige, et même que les rameaux, d'un vert un peu glauque, à gaine comprimée sur les côtés, et à angle dorsal ondulé, crépu, dentelé et décurrent. Les feuilles inférieures ont sur leurs bords, des poils courts, ainsi que les nervures. Les fleurs sont alternes, au nombre de trois à cinq, placées en grappes au sommet des rameaux. La spathe est courte, obtuse, purpurine sur ses bords; la corolle pourvue d'un tube filiforme, trois et quatre fois plus long que le limbe, qui est campanulé, peu ouvert, de grandeur médiocre; le style à six divisons. Cette plante croît au cap de Bonne-Espérance.

Peyrousia en jonc : *Peyrousia juncea*, Pourr., *loc. cit.; Gladiolus junceus*, Linn., *Suppl.*, 44; Thunb., *Diss.*, n.° 18. Cette plante a une tige haute d'environ cinq pieds, lisse, filiforme, munie de deux ou trois rameaux très-ouverts. Les feuilles sont lisses, lancéolées, un peu élargies, glabres, de moitié plus courtes que la tige. Les fleurs sont sessiles, alternes, unilatérales, situées vers l'extrémité des rameaux; les écailles des spathes ovales et entières; la corolle est violette; le tube filiforme, beaucoup plus long que le limbe; le stigmate à six divisions. Cette plante croit au cap de Bonne-Espérance.

Peyrousia marbrée : *Peyrousia marmorata*, Pourr.; *Gladiolus marmoratus*, Lamk., Encycl. n.° 22. Sa tige est simple, non rameuse, à peine haute d'un pied, couvertes de feuilles, comme celles des iris, glabres, ensiformes, nerveuses, marbrées par le grand nombre de petites taches oblongues et transverses, larges d'environ six lignes, embrassant alternativement la tige par une gaine aplatie sur les côtés. Les fleurs sont nombreuses, assez grandes, rapprochées, de couleur violette, disposées, sur deux rangs opposés, en un épi terminal. Les spathes sont bivalves, lancéolées, aiguës, longues d'un pouce, contenues dans une bractée de même forme, à peine plus grande; le tube de la corolle est plus long que les spathes; le limbe campanulé, à demi ouvert, un peu irrégulier, à six découpures ovales, un peu aiguës; les anthères sont linéaires; le style est divisé au sommet en trois parties bifides. Cette espèce a été découverte par Sonnerat au cap de Bonne-Espérance.

Peyrousia a feuilles fendues : *Peyrousia fissifolia*, Pourr., *Gladiolus fissifolius*, Vahl, *Enum.*, 2, pag. 107, Jacq., *Ic. rar.*, 2, tab. 268. Cette espèce est très-remarquable par ses feuilles ovales, amplexicaules, un peu hérissées en dessous, réfléchies et crêpues à leurs bords, fendues irrégulièrement à un de leurs côtés; les inférieures aiguës; les supérieures obtuses; les tiges flexueuses, hautes de six à sept pouces; les fleurs droites, solitaires, longues d'un pouce; les spathes à deux valves très-courtes, blanchâtres. membraneuses; l'extérieure ovale; le tube de la corolle blanc, un peu courbé. violet à sa partie supérieure; les divisions du limbe lancéolées, d'un violet pâle en dessous, d'un pourpre rougeâtre en dessus, traversées par une ligne plus foncée. Cette plante croit au cap de Bonne-Espérance.

PEYROUSIA FAUX SILENÉ : *Peyrousia silenoides*, Pourr. ; *Gladiolus silenoides*, Vahl, *Enum.*, 2, pag. 106; Jacq., *Ic. rar.*, 2, tab. 270. Plante du cap de Bonne-Espérance, dont la tige est grêle, flexueuse, rameuse à sa base, munie d'une seule feuille radicale, de deux caulinaires inférieures, presque opposées, glauques, linéaires, ensiformes, glabres, à gaine courte. Les fleurs sont sessiles, alternes, unilatérales : les spathes à trois valves, presque linéaires, aiguës, conniventes; l'intérieure bifide; la plus grande, longue de deux pouces; le tube de la corolle est blanc, courbé à sa base, long de deux pouces; le limbe d'un pourpre élégant, à divisions lancéolées; les trois inférieures, un peu plus petites, marquées d'une tache blanche à leur base, et les deux latérales d'une tache de sang.

PEYROUSIA A CORYMBES : *Peyrousia corymbosa*, Ait., Kew.; *Ixia corymbosa*, Linn.; Pluken., *Almag.*, tab. 275; Thunb., *Diss.*, n.° 10, fig. 1; *Bot. Magaz.*, tab. 595; *Ixia crispifolia*. Andr., *Bot. rep.*, tab. 35. Sa racine est une bulbe ovale, tronquée, réticulée, d'où sort une feuille ensiforme. striée. glabre, crêpue sur ses bords, de la longueur du doigt; de plus, deux ou trois autres feuilles, caulinaires, linéaires, lancéolées, canaliculées, striées ou nerveuses, moins crêpues, courbées en dehors. La tige est haute de six à sept pouces. ailée ou munie de deux angles courans et opposés, glabre, ramifiée en corymbe au sommet; les rameaux comprimés et fourchus. Les fleurs sont petites, bleues, quelquefois blanches, pédicellées, disposées en cime presque ombellifère et terminale; les spathes petits, ovales, à deux divisions, verdâtres, pourprées à leur sommet. Le tube de la corolle est de la longueur des spathes ; les découpures du limbe ouvertes, lancéolées. Cette plante croît dans le sable, au cap de Bonne-Espérance. ( Poir. )

PEZÉ. (*Bot.*) Voyez Pesé. (J.)

PÉZICA. ( *Bot.* ) Pline définit cette plante comme un champignon sans racine et sans tige, définition qui peut s'appliquer à beaucoup de champignons différens, plutôt qu'à l'oreille-de-Judas, à l'oreille-de-singe, qui sont des espèces du genre *Peziza*, Linn. Fabius Columna a donc pu, ainsi que ses contemporains, appliquer indistinctement ce nom de *pezica* à de véritables *peziza*, et aux *Lycoperdon*. Césalpin se sert indifféremment des noms de *pezica*, de *puza*, de *vescia* et de *cranion* comme synonymes. Il paroît toutefois que le *pezica* de Pline est le même que le *poxos* de Théophraste. Depuis long-temps les botanistes ont altéré le nom de *pezica* en celui de Peziza. Voyez ce mot. ( Lem. )

PÉZIZA, Pézize, Coccigrue. (*Bot.*) Genre de la famille des champignons, formant dans la méthode de M. Persoon le type d'une section distincte, celle des *Pezizoideæ*, dans le deuxième ordre, celui des champignons charnus ou champignons proprement dits. Il fait partie du sous-ordre des champignons cupulés, de l'ordre des *helvellaceæ*, dans le système de Fries. Le caractère de ce genre, est celui-ci : Champignon en forme de cupule ou de coupe, sessile ou stipitée, portant leurs séminules ou sporules à la surface supérieure, renfermées, au nombre de six à huit, dans des spores ou conceptacles propres.

Les *péziza* se font remarquer par leurs cupules en forme de godet, en tasse ou en coupe plus ou moins creuse, quelquefois presque plane, lenticulaire; d'autres fois grande. difforme, échancrée sur un côté et enroulée de manière à imiter une oreille. Dans ce dernier cas ils ont des rapports avec les *helvella* et les *merulius*. Ces espèces diffèrent encore des autres, en ce que, dès leur naissance, elles ont cette forme auriculaire; car les autres espèces sont hémisphériques, en grelots, ou turbinées, presque fermées, avec les bords roulés en dedans; bientôt elles s'ouvrent, se développent et finissent avec l'âge, par se déformer. Les cupules sont toujours fixées par le centre, sessiles ou portées sur un pédicule ou stipe; celui-ci est variable dans sa grandeur, quelquefois il est beaucoup plus long que le diamètre de la cupule, et donne, aux espèces qui en sont pourvues, l'apparence de petites helvelles ou de petits agarics; mais en général il est fort court. Quelques espèces à cupules sessiles croissent sur une base fibromembraneuse, qui est produite par l'entrelacement des poils et des fibres radiculaires qui garnissent le dessous des cupules.

Les péziza varient dans leur grandeur, mais ils sont généralement petits et même fort petits, de telle sorte qu'on les prendroit quelquefois pour des scutelles de lichens: les plus grands ont deux à trois pouces de hauteur et un peu moins de diamètre; mais ces volumes sont rares.

Les péziza ont une chair qui a le plus souvent la demi-tranparence et la fragilité de la cire. Les péziza céracés sont les plus communs et même les plus grands. Cette chair est aussi tantôt gélatineuse et comme trémelloïde, même acqueuse, tantôt membraneuse, sèche ou même coriace. Leur surface est communément glabre et lisse; cependant il y a des espèces velues, pubescentes et dont les bords sont garnis de cils, de poils, de dents, etc. La surface extérieure, comme celle inférieure, quoique plus rarement, est munie de rides, de pustules, de stries.

Les couleurs habituelles sont le brun blanchâtre ou grisâtre, avec des teintes obscures; cependant il y a beaucoup de variétés à cet égard : on voit des espèces d'un beau rouge, d'un jaune d'or vif, de bleues, etc.; plusieurs ont la couleur et la transparence de la cire. La surface extérieure est communément d'une teinte et quelquefois même d'une couleur tout-à-fait différente de l'intérieur ou du disque de la coupe, toujours plus vive, et qui fait contraste avec la couleur plus claire ou blanche du bord ou limbe de la coupe.

La partie creuse de la cupule est revêtue de l'*hymenium*, membrane colorée, renfermant les séminules qui s'échappent sous forme de poussière fine.

Les plantes de ce genre croissent de préférence dans les bois humides et ombragés; elles vivent sur la terre, sur le bois pourri, sur les branches, les feuilles, la mousse, et les herbes mortes, sur la fiente et les excrémens des animaux; elles n'affectent point de saison particulière, cependant le printemps et l'automne sont les temps de l'année, où l'on en rencontre le plus. Les unes croissent isolément, d'autres rapprochées en famille, et quelques-unes en touffes : ces champignons n'ont aucun usage : les expériences que Paulet a faites sur quelques-unes des plus grandes espèces, ont prouvé qu'elles n'incommodent pas, lorsqu'on en mangeoit.

On compte deux cent vingt-cinq espèces dans ce genre, au moins c'est là le nombre qu'en a décrit Fries, l'auteur le plus récent qui ait donné la monographie du genre *Peziza;* il donne aussi l'indication d'une cinquantaine d'espèces désignées par les auteurs, mais mal définies ou mal figurées, de sorte qu'on ne sauroit les admettre encore.

Ce genre a été établi sous son nom de *Peziza* par Dillenius; avant lui, il étoit confondu par Michéli avec ses *fungoides,* et par Gleditsch avec les *helvella.* Linnæus, en l'adoptant, le modifia un peu, et Adanson, en le conservant, lui donna le nom de *Pezica,* qui est dans Pline le nom d'un champignon membraneux, dont *Peziza* est une altération. Cependant on doit faire observer que le *Pezica* d'Adanson n'est pas le même que le *Peziza* de Linnæus, puisque les espèces de ce dernier sont portées par Adanson dans ses genres *Pissida, Ugola* et *Gonsala.* C'est par erreur que Fries cite, comme dans le même cas, les genres *Terana* et *Trombetta* du même auteur. Hill sépara des *Peziza* quelques espèces sous le nom d'*Encarlia,* et Hedwig forma des espèces qu'il observa, son *Octospora,* réellement le même que le *Peziza.* Dans ces espèces il vit que les sporules sont dans chaque conceptacle six à huit ensemble, d'où vint le nom d'*Octospora.* A présent, l'esprit novateur des botanistes, et des observations multipliées et exactes, forcent d'admettre aux dépens des *Peziza* des genres nouveaux, tels sont ceux-ci : *Auricularia,* Pers.; *Bulgaria,* Fries, ou *Burcardia,* Schmied.; *Cenangium,* Fr.; *Cyphella,* Fr.; *Ditiola,* Fr.; *Excipula,* Fr.; *Excidia,* Fr.; *Nidularia,* Bull.; *Phacidium,* Fr.; *Rhytisma,* Fr.; *Solenia,* Pers.; *Triblidium,* Rebent.; *Tympanis,* Tode.

Les caractères de ces nouveaux genres ayant été exposés à l'article Mycologie, nous n'y reviendrons point ici. Nous ne ferons que citer les genres *Phiala* et *Stipiza* de Rafinesque, dont on ne connoit à peu près que les noms.

Les mêmes causes ont obligé à porter des espèces de *peziza* dans les genres suivans, déjà établis : *Ascobolus*, *Atractobolus*, *Cantharellus*, *Helvella*, *Helotium*, *Leotia*, *Thelephora*, *Tremella*, ainsi que dans les *Calycium*, *Sclerotium*, *Sphæria* et *Stictis*.

Toutes ces variations sont dues à la grande quantité des espèces de ce genre et aux affinités qui existent entre plusieurs d'entre elles et celles des autres genres de la même famille.

Voici la description de quelques espèces de ce genre.

§. 1. *Espèces grandes, le plus souvent fragiles, ayant la consistance de la cire, glabres et saupoudrées de petites écailles farineuses.* (ALEURIA, Fries; ELVELLA des anciens, PRUINATÆ, Nées.)

* *Stipe épais, marqué de stries saillantes, longitudinales, se ramifiant sous la cupule.*

1.° PEZIZA CIBOIRE : *Peziza acetabulum*, Linn.; Pers.; Bull., Champ., tab. 485, fig. 41; Sowerb., *Fung.*, tab. 59; *Fungoides*, Vaill., *Bot.*, tab. 13, fig. 1. *L'urne couronnée* (Paulet, Tr. champ., 2, p. 405, pl. 187, fig. 6). En forme d'entonnoir, de deux pouces de hauteur, d'abord d'un jaune paille, puis de couleur brune ou fuligineuse ; stipe long de six lignes, relevé de côtes saillantes, rameuses. Cette espèce croît au printemps dans les bois humides sur la terre ; elle vient en touffes de deux ou trois individus : elle ressemble d'abord à un grelot, puis elle s'évase insensiblement et prend la forme d'une ciboire de plus de deux pouces de diamètre.

** *Cupule sessile, fendue sur un côté, le plus souvent enroulée, ou prenant la forme d'une oreille.* (OTIDEA, Pers.)

1.° PEZIZA EN LIMAÇON : *Peziza cochleata*, Linn.; Bull., pl. 154, fig. 2; Sowerb., pl. 5; *Peziza umbrina*, Pers., *Mycol. eur.*, 2, p. 220; *Elvella ochroleuca*, Schæff., tab. 274; *Oreille-de-singe*, Paul., Tr. 2, p. 405, pl. 187, fig. 4, 5. Espèce sessile, grande, contournée, de couleur de bistre, farineuse à l'extérieur. Elle est variable dans sa forme, mais toujours partagée jusqu'à la base en deux lobes roulés en spirale; sa partie supé-

39.                                        24

rieure imite celle d'une oreille d'homme ; elle est creusée dans le milieu d'un large trou qui communique avec la racine ; sa largeur est d'un à deux pouces et même de trois à quatre ; sa couleur est d'abord le blanc jaunâtre, puis le fauve cendré. On trouve cette plante sur la terre, dans les lieux ombragés et couverts de feuilles, elle forme de petites touffes. Le *peziza alutacea*, Pers., en est une variété, selon MM. De Candolle et Fries.

**** *Cupule entière, sessile ou stipitée, stipe lisse.* (Geopyxis, Pers.)

3.° Peziza baie : *Peziza badia*, Pers., *Myc. eur.*, 2, p. 225 ; Fries, *Syst.*, 2, p. 46 ; *Peziza cochleata*, Bolt., *Fung.*, tab. 99 ; *Fungoides*, Vaill., *Bot.*, tab. 1, fig. 8. Espèce, en forme de coupe, presque sessile, entière, large de dix-huit lignes, à bord un peu roulé en dedans, lisse et d'un roux brun ou violacé à l'intérieur, un peu olivâtre en dehors, un peu chagrinée en dedans ; le stipe fort court, blanc et comme farineux à sa base. Cette plante croît dans les bois, surtout après les pluies.

4.° Peziza a pustule : *Peziza pustulata*, Fries, *Mycol.*, 2, p. 55 ; Pers., *Myc.*, 2, p. 54 ; *Octospora pustulata*, Hedw., *Musc. frond.*, tab. 6, fig. *A*. Cupule sessile, subglobuleuse, d'une couleur brune, pâle en dedans, blanchâtre en dehors, avec des pustules farineuses. Cette petite espèce n'a guère plus de six lignes de diamètre ; on la rencontre dans les bois, sur la terre humide, particulièrement dans les lieux où l'on a fait du charbon. Les *peziza spurcata* et *plicata*, Pers., en sont des variétés, dont une, la dernière, se trouve à Romainville.

5.° Peziza en radis : *Peziza rapulum*, Bull., Champ., pl. 485, fig. 3 ; *Peziza rapula*, Nées, *Syst.*, tab. 38, fig. 297 ; *Peziza radicula*, Holmsk., *Ot.*, 2, tab. 9. Cupule mince, stipitée, en forme d'entonnoir, blanchâtre ou jaunâtre, passant au fauve, puis au brun, un peu glabre ; stipe tortueux, long de huit lignes, ayant une racine longue, perpendiculaire, garnie de fibrilles. Cette espèce croît sur la terre et y est fortement implantée.

6.° Peziza tubéreuse : *Peziza tuberosa*, Bull., Champ., pl. 485, fig. 2, 3 ; Sowerb., *Fung.*, tab. 63 ; *Octospora tuberosa*,

Hedw., *Musc. frond.*, 2, pl. 10, fig. **B.** Cupule mince, large
de quatre à cinq lignes, en forme de pierre ou d'entonnoir,
d'un blanc jaunâtre, passant au bistre, puis au rouge-brun;
stipe long d'un à trois pouces, tubéreux à sa base, noir et
difforme. Hedwig a cru, mais à tort, que la tubérosité du
bas du stipe étoit celle des racines de l'*anemone nemorosa.*
Cette espèce croît à terre dans les bois et les prairies. On
prétend qu'elle se rencontre aussi au Kamtschatka, sur les
cônes des pins et des sapins.

§. 2. *Cupules tomenteuses ou garnies de poils, le plus
souvent sessiles.* ( Lachnea, Pers., Fries. )

** Cupule velue, à poils roides.*

7.° Peziza hémisphérique : *Peziza hemisphærica,* Hoffm., *Veg.
crypt.*, 2, tab. 7, fig. 6; *Fl. Dan.*, 1558, fig. 2; *Peziza hirsuta,*
Holmsk., *Fung. Dan.*, pl. 19; *Peziza hispida,* Huds., Sowerb.,
tab. 147; *Octospora fasciculata,* Hedw., *Musc. fr.*, 2, pl. 4,
fig. **B;** *Peziza labellum,* Bull., Champ., tab. 204; *Peziza fasciculata,* Pers., *Myc.* 1, p. 244; *Elvella foliacea et albida,*
Schæff., pl. 319 et 151. Cupule sessile, hémisphérique, de
consistance de cire, brun-fauve en dehors, blanchâtre et
glauque à l'intérieur, couverte extérieurement de poils épis
et fasciculés. On trouve cette espèce en été et en automne
dans les taillis et à l'ombre, sur la terre et quelquefois sur
les troncs d'arbres en Europe, dans l'Amérique septentrionale et au Kamtschatka; elle a un pouce de hauteur : ses conceptacles n'offrent que deux sporules; dans sa jeunesse elle
est globuleuse, mais avec l'âge elle devient hémisphérique.
Le *peziza lanuginosa,* Bull., pl. 396, fig. 2, en est une variété.

8.° Peziza des fientes : *Peziza stercorea,* Pers., Fries; *Peziza
ciliata,* Bull., Champ., tab. 438, fig. 2; *Peziza scutellata,* Bolt.,
tab. 108, fig. 1; *Octospora scutellata,* Hedw., *Musc. fr.*, tab. 3,
fig. *A; Peziza equina. Fl. Dan.*, pl. 779, fig. 3; Sow., *Fung.*, pl.
332; *Peziza lutea,* Rai, *Syn.*, pl. 24, fig. 3. Cupules solitaires
ou groupées, sessiles, petites, épaisses, d'un rouge orangé,
garnies en dehors, près du bord, de cils ou gros poils, de
couleur baie, et en dessous de poils fins et courts. Cette es-

pèce n'a qu'une ou deux lignes de large; elle est d'abord globuleuse, puis concave, enfin elle s'aplanit. On la trouve partout sur les bouses de vaches; la fiente du cheval, sur la terre mêlée de fumier et sur les excrémens de l'homme. Elle végète au printemps et en été; elle est commune partout en Europe, et se rencontre aussi en Amérique.

** *Cupules revêtues d'un duvet cotonneux et mollet, formées de poils entrelacés.*

9.° PEZIZA ROUGE DE FEU : *Peziza coccinea*, Jacq., *Aust.*, pl. 169; Bolt., *Fung.*, pl. 104; Nées, *Syst.*, fig. 288; *Peziza poculiformis*, Hoffm., *Crypt.*, pl. 7, fig. 5; *Peziza acetabulum*, Bolt., *Fung.*, pl. 3, fig. N, O; *Peziza epidendra*, Bull., *Champ.*, 467, fig. 3; Sowerb., *Engl. Fung.*, pl. 13. Cupule d'un rouge de feu et brillant, en forme d'entonnoir, portée sur un stipe; le dessous et le stipe revêtus d'un duvet blanchâtre, court et couché. La plante a dix-huit lignes de grandeur; son stipe est long de six lignes; sa cupule porte un pouce de largeur; le bord de celle-ci est un peu crénelé. Cette espèce croit toujours sur le bois pourri tombé et le plus souvent recouvert de terre. Il ne faut pas la confondre avec le *Peziza coccinea* de Bulliard ou *aurantia*, Pers., qui lui ressemble beaucoup, mais qui est sessile.

§. 3. *Cupules placées sur un support plus ou moins étendu, velu ou un peu membraneux.* (TAPESIA, Pers., Fries.)

* *Cupules velues.*

10.° PEZIZA BLEUATRE : *Peziza cæsia*, Pers.; Nées, *Syst.*, fig. 272; Dittm. *in* Sturm., *Deutsch. Fl.*, 3, pl. 31; *Peziza lichenoides*, Pers., *Icon. et descript. fung.*, pl. 7, fig. 1. Cupules rapprochées, sessiles, planes, velues, blanchâtres, garnies en dessous de poils longs, entrelacés et leur servant de support commun; surface intérieure d'un bleu grisâtre. Ces cupules ont une consistance un peu gélatineuse, et une ligne de diamètre dans leur plus grande largeur. On rencontre cette espèce à terre sur l'écorce du chêne.

**** *Cupules glabres.***

11.° Peziza brune : *Peziza fusca*, Pers.; Decand., Fl. fr., n.°
191 *b*. Cupules glabres, éparses, un peu aplanies, gris de cendre; base ou support fauve, très-étendu, de deux à trois
pouces de large. On trouve cette espèce sur les rameaux desséchés du peuplier, de l'alisier, etc. Une variété dont M.
Persoon fait une espèce distincte ( P. *f. Pruni avium*), croît sur
les branches du mérisier, qu'elle couvre d'un duvet noir et
mince; ses cupules sont plus excavées, noires, avec l'ouverture connivente et blanchâtre.

§. 4. *Cupules sessiles, charnues et de consistance un*
*peu gélatineuse, très-glabres et lisses, ou sembla-*
*bles à celle de la cire.* (Phialea, Pers., Fries.)

* *Cupules stipitées, membraneuses.*

12.° Peziza des fruits : *Peziza fructigena*, Bull., Champ., pl.
228; Sowerb., pl. 117 ; *Peziza Calyculus* et *Carpini*, Batsch,
*Elench.*, fig. 150. Cupule glabre, peu charnue, d'un jaune pâle,
quelquefois blanchâtre, en forme de patelle, portée sur un
stipe long, mince et flexueux : les cupules ont cinq à six
lignes de diamètre; elles naissent plusieurs à côté les unes
des autres sur les fruits et sur les branches mortes du charme
et des arbres de la même famille. Dans cette dernière circonstance c'est l'oct. *fungoides*, Hedw., le *peziza virgultorum*,
*Fl. Dan.*, pl. 1016, fig. 2.

Une variété ( la *Pez. salicina*, Pers.; *Peziza flavescens*, Holmsk.,
*Ot.*, pl. 11) se trouve sur les branches du saule; ses cupules
sont jaunes et un peu irrégulières.

Enfin, une seconde variété se trouve sur les branches desséchées des ronces, des rosiers, etc.

13.° Peziza couronnée : *Peziza coronata*, Bull., Champ., pl.
416, fig. 4; *Peziza subulata, Fl. Dan.*, tab. 1380, fig. 1, et
*denticulata*, pl. 1016, fig. 1. Cupule stipitée, très-concave,
ayant son bord couronné de petites dents sétacées. Cette espèce se trouve en famille ou éparse sur les tiges des herbes
mortes et sur les branches d'arbres. Elle est fort petite,
fragile et mince; son stipe se courbe lorsqu'il devient en
âge : il porte une cupule large d'une ligne, blanchâtre dans

le vivant; mais qui, par la sécheresse, devient brune, très-glabre, bordée de dents d'abord conniventes, puis écartées et droites.

14.° Peziza rose et blanche; *Peziza rhodoleuca*, Fries, *Syst. myc.*, 2, p. 127. Mince, d'une substance aqueuse et translucide; cupule plane des deux côtés, orbiculaire, entière, large d'un à deux lignes; stipe glabre, égal, long d'une à trois lignes. On trouve cette espèce sur les tiges de la prêle des champs et sur les broussailles, dans les lieux humides.

** *Cupules stipitées ou presque stipitées, de consistance semblable à celle de la cire, et d'une contexture presque vésiculeuse.*

15.° Peziza vert-de-gris : *Peziza æruginosa*, Fl. Dan., 1260, fig. 1; Pers., *Mycol. europ.*, 1, p. 291; Fries, *Syst.*, 2, p. 130; *Helvella æruginosa*, Fl. Dan., tab. 534, fig. 2; Sowerb., pl. 347. Cupule vert-grisâtre, turbinée d'abord, puis très-ouverte, un peu flexueuse; disque blanchâtre; stipe court. Cette espèce se trouve sur les bois humides du chêne, du bouleau, du hêtre, de l'aune, qu'elle pénètre profondément. On la rencontre également en Amérique.

16.° Peziza lenticulaire : *Peziza lenticularis*, Bull., Champ., pl. 300, fig. *A* et *C*; *Octospora citrina*, Fl. Dan., pl. 1294, fig. 1; *Helotium nigripes*, Pers., *Mycol. eur.*, 1, p. 543, *ex* Fries, et *Peziza citrina lenticularis*, ejusd., *loc. cit.*, p. 293. Cupule presque sessile, convexe, en forme de lentille; solide, jaune, stipe noir, en forme de mamelon. On trouve ce champignon en famille sur les vieux troncs du hêtre; il est commun et croît aussi dans l'Amérique septentrionale : dans sa naissance il est concave.

17.° Peziza imberbe; *Peziza imberbis*, Bull., Champ., pl. 467, fig. 2. Charnu-cireux, glabre, blanc; cupule d'abord turbinée, puis plan-concave, un peu flexueuse; stipe en forme de mamelon. Cette espèce est quelquefois sessile (*Peziza nivea*, Batsch, *Elench.*, fig. 59) et quelquefois gris de cendre; elle brunit avec l'âge : elle croit çà et là sur les vieilles souches.

*** *Cupules turbinées, le plus souvent sessiles, de consistance cireuse, molle, aqueuse, à contexture fibro-cellulaire.*

18.° Peziza clou ; *Peziza clavus*, Alb. et Schw., *Nisv.*, p.

306, pl. 2, fig. 5. Cupule charnue, tremelloïde, un peu con-
sistante, un peu en cône retourné, purpurine ou violette,
à disque convexe, plane, en forme de chapeau : stipe épais,
long de deux lignes. Cette espèce vit en famille sur toutes
sortes de feuilles tombées, dans les lieux gras et humides,
souvent même dans l'eau : elle a été observée dans les forêts
de la Lusace. Il paroît qu'elle n'est abondante que de deux
en deux ans, au printemps et en automne.

19.° PEZIZA DORÉE : *Peziza chrysocoma*, Bull., Champ., pl.
376, fig. 2; Sow., *Fung.*, pl. 132. Cupule sessile, presque
gélatineuse, glabre, unie en dessus et en de-sous, jaune doré
ou jaune pâle et jaune rougeàtre ; d'abord sphérique, ou
en grelot, puis en forme de coupe. Cette espèce croît en famille et éparse, sur le bois pourri ; elle est de la grosseur
d'un pois et noircit en vieillissant. On la trouve pendant
toute l'année en Europe et en Amérique.

20.° PEZIZA NOIRE : *Peziza atrata*, Pers.; Nées, *Syst.*, fig. 166.
Cupule sessile, presque globuleuse, glabre, noiràtre, à ouverture connivente et blanchàtre. Petite espèce qui se trouve
par groupes sur les troncs, les rameaux, les écorces pourries,
et même sur les tiges des herbes mortes, en Europe et en Amérique ; elle est un peu chagrinée à l'extérieur et un peu
glauque : on en trouve sur l'hièble (*sambucus ebulus*) une variété plus grande, d'un gris noiràtre, à rebord de la cupule
blanc, infléchi.

**** *Cupules sessiles, cireuses, aplaties, orbiculaires.*
(PATELLEA, Fries.)

21.° PEZIZA DES HYPNUM ; *Peziza hypnorum*, Fries. Cupule sessile,
petite, sèche, jaune, à bord flexueux. Cette espèce n'a
qu'une demi-ligne de large, et rappelle les scutelles des
lichens; elle vit sur les tiges de l'*hypnum cupressiforme*, qui
croît sur les rochers humides des bois, en Décembre.

22.° PEZIZA DE LA RÉSINE ; *Peziza resinæ*, Fries, *Syst. myc.*, 2,
p. 149. Cupule sessile, dure, en forme de godet un peu évasé,
de couleur d'orange, perdant sa bordure avec l'âge. Cette
espèce, qui a beaucoup de ressemblance avec un lichen du
genre *Lecidea* (*Patellaria*, Decand.), croît sur la résine du sapin et plus rarement du pin commun.

Nous avons suivi, dans l'exposition de ces espéces, les divisions établies par Persoon, comme étant les plus simples et les moins prétentieuses. Nous les avons cru suffisantes pour faire connoître le genre *Peziza*: cependant nous avons subdivisé la quatrième section d'après les indications de Fries, auteur qui a établi un très-grand nombre de divisions et de subdivisions dans ce genre, et la précision avec laquelle il établit ces caractéres, ne sont pas toujours en accord avec ce que l'on observe sur les propres espéces qu'il y ramène.

Fries augmente encore ce genre de l'*Helotium*, admis généralement; mais par contre nous avons cité plus haut sept genres qu'il établit sur des espéces de *Peziza*, et que les botanistes ont adoptés presque tous. ( LEM. )

PEZIZOIDEÆ. (*Bot.*) Troisième section de la troisième division, *Helvelloides*, de l'ordre deuxième, celui des champignons charnus (*fung. sarcomyci*) de la première classe de la famille des champignons, dans la nouvelle méthode de Persoon; il caractérise ainsi cette section: Champignons la plupart petits, rarement stipités, hémisphériques et concaves, d'une substance variable. Il y place les genres *Peziza*, *Triblidium*, *Solenia*, *Ascobolus*, *Helotium*, *Stilbum*.

Rafinesque-Schmaltz fait du genre *Peziza* le type d'une division, celle des *pezizariœ*, et y ramène un genre qu'il nomme *Stipiza*. ( LEM. )

PEZOPORUS. ( *Ornith.* ) Illiger a désigné sous ce nom générique les perruches ingambes. Voyez PERROQUET. ( CH. **D.** )

PEZOUL. ( *Entom.* ) Nom languedocien du pou. ( DESM. )

PEZOULINO. ( *Entom.* ) En Languedoc ce nom est donné aux pucerons. ( DESM. )

PEZZA MOULLER ou MUGÆR. ( *Mamm.* ) Nom portugais qui signifie poisson - femme, et qu'on donne en Portugal au lamantin. ( F. C. )

PFÆFFLEIN. (*Ornith.*) Nom allemand de la grive mauvis, *turdus iliacus*, Linn. ( CH. **D.** )

PFAFF. ( *Ornith.* ) L'oiseau ainsi nommé par Turner, est l'engoulevent d'Europe, *caprimulgus europœus*, Linn. (CH. **D.** )

PFAFFENLAUS. ( *Ichthyol.* ) Un des noms autrichiens de la perche goujonnière. Voyez GREMILLE. ( H. C. )

PFAU. (*Ornith.*) C'est, en allemand, le paon domestique, *pavo cristatus*, Linn. (Ch. D.)

PFAU-FASAN. (*Ornith.*) Nom allemand de l'argus, *phasianus argus*, Linn. (Ch. D.)

PFEFFER-VOGEL. (*Ornith.*) Les Allemands désignent par ce nom le toucan, *ramphastos*, Linn. (Ch. D.)

PFEIFENTLEIN. (*Ornith.*) Ce nom, et celui de *Pfeifente*, sont donnés, en Allemagne, au canard siffleur, *anas penclope*, Linn. (Ch. D.)

PFISTERLEIN. (*Ornith.*) L'oiseau auquel Willughby donne ce nom, d'après Baltner, est la guignette, *tringa hypoleucos*, Linn. (Ch. D.)

PFURTZI. (*Ornith.*) Ce nom, suivant Gesner et Aldrovande, est donné en Suisse au petit grèle cornu, *podiceps cornutus*, Lath. (Ch. D.)

PGROBIR. (*Orn.*) Kenneth Macaulay dit, dans son Histoire de Saint-Kilda, page 188 de la traduction françoise, qu'il y a dans cette île une quantité nombreuse d'oiseaux portant ce nom; mais il n'en donne pas d'autre désignation. (Ch D.)

PHABES. (*Ornith.*) L'oiseau désigné par ce nom dans Aldrovande, est le pigeon biset, *columba livia*, Linn. (Ch. D.)

PHACA. (*Bot.*) Voyez Phaque. (Lem.)

PHACA. (*Ornith.*) C'est, en grec moderne, le pigeon ramier, *columba palumbus*, Linn. (Ch. D.)

PHACÉLIE; *Phacelia*, Juss. (*Bot.*). Genre de plantes dicotylédones, à fleurs complètes, monopétales, de la famille des *borraginées*, de la *pentandrie monogynie*, offrant pour caractère essentiel: Un calice persistant, à cinq divisions profondes; une corolle presque campanulée, à cinq divisions, marquée intérieurement et à sa base de cinq sillons; chacun de ces sillons membraneux à ses bords, et environnant la base des filamens; cinq étamines saillantes hors de la corolle; un ovaire supérieur, à deux lobes ou à deux sillons; un style court; deux stigmates alongés. Une capsule à deux loges, contenant quatre semences, s'ouvrant en deux valves, chaque valve divisée en son milieu par une cloison; une semence de chaque côté.

Phacélie a feuilles ailées; *Phacelia bipinnatifida*, Mich., *Fl. bor. amer.*, 1, pag. 134, tab. 16. Cette plante a des tiges droites, cylindriques, divisées en rameaux grêles, alternes, axillaires, pubescens. Les feuilles sont alternes, distantes, pétiolées, simplement ailées; les folioles lancéolées, pinnatifides, rétrécies en coin et quelquefois confluentes à leur base, incisées ou divisées à leur contour en lobes irréguliers, ovales, aigus, simples ou légèrement incisés; les feuilles supérieures des rameaux beaucoup plus petites; les fleurs presque unilatérales, pédicellées, disposées en grappes simples ou bifides, droites, axillaires, alongées : les pédicelles alternes, pubescens, un peu réfléchis après la floraison; le calice est à cinq divisions profondes, étroites, presque subulées, persistantes; la corolle bleuâtre, un peu campanulée, un peu plus longue que le calice, à cinq lobes entiers, arrondis; la capsule à deux loges, presque ronde. Cette plante croît dans les forêts de l'Amérique septentrionale, sur les monts Alleghanis, et au Kentucky.

Phacélie frangée : *Phacelia fimbriata*, Mich., *Fl. amer.*, *loc. cit.*; *Heliotropium pumilum*, etc.; Pluken., tab. 245, fig. 5? Espèce plus petite que la précédente, dont les tiges sont grêles, courtes, couchées, puis redressées à leur partie supérieure, presque simples, garnies de feuilles alternes, très-médiocrement pétiolées, petites, pinnatifides ou divisées en lobes très-simples, entiers, ovales, lancéolés : le terminal aigu; les fleurs pédicellées, peu nombreuses, disposées en grappes courtes, terminales, solitaires, très-simples, à corolle blanche, petite, un peu frangée au contour des lobes arrondis de son limbe. Cette plante croît à la Caroline, sur les hautes montagnes.

Phacélie hétérophylle; *Phacelia heterophylla*, Pursh, *Amer.*, 1, pag. 140. Cette plante est hérissée sur toutes ses parties. Ses tiges sont droites, rameuses; les rameaux alongés, garnis de feuilles pétiolées; les inférieures pinnatifides, divisées en deux ou trois lobes lancéolés, le terminal plus alongé; les feuilles supérieures simples, lancéolées, ainsi que celles des rameaux; les pétioles ailés; les grappes touffues, pédonculées, terminales, dichotomes, en spirale, unilatérales; les pédicelles très-courts; les divisions du calice linéaires; la corolle presque campanulée, d'un bleu pâle, une fois plus longue que le calice, ayant ses découpures oblongues, obtuses, très-entières ; les filamens une fois plus longs que la corolle ; le style bifide, plus long que les étamines. Cette plante croît sur les montagnes arides de Kooskoosky, dans le nord de l'Amérique.

Phacélie pubescente ; *Phacelia pubescens*, Poir., Encyclop. J'avois d'abord soupçonné que cette espèce pouvoit être une variété de la phacélie à feuilles ailées ; mais il me paroît qu'elle doit en être distinguée par le duvet qui recouvre presque toutes ses parties. Elle est herbacée : ses feuilles sont alternes, simplement ailées ; les fleurs sont toutes latérales, réunies sur plusieurs épis fasciculés à l'extrémité des rameaux. C'est d'après cette disposition que M. de Jussieu a donné à ce genre le nom de *Phacelia*, d'après le mot grec φάκελλος, *un faisceau*. Cette plante vient probablement de l'Amérique septentrionale.

Phacélie a petites fleurs : *Phacelia parviflora*, Pursh, *Amer.*, 1, pag. 140 ; *Polemonium dubium*, Linn. ; Gronov., *Virg.*, pag. 29 ; Pluken., *Almag.*, tab. 245, fig. 5 ( *non phacelia fimbriata, ex* Pursh ). Linné, en plaçant cette plante parmi les *polemonium*, ne le faisoit qu'avec doute. Pursh, en l'observant dans l'Amérique, a reconnu son véritable genre. Ses tiges sont diffuses, pubescentes ; ses feuilles presque sessiles, pinnatifides ; les découpures oblongues, un peu obtuses, entières ; les fleurs petites, disposées en grappes solitaires ; les pédicelles très-courts ; les divisions de la corolle arrondies, très-entières. (Poir.)

PHACIDIACÉES et PHACIDIÉES. (*Bot.*) Voyez Mycologie, tom. XXXIII, p. 585. (Lem.)

PHACIDIUM. (*Bot.*) Genre de plantes cryptogames, de la famille des hypoxylées de M. De Candolle, et que les botanistes maintiennent pour la plupart dans celle des champignons, en en faisant le type d'une tribu particulière, celle des Phacidiacées ou Phacidiées.

Il a été établi par Fries pour placer quelques espèces de *xyloma* et d'*hysterium*, qui ne pouvoient être conservées dans ces genres après la rectification de leurs caractères. Il a beaucoup de rapports avec les *hysterium*, et encore plus avec le *triblidium*, avec lequel même il a été confondu. Il est constitué par des périthéciums simples, sessiles, de forme varia-

ble. d'abord clos, puis s'ouvrant par le centre supérieur
en plusieurs lanières. distinctes et rayonnantes autour d'un
noyau intérieur, persistant, en forme de disque, recouvert
d'un hyménium séparable, qui contient des sporidies ovales
ou seminules, disposées en séries simples, entremélées de
paraphyses, dans des espèces de conceptacles particuliers
(*thecæ*), droits, alongés.

Ces plantes doivent leur nom de *phacidium*, qui dérive
des deux mots grecs φακις et ειδος (*pustule* et *forme*), à leur
ressemblance avec des pustules. Comme les *hysterium* et les
*xyloma*, elles vivent sur les feuilles et les écorces des arbres,
et sont également infiniment petites. ayant une ou deux
lignes au plus : elles sont noirâtres et en partie enfoncées
dans l'écorce ou le parenchyme des végétaux, et y persistent
assez long-temps. Leur disque finit par devenir mollasse.
Voici quelques-unes des espèces les plus remarquables parmi
les vingt que l'on trouve décrites dans Fries, *Syst. mycol.*

### * *Espèces libres, c'est-à-dire, qui vivent sur l'épiderme des végétaux.* (Ph. denudatæ.)

1. Phacidium du dattier; *Ph. Phœnicis*, Mougeot; Fries.
A peine enfoncé, presque arrondi, nu, noir, luisant; à bord
crénelé inégalement; disque jaunâtre. Cette espèce qui n'a pas
une ligne de diamètre, s'observe en Italie sur les deux surfaces des feuilles du palmier dattier.

M. Poiteau ayant eu occasion d'examiner, pendant plusieurs années de suite, cette espèce sur les feuilles des dattiers
vivans, conservés dans les serres de M. Noisette, à Paris,
en a donné une description et la figure dans les Annales
des sciences naturelles, Décembre 1824, pl. 26, fig. 2, sous
le nom de *graphiola phœnicis*. C'est avec raison qu'il en a
fait un genre nouveau, dont il assigne la place auprès du
*Diderma;* il paroît que M. Mougeot n'avoit observé que des
individus d'un âge très-avancé. Selon M. Poiteau, le *graphiola* se compose d'un péridium double, sessile; l'extérieur
noir, épais, crustacé, fragile, partagé longitudinalement
par un sillon, qui le divise en deux lobes, marqués chacun
d'un autre sillon longitudinal; l'intérieur, difficile à obser-

er, membraneux, découpé et fugace, d'où s'élève une grande quantité de filamens blanchâtres, simples, longs de quatre à six millimètres, entremêlé de grains ou séminules jaunes, imitant une gerbe poudreuse; ces filamens se tordent plus ou moins avec l'âge, et se divisent en plusieurs faisceaux divergens. Au bout d'un certain temps, par exemple, de six semaines, la plante se sèche, les filamens se brisent, et il ne reste plus que le péridium extérieur, devenu noir, cupuliforme, anguleux ou arrondi, et très-dur. Ce dernier état est celui, dans lequel cette espèce a été décrite sous le nom de *phacidium phœnicis*. C'est au mois de Mai et en Octobre qu'elle s'observe sur les feuilles anciennes des datiers, sur lesquelles elle se développe en très-grande abondance, qu'elle salit et qu'elle dessèche. Elle vit sur les deux surfaces des folioles et sur les pétioles; elle paroît d'abord comme une protubérance, et se montre, après avoir déchiré l'épiderme, sous la forme d'un petit corps ovale, sessile, noir, luisant, très-dur, privé de thallus ou de base membraneuse. Ses filamens, qui imitent un petit pinceau, lui ont valu son nom générique de *graphiola*.

** Espèces qui naissent sous l'épiderme des plantes, qu'elles déchirent. (Ph. erumpentia.)*

2. PHACIDIUM DU PIN : *Ph. pini*, Schmidt *in* Kunze, *Myc.*, , p. 30, tab. 2, fig. 11; Fries, *Myc.*, 2. p. 573; *Xyloma pini*, Alb. Schw., p. 60, tab. 5, fig. 8; Decand., Fl. fr., 1, . 326; *Hysterium valvatum*, Nées, *Syst.*, fig. 399. Presque rond ou en forme de disque tronqué, noir; découpures obtuses, disque fuligineux. Cette espèce se rencontre sur les écorces du pin sauvage et du genévrier commun : elle vit éparse et un peu enfoncée dans l'épiderme, qu'elle déchire cependant à sa naissance pour apparoître. Elle a une à deux lignes de diamètre. L'éclat luisant et translucide qu'elle offre dans la jeunesse disparoît et elle devient opaque.

3. PHACIDIUM DU LEDUM : *Ph. ledi*, Schmidt *in* Kunze, *loc. cit.*; Fries, *Syst mycol.*, *loc. cit.*; *Xyloma ledi*, Alb. et Schwein., p. 60, tab. 9, fig. 1; Decand., *loc. cit.* Presque hémisphérique, d'un brun noirâtre, s'ouvrant en six ou neuf manières obtuses; disque violacé. Cette espèce se rencontre

au printemps sur les branches desséchées du *ledum palustre.*
Elle a à peine une ligne de diamètre. Son disque noircit avec
l'âge.

4. Phacidium multivalve : *Ph. multivalve*, *loc. cit.*; Fries,
*loc. cit.*, *Xyloma*, Decand., Fl. fr., 2, p. 3o3; et Mém. du
Mus., 3, p. 324, tab. 3, fig. 7. Un peu enfoncé, convexe,
noir, s'ouvrant en cinq lanières; disque blanchâtre. Cette
espèce croît sur les feuilles du houx, à la surface supérieure.

**** Espèces qui croissent sur diverses parties annuelles
des plantes, et dont les périthéciums sont soudés à
l'épiderme. ( Ph. xyloma.)*

5. Phacidium couronné : *Ph. coronatum*, Fries, *loc. cit.*;
*Peziza comitialis*, Batsch, Cont., 1, fig. 152; Sowerb., tab.
118: *Sclerotium quercinum*, Fl. Dan., tab. 138o; *Xyloma
pezizoides ?* Pers.. Ic. pict., tab. 10, fig. 1. Orbiculaire, hémisphérique, déprimé, noirâtre, s'ouvrant en plusieurs
lanières pointues; disque jaunâtre. Il croît en groupes de
deux ou trois individus sur les feuilles tombées du chêne,
du hêtre, du bouleau, de l'aune, du peuplier, du charme,
du châtaignier, etc., en Europe et en Amérique.

6. Phacidium denté : *Ph. dentatum*, Schmidt ? *loc. cit.*;
Fries, *loc. cit.*; *Xyloma lichenoides*, Decand., Fl. fr., 2,
p. 3o4; *Sphæria ejusd.*, *loc. cit.*, p. 147, var. *a*. Presque
quadrangulaire, noir, fixé sur des taches de couleur pâle,
s'ouvrant en quatre ou cinq lanières pointues; disque d'un
jaune sale. Il croît sur les feuilles tombées du chêne. C'est
le *sphæria punctiformis*, variété γ de Persoon. Dans sa jeunesse
il est semblable à un point noir, puis il se dilate, devient
plane et presque carré, avec le milieu déprimé et luisant.

7. Phacidium des herbes : *Ph. herbarum*, Nob.; *Ph. repan-
dum*, Fries, *loc. cit.*; *Xyloma herbarum*, Alb. et Schwein.,
p. 65, tab. 14, fig. 6; Decand., *loc. cit.*, p. 325. Presque
rond, d'un vert pâle, puis noir, s'ouvrant en découpures
inégales, obtuses; disque fuligineux. On le rencontre sur les
tiges, les pétioles et quelquefois sur les feuilles vivantes de
diverses plantes herbacées, telles que les potentilles, les
céraistes, les gaillets, etc., en Europe et en Amérique. Il

est d'abord punctiforme, mou et trémelloïde ; il prend ensuite de l'étendue, de la consistance, pâlit et se confond alors
par sa couleur avec la plante ; il se noircit ensuite et insensiblement. Voyez Rhytisma. ( Lem. )

PHACITES. ( *Foss.* ) C'est un des noms qu'on a donné aux
nummulites. ( D. F. )

PHACOCHŒRES, *Phacochærus.* ( *Mamm.* ) Nom tiré du grec,
et qui signifie cochon portant une verrue. Les animaux,
qui composent ce genre, appartiennent à l'ordre des pachy-
dermes, et ressemblent, par leurs formes extérieures, au
sanglier commun ; seulement ils sont encore plus lourds, plus
trapus, et d'une plus grossière figure que lui. Malgré cette
ressemblance extérieure, les phacochœres diffèrent des sangliers par les points les plus importans de leur organisation
et par leur naturel. Des deux espèces que l'on distingue,
une seule paroît être venue vivante en Europe, et avoir
fait l'objet des observations des naturalistes ; aussi, c'est d'a-
près elle seule, que nous tirerons le peu qu'il nous est possible de rapporter de leurs traits généraux, ainsi que de leur
caractère, de leurs penchans.

Il paroit, qu'outre le port et l'allure des phacochœres,
ce qui frappe le plus en eux, est l'extrême largeur et l'aplatissement de leur groin ; leurs yeux, placés très-près des
oreilles et tellement rapprochés l'un de l'autre que ces
animaux ne voient presque que de face, et les expansions
charnues ainsi que les rugosités, dont est garni le dessous des
yeux, dans une espèce au moins. Ces différens traits donnent
à leur tête un aspect brutal et féroce, qu'on ne retrouve au
même degré chez aucun autre animal, et il paroît que ces
apparences n'ont rien de trompeur, et que les dispositions
naturelles sont en parfaite harmonie avec les disgracieuses
proportions des organes. Durant leurs premières années,
comme tous les jeunes animaux, ils montrent de la gaieté, et
l'expriment par la vivacité de leurs mouvemens ; ils s'apprivoisent même jusqu'à un certain point ; mais bientôt, tous
ces signes de douceur s'effacent, et quand ils sont tout ce
qu'ils peuvent être, que leur développement est achevé,
toute marque de confiance disparoît, et ils ne semblent plus
éprouver que le besoin de la solitude, et celui d'éloigner

d'eux ce qui pourroit la troubler. Aussi le phacochœre mâle, qu'on a vu en Hollande, éventra-t-il deux truies qu'on avoit placé près de lui, et il tua l'homme qui le soignoit, en lui ouvrant la cuisse d'un coup de ses défenses. Ils se nourrissent essentiellement de matières végétales, et ils fouissent pour découvrir les bulbes et les racines, dont ils paroissent reconnoître la présence par leur odorat.

Leur système dentaire annonce en effet des animaux frugivores. Le nombre de leurs dents est de vingt-quatre ou de seize; une espèce, ayant des incisives, et l'autre en étant privées; mais chez l'une et chez l'autre, la canine supérieure est une puissante défense, dont l'alvéole est ouvert sur les côtés du maxillaire, qui se développe en se relevant et en se recourbant en arrière, et qui se termine en une pointe aiguë. La première et la seconde mâchelières sont très-petites, comparées à la troisième, et elles ont la structure de celle-ci. Cette troisième mâchelière, deux fois plus grande que les précédentes, prises ensemble, se compose de trois rangs de tubercules dans le sens de sa longueur. Ceux des bords sont vis-à-vis l'un de l'autre, ceux du milieu repondent aux intervalles qui séparent les premiers. Lorsque ces tubercules s'usent, ils présentent des cercles plus ou moins irréguliers d'émail, et quand l'usure augmente, ces cercles se confondent, d'où résultent des figures plus ou moins irrégulières. C'est toujours par la partie antérieure que ces dents commencent à s'user, parce que c'est par là qu'elles sortent d'abord de l'alvéole, en poussant devant elles les premières mâchelières de telle sorte, qu'elles finissent par être seules dans les mâchoires, ce qui fait que ces animaux se présentent avec une, deux ou trois mâchelières. A la mâchoire inférieure, la canine est une forte défense triangulaire, dont la pointe se jette en dehors; et les machelières ne diffèrent point essentiellement de celles de la mâchoire opposée. La canine inférieure s'applique à la face antérieure de la canine supérieure, et les mâchelières sont opposées couronne à couronne.

Les membres courts et trapus se terminent par quatre doigts, deux antérieurs garnis de sabots, et qui supportent l'animal, et deux postérieurs rudimentaires en forme d'ergots, et n'atteignant point le sol; la queue est courte et ne prend d'autre part aux mouvemens que de se relever, lorsque l'animal court; elle reste pendante dans toutes ses autres situations. Leur allure est la marche ou le galop.

Les yeux sont de tous les sens de ces animaux ceux qui leur offrent les moindres secours; la petitesse de ces organes et les saillies qui les environnent, restreignent beaucoup le champ qu'ils peuvent embrasser. L'oreille est grande, ovale, et leur ouïe paroît très-sensible; il en est de même de leur odorat, ce qu'annonce la longueur de leur museau ou de l'organe olfactif, dont les orifices externes, les narines, sont ouvertes dans le milieu d'un groin très-large et très-mobile. La langue est douce, et le pelage ne paroît se composer que de soies dures et rares, produites par une peau épaisse et rugueuse, ce qui rend leur toucher d'autant plus obtus, qu'une épaisse couche de graisse se développe sous cette peau. Les organes génitaux mâles, les seuls qu'on ait vu, paroissent se rapprocher de ceux du sanglier.

On ne connoît encore que deux espèces de phacochœres, et toutes deux viennent d'Afrique. J'ai cherché à établir leur existence sur des preuves incontestables, dans une note insérée au 8.ᵉ tome des Mémoires du Muséum d'histoire naturelle, p. 447, pl. 23.

Le PHACOCHŒRE DU CAP OU D'ÉTHIOPIE : *P. æthiopicus*, *Sus æthiopicus*, Gmel., Vosmaer; PORC A LARGE GROIN, Allamand; SANGLIER D'AFRIQUE, Buffon, édit. de Hollande, t. 15, p. 45, pl. 1; Buffon, Suppl., 3, pl. 11; Pallas, *Sus æthiopicus*, *Misc. zool.*, 16, t. 11; *Spic. zool.*, 11, tab. 1. Cette espèce est sans incisives, et il paroît que c'est elle seule, qui a les yeux garnis en dessous de lambeaux charnus. Sa longueur, du bout du museau à l'origine de la queue, est de plus de quatre pieds, et sa hauteur, entre les épaules, est de deux pieds trois pouces; sa queue a dix pouces. Les épaules et le cou, jusqu'entre les oreilles, sont garnis d'une crinière longue et épaisse, formée de poils gris et brun-obscur. La tête est noirâtre, et le reste du corps d'un gris roux. Il vient principalement de l'extrémité méridionale de l'Afrique.

Le PHACOCHŒRE D'AFRIQUE : *P. africanus*, *Sus africanus*, Gmel.; Pennant, SANGLIER DU CAP VERT, *Hist. nat. of. quad.*,

p. 132, n.º 63. Cette espèce est pourvue de deux incisives à la mâchoire supérieure et de six à l'inférieure. Les deux premières, éloignées par leurs racines, se rapprochent en convergeant par leur couronne et sont crochues. Des six autres, les quatre moyennes sont à peu près d'égale longueur et couchées en avant; les deux dernières, très-courtes, sont couchées contre les autres. Elle n'a point de lambeaux charnus au-dessous des yeux. Sa queue descend jusqu'au jarret, et est terminée par un flocon de poils. Le corps est couvert de soies noirâtres, longues et fines, surtout aux épaules, au ventre et sur les cuisses. ( F. C.)

PHACON. ( *Bot.* ) Nom grec ancien de la sauge, suivant Ruellius et Mentzel. Ce dernier dit encore que la lentille, *ervum lens*, est le *phacos* de Théophraste et de Dioscoride; et il ajoute, d'après C. Bauhin, que le *phacoides* d'Oribase est une espèce de thymélée. (J.)

PHACORHIZA. ( *Bot.* ) Genre établi par M. Persoon dans la famille des champignons et qu'il place entre le genre *Clavaria* et le genre *Geoglossum*, qui n'en est qu'une ancienne division. Il est caractérisé ainsi par M. Persoon : Tubercule radical, volvacé, charnu, contenant d'abord une espèce de massue, qu'il laisse sortir ensuite par un trou qui se forme à son sommet.

Ce genre est donc essentiellement différent du *clavaria* et du *geoglossum* par la présence du tubercule faisant fonction de volva. Il ne comprend qu'une espèce, car le *phacorhiza erythropus* de Greville est le *typhuta erythropus* de Fries.

Le *Phacorhiza sclerotioides*, Pers., *Mycol. europ.*, 1, p. 193, pl. 11, fig. 1, 2. Il n'a guére plus de trois lignes de hauteur dans tout son développement; son tubercule est de couleur baie et sa massue simple et blanche. On le trouve sur les tiges desséchées des *sonchus alpinus* et *cacalia alpina*. On en doit la découverte à M. Mougeot, qui l'a observé dans les Vosges. Le tubercule, globuleux et lisse dans sa jeunesse, devient rugueux avec l'âge et après la chute de la massue. Lorsque celle-ci est encore contenue dans le tubercule, on prendroit la plante pour le *sclerotium semen*, tant par sa forme que par sa couleur. La massue, et quelquefois deux massues stipitées, naissent du milieu, rarement sur le côté du tubercule : elles sont charnues et d'une structure sans doute pareille à celle des *clavaria*. On ne doit pas confondre cette plante avec le *clavaria sclerotioides*, Decand., et les *typhula*, qui en diffèrent par la continuité de la massue avec le tubercule qui lui sert de base. (Lem.)

PHACOS. (*Bot.*) Voyez Phacon. (Lem.)

PHACOTIUM. (*Bot.*) Nom d'une des divisions du genre *Calicium*, d'après Acharius. Voyez Calicium, tom. VI, Suppl., et Acharius, *Syn. lichen.* (Lem.)

PHÆCASIUM. (*Bot.*) Ce nouveau genre de plantes, que nous proposons, appartient à l'ordre des Synanthérées, à la tribu naturelle des Lactucées, et à notre section des Lactucées-Crépidées, dans laquelle nous le plaçons entre les deux genres *Crepis* et *Intybellia*. (Voyez notre tableau des Lactucées, tom. XXV, pag. 62.)

Le genre *Phæcasium* offre les caractères suivans :

Calathide incouronnée, radiatiforme, plurisériée, multiflore, fissiflore, androgyniflore. Péricline subcylindracé, inférieur aux fleurs ; formé de dix à douze squames subunisériées, se recouvrant par les bords, égales, appliquées, oblongues, obtuses au sommet, carénées, membraneuses sur les bords; la base du péricline entourée d'environ cinq squamules surnuméraires, subunisériées, à peu près égales, entièrement et parfaitement appliquées, courtes, larges, ovales, subcordiformes, obtuses au sommet, carénées, épaisses et charnues à la base, membraneuses sur les bords. Clinanthe plan, absolument nu. Fruits longs, cylindracés, un peu amincis vers le sommet, finement striés; aigrette longue, blanche, molle, composée de squamellules nombreuses, inégales, filiformes, très-fines, à peine barbellulées. Corolles munies de poils nombreux, longs, fins, flexueux, occupant le haut du tube et le bas du limbe.

Phæcasium fausse-lampsane : *Phæcasium lampsanoides*, H. Cass.; *Crepis pulchra*, Linn., *Sp. pl.*, édit. 3, pag. 1134. C'est une plante herbacée, annuelle, dont la tige, haute d'environ trois pieds, est glabre, cannelée, feuillée, et paniculée au sommet; ses feuilles inférieures sont longues de sept à huit pouces, larges d'environ deux pouces, un peu lyrées, et rétrécies en pétiole vers la base, un peu rudes au toucher ; les feuilles supérieures sont embrassantes, lancéolées, pointues au sommet, dentées à la base ; les calathides, composées de fleurs jaunes, sont petites, terminales, paniculées, à péricline cylindrique, lisse ; et elles sont tout-à-fait analogues aux calathides de la lampsane, si ce n'est que les ovaires sont aigrettés. Cette plante se trouve en France, et notamment aux environs de Paris, sur les bords des champs et des chemins, à Crosne, Saint-Cloud, etc., où elle fleurit en Juin.

Notre *phœcasium* a été attribué par les anciens botanistes au genre *Hieracium*; par Tournefort et M. de Lamarck, au genre *Chondrilla*; par Vaillant, à son genre *Hieracioides*, qui correspond au *Crepis*; par Linné, d'abord au genre *Lampsana*, puis, avec Gouan, Guettard et d'autres, au genre *Crepis*; par Villars, au genre *Lampsana*; par Mœnch, Willdenow, MM. Persoon, De Candolle, Loiseleur, Mérat, au genre *Prenanthes*. Aucune de ces attributions n'est exacte. Le *Phœcasium* ne peut point appartenir au genre *Hieracium*, dont le péricline est imbriqué, le fruit aminci vers la base, et non vers le sommet, qui est au contraire tronqué, l'aigrette roussâtre, roide, très-barbellulée. Il ne peut pas non plus se rapporter au genre *Chondrilla*, dont l'aigrette est stipitée, c'est-à-dire portée sur un col grêle. Il a beaucoup d'affinité avec le *Lampsana*, surtout par son péricline ; mais il en diffère essentiellement par la présence de l'aigrette. Le genre *Crepis* est assurément celui auquel il s'associeroit le plus convenablement : cependant il s'en éloigne par la forme et la structure de son péricline, et surtout par celles des squamules surnuméraires, qui, étant appliquées, doivent être considérées comme des rudimens de pétioles, tandis que celles des vrais *Crepis*, étant inappliquées, doivent être considérées comme des rudimens de limbes. Nous avons déjà fait remarquer, dans notre article EURYBIE (tom. XVI, pag. 46), que cette différence des squames appliquées ou inappliquées, qui semble si légère, est en général, et sauf exceptions, beaucoup plus importante qu'on ne croit, parce qu'elle indique presque toujours des origines contraires. Quant au genre *Prenanthes*, dans lequel on place aujourd'hui la plante en question, nous regardons cette attribution comme l'une des plus fautives;

et l'on pourra s'en convaincre, en lisant dans ce Dictionnaire
(tom. XXXIV, pag. 94 et 96) les caractères du vrai genre
*Prenanthes*, et ceux du genre *Nabalus*, que nous en avons
détaché. Contentons-nous de remarquer ici que le *Phœcasium* et le *Prenanthes* n'appartiennent pas au même groupe
naturel; en sorte que, si l'on n'adopte pas le nouveau genre
que nous proposons, il faudra nécessairement laisser la plante
dont il s'agit dans le genre *Crepis,* où l'on convient qu'elle
est disparate.

*Phœcasium* est un mot grec, qui signifie *chaussure élégante:*
c'est la traduction exacte de *Crepis pulchra.*

Le genre *Phœcasium* étant presque voisin de l'*ixeris*, nous
offre l'occasion de rectifier et de compléter notre article sur
ce dernier genre (tome XXIV, page 49), en décrivant ici
une nouvelle espèce, et en modifiant les caractères génériques.

*Ixeris monocephala*, H. Cass. (*Taraxacum pumilum*, Gaudich.,
Ann. des sc. nat., Mai 1825). Petite plante herbacée, probablement annuelle ; racine pivotante ; tige extrêmement
courte, couverte d'une touffe de feuilles immédiatement
rapprochées, et divisée en quelques branches très-courtes,
pourvues de quelques feuilles alternes, très-rapprochées;
feuilles très-longues, très-étroites, très-simples, très-entières,
linéaires, ayant la base semi-amplexicaule, la partie inférieure élargie, membraneuse, le sommet en pointe plus ou
moins obtuse, la face supérieure glabre, la face inférieure
garnie, principalement sur ses bords, de poils nombreux,
très-longs, très-fins, flexueux, articulés; plusieurs pédoncules
scapiformes, nés solitairement de l'aisselle des feuilles de la
tige et des branches, très-simples, très-longs, très-grêles,
dressés, droits, absolument privés de feuilles et de bractées,
mais garnis de longs poils analogues à ceux des feuilles, et
terminés chacun par une calathide solitaire : ces pédoncules
scapiformes, longs d'environ un pouce pendant la fleuraison, acquièrent environ deux pouces après la fleuraison;
chaque calathide composée d'environ douze fleurs, à corolle
jaune; péricline inférieur aux fleurs, presque imbriqué en
apparence, mais réellement double; l'extérieur, long à peu
près comme les deux tiers de l'intérieur, formé d'environ

cinq squames subunisériées, à peu près égales, oblongues, foliacées, hérissées de longs poils fins, articulés, roussâtres, comme glanduleux, probablement glutineux ; péricline intérieur plus long, formé d'environ huit squames subunisériées, à peu près égales, oblongues, foliacées, membraneuses sur les bords, glabres ; clinanthe plan et nu ; fruits pédicellulés, oblongs, glabres, lisses, munis d'environ dix côtes longitudinales, très-saillantes, presque en forme d'ailes, laminées, linéaires, et surmontés d'un col bien distinct (déjà manifeste pendant la fleuraison), long à peu près comme le tiers du vrai fruit, un peu épais, cylindrique, lisse ; un bourrelet basilaire dimidié, cartilagineux, engaine le pédicellule ; aigrette longue, blanche, composée de squamellules très-nombreuses, inégales, filiformes, très-fines, à peine barbellulées ; corolles à limbe large, muni à sa base de quelques longs poils membraneux.

Nous avons fait cette description sur un échantillon sec, recueilli aux îles Malouines, et qui nous a été donné par M. Gaudichaud.

En comparant les caractères génériques de cette plante avec ceux de notre *ixeris polycephala*, décrits dans le tome XXIV, pag. 50, on ne trouve qu'une seule différence bien notable : c'est que le péricline extérieur est très-grand dans l'*ixeris monocephala*, puisqu'il atteint aux deux tiers de la hauteur du péricline intérieur ; tandis qu'il est très-petit dans l'*ixeris polycephala*, où il se réduit à l'état de squamules surnuméraires, membraneuses, très-petites, atteignant à peine la base des squames du péricline intérieur. Cette différence unique pourroit suffire peut-être à distinguer deux genres, ou au moins deux sous-genres, s'il y avoit un nombre d'espèces assez grand pour rendre cette distinction utile : mais, quant à présent, il convient de réunir les deux seules espèces connues dans un même genre, dont le caractère essentiel doit en conséquence être modifié, et pourra être réduit à la plus simple expression, de la manière suivante :

Ixeris. Péricline double : l'intérieur plus long, unisérié ; l'extérieur formé de cinq squames unisériées, tantôt très-grandes, tantôt très-petites. Clinanthe nu. Fruit oblong, abre, lisse, muni de dix côtes saillantes presque en forme d'ailes, et surmonté d'un col beaucoup plus court que la partie séminifère; aigrette de squamellules filiformes et simples. = Petites plantes caulescentes.

'Les deux espèces qui composent le genre *Ixeris*, habitent l'une le Népaul, et l'autre les îles Malouines : il nous semble que c'est un fait assez remarquable pour la géographie botanique.

L'*ixeris monocephala* se rapproche, plus que l'autre espèce, du genre *Taraxacum*, par son grand péricline extérieur, et par ses calathides solitaires sur de longs pédoncules scapiformes. (H. Cass.)

PHÆDRA et PHÆDRON. (*Bot.*) Plante des anciens rapporté à leur *hippuris* ou *equisetum*, qui paroît être une espèce de prêle, mais si peu clairement décrite, qu'il n'est permis de l'affirmer. (Lem.)

PHÆLLANDRIUM. (*Bot.*) Voyez Phellandrium. (Lem.)

PHÆNIXOPUS. (*Bot.*) Ce nouveau genre de plantes, que nous proposons, appartient à l'ordre des Synanthérées, à la tribu naturelle des Lactucées, et à notre section des Lactucées-Prototypes, dans laquelle nous le plaçons entre les deux genres *Lactuca* et *Mycelis*. Voici ses caractères :

Calathide incouronnée, radiatiforme, unisériée, subquinquéflore, fissiflore, androgyniflore. Péricline inférieur aux fleurs, long, étroit, oblong, formé d'environ dix squames appliquées, presque imbriquées : les cinq intérieures beaucoup plus longues, à peu près égales, subunisériées, se recouvrant par les bords, oblongues-lancéolées, membraneuses-foliacées; les cinq extérieures très-inégales, bi-trisériées, ovales ou ovales-lancéolées, foliacées. Clinanthe petit, plan, nu. Ovaires obovales, s'alongeant beaucoup après la fleuraison, en s'amincissant insensiblement vers le sommet; aigrette longue, blanche, molle, composée de squamellules très-nombreuses, filiformes, très-fines, à peine barbellulées.

Phænixopus a feuilles décurrentes : *Phœnixopus decurrens*, H. Cass.; *Prenanthes viminea*, Linn., *Spec. pl.*, édit. 3, pag. 1120. C'est une plante herbacée, très-glabre, à rameaux simples, très-droits, grêles, cylindriques, lisses, jaunâtres, garnis de feuilles; les feuilles inférieures sont pinnées-runcinées, étroites; celles qui garnissent les rameaux sont alternes.

distantes, petites, ovales, aiguës au sommet, très-entières, munies d'une forte nervure médiaire ; chacune de ces feuilles se prolonge inférieurement en deux appendices décurrens, beaucoup plus longs que la feuille proprement dite, souvent inégaux, larges, très-entiers, adhérens au rameau supérieurement, libres inférieurement, arrondis à l'extrémité ; dans l'aisselle de chaque petite feuille des rameaux naissent une, deux ou trois calathides, portées chacune sur un pédoncule court, grêle, garni de deux, trois ou quatre bractées alternes, rapprochées, presque imbriquées, ovales ; chaque calathide est composée de quatre à six fleurs, et le péricline est formé de dix à douze squames.

Nous avons fait cette description spécifique, et celle des caractères génériques, sur un échantillon sec, en très-mauvais état, de l'herbier de M. Desfontaines. Les fruits, malheureusement, n'étoient point mûrs, à beaucoup près, en sorte que nous n'avons pas pu savoir s'ils sont naturellement aplatis, ce qui est bien vraisemblable ; mais nous avons reconnu qu'ils ne sont pas vraiment collifères. Quant au péricline, il est certainement imbriqué plutôt que double.

Le *Phænixopus* est une plante annuelle, bisannuelle, ou vivace, à fleurs jaunes, que l'on trouve dans les terrains pierreux et montueux de la France méridionale, où elle fleurit en Juillet et Août. On en connoît deux variétés, ou peut-être deux espèces, distinctes : l'une (*Prenanthes viminea*, Linn.), à tige moins rameuse, et à feuilles inférieures ayant les divisions dentées ; l'autre (*Prenanthes ramosissima*, Alli.), à tige plus rameuse, et à feuilles inférieures ayant les divisions très-entières. Les tiges et rameaux de ces plantes sont, dit-on, enduits d'une gomme visqueuse et collante, que nous n'avons pas pu reconnoître sur l'échantillon sec. Le nom de *Phænixopus*, composé de trois mots grecs (φαίνω, ἰξός, πȣς), fait allusion à cette particularité, qui n'est pas moins remarquable que les décurrences des feuilles supérieures.

Il est évident que le *Phænixopus* ne peut pas être admis dans le genre *Prenanthes*, tel que nous l'avons défini (tom. XXXIV, pag. 96) ; et qu'il ne se rapporte guère mieux au genre *Prenanthes* des botanistes, bien moins restreint que le nôtre, mais qui doit avoir le péricline double, l'extérieur très-court. C'est pourquoi nous proposons le nouveau genre, intermédiaire entre le *Lactuca* et le *Mycelis*. Il ressemble au *Lactuca* par son péricline imbriqué ou presque imbriqué ; mais il en diffère par sa calathide unisériée, subquinquéflore, et par ses fruits non collifères. Il ressemble au *Mycelis* par sa calathide unisériée, subquinquéflore ; mais il en diffère par son péricline et par ses fruits. Le *Phœnixopus* a aussi des rapports d'affinité avec le *Mulgedium* et avec le *Launœa*.

Dans notre article LACTUCÉES (tome XXV, page 60), le groupe des Lactucées-Prototypes vraies, à aigrette barbellulée, se trouve composé des six genres *Picridium*, *Launœa*, *Sonchus*, *Lactuca*, *Chondrilla*, *Prenanthes*. Mais, depuis la publication de cet article, nous avons transféré le vrai genre *Chondrilla* dans la section des Crépidées, et le vrai genre *Prenanthes* dans celle des Hiéraciées ; et nous avons institué les nouveaux genres *Mulgedium*, *Mycelis*, *Phœnixopus*. Il en résulte que le groupe des Lactucées-Prototypes vraies est aujourd'hui composé de sept genres disposés ainsi : *Picridium*, *Launœa*, *Sonchus*, *Mulgedium*, *Lactuca*, *Phœnixopus*, *Mycelis*. Nous avons aussi établi un genre *Millina* dans la section des Scorzonérées, un genre *Nabalus* dans celle des Hiéraciées, un genre *Phœcasium* dans celle des Crépidées. Il nous reste à faire connoître un nouveau genre, qui appartient au même groupe que le *Phœcasium*, et dont le péricline offre, comme celui du *Phœnixopus*, une structure ambiguë, ou intermédiaire entre le péricline imbriqué et le péricline double.

PALEYA, H. Cass. (*Crepis albida*, Vill.). Calathide incouronnée, radiatiforme, multiflore, fissiflore, androgyniflore. Péricline campanulé, inférieur aux fleurs extérieures, double : l'extérieur formé de squames longues, inégales, plurisériées, comme imbriquées, presque entièrement appliquées, ovales-lancéolées ; l'intérieur plus long, formé de squames égales, unisériées, appliquées, oblongues-lancéolées. Clinanthe plan, alvéolé, à cloisons épaisses, charnues, dentées, bordées de poils courts. Ovaires oblongs, alongés, subcylindracés, striés ; fruits mûrs cylindracés, striés, surmontés d'un col presque aussi épais que la partie inférieure séminifère, et d'autant plus long qu'il appartient à un fruit plus voisin du centre de la calathide ; aigrette longue, blanche, composée de squamellules nombreuses, inégales, plurisériées, filiformes, menues, barbellulées. Corolles glabres.

M. De Candolle a rapporté cette plante au genre *Picridium*; mais cette attribution est tout-à-fait inadmissible. L'ovaire des vrais *Picridium*, que nous avons soigneusement observé, est absolument sessile, c'est-à-dire privé de pédicellule, et adhérent au clinanthe par toute la surface de sa large aréole basilaire; il est cylindracé, glabre, et n'offre d'abord que des côtes et nervures à peine prononcées, mal déterminées, peu ou point saillantes; en avançant en âge, cet ovaire ne s'alonge point, mais il s'épaissit beaucoup, et offre quatre sillons longitudinaux, étroits et profonds, séparant quatre énormes côtes très-larges, épaisses, arrondies, charnues, saillantes en dehors du péricarpe, ridées transversalement par des boursouflures et des étranglemens alternatifs; ces quatre côtes paroissent contenir chacune une nervure; elles s'élèvent d'abord, et leurs grosses boursouflures tuberculiformes ne se produisent que plus tard; il y a un très-petit bourrelet apicilaire cartilagineux, qui porte l'aigrette; le fruit mûr n'est pas sensiblement plus long que l'ovaire, et la graine remplit toute sa capacité; l'aigrette, longue au moins deux fois comme le fruit, blanche, soyeuse, est composée de squamellules très-nombreuses, inégales, plurisériées, flexueuses, filiformes, très-fines, amincies de bas en haut; leur partie inférieure est garnie de barbellules spinuliformes, coniques, fortes, souvent recourbées; la partie supérieure, qui est capillaire, n'a que des barbellules très-foibles, très-rares, très-distancées, presque nulles: cette aigrette, dont les squamellules sont un peu entregreffées à la base, se désarticule et se détache du fruit, en une seule pièce, comme l'aigrette de beaucoup de Carduinées. La corolle des *Picridium* porte, sur le haut du tube et le bas du limbe, de longs poils fins, flexueux, irrégulièrement articulés, et qui paroissent composés chacun de deux ou trois poils inégaux et entregreffés. Ajoutons que la structure du péricline des *Picridium* est fort différente de celle du *Paleya*.

La plante en question est réellement voisine, non pas du *Picridium*, mais bien des *Barkhausia, Hostia, Catonia, Crepis*, et elle offre un mélange des caractères propres à chacun de ces quatre genres. Elle a surtout la plus grande affinité avec le genre *Barkhausia*, auquel nous avions cru d'abord pouvoir l'attribuer (tom. XXVI, pag. 12 ). Cependant elle en diffère beaucoup, 1.° par le péricline, qui, au premier aperçu, paroît imbriqué, parce que les squames formant la rangée intérieure sont entourées d'autres squames longues, inégales, disposées sur plusieurs rangs, presque entièrement appliquées, et d'autant plus longues qu'elles sont moins extérieures; 2.° par les fruits, qui, en apparence, semblent privés de col, parce que ce col, formé par le prolongement de la partie supérieure, est presque aussi épais que la partie inférieure séminifère, d'où il résulte qu'il est peu distinct et peu reconnoissable extérieurement, quoique son existence soit bien certaine. Ces motifs nous engagent à proposer le genre *Paleya,* dédié à William Paley, estimable auteur d'un très-utile ouvrage, intitulé Théologie naturelle, dans lequel les preuves de l'existence et des attributs de la divinité sont tirées de l'histoire naturelle. Ce nouveau genre sera placé dans notre section des Lactucées-Crépidées (tom. XXV, pag. 62) entre le *Barkhausia* et le *Catonia.*

Selon M. Persoon, notre *Paleya* auroit une ressemblance, au moins extérieure, avec l'*Urospermum Dalechampii.* Cette dernière plante, cultivée au Jardin du Roi, nous a offert, en Juin 1824, une monstruosité fort remarquable, et qui mérite bien d'être ici proposée à l'attention des phytonomistes.

Le péricline étoit dans son état naturel, c'est-à-dire, plécolépide et divisé en huit segmens : mais il y avoit un péricline intérieur formé d'une multitude de squames unisériées, contiguës, libres, étroites, linéaires, aiguës, foliacées. Les fleurs contenues dans ce double péricline présentoient, avec plus ou moins de variations, la structure suivante : l'ovaire infère est réduit à un rudiment informe, presque nul; l'aigrette est composée de cinq squamellules subunisériées, dont deux sont linéaires, canaliculées, foliacées, velues, analogues aux squames du péricline intérieur; les trois autres sont beaucoup plus étroites, peu foliacées, et garnies sur les deux côtés de longs poils fins, ce qui les rapproche de la structure naturelle; il n'y a point de corolle, ni d'étamines, ou bien ces deux parties se confondent avec les squamellules altérées de l'aigrette, car je trouve souvent à leur place deux lames longues, étroites, linéaires, membraneuses-foliacées, velues supérieurement, pointues au sommet, entregreffées presque jusqu'en haut, analogues aux squamellules altérées de l'aigrette : le style est divisé jusqu'à sa base en deux branches, dont chacune se termine par un stigmatophore assez bien conformé, très-peu altéré ; entre ces deux branches du style et à leur base, je trouve un ou deux et jusqu'à sept ovules, grands, elliptiques, épais, succulens, charnus, blancs, dressés, attachés par la pointe à la base du style, entre ses deux branches ; quelquefois l'ovule est porté par un petit funicule, qui s'insère à côté de sa pointe basilaire ; et il contient toujours intérieurement, près de sa base, un petit corps qui représente l'embryon altéré.

Ce qu'il y a de plus remarquable dans cette monstruosité d'*Urospermum Dalechampii*, c'est que les ovules sont absolument découverts et nus dès l'origine, étant nés hors de l'ovaire et au-dessus de lui, à la base du style et entre ses deux branches. (H. Cass.)

PHÆOTIUM. (*Bot.*) Un des noms grecs anciens de la renoncule, cité par Mentzel. (J.)

PHAÉTON. (*Ornith.*) Les oiseaux vulgairement connus sous le nom de paille-en-queue ou paille-en-cul et d'oiseau du tropique, ont été nommés par Linné *Phaeton*, parce que, vu leur séjour habituel sous la zone brûlante que bornent les tropiques, ils semblent attachés au char du soleil. Ils ont pour caractères génériques : Un bec de la longueur de la tête, fort, comprimé par les côtés, foiblement incliné depuis son origine, pointu, à bords dentelés ; des narines étroites, situées près de la base du bec et à demi-closes par une membrane ; la langue très-courte ; la tête entièrement emplumée ; les pieds courts et placés un peu au-delà de l'équilibre du corps ; les quatre doigts engagés dans la même membrane ; la queue courte, mais les deux pennes intermédiaires formant deux brins ou filets très-longs, et qui de loin ressemblent à des pailles.

En général, les phaétons s'éloignent peu de la zone torride, et l'on n'en voit guères au-delà du 21.[e] parallèle sud ; aussi leur apparition indique-t-elle aux navigateurs leur prochain passage sous cette zone, de quelque côté qu'ils arrivent; mais cependant ils s'avancent quelquefois au large à plusieurs centaines de lieues. Ces oiseaux, comme l'ont observé MM. Quoy et Gaimard, dans leur voyage autour du monde sur l'Uranie, commandée par le capitaine Freycinet, ont une manière de voler, qui leur est particulière; ils semblent, par une sorte de tremblement, être exténués de fatigues et toujours sur le point de tomber. Ils s'abattent de fort haut, en s'abandonnant à leur propre poids, et saisissent le poisson sans plonger; mais lorsqu'ils poursuivent les exocets ou poissons volans, qui font leur principale nourriture, c'est en rasant la surface de la mer. Quand ils aperçoivent un navire, ils viennent le reconnoître en planant au-dessus. Les marins de l'Uranie ont essayé de vérifier si, comme on le prétendoit, en plaçant aux mâts un pavillon rouge, les phaétons s'en approcheroient au point de le béqueter; mais l'expérience ne leur a pas réussi, quoiqu'ils sussent qu'à l'île Bourbon on les faisoit venir sur la plage en agitant seulement un mouchoir de cette couleur.

Ces oiseaux se perchent, comme les cormorans, sur les arbres les plus élevés, et l'on croit même que, lorsqu'ils sont très-éloignés de toute terre, comme cela arrive souvent, la palmure entière de leurs pieds leur fournit les moyens de se reposer sur l'eau et d'y passer la nuit. C'est dans les trous des rochers escarpés, qu'ils font leur ponte, ou dans les creux d'arbres. Les jeunes, encore dans le nid, ramassés en boule et couverts d'un duvet d'une blancheur éclatante, ressemblent à des houppes à poudrer.

Les deux filets de la queue sont formés chacun d'une côte de plume presque nue, et seulement garnie de petites barbes très-courtes; ils ont jusqu'à vingt-deux ou vingt-quatre pouces de longueur, et tombent chaque année. Les habitans d'Otaïti et des autres îles voisines les ramassent dans les bois, et en forment des panaches pour leurs guerriers. Les Caraïbes des îles de l'Amérique, dit Buffon, se les passent dans la cloison du nez pour se rendre plus beaux ou plus terribles.

GRAND PHAÉTON; *Phaeton æthereus*, Linn. Cette espèce, de la taille d'un gros pigeon de volière, est représentée sur la planche enluminée de Buffon, n.° 998, sous le nom de paille-en-queue de Cayenne ; elle a environ deux pieds dix pouces de longueur de l'extrémité du bec à celle des deux brins, longs d'environ deux pieds. Son plumage est tout blanc, à l'exception de petites lignes noires en hachures sur le dos, le croupion, les scapulaires, les couvertures des ailes, et d'un trait noir en fer à cheval qui embrasse l'œil : les brins sont également blancs ; le bec et les pieds sont rouges. Cet oiseau, qui fréquente les côtes de l'Amérique septentrionale, se trouve aussi à la Nouvelle-Hollande, à l'île de l'Ascension et à Otaïti, où on l'appelle *langoo* et *to-olaiee*.

On regarde, comme une variété de cette espèce, le phaéton représenté dans les planches enluminées de Buffon, n.° 369, sous le nom de paille-en-queue de l'île de l'Ascension, *lepturus candidus*, Briss., dont la taille n'excède pas celle d'un petit pigeon commun, et qui, outre le fer à cheval noir sur l'œil, a aussi des taches noires sur les scapulaires et les grandes pennes. Le reste du plumage et les brins sont blancs ; le bec est jaunâtre ainsi que les pieds ; les ongles et les membranes sont noirs. Le père Feuillée dit que son nid ne contient que deux œufs bleuâtres, et un peu plus gros que ceux de pigeon.

Phaéton a brins rouges ; *Phaeton phœnicurus*, Gmel. et Lath., pl. enl., n.° 979. On voit aussi le trait noir en fer à cheval autour de l'œil de cet oiseau, dont la longueur totale est de deux pieds six pouces, mais il n'a que quelques taches noires sur l'aile près du dos ; les brins et le bec sont d'un rouge rosé ; les pieds sont noirs. Cette espèce, qui se trouve aux terres australes, est commune à l'Isle-de-France, où elle fait, dans les trous des petits îlots, un nid qui contient deux œufs d'un blanc jaunâtre, marqués de taches rousses.

Le *Phaeton melanorhynchos*, Linn. et Lath. (que M. Vieillot appelle Phaéton a bec et pieds noirs), est regardé par M. Temminck comme un individu encore très-jeune. Il n'a que dix-neuf pouces de longueur totale. Outre le croissant noir qui s'étend sur ses yeux, et dont un trait passe au-dessous, tout le dessus du corps et les pennes alaires et caudales sont couverts de stries de la même couleur. Le front et le dessous du corps sont blancs ; le bec et les pieds sont noirs. On a trouvé cet oiseau dans les mers du Sud. (Ch. D.)

PHAETUSE, *Phaetusa.* (*Bot.*) Genre de plantes dicotylédones, à fleurs composées, de la famille des *corymbifères*, de la *syngénésie polygamie superflue* de Linnæus, offrant pour caractère essentiel : Un calice presque cylindrique, à folioles imbriquées, recourbées à leur sommet ; les fleurs presque radiées, à fleurons dans le centre, tous hermaphrodites ; un ou deux demi-fleurons femelles à la circonférence ; cinq étamines syngénèses ; un style ; deux stigmates recourbés ; les semences hispides, sans autre aigrette que quelques poils courts ; deux plus alongés, semblables à des arêtes ; le réceptacle garni de paillettes.

Ce genre a été établi par Gærtner pour une plante placée d'abord parmi les *siegesbeckia* ; mais dans ce dernier genre il existe un double calice, l'extérieur composé de cinq grandes folioles.

PHAÉTUSE D'AMÉRIQUE : *Phaetusa americana*, Gærtn., *De fruct.*, tab. 169, 3 ; Lamk., *Ill. gen.*, tab. 689 ; *Siegesbeckia occidentalis*, Linn.; *Chrysanthemum americanum*, etc.; Pluken., *Phyt.*, tab. 342, fig. 6. Cette plante s'élève quelquefois jusqu'à la hauteur de quinze ou dix-huit pieds, sur une tige droite, presque quadrangulaire, parcourue, dans toute sa longueur, par quatre membranes courtes, non interrompues. Les feuilles sont grandes, opposées, pétiolées, ovales, lancéolées, aiguës, dentées en scie, marquées de trois nervures, un peu pubescentes, particulièrement à leur face inférieure, courantes sur leur pétiole. Les fleurs sont disposées en un corymbe terminal, fort ample, très-ramifié. Leur calice est oblong, à plusieurs folioles placées sur deux rangs, obtuses, inégales, réfléchies en dehors à leur sommet. Les fleurs sont d'un jaune pâle ; les fleurons hermaphrodites, velus extérieurement ; les anthères noirâtres et saillantes ; les fleurs femelles, à demi-fleurons, situées d'un seul côté à la circonférence, souvent solitaires sur chaque fleur, quelquefois au nombre de trois ou quatre ; la languette ovale, rétrécie à ses deux extrémités, divisées en deux très-petites dents ; les semences oblongues, presque tronquées au sommet, velues, sans aigrette ; le réceptacle garni de paillettes linéaires, aiguës, plus longues que le calice, à peine distinctes de ses folioles. Cette plante croît en Amérique, dans la Virginie. (POIR.)

PHAGNALE, *Phagnalon.* (Bot.) Ce genre de plantes, que nous avons proposé dans le Bulletin des sciences de Novembre 1819 ( pag. 173 ), appartient à l'ordre des Synanthérées , à notre tribu naturelle des Inulées, et à la section des Inulées-Gnaphaliées , dans laquelle nous l'avons placé (tom. XXIII , pag. 561 ) auprès du genre *Gnaphalium.* Voici ses caractères, tels que nous les avons observés, principalement sur le *Phagnalon subdentatum* , considéré par nous comme le type de ce genre.

Calathide oblongue , discoïde : disque multiflore, régulariflore , androgyni-masculiflore ; couronne large , multisériée, multiflore , tubuliflore, féminiflore. Péricline égal aux fleurs, ovoïde-cylindracé ; formé de squames nombreuses, régulièrement imbriquées , appliquées, oblongues, coriaces, uninervées, surmontées d'un appendice décurrent, oblong ou lancéolé, scarieux, roussâtre. Clinanthe large, planiuscule, fovéolé, réticulé, à réseau papillulé. Ovaires pédicellulés, oblongs, grêles, cylindriques, poilus, munis d'un bourrelet basilaire ; aigrette des ovaires du disque très-longue, composée au plus de dix squamellules unisériées, distancées, égales, ayant la partie inférieure longue, droite, filiforme-laminée, membraneuse, linéaire, à bords crénelés ou denticulés, et la partie supérieure hérissée de barbellules nombreuses, longues et fortes ; aigrette des ovaires de la couronne à peu près semblable, mais moins régulière. Corolles de la couronne longues, très-grêles , tubuleuses, dentées au sommet. Corolles du disque à tube très-long, grêle , muni de quelques poils. Anthères privées d'appendices basilaires. Style androgynique à stigmatophores arrondis au sommet. = Petits arbustes tomenteux, blanchâtres, à feuilles alternes, entières, et à pédoncules terminaux , solitaires, longs, grêles, ordinairement monocalathides, habitant principalement la région méditerranéenne.

PHAGNALE A FEUILLES DENTÉES : *Phagnalon subdentatum* , H. Cass., Dict., *hic* ; *Phagnalon saxatile*, H. Cass. , Bull. soc. philom., Novembre 1819, pag. 174 ; *Conyza saxatilis*, Linn., *Sp. pl.*, édit. 5 , pag. 1206. Arbuste haut d'environ un pied et demi ; tige grêle, cylindrique, tortueuse ; rameaux simples, étalés, droits, grêles, tomenteux, blancs ; feuilles alternes, sessiles, demi-amplexicaules, étalées, longues d'environ quinze lignes, étroites, oblongues-lancéolées, étrécies inférieurement, bordées de quelques dents, uninervées, glabriuscules et vertes en dessus, tomenteuses et blanchâtres en dessous; calathides longues d'environ six lignes, solitaires au sommet des rameaux, dont la partie supérieure est nue, très-grêle, roide, pédonculiforme; corolles blanc-jaunâtres.

Nous avons fait cette description sur un individu vivant, cultivé au Jardin du Roi.

Le *Phagnalon subdentatum* habite l'Europe méridionale, la Palestine et la Barbarie. On le trouve en Provence, sur les rochers et sur les murs; il y fleurit en Mai.

PHAGNALE A CALATHIDES TERNÉES : *Phagnalon tricephalum*, H. Cass.; *Gnaphalium sordidum*, Linn., *Sp. pl.*, édit. 3, pag. 1193; *Conyza sordida*, Linn., *Mant.*, 466. Cette seconde espèce habite les mêmes lieux que la première, dont elle diffère par ses feuilles très-entières, par ses calathides ordinairement rassemblées au nombre de trois sur chaque pédoncule, et par les squames du péricline moins étroites, moins aiguës, et plus serrées.

- PHAGNALE DE LAGASCA : *Phagnalon Lagascœ*, H. Cass.; *Conyza intermedia*, Lag., *Gen. et spec. pl.*, pag. 28, n.° 358. C'est un très-petit arbuste, de quatre à cinq pouces, à feuilles linéaires, roulées en dessous par les bords, et tomenteuses surtout à la face inférieure ; les pédoncules sont alongés et terminés par une seule calathide ; les squames du péricline sont aiguës, étalées, ondulées. Cette plante habite l'Espagne méridionale, où on la trouve dans les lieux arides et stériles, et dans les fentes des roches calcaires. M. Lagasca, qui a signalé cette espèce, dit qu'elle semble être intermédiaire entre les *Conyza saxatilis* et *rupestris* de Linné.

PHAGNALE A FEUILLES SPATULÉES : *Phagnalon spathulatum*, H. Cass. ; *Conyza rupestris*, Linn., *Mant.*, 113. Celui-ci est, comme les trois autres, un petit arbuste, dont la tige est tomenteuse, ainsi que les feuilles; celles-ci sont spatulées, un peu convexes, presque dentées, ou plutôt ondulées sur les bords, velues surtout en dessous, mais finissant par devenir presque nues sur les deux faces ; les pédoncules sont alongés, monocalathides ; les squames du péricline sont serrées et un peu obtuses. Cette plante, qui exhale une odeur forte et désagréable, habite l'Arabie et la Barbarie.

Notre *Phagnalon* paroît être, sous quelques rapports, exactement intermédiaire entre le genre *Conyza*, tel que nous l'avons défini dans ce Dictionnaire (tom. X, pag. 3o5), et le genre *Gnaphalium*, tel qu'il a été limité par M. R. Brown, dans ses Observations sur les Composées. On peut le considérer, si l'on veut, ou comme un genre distinct, ou seulement comme un sous-genre du *Gnaphalium*. Quoi qu'il en soit, le *Phagnalon* diffère du *Gnaphalium*, 1.° par le clinanthe fovéolé, réticulé, à réseau papillulé ; 2.° par l'aigrette composée au plus de dix squamellules unisériées, distancées ; à partie inférieure longue, droite, filiforme-laminée, membraneuse, linéaire, crénelée ou denticulée sur les bords ; à partie supérieure hérissée, surtout dans les aigrettes du disque, de barbellules nombreuses, longues et fortes ; 3.° par les corolles du disque, qui sont parsemées de poils ; 4.° par les anthères dépourvues d'appendices basilaires ; 5.° par le style androgynique, à stigmatophores arrondis au sommet. Le *Phagnalon* diffère du *Conyza*, principalement en ce que l'appendice des squames du péricline est scarieux dans le *Phagnalon*, tandis qu'il est foliacé dans le *Conyza*, en ce que les anthères sont dépourvues dans le *Phagnalon* des appendices basilaires, qui existent très-manifestement dans le *Conyza*, et en ce que la couronne de la calathide est large, multisériée, multiflore dans le *Phagnalon*, au lieu d'être sub-unisériée, comme dans le *Conyza*. Nous avons dû certainement placer le *Phagnalon* auprès du *Gnaphalium*, dans la section des Inulées-Gnaphaliées, plutôt qu'auprès du *Conyza*, dans la section des Inulées-Prototypes. Cependant le *Phagnalon* est un peu anomal parmi les Inulées-Gnaphaliées, parce qu'il a les stigmatophores arrondis au sommet, comme les Inulées-Prototypes, et les anthères privées d'appendices basilaires, à peu près comme les Inulées-Buphthalmées.

Les anciens botanistes rapprochoient avec raison les *Phagnalon* des *Gnaphalium*. Linné, qui les avoit d'abord imités sur ce point, en rapportant les *Phagnalon* au genre *Gnapha-*

*lium*, a mal à propos changé d'avis, pour attribuer les *Phag-nalon* au genre *Conyza;* et cette dernière attribution, évidemment moins conforme que la première aux affinités naturelles, est pourtant généralement adoptée aujourd'hui, parce que les botanistes semblent être convenus entre eux tacitement d'entasser pêle-mêle dans leur genre *Conyza*, la plupart des espèces hétérogènes qui ne peuvent pas s'incorporer aussi facilement dans les autres genres, caractérisés et limités avec un peu plus de précision. Nous avons démontré, dans notre article Conyze ( tom. X, pag. 3o5 ). que, pour faire cesser cet intolérable abus, et pour débrouiller ce monstrueux chaos, qui est la honte de la Synanthérographie, il faut absolument reconnoître pour le vrai type du genre *Conyza*, la *Conyza squarrosa* de Linné, et adopter les caractères génériques que nous avons proposés dans l'article cité, après les avoir soigneusement observés sur cette plante. Nous lisons avec étonnement, dans l'Histoire des arbres et arbrisseaux, par M. Desfontaines (tom. 1.er, pag. 291), que le clinanthe de la *Conyza squarrosa* est garni de squamelles. L'auteur ne peut avoir observé ce caractère que sur des calathides monstrueuses. M. De Candolle a commis une autre erreur non moins grave, en disant dans la Flore françoise ( tom. 4, pag. 139), et dans le *Synopsis* ( pag. 279 ), que les fleurs de la couronne sont femelles-stériles, c'est-à-dire neutres. ( H. Cass.)

PHAGORIO. ( *Ichthyol.* ) Un des noms *italiens* du *pagre* ordinaire. Voyez Pagre. (H. C.)

PHAGRE. (*Ichthyol.*) Voyez Pagre. (H. C.)

PHAGROS. (*Ichthyol.*) Le poisson désigné par Aristote, sous le nom de φαγρος, paroît être le *pagre ordinaire.* Voyez Pagre. (H. C.)

PHAGUS. (*Bot.*) Nom grec ancien d'une espèce de chêne, qui est l'*æsculus* de Pline, *quercus æsculus* de Linnæus. (J.)

PHAIE. (*Bot.*) Voyez Phajus. (Lem.)

PHAISAN. (*Ornith.*) Ancienne orthographe du mot *faisan.* ( Ch. D.)

PHAISAN BELLES COULEURS DE LA CHINE. (*Ornith.*) Le faisan doré, *phasianus pictus*, Linn., est ainsi nommé dans Edwards. (Ch. D.)

PHAISAN DE CARASOW. (*Ornith.*) L'oiseau qu'Albin appelle ainsi, est le hocco de Curassow, *crax globicera*, Lath. (Ch. **D.**)

PHAISAN DE MER. (*Ornith.*) Albin désigne par ce nom le canard à longue queue, *anas acuta*, Linn. (Ch. **D.**)

PHAISAN ROUGE DE LA CHINE. (*Ornith.*) C'est dans Albin le faisan doré, *phasianus pictus*, Linn. (Ch. **D.**)

PHAJUS. (*Bot.*) Genre que Loureiro avoit établi pour une très-belle plante de la Chine, qui est le *Limodorum Tankervillæ*, Ait., *Hort. Kew.*, vol. 5, tab. 12. Voyez Limodore de Chine. (Poir.)

PHALACRE, *Phalacrus*. (*Entom.*) Nom donné par M. Latreille à un genre d'insectes coléoptères, comprenant quelques espèces tétramérées qu'il a séparées des anisotomes d'Illiger et de Fabricius, et du genre Antribe de Geoffroy et d'Olivier. M. Latreille a rangé la seule espèce, qu'il indique *anisotoma bicolor* de Fabricius, dans la famille des érotyles, qu'il nomme celle des clavipalpes. Voyez Antribe et Anisotome. (C. **D.**)

PHALACROCORAX. (*Ornith.*) Brisson donne ce nom générique, qui signifie corbeau chauve, aux cormorans, que Meyer appelle *carbo* et Illiger *halieus*. Mœhring applique le nom de phalacrocorax au bec-en-ciseaux. (Ch. **D.**)

PHALACROLOME, *Phalacroloma*. (*Bot.*) Ce nouveau genre de plantes que nous proposons, appartient à l'ordre des Synanthérées, à notre tribu naturelle des Astérées, à la section des Astérées-Prototypes, et au groupe des Érigérées, à la fin duquel nous le plaçons, en le mettant à la suite du genre *Stenactis*, dont il diffère par l'aigrette des ovaires de la couronne, qui est simple et représente seulement la petite aigrette extérieure des ovaires du disque. Voici les caractères du nouveau genre, tels que nous les avons observés sur la *Phalacroloma obtusifolia*.

Calathide radiée : disque multiflore, régulariflore, androgyniflore; couronne unisériée, multiflore, liguliflore, féminiflore. Péricline subcampanulé, à peu près égal aux fleurs du disque : formé de squames bi-trisériées, à peu près égales pour la plupart, appliquées, oblongues-lancéolées, aiguës, foliacées, membraneuses sur les bords. Clinanthe

large, un peu convexe, absolument nu. *Fleurs du disque :*
Ovaire oblong, hispidule, muni d'un petit bourrelet basilaire; aigrette double; l'extérieure très-courte, stépha-
noïde, continue, cupuliforme, membraneuse, découpée
supérieurement en une multitude de dents subulées; l'intérieure très-longue, composée de squamellules filiformes,
barbellulées. Corolle glabre, à tube très-court et notablement plus étroit que le limbe, dont il est bien distinct;
à limbe très-long, cylindrique, divisé au sommet en cinq
lobes courts, aigus. Étamines à filets libérés au sommet du
tube de la corolle, à anthères privées d'appendices basilaires. Style à deux stigmatophores très-obtus au sommet.
*Fleurs de la couronne :* Ovaire et aigrette extérieure comme
dans les fleurs du disque; mais aigrette intérieure absolument nulle. Corolle à languette très-longue, un peu étroite,
linéaire, échancrée ou bidentée au sommet (probablement),
point jaune.

PHALACROLOME A FEUILLES OBTUSES : *Phalacroloma obtusifolia*,
H. Cass. Tige herbacée, cylindrique, un peu anguleuse,
striée, à peine hispidule, dressée, simple, ramifiée supérieurement en une panicule très-lâche; feuilles alternes,
distantes, sessiles, oblongues, étrécies vers la base, obtuses
et un peu apiculées au sommet, très-entières sur les bords,
hispidules sur les deux faces; calathides disposées en une
panicule terminale très-lâche; péricline hispide; corolles du
disque blanchâtres, jaunes au sommet; corolles de la couronne à languette probablement blanche, mais paraissant
jaune sur l'échantillon sec.

Nous avons fait cette description spécifique, et celle des
caractères génériques, sur un échantillon sec, incomplet
et en très-mauvais état, qui se trouve dans l'herbier de M.
Desfontaines, où il est étiqueté avec doute *Erigeron carolinianum* ou *hyssopifolium*.

PHALACROLOME A FEUILLES POINTUES : *Phalacroloma acutifolia*,
H. Cass., Dict., *hic; Diplopappus dubius*, H. Cass., Dict., tom.
XIII, pag. 309; *Erigeron annuum*, Pers.; *Aster annuus*, Linn.
Cette seconde espèce se trouve déjà décrite dans notre ar-
ticle DIPLOPAPPUS, auquel nous renvoyons nos lecteurs.

Nous avions remarqué dans cet article (pag. 310) que l'aigrette intérieure étoit absolument nulle sur les fruits de la couronne de l'*Aster annuus*, Linn. C'est pourquoi, dans l'analyse de notre tableau des Astérées, inséré à la suite de l'article PAQUEROLLE, nous avons dit, en caractérisant le genre *Stenactis*, que l'aigrette intérieure étoit quelquefois avortée sur les ovaires de la couronne. Nous pensions alors qu'il étoit inutile de fonder sur cette seule différence un nouveau genre, qui n'auroit eu qu'une espèce. Mais depuis, ayant observé une autre espèce qui présente le même caractère, il nous semble convenable aujourd'hui de proposer le genre ou sous-genre *Phalacroloma* comme suffisamment distinct du *Stenactis*, dont il diffère en ce que les fruits de la couronne n'ont que la petite aigrette extérieure. Ce caractère distinctif est exprimé par le nom générique, composé de deux mots grecs, qui signifient *bordure chauve*.

Les caractères génériques proprement dits sont tous en parfaite concordance dans les deux espèces de *Phalacroloma*; car on doit faire abstraction de quelques différences très-légères qu'on peut y trouver, et qui ne portent que sur de menus détails tout-à-fait étrangers aux caractères vraiment essentiels du genre, quoique, selon notre usage, nous les ayons mentionnés dans la description générique.

Ce genre n'est pas de la même tribu naturelle que les *Pulicaria* et *Jasonia*; mais il leur ressemble beaucoup par les caractères techniques, auxquels Gærtner s'étoit arrêté en rapportant l'*Aster annuus*, Linn., à son genre *Pulicaria*. Nous devons même avouer que la conformation ambiguë des stigmatophores de la *Phalacroloma obtusifolia*, et quelques autres apparences trompeuses, nous avoient d'abord induit à croire que cette plante étoit une inulée-prototype voisine des *Pulicaria*, *Jasonia*, etc. Mais nous avons été bientôt détrompé, en observant la forme de la corolle staminée, et surtout la structure des étamines, dont les filets sont libérés au sommet du tube de cette corolle, et dont les anthères sont privées d'appendices basilaires. D'ailleurs, s'il pouvoit rester quelque doute, il seroit complétement détruit par l'affinité manifeste de notre plante avec l'*Aster annuus* de Linné, qui est bien certainement une Astérée. Enfin, nous avions déjà remarqué, dans notre premier Mémoire sur les

Synanthérées (Journ. de phys., tom. 76, pag. 125 et 181),
que les *Erigeron* sembloient être intermédiaires, quant à la
structure du style, entre la tribu des Astérées, à laquelle
nous avons dû les rapporter, et celle des Inulées, qui est
immédiatement voisine.

La plante en question est-elle l'*Erigeron carolinianum* de
Linné, ou l'*Erigeron hyssopifolium* de Michaux? M. Nuttal
rapporte ces deux plantes à son genre *Erigeron*, auquel il
attribue l'aigrette double, et qui correspond ainsi à notre
*Stenactis*. Il divise ce genre en deux sections, caractérisées
l'une par la tige simple, l'autre par la tige paniculée ou
rameuse. Il place l'*Erigeron carolinianum* parmi les espèces
à tige simple, mais en doutant qu'il appartienne réellement
à ce genre, parce qu'il n'est pas certain que son aigrette
soit double. Quant à l'*Erigeron hyssopifolium*, il l'admet sans
difficulté, et le place parmi les espèces à tige paniculée ou
rameuse.

Les rapports apparens du *Phalacroloma* avec les *Pulicaria*
et *Jasonia* peuvent nous autoriser à remplir ici une lacune
que nous regrettions de laisser dans notre article sur ce dernier genre, où nous avons indiqué ( tom. XXIV, pag. 201 )
la *Jasonia discoidea*, sans pouvoir la décrire.

*Jasonia discoidea*, H. Cass. (*Inula chrysocomoides*, Poir.).
Plante probablement herbacée ; tige dressée, grêle, dure,
cylindrique, striée, plus ou moins pubescente, ramifiée supérieurement en panicule ; feuilles alternes, sessiles, longues
d'environ neuf lignes, larges d'environ une ligne, linéaires-
lancéolées, très-entières, pubescentes sur les deux faces,
dont l'inférieure est parsemée de glandes ; la base de la feuille
ordinairement prolongée en deux petites oreillettes décurrentes sur la tige ; calathides nombreuses, disposées en panicule terminale ; corolles du disque et de la couronne, jaunes.
=Calathide discoïde : disque multiflore, régulariflore, androgyniflore ; couronne unisériée, liguliflore ( non radiante),
féminiflore. Péricline égal aux fleurs, formé de squames pau-
cisériées, inégales, imbriquées, appliquées, étroites, lancéolées, aiguës, coriaces-foliacées, membraneuses sur les bords.
Clinanthe large, plan, nu, peut-être un peu alvéolé. Fruits
du disque et de la couronne obovales-oblongs, comprimés ,

très-velus, munis d'un bourrelet basilaire, et portant une double aigrette : l'extérieure courte, blanche, composée de squamellules unisériées, inégales, laminées, ordinairement subulées, souvent entregreffées à la base; l'intérieure longue, rougeâtre, composée de squamellules nombreuses, inégales, filiformes, très-barbellulées. Anthères pourvues de longs appendices basilaires subulés. Corolles de la couronne ( pas plus longues que celles du disque ) à languette plus courte que le tube, large, tridentée, parsemée de glandes.

Nous avons fait cette description sur un échantillon sec de l'herbier de M. Desfontaines, étiqueté *Inula chrysocomoides*, Poir., et avec doute *Erigeron carolinianum*. C'est indubitablement la même plante qui a été cultivée au Jardin du Roi sous le faux nom d'*Erigeron longifolium*, et dont nous avions alors étudié les caractères génériques, mais en négligeant d'observer ses caractères spécifiques. C'est probablement aussi l'*Erigeron longifolium* de M. Nuttal, auquel il attribue l'aigrette double; mais ce n'est certainement point le véritable *Erigeron longifolium* de MM. Desfontaines et Persoon, qui appartient à la tribu des Astérées et au vrai genre *Erigeron*, qui a l'aigrette parfaitement simple, et dont nous avons décrit les caractères génériques dans l'analyse de notre tableau des Astérées, inséré à la suite de l'article PAQUEROLLE.

La *Jasonia discoidea* se rapproche des vraies *Pulicaria*, parce que les squamellules de son aigrette extérieure sont souvent entregreffées à la base. Les fruits de l'échantillon sec nous ont paru comprimés; mais cette compression des fruits n'étoit peut-être qu'une fausse apparence, résultant de la pression subie par les calathides desséchées. Nous sommes d'autant plus disposé à douter de la réalité de cette compression, que l'ovaire est dit *cylindrique*, dans la description des caractères génériques, faite autrefois par nous sur un individu vivant de cette même espèce, et que nous retrouvons dans un des nombreux et volumineux recueils de nos observations manuscrites. Nous lisons, dans cette ancienne description, que le péricline est hémisphérique, que le clinanthe est alvéolé, à cloisons charnues, dentées, et que l'ovaire est pédicellulé, *cylindrique*, hispide, portant une aigrette

double, dont l'extérieure est courte, et composée de squamellules subunisériées, inégales, irrégulières, filiforme-
laminées. Tout le reste s'accorde parfaitement avec la nouvelle description. ( H. Cass.)

PHALÆNA. ( *Entom.* ) Nom latin des lépidoptères du
genre Phalène. (Desm.)

PHALÆNULA. (*Entom.*) Nom donné par M. Meigen à
un genre d'insectes diptères, que M. Latreille avoit fondé
anciennement sous la dénomination de Psychode. M. Meigen
avoit aussi lui-même changé la désignation de *phalænula* en
celle de *trichoptera* en dernier lieu. (Desm.)

PHALANGE, *Phalanx*. (*Entom*.) Ce mot est pris généralement, en grec φαλαυγίον, en latin *phalanx, phalangium*,
comme synonyme des araignées qui ont de grandes pattes formant des angles bien rangés. Moufet a donné sur ce sujet
une dissertation fort savante, liv. 2, chap. 12, page 217;
mais il applique le nom de phalangie aux seules espèces
d'araignées qu'il regarde comme venimeuses. Voyez l'article
Araignée. (C. D.)

PHALANGER. (*Mamm.*) Buffon ne connut qu'imparfaitement l'animal, auquel il donna ce nom à cause du caractère
remarquable qu'il lui présentait. Dans cette espèce les deux
doigts qui suivent le pouce, aux pieds de derrière, sont réunis
par une membrane jusqu'à la phalange onguéale qui seule
reste libre. Depuis, ce nom est devenu générique; et enfin,
les espèces comprises parmi les phalangers étant, les unes pourvues d'une queue prenante, les autres de membranes étendues
entre les flancs; celles-ci d'un système de dentition plus
simple que celles-là, cette dénomination a été restreinte
aux espèces qui se réunissoient sous l'un ou sous l'autre de
ces caractères. Malheureusement les auteurs ne sont pas
d'accord dans l'application qu'ils en font. L'analogie parfaite
qu'on a cru apercevoir entre les phalangers et les écureuils,
les uns et les autres renfermant des espèces pourvues de
membranes sur les flancs et des espèces privées de ces membranes, est la cause principale des erreurs qui ont été com-
mises dans la classification ou l'établissement des rapports
de ces animaux. Cette considération seule détermina Shaw
à fonder, sur le premier phalanger volant qu'il connut, son

genre Petaurus ( *Nat. Miscell.* ), genre qu'il supprima ensuite, pour faire de son *Petaurus taguanoides*, son *Didelphis
petaurus*, mais que M. de Lacépède restitua par les mêmes
raisons qui avaient primitivement déterminées Shaw ; seulement il donna le nom de Phalanger aux *Petaurus*, et celui
de Coëscoës aux Phalangers. Depuis, les noms de Shaw ont
été rétablis, sans que rien ait changé aux vues qui l'avoient
conduites.

Tous les phalangers, en comprenant sous ce nom les Phalangers et les Coëscoës de feu de Lacépède, ont cela de commun, qu'ils appartiennent à la famille des marsupiaux, et
que le nombre, la forme, et les relations de leurs doigts
sont les mêmes ; du reste, ils présentent des différences nombreuses et capitales.

Nous partirons, comme nous l'avons toujours fait, de la
structure des dents, pour établir les premières divisions parmi
ces animaux ; et ces divisions ne correspondent point à celles
qui ont été établies d'après les modifications des organes du
mouvement ; modifications, dont je ne ferai usage que pour
des divisions d'un ordre secondaire. Toutes les analogies sont
en faveur de ce mode de classification. En effet, il n'y a aucun exemple dans la classe des mammifères, qu'on ait pu réunir dans le même groupe générique des espèces pourvues de
dents différentes, et dont les têtes ne seroient pas formées
d'après le même système général. Or, en réunissant les espèces pourvues des mêmes dents, on réunit celles qui ont la
même structure de tête ; tandis qu'on arrive à un résultat
tout-à-fait contraire, lorsqu'on prend les organes du mouvement pour caractériser les premières divisions. D'ailleurs, dans
toutes les autres familles de mammifères, nous voyons que les
modifications des organes du mouvement ne sont que d'un
ordre secondaire ; la famille des civettes et celle des mar-
tres nous montrent tous les degrés intermédiaires entre les
digitigrades les plus parfaits et les plantigrades les plus com-
plets. Et, quoique les inductions dans toutes les sciences
d'observations soient les guides les plus fidèles, ceux qui nous
égarent le moins, nous pourrions, s'il était nécessaire, nous
aider du raisonnement pour montrer qu'une membrane de
plus ou de moins, étendue sur les flancs, ne peut que modi-

fier assez légèrement le naturel de certains animaux; mais nous avons pour cela les exemples des écureuils; et ce qui ajoute encore à leur force, c'est que la tête de l'écureuil volant diffère beaucoup de celle des autres écureuils, ce qu'on n'observe pas pour les têtes des phalangers pourvus des mêmes dents.

Par ces raisons qui nous paroissent péremptoires, nous réunissons dans un premier genre les PHALANGERS, dont les dents mâchelières sont simples, comparées à celles des autres qui formeront un second genre, celui des PETAURUS; et chacun d'eux sera subdivisé en espèces pourvues d'une queue prenante, et en espèces pourvues de membranes sur les flancs.

## I. DES PHALANGERS.

Ces animaux, dans leur état de nature, ont fait le sujet de très-peu d'observations. On ne les connoît guères encore que par les caractères organiques tirés de leurs dépouilles, et c'est sur les individus conservés dans les cabinets de zoologie, que repose à peu près toute leur histoire.

Valentin est le voyageur le plus ancien, et en même temps celui qui nous parle avec le plus de détails de ces singuliers mammifères, et si nous pouvons étendre à toutes les espèces, ce qu'il nous dit de son Coëscoës, qui paroît être le Phalanger roux, nous conclurons que les phalangers vivent au fond des bois, sur les arbres épais dont ils mangent les feuilles et les fruits; que leur timidité est extrême, et que, dans leur effroi, ils répandent une urine extrêmement fétide; que leurs moyens de défense consistent plutôt dans leurs ongles que dans leurs dents; mais que c'est principalement en fuyant avec agilité sur les arbres, qu'ils échappent à leurs ennemis. Enfin, qu'étant pris jeunes, ils s'apprivoisent avec facilité. D'un autre côté, Vicq-d'Azyr rapporte, d'après un chirurgien de la marine au port Jackson, nommé Rollin, que l'une des espèces qui se rapportent à ce genre (le Phal. Renard), habite des terriers et se nourrit de petit gibier, ce qui est contre toute vraisemblance, si le récit de Valentin est exact: des espèces d'un même genre peuvent rechercher des abris et des retraites différens, mais leur nourriture est nécessairement la même.

L'organisation des phalangers est mieux connue que leur naturel. Leur forme générale est très-ramassée ; la partie cérébrale de leur tête est large et arrondie, et leur museau assez peu saillant. Leurs membres antérieurs sont beaucoup plus courts que les postérieurs, et leur train de derrière est terminé par une longue queue. A ces proportions épaisses se joignent des mouvemens lents et embarrassés, ce qui annonce une activité bornée, et peu d'influence dans l'économie générale à laquelle ils prennent part. L'étude détaillée des organes confirme ces premières indications. Les dents sont au nombre de trente-huit : vingt supérieures (six incisives, quatre canines et dix mâchelières, dont deux fausses molaires et huit molaires), et dix-huit inférieures (deux incisives, point de canines et seize mâchelières, dont huit fausses molaires et huit molaires). Toutes les molaires sont formées de quatre tubercules disposés par paires, et leur forme générale est alongée, excepté la fausse molaire, voisine des vraies molaires aux deux mâchoires, qui est une dent épaisse, triangulaire et pointue, les autres sont rudimentaires. Les incisives moyennes supérieures dépassent les quatre autres, et sont un peu crochues ; les inférieures sont deux longues dents penchées en avant et fort épaisses, et les deux, qui suivent de chaque côté, sortent à peine des gencives. Les canines sont rondes, crochues, et les antérieures sont plus grandes que les postérieures. (Des dents, considérées comme caractères zoologiques, pl. 41, pag. 130.)

Les membres antérieurs sont terminés par cinq doigts libres, armés d'ongles crochus, assez forts, et leur grandeur relative suit l'ordre normal. Les pieds de derrière ont aussi cinq doigts ongulés excepté le pouce, qui est en outre fortement séparé des autres, et leur est opposable ; et les deux doigts, qui suivent le pouce, sont réunis en un seul jusqu'à la dernière phalange, ce qui fait paroître ce doigt pourvu de deux ongles. Le dessous de la plante et de la paume est nu et revêtu d'une peau très-douce.

Les yeux sont grands et saillans, et leur pupille ronde, se ferme entièrement à une vive lumière ; les narines sont environnées d'un mufle ; la langue est très-douce ; les oreilles externes de forme elliptique sont fort étendues, aussi leur ouïe

paroît-elle être très-délicate. Les moustaches sont longues,
fortes et nombreuses, et outre celles dont la lèvre supérieure
est garnie, on en trouve un pinceau au-dessus de l'œil. Le
pelage est épais et généralement d'apparence laineuse.

Les parties génitales se montrent à l'extérieur, chez le mâle
par un scrotum suspendu à un long pédicule, et par une
verge dirigée en arrière ; chez la femelle, par une vulve très-
simple et une poche abdominale, où sont renfermées quatre
mamelles. Une petite poche glanduleuse se trouve en outre
de chaque côté de l'anus.

Comme nous l'avons dit, on n'a point d'observations sur l'u-
sage particulier que ces animaux font des organes que nous
venons de décrire ; c'est une lacune dans leur histoire qui
reste entièrement à remplir. Tout ce qui a été constaté, c'est,
que les petits naissent à l'état de fœtus, comme chez tous les
autres marsupiaux, qu'ils se nourissent par l'alaitement, dans
la poche abdominale de leur mère, où, tant qu'ils ont besoin
de secours, ils trouvent une retraite contre les dangers.

Les phalangers, connus jusqu'à ce jour, sont originaires de
quelques îles de l'archipel des Indes et de la Nouvelle-Hollande. On en compte cinq ou six espèces. La couleur des mâles
n'est pas toujours celle des femelles.

## A. *Des Phalangers à queue prenante.*

Le caractère distinctif de ces phalangers consiste dans la
structure de leur queue, qui est nue dans une partie plus ou
moins grande de sa longueur, surtout en dessous, et qui,
par l'articulation de ses vertèbres et la disposition de ses
muscles, a la faculté de s'enrouler de dessus en dessous par
son extrémité, soit à la volonté de l'animal, soit naturellement, quand elle est étendue par sa base sur l'axe prolongé
du corps. J'ai constaté, que trois espèces appartiennent à ce
groupe, et ce n'est que par induction que j'admets la quatrième.

Le Phalanger taché : *P. maculata*, Geoff. ; Phalanger male,
Buffon, t. 13, pl. 11. C'est cette espèce qui a été connue la
première, et à laquelle Buffon a donné le nom de Phalanger,
et il la croyoit propre au nouveau monde, lui ayant été en-

voyée sous le nom de Rat de Surinam. Son corps a à peu près un pied de longueur, et sa queue neuf pouces. Les couleurs du pelage consistent en taches brunes irrégulières, sur un fond gris jaunâtre clair; le dessous du corps est entièrement de cette dernière couleur, et la queue n'a de poils qu'à son origine; dans tout le reste de sa longueur elle est nue, écailleuse en dessus, et mamelonnée en dessous. Il paroît cependant que ces couleurs sont sujettes à varier; mais le peu de connoissance qu'on a de cette espèce, ne permet d'établir sur ce point que des conjectures. Elle se trouve dans les Moluques, aux îles de Benda et d'Amboine, où, dit-on, elle porte le nom de *Coëscoës*, qui paroît au reste être plutôt un nom générique qu'un nom spécifique.

Le Phalanger roux : *P. rufa*, Geoff.; Phalanger femelle, Buffon, t. 13, pl. 10; *Coëscoës*, Valentin, p. 272, tab. 3; *Phal. cavifrons*, Temm., Mon. de Mamm., p. 117. Il a la taille et les proportions du précédent, et le pelage de la femelle est d'un roux plus ou moins pâle sur les parties supérieures, blanc sale sur les parties inférieures, les côtés de la tête et les flancs, et une ligne brune ou noire, qui naît sur le chanfrein, se prolonge sur la tête, le cou, le dos, et vient se terminer à la queue, laquelle n'a aussi de poils que dans la moitié de sa longueur. Les mâles sont entièrement blancs ou blancs-jaunâtres, et c'est vraisemblablement sur un individu de ce sexe, que M. Geoffroy a établi son Phalanger blanc; il se trouve dans les mêmes contrées que le précédent.

Le Phalanger renard : *P. vulpina*, Desm.; *Didelphis vulpina*, Shaw, *Gen. zool.*, t. 1, pl. 100; Bruno Vicq-d'Azyr, Syst. anat. des anim., t. 2, p. 251; *Wha-tapoa-roo*, Voy. à la Nouvelle-Hollande de White, p. 278 avec figures; *Vulpian opossum*, Philipp., Voy., p. 150, avec figure. Sa taille surpasse celle du chat domestique, et sa queue est de la longueur de son corps. Son pelage aux parties supérieures du corps, sur les flancs et à la face externe des membres, est d'un fauve roussâtre, glacé de gris ou de brun, sous certains aspects; les lèvres, le tour des yeux, et la seconde moitié de la queue sont noirs; à sa base la queue est brune. Les joues et toutes les parties inférieures sont jaunâtres; la queue n'est nue que dans une courte et étroite étendue à son extrémité, et en dessous. On trouve cette espèce à la Nouvelle-Hollande et à Sumatra.

Le Phalanger nain; *P. nana*, Geoff. Les incisives et les canines de cette espèce sont les mêmes que celles des espèces précédentes, ce qui me porte à conclure qu'il en est de même des mâchelières. Sa taille est celle de la souris, et sa queue est de la même longueur que son corps. Il est gris-fauve en dessus, blanc en dessous, et les yeux sont entourés d'un cercle brun. On le doit à Péron, qui le trouva dans l'île Maria, voisine de la terre de Diémen.

C'est à ce genre qu'il faut sûrement encore rapporter

Le Phalanger oursin (*P. ursinus* de M. Temminck, Mon. de mamm., page 10), dont la taille égale au moins celle de la civette, ayant environ trois pieds six pouces de longueur, et la queue vingt pouces environ; dont le pelage est noirâtre, un peu moins foncé aux parties inférieures qu'aux supérieures, et à celles où les poils laineux dominent, qu'à celles qui ne sont revêtues que de poils soyeux. Le museau est jaunâtre, et les poils crépus de la base des oreilles sont fauves; les parties nues sont noires. Chez les jeunes, les teintes sont plus pâles. Cette espèce vient de Célèbe.

Le Phalanger a croupion doré: *P. chrysorrhos*, Temm., Mon. de mamm., p. 12. Sa taille est celle d'un grand chat, et la queue a treize pouces; sa couleur sur toutes les parties supérieures du corps est d'un gris cendré clair sur la tête, excepté sur la croupe et la partie supérieure de la queue où elle est jaune-doré. La face interne des membres, la partie inférieure du cou, la poitrine et le ventre sont blancs, et une bande noire sépare les flancs du ventre; les membres sont roux-clair à leur extrémité. Il vient des Moluques.

### B. *Phalangers volans.*

Ce groupe se distingue par une extension de la peau des flancs, étendue entre les membres antérieurs et postérieurs auxquels elle s'attache. C'est la modification organique qui se rencontre chez les galéopithèques et les écureuils volans; elle favorise le saut des animaux qui la présente, en offrant à l'air, quand ils sautent, une plus grande surface, sans un plus grand poids. La queue des phalangers volans n'est point prenante.

et elle est revêtue de poils dans toute sa longueur. Je ne rapporte à ce groupe que deux espèces : la première, d'après une tête du Cabinet d'anatomie comparée, qui m'a offert les dents des phalangers, et la seconde par analogie.

Le Phalanger sciurien : *P. sciurea*, Geoff. ; *Didelphis sciurea*, Shaw, *Zool. of New. Holland.*, n.° 4, p. 29, pl. 11 ; *Gen. zool.*, t. 1, p. 2, pl. 113. Il a la grandeur de l'écureuil commun, et sa queue est un peu plus grande que son corps. Son pelage est gris aux parties supérieures et blanc aux inférieures ; la tête a une teinte gris-jaunâtre ; la ligne dorsale est brune, ainsi que le bord des membranes des flancs, et la queue est gris-fauve à sa base et noire à son extrémité. Sa patrie est la Nouvelle-Hollande, d'où il a plusieurs fois été rapporté vivant en Angleterre.

Phalanger pygmée : *P. pygmæus*; *Didelphis pygmæa*, Shaw, *Gen. zool.*, t. 1, pl. 114. Ce joli petit animal est de la taille de la souris, et sa queue est distique comme celle de l'écureuil volant-polatouche, ce qui le distingue spécialement de tous les autres phalangers volans. Sa couleur aux parties supérieures est aussi celle de la souris, c'est-à-dire gris-fauve ; les parties inférieures sont blanches. On voit un cercle brun autour des yeux, et les oreilles un peu plus fauves que le corps, sont bordées de blanc. Il vient aussi de la Nouvelle-Hollande.

## II. Des Petaurus.

Si les animaux de la famille, dont nous faisons l'histoire, avoient pu mieux être observés ; si l'on eût pu décrire autre chose que leurs allures et leurs mouvemens, et pénétrer jusqu'à leurs penchans, leurs besoins, toutes les analogies nous persuadent qu'on auroit trouvé des différences très-sensibles entre le naturel des phalangers à dents simples, que nous venons de décrire, et celui des petaurus ou phalangers à dents composées, qui doivent nous occuper à présent. Au lieu de cela, ces animaux semblent se confondre dans les mêmes mœurs, et, malgré des systèmes organiques très-différens, n'exercer que la même influence dans l'économie universelle. Cependant les petaurus se distinguent essentiellement des phalangers par les dents, et surtout par le système général des sens, comme nous le montre la structure des têtes.

Le nombre des dents des petaurus est de trente-huit; vingt-deux à la mâchoire supérieure, c'est-à-dire, six incisives et seize mâchelières (huit fausses molaires et huit molaires), et seize à la mâchoire inférieure ou autrement deux incisives, quatorze mâchelières (six fausses molaires et huit molaires). Ce qui fait le caractère principal de ce système de dentition, comparé à celui des phalangers, c'est l'absence de toute dent canine, la forme triangulaire des tubercules des mâchelières, et les deux tubercules moyens qui appartiennent exclusivement à ces dents. (Des dents des mammifères, etc., pl. 40, p. 128.) C'est là tout ce que nous pouvons ajouter de caractères généraux à ceux que nous avons fait connoître en parlant des phalangers en général. Les espèces, qui paroissent appartenir à ce genre, sont au nombre de quatre ou de cinq, originaires aussi de l'Australasie et de l'Asie méridionale ; et elles se partagent en deux groupes semblables à ceux du genre précédent.

## A. *Des Petaurus à queue prenante.*

Tout ce que nous avons dit de ce caractère, en parlant des phalangers à queue prenante, convient à l'espèce que nous allons décrire, la seule que nous puissions y rapporter.

Le Petaurus de Cook : *Petaurus Cookii*; Phalanger de Cook, Geoff.; Cook, 3.ᵉ Voy., pl. 8; Hist. nat. des mamm., 45.ᵉ liv., Novembre 1824. Sa taille est celle du chat domestique; il a un pied du bout du museau à l'origine de la queue, et celle-ci a neuf pouces. Il est d'un gris-cendré sur toutes les parties supérieures du corps et à la base de la queue, qui est noire dans le reste de sa longueur, et couvertes de poils, excepté à son extrémité en dessous, où se trouve un sillon longitudinal nu. Toutes les parties inférieures sont d'un blanc jaunâtre, un peu plus foncé sur l'abdomen et sur les côtés des joues, et l'on voit une bande brune longitudinale sur la poitrine, qui semble formée de poils moins laineux que les autres. Toutes les parties nues sont couleur de chair.

39. 27

## B. *Petaurus volans.*

Nous ne répéterons point ici, ce que nous avons dit sur ce caractère, en parlant des phalangers volans; à cet égard, il ne paroît point y avoir de différence entre eux et les petaurus que nous allons décrire, et qui paroissent être au nombre de cinq ou six; nous n'avons cependant encore constaté les caractères que de deux seulement. Les oreilles sont grandes.

Le Petaurus taguanoïde: *Petaurus taguanoides; Didelphis petaurus*, Shaw, *Gen. zool.*, tom. 1, part. 2, pl. 112. C'est la plus grande des espèces de phalangers volans; elle a vingt pouces du bout du museau à l'origine de la queue, et celle-ci a dix-huit pouces. Toutes les parties supérieures du corps sont d'un gris-brun, qui devient foncé sur la face externe des membres, plus pâle sur la partie antérieure de la membrane des flancs, et un peu fauve sur le chanfrein. Toutes les parties inférieures sont blanches. La queue, ronde, est blanchâtre à son origine, elle devient brune ensuite, en se fonçant graduellement jusqu'à son extrémité qui est presque noire.

On voit des individus presque blancs qui paroissent appartenir à cette espèce, à en juger du moins par les proportions.

John White, qui a découvert cette espèce dans les environs de Botany-Bay, dit, que les naturels la nomment *hepoona-roo.*

Le Petaurus a grande queue: *Petaurus macrourus; Didelphis macroura*, Shaw, *Gen. zool.*, t. 1, part. 2, pl. 113. Sa taille est à peu près celle du surmulot; il a environ huit pouces du bout du museau à l'origine de la queue qui en a douze. Les parties supérieures du corps sont d'un gris-brun fauve, plus foncé le long du dos et sur la face externe des membres. Les parties inférieures sont blanchâtres. La queue, ronde et touffue, est d'un marron uniforme.

L'individu, qui a servi à Shaw pour fonder cette espèce, paroît avoir eu une teinte plus foncée que celle de l'individu que nous venons de décrire, qui appartient au Muséum, et qui venoit des mêmes contrées que le précédent.

Nous rapporterons encore à ce genre, mais avec doute,

l'espèce que nous trouvons dans la Mammalogie de M. Desmarest sous le nom de

PÉTAURISTE DE PÉRON, *P. Peronii*. Cette espèce, qui appartient à notre Muséum, a la taille du précédent, et sa queue
est aussi plus longue que son corps. Ses couleurs sont : le brun
pour les parties supérieures, et le blanc pour les inférieures,
ce qui le rapproche beaucoup du petaurus à grande queue,
mais le bout de la queue est blanc, et si l'on peut en juger
par un animal desséché, la membrane des flancs se termine
au coude, au lieu de s'étendre jusqu'aux doigts. Cette espèce
est originaire des mêmes lieux que les précédentes.

On voit par le vague de ce qui précède, que de nombreuses recherches sont encore nécessaires pour compléter
l'histoire de ces animaux, et pour donner de la précision à
leurs caractères spécifiques, qu'on ne connoîtra bien sans
doute, que quand on aura pu étudier les changemens qu'ils
éprouvent en se développant et en prenant les traits distinctifs de chaque âge et de chaque sexe . sans parler de ce
qui concerne leurs facultés, leur instinct, leur naturel en
un mot, auquel la connoissance des organes ne supplée jamais qu'imparfaitement. (F. C.)

PHALANGÈRE ; *Phalangium*, Tournef. ; Juss. (*Bot.*) Genre
de plantes monocotylédones, de la famille des *asphodélées*,
Juss., et de l'*hexandrie monogynie* du Système sexuel, dont
les principaux caractères sont d'avoir : Une corolle à six
divisions oblongues, marcescentes, très-profondes, formant
comme six pétales ; point de calice ; six étamines à filamens
glabres, filiformes, attachés à la base des divisions de la corolle et terminés par de petites anthères ; un ovaire supère,
surmonté d'un style simple, terminé par un stigmate obtus,
à trois côtés ; une capsule ovale-oblongue, triangulaire, à
trois loges contenant chacune plusieurs graines anguleuses.

Les phalangères sont des plantes herbacées, à racines
fibreuses ou fasciculées. vivaces ; à feuilles linéaires, souvent toutes radicales ; et à fleurs ordinairement blanches, disposées en une grappe terminale d'un joli aspect. On en connoît plus de cinquante espèces, dont la plus grande partie est
exotique ; les quatre suivantes croissent naturellement en
France,

Phalangère tardive : *Phalangium serotinum*, Lamk., Dict., 5, page 241 ; *Anthericum serotinum*, Linn., Spec., 2, p. 444. Sa racine est un peu bulbeuse, oblongue, recouverte extérieurement d'une sorte de tunique formée d'écailles déchirées, et garnie en dessous de fibres très-menues ; elle produit deux feuilles linéaires, étroites, un peu charnues, et une hampe grêle, haute de deux à six pouces, chargée de trois ou quatre écailles foliacées, très-petites, et terminée par une seule fleur blanche, à six divisions ovales-oblongues, étalées, jaunes en leur onglet et avec quelques veines rougeâtres. Cette plante croît dans les montagnes alpines de la France, de la Suisse, de l'Italie, de l'Allemagne, etc.

Phalangère fleur de lis : *Phalangium liliago*, Schreb., Spic., 36 ; *Anthericum liliago*, Linn., Spec., 445 ; *Fl. Dan.*, t. 616. La racine de cette plante est formée d'un faisceau de fibres charnues, d'où s'élèvent plusieurs feuilles linéaires, longues d'un pied ou environ, planes, un peu canaliculées, toutes radicales, et une tige cylindrique, nue, haute de quinze à dix-huit pouces, chargée, dans sa partie supérieure, de douze à dix-huit fleurs blanches, larges de deux pouces, portées sur d'assez courts pédoncules, et disposées en grappe simple ; leur pistil est sensiblement incliné, et les divisions de la corolle sont très-étalées. Cette espèce croît dans les bois montagneux en France, en Allemagne, en Suisse, etc. On la retrouve sur la côte nord de l'Afrique. Elle est assez jolie pour mériter d'être cultivée dans les jardins.

Phalangère rameuse : *Phalangium ramosum*, Lamk., Dict. enc., Suppl., p. 250 ; *Anthericum ramosum*, Linn., Spec., 445 ; Jacq., *Fl. Aust.*, t. 161. Sa racine, au lieu d'être formée de fibres fasciculées, comme dans la précédente, est une petite souche horizontale, qui de sa partie inférieure émet plusieurs grosses fibres, et de son collet un faisceau de sept à huit feuilles linéaires, étroites, du milieu desquelles s'élève une tige haute de quinze à vingt pouces, simple inférieurement, rameuse dans sa partie supérieure. Les fleurs sont blanches, larges d'un pouce ou environ, disposées sur trois à quatre grappes, dont l'ensemble forme une panicule terminale. Cette plante croît naturellement dans les lieux montagneux, en France et dans le Midi de l'Europe. On peut la cultiver pour l'ornement des jardins.

PHALANGÈRE LILIFORME : *Phalangium liliastrum*, Lamk., Dict. enc., 5, page 245; Red., Lil., t. 255; *Anthericum liliastrum*, Linn., *Spec.*, 445. Ses racines sont formées d'un faisceau de fibres charnues; elles produisent six à huit feuilles linéaires, planes, à peine canaliculées, glabres, presque aussi longues que la tige, au bas de laquelle elles sont placées. Celle-ci est cylindrique, droite, haute d'un pied à dix-huit pouces, nue dans sa partie inférieure, terminée par une belle grappe de fleurs blanches, campanulées, larges d'environ trois pouces et assez semblables à celles du lis ordinaire, mais inodores. Cette belle plante croit naturellement en France, dans les montagnes de Provence, du Dauphiné. On la trouve aussi en Suisse, en Italie, en Allemagne, etc. On la cultive depuis long-temps dans les jardins, sous le nom de lis de Saint-Bruno. Il lui faut une terre substantielle et une exposition ombragée, un peu fraiche. On la multiplie le plus ordinairement en éclatant les racines des vieux pieds. Ses fleurs paroissent en Juin. Voyez PHALANGIUM. ( L. D. )

PHALANGIE, PHALANGION ou PHALANGIUM. ( *Ent.* ) C'est le mot grec et latin sous lequel Aristote, Dioscoride, Pline, indiquoient les araignées à longues pattes qui ont beaucoup d'articulations bien rangées. On leur a donné plus particulièrement en françois le nom de FAUCHEUR et non de FAUCHEUX, comme le dit le Dictionnaire de l'Académie. Voyez ARANÉIDES et FAUCHEUR. (C. D.)

PHALANGIENS. (*Ent.*) M. Latreille a désigné ainsi la première tribu de ses arachnides holètres, dans laquelle il comprend les genres *Phalangium*, *Siro* et *Trogulus*. (C. D.)

PHALANGISTA. (*Mamm.*) Nom latin des PHALANGERS. (DESM.)

PHALANGISTE. (*Entom.*) Nom donné par Geoffroy à l'un de ses scarabés qui vit dans les bouses, et dont le corselet est armé de trois pointes dirigées en avant, beaucoup plus longues dans les mâles que dans les femelles. Nous l'avons décrit sous le nom de GÉOTRUPE, et figuré dans l'atlas de ce Dictionnaire, planche 4, n.° 1. (C. D.)

PHALANGITE, *Phalangites*. (*Icht.*) Voy. ASPIDOPHORE. (H.C.)

PHALANGITES. (*Entom.*) M. Latreille s'est servi de cette dénomination pour désigner une famille d'araignées. (Desm.)

PHALANGITES. (*Bot.*) Cordus donnoit ce nom au *phalangium liliago*, et Gesner au *phalangium ramosum*, suivant C. Bauhin. (J.)

PHALANGIUM. (*Entom.*) Voyez l'article Faucheur. (Desm.)

PHALANGIUM. (*Bot.*) Ce genre, fait par Matthiole et d'autres anciens, adopté par Tournefort et Adanson, avoit été réuni par Linnæus à son *anthericum*, dans une section distincte. Pour le rétablir, nous nous sommes fondés, non-seulement sur le caractère tiré des filets nus des étamines et des feuilles planes; mais encore de la germination, conforme à celle des véritables asphodélées, très-différente de celle de l'*anthericum* vrai, qui est comme dans les asparaginées; d'où il suit que l'*anthericum* devra être reporté dans cette dernière famille, à laquelle on réunira de même l'*aloes* et l'*aletris*. Voyez Phalangère. (J.)

PHALANX. (*Entom.*) Voyez Phalangie. (C. D.)

PHALARIS. (*Ornith.*) Suivant Gesner, Aldrovande, Jonston, ce nom grec se rapporte à la foulque, *fulica atra*, Linn. Il paroit aussi que le *phaleris* de Pline est le *phalaris* d'Aristote. M. Temminck a donné le nom de *phaleris* à son genre *Starique*, qui comprend les deux espèces auxquelles on avoit jusqu'alors appliqué les dénominations d'*alca psittacula* (*tetracula* pour le jeune), et *alca cristatella* (*pygmea* pour le jeune.) (Ch. D.)

PHALARIS. (*Bot.*) La plante ainsi nommée par Dioscoride et Pline, est l'alpiste, *phalaris arundinacea* de Linnæus, qui en a fait le type de son genre du même nom. Ce nom avoit aussi été donné par Césalpin et quelques autres à des espèces de *briza*, et par Tragus au *panicum verticillatum* de Linnæus. Voyez Alpiste. (J.)

PHALAROPE. (*Ornith.*) Quoique les espèces de ce genre ne dussent point être rangées avec les tringas aux pieds entièrement fendus, puisque les leurs sont garnis de membranes en festons comme ceux des foulques, et que déjà Brisson en eût formé le 89.ᵉ genre de sa Méthode, sous le nom de *Phalaropus*, elles ont continué d'y être comprises dans les diverses éditions du *Systema naturæ* de Linné; mais Latham plaçant, à l'instar de Brisson, les phalaropes à la tête de l'ordre des pinnatipèdes, en a constitué son 82.*e* genre, ainsi caractérisé : Bec étroit, droit, un peu courbé à l'extrémité; narines petites; pieds tétradactyles, fendus; doigts garnis sur les côtés de membranes découpées en lobes. L'auteur françois a décrit quatre espèces de phalaropes, savoir: le phalarope proprement dit, le phalarope cendré, le phalarope brun, et le phalarope roussâtre. L'auteur anglois en a décrit cinq, qui sont les *phalaropus hyperboreus* (*tringa hyperborea*, Linn.); *phalaropus lobatus* (*tringa lobata*, Linn.); *phalaropus glacialis* (*tringa glacialis*, Gmel.); *phalaropus fuscus* (*tringa fusca*, Gmel.); *phalaropus cancellatus* (*tringa cancellata*, Gmel.).

On a déjà dit au mot CRYMOPHILE de ce Dictionnaire, que MM. Cuvier et Vieillot avoient divisé le genre *Phalarope* en deux, à l'un desquels chacun avoit conservé ce nom, tandis que l'autre étoit appelé *Lobipède* par M. Cuvier, et *Crymophile* par M. Vieillot. Il y a d'ailleurs une inversion qui consiste, en ce que les phalaropes de M. Cuvier sont les crymophiles de M. Vieillot, et que ses lobipèdes sont les phalaropes de celui-ci.

M. Vieillot attribue à ses *phalaropes*, un bec droit, arrondi, grêle, pointu, sillonné en dessus, un peu incliné vers le bout, et à ses *crymophiles*, un bec un peu trigone à sa base, sillonné en dessus, à pointe dilatée, arrondie et fléchie. M. Cuvier ne caractérise ses phalaropes et ses lobipèdes. qu'en disant des premiers, que ce sont des oiseaux dont le bec, encore plus aplati que celui des maubèches, a les mêmes proportions et les mêmes sillons, et des seconds, que leur bec est celui des chevaliers.

Enfin, M. Temminck, qui, dans la seconde édition de son Manuel d'ornithologie, ne fait qu'un seul genre des Phalaropes, des Lobipèdes et des Crymophiles, y établit deux sections, dont la première, comprenant le phalarope hyperboré (*lobipes*, Cuv.), se distingue par un bec déprimé seulement à la base, grêle et en alène jusqu'à la pointe, et dont la seconde a le bec déprimé dans toute sa longueur, et comprimé seulement à la pointe.

Pour ne pas s'exposer à embrouiller la matière sur un point de discussion qui n'est pas suffisamment éclairci, on suivra dans les descriptions le même ordre que ce dernier auteur, après avoir donné quelques notions générales sur leurs mœurs et leurs habitudes. Ces petits oiseaux, qui paroissent appartenir aux eaux des régions les plus septentrionales, sont regardés, par Buffon, comme de petits bécasseaux ou de petites guignettes, auxquelles la nature a donné des pieds de foulque; ils voguent sur l'élément liquide avec une vitesse et une grâce admirables, et nagent avec la même facilité en pleine mer que sur les lacs. Ils ne plongent point, mais, se tenant à la surface des eaux, ils y enfoncent leur bec et l'y remuent sans cesse pour saisir les vers et les insectes qui composent leur nourriture, et qu'ils prennent aussi sur les rives; ils s'écartent quelquefois à de très-grandes distances de la terre, mais ils nichent dans les herbes et les prairies près des eaux. Toutes les espèces sont sujettes à la double mue. Quoique le plumage offre peu de différence dans les sexes, les jeunes ressemblent peu aux adultes. Leur corps est garni de duvet, et leur plumage est serré et lustré comme chez les oiseaux de mer. Leur peu de défiance, dit Othon Fabricius, permet aux Groënlandois de les approcher assez pour les tuer avec des flèches. Leur chair, sans être un bon mets, se mange dans ces contrées, et leur peau, très-douce, y sert à divers usages.

1.<sup>re</sup> Section.

Phalarope hyperboré; *Phalaropus hyperboreus*, Lath. Le vieux mâle de cette espèce, dont la longueur est d'environ sept pouces, a, au printemps, la tête et les côtés de la poitrine d'un cendré foncé, les parties latérales et le devant du cou d'un roux vif; la gorge, le milieu de la poitrine et les autres parties inférieures d'un blanc pur, à l'exception des flancs sur lesquels on voit de grandes taches cendrées. Les plumes du haut du dos sont bordées de larges bandes rousses; les scapulaires, les couvertures des ailes et les deux pennes du milieu de la queue sont noires, et les pennes latérales sont entourées d'une bande blanche, étroite; le bec est noir; l'iris brun et les pieds sont d'un cendré verdâtre. C'est alors le *tringa hyperborea*, Linn., et le phalarope cendré ou de Sibérie, pl. 766 de Buffon.

Avant la mue, les jeunes ont la tête, le dos, les scapulaires et les deux pennes du milieu de la queue d'un brun noir et bordées de roux clair; les couvertures des ailes et les remiges noirâtres et bordées de blanchâtre; la gorge et les parties inférieures blanches avec des nuances d'un cendré clair sur les flancs; la partie inférieure du tarse jaune, et la partie extérieure, ainsi que les doigts, d'un vert jaunâtre. C'est dans cet état le *tringa fusca*, Gmel., le *phalaropus fuscus*, Lath., le *cootfooted tringa* d'Edwards, G.ean., pl. 46.

Cette espèce, qui habite en général les bords des lacs du cercle arctique et les eaux douces, est commune dans les Orcades, les Hébrides, en Laponie, mais simplement de passage sur les côtes de la Baltique. On ne la voit qu'accidentellement en Allemagne, en Hollande et sur les grands lacs de la Suisse. Sa ponte consiste en trois œufs d'un olive très-foncé et parsemés de taches noires, si nombreuses et si rapprochées qu'on aperçoit à peine la couleur du fond.

2.<sup>e</sup> Section.

Phalarope platyrhynque; *Phalaropus platyrhynchus*, Temm. Les deux espèces que M. Cuvier place dans son genre Phalarope, savoir : le phalarope gris, *tringa lobata*, pl. 308 d'Edwards, et le phalarope rouge, *phalaropus rufus*, Bechst. et Meyer, *tringa fulicaria*, Linn., pl. 142 d'Edwards, et 194 de Lewin, ne sont, d'après M. Temminck, que des états différens de l'espèce qu'il établit, et à laquelle il donne pour caractère essentiel : Le bec large, déprimé, aplati à la base, et la queue très-arrondie. Du reste, le mâle et la femelle, en plumage d'hiver, ont la tête d'un cendré pur et une tache d'un noir cendré sur l'orifice des oreilles; deux bandes de la même couleur passent sur l'occiput; les côtés de la poitrine et le dos sont d'un cendré bleuâtre; une bande blanche traverse l'aile; les pennes caudales sont brunes et bordées de cendré; le front, les côtés du cou, le milieu de la poitrine et toutes les autres parties inférieures sont d'un blanc pur; le bec d'un roux jaunâtre à sa base, est brun à la pointe; les pieds sont d'un vert cendré. La longueur de l'oiseau est de huit pouces, huit à neuf lignes, et c'est alors le phalarope gris de

M. Cuvier, ou phalarope à festons dentelés de Buffon, et le crymophile roux de M. Vieillot.

Les jeunes, avant la mue, ont, sur l'occiput, une sorte de fer à cheval noirâtre; les parties supérieures du corps et les pennes caudales sont d'un brun cendré avec des bordures jaunâtres; le croupion est varié de brun; les pennes secondaires des ailes et les rémiges sont lisérées de blanc; le front, la gorge et toutes les parties inférieures sont d'un blanc pur.

Enfin les vieux, mâles et femelles, ont la tête, le dos et le dessus de la queue d'un brun noirâtre, et ces plumes sont bordées d'un rouge orangé; les yeux sont surmontés d'une bande jaunâtre; le devant du cou, la poitrine, et les parties inférieures sont d'un rouge de brique, et c'est alors, suivant M. Temminck, le phalarope rouge du Règne animal, le *tringa hyperborea* et le *tringa glacialis* de Gmelin, le phalarope à cou jaune de Sonnini.

Cet oiseau, qui se trouve en grand nombre en Sibérie et à la baie d'Hudson, n'est que de passage sur les grands lacs de l'Asie, et on ne le voit qu'accidentellement en Angleterre et en Allemagne. Il poursuit à la nage les insectes qui vivent à la surface des eaux. Il niche dans les régions orientales de l'Europe et de l'Asie, mais on ne connoît pas sa ponte.

Le phalarope rayé, *phalaropus cancellatus*, Lath., a été vu à l'île de Noël. Il a sept pouces de longueur. Le brun et le blanc forment les teintes de son plumage; son bec est noir, et ses pieds sont bruns. ( CH. D. )

PHALCOS. ( *Bot.* ) Un des noms grecs anciens de l'apocyn, mentionné par Ruellius et Mentzel. (J.)

PHALÈNE. *Phalæna.* ( *Entom.* ) Genre d'insectes lépidoptères de la famille des séticornes ou chétocères, caractérisés par la forme de leurs ailes qui, dans l'état de repos, restent planes, étendues, horizontales, et qui n'offrent pas de divisions profondes.

A la vérité, c'est plutôt par la différence des larves ou des chenilles dont proviennent les insectes de ce genre, qu'ils se distinguent de la plupart des autres genres; cependant leur port ou leur forme générale les rapproche d'une manière très-naturelle; leur corps est grêle, leurs pattes sont longues, le plus souvent épineuses, surtout les postérieures. Elles cherchent l'obscurité, ou fuient le grand éclat du jour ; mais elles ne sont pas absolument nocturnes.

Ce nom de phalène est la traduction du mot grec φαλαίνα, employé par Nicander dans son poëme de la thériaque, et il indique par là une sorte d'insectes qui, le soir, vient se jeter dans la lumière des lampes et s'y brûle. Linnæus, en l'employant ensuite pour désigner un genre de lépidoptères qui volent le soir, y avoit réuni les bombyces, les véritables phalènes, qu'il appeloit géomètres ; les tortrices, les pyrales, les noctuelles, les teignes, les alucites, les ptérophores et les hépiales. C'est Fabricius qui a véritablement établi le genre des Phalènes ; car Geoffroy lui-même avoit à peu près adopté le genre de Linnæus, dont il n'avoit séparé que les teignes et les ptérophores.

Les chenilles des phalènes n'ont jamais seize pattes, elles n'en ont que quatorze au plus, douze ou même dix, en comptant les véritables pattes à crochet, rapprochées de la tête et insérées aux trois premiers anneaux du corps. Ce petit nombre de pattes, et souvent la longueur de la chenille, donnent à leur manière de marcher un caractère particulier, analogue à celle des sangsues. Lorsqu'elles veulent changer de place, elles soulèvent sur la partie antérieure, où sont les pattes en crochet, la partie de leur corps qui est privée de pattes membraneuses, ce qui lui fait produire une sorte de saillie ou de bosse, derrière laquelle ces chenilles viennent fixer la première ou la dernière paire de pattes membraneuses, de sorte qu'elles semblent former des pas réguliers, déterminés par la distance respective des pattes ; elles ont l'air ainsi de mesurer ou d'arpenter le terrain : voila ce qui les a fait appeler chenilles *arpenteuses* ou *géomètres*. On les a encore nommées chenilles en bâton, parce que, dans le danger, la plupart ont l'habitude de se dresser sur les pattes de derrière, en donnant à leur corps une direction analogue à celle de l'angle que forment sur les tiges, les branches qui s'en séparent, et, ce qu'il y a en outre de fort singulier, c'est que souvent la couleur de ces chenilles et leur apparence sont absolument les mêmes que celles des végétaux dont les feuilles servent à leur nourriture.

La plupart de ces chenilles peuvent aussi, lorsqu'elles

craignent de devenir la proie des oiseaux, quitter la feuille qu'elles étoient occupées à ronger et se laisser choir; mais en ayant soin de fixer un fil qui les suspend ainsi en l'air et à l'aide duquel elles peuvent regrimper verticalement sur le point qu'elles avoient quitté : elles se servent pour cet effet des pattes antérieures, entre lesquelles la soie glisse, et des intermédiaires, sur lesquelles elles la pelotonnent pour la casser en arrière, si l'insecte juge qu'elle lui soit inutile. Le mode de transformation varie suivant les espèces; aucune, à la vérité, ne se file de cocon entièrement soyeux, comme les bombyces; mais toutes se construisent une sorte de follicule, soit sur les arbres même, à l'aide des feuilles qu'elles rassemblent, qu'elles lient entre elles ou qu'elles contournent à l'aide de quelques fils; soit en entrant dans la terre au pied des arbres pour s'y changer en chrysalides. Les unes passent l'hiver sous la forme de nymphes; mais la plupart proviennent d'œufs qui éclosent au printemps et dont la vie complète s'opère dans l'espace de quelques mois.

Ce genre comprend un grand nombre d'espèces; on le subdivise en plusieurs autres.

Tels sont les botys et les aglosses de M. Latreille, qui ont les palpes supérieurs à découvert et les ailes placées, dans l'état de repos, de manière à former une sorte de ∇ grec majuscule renversé, aussi les a-t-il nommées deltoïdes. D'autres, qui ont les ailes inférieures prolongées en forme de queue, ont été nommées *ourapteryx* par le docteur Leach.

Nous allons faire connoître ici quelques-unes des espèces qui ont été décrites, soit par Réaumur qui en a écrit l'histoire, soit par Geoffroy qui en a fait connoître les caractères et les a nommées. Nous avons fait figurer une espèce sur la planche 45, n.° 4, de l'atlas de ce Dictionnaire; c'est la phalène plumistère de Devillers.

Nous décrirons les espèces à peu près dans l'ordre admis par ce dernier auteur et par Geoffroy, et d'après les considérations suivantes :

| | | |
|---|---|---|
| A antennes | pectinées; ailes inférieures | anguleuses * du n.° 1 à 7. |
| | | arrondies ** du n.° 8 à 15. |
| | sétacées; ailes inférieures. | anguleuses*** du n.° 16 à 19. |
| | | arrondies **** du n.° 20 à 27. |

1.º Phalène laiteuse, *Phalæna lactearia.*

*Car.* Antennes à double peigne, terminées par une soie ; ailes blanches, sans taches ; corps jaunâtre.

C'est la laiteuse de Geoffroy, tom. 2, pag. 131. n.º 44. Les ailes de ces insectes sont très-délicates, et par conséquent diffi- ciles à conserver entières. On ne connoît pas bien la chenille.

2.º Phalène printannière, *Phalæna vernaria.*

*Car.* Ailes verdâtres, avec deux bandes sinueuses blanches ; antennes en soie à l'extrémité libre.

Roësel a décrit sa chenille, page 3, pl. 13. On la trouve sur le jasmin et sur le seringat. Elle est couleur de bois rouillé, avec des taches noires et blanches ; la tête est comme dentée.

3.º Phalène anguleuse ; *Phalæna angularia*, Geoff. n.º 38.

C'est le *talisman* de Devillers, n.º 402, tome 2, pag. 292.

*Car.* Grise ; ailes cendrées, avec une double bande trans- versale et un point noir.

La chenille est verte, avec des anneaux jaunes en dessus ; en dessous les anneaux sont rougeâtres. On la trouve sur le chêne.

4.º Phalène faucheuse, *Phalæna falcataria.*

*Car.* Ailes d'un vert glauque ; les supérieures ont une bande, des ondes grises et un point bruns.

Degéer a fait connoître sa chenille, qui se trouve sur l'aune et le bouleau ; elle est brune avec des stries blanchâtres : elle prend une singulière position dans le repos, la tête et la queue restant élévées et le corps ne posant que sur les pattes intermédiaires.

5.º Phalène du sureau, *Phalæna sambucaria.*

C'est la soufrée à queue, n.º 58, de Geoffroy.

*Car.* D'un jaune pâle ; ailes avec deux lignes transverses brunâtres ; ailes inférieures prolongées en forme de queue, terminées par une tache brune, dorée.

On trouve la chenille sur le sureau ; elle est brune, cou- leur de bois.

6.º Phalène de l'aune, *Phalæna alniaria.*

*Car.* Ailes jaunes, saupoudrées de brun, avec deux bandes brunes et dentelées ou comme rongées au bord ; corselet jaune ; abdomen rougeâtre.

La chenille qui se trouve sur l'aune, ressemble tellement aux brins de cet arbre de l'année précédente, pour la grosseur, la figure, l'aspérité, la couleur, les tubercules correspondans aux gemmes, qu'on la confond toujours au premier aperçu, tellement, dit Devillers, *ut qui viderit alni ramulum, non opus habeat descriptione.*

7.° PHALÈNE DU SERINGAT, *Phalæna syringaria.*

C'est la phalène jaspée de Geoffroy, n.° 38.

*Car.* Ailes, couleur de bouchon de liége, marbrées de brun, de rouge et de noirâtre.

La chenille qu'on trouve sur le lilas et le jasmin, a quatre gros tubercules élevés sur le dos, et une longue corne sur le huitième anneau.

8.° PHALÈNE TACHETÉE, *Phalæna macularia.*

C'est la panthère de Geoffroy, n.° 61, p. 140, du tome 2.

*Car.* Jaune, à taches noires; antennes en soie dans les femelles.

On la trouve dans les bruyères.

9.° PHALÈNE A ATOMES, *Phalæna atomaria.*

Rayure jaune picotée de Geoffroy, n.° 5o.

*Car.* Ailes jaunes, à bandes et atomes bruns.

On trouve la chenille sur le tilleul.

10.° PHALÈNE DU BOULEAU, *Phalæna betularia.*

*Car.* Ailes blanches, avec un grand nombre de points noirs; corselet avec une bande transversale noire.

11.° PHALÈNE SACRÉE, *Phalæna sacraria.*

La bande rouge, Geoffr., n.° 48.

*Car.* Ailes jaunes, avec une bande transversale rouge.

12.° PHALÈNE POURPRÉE, *Phalæna purpuraria.*

L'ensanglantée, Geoffr., n.° 34.

*Car.* Ailes jaunes, lavées de rouge; les supérieures bordées et traversées de deux bandes rouges.

13.° PHALÈNE PAPILIONAIRE; *Phalæna papilionaria.*

*Car.* Ailes vertes, à stries grises, ondulées, avec trois bandes blanchâtres.

La chenille est verte et porte sur le dos dix aiguillons recourbés de couleur rougeâtre; elle donne une des plus grandes phalènes de France, car elle est de la taille du papillon du chou.

14.° Phalène annulaire, *Phalæna annularia.*

Les quatre omicrons de Geoffr., n.° 71.

*Car.* Ailes cendrées, marquées chacune d'un O noir, avec une bande en zigzag aigu.

La chenille se nourrit des feuilles de l'érable; elle est verte.

15.° Phalène plumistère: *Phalæna plumistaria.*

C'est l'espèce que nous avons fait figurer dans l'atlas de ce Dictionnaire, et que nous avons donné comme le type du genre, planche 43, n.° 4.

*Car.* Jaune pàle, tacheté de noir; les ailes inférieures sont plus pàles; antennes très-pectinées, noires, à tige blanche.

16.° Phalène verte, *Phalæna viridata.*

*Car.* Ailes vertes, anguleuses, avec une bande plus pàle.

La chenille vit sur le chêne et l'aube-épine.

17.° Phalène notée, *Phalæna notata.*

*Car.* Ailes pàles, à trois bandes brunes, saupoudrées de brun; quatre points plus bruns, semblables à des chiures de mouche sur la troisième bande.

18.° Phalène denticulée, *Phalæna denticulata.*

*Car.* Ailes grises, dentées, à deux bandes denticulées, entre lesquelles est un point brun médian.

19.° Phalène mipartite, *Phalæna dimidiata.*

La doublure jaune, Geoffr., n.° 55.

*Car.* Ailes dentelées; les supérieures brunes, les inférieures jaunes.

20.° Phalène du cerfeuil, *Phalæna chœrophyllata.*

*Car.* Toute noire, excepté l'extrémité libre des ailes supérieures, qui est blanche, ailes dressées dans le repos.

21.° Phalène barrée, *Phalæna clathrata.*

Les barreaux, Geoffr., n.° 53.

*Car.* Ailes d'un blanc jaunàtre, à lignes noires, croisées en grillage.

22.° Phalène du groseiller, *Phalæna grossulariata.*

La mouchetée, Geoffr.

*Car.* Ailes blanchàtres, à taches arrondies, noires; une tache d'un jaune rougeàtre à la base de l'aile; une petite bande semblable sur l'aile supérieure.

C'est une grande espèce, qui provient d'une chenille blanche avec des taches jaunes et noires arrondies.

25.° Phalène de l'alisier, *Phalæna cratægata.*

La citronelle rouillée, Geoffr., n.° 59, page 139.

*Car.* Ailes d'un beau jaune ; les supérieures à côtes, et trois taches couleur de rouille, dont celle du milieu est un peu argentée.

La chenille est brune et porte une épine sur le dos.

24.° Phalène a deux lignes, *Phalæna bilineata.*

La brocatelle d'or, Geoffr., n.° 68.

*Car.* Corps et ailes jaunes, avec des raies transverses ondulées, brunes et blanchâtres ; un point blanc au milieu de chaque aile.

25.° Phalène bordée, *Phalæna marginata.*

La bordure entrecoupée, Geoffr., n.° 60.

*Car.* Ailes blanches, les supérieures à bord brun entrecoupé.

26.° Phalène invariable, *Phalæna immutata.*

Les atomes à une bande, Geoffr., n.° 63.

*Car.* Ailes blanches, saupoudrées de gris, avec un point et une bande ondulés bruns.

27.° Phalène de l'ortie, *Phalæna urticata.*

La queue jaune, Geoffr., 54. Genre Botys de M. Latreille.

*Car.* Ailes blanches, à taches et bandes brunes, corselet et pointe de l'abdomen jaunes. ( C. D. )

PHALÈNE TIPULE. ( *Entom.* ) Voyez l'article Ptéroptère. ( Desm. )

PHALÉNITES. (*Entom.*) Nom donné par M. Latreille à une tribu ou à une famille d'insectes lépidoptères qui comprend les phalènes du genre précédent, parmi lesquelles il établit les genres Aglosse, Botys, Herminie et Gallerie. Par la suite M. Latreille n'a plus conservé cette division ; il en fait trois familles, la IX.<sup>e</sup>, celle des phalénites, parmi lesquels il range la phalène du sureau, qui est la soufrée à queue de Geoffroy, ou le genre Ouroptéryx de Leach, *Phalæna sambucaria* de Linnæus. La famille X des pyralites : il y range les genres *Platypteryx* de Laspeyre, *Herminie, Pyrale* ; et la famille XI, à laquelle il rapporte les *Aglosses, Botys, Crambe, Gallérie* et même les *Alucites* ou *Ypsolophes* de Fabricius. Voyez la plupart de ces mots qui ont donné lieu à des articles, dans ce Dictionnaire. ( C. D. )

PHALÉRIE, *Phaleria.* (*Entom.*) M. Latreille avoit établi sous ce nom un petit genre d'insectes coléoptères hétéromérés, qu'il avoit rangé entre les hypophlées et les diapères, et il avoit indiqué pour type, le ténébrion des cuisines, *tenebrio culinaris* de Fabricius; mais, ayant rapporté les ténébrions à une autre famille que les diapères dans le Règne animal de M. Cuvier, il n'a plus cité ce genre. (C. D.)

PHALKON. (*Ornith.*) C'est en grec moderne le faucon, *falco*. (Ch. D.)

PHALLO-BOLETUS. (*Bot.*) Michéli et Adanson ont réuni sous ce nom trois espèces de morilles ou *morchella*, savoir: les *morchella gigas*, *undosa* et *semilibera*, distinctes par leur chapeau libre et mou, soudé au stipe par sa base. Elles font, ainsi que plusieurs autres espèces, une division dans le genre Morchella. Voyez ce mot. (Lem.)

PHALLOIDASTRUM. (*Bot.*) Battara a figuré sous ce nom, dans son ouvrage sur les champignons des environs de Rimini, tab. 40, fig. *A — E*, une espèce qu'il indique dans les Apennins, près Bologne, et qui appartient au même groupe que les genres *Phallus* et *Hymenophyllus*. Cette plante est le *phallus à feuillets* de Paulet. Battara n'est pas le premier qui l'ait mentionnée, puisque lui-même en attribue la découverte à Bassi, naturaliste italien. Ce champignon n'a point de volva. Son stipe est creux, celluleux extérieurement, fixé à la terre par une racine cylindrique; son chapeau est uni, très-humide et plissé inférieurement, de manière à paroître feuilleté.

Fries propose, dans ses *Novitiæ floræ Suecicæ*, cah. 5, pag. 80, publiées en 1819, d'en faire un genre, qu'il nomme *Spadonia*. Mais il n'est plus question de ce genre dans son *Systema mycologicum*, publié en 1821 et 1822. Les plissures du bord inférieur du chapeau et l'absence du volva, pourroient être le caractère générique du *spadonia*, qui se placeroit près de l'*hymenophallus*. (Lem.)

PHALLUS. (*Conchyl.*) Lister paroît avoir distingué sous ce nom le tube que nous nommons aujourd'hui Arrosoir. (De B.)

PHALLUS ou SATYRE. (*Bot.*) *Morilles molles* et *morilles phallus*, Paul. Genre de la famille des champignons, de l'ordre des gymnocarpes. Il est caractérisé par la présence d'un volva

qui se déchire pour laisser sortir un stipe fistuleux, portant
un chapeau conique ou oblong, dont la surface, lisse ou marquée de fossettes ou cellules, est recouverte d'une matière
muqueuse séminulifère. Le stipe est privé de collerette ou
indusium.

Ce genre très-naturel, créé par Michéli sous le nom de
*boletus*, a subi diverses modifications avant d'être rétabli.
On lui a joint avec Tournefort, qui le nommoit *boletus*, et
avec Linnæus, les morilles ou *morchella*, qui en diffèrent par
l'absence du volva. La présence de cet organe est si essentielle dans la méthode actuelle de classer les champignons,
que les *morchella* et les *phallus* se trouvent placés dans des
sections très-différentes; ainsi les *morchella* font partie du
groupe des *helvella*, et le *phallus* de celui des *phalloïdées*.
Quoique presque tous les botanistes aient adopté maintenant
le genre *Phallus*, quelques-uns y ont porté certaines modifications. Ventenat, Paulet, Fries, etc., y ramènent le genre
*Hymenophallus* de Nées. Fries pense que le caractère d'offrir
une collerette ou indusium fixé au sommet du stipe, n'est
pas un caractère suffisant et distinctif, et en cela nous croyons
que les auteurs ci-dessus ont eu tort; aussi avons-nous conservé le genre HYMENOPHALLUS (voyez ce mot) de Nées, auquel il faut joindre le *Dictyophora* de Desvaux, fondé sur
le *Phallus indusiatus*, Vent., qui d'après Schweinitz est muni
d'un volva, et dont l'indusium ou collerette est fixé sur le
chapeau et non sur le stipe. Le *phallus mokusin* constitue le
genre *Lysurus*. (Voyez MOKUSIN.)

Fries divise le genre *Phallus* en quatre tribus, desquelles
deux, celles qu'il nomme *hymenophallus* et *lejophallus*, appartiennent au genre HYMENOPHALLUS (voyez ce mot), dont le
chapeau est lisse ou celluleux. Les deux autres tribus, *ity-
phallus* et *cynophallus*, qui ne contiennent qu'un très-petit
nombre d'espèces, pourroient peut-être former deux genres,
en supposant qu'il soit permis d'admettre comme caractère
générique que les bords du chapeau soient libres ou soudés
au stipe.

1. PHALLUS IMPUDIQUE ou SATYRE : *Phallus impudicus*, Linn. ;
*Flor. Dan.*, tab. 175 ; Schæff., *Fung.*, tab. 196 — 198 ; Bull.,
*Champ.*, tab. 182 ; *Bolt.*, tab. 92 ; *Phallus fœtidus*, Sow., *Fung.*,

tab. 329; *Phallus vulgaris*, Michéli, *Gen.*, tab. 83; *Phallus en morille ouvert*, Paul., Trait. des champ., 2, p. 416, pl. 191, fig. 1 — 3. l'étide; chapeau libre à sa base, conique, réticulé, creux au sommet, nu inférieurement. Ce champignon est très-célèbre, et bien remarquable par sa forme qui lui a fait donner son nom, et par l'odeur excessivement fétide et cadavéreuse qu'il exhale dès sa naissance jusqu'à son entière destruction. Dans son parfait développement il a jusqu'à huit pouces de hauteur. Il prend toute sa croissance en peu de temps et se détruit très-promptement. Lorsqu'il commence à naître, il paroit comme une boule ou comme un petit œuf de couleur blanche ou jaunâtre ; bientôt un gonflement intérieur augmente le volume de cet œuf, qui est alors pesant, mou, à peu près comme une vessie pleine d'eau ou de mucilage, et muni de radicules ou d'une racine pivotante. Cet œuf, qui n'est que le volva, se déchire inégalement et s'évase : il est formé de deux membranes, séparées par une matière visqueuse et translucide, et le stipe tout glaireux sort du milieu du volva en s'élançant et se développant avec rapidité. Il est blanc ou grisâtre, creux, d'un pouce de diamètre, fragile, spongieux, marqué d'une infinité de trous inégaux et de fentes irrégulières. Il traverse le chapeau qui le termine, lequel a un pouce et demi de longueur ; ce chapeau est conique au sommet et couvert d'une liqueur verdâtre sur toute sa surface qui est cellulaire. Quelques momens d'existence suffisent à ce champignon. Il se résout en une gelée ou liqueur fétide d'un vert foncé ou brunâtre, qui contient les graines destinées à reproduire de nouveaux individus.

Selon les observations faites par Steerbeck et Mazzoli, l'odeur fétide qu'exhale cette plante est une qualité qui doit faire croire qu'elle est vénéneuse ; cependant on remarque que les bêtes fauves et les sangliers la mangent lorsqu'elle est encore en boule, et lorsqu'elle est étalée on a observé que les chats en sont friands. Paulet, de qui nous empruntons ces lignes, ajoute que les vers attaquent aussi ce champignon, et qu'aucune observation prouve qu'il ait des effets pernicieux. Bien plus, Gleditsch et Bruchmann rapportent que les chasseurs et les habitans de l'Allemagne le font sécher, le réduisent en poudre et le donnent à leurs bestiaux pour les exciter à l'accouplement. Les insectes dévorent avec avidité la liqueur glaireuse qui remplit les cellules de son chapeau, et s'y précipitent dès qu'il paroit. L'analyse chimique fait reconnoitre qu'il est composé de fungine très-animalisée, d'albumine, de mucus, de sur-acétate de potasse et d'ammoniaque, d'un acide uni à la potasse, etc. (BRACONNOT.) Ce champignon croît en été et en automne dans les bois à l'ombre ; c'est surtout dans les temps d'orage qu'il se montre. On le rencontre partout en Europe, et cependant il est généralement rare : son développement a lieu quelquefois avec une rapidité étonnante, par exemple, en huit ou neuf minutes ; mais nous devons faire observer que le volva met plusieurs jours à prendre l'accroissement qui lui est nécessaire.

On trouve dans divers ouvrages, comme ceux de Batsch, Steerbeck, Battara, Plukenet, Barrelier et Paulet, la description incomplète ou l'indication de plusieurs champignons qui sont probablement des variétés du phallus impudique, ou peut-être des espèces voisines. Le *phallus impudicus*, Lour., dont le stipe est solide, ne peut appartenir à l'espèce décrite ici. Peut-être appartient-elle à un genre différent. La description donnée par Loureiro est insuffisante pour décider la question.

2. Le PHALLUS DE CHIEN : *Phallus caninus*, Huds., Pers., Schæff., pl. 330 ; *Flor. Dan.*, pl. 1259 ; *Phallus inodorus*, Sow., *Fung.*, tab. 330. Inodore, chapeau soudé au stipe, ovale, tuberculeux, sans trou au sommet et rougeâtre. Cette espèce est petite et ne répand point d'odeur ; son volva engaine la base du stipe ; sa couleur est le jaunâtre. Le stipe, flasque, celluleux, atténué vers le haut, est d'un roux pâle. Le chapeau est couvert d'une liqueur olivâtre. On le trouve sur le tronc pourri des noisetiers et de plusieurs autres arbres.

Nous finirons par faire observer avec Fries que le *clathrus campana* de Loureiro a de l'analogie avec le genre *Phallus*, et que peut-être, mieux connu, il pourra former un genre qui en soit tout rapproché (voyez PHALLOIDASTRUM). Rafinesque rapproche du phallus ses genres *Cynicus*, *Dycterium* et *Ædy-*

*cia.* Le *phallus tremelloides*, placé aussi dan$ les *tremella*, est maintenant le *gyrocephallus*, Pers. Voyez Morchella et Tremella. (Lem.)

PHALLUSIE, *Phallusia.* (*Malacoz.*) Subdivision générique, établie par M. Savigny, dans ses Mémoires sur les animaux sans vertèbres, pour un certain nombre d'ascidies des zoologistes les plus modernes, et auquel il assigne pour caractères, d'avoir l'enveloppe extérieure gélatineuse, sessile, et l'orifice du tube branchial pourvu de huit rayons à sa circonférence. Il contient l'ascidie mentule, si commune dans nos mers, ainsi que les A. intestinale, ridée, bosselée, de M. de Lamarck, et plusieurs autres espèces nouvelles de la mer Rouge, et entre autre l'A. noire, qui est figurée, planche 2, de l'ouvrage de M. Savigny. (De B.)

PHANA. (*Bot.*) Belon cite sous ce nom une bruyère, commune dans la Turquie et la Grèce, dont il ne détermine pas l'espèce. (J.)

PHANERA. (*Bot.*) Ce genre de la Cochinchine, fait par Loureiro, qui se confond, selon lui, avec le *folium linguæ* de Rumph, 5, t. 1, paroît être le *bauhinia tomentosa* de M. de Lamarck, distinct des autres *bauhinia* par un calice à quatre divisions, et parce qu'il n'a que trois de ses étamines fertiles. Cette anomalie, dans un genre aussi naturel, ne peut autoriser la formation d'un genre particulier. Voyez Bauhine grimpante. (J.)

PHANTIS. (*Bot.*) Adanson a formé de cet arbre, cité dans la Flore de Ceilan, de Linnæus, un genre dont les caractères sont : d'avoir un calice d'une seule pièce à quatre divisions; une corolle à quatre pétales; huit étamines; un style surmonté d'un stigmate hémisphérique. Les feuilles sont alternes, et les fleurs disposées en corymbes axillaires. Le fruit est inconnu. (J.)

PHAPS. (*Ornith.*) Voyez Phasa. (Ch. D.)

PHAQUE; *Phaca*, Linn. (*Bot.*) Genre de plantes dicotylédones polypétales, de la famille des *légumineuses*, Juss., et de la *diadelphie décandrie* du Système sexuel, qui a pour caractères : Un calice monophylle, à cinq dents; une corolle papilionacée, à cinq pétales, dont l'étendard plus long que les ailes et la carène : dix étamines diadelphes; un ovaire supère, surmonté d'un style qui n'est point barbu en dessous et terminé par un stigmate en tête ; une gousse à une loge un peu renflée, légèrement pédicellée dans le calice, et contenant plusieurs graines attachées à la suture supérieure.

Les phaques sont des plantes herbacées, souvent vivaces, à feuilles alternes, ailées avec impair, munies à leur base de stipules distinctes du pétiole ; leurs fleurs sont disposées en épis axillaires ou terminaux. On en connoit seize espèces : les suivantes croissent naturellement en France.

Phaque des Alpes ; *Phaca alpina*, Jacq., *Ic. rar.*, t. 151. Sa tige est cylindrique, légèrement velue, droite, haute de douze à quinze pouces, garnie de feuilles composées d'environ dix-sept à vingt-trois folioles oblongues, obtuses, pubescentes. Les stipules sont petites, linéaires-lancéolées. Les fleurs sont d'un blanc jaunâtre, pédicellées, disposées en grappes alongées, accompagnées de bractées sétacées ; leur calice est à cinq dents étroites, assez profondes, et garni de poils noirâtres. Les légumes sont semi-ovales, aigus. Cette plante croit dans les Alpes, les Pyrénées et sur les hautes montagnes de la Suisse, de l'Autriche. et en Sibérie.

Phaque des lieux froids ; *Phaca frigida*, Jacq., *Fl. Aust.*, t. 166. Sa tige est glabre, anguleuse, haute de huit pouces à un pied, munie de stipules ovales. et garnie de feuilles composées de sept à neuf folioles ovales, glabres. Ses fleurs sont jaunâtres, accompagnées de bractées oblongues ; leur calice est glabre, à cinq dents assez courtes. La gousse est oblongue, un peu velue. Cette espèce croit sur les sommets des montagnes alpines, en France, en Suisse, en Autriche, en Norwége, en Laponie, etc.

Phaque glabre ; *Phaca glabra*. Clar., *Bull. philom.*, n.° 61. Ses tiges sont couchées, presque ligneuses à la base, glabres, de même que presque toute la plante, munies de stipules membraneuses, et garnies de feuilles composées de neuf à treize folioles ovales-lancéolées. Les fleurs sont blanches, disposées, au nombre de huit à dix, en grappes axillaires, plus longues que les feuilles ; leurs bractées sont linéaires et les calices chargés de poils noirs, cotonneux. Cette espèce croit dans les Alpes de la Provence.

Phaque austral : *Phaca australis*, Linn., *Mant.*, 103 ; Jacq.,

*Misc.*, 2, p. 43, t. 3. Sa racine est un peu ligneuse ; elle produit plusieurs tiges simples, étalées, glabres, longues de cinq à six pouces, munies de stipules arrondies, et garnies de feuilles composées de treize à quinze folioles ovales, glabres ou pubescentes. Les fleurs sont purpurines, disposées, au nombre de quinze à vingt, en grappes axillaires, plus longues que les feuilles ; elles sont munies de bractées très-petites, et leur calice est légèrement pubescent. Cette plante croît dans les Alpes en France, en Italie, en Suisse, en Autriche, et plusieurs autres pays.

PHAQUE DE GÉRARD ; *Phaca Gerardi*, Vill., Dauph., 3, p. 474. Sa tige est rameuse, couchée, longue de huit à dix pouces, accompagnée de stipules velues. Les fleurs sont blanchâtres. avec la carène noirâtre au sommet, disposées, au nombre de quinze à vingt, en grappes portées sur de longs pédoncules axillaires ; leurs ailes sont oblongues, étroites, arrondies à leur extrémité. Les gousses sont un peu velues. Cette espèce croît dans les Alpes de la Provence et du Dauphiné. ( L. D. )

PHAR. (*Ornith.*) Ce mot est, ainsi que celui de *pharos*, une dénomination grecque de l'étourneau. (CH. D.)

PHARAGOU. (*Bot.*) Les habitans voisins du mont Sinaï nomment ainsi, au rapport de Belon, la noix de ben, *moringa* des botanistes. (J.)

PHARAME, *Pharamus*. (*Conchyl.*) Genre de coquilles polythalames, de la famille des nautilacés, établi par Denys de Montfort (Conchyl. syst., t. 1, p. 55) pour des espèces microscopiques, non ombiliquées, à dos caréné et armé, et dont la dernière cloison est percée d'un trou subdorsal ; il forme une section du genre Lenticuline de M. de Lamarck. L'espèce qui sert de type à ce genre et que Denys de Montfort nomme le P. PERLÉ, *P. gemmatus*, a à peu près trois lignes de diamètre ; les bords de ses cloisons sont perlés et sa couleur est bleuâtre et irisée ; elle se trouve dans la mer Adriatique, sur la plage de Rimini : c'est le *nautilus calcar* de Linné, Gmel., page 5570, n.° 2. Elle est figurée dans l'ouvrage de von Fichtel et von Moll, table 11, figure *I, K*. ( DE B. )

PHARAME. (*Foss.*) Nous pensons que la coquille que

Denys de Montfort a prise pour type de ce genre, et dont il a donné une figure, ne diffère en rien de la cristellaire, à laquelle nous avons donné le nom de *Critellaria calcar*, dans le tome XI de ce Dictionnaire, pag. 615. Nous croyons aussi que cet auteur s'est trompé, en annonçant que les cloisons sont perforées d'un trou à l'angle extérieur; car nous n'avons jamais pu apercevoir ce trou dans aucune de ces coquilles que nous avons eues sous les yeux. (**D. F.**)

PHARAONE. (*Conchyl.*) Le SABOT BOUTON DE CAMISSOLE, *Turbo pharaonis*, a reçu quelquefois ce nom. (**DESM.**)

PHARE. (*Bot.*) Voyez PHARELLE. (**POIR.**)

PHARELLE, *Pharus*. (*Bot.*) Genre de plantes monocotylédones, à fleurs glumacées, de la famille des *graminées*, de la *monoécie hexandrie* de Linnæus, dont le caractère essentiel consiste dans des fleurs monoïques; les fleurs mâles pedicellées, composées de deux valves calicinales, petites, aiguës, uniflores; les valves de la corolle plus longues que celles du calice; trois ou six étamines, les anthères oblongues : les fleurs femelles sessiles, mêlées avec les précédentes, pourvues d'un calice uniflore, à deux valves aussi longues que celles de la corolle; un ovaire linéaire; un style simple; trois stigmates filiformes; une semence oblongue, souvent enveloppée par les valves persistantes de la corolle.

PHARELLE A LARGES FEUILLES : *Pharus latifolius*, Linn.; Lamk., *Ill. gen.*, tab. 769, fig. 2; Pal. Beauv., *Agrost.*, tab. 22, fig. 8; Brown., *Jam.*, t. 58, fig. 5; Sloan., *Jam.*, t. 73, fig. 2. Cette plante a des tiges droites, un peu velues, médiocrement comprimées, hautes d'un pied et plus, garnies de deux nœuds à leur partie inférieure. Les feuilles, remarquables par leur largeur, sont ovales, striées, nerveuses, quelquefois panachées et comme rubanées de vert et d'un jaune verdàtre, entières, arrondies et obtuses au sommet, souvent mucronées, un peu rétrécies à leur base, et comme pétiolées par l'écartement de la partie supérieure de leur gaine, du double plus longue que les feuilles. Les fleurs sont disposées en une panicule terminale, droite, médiocre, un peu resserrée en épi, peu ramifiée. Le rachis est pubescent; les fleurs mâles sont pédicellées, beaucoup plus petites que les femelles; les valves de leur corolle velues, et même un peu lanugineuses à leurs bords; les fleurs femelles sessiles, deux et trois fois plus longues et plus grosses que les fleurs mâles. Le stigmate se divise en trois parties filiformes, glabres, aiguës, un peu recourbées; les étamines sont ordinairement au nombre de trois. Cette plante croît dans plusieurs contrées de l'Amérique, à la Caroline, etc.

Pharelle lappulacée : *Pharus lappulaceus*, Aubl., Guian., 2, pag. 859; Lamk., *Ill. gen.*, tab. 767, fig. 1; vulgairement Avoine des chiens. Ses tiges sont droites, hautes, rameuses, foibles, glabres, striées, un peu comprimées, presque entièrement recouvertes par la gaine des feuilles. Celles-ci sont lancéolées, aiguës, plus longues, plus étroites que dans l'espèce précédente, striées, à nervures saillantes et jaunâtres; les gaines plus courtes que les feuilles. Les fleurs sont réunies en une panicule terminale, étalée, peu garnie, à ramifications lâches et distantes, et rachis pubescent; les fleurs mâles pédicellées, situées à la base des fleurs femelles, ont leur corolle pubescente, avec six étamines: les fleurs femelles sont presque sessiles, appliquées contre le rachis; les valves de leur corolle couvertes de poils courts, plus nombreux vers le sommet : ils deviennent roides et accrochans sur la semence, avec laquelle ils persistent. Cette plante croît dans la Guiane. M. Ledru l'a également observée à Porto-Ricco.

Pharelle rude; *Pharus scaber*, Kunth. *in* Humb. et Bonpl., *Nov. gen.*, 1, pag. 196. Cette espèce me paroît avoir de grands rapports avec la précédente. Ses feuilles sont planes, membraneuses, oblongues, lancéolées, acuminées, rétrécies en pétioles à leur base, nerveuses, striées, rudes en dessus et à leurs bords, glabres en dessous, ainsi que sur leur gaine, longues de six à sept pouces. La panicule est longue de six pouces; ses rameaux sont pubescens; les épillets géminés, très-glabres; à valve inférieure de la corolle des fleurs femelles rude, endurcie, brune, courbée et pubescente à son sommet. Cette plante croît dans l'Amérique méridionale.

Les *Pharus ciliatus* et *aristatus* de Retzius m'ont toujours paru devoir être retranchés de ce genre, ainsi que je l'ai dit dans l'Encyclopédie. MM. Rob. Brown et Pal. de Bauvois sont de la même opinion. ( Poir.)

PHARETRIE, *Pharetria*. (*Polyp.*) Genre établi par M. Oken

(Man. de zoolog., part. 1, pag. 52 ) et auquel il assigne pour caractères : Plusieurs polypes dans une cloche, comme des flèches dans un carquois. Ce genre paroît ne contenir qu'une espèce, que M. Oken nomme *P. socialis*, et qu'il figure dans la planche première de son Atlas. On y voit cinq polypes, à tentacules assez courts, hexatentaculés, plongés en partie dans une sorte de cupule adhérente à une feuille de lentille aquatique. (DE B.)

PHARIER. (*Ornith.*) Un des noms vulgaires du pigeon ramier, *columba palumbus*. (CH. D.)

PHARMAC. (*Bot.*) Rumphius a figuré et décrit sous ce nom un arbre, dont le genre est inconnu. Les habitans d'Amboine préparent avec ses racines une liqueur vineuse, facile à conserver. (J.)

PHARMACITE. (*Min.*) Ce nom, d'après Agricola, est, pour les Grecs, synonyme d'ampélite. Il étoit appliqué à une roche argileuse, schisteuse, pyriteuse et bitumineuse, qui, par l'altération que lui fait éprouver l'action de l'air, paroît avoir la propriété de faire mourir les larves d'insectes qui vivent dans la terre au pied de la vigne, et nuisent à cette plante. Cronstedt paroît avoir appliqué plus particulièrement ce nom au crayon noir, que nous avons désigné par celui d'ampélite graphique. Voyez AMPÉLITE. (B.)

PHARMACOLITHE ou CHAUX ARSENIATÉE [1] (*Min.*) C'est une combinaison naturelle de chaux et d'acide arsenique avec de l'eau. Ce minéral ne s'est encore présenté qu'en petites masses composées d'aiguilles déliées, blanchâtres, répandant, par l'action du feu, l'odeur alliacée qui décèle l'arsenic.

*Car. chim.* Chauffé dans le matras, il donne de l'eau ; sur le charbon, il se fond. Sa dissolution dans l'acide nitrique est abondamment précipitée par l'oxalate d'ammoniaque.

*Composition.*

| | Chaux. | Acide arsénique. | Eau. | |
|---|---|---|---|---|
| De Wittichen . . . . | 25,= | 30,5 | 24,5 | Klaproth. |
| D'Andreasberg . . . . | 27,3 | 45,7 | 25,9 | John. |

1 *Arsenikblüthe*, WERN.

*Car. phys.* Sa forme est encore incertaine; il paroît que les aiguilles sont de petits prismes hexagonaux.

La pharmacolithe est tendre, se laisse facilement pulvériser. Sa pesanteur spécifique est de 2,64. Sa couleur est le blanc de lait lorsqu'elle est pure : elle a souvent une teinte rosâtre, qu'elle doit à la présence du cobalt.

Ses prismes aciculaires sont ordinairement réunis en houppes d'un aspect soyeux, qui présentent elles-mêmes, sur les parois des roches qu'elles recouvrent, des enduits ou concrétions plus ou moins épaisses ou étendues, quelquefois semblables à du coton.

Ce minéral est rare; on ne l'indique encore que dans six ou sept endroits, et dans ces lieux il est en enduit ou en concrétions comme cotonneuses sur les parois des filons qui traversent des terrains primordiaux de granite et de gneiss, ou des terrains transitifs de traumate.

Il y est accompagné de cobalt pourpré, d'arsenic natif et d'argent : on croit l'avoir remarqué plus souvent dans les vieux travaux abandonnés que dans tous autres.

On le cite dans le puits de Sophie à Wittichen dans le Furstenberg, pays de Bade, avec gypse et barytine; à Riegelsdorf, en Hesse [1]; à Andreasberg, avec de la galène et du quarz; à Glückbrunn, dans le Thuringerwald; à Neustædtel, dans l'Erzgebirge, et à Joachimsthal, en Bohème [2]; enfin, à Sainte-Marie-aux-mines, dans les Vosges, où il est d'une couleur blanche, pure, n'étant point accompagné de cobalt.

C'est à M. Selb et à Klaproth que l'on doit la connoissance de ce minéral; et c'est de Karsten qu'il tient son nom de pharmacolithe. (B.)

PHARMACOSIDÉRITE. (*Min.*) C'est le nom qu'on a proposé de donner à l'arseniate de fer naturel. Ce nom univoque est trop long pour être adopté. Voyez Fer arseniaté, tom. XVI, pag. 417. (B.)

PHARNACE, *Pharnaceum*. (*Bot.*) Genre de plantes dicotylédones, à fleurs incomplètes, de la famille des *caryophyl-*

---

1 Il paroît que celui qu'on citoit à Bieber, n'étoit que de l'oxide de cobalt grisâtre sans chaux. (Kopp.)

2 Tirées la plupart de Leonhard, *Handbuch der Oryktogn.*, 1821, pag. 594.

*lées*, de la *pentandrie trigynie* de Linnæus, offrant pour caractère essentiel : Un calice persistant, divisé en cinq folioles,
point de corolle; cinq étamines; les anthères bifides à leur
base, un ovaire supérieur; trois styles; une capsule à trois
loges, à trois valves polyspermes.

Ce genre, qui a le port des *mollugo*, n'en diffère que par
le nombre des étamines, cinq au lieu de trois, caractère bien
foible, à peine admissible, surtout dans une famille où le
nombre des étamines est très-variable souvent dans le même
genre ; et si l'on considère les cinq divisions de l'enveloppe
florale dans les *mollugo*, on sera bien porté à croire qu'il
ne leur manque deux étamines que par une sorte d'avortement. Je sais qu'on a donné trop d'extension à ce principe,
et qu'il ne doit être admis qu'avec la plus grande réserve,
surtout lorsque nous avons des preuves de la justesse de son
application, comme dans beaucoup de fleurs polygames, qui
ne le sont évidemment que par l'avortement d'un des organes
sexuels dans certaines fleurs, tandis que d'autres sont complètes. Je crois ces observations assez importantes dans la
pratique, pour être rappelées ici.

Pharnace cerviaire : *Pharnaceum cerviana*, Linn. ; Lamk.,
*Ill. gen.*, tab. 214, fig. 1; Gmel., *Sibir.*, 5, tab. 20, fig. 2;
Pluken., *Mantiss.*, tab. 531, fig. 11 ; Buxb., cent. 3, tab.
62, fig. 2. Plante dont les racines filiformes et blanchâtres
produisent plusieurs tiges grêles, géniculées, garnies de
feuilles nombreuses, linéaires, un peu charnues, presque
de la longueur des entre-nœuds, disposées en verticilles;
les feuilles radicales courtes, ovales, étalées en rosette. Les
fleurs sont axillaires; les pédoncules solitaires, chargés de
quelques fleurs pédicellées, presque en ombelle; une petite
bractée à la base de chaque pédicelle; les folioles du calice
concaves, colorées en dedans. Le fruit est une capsule ovale,
à trois côtés obtus, recouverte par le calice ; les semences
petites, orbiculaires, à rebord tranchant, attachées à un
réceptacle central. Cette plante croit dans la Sibérie, en
Espagne, en Guinée, dans l'Asie.

Pharnace a feuilles de spargoute : *Pharnaceum spergu-*
*loides*, Lamk., *Ill. gen.*, tab. 214, fig. 2 ; Poir., *Encycl.*,
n.° 2. Petite plante assez jolie, remarquable par son port,

par ses longues feuilles nombreuses , en fascicules verticillés , se rapprochant des *spergula* , linéaires , presque filiformes , plus courtes que les entre-nœuds. Les fleurs sont terminales , au nombre de trois ou quatre , réunies en forme d'ombelle dans l'aisselle du verticille supérieur. Les divisions du calice glabres , ovales , un peu obtuses. Cette plante a été découverte dans les Indes par Sonnerat.

Pharnace blanchatre: *Pharnaceum incanum*, Linn. , *Suppl. ;* Lamk., *Ill. gen.* , tab. 214 , fig. 3. Cette plante se distingue par la forme particulière de ses stipules , qui engainent la base des feuilles en forme de membrane courte , mince , déchiquetée à ses bords en filamens capillaires. Les tiges sont couchées , puis redressées , glabres , rameuses , presque entièrement recouvertes par les gaines des stipules ; les feuilles éparses , linéaires , étroites , mucronées. Les fleurs sont disposées en une sorte d'ombelle terminale , dont les rayons sont réunis à l'extrémité d'un pédoncule commun qui termine la tige , et accompagnés à leur base d'un verticille de feuilles courtes , en forme d'involucre ; les rayons se ramifient et sont accompagnés à leur base d'une bractée très-courte : souvent cette ombelle est prolifère. Les divisions du calice sont ovales , oblongues , blanches et membraneuses à leurs bords ; les capsules globuleuses , une fois plus longues que le calice. Cette plante croit au cap de Bonne-Espérance.

Pharnace a feuilles de mollugine : *Pharnaceum mollugo* , Linn. , *Mantiss.* ; *Mollugo spergula*, Linn. , *Spec.* ; Burm. , *Ind.* ; tab. 5 , fig. 4. ; et *Thes. zeyl.* , tab. 7. Linné avoit rapporté cette espèce , d'après son port , au genre *Mollugo ;* mais ses fleurs , mieux observées , ont prouvé qu'elle appartenoit aux *Pharnaceum.* Ses tiges sont grêles , couchées , dichotomes , un peu comprimées ; ses feuilles verticillées , ovales , lancéolées , rétrécies en pétiole à leur base , rudes à leurs bords : les fleurs axillaires , pédonculées , en verticelle. Les folioles du calice sont ovales , oblongues , blanchâtres à leur sommet , quelquefois contenant cinq petales fort petits , très-étroits , à demi divisés en deux découpures sétacées. Cinq étamines , alternant avec autant de filets stériles. Cette plante croit à Ceilan et dans les Indes orientales.

Pharnace glomérulé : *Pharnaceum glomeratum* , Linn. ,

*Suppl.* ; Pluken., *Mantiss.* , tab. 331 , fig. 4. Ses tiges sont lisses, herbacées , un peu flexueuses, divisées en petits rameaux droits, glabres, garnis d'un grand nombre de petites feuilles glabres, linéaires, verticillées, aiguës, un peu courbées en dehors. Les fleurs sont fort petites, latérales ou terminales , axillaires, presque sessiles à l'extrémité d'un pédoncule commun. Le calice est court ; ses divisions vertes sur le dos, blanchâtres et membraneuses à leurs bords; quelques petites folioles aiguës, verticillées à la base du pédoncule. Cette plante croit au cap de Bonne-Espérance.

PHARNACE A FEUILLES DE SERPOLET ; *Pharnaceum serpyllifolium* , Linn. , *Suppl.* Petite plante tendre, délicate, dont les feuilles sont assez semblables à celles du serpolet. Les tiges sont glabres, filiformes, rameuses, dichotomes, garnies de feuilles opposées ou presque verticillées, charnues, ciliées à leurs bords, un peu aiguës, rétrécies en pétiole. Les fleurs sont axillaires; les pédoncules simples, capillaires, plus longs que les feuilles; les divisions du calice ovales, lancéolées, ciliées ; les capsules ovales. Cette plante croît au cap de Bonne-Espérance. M. Bosc l'a aussi recueillie dans la Caroline.

PHARNACE A FEUILLES DE PAQUERETTE : *Pharnaceum bellidifolium*, Poir. , Encycl., n.° 10; Sloan., *Jam.*, *hist.* 1, tab. 129, fig. 2. Espèce remarquable par ses larges feuilles spatulées, toutes radicales; par ses tiges nues, grêles, nombreuses, divisées à leur sommet en une panicule étalée, au moins trichotomes à la base, dichotomes aux autres divisions. Toutes les ramifications sont linéaires , garnies à leur base de deux bractées en écailles, blanchâtres, très-petites, transparentes ; les pédoncules sont simples , capillaires, terminés par une seule fleur blanchâtre en dedans, verdâtre en dehors. Cette plante croît dans la Guiane et à la Jamaïque.

PHARNACE A FEUILLES EN CŒUR : *Pharnaceum cordifolium*, Linn. : Jacq., *Hort. Schœnbr.*, 3 , tab. 349. Cette espèce a des racines fibreuses, des tiges herbacées, longues d'un pied, articulées, noueuses, étalées sur la terre, divisées en rameaux alternes, garnis de feuilles nombreuses, disposées par verticilles , glabres , petites, en cœur renversé, entières, souvent mucronées au sommet, beaucoup plus courtes que les entre-nœuds. Les rameaux supportent à leur extrémité une panicule dichotome, chargée de fleurs blanchâtres, pédonculées, presque en ombelle. Cette plante croît au cap de Bonne-Espérance. (Poir.)

PHARPHARIA, PUSTULAGO. (*Bot.*) Ruellius cite ces noms anciens du tussilage. (J.)

PHARUS. (*Bot.*) Voyez PHARELLE. (Lem.)

PHASA. (*Ornith.*) On dit sous ce mot, dans le Nouveau Dictionnaire d'histoire naturelle, que c'est le nom grec du ramier, dont le mâle s'appelle *phaps* et la femelle *phassa*. (Ch. D.)

PHASCAS. (*Ornith.*) Nom grec appliqué à la petite sarcelle, *anas crecca*, Linn. (Ch. D.)

PHASCIDIUM. (*Bot.*) Ce nom se trouve imprimé avec cette orthographe dans plusieurs ouvrages allemands, mais par erreur typographique; il faut PHACIDIUM. Voyez ce mot. (Lem.)

PHASCOLARCTOS, Blainv. (*Mamm.*) Genre de mammifères, appartenant à la famille des marsupiaux, dans l'ordre des carnassiers, et qui a reçu de M. Cuvier le nom de *Koala*.

Trois mammifères de moyenne taille, ayant à peu près la forme générale et les proportions d'un très-petit ours, et tous trois, appartenant à la famille des marsupiaux, ont été signalés comme particuliers au continent de la Nouvelle-Hollande. Le premier, désigné sous le nom de *Wombat* par Bass et Flinders, n'est pas encore connu en Europe, et il paroît douteux qu'il existe : ses caractères le placeroient parmi les marsupiaux à système dentaire de carnassiers, car, suivant les voyageurs que nous venons de citer, il auroit six incisives et deux canines à chaque mâchoire. C'est le genre *Amblotis* d'Illiger. Le second est le plus connu de tous; c'est celui que M. Geoffroy a désigné sous le nom de Phascolomys, animal à système dentaire de rongeur, dont nous donnons la description ci-après.

Le troisième, celui qui doit nous occuper dans cet article, est le dernier découvert; son existence est certaine, mais ses caractères sont encore assez peu connus, quoiqu'on sache cependant qu'il a surtout de l'analogie avec les potoroos ou kanguroos-rats par le nombre et la disposition de ses dents.

Le Koala ou Colac brun (*Phascolarctos fuscus*, Mamm., n.º 430), a été vu pour la première fois en Angleterre en 1814 par M. de Blainville, qui en a rapporté un dessin et une description, imprimée depuis dans le nouveau Bulletin de la Société philomatique. M. Cuvier l'a aussi décrit, mais avec quelque différence, dans son Règne animal, tome 1, p. 184 et figuré tome 4, pl. 1.ʳᵉ du même ouvrage. Enfin, M. Gold-fuss, continuateur du travail de Schreber l'a représenté dans le soixante-cinquième cahier, pl. CLV, *A a*, sous le nom de *Lipurus cinereus*.

La taille de cet animal est à peu près celle d'un chien médiocre, et, à en juger d'après l'échelle proportionnelle qui est au bas de la planche de M. Goldfuss, il peut avoir environ deux pieds de longueur sur dix pouces de hauteur; son corps est gros et très-couvert de poils; sa tête est forte; sa queue extrêmement courte, n'est même pas apparente.

Il a vingt-huit ou trente dents en totalité, savoir : six incisives supérieures, dont les deux intermédiaires beaucoup plus longues que les autres, ont cela de commun avec les pareilles dents du kanguroo d'Aroë (*Kangurus Brunii*); deux incisives inférieures proclives, comme celles de tous les kanguroos; deux petites dents intermédiaires ou fausses canines de chaque côté, entre les incisives et les molaires, à la mâchoire d'en haut; une dent pareille, selon M. de Blainville, et point du tout suivant M. Cuvier, à la mâchoire d'en bas; enfin, quatre molaires, pourvues de quatre tubercules à leur couronne, de chaque côté et à chaque mâchoire. Dans la figure de M. Goldfuss et dans celle de M. Cuvier, le museau paroît légèrement pointu, bien que la face soit large; les yeux sont moyens, et les oreilles, grandes et pointues, ont leur conque dirigée en avant. Les pieds de devant ont cinq doigts, formant deux groupes opposables, très-bien disposés pour embrasser les branches d'arbres; le premier, formé du pouce et de l'index, et le second, des trois autres doigts. Aux pieds postérieurs, suivant M. de Blainville, le pouce, dé-pourvu d'ongle, est très-gros et opposable aux autres doigts, dont les deux internes, très-petits, sont réunis dans toute leur longueur jusqu'à la base des ongles. Selon M. Cuvier, et ainsi que le représente la figure de M. Goldfuss, le pouce de ces pieds de derrière manqueroit totalement. Tous les ongles sont assez pointus.

Le poil de cet animal est touffu, grossier et assez long. M. de Blainville, qui a vu et touché un phascolarctos, le dit d'une couleur brun chocolat, et M. Cuvier rapporte qu'il est gris-cendré. Cette dernière couleur est aussi celle de la figure de M. Goldfuss, qui est marquée d'une tache noire sur le bout du nez, ainsi que celle de M. Cuvier.

On ne sait si la femelle du phascolarctos est pourvue d'une poche ventrale; mais on pourroit induire qu'elle n'existe pas, de ce que le petit a l'habitude de se tenir cramponné sur le dos de sa mère : comme le représente la figure de M. Goldfuss.

Les habitudes naturelles de cet animal ne sont pas connues. On sait seulement qu'il se creuse des tanières au pied des arbres. (Desm.)

PHASCOLOME ; *Phascolomys*, Geoff. (*Mamm.*) Genre de mammifères, de la famille des marsupiaux et de l'ordre des carnassiers, faisant le passage de cet ordre à celui des rongeurs, du moins sous la considération du système dentaire.

Lorsqu'en 1801 on découvrit à la Nouvelle-Hollande le seul animal placé dans ce genre, on crut d'abord y reconnoître le wombat de Bass et Flinders, animal de même forme et de même taille, mais annoncé comme ayant un système dentaire de carnassier. En 1803, M. Geoffroy même en donna la première description dans le tome 2 des Annales du Muséum d'histoire naturelle, sous le nom de *Wombatus fossor*, et peu de temps après il changea la désignation générique qu'il avoit d'abord adoptée en celle de phascolome, formée de deux mots grecs φἀσκωλον, *poche*, et de μῦς, *rat*, pour indiquer les rapports de ce quadrupède avec les rongeurs et avec les animaux à bourse ou marsupiaux. Peron et Lesueur figurèrent, en 1804, le phascolome sous le nom *Phascolomys Wombat*, suivant l'idée qu'ils avoient encore, que le Wombat de Bass et Flinders n'en différoit pas. Depuis ce temps, on a découvert dans le même pays le koala ou Phascolarctos (voyez ce mot), animal assez semblable par ses formes générales, mais dont les caractères principaux l'éloignent à la fois du phascolome et du wombat. Ce dernier n'a pas été retrouvé, et il se pourroit que ce fût une espèce fictive; mais il est aussi dans les choses possibles, quoique peu probables, qu'un jour on vienne à reconnoître son existence.[1]

M. G. Cuvier a figuré la tête osseuse du phascolome dans son Règne animal, pl. 2, afin de faire voir que cette tête, dont le système dentaire est celui des rongeurs, a une forme générale qui la rapproche des têtes de carnassiers, et qui tient surtout de fort près à celle des phalangers. M. F. Cuvier a décrit avec l'exactitude qu'on lui connoît, dans son ouvrage sur les Dents, celles de cet animal, et nous ne pouvons mieux faire que de rapporter d'après lui, les caractères qu'il leur a reconnus.

Les dents du phascolome sont au nombre de vingt-quatre en tout, savoir : deux incisives et dix molaires, sans canines, à chaque mâchoire. A la supérieure, les incisives sont très-fortes, arquées; leur forme est elliptique et leur couronne est plate ; après un grand intervalle vide, vient la première molaire qui, comme toutes les autres, est une dent sans racine ; elle est simple et de forme elliptique; toutes les autres, de même grandeur, sont composées de deux parties semblables à la première, réunies par leur côté externe, de sorte que vers leur côté interne, elles sont séparées par une profonde échancrure, tandis qu'un léger sillon seulement les sépare vers le côté opposé ; la partie postérieure de la dernière est moins grande que l'antérieure et à peu près circulaire ; toutes ont la surface de leur couronne lisse, et présentant dans chaque partie un milieu entouré d'émail et formant une crête relevée. A la mâchoire inférieure, les dents sont semblables à leurs analogues de la mâchoire supérieure, seulement la grande échancrure est en dehors et le sillon en dedans sur les faces latérales de chacune des quatre dernières molaires. Ces dents sont opposées couronne à couronne.

Le Phascolome (*Phascolomys Wombat*, Péron et Lesueur; Desm., Mamm., n.° 451, et Phascolome brun, Nouv. Dict.)

---

[1] Le nom de *Wombat* est aussi donné par les naturels de la Nouvelle-Hollande au phascolome.

est un animal à peu près de la taille du blaireau, mais un peu moins bas sur pattes, à corps gros et couvert d'un poil épais, grossier, et d'un brun-gris plus ou moins foncé; ayant une queue si courte qu'on peut à peine l'apercevoir; la tête grosse et plate; les yeux médiocrement ouverts et très-écartés; les pieds à cinq doigts, dont ceux des antérieurs tous armés d'ongles crochus et robustes, propres à fouiller la terre, et le pouce des postérieures très-petit et sans ongle. La femelle est pourvue d'une poche ventrale.

Parmi les caractères anatomiques de ces animaux, nous indiquerons principalement l'existence de deux os marsupiaux en avant du pubis; la ressemblance des organes génitaux de la femelle avec ceux des femelles de kanguroos et de phalangers; la forme du gland de la verge du mâle, qui est cylindrique et partagé en quatre lobes à son sommet par deux sillons qui se croisent à angle droit, et au point d'intersection desquels se trouve ouvert le canal de l'urètre; la longueur considérable du canal intestinal; la figure pyriforme de l'estomac, dont les parois sont membraneuses, épaisses et plissées intérieurement; la petitesse du cœcum, qui est sans boursuflures; le mode d'articulation de la mâchoire avec la tête, au moyen d'un gynglime transversal assez serré, comme dans les carnassiers, et non lâche et longitudinal, comme dans les rongeurs, l'existence de clavicules complètes; la séparation et la mobilité des deux os de l'avant-bras et de ceux de la jambe, ce qui rend possibles les mouvemens de rotation de ces membres sur leur axe, etc.

Le phascolome est lent dans ses mouvemens, et marche sur la plante entière du pied comme les ours, auxquels il ressemble d'ailleurs par ses formes lourdes et par l'épaisseur de son poil. Il se roule souvent en boule, et dort presque tout le jour. C'est le soir et la nuit qu'il est le plus éveillé, et c'est alors qu'il sort de son terrier pour rechercher sa nourriture, qui consiste uniquement en végétaux. Sa femelle transporte ses petits, qui sont au nombre de trois ou quatre, à la manière des femelles de sarigues, dans la poche ventrale dont elle est pourvue.

Plusieurs de ces animaux ont vécu peu de jours au Muséum d'histoire naturelle. Ils étoient d'un caractère très-doux, et montroient très-peu d'intelligence. On les nourrissoit de pain, de racines, et de toute sorte d'herbages; ils aimoient beaucoup le lait.

On a trouvé le phascolome dans les montagnes qui avoisinent le port Jackson, et aussi dans l'île King, située au milieu du détroit de Bass, et dans les îles Furneaux. Les pêcheurs de phoques, établis dans la première, mangent sa chair, qu'ils trouvent très-bonne. (DESM.)

PHASCON. (*Bot.*) Les Grecs donnoient ce nom, soit à une espèce de mousse qui croissoit sur le chêne, selon Faborinus, soit à une plante aquatique du genre *Ulva*, comme le pense Adanson, qui emprunte ce nom à Théophraste pour en faire celui d'un genre, dans lequel il ramène les *tremella*, Dill., pl. 8, fig. 1, et pl. 9, fig. 5, 6, qui sont les *ulva lactuca*, *lanceolata* et *linza*, Linn., vrais types du genre *Ulva* actuel : ainsi le *phascon* d'Adanson représente le genre *Ulva*. Linnæus a nommé *Phascum* un genre de la famille des Mousses. Voyez PHASCUM. (LEM.)

PHASCUM, PHASQUE. (*Bot.*) Genre de la famille des mousses, établi par Linnæus et adopté par tous les naturalistes. Il est parfaitement caractérisé par son urne ou capsule, qui ne s'ouvre point, le rudiment d'opercule qui la ferme étant complétement soudé au corps de la capsule. Cette capsule est munie d'une très-petite coiffe, très-caduque et très-fugace (ce qui distingue le *phascum* du *voitia*), et portée sur un pédicelle terminal, ce qu'on n'observe pas dans le *Pleuridium*, genre formé aux dépens du *phascum* (voy. GREEN).

Les espèces de ce genre sont toutes de très-petites mousses qui n'ont que quelques lignes de hauteur; leur tige est très-courte, quelquefois nulle. Leurs fleurs sont monoïques, les mâles en disques terminaux ou en gemmes latérales. On peut porter le nombre des espèces à trente-cinq environ; presque toutes sont d'Europe. Elles se rencontrent principalement à terre, dans les bois et les champs; certaines espèces se plaisent sur les terres grasses et d'autres sur le sable. Elles y forment souvent de petits tapis ou gazons plats très-serrés. Quelques-unes naissent sur les pierres tendres et sur les écorces des arbres, mais ce dernier cas est rare. Elles ont des racines fibreuses et touffues; quelquefois les premières feuilles ou frondes sont différentes des autres et plus étroites. MM. Nées et Hornschuch ont donné une bonne monographie et des figures des vingt-une espèces qui croissent en Allemagne, dans leur *Bryologia germanica*, ouvrage dont la continuation est vivement désirée. On trouvera aussi dans la *Mycologia britannica* de Hooker et Taylor la description et les figures de dix espèces qui croissent en Angleterre et dont il faut ôter le *Ph. alternifolium*, type du genre *Pleuridium* de Bridel. Ces espèces forment un genre très-naturel, difficile à subdiviser : on les a partagés, 1.° en espèces sans tiges et en espèces caulescentes ; 2.° en espèces à feuilles dentées et à feuilles entières ; 3.° en espèces ayant des jets rampans et des espèces n'en ayant pas. Ces divisions, quoique défectueuses, sont les meilleures qu'on puisse établir, la première particulièrement, qui est la plus facile à reconnoître.

### §. 1. *Tige nulle ou presque nulle.*

1. PHASCUM SANS POINTS : *Ph. muticum*, Schreb., *Phasc.*, tab. 1, fig. 11 et 12 ; Hook., *Musc. brit.*, tab. 5 ; Nées et Hornsch., *Bryol.*, 1, tab. 5, fig. 6 ; *Engl. bot.*, tab. 2027 ; Dill., *Musc.*, tab. 32, fig. 12 ; Vaill., *Par.*, tab. 27, fig. 2. Tige presque nulle, feuilles ovales-arrondies, pointues, entières ou un peu dentées à l'extrémité, concaves et réunies en façon de bulbe, enveloppant et cachant la capsule ; pointe des feuilles due au prolongement de la nervure médiane. Cette mousse, qui n'a guère plus de deux lignes de haut, forme de petits touffes d'un vert jaunâtre sur les murs, dans les champs, et particulièrement sur les terres grasses. La variété à feuilles dentelées est la plus grande. Cette espèce, confondue par Linnæus avec le *Ph. cuspidatum* sous le nom spécifique de *Ph. acaulon*, en est très-distincte, ainsi que de toutes les autres espèces du genre, par ses feuilles disposées de manière à former de petites bulbes.

2. PHASCUM DENTELÉ : *Ph. serratum*, Hedw. ; Schreb., *Phasc.*, pl. 2, fig. 1 et 2 ; Hook. et Tayl., *Musc. brit.*, pl. 5 ; Dicks., *Fasc.* 1, pl. 1, fig. 2 ; Nées et Hornsch., *Bryol.*, pl. 6, fig. 1. Tige presque nulle ; feuilles ovales-lancéolées, sans nervures, dentelées à l'extrémité, droites et ouvertes ; capsule enfoncée dans la touffe des feuilles, portée sur un pédicelle très-court.

Cette espèce croit à terre dans les bois ; sa racine donne naissance à de petites feuilles ou jets, déchiquetés, filamenteux, articulés, semblables à de petites conferves, qu'Hedwig regardoit comme les cotylédons de la plante, quoiqu'ils persistent jusqu'à la maturité du fruit. La présence de ces filamens est constatée dans plusieurs autres espèces. Hooker et Taylor lui accordent une grande valeur, puisqu'ils s'en servent pour diviser le genre en deux grandes coupes ; mais, comme ces filamens ne sont pas toujours persistans sur la plante, nous pensons donc qu'ils ne peuvent donner de bons caractères de division.

### §. 2. *Espèces caulescentes ou munies d'une tige.*

5. PHASCUM PORTE-POIL : *Ph. piliferum*, Schreb., *Phasc.*, pl. 1, fig. 6 et 7 ; Nées, *loc. cit.*, fig. 17 ; Schkuhr, *Deut. Moos.*, pl. 1. Caulescente. Feuilles entières, ovales, concaves, imbriquées à la base, droites et écartées vers le haut, traversées par une nervure médiane qui se termine en poil ; capsule enfoncée dans le milieu des feuilles, peu apparente, portée sur un pédicule recourbé. Cette espèce croit sur les murs et sur les terres argileuses : elle a été recueillie en Champagne par Bridel. On l'indique au bois de Boulogne sur le mur d'enceinte à la sortie de Passy en allant à Auteuil. Malgré toutes nos recherches et tous nos soins, nous n'y avons trouvé que le *grimmia crinita* de Bridel, ou *gymnostomum phascoideum* de Palisot de Beauvois.

4. PHASCUM SUBULÉ : *Ph. subulatum*, Linn. ; Hedw., *St. crypt.*, 1, pl. 35 ; *Engl. bot.*, tab. 2177 ; Schkuhr, *Deutsch. Moos.*, tab. 1 ; Hook. et Tayl., *loc. cit.*, tab. 5 ; Nées, *loc. cit.*, pl. 16, fig. 16 ; Dill., *Musc.*, tab. 51, fig. 10 ; Vaill., Par., pl. 29, fig. 4. Tige droite, de trois à quatre lignes ; feuilles nombreuses, linéaires, en forme d'alène, dilatées à la base, canaliculées, droites et roides, traversées par une nervure qui s'évanouit avant d'arriver à l'extrémité ; capsule enfoncée dans les feuilles, peu apparente. Cette espèce, commune dans les bois, forme à terre des plaques ou gazons de plusieurs pouces d'étendue.

5. PHASCUM POINTU : *Ph. cuspidatum*, Schreb., *Phasc.*, pl. 1, fig. 1 et 2 ; Hook., *loc. cit.*, pl. 5 ; Nées, *loc. cit.*, pl. 7, fig. 18 ;

Dill., *Musc.*, tab. 32, fig. 11; *Phasc. acaulon*, var. *A*, Linn.
Tige courte, simple ou divisée; feuilles entières, ovales,
pointues, conniventes, les inférieures plus petites, étalées,
traversées par une nervure; capsule cachée dans les feuilles,
presque sessile. Cette espèce croît sur la terre, dans les
bois, dans les jardins, etc. Elle forme de petits gazons,
qu'on peut comparer à ceux des *weissia* et de quelques *di-
cranum* ou *bryum*. Nées et Hornschuch en décrivent deux
variétés.

6. Phascum bryoïde: *Ph. bryoides*, Dicks., *Fasc.*, pl. 10,
fig. 5; Hook., *loc. cit.*, pl. 5; Nées, *loc. cit.*, pl. 7, fig. 21;
*Ph. gymnostomoides*, Bridel. Tige courte, divisée dès sa naissance en deux ou trois branches; feuilles oblongues, très-
entières, droites, traversées par une nervure qui se termine
par une pointe ou arête; les inférieures presque ovales; capsule droite, pédicellée et très-saillante. Cette mousse, qui
s'éloigne beaucoup des autres espèces de ce genre par sa
grandeur et son port, rappelle les *gymnostomum*, et croît
solitaire ou en petites touffes sur la terre dans les bois. Nous
l'avons trouvée un des premiers au bois de Boulogne, dans
les taillis, le long des sentiers.

Toutes les espèces ci-dessus se trouvent en France, ainsi
que les espèces suivantes : *Ph. curvicollum*, Hedw.; *crispum*,
Hedw.; *axillare*, Dicks.; *curvisetum*, Dicks., etc. (Lem.)

PHASELLUS, PHASIOLUS. (*Bot.*) Voyez Phaseolus. (J.)

PHASÉOLE ou PHASIOLE. (*Bot.*) Noms vulgaires du haricot
commun. (L. D.)

PHASEOLUS. (*Bot.*) Nom latin du haricot, duquel dé-
rivent les vieux noms françois *fayol* et *fasiole*, inscrits dans
des livres anciens. Linnæus avoit détaché de ce genre, sous
le nom de dolic, *dolichos*, les espèces à carène droite non
contournée en spirale. Medicus et Mœnch ont séparé du
même d'autres espèces, savoir, le *phaseolus lathyroides*, à
gousse et graines cylindriques, qu'ils ont nomme *phasellus*,
et le *phaseolus semierectus*, à gousse linéaire, lisse, à graines
ovales et carène non contournée en spirale, qui est le *phasiolus* de Mœnch. Ces deux derniers genres n'ont pas été
adoptés. On trouve dans Césalpin le *phaseolus nanus* sous le
nom de *phasilus*, et le même est le *phaselus* de Cordus. Bien

différent de ce dernier, le *phaselus* des Toscans, cité par Virgile, est, suivant C. Bauhin, le ricin ordinaire. Voyez HARICOT. (J.)

PHASGANON. (*Bot.*) Ruellius cite ce nom grec pour le *xanthium* et le *lappa*, tous deux nommés en françois bardane. Mentzel croit qu'il s'applique plus particulièrement au *lappa*, qui est la grande bardane. Ces auteurs citent encore le même nom ancien pour le glayeul. (J.)

PHASIANELLE, *Phasianella.* (*Malacoz.*) Genre de mollusques subcéphalés, de la famille des ellipsostomes, dans l'ordre des asiphobranches, établi par M. de Lamarck pour un certain nombre de coquilles, que les anciens conchyliologistes plaçoient, soit parmi les sabots, soit parmi les hélices. Il a été adopté par la plupart des zoologistes. M. Cuvier, cependant, l'a confondu, sous le nom de *Conchylium*, avec les ampullaires, les janthines ; mais il n'a été imité par aucun naturaliste. Le genre Phasianelle, en s'appuyant sur ce que ce dernier anatomiste nous a fait connoître de l'organisation de l'animal de la plus grosse espèce, peut être caractérisé ainsi : Animal spiral ; pied trachélien ovale, avec un appendice orné de filamens sur chaque flanc ; tête bordée en avant par une espèce de voile, formé par une double lèvre bifide et frangée ; deux tentacules alongés, coniques ; yeux portés sur des pédoncules plus courts, situés au côté externe de leur base ; bouche entre deux lèvres verticales, subcornées ; un ruban lingual, hérissé de denticules et prolongé en spirale dans la cavité abdominale ; anus tubuleux au bord antérieur et droit d'une cloison qui partage la cavité branchiale en deux ; branchies formées par deux peignes, l'un en dessus et l'autre en dessous de cette cloison. Coquille assez épaisse, ovale, lisse ou sans épiderme, à spire aiguë ; ouverture ovale, plus large en avant qu'en arrière, à bords désunis ; le droit tranchant ; la columelle se fondant un peu avec le bord gauche et offrant intérieurement une callosité longitudinale. Opercule calcaire ou corné, ovale, oblong, subspiré ; le sommet à l'une de ses extrémités. Ainsi c'est un genre qui a évidemment un assez grand nombre de rapports avec les sabots, mais qui en diffère cependant assez fortement. D'après ce que M. Cuvier a pu voir sur le seul individu qu'il ait disséqué, la bouche a des espèces de mâchoires, composées de deux petites plaques cornées et verticales : la langue est en forme d'un ressort de montre et garnie de denticules cornées à sa partie antérieure ; l'estomac est fort considérable et divisé en plusieurs poches par des brides ou cloisons incomplètes. Il se prolonge en une partie cylindrique, qui remonte en avant et se recourbe assez pour gagner le pylore ; l'intestin qui en naît, se porte en avant sous la cloison moyenne des branchies ; le foie occupe toute la partie postérieure de la spire ; la cavité respiratrice est très-grande et largement ouverte entre le col ou la racine du dos et le bord du manteau ; elle est partagée horizontalement en deux parties par une cloison, à chacune des faces de laquelle est attaché un peigne branchial ; le cœur est placé, comme de coutume, en arrière de la cavité. Les organes de la génération n'ont pu être étudiés. Quant au système nerveux, le cerveau est composé de deux ganglions, placés sur les côtés de l'œsophage et réunis par un filet transverse en dessus et en dessous. C'est d'eux que partent les nerfs, dont deux vont se réunir sous l'œsophage au ganglion qui fournit les nerfs viscéraux.

**A.** *Espèces ovales ; le dernier tour anguleux ; opercule corné.*

La P. ANGULIFÈRE : *P. angulifera*, de Lamk., Anim. sans vert., t. 7, page 51, n.° 10 ; Lister, *Conch.*, t. 583, fig. 37, 38. Coquille un peu ventrue en avant, conique, oblongue, assez mince, striée suivant la décurrence de la spire, avec un angle sur le dernier tour. Couleur variable, mais le plus ordinairement ornée de taches longitudinales, inégales, d'un roux brun sur un fond plus pâle. De l'océan des Antilles.

La P. MAURITIENNE ; *P. mauritiana*, de Lamk., *loc. cit.*, n.° 9. Coquille oblique, conique, à spire aiguë ; avec un angle sur le dernier tour, finement striée dans la décurrence de la spire ; de couleur blanc-bleuâtre ; la columelle violacée. Des côtes de l'Isle-de-France.

La P. SILLONNÉE : *P. sulcata*, de Lamk., *loc. cit.*, n.° 8. Coquille ovale, ventrue, obliquement conoïde, sillonnée longitudinalement, à sommet pointu. Couleur cendrée ; le bord columellaire, roux ; le bord externe blanc en dedans. Des côtes de la Caroline.

La P. RAYÉE ; *P. lineata*, de Lamk., *loc. cit.*, n.° 6. Petite coquille obliquement conique, à spire aiguë, striée longitudinalement ; le dernier tour subanguleux. Couleur blanche, ornée de lignes transverses, serrées, flexueuses, brunâtres ; l'ouverture d'un brun roux. Patrie inconnue.

La P. NÉBULEUSE ; *P. nebulosa*, de Lamk., *loc. cit.*, n.° 7. Coquille ovale, ventrue, conoïde, subombiliquée, à tours de spire très-convexes, glabres ; de couleur blanche, nuée de roux et de bleu. Des côtes de Saint-Domingue.

La P. PÉRUVIENNE ; *P. peruviana*, de Lamk., *loc. cit.*, n.° 5. Petite coquille obliquement conique, à tours de spire convexes, glabre, d'un brun noirâtre, peinte de taches blanches, oblongues, inégales et rares. Des côtes du Pérou, près Callao.

La P. ÉLÉGANTE ; *P. elegans*, de Lamk., *loc. cit.*, n.° 4. Petite coquille obliquement conique, subombiliquée, striée dans la décurrence de la spire ; le dernier tour subanguleux. Couleur blanche, avec des lignes longitudinales rouges dorées en dessus, linéolée de blanc et de rouge en dessous. Des mers de la Nouvelle-Hollande.

## B. *Espèces ovales, coniques ou oblongues, toujours lisses ; opercule calcaire.*

La P. BIGARRÉE ; *P. variegata*, de Lamk., *loc. cit.*, n.° 3. Coquille ovale, conique, lisse, luisante, à spire un peu obtuse au sommet, à tours très-convexes, variée de rouge et de blanc, entourée de bandes étroites, nombreuses, serrées, articulées de rouge et de blanc. Mers de la Nouvelle-Hollande.

La P. ROUGEATRE ; *P. rubens*, de Lamk., *loc. cit.*, n.° 2 ; Enc. méth., pl. 449, fig. 2, *a*, *b*. Coquille ovale, conique, à sommet subaigu, à tours très-convexes, lisse, luisante, d'un rouge assez vif, interrompu par de petites taches blanches, nombreuses et irrégulièrement dispersées, et des bandes brunes, très-fines, inégales. Des mers de la Nouvelle-Hollande.

La P. **bulimoïde** : *P. bulimoides*, de Lamk., *loc. cit.*, n.° 1 ; *Buccinum australe*, Linn. ; Gmel., pag. 3490, n.° 173 ; *Phasian. varia*, Enc. méth., pl. 449, fig. *a*, *b*, *c*, vulgairement le Faisan. Coquille oblongue, conique, à spire assez élevée, pointue au sommet, assez mince, lisse, d'un fauve pâle, avec des taches de couleurs très-variables, disposées par fascies nombreuses. Des mers de la Nouvelle-Zélande et de la Nouvelle-Hollande.

Cette coquille, très-rare avant le voyage de Péron, est devenue assez commune dans les collections : c'est la plus grande du genre, et c'est son animal que M. Cuvier a disséqué.

### C. *Espèces turriculées et lisses.*

La P. **infléchie** ; *P. inflexa*. Petite coquille à spire élevée, conique, très-aiguë au sommet, lisse, luisante et courbée dans sa longueur. Couleur d'un blanc de lait. Des mers de l'Isle-de-France.

J'ai caractérisé cette espèce d'après un individu de cinq à six lignes de long, que m'a envoyé M. Mathieu, qui m'a assuré qu'il en avoit vu un grand nombre d'individus ayant toujours cette même inflexion de toute la spire. Cette singulière coquille ne pourroit être placée ailleurs que dans ce genre. M. Sowerby, le fils, m'a dit qu'il en avoit une vivante, fort voisine des côtes d'Angleterre et une fossile analogue. (De B.)

PHASIANELLE. (*Foss.*) Les espèces du genre Phasianelle n'ont été rencontrées jusqu'à présent que dans les couches de calcaire coquillier grossier. Voici celles que nous connoissons.

Phasianelle **turbinoïde** ; *Phasianella turbinoides*, Lamk., Ann. du Mus. d'hist. nat., vol. 4, p. 295, pl. 60, fig. 1. Coquille ovale, lisse, subombiliquée ; spire composée de cinq à six tours, dont l'inférieur est beaucoup plus grand que les autres. Longueur, cinq lignes. On trouve cette espèce à Grignon, département de Seine-et-Oise ; à Hauteville, département de la Manche, et dans presque toutes les couches de calcaire grossier des environs de Paris. Elle a quelquefois conservé des couleurs brunes, qui sont disposées en petites lignes transverses interrompues. On trouve à Grignon des coquilles qui paroissent dépendre de cette espéce, et dont les couleurs sont disposées en lignes longitudinales onduleuses ou en zigzag.

Phasianelle luisante; *Phasianella lævis*, Def. Les coquilles de cette espéce n'ont que quatre tours de spire, et que deux lignes de longueur : elles sont très-luisantes, et portent des taches blanches sur un fond brun-clair. M. de Lamarck ne les avoit regardées que comme une variété de l'espèce précédente, mais leur uniformité dans la taille, les couleurs et l'éclat luisant, permettent bien de les signaler comme une espéce. On les trouve à Grignon.

Ces deux espéces ont de très-grands rapports avec celle à l'état vivant, qu'on trouve sur les côtes de la Manche, dans la Méditerranée et au Brésil, et dont les couleurs sont extrêmement variées.

Phasianelle demi-striée; *Phasianella semistriata*, Lamk., *loc. cit.* Cette espéce a beaucoup de rapports de forme et de grandeur avec la phasianelle turbinoïde, dont elle n'est peut-être qu'une variété ; cependant elle est fort remarquable, en ce que les tours inférieurs sont chargés de stries fines, serrées et transversales, et qu'on ne lui retrouve pas de traces de ses anciennes couleurs. On la trouve à Grignon.

Phasianelle princesse; *Phasianella princeps*, Def. Cette espéce a beaucoup de rapports dans ses formes avec la phasianelle turbinoïde, mais elle a jusqu'à neuf lignes de longueur, et chaque tour de la spire est chargé de quinze à seize stries transversales très-marquées. On la trouve à Hauteville.

Dans son ouvrage sur la Conchyliologie fossile de l'Angleterre, vol. 2, p. 167, tab. 175, M. Sowerby a donné la description et les figures de trois espéces de coquilles fossiles, trouvées dans l'île de Wight, qu'il rapporte au genre Phasianelle, et auxquelles il donne les noms de *Ph. orbicularis*, de *Ph. angulosa*, et de *Ph. minuta*; mais nous soupçonnons que ces espéces appartiennent plutôt au genre Paludine. (D. F.)

PHASIANOPHONUS. (*Ornith.*) Ce nom et celui de *columbicida* sont appliqués dans Charleton, *Exercitationes*, p. 72, n.° 2, à l'autour commun, *falco palumbarius*, Linn. (Ch. D.)

PHASIANUS. (*Ornith.*) Nom latin du faisan. (Ch. D.)

PHASIDYNIS. (*Ornith.*) Nom en grec moderne du martin-pêcheur ou alcyon commun, *alcedo ispida*, Linn. (Ch. D.)

PHASIE, *Phasia*. (*Entom.*) Nom substitué par M. Latreille à celui de Thérève, employé par Fabricius pour désigner le même genre d'insectes diptères dont nous avons fait figurer l'une des espèces la plus remarquable dans l'atlas de ce Dictionnaire, planche 49, n.° 6 : c'est la *thérève* à ailes épaisses, ou *crassipenne*. (C. D.)

PHASIOLUS. (*Bot.*) Voyez Phaseolus. (Lem.)

PHASME, *Phasma*. (*Entom.*) Genre d'insectes orthoptères, de la famille des anomides ou difformes, établi par Fabricius pour y comprendre un grand nombre de spectres de Stoll.

Les phasmes, ainsi que les phyllies, diffèrent des mantes, parce que leurs pattes antérieures n'ont pas les hanches si alongées, et surtout les jambes formant une sorte de crochet qui se relève sur la cuisse pour constituer une véritable pince qui sert comme de main à l'insecte pour retenir la proie vivante qu'il dévore.

Le nom de phasme est tout-à-fait grec, $\varphi\alpha\sigma\mu\alpha$, et signifie *prodige, chose étonnante;* parce qu'en effet ces insectes, privés d'ailes le plus ordinairement, ont la forme extrêmement bizarre, comme on peut le voir sur un très-petit individu, qui n'est pas représenté au quart de sa longueur naturelle, sur la figure 3 de la planche 24 de l'atlas de ce Dictionnaire. La simple inspection de cette figure suffit pour faire distinguer les phasmes des phyllies, qui ont les antennes et les pattes antérieures très-courtes, et des mantes, qui ont les pattes de devant en crochet ou grappin.

On ne connoit pas encore très-bien les mœurs de ces insectes. On les croit carnassiers comme les mantes. On trouve la plupart des espèces aux Indes, aux Moluques et dans l'Amérique du Sud, où on les nomme les *grands soldats des bois.* Ce sont des insectes tout-à-fait bizarres, qui, dans le danger, gardent la plus grande immobilité, et ressemblent alors à des branches de bois sec.

Tel est en particulier celui que nous avons fait représenter, qui est la larve du

Phasme géant, *Phasma gigas.*

*Car.* Vert , élytres courts : ailes membraneuses, grises, à bandes et taches brunes, plissées en long dans le repos.

On le rapporte des Indes orientales. (C. D.)

PHASQUE. (*Bot.*) Voyez Phascum. (Lem.)

PHASSA ou PHATTA. (*Ornith.*) Noms grecs du ramier, *columba palumbus.* Linn. (Ch. D.)

PHASSOPHONOS HIERAX. (*Ornith.*) Belon, p. 117, rapporte ce nom au faucon proprement dit, *falco communis*, Gmel. (Ch. D.)

PHASTIN. (*Min.*) M. Breithaupt a établi sous ce nom une espéce qu'il regarde comme voisine du talc, et que Werner avoit désignée, dans sa collection, sous celui d'anthophyllite feuilleté du Fichtelgebirge.

Sa couleur est grise ; son clivage incomplet paroît cependant différer de celui du talc.

Il se trouve disséminé dans une serpentine grossière du Kupferberg, dans le pays de Bayreuth. (B.)

PHATAGEN, *Phatagin.* (*Mamm.*) Nom d'une espéce de Pangolin aux Indes orientales. Voyez ce dernier mot. (F. C.)

PHATTAGE. (*Erpét.*) Ælien a, sous le nom de φατταγος, parlé d'un reptile des Indes, qui paroît être le Cordyle. Voyez ce mot. (H. C.)

PHAVIER. (*Ornith.*) Un des noms vulgaires, suivant Cotgrave et Salerne, du pigeon ramier, *columba palumbus*, Linn. (Ch. D.)

PHAXANTHA. (*Bot.*) Genre de plantes marines de la famille des algues, établi par Rafinesque-Schmaltz, et que dans son Analyse de la nature il place près du genre *Amansia* de Lamouroux ; il y ramène beaucoup d'espéces de *fucus*, qu'il n'indique point. Il n'en décrit qu'une seule espéce, dont le caractère générique est donné par la fructification en petits grains crustacés ou charnus et pleins, sans semences visibles ni trou.

Le *Phaxantha lichenoides* ressemble à un *rocella*, genre de la famille des lichens : il est composé de frondes palmées, laciniées, onduleuses, élargies et aplanies à l'extrémité, de couleur verdâtre, avec quelques grains de couleur fauve ; arrondies, elliptiques, déprimées ou aplaties en dessus,

blancs en dessous, et situées vers le milieu des expansions.
( Lem. )

PHAYLOPSIS. ( *Bot.* ) Genre de plantes dicotylédones, à
fleurs complètes, monopétalées, irrégulières, de la famille
des *personnées*. de la *didynamie angiospermie* de Linnæus, offrant pour caractère essentiel : Un calice à cinq découpures;
la supérieure plus grande. les quatre inférieures sétacées;
une corolle en masque; la lèvre inférieure très-petite et bifide; quatre étamines didynames; un ovaire supérieur; un
style; une capsule uniloculaire, offrant la forme d'une si-
lique; quatre semences.

Phaylopsis a petites fleurs : *Phaylopsis parviflora*, Willd.,
*Spec.*, pag. 5, 542; *Micranthus oppositifolius*. Wendl., *Obs.*,
pag. 39. Cette plante a des tiges droites, tétragones, hérissées,
à leur partie supérieure, de longs poils blancs. terminés par
une glande rougeâtre; les rameaux sont opposés; les feuilles
à longs pétioles, ovales, opposées. acuminées, hérissées, veinées, à dents peu sensibles vers la base, courantes sur les
pétioles; les pédoncules axillaires, chargés de trois fleurs.
Leur calice est pileux, glanduleux, à cinq découpures; la
supérieure alongée, lancéolée, veinée; les quatre inférieures
sétacées; la corolle étroite, presque en masque. à deux lèvres;
la supérieure bifide, obtuse, très-courte; l'inférieure deux
fois plus longue, à trois lobes; la capsule plus courte que le
calice, uniloculaire, à quatre semences. Cette plante croît
dans les Indes. ( Poir. )

PHÉ, *Mus phæus*. ( *Mamm.* ) Petite espèce de rongeurs,
décrite par Pallas, et rapportée au genre Hamster par les
naturalistes modernes. (Desm.)

PHEASANT. ( *Ornith.* ) Nom anglois du faisan. ( Ch. D. )

PHÉBALIE, *Phebalium*. ( *Bot.* ) Genre de plantes dicotylédones, à fleurs complètes, polypétalées, de la famille des
*rutacées*, de la *décandrie monogynie* de Linnæus, offrant pour
caractère essentiel : Un calice très-court, presque entier,
à cinq ou six divisions; une corolle à cinq ou six pétales;
dix ou douze étamines; les filamens glabres, cylindriques ou
subulés; les anthères échancrées; cinq ovaires réunis en un
avec les styles; un fruit à cinq coques monospermes.

Ce genre, établi d'abord par Ventenat, a été depuis

étendu et rectifié par M. Adrien de Jussieu, qui en indique plusieurs espèces nouvelles, distribuées en plusieurs sections.

Dans la première, les espèces sont tomenteuses; les feuilles presque ovales; le calice à peine visible; le stigmate à cinq lobes, plus larges que le style. M. Adrien de Jussieu y rapporte deux espèces nouvelles: 1.º le *Phebalium correæfolium*, Ann. des sciences nat., vol. 4, p. 472, dont les feuilles sont ovales-lancéolées, tomenteuses en dessous; les fleurs réunies trois ensemble dans l'aisselle des feuilles: 2.º le *Phebalium hexapetalum*, Ad. Juss., *loc. cit.*, dont les feuilles sont lancéolées, ovales, tomenteuses à leurs deux faces; les fleurs en paquets, presque terminales; la corolle composée de six pétales; les étamines au nombre de douze.

La seconde section est composée d'espèces à feuilles étroites, parsemées de petites écailles; le calice est plus apparent; le stigmate presque égal au style à son sommet. On y trouve, 1.º le *Phebalium salicifolium*, Ad. Juss., *loc. cit.* : les feuilles sont oblongues, linéaires, finement crénelées, couvertes en dessous d'un petit duvet de poils courts, en étoile, poudreux, mais non écailleux; les fleurs axillaires, presque en ombelles; 2.º le *Phebalium anceps*, Decand. et Adr. Juss., *loc. cit.*, dont les feuilles sont lancéolées, obtuses; les fleurs terminales, disposées en corymbe; les étamines non saillantes; 3.º le *Phebalium elæagnifolium*, Adr. Juss., *loc. cit.*, à feuilles linéaires, oblongues; les fleurs sont axillaires et terminales, presque en ombelle; les étamines saillantes. A ces espèces il faut joindre, d'après M. Adr. de Jussieu, l'*Eriostemon squamea*, Labill., *Nov. Holl.* (voyez Eriostemon), et l'espèce suivante de Ventenat.

Phébalie écailleuse; *Phebalium squamosum*, Vent., Jard. Malm., vol. 2, tab. 102. Arbrisseau dont les tiges sont de couleur cendrée, parsemées à leur sommet de petites écailles orbiculaires d'un brun roussâtre; les rameaux nombreux, presque droits; les feuilles alternes, rapprochées, pétiolées, linéaires, lancéolées, entières, un peu mucronées, glabres, ponctuées, d'un vert foncé en dessus, blanchâtres, écailleuses en dessous, longues d'un pouce, larges de deux lignes, d'une odeur aromatique lorsqu'on les froisse entre les doigts, portées sur de très-courts pétioles. Les fleurs sont réunies en bouquets terminaux, presque en ombelle, d'un jaune pâle; les pédicelles courts, écailleux; les calices fort petits; cinq pétales étalés, un peu onguiculés, couverts d'écailles peltées, orbiculaires; dix étamines saillantes; un ovaire à cinq sillons profonds. Le fruit est une capsule à cinq loges ou cinq coques monospermes. Cette plante croît, ainsi que les précédentes, au cap de Bonne-Espérance. (Poir.)

PHÉLIPÉE, *Phelipœa*. (*Bot.*) Genre de plantes dicotylédones, à fleurs complètes, monopétalées, irrégulières, de la famille des *orobanches*, de la *didynamie angiospermie* de Linnæus, dont le caractère essentiel consiste dans un calice à cinq divisions, persistant; une corolle monopétale, irrégulière, un peu arquée, tubulée; le limbe court, à cinq lobes arrondis, presque égaux; quatre étamines didynames; les anthères velues, à deux lobes; un ovaire supérieur; un style; un stigmate épais, à deux lobes; une capsule ovale, polysperme, à deux valves.

Ce genre avoit été consacré par Tournefort à MM. Phélipeaux, l'un desquels s'étoit montré, sous Louis XIV, le protecteur des sciences et des arts. Linné avoit fait entrer ce genre parmi les *lathrœa*. M. Desfontaines, dans sa *Flore du mont Atlas*, a cru devoir rétablir le genre de Tournefort, très-bien distingué, en effet, par son port, par la grandeur, la forme et les belles couleurs de ses fleurs. Willdenow a réuni ce genre aux orobanches. Le genre *Phelipœa* de Thunberg doit rentrer, d'après M. de Jussieu, dans celui des *Cytinus*. Il a été mentionné à l'article HYPOLEPIS.

PHÉLIPÉE A FLEURS VIOLETTES: *Phelipœa violacea*, Desf., Flor. atl., 2, pag. 6, tab. 145; Poir., Encycl. Cette belle plante a des tiges épaisses, charnues, cannelées, hautes de douze à quinze pouces, simples ou un peu rameuses à leur base, de la grosseur du pouce, quelquefois de celle du bras, garnies de feuilles en forme d'écailles, éparses le long des tiges, droites, très-nombreuses, lancéolées, un peu obtuses. Les fleurs sont terminales, sessiles, disposées en un bel épi épais, long de huit à dix pouces, muni, à la base de chaque fleur, de trois bractées inégales, ovales, oblongues: le calice est à demi partagé en cinq découpures obtuses, un peu inégales; a corolle violette, au moins de la grandeur de celle du muflier des jardins; le tube un peu arqué vers l'orifice; le limbe à cinq grands lobes arrondis, entiers, presque égaux; la lèvre inférieure garnie, proche l'orifice, de deux dents jaunâtres; les filamens un peu courbés à leur sommet; les anthères épaisses et velues: sa capsule ovale, obtuse, un peu comprimée. Cette plante a été découverte par M. Desfontaines dans les sables du désert proche Tozzer.

Phélipée a fleurs jaunes: *Phelipœa lutea*, Desf., Flor. atl., *loc. cit.*, tab. 146; Poir., Encycl., et *Ill. gen. Suppl.*, tab. 971; *Lathrœa phelipœa*, Linn., *Spec.*; *Orobanche tinctoria*, Vahl, *Symb.*, 2, pag. 70. Cette espèce est distinguée de la précédente par ses belles fleurs jaunes; ses tiges sont presque simples, garnies dans toute leur longueur d'écailles oblongues, lancéolées, obtuses. Les fleurs forment un épi touffu, un peu court; le tube de la corolle est rétréci à sa base, élargi, renflé et un peu courbé à son orifice; le limbe partagé en cinq lobes égaux, arrondis. Cette plante croît dans l'Égypte, la Barbarie, le Levant, aux lieux humides et sablonneux.

Phélipée a fleurs écarlates: *Phelipœa coccinea*, Poir., Encycl., n.° 3; *Orobanche coccinea*, Willd., *Spec.*, 3, pag. 354; *Phelipœa foliata*, Trans. linn., 10, pag. 260, *Icon.* Plante herbacée, à tige droite, haute de quelques pouces, de la grosseur d'une plume de pigeon; garnie de feuilles alternes, distantes, obtuses, en gaine, au nombre de trois ou quatre. Les fleurs sont solitaires, dépourvues de bractées, penchées pendant la floraison, puis redressées. Le calice est campanulé, profondément divisé en cinq découpures lancéolées, dont trois plus longues et plus larges; la corolle d'un rouge pourpre, renflée vers son orifice, partagée en deux lèvres; le limbe à cinq lobes oblongs et obtus. Cette plante croît en Sibérie, sur les bords de la mer Caspienne.

Phélipée de Tournefort; *Phelipœa Tournefortii*, Desf., *Coroll. Tourn.*, pag. 16, tab. 10. Cette belle espèce diffère de la précédente par ses tiges nues et non feuillées ni écailleuses, par les lobes de la corolle arrondis et non ovales. Les racines sont charnues, rampantes, écailleuses, cylindriques; les tiges simples, velues, longues de huit à dix pouces, violettes, terminées par une seule fleur. La base des tiges est entourée de gaines oblongues, inégales. Le calice est violet, à cinq divisions profondes, velues, ovales-lancéolées, aiguës; les supérieures un peu plus grandes. La corolle. grande, de couleur écarlate, a le tube renflé, long de douze à quinze lignes, d'un jaune vert à sa base; le limbe à cinq lobes, les deux supérieurs un peu plus petits, le moyen inférieur plus grand, marqué en dessous, vers sa base, de deux grosses taches noires, barbues, glanduleuses, en cœur; l'ovaire glabre et violet; le stigmate charnu, en plateau; la capsule ovale, aiguë, bivalve, uniloculaire; un grand nombre de semences fort petites. Cette plante a été découverte dans l'Arménie par Tournefort. (Poir.)

PHELLANDRE; *Phellandrium*, Linn. (*Bot.*) Genre de plantes dicotylédones polypétales, de la famille des *ombellifères*, Juss., et de la *pentandrie digynie*, Linn., dont les principaux caractères sont les suivans: Calice à cinq dents; corolle de cinq pétales courbés en cœur, égaux dans les fleurs du centre de l'ombellule, et inégaux, plus grands, dans ceux des bords; cinq étamines; un ovaire infère, surmonté de deux styles; fruit ovoïde, lisse, couronné par les dents du calice et par les styles, et formé de deux graines appliquées l'une à l'autre. Ce genre ne comprend que l'espèce suivante.

Phellandre aquatique, vulgairement Ciguë aquatique, Mille-feuille aquatique, Fenouil d'eau; *Phellandrium aquaticum*, Linn., *Spec.*, 366; Bull., Herb., t. 147. Sa racine est grosse, pivotante, creuse, bisannuelle, munie d'un grand nombre de fibres menues et verticillées: elle ne croît que dans l'eau et dans la vase, et produit une tige droite, cylindrique, de la grosseur du doigt, fistuleuse, striée, rameuse, haute de deux à trois pieds. Ses feuilles sont grandes, trois fois ailées, glabres, d'un vert gai, à folioles profondément incisées en découpures étroites, linéaires, et quelquefois même capillaires dans les feuilles inférieures, lorsqu'elles sont plongées dans l'eau. Ses fleurs sont blanches, très-petites, disposées en ombelles à dix ou douze rayons, dépourvues de collerette générale; les ombellules sont munies de collerettes partielles, composées de sept folioles. Cette plante croît dans les mares, les étangs et les fossés aquatiques.

Le phellandre aquatique est une plante suspecte; les bœufs

en mangent quelquefois les feuilles, mais en général les autres bestiaux n'en veulent pas. Elle donne aux chevaux qui en mangent une paraplégie mortelle, que Linné croyoit causée par un charanson qui se trouve souvent dans la tige de la plante.

Malgré ses propriétés dangereuses, on a cherché à en faire usage en médecine. En Allemagne on l'a d'abord préconisée contre les ulcères anciens et sordides, les cancers, les fièvres intermittentes ; et plus récemment on a présenté ses graines comme propres à guérir la phthisie pulmonaire ; mais il paroît que les premiers médecins qui en ont parlé sous ce rapport se sont trop flattés, et il est à croire qu'ils n'ont guéri que des catarrhes chroniques. Quoi qu'il en soit, ces graines se donnent en poudre, depuis douze grains jusqu'à un gros ; quelques praticiens les ont même conseillées jusqu'à deux gros et demi-once. Elles sont d'ailleurs sujettes, surtout à haute dose, à causer des vertiges, l'hémopthysie et d'autres accidens. ( L. D. )

PHELLANDRIUM. (*Bot.*) Voyez PHELLANDRE. (L. D.)

PHELLINE, *Phelline.* (*Bot.*) Genre de plantes dicotylédones, à fleurs complètes, monopétalées, de la famille des *ébénacées*, de la *tétrandrie monogynie* de Linnæus, offrant pour caractère essentiel : Un calice fort petit, persistant, à cinq dents ; une corolle presque en roue, à quatre divisions profondes ; quatre étamines attachées à la base de la corolle ; un ovaire supérieur ; un style court ; un stigmate à quatre dents ; une capsule à quatre loges subéreuses, s'ouvrant en dedans ; une semence dans chaque loge.

Phelline a feuilles touffues ; *Phelline comosa*, Labill., *Sert. austr. Caled.*, pag. 35, tab. 38. Arbrisseau d'environ six pieds, dont les rameaux sont dressés, cylindriques, couverts d'une écorce épaisse, cendrée, chargées de tubercules occasionés par la chute des feuilles et par des bourgeons avortés et lanugineux. Les feuilles sont très-médiocrement pétiolées, alternes, situées vers l'extrémité des rameaux, très-rapprochées, linéaires-lancéolées. presque spatulées, acuminées, à peine dentées, glabres en dessus, un peu glauques en dessous, épaisses et réfléchies à leurs bords ; les pétioles courts et renflés. Les fleurs sont réunies en grappes composées, axillaires, un peu plus courtes que les feuilles. Le calice est coriace, fort petit, persistant, à quatre dents un peu iné-gales ; la corolle monopétale, coriace, presque en roue, beaucoup plus longue que le calice, à quatre découpures médiocrement étalées, courbées en dedans au sommet : les filamens des étamines très-courts, insérées à la base de la corolle ; les anthères un peu versatiles, ovales, plus courtes que la corolle, alternes avec les divisions de la corolle ; l'ovaire presque tétragone ; le stigmate à quatre dents ; les capsules à quatre loges subéreuses, monospermes. Cette plante a été découverte par M. de Labillardière dans la Nouvelle-Calédonie. Il a donné à ce genre le nom grec de *phelline*, à cause des loges subéreuses des capsules. ( Poir. )

PHELLODRYS. (*Bot.*) C. Bauhin cite sous ce nom, d'après Théophraste, des arbres du genre *Quercus*, qui tiennent le milieu entre le chêne et le chêne vert ou yeuse, dont le bois est plus blanc et plus mou que celui du dernier, plus com-pacte et plus dur que celui du premier ; le gland plus petit que celui du chêne vert et plus grand que celui du chêne. Il ajoute que Pline les regarde comme des liéges. ( J. )

PHELLOS. ( *Bot.* ) Gaza, Dodoëns et plusieurs autres an-ciens, citent sous ce nom le liége, *quercus suber*, et il paroît qu'il étoit ainsi nommé chez les Grecs. Linnæus l'a appliqué comme spécifique à un autre chêne, qui croît dans l'Amérique septentrionale. ( J. )

PHELYPEA. (*Bot.*) Ce genre, observé au Levant par Tour-nefort, contient deux espèces : l'une *P. lutea*, qui a le port et les fleurs en épi de l'orobanche, reste type de ce genre, auquel M. Desfontaines joint les espèces d'*orobanche* qui ont un calice à cinq divisions inégales, en les distinguant des vraies orobanches, lesquelles, dépourvues de calice, ont deux grandes bractées, quelquefois réunies par le bas, qui en tiennent lieu. L'autre *phelypea*, remarquable par ses fleurs à calice en forme de spathe, solitaires au sommet de hampes munies à leur base d'une gaine radicale, rentre dans le genre *Ægy-netia* de Roxburg, qui a les mêmes caractères et le même port. Il faudra peut-être y rapporter aussi l'*orobanche coc-cinea* de Willdenow. Voyez Phélipée. ( J. )

PHÈNE. (*Ornith.*) M. Savigny écrivant ce nom avec un

accent circonflexe sur chaque ê, il est probable qu'on doit le prononcer en françois comme si les deux e étoient ouverts. Au reste, sans insister sur cette circonstance, on se bornera à observer que M. Vieillot, qui forme une famille du mot *gypaète*, a réservé pour le genre celui de phène, employé au féminin, comme il l'est par M. Savigny, dans ses *Oiseaux d'Égypte et de Syrie*, page 17, et dans ses *Observations sur son système*, page 8 et suivantes. Les caractères du genre, créé par M. Savigny, sont d'avoir : le bec très-dur, alongé, courbé, à dos très-convexe, et dont la cire est mince, revêtue de poils nombreux, roides et dirigés en devant; les narines ovales et cachées par ces poils; les côtés de la mandibule inférieure couverts de poils semblables, et le dessous garni d'un pinceau de plumules ou soies plus déliées, simples ou rameuses, pendantes et imitant une barbe ; la langue dépourvue d'aiguillons; la bouche large et fendue jusque sous les yeux; les tarses courts, très-épais, emplumés jusqu'aux doigts.

M. Savigny donne à l'espèce le nom de *phene ossifraga*, vautour barbu, et il cite parmi les synonymes les *vultur barbatus* et *barbarus*, Linn. et Gmel, le gypaète des Alpes de Daudin, et le nysser ou aigle d'or de Bruce, nommé en Abyssinie *abou duch'n* ou père à la longue barbe. Le même auteur indique une seconde espèce, *phene gigantea*, tuée pendant le séjour des troupes françoises en Égypte, et sur laquelle M. Larrey lui a communiqué des notes dont il résulteroit que cet individu avoit plus de 14 pieds d'envergure; mais il est probable qu'il y a eu de l'exagération, et l'existence de cette nouvelle espèce ne paroît pas avoir été vérifiée.

M. Vieillot, après avoir comparé au premier de ces gypaètes les autres oiseaux qui ont été considérés par divers auteurs comme des espèces particulières, ne leur en a point trouvé les caractères, et a jugé que les vautours d'Afrique et le vautour des Alpes étoient la même espèce, la phène ou gypaete, la seule du genre, laquelle est répandue en Europe, en Asie et en Afrique. (Ch. **D.**)

PHENEDRIOS. (*Ornith.*) L'oiseau de ce nom, dont parle Aristophane, est cité par Belon, p. 80, parmi ceux qu'on n'a pu reconnoître. (Ch. **D.**)

PHENGITE. (*Min.*) Il paroit que c'est une variété de gypse alabastrite translucide qui servoit quelquefois de vitre aux anciens. Voyez Chaux sulfatée, Gypse, t. VIII, p. 334. (B.)

PHÉNICITE ou PHŒNICITE. (*Foss.*) On a quelquefois donné ces noms aux pointes d'oursins fossiles. (D. F.)

PHÉNICOPTÈRE, *Phœnicopterus.* (*Ornith.*) Voyez Flammant. (Ch. D.)

PHENION. (*Bot.*) Pline dit que quelques personnes nomment ainsi l'anémone, dont il distingue deux espèces, l'une sauvage et l'autre cultivée. Daléchamps ajoute que d'autres l'ont nommée mal à propos *fremium.* (J.)

PHÉNIX. (*Ornith.*) Oiseau allégorique de la mythologie égyptienne, sur lequel les auteurs anciens ont raconté des choses merveilleuses, qui sont réunies dans un petit volume, publié à Paris en 1824, par M. Métral; mais cet auteur ne l'a considéré que sous des rapports littéraires, et il serait plus important de l'envisager sous les rapports astronomiques, qui indiqueroient les phénomènes de la nature, dont il paroît n'être qu'un emblême. C'est, au reste, ce dont M. Métral annonce que s'occupe M. Marcoz. (Ch. D.)

PHÉNOGAMES [Plantes]. (*Bot.*) Plantes pourvues d'organes sexuels (étamines, pistils) d'une manière bien évidente. On nomme *cryptogames*, celles dans lesquelles l'existence de ces organes est plutôt soupçonnée que démontrée, et *agames*, celles dans lesquelles on croit que ces organes n'existent pas. (Mass.)

PHÉRAX HAMAN. (*Ornith.*) Suivant Gesner et Aldrovande le jeune pigeon est ainsi désigné en langue arabe. (Ch. D.)

PHERUMBROS. (*Bot.*) Selon Mentzel, la plante nommée ainsi par Zoroastre, est la chicorée endive. (J.)

PHÉRUSE, *Pherusa.* (*Polyp.*) M. Lamouroux (Polyp. flex., page 117) a établi sous ce nom un genre de son ordre des cellariées pour un polypier flexible, que les zoologistes qui se sont le plus occupés de l'étude de ces animaux, comme Solander et Ellis, Esper, Olivi, Cavolini, placent parmi les eschares. Les caractères qu'il lui assigne sont les suivans : Polypier frondescent, multifide ; cellules oblongues, saillantes sur une seule face et communiquant entre elles par leur extrémité inférieure ; ouverture irrégulière ; bord contourné, probablement par l'action de la dessiccation, comme le fait justement observer M. Lamouroux, ce qui devoit empêcher d'en faire un caractère. La seule espèce de ce genre est commune sur les productions de la Méditerranée; M. Lamouroux la nomme la P. TUBULEUSE, *P. tubulosa*, pl. 2, fig. 1, *a*, *A*, *B*, *C*, à cause de la figure de ses cellules, qui sont oblongues, saillantes et tubuleuses : c'est l'*E. tubulosa* de Solander et Ellis, figurée dans Esper, *Zooph.*, t. 9, fig. 1, 2.

M. Oken emploie aussi le même nom (Man. de zool., part. 1, page 377) pour désigner un genre qu'il a établi parmi les amphitrites avec l'*A. plumosa* de Muller, et auquel il donne pour caracteres : Corps en forme de poinçon; tête non distincte, avec un amas de longues soies; deux tentacules sous la bouche. Voyez VERS. (DE B.)

PHESANT DUC. (*Ornith.*) Le canard jansen, *anas americana*, Lath., est ainsi nommé dans les États-Unis. (CH. D.)

PHET ou PHED. (*Mamm.*) Nom arabe, qu'on croit être celui d'une espèce voisine de la panthère ou du léopard, si ce n'est de l'une ou de l'autre. (F. C.)

PHIALA. (*Bot.*) Nom d'une division du genre *Peziza* dans Fries. M. Persoon la désigne par *phialea*. Rafinesque-Schmaltz, dans son Analyse de la nature ou Tableau de l'univers, nous apprend qu'il a établi un genre *Phiala* dans la famille des champignons, dans la section des *pezizariæ*, après le *spathularia*; mais comme il ne donne point de détails sur son genre *Phiala*, nous ne pouvons que penser qu'il y rapporte probablement des espèces de peziza. (LEM.)

PHIALITE. (*Min.*) Il paroît qu'on a donné ce nom, soit à des corps organisés fossiles, soit à des concrétions pierreuses qui avoient la forme de fiole ou petite bouteille à col long et étroit. (B.)

PHIBALURE. (*Ornith.*) Ce genre a été établi sous le nom de *Phibalura* par M. Vieillot, qui s'est contenté de lui donner une terminaison françoise; mais M. Temminck ayant cru, dans la supposition que cet oiseau se nourrit principalement de graines, devoir le ranger provisoirement entre les tangaras et les manakins, lui a appliqué en françois le nom de *Tanmanak*, composé, à la manière de Levaillant, de la première syllabe de chacun des deux mots. Les auteurs sont au surplus à peu près d'accord sur les caractères, qui consistent dans : Un bec fort court, conico-convexe, épais et dilaté sur les côtés, dont la mandibule supérieure est légèrement arquée et échancrée à l'extrémité, et l'inférieure droite, un peu pointue ; des narines très-petites, situées à la base du bec et couvertes d'une membrane ; des pieds médiocres, dont les doigts extérieurs sont réunis à leur base ; les première et deuxième rémiges les plus longues ; la queue grêle et fourchue.

On ne connoît encore qu'une seule espèce de ce genre, le Phibalure a bec jaune, *Phibalura flavirostris*, Vieill., qui est étiqueté dans le Musée de Berlin *Pipra chrysopogon*. Cet oiseau, de la grosseur du tangara bleu, est noir au sommet de la tête et sur les pennes alaires et caudales ; roux sur l'occiput et à la gorge ; noir et blanc sur le devant du cou, la poitrine et le haut du ventre ; et varié de roux et de noir sur le haut du cou et le dos. (Ch. D.)

PHIGY. (*Ornith.*) Ce nom a été donné par feu Levaillant à une perruche des îles de la mer du Sud, représentée sur la planche 64 de son Histoire naturelle des perroquets, *psittacus coccineus*, Shaw. Voyez le mot Perroquet. (Ch. D.)

PHILACRION. (*Bot.*) Voyez Phylacon. (J.)

PHILADELPHUS. (*Bot.*) Voyez Seringa. (Poir.)

PHILADEPHA. (*Ornith.*) Ce nom, suivant le Nouveau Dictionnaire d'histoire naturelle, est donné par quelques auteurs au grand aigle. (Ch. D.)

PHILÆTERION. (*Bot.*) Un des noms grecs anciens du *polemonium*, mentionné par Dioscoride et par Ruellius son commentateur ; il est inscrit *philætæria* par Daléchamps. (J.)

PHILANDRE. (*Mamm.*) Les Malais donnent le nom de pélander à un kanguroq des îles d'Aroë, et c'est de ce nom que Séba a fait philandre, pour un sarigue ( le quatre-œils, *didelphis philander*, Linn.). Depuis, mademoiselle Merian l'a appliqué à un autre sarigue, peut-être le cayopollin. (F. C.)

PHILANTHE, *Philanthus*. (*Entom.*) Genre d'insectes hyménoptères, de la famille des florilèges ou anthophiles, c'est-à-dire à abdomen pédiculé, arrondi, conique ; à antennes non brisées et à lèvre inférieure de la longueur au plus des mandibules, caractérisé en outre par la forme des antennes, qui sont renflées en fuseau, insérées au milieu de la tête, qui est elle-même supportée sur le thorax par une sorte de cou, et dont l'abdomen est lisse ou non velu.

Ce genre, établi par Fabricius pour y ranger quelques crabrons, a tiré son nom de la circonstance dans laquelle on trouve ordinairement ces insectes sous l'état parfait; on les rencontre en effet sur les fleurs, quoique, pour subvenir aux besoins de leurs larves, ils attaquent souvent les insectes, qu'ils saisissent au vol et qu'ils blessent de manière à les paralyser, pour les porter ensuite dans les lieux où leurs larves sont déposées. Le nom de philanthe est en effet formé de deux mots grecs, φιλεώ, j'aime, et de ανθος, fleur. Nous avons fait figurer une espèce de ce genre sur la planche 32, n.° 1, de l'atlas joint à ce Dictionnaire.

Quatre genres seulement peuvent être rapportés à cette famille; mais dans ceux des crabrons et des mellines, les antennes sont en fil et non renflées, tandis que les scolies offrent cette disposition comme les philanthes, qui ont de plus l'abdomen lisse ou sans poils, tandis que les scolies l'ont velu, ainsi que le reste du corps. Ensuite cette famille des anthophiles se sépare facilement de celle des abeilles ou des mellites, par la brièveté de la langue, qui ne dépasse pas les mandibules; des chrysides ou systrogastres, qui ont le ventre concave en dessous; des myrmèges ou formiaires, dont les antennes sont coudées ou brisées ; des cryptolarves ou néottocryptes, qui ont les cuisses renflées et l'abdomen comprimé; enfin des uropristes ou serricaudes, qui ont le ventre sessile.

Les philanthes, comme tous les insectes de cette famille, vivent sur les fleurs dans l'état parfait; ils font leur nid dans la terre, qu'ils creusent à cet effet : ils ne ramassent ni le nectar ni le pollen des corolles dont ils se nourrissent, cependant ils sont carnassiers en apparence, mais seulement dans l'intérêt de leur race; car ils poursuivent, attaquent et mettent à mort les autres insectes, qu'ils emportent avec eux pour en nourrir leurs larves apodes, et qui se trouveroient par conséquent dans l'impossibilité de s'emparer d'une pareille proie.

Nous ne décrirons que quelques espèces de ce genre, dans lequel Fabricius en a inscrit vingt-cinq, en décrivant les piézates.

1.° Philanthe couronné. *Philanthus coronatus.*

*Car.* Noir , tacheté de jaune, abdomen à cinq bandes jaunes, dont les deux antérieures sont interrompues.

C'est l'espèce que nous avons fait figurer sur la planche indiquée ci-dessus. M. Latreille a décrit ses habitudes dans le Bulletin de la société philomatique. Il poursuit dans les airs et s'empare des abeilles travailleuses, qu'il va ensevelir dans les trous pratiqués d'avance par lui pour y disposer ses œufs et les cadavres d'abeilles qui deviennent l'aliment des larves. M. Latreille a calculé que chaque larve absorbe au moins le corps de six abeilles.

2.° Philanthe orné, *Philanthus ornatus.*

*Car.* Noir; corselet sans taches; abdomen à trois bandes ou cerceaux jaunes, dont l'intermédiaire seule est interrompue.

3.° Philanthe pattes jaunes, *Philanthus flavipes.*

*Car.* Noir; corselet à taches jaunes; abdomen à anneaux jaunes, bordé de noir; anus noir.

4.° Philanthe six points, *Philanthus sexpunctatus.*

*Car.* Noir; abdomen à trois paires de points jaunes, latéraux.

5.° Philanthe cinq bandes, *Philanthus quinquecinctus.*

*Car.* Noir; corselet tacheté; abdomen à cinq anneaux jaunes, continus. (C. D.)

PHILANTHEURS. (*Ent.*) M. Latreille avoit formé sous ce nom une famille d'insectes hyménoptères, dans lesquels il rangeoit seulement les deux genres Philanthe et Cerceris. Il les a depuis réunis à sa famille des crabronites, qui correspond à celle que nous avons nommée Anthophiles ou Florilèges. (C. D.)

PHILANTHROPOS. (*Bot.*) Un des noms grecs anciens du gratteron , *galium aparine*, qui lui est donné parce qu'il s'attache aux passans. Il étoit aussi nommé *philistrum*, suivant Mentzel. (J.)

PHILÉDON, *Philedon.* (*Ornith.*) Ce nom, ainsi que celui de *Philemon*, avoit été donné par Commerson à l'oiseau que Buffon a décrit sous la dénomination de polochion. M. Cuvier l'a adopté pour désigner un genre nouveau, dans lequel il fait entrer cet oiseau.

Ce genre est caractérisé par un bec comprimé, légèrement arqué dans toute sa longueur, à mandibule supérieure échancrée au bout ; par des narines grandes, couvertes d'une écaille cartilagineuse, et par une langue terminée par un pinceau de poils.

La forme générale du bec rappelle celle du bec des guépiers ; mais, dans celui-ci, la mandibule supérieure n'est pas échancrée, et les oiseaux de ce genre sont syndactyles, tandis que les philédons ont les doigts séparés, comme la généralité des passereaux. La même forme du bec rapproche aussi les philédons des grimpereaux, des héorotaires et autres genres voisins ; mais ceux-ci, qui appartiennent à la famille des ténuirostres, n'ont point d'échancrures à leur mandibule supérieure. Enfin, le caractère de la langue, terminée par un ou deux faisceaux de poils, bien qu'il ne soit pas exclusif aux philédons et qu'on l'observe aussi dans la plupart des oiseaux de la Nouvelle-Hollande ou des îles de l'océan Pacifique, distingue à la fois les philédons des uns et des autres.

M. Cuvier range les philédons dans sa famille des passereaux dentirostres entre les cincles et les martins, et les regarde comme voisins des merles. Il y comprend un assez grand nombre d'oiseaux, qui ont été classés, les uns parmi les guépiers et les grimpereaux par Latham, Gmelin, Shaw et M. Vieillot dans ses premiers ouvrages ; d'autres avec les merles ou les étourneaux par les deux premiers de ces auteurs et par Levaillant : une espèce a été rapportée au genre Corbeau par Daudin ; enfin, d'autres encore ont été rangées parmi les héorotaires par M. Vieillot, et une espèce est placée par lui dans son genre Martin, *Acridotheres.*

Ce dernier naturaliste a cependant reconnu, dans son Système d'ornithologie, que la plupart des oiseaux nommés philédons par M. Cuvier, devoient être séparés génériquement ; tandis qu'à l'égard de quelques autres, dans lesquels il n'a pas reconnu l'échancrure du bec, il a persisté à les laisser parmi les héorotaires ou les grimpereaux. D'une autre part, il a cru devoir partager les philédons de M. Cuvier en deux genres, qu'il place dans deux familles très-éloignées l'une de l'autre, dans sa méthode, savoir : le genre des CRÉADIONS, *Creadion*, dans celle des caronculés, et le genre POLOCHION, *Philemon*, dans celle des épopsides. Le premier comprend les philédons, dont le bec est pourvu d'une proéminence sur sa mandibule supérieure, et ceux qui ont la base de ce bec garnie de pendeloques charnues. Le second renferme les philédons à bec simple et dont le tour des yeux est le plus souvent emplumé, mais quelquefois entouré d'un espace nu et où la peau a l'apparence de maroquin coloré en rouge ou en jaune.

M. Temminck, en adoptant le genre Philémon, le désigne par le nom latin de *Melliphaga*. Il en décrit et figure plusieurs espèces nouvelles dans ses *Oiseaux colorés*, faisant suite aux planches enluminées de Buffon.

Les plus gros oiseaux du genre Philédon de M. Cuvier ont à peu près la taille du merle : ce sont les espèces à tubercules sur le bec ou à pendeloques charnues, celles qui constituent le genre Créadion de M. Vieillot. Les autres, qui appartiennent au genre Polochion de cet auteur, ont une forme plus svelte, un bec plus mince, une queue plus longue ; quelques-uns ont jusqu'à douze ou treize pouces de longueur totale, mais la plupart sont de la taille du moineau ou au-dessous.

Un petit nombre d'entre elles présente les teintes brillantes qui sont la parure de la plupart des grimpereaux des zones intertropicales ; mais quelques-unes ont des dispositions de couleurs d'un effet très-agréable.

La presque-totalité de ces oiseaux habite la Nouvelle-Galles du Sud à la Nouvelle-Hollande, et quelques-uns sont particuliers à la Cochinchine et à plusieurs contrées des Indes orientales.

La nourriture principale des philédons consiste en insectes, et quelques-uns y joignent le miel, qu'ils savent rechercher à la manière des guépiers, et qu'ils disputent quelquefois avec beaucoup de courage à d'autres oiseaux, beaucoup plus gros et plus forts qu'eux, notamment à des bandes entières de perroquets. La voix de la plupart d'entre eux n'a rien d'agréable, et ils ne font entendre que des cris isolés et assez aigus ; mais il en est deux que l'on dit chanter à merveille. Plusieurs se réunissent en troupes et ne s'éloignent guère des habitations de l'homme. On ne possède encore aucun détail sur la forme et la composition de leur nid, sur le nombre de leurs couvées et de leurs œufs, sur la forme et la couleur de ceux-ci, sur la durée de l'incubation, etc.

* *Espèces qui ont une proéminence sur le bec ou des pendeloques charnues à sa base.* (Genre CRÉADION, Vieillot.)

* **A proéminence sur le bec.**

Le PHILÉDON CORBI-CALAO : *Philedon corniculatus*; CORBI-CALAO, Levaill., Ois. d'Afriq. et des Indes, pl. 24 ; *Merops corniculatus*, Lath., Shaw; CRÉADION CORNU, *Creadion corniculatus*, Vieill. Cet oiseau, de la Nouvelle-Hollande, est nommé *guépier à loupe* par les colons de la Nouvelle-Galles du Sud. Sa longueur totale est d'environ treize pouces; son bec, robuste, brun dans toute son étendue et noirâtre à l'extrémité, est terminé par une pointe étroite et non déprimée, et sa mandibule supérieure supporte à sa jonction avec le front une protubérance brunâtre et de quatre lignes de longueur. Toutes les parties supérieures de son corps sont d'un brun mêlé de vert-olive, qui est plus foncé sur les ailes et la queue que sur le dos; toutes les parties inférieures sont d'un brun sale; les plumes de la tête sont courtes, blanchâtres et variées de brun; celles de la gorge sont très-longues, étroites, effilées au bout, qui est blanc, ainsi que leur milieu; la queue, longue de six pouces, a toutes ses pennes égales et terminées de blanc; les pieds sont bruns et revêtus d'écailles rudes; les deux doigts externes ne sont pas plus réunis que dans les passereaux ordinaires; l'ongle du pouce est très-robuste et fort long.

Le PHILÉDON MOINE : *Philedon monachus*, Cuv., Règne anim., tome 1, page 359, note, et pl 4, fig. 3; *Merops monachus*, Lath. ? ; POLOCHION WERGAN , *Philemon monachus* , Vieill. M. Vieillot décrit cet oiseau d'après Latham; mais, comme il omet d'indiquer la protubérance qui existe sur son bec, il le place dans le genre Polochion. M. Cuvier. au contraire, fait mention de ce caractère, et dit que le tubercule du bec est plus grand que celui du corbi-calao et qu'il se dirige en arrière vers le front. Ce bec est noir et terminé par une pointe étroite. La tête et une partie du cou sont noirs et revêtus de plumes duveteuses, ce qui a fait donner à ce philédon le nom de *moine* par les colons de la Nouvelle-Galles du Sud, dont les naturels l'appellent *wergan.* La nuque et le derrière du cou sont revêtus de plumes longues et effilées, de couleur brun-clair; le dos est d'un brun plus foncé; le ventre et la poitrine sont blancs, et l'on voit des taches alongées, sagittales, noirâtres sous la gorge; les ailes et la queue sont brunes.

** A caroncules ou pendeloques charnues à la base du bec.

Le Philédon a pendeloques : *Philedon carunculatus*, *Wattled bee-eater*, Philipp, *Voy. to Botany-Bay*, page 164, pl. 28; John Withe, *Voy.*, page 144; Pie a pendeloques, *Corvus paradoxus*, Daudin, Trait. d'ornith., tome 2, page 246, pl. 16; *Merops carunculatus*, Lath., Shaw; Créadion a pendeloques, *Creadion carunculatus*, Vieill. Cet oiseau a quinze pouces de longueur environ, sur laquelle la queue entre à peu près pour moitié; le bec est noir, alongé, aminci vers le bout et à pointe étroite. Son plumage est d'un gris un peu brunâtre; les plumes du dessus de sa tête et de son cou sont bordées de blanchâtre; les joués sont couvertes de plumes duveteuses et munies à leur partie inférieure d'une caroncule cylindrique, longue de dix lignes et pendante de chaque côté du cou; la gorge est blanche; le devant du cou et tout le dessous du corps sont d'un blanc sale, avec le milieu des plumes brunâtre; l'abdomen est marqué d'une large tache, d'un beau jaune; les pennes des ailes sont brunes et les primaires sont terminées de blanc; la queue, longue de sept pouces, très-étagée, a ses pennes brunes et terminées chacune par une tache blanche; les pieds sont d'un gris jaunâtre; les ongles sont d'un gris brunâtre, et celui du pouce est plus fort, plus long et plus arqué que les autres.

Cette espéce habite la Nouvelle-Zélande et la Nouvelle-Hollande.

Le Philédon pharoïde : *Philedon pharoides; Sturnus carunculatus*, Lath. et Gmel.; *Gracula carunculata*, Daud., Ornith., tome 2, page 292; Shaw, *Wattled stare*, Lath., *Syn.*, tome 3, page 9, pl. 36; Créadion pharoïde, *Creadion pharoides*, Vieill. Ce philédon a environ dix pouces de longueur et sa taille égale celle de l'étourneau d'Europe; son bec, assez long et un peu arqué à sa pointe, est un peu déprimé; sa couleur, bleue vers sa base, est noire dans tout le reste; une petite caroncule fauve ou orangée, longue de trois lignes, est placée à chaque coin du bec, contre la base de la mandibule inférieure; le plumage du mâle est généralement noir, avec le dos et les couvertures des ailes de couleur ferrugineuse; les pieds et les ongles sont noirs. La femelle, d'un brun ferrugineux, a ses caroncules moins saillans.

Cet oiseau, qui habite plusieurs îles de la mer Pacifique, a d'abord été trouvé par Forster dans la partie la plus australe de la Nouvelle-Zélande : il n'a qu'un piaulement très-foible pour voix, et ne chante pas.

Le PHILÉDON FOULEHAIO : *Philedon musicus; Certhia carunculata*, Lath. et Gmel.; HÉOROTAIRE FOULEHAIO, Vieill., Ois. dorés, tome 2, page 131, pl. 69 (le mâle), et pl. 60 (la femelle). Il a sept pouces de long; son bec a douze lignes et est assez peu courbé; il présente, de chaque côté de la base de sa mandibule inférieure, une espèce de membrane d'environ deux lignes de diamètre et de couleur jaunâtre, accompagnée d'un faisceau de plumes jaunes, qui forment comme une moustache au-dessous de l'œil; l'iris est rougeâtre. Dans le mâle, le dessus du corps est d'un vert-olive brunâtre, plus sombre sur le milieu du dos; le menton et la gorge sont d'un orangé sale; la poitrine est d'un jaune qui devient plus pâle sous le ventre; les couvertures supérieures des ailes sont brunes, ainsi que les barbes internes des pennes alaires et caudales; le bord extérieur de celles-ci est jaunâtre; les pieds sont jaunes et les ongles noirs.

L'oiseau que M. Vieillot considère comme étant la femelle de celui-ci, est un peu plus petit et a le bec de deux lignes plus court que le sien. Sa couleur générale est le jaune, plus foncé sur le dos, le derrière du cou et la nuque, et plus pâle sous le ventre qu'ailleurs; les joues sont presque blanches autour du point où la caroncule est attachée; le bec est couleur de corne, et les pieds sont couleur de chair.

Le nom de *foulehaio* est celui que porte cet oiseau à Tongataboo, la principale de l'archipel des îles des Amis. Il est doué d'une voix très-étendue et très-variée, qu'il fait entendre depuis le lever de l'aurore jusqu'au coucher du soleil.

## ** *Espèces dont le bec n'a point de protubérance et qui n'ont point de pendeloques charnues à sa base.* (Genre POLOCHION, Vieill.)

* Une portion de peau dépourvue de plumes autour des yeux.

Le PHILÉDON POLOCHION : *Philedon moluccensis; Merops moluccensis*, Lath., Gmel.; POLOCHION, Buff., Hist. nat. des ois., tome 6, page 477 ; POLOCHION proprement dit, *Philemon cinereus*, Vieill. Cet oiseau, que Buffon range parmi les promérops et qu'il ne décrit que d'après Commerson, habite les Moluques et particulièrement l'île de Bourou, où il reçoit le nom qu'il porte, et qui signifie *baisons-nous.* Commerson a proposé de l'appeler *philemon* ou *philedon*, ou *deosculator*, c'est-à-dire *baiseur;* mais ces noms, pendant long-temps, n'ont point été adoptés, et ce n'est que récemment que MM. Cuvier et Vieillot ont pensé à les employer, pour désigner les genres qui renferment la totalité ou une partie des oiseaux qui nous occupent.

Le polochion est à peu près de la taille du coucou : sa longueur totale est de quatorze pouces; son bec, très-pointu, est long de deux pouces et large à sa base de cinq lignes ; ses narines sont situées plus près du milieu du bec que de sa base. Tout son plumage est gris, mais d'un gris plus foncé sur les parties supérieures et plus clair sur les inférieures; les joues sont noires; le bec est noirâtre; les yeux sont environnés d'une peau nue; le derrière de la tête est varié de blanc; les plumes du toupet font sur le front un angle rentrant, et les plumes de la naissance de la gorge se terminent par une espèce de soie.

Le PHILÉDON GOULIN : *Philedon calvus;* MERLE CHAUVE DES PHILIPPINES, Briss.; le GOULIN, Buff., Hist. nat. des ois., t. 6, page 420, et pl. enl., n.º 200; MARTIN GOULIN, *Acridotheres calvus*, Vieill.; *Gracula calva*, Lath. Le goulin, tout en ayant la même courbure et la même forme de bec que ses congénères de la même division, a cependant ce bec beaucoup plus fort et surtout plus épais à la base. Sa taille est environ celle du merle; il a le dessous du corps brun, varié de quelques taches blanches, et la peau des joues autour de l'œil nue et couleur de chair. Telle est la description du goulin donnée par Montbeillard, qui lui attribue aussi le bec et les pieds noirs, tandis que dans la planche enluminée qu'il cite comme représentant cet oiseau sous le nom de *merle chauve des Philippines*, ces parties sont jaunes, et la peau nue des joues est d'un rouge très-vif.

Un second oiseau, regardé comme étant de cette espèce, étoit un peu plus petit que celui que l'on vient de décrire. Il avoit le dessous du corps d'un brun jaunâtre, et les parties chauves de la tête jaunes, ainsi que les pieds, les ongles et la partie antérieure du bec.

Dans un troisième individu, rapporté des Philippines par Sonnerat, la taille étoit plus grande ( il avoit près d'un pied de longueur totale ); les deux pièces de peau nue qui environnoient les yeux, étoient de couleur de chair et séparées sur le sommet de la tête par une ligne de plumes noires; toutes les autres plumes du tour de cette face étoient pareillement d'un beau noir, ainsi que le dessus du corps, les ailes et la queue; les parties supérieures étoient grises, mais plus foncées sur le dos et les flancs que sur le croupion et le cou ; le bec étoit noirâtre.

Ces différens individus appartenoient-ils à la même espèce? ou constituoient-ils des espèces différentes? C'est ce que nous ne sommes pas à même de décider; quoique nous soyons un peu porté à adopter cette dernière opinion, d'après la remarque que nous faisons, que le bec des merles chauves est assez différent de celui des autres philédons. Il se pourroit que ces oiseaux formassent un petit groupe voisin des martins, dont le caractère le plus apparent, celui de la face largement dénudée autour des yeux, ayant été seulement remarqué, auroit fait négliger de s'occuper des autres, qui eussent pu servir à distinguer des espèces dans ce groupe.

Le Goulin de Joseph Camel (*Transact. phil.*), à corps gris argenté, et à bec, ailes, queue et pieds noirs, nous paroît surtout bien distinct des goulins, soit espèces ou variétés, dont nous venons de parler.

Montbeillard dit que les goulins nichent ordinairement dans des trous d'arbres, surtout de l'arbre qui porte les cocos; qu'ils vivent de fruits et sont très-voraces, ce qui a donné lieu à l'opinion vulgaire qu'ils n'ont qu'un intestin, qui s'étend en ligne droite de l'orifice de l'estomac jusqu'à l'anus, et par où la nourriture ne fait que passer. Lorsque ces oiseaux sont animés par la colère, au rapport de M. Poivre, la peau nue de leur face devient d'un rouge décidé.

Le Philédon noir et jaune : *Philedon phrygius; Merops phrygius*, Shaw, *Gen. zool.*, tome 8, pl. 20 ; Polochion noir et jaune, *Philemon phrygius*, Vieill. Cet oiseau, de la Nouvelle-Hollande, est de la taille de la grive. Son plumage est noir, mais quelques plumes des parties inférieures sont bordées de jaune doré, ainsi que les couvertures des ailes; le bout des pennes de celles-ci est marqué d'une tache noire oblique; le bec est noir et les pieds sont bruns.

Dans plusieurs oiseaux qu'on a rapportés à cette espèce, le bec est brun comme les pieds; un trait verdâtre, formé de plumes courtes, passe sur les yeux et descend jusqu'au bas des joues; les pennes latérales de la queue sont jaunes, ainsi que l'extrémité des deux intermédiaires, qui sont noires dans tout le reste; cette queue est cunéiforme et ses couvertures inférieures sont jaunes.

Le Philédon goruck : *Philedon goruck;* le Goruck, Vieill., *Ois. dorés*, tome 2, page 161, pl. 88; et Polochion go-ruck, *Philemon chrysopterus*, Nouv. Dictionn. Cet oiseau a douze ou treize pouces de longueur. Sa tête, le dessus et le dessous de son corps, les petites et les grandes couvertures de ses ailes et de sa queue, sont d'un vert foncé; la plupart des plumes de ces parties étant bordées de blanc et ayant un petit trait longitudinal de cette même couleur dans leur milieu; les pennes primaires de ses ailes sont brunes et bordées à l'extérieur d'une teinte ferrugineuse; les secondaires d'un gris qui incline au violet; les pennes caudales vertes et terminées de blanc. La peau de la partie de la tête qui est entre le bec et l'œil, est nue et de couleur rouge, ainsi que celle qui entoure l'œil; le bec est noir.

A la Nouvelle-Galles du Sud cet oiseau est appelé, par les naturels, *goo-gwar-ruck*, d'où M. Vieillot a formé, par contraction, la désignation spécifique *go-ruck* qui lui a été donnée. Il vit par troupes assez nombreuses au bord de la mer et près des habitations; très-actif et fort pétulant, il recherche continuellement les insectes dont il se nourrit, et fait, dit-on, avec avantage la guerre à une espéce de perroquet (*Ps. hæmatopus*), qui recherche le miel pour s'emparer de cette substance.

Le Philédon graculé : *Philedon graculinus;* Héorotaire graculé, Vieill., Ois. dorés, tome 2, page 159, pl. 87; et Polochion graculé, *Philemon cyanotis,* Nouv. Dict. Il a douze ou treize pouces de longueur totale. Un vert jaunâtre est répandu sur le dos, le croupion et le bord des pennes des ailes et de la queue de cet oiseau, dont toutes les parties inférieures, depuis la gorge jusqu'aux couvertures du dessous de la queue, sont d'un blanc pur; tout le dessus de la tête jusqu'à l'occiput est d'un noir profond; un espace nu, qui part des coins du bec, entoure et dépasse l'œil, est jaune et ressemble à du maroquin; sur le sommet de la tête, et d'une des plaques nues de l'œil à l'autre, passe un trait blanc transversal, un peu arqué en arrière et qui coupe en deux parties la couleur noire de cette région; les plumes du reste de la tête sont courtes, peu serrées et d'une couleur de plomb foncée, qui forme aussi une ligne étroite et longitudinale, longue d'un demi-pouce environ, qui descend sous le menton et se dirige vers la poitrine; les ongles sont noirs.

Cet oiseau, de la Nouvelle-Hollande, chasse, dit-on, les abeilles et les autres insectes. Il marche en sautant, comme les pies, et jette un cri composé de sons très-aigus. [1]

** Espèces ayant des ornemens de plumes alongées au cou, aux joues ou sous les ailes.

Le Philédon kogo : *Philedon circinnatus; Merops Novæ Zeelandiæ* (et non *Novæ Hollandiæ,* comme il a été imprimé par

---

1 M. Cuvier place dans cette division le fuscalbin (Ois. dorés, pl. 61), quoique cet oiseau n'ait pas le tour de l'œil nu, mais seulement entouré de plumes rouges. M. Vieillot le renvoie au genre des Héorotaires, mais il ne le décrit pas dans l'article qui a ce genre pour objet. M. Dumont ne l'ayant pas non plus placé dans les espèces d'héorotaires qu'il cite, je le laisserai dans le genre des Philédons, mais comme espèce douteuse (voyez ci-après).

Les philédons aux joues jaunes, à face jaune, à gorge verte, marbré et vert, appartiennent vraisemblablement tous les cinq à cette division, dont ils ont le caractère, qui consiste dans la dénudation du tour de l'œil.

erreur dans le *Règne animal*), Gmel.; Brow., *Zool. illust.*, p. 18,
pl. 9; *Merops circinnatus* (et non *cincinnatus*, comme l'écrit M.
Vieillot), Lath., Shaw, *Gen. zool.*, t. 8, pl. 22; MERLE A CRA-
VATE FRISÉE, Levaill., Afr., pl. 92; POLOCHION KOGO, *Philemon
cincinnatus*, Vieill. De la taille du merle, le kogo est généralement d'un noir verdâtre foncé très-brillant, avec un large
demi-collier bleu en croissant sur le cou, lequel est formé de
plumes longues, étroites et frisées au bout, qui ont chacune
une petite ligne blanche dans leur milieu, celles des côtés
du cou étant même totalement de cette couleur; les couvertures supérieures de la queue sont bleues et celles du dessus
de l'aile blanches; la queue est égale; le bec est noir, avec
ses bords et la langue de couleur jaune. Cet oiseau, décrit
d'abord par Cook, se trouve à la Nouvelle-Zélande, où il est
appelé *kogo*. Sa voix est agréable et sa chair très-bonne. Les
Nouveaux-Zélandois ont pour lui beaucoup de vénération.

Le PHILÉDON A OREILLES JAUNES : *Philedon auriculatus*; HÉORO-
TAIRE A OREILLES JAUNES, Vieill., Ois. dorés, t. 2, p. 156, pl. 85,
et POLOCHION AUX OREILLES JAUNES, *Philemon erythrotis*, Nouv.
Dict. Sa longueur totale est de sept pouces et demi, sur quoi
la queue, qui est arrondie au bout, prend trois pouces neuf
lignes. Son bec est médiocrement long, assez fort à la base,
et très-distinctement échancré vers le bout; le dessus du cou
et du dos, les ailes et la queue sont d'un gris verdâtre; les
pennes de ces dernières parties sont bordées de vert-olive,
et celles de la queue, les deux intermédiaires exceptées, sont
terminées de blanc; le menton et la gorge sont jaunes; la poitrine, le ventre, le bas-ventre et les couvertures inférieures
de la queue sont d'un jaune verdâtre mélangé de gris. Mais
la couleur et la disposition des plumes de la tête caractérisent surtout cet oiseau. Tout le front et le vertex sont d'un
vert jaune ; une bande noire commence de chaque côté, près
du bec, entoure l'œil, se porte sur la région de l'oreille, et
là elle est dépassée par une touffe de longues plumes jaunes,
dirigées en arrière, susceptibles de se relever et de s'épa-
nouir lorsque l'oiseau est agité de quelque passion.

Cette espèce est de la Nouvelle-Galles du Sud.

Le PHILÉDON MOHO : *Philedon fasciculatus; Merops niger*, Gmel.;
*Merops fasciculatus*, Lath.; *Gracula nobilis*, Merrem, *Beytrag*,

*fasc.* 1, pl. 11; Polochion moho, *Philemon fasciculatus*, Vieill.; Nouv. Dictionn. Cet oiseau n'est rapporté au genre Philédon qu'avec quelque doute par M. Cuvier; mais M. Vieillot le place sans hésitation dans son genre Polochion. Il a treize pouces de longueur. et seulement la grosseur d'une alouette; sa queue, qui est très-étagée, a sept pouces de long; son plumage est généralement noir, si ce n'est sur le bas-ventre et sur deux grandes touffes de plumes, placées près des ailes, qui sont de couleur jaune, ces dernières n'étant pas visibles lorsque les ailes sont fermées; les plumes de la tête et de la gorge sont courtes et pointues; toutes les pennes caudales sont pointues au bout: la plus extérieure est bordée en dehors et terminée de blanc, et toutes les autres sont noires.

Une variété a toutes les pennes caudales terminées de blanc; une seconde a toutes ces pennes noires et les flancs roux; enfin, une troisième a le plumage tout noir et parsemé de croissans et de traits blancs.

Le *moho* est des îles Sandwich, et son nom est celui qu'il reçoit des naturels de ces îles, qui se servent des plumes de sa queue pour faire des chasse-mouches.

*** Espèces sans protubérance sur le bec, sans parties nues autour de l'œil, et sans ornemens de plumes.

Le Philédon verdin : *Philédon cochinchinensis* ; le petit Merle de la côte de Malabar, Sonnerat; *Turdus malabaricus*, Lath., Gmel., n.° 125; le Verdin, Buff.; Vieill., Ois. dorés, t. 2, p. 140 et 147, pl. 77 et 78, et Polochion verdin, *Philemon nigricollis*, Nouv. Dict.; *Turdus cochinchinensis*, Lath., Gmel. Sa longueur est de près de six pouces; son bec est noir et long de onze lignes; le plumage du verdin mâle est généralement d'un vert brillant, mais passant à la couleur olive sur la tête, au vert-jaunâtre sur la poitrine et le ventre, et au bleu près de la queue; les ailes sont brunes à l'intérieur et vertes à l'extérieur; la queue est de cette dernière teinte en dessus, et grise en dessous; un noir velouté couvre la gorge, s'étend sur le menton, et borde de chaque côté une bande lilas, qui part du bec et se prolonge en descendant au-delà et au-dessous des yeux; les petites couvertures du bord antérieur de l'aile sont d'un bleu céleste; les pieds sont noirâtres, et les ongles très-crochus.

La femelle (*Turdus malabaricus, fœm.*, Gmel.) diffère du mâle, en ce que le vert répandu sur presque tout son plumage a moins d'éclat, et surtout en ce qu'elle n'a ni la tache noire du dessous de la gorge, ni les deux bandes violettes du bas des joues; les épaulettes sont bleues, mais plus pâles et moins grandes que celles du mâle; sa gorge est d'une teinte de vert-de-gris.

Cet oiseau se trouve dans l'Inde. Sonnerat se l'est procuré sur la côte de Malabar, et Montbeillard présume qu'elle habite aussi la Cochinchine.

Le PHILÉDON GRIS : *Philédon xanthotis;* HÉOROTAIRE GRIS, Vieill., Ois. dorés, t. 2, p. 155, pl. 84, et POLOCHION GRIS, *Philemon chrysotis*, Nouv. Dict. Cet oiseau a près de six pouces de longueur totale; son bec n'est pas très-long, de couleur noire dans son milieu et grise sur les bords. Le mâle a la tête, le dessus du cou, le dos, le croupion, les couvertures, les ailes et la queue d'un gris foncé; les pennes alaires et caudales bordées de jaune à l'extérieur; une tache jaune en forme de demi-croissant au-dessous de chaque oreille, avec un petit point noir au-dessus; tout le dessous du corps d'un joli gris-blanc.

. La femelle n'a pas le point noir du dessus de la tache jaune de l'oreille, et celle-ci est plus pâle; sa poitrine est d'un gris sale, et les bords de ses ailes et de sa queue sont d'un vert olive; les pennes caudales sont terminées de gris-blanc.

Cette espèce présente encore les particularités suivantes : sa langue est divisée en quatre parties depuis sa moitié, et chaque division est ciliée à son extrémité; sa queue est un peu fourchue. Elle est de la Nouvelle-Galles du Sud.

Ici se termine la série des oiseaux qui sont à la fois considérés par M. Cuvier comme appartenant au genre Philédon, et par M. Vieillot comme devant prendre place dans son genre Polochion. M. Cuvier a encore indiqué plusieurs espèces, rangées d'abord par M. Vieillot dans d'autres genres, comme devant se rapporter à celui des philédons; mais M. Vieillot, après un nouvel examen, a persisté à les laisser dans les groupes où il les avoit distribuées primitivement, et cela en se fondant sur ce que l'échancrure du bec, caractère principal des philédons, manque chez eux.

Ces espèces sont :

1.º Le Guit-guit a tête grise; *Certhia seniculus*, Vieill., Ois. dorés, tom. 2, pag. 101, pl. 50, décrit dans le Dictionnaire des sciences naturelles au mot Guit-guit.

2.º Le Grimpereau a tête noire du Brésil : *Certhia spiza*, Buff., pl. enlum., n.º 578, fig. 2 ; Edwards, 25, décrit dans ce Dictionnaire à l'article Guit-guit. Ces deux oiseaux n'ont point la langue plumeuse au bout, second caractère essentiel des philédons, qui se retrouve dans les suivans.

3.º L'Héorotaire noir et blanc ; *Certhia australasiana*, Vieill., Ois. dorés, tom. 2, pag. 115, pl. 55, décrit dans ce Dictionnaire au mot Héorotaire.

4.º L'Héorotaire tacheté : *C. Novæ-Hollandiæ*, Vieill., Ois. dorés, tom. 2, pag. 117, pl. 57 ; et Héorotaire noir, *ejusd.*, pag. 134, pl. 71 ; décrit aussi avec les Héorotaires.

5.º L'Héorotaire mellivore; *C. mellivora*, Vieill., Ois. dorés, tom. 2, pag. 158, pl. 86; également décrit au genre Héorotaire.

6.º L'Héorotaire cap noir : *C. cucullata*, Lath.; *Melithreptus cucullatus*, Vieill., Ois. dorés, tom. 2, page 121, pl. 60; autre héorotaire, qu'il ne faut pas confondre avec le philédon à capuchon, décrit plus bas dans le présent article.

7.º L'Héorotaire bleu ; *C. cærulea*, Vieill., Ois. dorés, tom. 2, pag. 154, pl. 83, qui fait aussi partie des Héorotaires décrits dans ce Dictionnaire.

Une autre espèce de grimpereau est également placée dans le genre Philédon par M. Cuvier : celle-ci, renvoyée au genre Héorotaire par M. Vieillot, n'y est pas décrite, et ne l'est pas non plus dans son genre Polochion; c'est

Le Philédon fuscalbin : *Philedon lunatus*, *Certhia lunata*, Shaw ; le Fuscalbin, Vieill., Ois. dorés, tome 2, page 122, pl. 61. Ce joli oiseau n'a que cinq pouces un quart de longueur. Son dos et son croupion sont d'un brun très-clair ; ses ailes et sa queue en dessus d'un brun plus foncé; la gorge, la poitrine, les côtés du cou et le ventre sont d'un beau blanc; le dessus de sa tête, ses joues et sa nuque sont d'un noir foncé ; mais il existe une tache en croissant, d'un beau blanc, sur l'occiput, laquelle a ses deux extrémités dirigées vers les yeux; ceux-ci sont entourés de plumes rouges;

le bec est noir; les pieds sont d'un brun clair et les ongles noirs. Cette espéce est de la Nouvelle-Hollande.

Dans l'incertitude où nous sommes sur l'existence ou la non-existence de l'échancrure du bec de cet oiseau, nous nous déterminons à le laisser dans le genre Philédon, bien que sa figure n'indique en aucune manière ce caractère. Si cette échancrure manque, il devra être replacé dans le genre Héorotaire.

Quant aux oiseaux qui sont décrits ci après, M. Vieillot les rangeant avec ses polochions, il y a tout lieu de croire que ce sont des philédons pour M. Cuvier, quoiqu'aucun d'entre eux ne soit cité par ce naturaliste parmi les espéces qu'il admet dans ce genre. La plupart n'ayant pas été figurés, et leurs descriptions étant souvent fort abrégées, nous devons avertir que ce n'est pas avec une certitude complète que nous les admettons nous-mêmes avec les philédons.

Le PHILÉDON A CAPUCHON : *Philedon cucullatus; Merops cucullatus*, Lath. ; POLOCHION A CAPUCHON, *Philedon cucullatus*, Vieill., Nouv. Dict. Il a le dessus du corps d'un brun plombé, le sommet de la tête marqué d'une bande noire transversale, qui, passant sur les yeux, descend de chaque côté sur la gorge; le front blanchâtre; le reste de la tête marqué de lignes transversales d'un gris blanc sur un fond sombre; le ventre d'un blanc sale, tacheté de petites raies obscures; le bas-ventre d'un blanc pur; les pennes des ailes brunes, avec l'extrémité et le milieu des barbes extérieures de la sixième ou de la septième d'un jaune verdâtre; la queue d'un verdâtre plombé et terminée de blanc sale; le bec et les pieds jaunes; sa longueur est de neuf à dix pouces. Il habite la Nouvelle-Hollande.

PHILÉDON AUX JOUES BLEUES : *Philedon cyanops; Merops cyanops*, Lath.: POLOCHION AUX JOUES BLEUES, *Philemon cyanops*, Vieill., Nouv. Dictionn. Cet oiseau de la Nouvelle-Hollande a quatorze pouces de longueur totale; le dessus de son corps, de ses ailes et de sa queue est brun; sa tête, depuis les yeux, sa nuque, sa gorge et le devant de son cou sont noirs; son ventre est blanc; ses yeux sont placés dans une tache bleue; sa queue est égale: son bec est noir, et ses pieds sont revêtus d'écailles bleues.

Philédon jaseur : *Philedon garrulus; Merops garrulus*, Lath.; Polochion jaseur, *Philemon garrulus*, Vieill., Nouv. Dictionn. Il a neuf pouces de longueur; tout le dessus du corps d'un brun clair, avec le front noirâtre; tout le dessous d'un blanc un peu mélangé de brun, surtout sur la gorge et la poitrine; une bande transversale noire sur le sommet de la tête, passant derrière l'œil et se portant jusque sur la région de l'oreille; une tache jaune entourant l'œil; les jambes rayées de noir et de blanc; les ailes noires, mais ayant du jaune sur les barbes internes de leurs grandes pennes; la queue cunéiforme, noirâtre, avec ses bords blancs. Cet oiseau, de la Nouvelle-Hollande, a été remarqué à cause de sa voix, qu'il fait fréquemment entendre.

Philédon aux ailes orangées : *Philedon chrysopterus; Merops chrysopterus*, Lath.; Polochion aux ailes orangées, Vieill., Nouv. Dict. Cet oiseau, qui porte à la Nouvelle-Hollande le même nom que celui qu'y reçoit aussi le goruck, et qui vit d'insectes et du suc miellé des fleurs de *Banksia*, a le plumage brun, avec une tache d'un jaune orangé sur le milieu de chacune des quatre ou cinq premières pennes alaires, dont le reste est d'un brun foncé; sa queue est étagée, brune, avec toutes les pennes, moins les deux du milieu, blanches à leur extrémité; son bec et ses pieds sont noirs; sa longueur totale est de douze pouces.

Philédon darwang : *Philedon auricornis; Muscicapa auricornis*, Lath.; Polochion darwang, *Philemon auricornis*, Vieill., Nouv. Dictionn. Il a le dessus du corps d'un vert olive; le dessous jaune, ainsi que le sommet de la tête; une bande noire entourant l'œil, et se portant depuis le bec jusqu'aux oreilles, où se trouve, comme dans le philédon aux oreilles jaunes, une touffe de plumes jaunes plus longues que les autres; les pennes latérales de la queue aussi jaunes. Cet oiseau, de la Nouvelle-Hollande, n'a que la taille du moineau. Il suspend, dit-on, son nid à l'extrémité de branches flexibles, afin de le mettre à l'abri des attaques des quadrupèdes grimpeurs. Il suce la liqueur sucrée des fleurs.

Le Philédon dée-weed-gang : *Merops ornatus*, Lath., *Syn. Suppl.*, pl. 128; Polochion dée-weed-gang, *Philemon ornatus*, Vieill., Nouv. Dictionn. Ce bel oiseau est encore de

la Nouvelle-Hollande. Il a le dessus et le derrière de la tête
orangés ; une bande noire bordée de bleu en dessous, traversant les joues et passant sur les yeux ; la gorge et la poitrine
jaunes, avec une grande tache triangulaire noire sur la première partie ; le ventre et le bas-ventre d'un blanc bleuâtre ;
le dessus du cou vert ; le haut du dos de cette même couleur,
mais mêlé d'orangé brunâtre ; le bas du dos, le croupion et
les couvertures supérieures de la queue bleus ; les couvertures des ailes fauves et mêlées de vert ; les grandes pennes
alaires vertes extérieurement, et noires intérieurement ; les
secondaires bordées de jaune ; la queue d'un rouge brun,
avec les deux pennes intermédiaires beaucoup plus longues
que les autres, étroites, effilées et bleues ; le bec noir, les
pieds noirâtres.

Dans l'oiseau que l'on a considéré comme étant la femelle de
celui-ci, le front et le milieu de la tête sont bleus ; la nuque
et le menton d'un orangé sale ; le dos est d'un vert brunâtre ;
le croupion bleu ; les pennes de la queue sont noires, sauf
les deux intermédiaires, qui sont très-longues et bleues.

Le nom de cette espèce est celui qu'elle porte dans son
pays natal.

Le Philédon a face jaune : *Gracula icterops*, Lath. ; Polochion a face jaune, *Philemon icterops*, Vieill., Nouv. Dict.
Il habite la Nouvelle-Hollande. Sa longueur est de sept
pouces et demi ; il est généralement noir, avec le ventre
blanc, et les couvertures des ailes terminées aussi de blanc,
formant une bande transverse sur cette partie ; les yeux sont
entourés d'une peau nue, jaune et ridée ; les pieds sont jaunes.

Le Philédon a front blanc : *Philedon albifrons*, Polochion
a front blanc, *Philemon albifrons*, Vieill. Il est des environs
du port Jackson à la Nouvelle-Hollande ; sa longueur totale
est de huit pouces : il a le dos et le dessus des ailes d'un beau
roux ; le front et tout le dessous du corps blancs, toutes
les plumes du corps ayant le long de leur tige un filet noirâtre ; chaque flanc marqué de cinq lignes bleuâtres ; le sommet de la tête, la nuque et l'espace compris entre le bec et
l'œil, noirs ; les pennes de la queue bleuâtres et bordées de
blanc, toutes d'égale longueur ; le bec brun ; les pieds d'un
brun jaune. La femelle a le dessus du dos et des ailes brun ;

le dessous du corps d'un blanc jaunâtre, avec des lignes noires le long des tiges des plumes; le sommet de la tête et l'espace compris entre le bec et l'œil, bruns; la queue, plus courte que celle du mâle, marquée de bandes transverses brunâtres et de taches jaunâtres.

Le Philédon a gorge verte : *Philedon viridicollis;* Polochion a gorge verte, *Philemon viridicollis,* Vieill. Un peu plus grand que le précédent; celui-ci a le haut de la tête et la nuque noirs; les yeux et les joues d'un jaune doré et dénué de plumes; la gorge, la poitrine, le dos, les couvertures des ailes d'un vert olive; le ventre jaunâtre; la queue brune et bordée de vert en dessus, grise en dessous; le bec noir et les pieds verdâtres. On trouve à la Nouvelle-Hollande cet oiseau, qui, ainsi que le suivant, paroît appartenir à la division des philédons dont le tour de l'œil est dénué de plumes.

Le Philédon marbré : *Philedon marmoreus;* Polochion marbré, *Philemon marmoreus,* Vieill., Nouv. Dict. Sa taille est celle du merle. Il a le tour de l'œil nu et noir; le plumage généralement noir, avec des taches lunulées jaunâtres sur toutes les parties supérieures du corps et sur une partie des pennes de la queue, dont les deux latérales sont jaunes; les pennes alaires noires; le ventre et les jambes d'un gris blanc; le bec brun; les pieds jaunes. Il est de la Nouvelle-Hollande.

Le Philédon moucheté : *Philedon nævius;* Polochion moucheté, *Philemon nævius,* Vieill., Dictionn. Cet oiseau, qui n'est peut-être qu'un jeune individu, se trouve aussi à la Nouvelle-Hollande. Tout le dessus de son corps est d'un gris foncé, tirant au brun sur les ailes et la queue; le dessus de la tête et les joues sont noirs; son cou, sa gorge, sa poitrine et son ventre sont couverts de plumes d'un gris clair, et bordées d'une ligne noire, ainsi que celles de l'occiput; le bas-ventre est blanc; les pieds sont couleur de chair.

Le Philédon aux oreilles noires : *Philedon auritus; Merops auritus,* Lath.; Polochion aux oreilles noires, *Philemon auritus,* Vieill., Nouv. Dict. Il a toutes les parties supérieures d'un brun roux et les inférieures d'un blanc sale, avec le bas-ventre tacheté de noir; une large bande terminée en pointe derrière l'œil; les pennes alaires et caudales noires; le bec et les pieds bruns; six pouces et demi de longueur. Il est de la Nouvelle-Hollande.

Le Philédon pie : *Philedon picatus; Gracula picata*, Lath.; Polochion pie, *Philemon picatus*, Vieill., Dictionn. La tête de cet oiseau, en grande partie, son cou, une bande transversale sur sa poitrine, son dos, le bord des couvertures de ses ailes, les pennes primaires et secondaires, et une bande en travers du bout de la queue, sont d'un noir foncé, à reflets bleus; le devant de la tête, la gorge, la nuque, le reste du dessous du corps, la base des couvertures des ailes et les pennes de la queue, sont blancs. Cet oiseau, de la Nouvelle-Galles du Sud, a les pieds plombés et le bec jaune.

Le Philédon a tête noire (*Philedon melanocephalus; Gracula melanocephala*, Lath.; Polochion a tête noire, *Philemon melanocephalus*, Vieill., Nouv. Dict.) est du même pays et a huit pouces de longueur. Il a la tête noire; le front blanc; le dos d'un gris bleu; les couvertures supérieures des ailes de cette même couleur et terminées par une raie transversale blanchâtre; le cou et tout le dessous du corps blanc, avec quelques teintes bleuâtres; les pennes alaires noirâtres et bordées de couleur de rouille pâle; la queue d'un cendré bleuâtre; les pieds longs, jaunes; les ongles forts; le bec jaune.

Le Philédon vert (*Philedon viridis*; Polochion vert, *Philemon viridis*, Vieill., Nouv. Dict.) a la tête noire, dénuée de plumes sur les côtés; le cou noir; une bande blanche sur l'occiput; le dos, la queue et les ailes en dessus d'un vert olive; la gorge et toutes les parties inférieures d'un gris foncé, avec une bande blanche, qui descend de chaque côté du cou jusqu'à la poitrine, et qui prend naissance de la commissure des mandibules; le bec noir; les pieds bruns. Sa taille est égale à celle du merle. Il est de la Nouvelle-Hollande.

Le Philédon olivatre : *Philedon olivaceus;* Promérops olivatre, Vieill., Ois. dorés, tome 1, pl. 5, et Polochion olivatre, *Philemon olivaceus*, Nouv. Dict.; *Merops olivaceus*, Shaw. Cet oiseau, que M. Cuvier indique comme devant prendre place avec les fourniers, dans son sous-genre des sucriers, *nectarinia*, et qui en effet a beaucoup de rapports avec lui, a sept pouces de longueur; la tête et toutes les parties supérieures du corps olivâtres; toutes les parties inférieures de la même couleur, mais beaucoup plus pâles et passant au blanchâtre sous le bas-ventre; les pennes de la queue et des ailes brunes et bordées de jaune-olive ; une petite tache jaune en dessous et en arrière des yeux ; les pieds gris ; le bec brun et long de dix lignes. De la Polynésie.

M. Temminck a décrit et figuré récemment les quatre espèces de philédons suivantes, lesquels ont toutes le tour des yeux emplumé et habitent les îles de l'Océanie.

PHILÉDON CAP-NÈGRE ; *Meliphaga atricapilla*, Ois. col., liv. 56, pl. 335, fig. 1. Dessus du corps vert-olivâtre ; dessous blanc ; tête et joues noires, avec une bande transversale blanche sur le noir de l'occiput ; bec noir ; pieds bruns ; cinq pouces de longueur. C'est le *certhia atricapilla*, Lath., *Syn.*, p. 167.

PHILÉDON MOUSTACHE ; *M. mystacalis*, Ois. col., liv. 56, pl. 335, fig. 2. Des plumes blanches, bordées de noir, sur la tête, la nuque, le haut du dos et l'abdomen ; une moustache noire sous l'œil, se portant et s'élargissant sur le côté du cou ; ailes, bas du dos et queue, d'un cendré foncé ; pennes alaires noirâtres : gorge et poitrine d'un blanc pur ; cinq pouces dix lignes de longueur. De Luçon et de Manille.

PHILÉDON GRIVELÉ ; *M. maculata*, Temm., Ois. col., 5.ᵉ liv., pl. 29, fig. 1. Toutes les parties supérieures d'un vert jaunâtre ; région des yeux et menton d'un gris foncé ; une bande blanche sous l'œil ; une tache jaune sur l'oreille ; dessous du corps tacheté de brun-cendré sur un fond jaune-verdâtre ; bec noir, rougeâtre à la base ; pieds gris ; cinq pouces et demi de longueur. Femelle ayant le dessus de la tête gris ; le dos d'un brun cendré ; le dessous blanc, avec des taches cendrées sur la poitrine.

PHILÉDON RÉTICULAIRE ; *M. reticulata*, Ois. col., 5.ᵉ liv., pl. 29, fig. 2. Tout le dessus du corps d'un cendré olivâtre ; les ailes et la queue ayant une légère teinte verdâtre ; un cercle de petites plumes jaunes sur l'oreille, où sont des plumes cendrées ; la gorge et l'abdomen blancs, et le reste cendré, chaque plume ayant une petite bande longitudinale de cette couleur ; le bec et les pieds sont noirâtres. (DESM.)

PHILEMON. (*Ornith.*) Nom latin, donné par M. Vieillot à son genre Polochion. (CH. D.)

PHILÉRÈME. (*Entom.*) Nom donné à un genre d'hyménoptères par M. Latreille, pour réunir quelques espèces de nomades dont la lèvre supérieure est triangulaire, alongée, tronquée, et les palpes maxillaires de deux articles. (C. D.)

PHILÉSIE, *Philesia.* (*Bot.*) Genre de plantes monocotylédones, de la famille des *asparaginées,* de l'*hexandrie monogynie* de Linnæus, offrant pour caractère essentiel : Une corolle à six pétales, dont les trois intérieurs du double plus longs que les extérieurs; point de calice; six étamines; les filamens connivens à leur base; les anthères longues et versatiles; un ovaire supérieur, globuleux; un style; un stigmate à trois angles; une baie à trois loges? à plusieurs semences.

L'élégance de cet arbrisseau, surtout ses grandes fleurs, lui ont fait donner un nom grec, φιλέω, *j'aime,* pour exprimer le sentiment qu'il inspire. Il paroît se rapprocher des *callixene.*

Philésie a feuilles de buis: *Philesia buxifolia,* Juss., *Gen. pl.;* Lamk., *Ill. gen.,* tab. 248. Petit arbrisseau, dont les tiges se divisent en rameaux flexueux, dressés et alternes, garnis à leur insertion de stipules axillaires, spathulées. Les feuilles sont alternes, pétiolées, assez petites, glabres, ovales, elliptiques, très-entières, à peine longues d'un demi-pouce, aiguës à leurs deux extrémités, supportées par un pétiole très-court, élargi à sa base et embrassant la tige. Les fleurs sont solitaires, latérales et terminales, portées sur des pédoncules axillaires, très-courts, garnis d'écailles imbriquées. La corolle est fort grande, campanulée, composée de six pétales; les intérieurs longs d'environ un pouce et demi, ovales, obtus, arrondis et mucronés à leur base; les trois extérieurs sont au moins une fois plus courts, un peu rétrécis à leur base. Cette plante a été recueillie par Commerson au détroit de Magellan. (Poir.)

PHILEURE, *Phileurus.* (*Entom.*) M. Latreille a désigné sous ce nom de genre quelques espèces de scarabées ou de géotrupes de Fabricius, qui n'en diffèrent que par les mâchoires. La plupart des espèces sont d'Amérique. (C. D.)

PHILIBERTIA. (*Bot.*) Genre de plantes dicotylédones, à fleurs complètes, monopétalées, de la famille des *apocinées,* de la *pentandrie digynie* de Linnæus, offrant pour caractère essentiel : Un calice à cinq divisions profondes; une corolle urcéolée , **en roue** , sinuée , à cinq lobes aigus ; une dent entre chaque lobe ; un double appendice en couronne ; l'extérieur au fond du calice, en forme d'anneau charnu , ondulé ; l'intérieur attaché au sommet du tube des filamens, à cinq folioles entières et charnues ; cinq filamens très-courts, connivens, en cône, ainsi que les anthères, à deux loges, terminées par une membrane ; les paquets de pollen cylindriques , un peu en massue, pendantes, attachées au-dessous du sommet de l'anthère ; deux ovaires supérieurs , accolés ; deux styles très-courts ; le stigmate pentagone , à deux pointes. Le fruit n'a point été observé.

Ce genre a été consacré par M. Kunth à **J. C. Philibert**, auteur de très-bons ouvrages sur la botanique, tels que des *Notions élémentaires de botanique* et une *Introduction à l'étude de la botanique*.

Philibertia Solanoïde : *Philibertia Solanoides* , Kunth in Humb. et Bonpl., *Nov. gen.*, vol. 3, pag. 196, tab. 230. Arbrisseau dont la tige est très-rameuse, grimpante ; les rameaux opposés, légèrement pubescens, blanchâtres dans leur jeunesse. Les feuilles sont opposées, pétiolées, oblongues, en cœur, aiguës, entières et un peu ondulées à leurs bords, veinées, vertes et pubescentes en dessus, blanchâtres et tomenteuses en dessous, longues d'un pouce et plus, larges de quatre ou cinq lignes. Les fleurs sont réunies en ombelles axillaires, solitaires, pédonculées, à huit ou dix rayons velus et pubescens, munis à leur base de bractées linéaires, pubescentes ; le calice velu ; ses divisions lancéolées, acuminées ; la corolle une fois plus longue, en roue, blanche, pubescente en dehors, à cinq lobes aigus, une dent entre chaque lobe. Cette plante croît sur les bords de la rivière des Amazones, proche Tomependa. (Poir.)

PHILICA. (*Bot.*) Voyez Phylique. (L'oir.)

PHILIN. (*Conchyl.*) Adanson (Sénég., page 48, pl. 3), décrit et figure sous ce nom une espèce de volute, que Linné a confondue avec son *V. cymbium* et que M. de Lamarck a distinguée sous le nom de Volute porcine. Voyez Volute. ( De B.)

PHILINTHE. (*Entom.*) Nom donné par Geoffroy à la demoiselle déprimée, décrite sous le n.º 9, pag. 225. Voyez Libellule. (C. D.)

PHILIPP. (*Ichthyol.*) **Nom** spécifique d'un poisson appartenant au genre Cestracion. Voyez ce mot. (H. C.)

PHILIQUE. (*Bot.*) Voyez Phylique. (Poir.)

PHILLIOPHYLLON. (*Bot.*) Suivant Mentzel, la millefeuille est ainsi nommée dans l'île de Crète. (J.)

PHILLYREA, PHILLYRA. (*Bot.*) Voyez Ilatrum. (J.)

PHILLYREA. (*Bot.*) Voyez Filaria. (L. D.)

PHILLYREASTRUM. (*Bot.*) Vaillant nommoit ainsi un genre de plante que Linnæus a désigné depuis sous le nom de *Morinda*. Voyez Morinde. (Lem.)

PHILOMACHUS. (*Ornith.*) Nom donné par Mœhring au 93.ᵉ genre de sa Méthode, formé d'une espèce de *tringa*, dont le bec n'est pas aussi long que les doigts avec l'ongle ; cette espèce est le combattant. (Ch. D.)

PHILOMEDA. (*Bot.*) Ce genre de M. du Petit-Thouars, paroît devoir être réuni au *gomphia* dans les ochnacées, dont il présente les principaux caractères, surtout ceux du fruit et de la graine. (J.)

PHILOMEDION. (*Bot.*) Un des noms grecs anciens de la chélidoine, cité par Ruellius. (J.)

PHILOMÈLE, *Philomela*. (*Ornith.*) Ce nom désigne le rossignol, *motacilla luscinia*, Linn. (Ch. D.)

PHILONOTIS. (*Bot.*) C'est une espèce de renoncule. (L. D.)

PHILOSCIE. (*Entom.*) M. Latreille a donné ce nom à un genre qu'il a établi parmi les insectes aptères de la famille des tétracères, pour y ranger le cloporte des mousses. Voyez l'article Malacostracés, tome XXVIII, page 383. (C. D.)

PHILOSOPHIE NATURELLE. (*Phys.*) Voyez Physique. (L.)

PHILOSTEMON. (*Bot.*) Genre de plantes dicotylédones, à fleurs complètes, polypétalées, régulières, de la famille des *térébinthacées*, de la *pentandrie monogynie* de Linnæus, très-voisin des *rhus* (sumac), dont il devroit peut-être faire partie, offrant pour caractère essentiel : Un calice urcéolé, à cinq dents; cinq pétales linéaires, réfléchis; cinq étamines : les filamens connivens, attachés sur le calice; les anthères oblongues; un ovaire libre : un style et un stigmate simples. Le fruit . . . (un drupe monosperme?).

Philostemon radicant : *Philostemon radicans*, Rafin., *Flor. Lud.*, pag. 107; Térébinthacée liane, Robin, Itin., pag. 506.

Cette plante paroît tellement rapprochée du *rhus radicans*, que je doute qu'on puisse en former un genre particulier, quoique distinguée par les filamens des étamines connivens et un seul style. Ses tiges sont grimpantes, sarmenteuses, radicantes, longues de vingt à trente pieds; le bois blanc, composé de fibres très-serrées; l'écorce d'un brun cendré; les feuilles ternées, velues, les folioles ovales, pâles en dessous; les deux latérales sessiles, celles du milieu pétiolées; les fleurs verdâtres, pédonculées. (Poir.)

PHILOSTIZE, *Philostizus*. (*Bot.*) Ce nouveau genre de plantes, que nous proposons, appartient à l'ordre des Synanthérées, et à la tribu naturelle des Centauriées, dans laquelle il est immédiatement voisin des genres *Seridia* et *Calcitrapa*, dont il diffère par la structure de l'appendice des squames du péricline. Voici les caractères du nouveau genre.

Calathide longuement radiée : disque multiflore, subréguflore, neutriflore. Péricline ovoïde-subglobuleux, très-lariflore, androgyniflore; couronne unisériée, ampliatiinférieur aux fleurs du disque; formé de squames régulièrement imbriquées, appliquées, coriaces : les intermédiaires ovales, surmontées d'un appendice étalé ou réfléchi, très-grand, formé d'une lame épaisse, horizontale, arrondie, sèche, roide, scarieuse, prolongée sur ses bords en sept ou neuf épines rayonnantes, longues et fortes, subulées, dont la médiaire est beaucoup plus grande, et portant en outre, sur sa face supérieure, un groupe irrégulier d'épines nombreuses, inégales, analogues à celles des bords, mais moins grandes. Clinanthe épais, charnu, plan, garni de fimbrilles nombreuses, libres, inégales, linéaires-subulées, laminées, membraneuses. *Fleurs du disque* : Ovaire comprimé bilatéralement, garni de poils extrêmement fins; aigrette double, de Centauriée-prototype; l'intérieure à peine distincte de l'extérieure, et se confondant presque avec elle, parce que ses squamellules sont longues et peu différentes de celles de l'aigrette extérieure. Corolle très-peu obringente, presque régulière. Étamines à filets velus. Style à deux stigmatophores longs, entregreffés presque jusqu'au sommet. *Fleurs de la couronne*: Faux-ovaire grêle, glabre, inovulé, inaigretté. Corolle à tube long, à limbe amplifié, obconique, profondément divisé en cinq ou six lanières à peu près égales, lancéolées.

L'aigrette est nulle sur les fleurs marginales du disque, courte sur les fleurs intermédiaires, assez longue sur les fleurs centrales. Le nectaire, jaunâtre, pentagone, distille une liqueur jaune, qui s'amasse au fond du limbe de la corolle.

Nous ne connoissons qu'une seule espèce de ce genre.

PHILOSTIZE DE DESFONTAINES : *Philostizus Fontanesianus*, H. Cass.; *Centaurea ferox*, Desf., *Flor. atl.*, tom. 2, pag. 297. C'est une plante herbacée, dont la tige, haute d'environ deux pieds, est épaisse, rameuse, un peu lanugineuse, ailée par la décurrence des feuilles; ses branches sont étalées, divariquées; ses ailes sont larges, dentées, épineuses; les feuilles sont alternes, décurrentes, inégales et dissemblables, oblongues, d'un vert cendré, plus ou moins lanugineuses sur les deux faces, les unes aiguës, les autres obtuses, plus ou moins découpées sur les bords en dents ou lobes épineux, à épines très-foibles; les feuilles caulinaires inférieures, qui ne sont point décurrentes, sont très-grandes, profondément pinnatifides, comme lyrées, presque inermes, à divisions obtuses et entières; les calathides, composées de fleurs purpurines-claires, sont très-grandes, larges d'environ deux pouces et demi, solitaires au sommet des tiges et des rameaux : leur péricline est glabre, épais.

Nous avons fait cette description spécifique, et celle des caractères génériques, sur des individus vivans, cultivés au Jardin du Roi, où ils fleurissoient en Juin, Juillet et Août.

Le *Philostizus Fontanesianus* est vivace; il a été trouvé par M. Desfontaines en Barbarie, dans les terrains sablonneux du pays d'Alger.

Cette belle plante constitue un genre distinct des *Seridia* et *Calcitrapa*, parce que l'appendice des squames intermédiaires du péricline porte, sur la face supérieure de sa base, un groupe d'épines, qui n'existe point dans les vraies *Seridia* et *Calcitrapa*.

Le nom de *Philostizus*, composé de deux mots grecs, fait allusion aux épines nombreuses dont le péricline est hérissé.

La tribu des Centauriées se trouve aujourd'hui composée de dix-huit genres, dont voici la liste alphabétique : *Calcitrapa*, Vaill.; *Centaurium*; *Chryseis*, H. Cass.; *Cnicus*, Vaill.;

*Crocodilium*, Vaill.; *Crupina*; *Cyanopsis*, H. Cass.; *Cyanus*; *Goniocaulon*, H. Cass.; *Jacea*; *Kentrophyllum*, Neck.; *Lepteranthus*, Neck.; *Mantisalca*, H. Cass.; *Melanoloma*, H. Cass.; *Philoslizus*, H. Cass.; *Seridia*, Juss.; *Volutaria*, H. Cass.; *Zoegea*, Linn.

Pour compléter cette liste, il faudroit y ajouter plusieurs genres nouvellement institués par nous, mais qui ne sont point encore publiés, et que nous ferons bientôt connoitre en présentant le tableau méthodique de la tribu des Centauriées. (H. Cass.)

PHILOXÈRE, *Philoxerus*. (*Bot.*) Genre de plantes dicotylédones, à fleurs incomplètes, de la famille des *amaranthacées*, de la *pentandrie monogynie*, offrant pour caractère essentiel : Un calice à cinq divisions profondes, muni en dehors de trois bractées en écailles; point de corolle; cinq étamines; les filamens réunis à leur partie inférieure en un tube plus court que l'ovaire; les anthères à une loge; un ovaire supérieur; un style; deux stigmates, une capsule monosperme, indéhiscente.

Ce genre, établi par M. Rob. Brown, ne diffère essentiellement des *gomphrena*, que par sa capsule indéhiscente ou à une seule valve, nommée *utricule* par M. Brown; dans les *gomphræna* la capsule s'ouvre transversalement, et le tube des filamens est plus long que l'ovaire, caractères foibles pour l'établissement d'un genre particulier, et auquel il faudra, en le conservant, rapporter quelques espèces de *gomphræna*.

PHILOXÈRE CONIQUE; *Philoxerus conicus*, Rob. Brown, *Nov. Holl.*, 1, pag. 416. Plante de la Nouvelle-Hollande, dont la tige est dressée, garni de feuilles opposées, linéaires, recourbées à leurs bords; les fleurs sont réunies en un épi terminal, conique, solitaire ou deux ou trois réunis; le calice est lanugineux; le tube des filamens plus court que l'ovaire, dépourvu de dents à son orifice. Dans le *Philoxerus diffusus*, Rob. Brown, *loc. cit.*, les tiges sont couchées, lanugineuses; les feuilles lancéolées, pubescentes à leurs deux faces; les épis solitaires, pédonculés; le calice très-glabre. Cette plante croît à la Nouvelle-Hollande.

PHILOXÈRE AGRÉGÉ : *Philoxerus aggregatus*, Kunth in Humb.

et Boupl., *Nov. gen.*, vol. 2, page 2o3 : *Gomphrena aggregata*, Willd., *Enum.*, 1, pag. 294. Sa tige est tombante, un
peu ligneuse, glabre, cylindrique, rameuse ; les feuilles opposées, presque sessiles, lancéolées, aiguës, rétrécis en coin
à leur base, glabres, un peu charnues, longues d'environ
quinze lignes, larges de trois : les fleurs réunies en petites
têtes touffues, solitaires, géminées ou ternées, oblongues ou
un peu globuleuses, accompagnées de deux feuilles ; trois
bractées ovales, oblongues à la base de chaque fleur ; le calice
entouré à sa base d'un duvet blanc, lanugineux ; ses divisions
linéaires, oblongues. La capsule est globuleuse, un peu comprimée, indéhiscente, monosperme. Cette plante croit dans
les environs de Cumana, aux lieux maritimes.

Philoxère a feuilles grasses ; *Philoxerus crassifolius*, Kunth,
*loc. cit.* Ses tiges sont très-rameuses, tombantes, presque
rampantes, garnies de feuilles sessiles, spatulées, glabres,
charnues, obtuses, très-entières, longues de trois ou quatre
lignes. Les fleurs sont réunies en têtes, sessiles, terminales,
solitaires, rarement géminées, de la grosseur d'un pois,
accompagnées de deux feuilles ovales ; les bractées blanchâtres, ovales, aiguës, diaphanes ; le calice glabre ; ses divisions inégales, ovales-oblongues. Cette plante croit sur les
rives de la mer, aux Antilles, proche la Havane. (Poir.)

PHILOXERUS. (*Bot.*) Ce genre de M. Rob. Brown, dont
les *gomphrena brasiliensis* et *interrupta* font partie, paroît
devoir rentrer dans le *gomphrena*, dont il diffère principalement par le tube des filets d'étamines plus court que
l'ovaire, pendant que dans les autres espèces il le recouvre
entièrement : il est cependant conservé dans la Flore équinoxiale. (J.)

PHILTRODOTES. (*Bot.*) Un des noms que Dioscoride
donnoit, suivant Ruellius, à la verveine ; il le donnoit pareillement à son *asplenion*, qui paroît être le *ceterac* de la
famille des fougères. (J.)

PHILYRA. (*Bot.*) Nom grec du tilleul, cité par C. Bauhin.
(J.)

PHILYDRE, *Philydrum*. (*Bot.*) Genre de plantes monocotylédones, à fleurs incomplètes, de la famille des *joncées*,
de la *monandrie monogynie*, offrant pour caractère essentiel :

Un calice coloré, à quatre divisions profondes, deux extérieures plus grandes, ovales; deux intérieures une fois plus petites, lancéolées, renfermé dans une spathe d'une seule pièce; point de corolle; une étamine; une anthère géminée, attachée à la partie moyenne du filament; un ovaire supérieur; un style. Le fruit est une capsule trigone, à trois valves, à trois loges, chaque valve divisée dans son milieu par une cloison; les semences petites et nombreuses.

PHILYDRE LAINEUX : *Philydrum lanuginosum*, Willd., *Spec.*; Gærtn., *De Fruct.*, tab. 16; Lamk.. *Ill. gen.*, tab. 4; *Bot. Magaz.*, tab. 783: *Garciana cochinchinensis*, Lour., *Flor. Coch.*, pag. 20. Plante herbacée, à tige très-simple, haute d'environ deux pieds, droite, cylindrique, spongieuse, lanugineuse; les feuilles sont épaisses, subulées, striées; une spathe uniflore d'une seule pièce, concave, acuminée, velue : les fleurs très-médiocrement pédonculées, solitaires, disposées le long d'un épi droit, alongé, terminal; le calice (ou corolle) d'un jaune doré, velu, à quatre divisions très-profondes, inégales; une seule étamine; le filament plan, élargi, subulé, un peu coudé à sa base, réfléchi au sommet; un ovaire supérieur, ovale, comprimé, très-velu; le style épais, filiforme, de la longueur des étamines; le stigmate convexe, un peu mamelonné; la capsule ovale, comprimée, très-velue; les semences petites, oblongues, nombreuses, hérissées de tubercules. Cette plante croît à la Chine et à la Cochinchine.

M. Rob. Brown en a découvert une nouvelle espèce sur les côtes de la Nouvelle-Hollande, qu'il nomme *philydrum pygmæum*, *Nov. Holl.*, 1, pag. 265. Sa tige est très-basse; ses fleurs sont disposées en épi; leur calice, ainsi que les capsules, sont très-glabres; les anthères sont à deux lobes réniformes. (POIR.)

PHINIS. (*Ornith.*) Ce nom grec a été long-temps regardé comme applicable à l'orfraie ou grand aigle-de-mer, *ossifraga* des Latins; mais voyez GYPAÈTE. (CH. **D.**)

PHIOLE. (*Malacoz.*) La tarrière subulée, *terebellum subulatum*, Lamk., a quelquefois reçu ce nom vulgaire. (DESM.)

PHLEBIA. (*Bot.*) Genre de champignons qui tient le milieu entre le *sistotrema* et le *thelephora*, avec lequel il a beaucoup de rapports. On doit son établissement à Fries, qui le caractérise ainsi : *Hymenium* ( ou membrane séminulifère ) continue et faisant corps avec la substance du chapeau ; glabre , marquée de veines rugueuses ; veines ou rides, ou plis (ou plutôt papilles alongées) interrompues, irrégulièrement disposées, proéminentes, droites, flexueuses, également séminulifères, comme le reste de l'hyménium ; stipe nul ; chapeau sessile, retourné, étalé, formé d'une substance presque floconneuse, quelquefois comme charnue et tenace.

Quatre espèces composent ce genre, qui doit son nom *phlebia*, dérivé du grec, aux veines qu'il offre et qui le rendent remarquable et rappellent le genre *Merulius*. Ces espèces croissent en automne sur les écorces des arbres et sont annuelles. Elles ont été observées en Suède par Fries.

1. Phlebia mérismoïde : *Phl. merismoides*, Fries, *Syst. myc.*, 1 , pag. 427. Étalée, comme inscrustée et ramuleuse, d'un rouge de chair, velue et blanche en dessous, avec le bord garni de poils orangés ; plissures droites. Cette jolie espèce ressemble à une espèce de *merisma* ; elle se fait remarquer par la vivacité de ses couleurs. On la trouve sur les mousses, qu'elle enveloppe pour ainsi dire, et sur le bois et les écorces des arbres, quoique plus rarement. On la trouve depuis le mois d'Octobre jusqu'au mois de Janvier. M. Persoon pense que cette espèce et le *phlebia vaga* doivent être seules conservées dans le genre *Phlebia*. Il en donne les caractères spécifiques dans sa Mycologie européenne, vol. 2, pag. 8.

2. Phlebia radié : *Phl. radiata*, Fries, *loc. cit.* Orbiculaire, glabre des deux côtés, d'un rouge de chair obscur ; plissures en rayons partant du centre et dirigées vers le pourtour (finement radiées) et finissant par s'évanouir. Cette espèce a un à trois pouces de largeur. On la trouve sur le tronc du bouleau dans la même saison. M. Persoon croit qu'elle n'est peut-être qu'une variété de la suivante, et que l'une et l'autre doivent appartenir vraisemblablement à son genre *Ricnophora*.

3. Phlebia contourné ; *Phl. contorta*, Fries, *loc. cit.* Étalé, glabre des deux côtés, d'un rouge brun, à plis écartés, irréguliers et un peu flexueux. Il vit sur les écorces du sorbier en automne. Il est rare.

Le *Phlebia vaga* est une quatrième espéce, qui s'éloigne des précédentes. Elle est étalée, d'un jaune de soufre ou blanche, munie d'un bord byssoïde ; elle est velue en dessous et lisse en dessus, avec des plis droits, courts, rares, difformes et d'un jaune pâle. Elle croit sur l'écorce de l'aune en automne. ( LEM. )

PHLÉBOCARYA. (*Bot.*) Genre de plantes monocotylédones, a fleurs incomplètes, de la famille des *iridées*, de l'*hexandrie monogynie* de Linnæus, offrant pour caractère essentiel : Une corolle persistante, à six divisions ; point de calice ; six étamines insérées à la base des divisions : les anthères tétragones, presque sessiles ; un ovaire uniloculaire, inférieur, à trois ovules ; un style filiforme ; un stigmate simple ; une noix monosperme, couverte d'une écorce, couronnée par le calice.

PHLÉBOCARYA CILIÉE ; *Phlebocarya ciliata*, Rob. Brown, *Nov. Holl.*, 3o1. Petite plante herbacée, sans tige apparente. Elle produit, du collet de sa racine, plusieurs feuilles qui s'engainent les unes les autres à leur base, disposées sur deux rangs opposés, étroites, ensiformes, ciliées à leurs bords. Les fleurs sont petites, munies d'une seule bractée, disposées en une panicule presque sessile, plus courte que les feuilles. Cette plante croit sur les côtes de la Nouvelle-Hollande. ( POIR. )

PHLEBOLITHIS. ( *Bot.* ) Gærtner, 1. pag. 2o1, t. 45, ne nous a fait connoître sous ce nom qu'un fruit d'un arbre inconnu, que nous avons cru, dans le *Genera plantarum*, pag. 455, pouvoir rapporter au *mimusops* dans la famille des sapotées, à cause de ses rapports avec le fruit de ce genre. Voyez MIMUSOPE. ( J. )

PHLEBOMORPHA. ( *Bot.* ) Genre de la famille des champignons établi par Persoon, très-voisin du *mesenterica* dans la section des *byssus*, et que M. Persoon lui adjoint.

Ce genre est formé par des fibres rampantes, formant une expansion gélatinoso-tremelloïde veinée et réticulée. Deux seules espèces le composent ; savoir :

1.° Le *Phlebomorpha rufa*, Pers., *Mycol. europ.*, 1, p. 61, tab. 6, fig. 1, 2. Il ressemble à une membrane lobée, fauve ou jaunâtre, marquée de veines en réseau d'un rouge fauve. Cette espèce assez remarquable croit en hiver sur les vieilles poutres et même sur les bolets subéreux desséchés, et y forme des touffes assez jolies de deux pouces de diamètre environ.

2.º Le *Phlebomorpha lurida*, Pers., *loc. cit.* Il croît en automne sur les feuilles pourries ; il est alongé, gris et veiné irrégulièrement. Il forme des plaques vermiformes de deux à trois pouces. Il est de nature aqueuse, mais ensuite il se dessèche et disparoît en laissant des taches linéaires d'une couleur obscure. Voyez MESENTERICA. (LEM.)

PHLEGMACIUM. (*Bot.*) Tribu du genre *Agaricus* dans le *Systema* de Fries. Il comprend les espèces qui ont un voile visqueux, ténu, très-fugace, se résolvant le plus souvent en fils arachnoïdes ; un stipe solide, ferme, atténué ; un chapeau charnu, convexe d'abord, puis et bientôt après plan, lisse, ferme, luisant quand il est sec, mais dans sa jeunesse visqueux et comme arrosé ; la chair blanche, succulente ; les feuillets adnés, un peu décurrens et un peu pressés. Cette tribu appartient à la grande série des *cortinaria*. Elle ne contient que trois espèces terrestres, qui croissent en Suède. (LEM.)

PHLEGMARIA. (*Bot.*) Voyez PLEGMARIA. (J.)

PHLEGME. (*Chim.*) Voy. FLEGME, t. XVII, p. 131. (CH.)

PHLEOS. (*Bot.*) Daléchamps, d'après Théophraste, donnoit le nom de *phleos fœmina* au ruban d'eau, *sparganium*, et celui de *phleos mas* à la fléchière, *sagittaria*. (J.)

PHLEUM. (*Bot.*) Voyez FLÉOLE. (L. D.)

PHLOGION. (*Bot.*) Nom grec d'un *lychnis*, cité par Mentzel. (J.)

PHLOGISTIQUE. (*Chim.*) Voyez CORPS COMBURANS et COMBUSTIBLES, et COMBUSTION. (CH.)

PHLOIOTRIBE ; *Phloiotribus*, Lath. (*Entom.*) Genre d'insectes, formé par M. Latreille, pour placer le scolyte scarabéoïde, *scolytus oleæ*. d'Olivier. Il est caractérisé par ses antennes, presque de la longueur de la tête et du corselet, et terminées en massue formée de trois feuillets très-longs, linéaires, et en forme d'éventail.

Ce genre correspond à celui que Fabricius a établi sous le nom d'*Hylesinus*.

Le PHLOIOTRIBE SCARABÉOÏDE, petit insecte du Midi de la France, vivant dans le bois des oliviers, est noirâtre et couvert d'un duvet cendré ; les élytres sont striées, plus claires

au bout qu'à la base; les antennes sont fauves, et les pieds
de couleur brune. (Desm.)

PHLOMIDE; *Phlomis*, Linn. (*Bot.*) Genre de plantes dicotylédones, monopétales, de la famille des *labiées*, Juss.,
et de la *didynamie gymnospermie* du Système sexuel, dont les
principaux caractères sont les suivans : Calice monophylle,
tubulé, à cinq angles et à cinq dents; corolle monopétale,
à deux lèvres, dont la supérieure velue, en voûte, comprimée latéralement, échancrée ou bifide; l'inférieure à
trois lobes, dont le moyen plus grand et échancré; quatre
étamines didynames, à filamens recourbés, cachés sous la
lèvre supérieure; quatre ovaires, au centre desquels est un
style filiforme, terminé par un stigmate bifide; quatre graines
nues au fond du calice persistant.

Les phlomides sont des arbustes ou des plantes herbacées,
à feuilles opposées et à fleurs disposées par verticilles dans la
partie supérieure des tiges, où elles forment des espèces
d'épis d'un aspect agréable. On en connoît une trentaine
d'espèces, parmi lesquelles trois croissent naturellement en
France.

Phlomide lychnide : *Phlomis lychnitis*, Linn., *Spec.*, 819;
Clus., *Hist.*, xxxvii. Sa tige est simple ou peu rameuse, cotonneuse, haute de dix à quinze pouces, garnie de feuilles
linéaires-lancéolées, ridées, cotonneuses en dessous. Ses fleurs
sont jaunes, grandes, verticillées par six et disposées en un
épi interrompu ; les calices sont laineux, ainsi que les bractées qui sont sétacées. Cette plante croît dans les lieux secs,
pierreux et stériles de la Provence, du Languedoc et du
Midi de l'Europe : elle fleurit en Mai et Juin.

Phlomide frutescente, vulgairement Arbre de sauge, Sauge
de Jérusalem : *Phlomis fruticosa*, Linn., *Spec.*, 818 ; Lois., Nouv.
Duham., 6, page 129, tab. 40. Sa tige est ligneuse, divisée en
rameaux opposés, nombreux, cotonneux, formant un buisson
touffu. Ses feuilles sont ovales-oblongues, veloutées, blanchâtres en dessous. Ses fleurs sont d'un beau jaune, grandes, réunies
douze à vingt ensemble en un ou deux verticilles au sommet
des rameaux ou dans les aisselles des feuilles supérieures; les
calices sont cotonneux, ainsi que les bractées lancéolées,
acuminées. Cette plante fleurit en Mai, Juin et Juillet :

elle croit naturellement en Espagne, en Sicile et dans quelques parties du Midi de la France.

PHLOMIDE POURPRE : *Phlomis purpurea*, Linn., *Spec.*, *ed.* 1, page 585. Ses tiges et ses rameaux sont pubescens, garnis de feuilles lancéolées, aiguës, verdâtres et simplement pubescentes en leur face supérieure, très-cotonneuses et blanchâtres en leur face inférieure. Les fleurs sont purpurines, disposées par verticilles peu fournis, et munis de bractées lancéolées, aiguës et très-piquantes. Cette espèce croît naturellement en Espagne et en Portugal.

PHLOMIDE D'ITALIE ; *Phlomis italica*, Willd., *Spec.*, 5, page 118. Sa tige est un peu frutescente, tétragone, très-cotonneuse, étalée, garnie de feuilles lancéolées, légèrement échancrées à leur base, obscurément denticulées en leurs bords, laineuses en dessus et en dessous. Ses fleurs sont jaunes, avec une tache purpurine, verticillées par cinq à six ensemble, munies à leur base de bractées très-épaisses, linéaires, obtuses, d'un tiers environ plus courtes que le calice qui est évasé à son ouverture, tronqué et mutique. Cette espèce croît naturellement en Italie, en Espagne et dans plusieurs autres parties de l'Europe méridionale.

PHLOMIDE HERBE DU VENT : *Phlomis herba venti*, Linn., *Spec.*, 819; *Herba venti*, Dod., *Pempt.*, 532. Sa tige est rameuse, plus ou moins velue, haute d'un pied à dix-huit pouces, garnie de feuilles lancéolées, dentées, presque glabres et luisantes en dessus; dont les inférieures sont ovales-lancéolées et pétiolées. Ses fleurs sont purpurines, grandes, verticillées huit à dix ensemble, accompagnées de bractées subulées et hérissées, ainsi que les calices. Cette plante fleurit en Juin et Juillet : elle croît dans les lieux secs, pierreux et sur les bords des chemins, en Provence, en Languedoc et dans le Midi de l'Europe.

Les botanistes modernes ont détaché des *phlomis* plusieurs espèces, pour en former les nouveaux genres *Leonitis* et *Leucas*. ( L. D. )

PHLOMOÏDES. (*Bot.*) Sous ce nom Mœnch a voulu séparer du genre *Phlomis* le *phlomis tuberosa*, parce que la lèvre supérieure de sa corolle est moins courbée et plus divisée, et que le sommet des graines n'est pas membraneux; mais ce genre n'a pas été adopté. (J.)

PHLOMOS. (*Bot.*) Nom grec du bouillon blanc, *verbas-cum*. (J.)

PHLOROS. (*Ornith.*) Un des noms grecs du guépier commun, *merops apiaster*, Linn. (Ch. D.)

PHLOX. (*Bot.*) Il paroît que les auteurs anciens ne sont pas d'accord sur la plante à laquelle Théophraste donnoit ce nom grec : suivant C. Bauhin les uns l'attribuoient à l'*adonis*, et les autres au *lychnis chalcedonica*. Linnæus, sans s'occuper de cette discussion, s'est emparé du nom devenu libre, et l'a appliqué au genre que Dillen nommoit *Lychnidea* à cause de son port, qui le rapprochoit un peu de quelques *lychnis*, dont il diffère surtout par sa corolle monopétale. (J.)

PHLOX. (*Bot.*) Genre de plantes dicotylédones, à fleurs complètes, monopétalées, de la famille des *polémoniées*, de la *pentandrie monogynie* de Linnæus, offrant pour caractère essentiel : Un calice persistant, à cinq divisions ; une corolle en entonnoir ; le tube plus long que le calice ; le limbe plan, à cinq lobes ; cinq étamines inégales, non saillantes ; un ovaire supérieur, conique ; un style de la longueur du tube ; un stigmate à trois divisions ; une capsule à trois loges, à trois valves ; une semence dans chaque loge.

Nous devons à l'Amérique septentrionale la plupart de ces belles fleurs, qui, sous le nom de phlox, font la décoration de nos jardins. Elles y brillent par de très-beaux bouquets touffus, paniculés, de couleur tendre, de lilas, ou blanches, bleuâtres, purpurines, très-variées dans leurs teintes. On leur a appliqué le nom de *phlox*, mot grec qui annonce le feu ou la flamme, employé jadis par Théophraste pour une plante qui nous est inconnue, qui peut-être pourroit bien être un *agrostemma*. La plupart des *phlox* ne craignent ni le froid, ni le chaud. Ils préfèrent un terrain frais, un peu argileux. Les touffes qu'ils forment, souvent hautes de plusieurs pieds, gagnent tous les ans du terrain, et doivent être séparées ; il est même avantageux de les changer de place tous les deux ans, si l'on veut obtenir de belles fleurs. On les multiplie, soit de marcottes, qu'on sépare au printemps, soit de boutures qu'on met en pot pendant tout l'été, soit par l'éclat des racines que l'on fait à l'approche du printemps, soit, enfin, par graines. Ces fleurs figurent très-bien sur le bord des ruisseaux, ainsi que le long des allées, dans les plates-bandes des parterres, etc. Toute exposition leur est bonne, mais il leur faut de l'air.

Phlox paniculé : *Phlox paniculata*, Linn., *Spec.*; Lamck., *Ill. gen.*, tab. 108, fig. 1; Dill., *Eltham.*, tab. 166, fig. 203. C'est une des plus belles, des plus grandes espèces de ce genre, glabre sur toutes ses parties. Les tiges sont verdâtres, hautes de deux ou trois pieds: les feuilles opposées, sessiles, ovales, lancéolées, très-aiguës, finement denticulées et glabres à leurs bords. Les fleurs sont réunies en une belle panicule terminale, ample, touffue, composée de corymbes particuliers qui terminent chaque rameau. Les divisions du calice sont profondes, linéaires, subulées, munies à leurs bords d'une membrane mince et blanche. La corolle est d'un pourpre violet, tendre, quelquefois blanche: le tube, deux fois plus long que le calice, un peu pubescent, évasé en un limbe à cinq lobes arrondis. Cette plante, originaire de l'Amérique, est cultivée dans tous les jardins d'ornement. Elle fleurit vers le milieu de l'été.

Phlox maculé : *Phlox maculata*, Linn., *Spec.*; Jacq., *Hort.*, tab. 127; Gært., *De fruct.*, tab. 62. Cette espèce, très-rapprochée par son port et ses feuilles de la précédente, ne s'en distingue essentiellement que par ses tiges un peu rudes, marquées d'un grand nombre de petites taches pointillées, de couleur purpurine; les fleurs sont un peu plus grandes; les panicules plus alongées, moins étalées; le tube de la corolle est glabre. Cette plante croit dans la Virginie. On la cultive comme plante d'ornement dans les jardins, où elle fleurit dans le courant de l'été.

Michaux regarde comme une variété de cette espèce, sous le nom de *candida*, le *phlox suaveolens* d'Aiton, *Hort. Kew.* Ses tiges sont glabres, non maculées; ses feuilles ovales-lancéolées, très-lisses. Ses fleurs sont blanches, disposées en un corymbe paniculé; elles répandent une odeur douce, très-agréable. Cette plante croit dans l'Amérique septentrionale; on la cultive au Jardin du Roi.

Phlox de Caroline; *Phlox caroliniana*, Linn., *Spec.*; Mart., *Cent.*, tab. 10. Cette espèce, assez semblable aux deux précédentes, a des tiges grêles, presque quadrangulaires, glabres, un peu rudes; ses feuilles sont opposées, lancéolées, très-acuminées, très-longues; les supérieures beaucoup plus courtes, ovales. très-aiguës. Les fleurs sont blanches ou légèrement purpurines, réunies en une belle panicule terminale; leur calice paroît tubulé par le rapprochement de ses divisions terminées par une pointe sétacée; le tube de la corolle glabre, un peu courbé; les lobes du limbe plus larges que longs. arrondis, très-entiers. Cette espèce croît à la Caroline. Elle est cultivée comme plante d'ornement.

Dans le *phlox glaberrima*, Linn., les feuilles sont plus étroites, plus longues. glabres, linéaires-lancéolées; les tiges moins élevées, très-lisses, à peine rameuses; les fleurs sont disposées en un corymbe terminal d'un pourpre clair. Les pédoncules presque simples, à peine plus longs que le calice. Celui-ci a des nervures saillantes; ses divisions à cinq dents aiguës; la corolle divisée à son limbe en cinq lobes un peu arrondis, rétrécis en onglet à leur base. Cette espèce est originaire de l'Amérique méridionale : on la cultive dans les jardins.

Phlox étalé; *Phlox divaricata*, Linn., *Spec.* Cette plante est bien distinguée par les poils très-courts qui recouvrent presque toutes ses parties; par ses tiges foibles, herbacées, en partie couchées ou tombantes, simples ou divisées à leur sommet en deux rameaux très-étalés, rarement en plus grand nombre. Les feuilles sont un peu courtes, ovales, aiguës, sessiles, opposées; les supérieures alternes. Les fleurs sont disposées en petits corymbes peu garnis, quelques-unes solitaires; les pédoncules courts, hispides; les divisions du calice lancéolées, aiguës; la corolle d'un bleu tendre; le tube un peu plus long que le calice; le limbe à cinq lobes en coin à leur base, échancrés à leur sommet. Cette plante croît dans la Virginie. On la cultive au Jardin du Roi : elle fleurit dans le courant du printemps.

Phlox rampant : *Phlox reptans*, Mich., *Flor. amer.*, 1, pag. 145; Vent.. Malm., 2, pag. et tab. 107; *Phlox stolonifera, Bot. Magaz.*, tab. 563. Espèce facile à distinguer par son port, par ses feuilles, qui ressemblent un peu à celles d'un *bellis*. Ses racines produisent un grand nombre de rejets ou de tiges stériles, un peu pubescentes, rampantes, radicantes à leur sommet. Les tiges fertiles sont droites, longues de trois à quatre pouces, terminées par un corymbe de trois à neuf fleurs. Les feuilles radicales sont elliptiques ou en ovale renversé, longues d'un pouce ; celles des rejets de même forme, mais une fois plus courtes, opposées, petiolées ; les feuilles cauli- naires . presque sessiles, ovales, lancéolées, longues de huit à dix lignes, finement ciliées à leur contour. La corolle est d'un bleu violet ; ses lobes presque orbiculaires, en ovale ren- versé ; les dents du calice subulées, presque sétacées. Cette plante croît sur les hautes montagnes de la Caroline.

Phlox sous-arbrisseau ; *Phlox suffruticosa*, Willd., *Enum.*, 1, pag. 200. Dans cette espèce les tiges sont droites, glabres, ligneuses à leur base, trifides à leur partie supérieure, très- rameuses, garnies de feuilles opposées, pétiolées, glabres, lancéolées, aiguës, luisantes à leurs deux faces, sans ner- vures sensibles, rétrécies à leurs deux extrémités. Les fleurs sont disposées en un corymbe serré , terminal ; la corolle d'un pourpre violet ; les lobes du limbe presque arrondis, ou en ovale renversé, marqués à leur base de stries d'un pourpre plus foncé. Cette plante croît dans l'Amérique sep- tentrionale : on la cultive au Jardin du Roi.

Phlox subulé : *Phlox subulata*, Linn., *Spec.*; Lamck., *Ill. gen.*, tab. 108, fig. 2 ; *Bot. Magaz.*, tab. 411 ; Pluken., *Almag.*, tab. 98, fig. 2. Petite plante, facile à reconnoître par son port et ses feuilles. Ses tiges sont grêles, blanchâtres, ve- lues, articulées, garnies de feuilles sessiles, opposées, velues, linéaires, subulées, aiguës, longues à peine de trois ou qua- tre lignes, presque fasciculées dans l'aisselle des premières. Les fleurs sont au nombre de deux ou trois, quelquefois plus, opposées, à pédoncule pubescent. Leur calice est velu ; la corolle une fois plus longue que le calice, blanchâtre ; les lobes du limbe presque ovales, échancrés à leur sommet. Cette plante croît dans la Virginie. (Poir.)

PHLYCTIS. (*Bot.*) Fronde rameuse ou foliacée, membra- neuse ou gélatineuse ; fructification éparse à la surface, en forme de points solitaires. C'est ainsi que Rafinesque-Schmaltz caractérise son genre *Phlyctis*, qui paroît devoir réunir des plantes marines de plusieurs des genres établis sur les *ulva* et les *fucus* de Linnæus, tels que des *Dyctiota* et des *Lami-*

*naria* de Link, et peut représenter même le genre *Laminaria*, Decand.

Rafinesque-Schmaltz décrit cinq espèces de *phlyctis*, toutes des côtes de la Sicile.

Le *Phlyctis dichotoma* : il est d'un brun fauve, gélatineux, dichotome, à rameaux touffus, cylindriques et obtus; les fructifications roussâtres.

Le *Phlyctis cervicornis* est gélatineux, diaphane, rougeâtre, plan, à rameaux larges, inégaux, presque ailés et obtus; la fructification est opaque.

Le *Phlyctis bifurcata* est gélatineux, deux fois bifurqué, comprimé, très-obtus et fauve; ses fructifications sont brunes.

Le *Phlyctis undulata* est petit, fauve, gélatineux, transparent, presque ovale, lobé, ondulé et crispé; mais point rameux.

Les genres *Phlyctis*, *Phoracis* et *Phaxantha* sont trois genres de Rafinesque, qu'il place avec l'*amansia*, Lamouroux, dans le groupe de ses FUCARIÉES. (LEM.)

PHOBEROS. ( *Bot.* ) Genre de plantes dicotylédones, à fleurs incomplètes, qui se rapproche de la famille des *rosacées*, de l'*icosandrie monogynie* de Linnæus, offrant pour caractère essentiel : Un calice persistant à dix divisions; point de corolle; un grand nombre d'étamines insérées sur le calice; un ovaire supérieur; un style; un stigmate un peu charnu. Le fruit est une baie uniloculaire, renfermant environ quatre semences.

PHOBÉROS DE LA COCHINCHINE; *Phoberos cochinchinensis*, Lour., *Flor. Cochin.*, 1, pag. 389. Arbrisseau à tige droite, haute d'environ dix pieds, hérissée de longs aiguillons droits, subulés, solitaires, axillaires. Les feuilles sont alternes, fermes, glabres, planes, ovales, médiocrement dentées en scie; les fleurs blanches, disposées en grappes terminales; le calice partagé en dix découpures ovales, concaves; cinq alternes une fois plus grandes; une centaine d'étamines insérées sur le calice; les filamens capillaires; les anthères ovales, très-petites; point de corolle; un ovaire arrondi; le style épais, de la longueur des étamines; le stigmate un peu charnu. Le fruit est une baie lisse, ovale, charnue, à une seule loge; trois ou quatre semences. Cette plante croît à la Cochinchine. Elle forme, par ses rameaux épineux et entrelacés, de très-bonnes haies impénétrables.

Phobéros de la Chine : *Phoberos chinensis*, Lour., *loc. cit.*; *Oxyacantha javana*, Rumph., *Amboin.*, 6, *auct.* p. 39, tab. 19, fig. 3. Cette espèce est moins épineuse que la précédente; ses rameaux supérieurs sont dépourvus d'aiguillons; il n'en existe qu'aux rameaux inférieurs et stériles. Les tiges sont droites, hautes de huit pieds; les branches très-étalées; les aiguillons droits, très-longs, presque solitaires; les feuilles médiocrement pétiolées, éparses ou opposées, glabres, planes, ovales, très-entières; les fleurs pâles, disposées en grappes latérales. Le fruit est une petite baie charnue, ovale, à une seule loge, ne renfermant que très-peu de semences. Cette plante croît en Chine, où elle est employée à former des haies. (Poir.)

PHOCA. (*Mamm.*) Nom tiré du grec φωκη, par les Latins, et donné aux phoques. (F. C.)

PHOCACÉS. (*Mamm.*) Péron, ayant divisé les phoques en deux genres, caractérisés par la présence ou l'absence de la conque externe de l'oreille, proposoit de les réunir sous ce nom commun de phocacés. Voyez l'article Phoque. (F. C.)

PHOCÉNINE, BUTIRINE, HIRCINE. (*Chim.*) J'ai découvert dans l'huile de dauphin, le beurre de vache, la graisse de mouton, des substances liquides à la température ordinaire, ne différant point par leur aspect de l'oléine, mais qui s'en distinguent éminemment par la propriété qu'elles ont de donner des acides volatils odorans, quand on les saponifie, quand on les traite par l'acide sulfurique, qu'on les expose à l'action de l'oxigène, qu'on les distille.

Ces substances ne sont point acides au tournesol; elles sont très-solubles dans l'alcool d'une densité de 0,820 : elles m'ont paru plus volatiles que l'oléine.

*Phocénine.* C'est en traitant l'huile de marsouin par l'alcool à plusieurs reprises, de manière à en séparer la portion la plus soluble dans l'alcool (voyez mes Recherches sur les corps gras d'origine animale, pag. 289), que j'ai obtenu la phocénine.

100 Parties de phocénine saponifiées m'ont donné :

    59,00 Acide oléique, mêlé d'acide margarique ;

     15,00 Glycérine;

     52,82 Acide phocénique.

*Butirine.* Je l'ai isolée de la partie fluide du beurre de vache par le même procédé que celui que j'ai employé pour obtenir la phocénine.

     100 P. de butirine saponifiées m'ont donné :

         80,5 Acide oléique, mêlé d'acide margarique;

         12,5 Glycérine;

         26,0 Acides butirique, caproïque et caprique, neu-
                  tralisés par la baryte.

*Hircine.* C'est en appliquant à l'oléine de la graisse de mouton le procédé précédent, que je suis parvenu à en séparer une très-petite quantité d'une matière non acide, qui m'a donné par la saponification un acide vo'atil dont l'odeur est la même que celle du bouc.

Je pense que, si j'avois obtenu la phocénine et l'hircine à l'état de pureté, elles ne m'auroient donné par la saponification que de la glycérine et des acides phocénique et hircique; et de plus que, si j'étois parvenu à obtenir la butirine isolée de la stéarine et de l'oléine qui l'accompagnent, je n'en aurois obtenu par la saponification que de la glycérine et les acides butirique, caproïque et caprique.

Je pense en outre que dans cet état la butirine pourroit être considérée comme une réunion de trois espèces distinctes, caractérisées chacune par la propriété de donner par la saponification de la glycérine et un acide volatil, soit l'acide butirique, l'acide caproïque ou l'acide caprique. (Ch.)

PHOCÉNIQUE [Acide] et PHOCÉNATES. (*Chim.*) L'acide *phocénique* est un acide organique que j'ai retiré de l'huile du marsouin et des baies du *viburnum opulus.* Les *phocénates* sont les combinaisons salines de cet acide avec les bases salifiables.

### *Composition.*

$0^{gr},500$ d'acide phocénique hydraté, chauffés avec le massicot, perdent $0^{g},045$ d'eau; conséquemment cet hydrate est formé de

     Acide...... 455...... 100

     Eau ....... 45...... 9,89, qui contiennent 8,792

d'oxigène.

L'acide sec est formé de

Poids

Oxigène...... 26,750
Carbone..... 65,000
Hydrogène.... 8,250.

On voit que l'oxigène de l'eau de l'hydrate est le tiers de l'oxigène de l'acide sec.

### *Propriétés de l'acide phocénique hydraté.*

Il est incolore; à —9$^d$ il est encore liquide. Il n'entre en ébullition qu'à une température supérieure à celle de 100$^d$. A 28 sa densité est de 0,932.

Son odeur est très-forte; sa saveur, d'abord extrêmement piquante, devient ensuite celle des éthers qui ont un goût sucré et celui des pommes de reinette.

Il mouille le verre, le papier à la manière des huiles volatiles et il les imprégne d'une odeur qui rappelle celle des vieilles huiles de marsouin.

A 30$^d$, 100 parties d'eau ont dissous 5,5 parties d'acide phocénique hydraté.

Il est soluble en toutes proportions dans l'alcool. Cette solution a une odeur éthérée.

### DES PHOCÉNATES.

J'ai étudié les phocénates de baryte, de strontiane, de chaux, de potasse, de soude, de plomb.

### *Composition.*

Tous ces sels sont formés pour 100 d'acide d'une quantité de base que contient 8,65 d'oxigène, c'est-à-dire le tiers de l'oxigène de l'acide.

| | Baryte. | Stront. | Chaux. | Potasse. | Oxide de plomb. |
|---|---|---|---|---|---|
| Acide 100, qui neut. | 82,77 | 57,58 | 32,42 | 53,37 | 122,6 |

### *Odeur.*

Tous les phocénates ont l'odeur de l'acide.

### *Solubilité dans l'eau et saveur.*

Tous, à l'état neutre, sont solubles dans l'eau. Ils ont la saveur de l'acide et celui de la base.

### *Forme.*

Le phocénate de baryte ne cristallise que quand sa solution est en sirop, et il faut pour obtenir des cristaux isolés qu'elle soit exposée à une température un peu élevée, afin que la viscosité de la liqueur n'oppose pas un trop grand obstacle aux mouvemens des particules salines. On obtient alors des cristaux très-volumineux, mais dont la forme n'est pas toujours facile à déterminer; cependant elle m'a paru octaédrique.

Le phocénate de strontiane cristallise en prismes efflorescens.

Il en est de même du phocénate de chaux.

La solution du phocénate de potasse, exposée à l'air, ne peut cristalliser à cause de son extrême déliquescence ; $0^g,25$ de ce sel sec, placé dans une atmosphère saturée d'eau à $20^d$, étoient complétement liquéfiés après trois heures ; l'absorption étoit de $0^g,09$; après quarante-huit heures elle étoit de $0^g,43$.

Le phocénate de soude est déliquescent, mais moins que le précédent; car une solution concentrée de ce sel, qui avoit refusé de cristalliser dans une atmosphère dont la température étoit de 20 à $26^d$, se cristallisa en choux-fleurs, lorsque la température a été élevée à $32^d$ pendant le jour; mais pendant la nuit les cristaux reprirent assez d'eau à l'atmosphère pour redevenir liquides.

### *Action du feu.*

Prenons pour exemple le phocénate de baryte : il donne à la distillation, 1.º du sous-carbonate de baryte mêlé de charbon : 2.º un liquide orangé ayant l'odeur des huiles de labiées, et 3.º un produit gazeux formé pour 28,5 volumes de 1 volume d'acide carbonique et de 27,5 volumes d'hydrogène percarburé.

### *Histoire et préparation de l'acide phocénique hydraté.*

Je découvris l'acide phocénique en 1817 en décomposant le savon d'huile de marsouin dissous dans l'eau par l'acide tartrique, et en soumettant à la distillation le liquide aqueux séparé des acides oléique et margarique, l'acide phocénique passa dans le récipient avec beaucoup d'eau. Je neutralisai ce produit par la baryte ; je fis évaporer suffisamment pour obtenir le phocénate de baryte cristallisé.

Pour isoler l'acide phocénique de la baryte, j'introduisis dans un tube fermé à un bout, 100 parties de phocénate ; je versai pardessus 33,4 p. d'acide sulfurique étendu de son poids d'eau ; cette quantité contenoit deux fois plus d'acide qu'il n'en falloit pour neutraliser la baryte du sel. J'agitai et je laissai reposer le mélange ; après vingt-quatre heures je décantai avec une petite pipette l'acide phocénique hydraté ; j'en séparai de nouveau en versant dans le tube 33,4 parties d'eau. Je mis l'acide dans une petite cornue de verre, que je chauffai au bain-marie, la cornue communiquant à un ballon non tubulé qui plongeoit dans la glace ; la distillation se fit sans ébullition ; le produit fut distillé de la même manière sur son poids de chlorure de calcium. L'acide préparé par ce procédé étoit à l'état d'*hydrate*.

En 1818 je découvris l'acide phocénique dans les baies du *viburnum opulus*.

### APPENDICE.

Je crois nécessaire de placer à la suite de cet article l'histoire des acides volatils du beurre. On saisira aisément les analogies qu'ils ont avec l'acide phocénique.

### §. 1.<sup>er</sup> DE L'ACIDE BUTIRIQUE.

## *Composition.*

0<sup>g</sup>,500 d'acide butirique hydraté, chauffés avec le massicot, perdent 0<sup>g</sup>,052 d'eau ; conséquemment cet hydrate est formé de

      Acide...... 448...... 100,
      Eau........ 52...... 11,6 qui contiennent 10,31
d'oxigène.

L'acide sec est formé de
      Oxigène...... 30,17
      Carbone..... · 62,82
      Hydrogène.... 7,01.

On voit que l'oxigène de l'eau de l'hydrate est le tiers de l'oxigène de l'acide sec.

### *Propriétés de l'acide butirique hydraté.*

L'acide butirique est encore liquide à la température de 10 — o. Il est très-mobile. Il ressemble à une huile volatile. Il bout au-dessus de 100$^d$ et peut être distillé sans altération.

A 25$^d$ sa densité est de 0,9675.

Il est incolore; son odeur a de l'analogie avec celle de l'acide acétique et du beurre fort. Jeté sur du papier collé qui n'imbibe pas l'eau sur-le-champ, il y fait une tache grasse qui répand une odeur de beurre ou de fromage de Gruyère; suivant quelques personnes, la tache finit par disparoître.

L'acide butirique a une saveur acide très-forte, très-piquante et un arrière-goût douceâtre très-prononcé. Il blanchit les parties de la langue sur lesquelles on l'a appliqué.

L'eau le dissout en toutes proportions.

Il en est de même de l'alcool. Cette solution a une odeur éthérée de pommes de reinette qui devient de plus en plus marquée avec le temps.

L'acide butirique s'unit facilement avec la graisse de porc fondue; cette dissolution, quand elle est figée, a tellement de ressemblance avec le beurre, par son odeur et sa saveur, que plusieurs personnes, à qui j'en ai fait goûter, y ont été trompées; mais ce qui distingue ce *beurre artificiel* du beurre, c'est qu'il perd tout son acide par la simple exposition à l'air. La graisse qui contient de l'acide butirique en excès, a une saveur sucrée très-sensible.

Le potassium, mis dans l'acide butirique, en dégage de l'hydrogène, parce que l'eau de l'hydrate est décomposée.

### DES BUTIRATES.

Les butirates que j'ai examinés sont ceux de baryte, de strontiane, de chaux, de potasse, de zinc, de plomb, de deutoxide de cuivre et d'ammoniaque.

### *Composition.*

J'ai trouvé que tous les butirates, à base d'oxides, sont formés. pour 100 d'acide, d'une quantité de base qui contient 10,759 d'oxigène; ce qui est précisément le rapport de l'oxigène de l'eau dans l'hydrate de cet acide.

|  | Baryte. | Stront. | Chaux. | Pot. | Soud. | Ox. de plomb |
|---|---|---|---|---|---|---|
| Acide 100 qui neut. | 97,58 | 68.5 | 56,57 | 61,2 | 40 | 153,16 |

## *Odeur.*

Tous les butirates ont l'odeur du beurre plutôt que celle de l'acide pur, ce qui tient à ce qu'ils ne laissent dégager qu'une vapeur beaucoup plus rare que celle de l'acide hydraté. L'acide carbonique de l'atmosphère, en se portant sur une portion de base de certains butirates, facilite le dégagement de la vapeur; l'eau que les butirates peuvent contenir, lorsqu'elle vient à se séparer du sel, a encore une grande influence sur le dégagement de l'acide, et pour preuve il suffit de citer ce qui arrive au butirate de plomb, lorsqu'il a été préparé avec de l'hydrate et du massicot : il n'abandonne pas d'acide par la chaleur; lorsqu'il est dissous dans l'eau froide et qu'on le distille sans le contact de l'acide carbonique; il se trouble aux premières impressions de la chaleur, puis il paroit déposer un sous-butirate insoluble, ensuite on obtient un produit aqueux qui contient de l'acide butirique. Le butirate de zinc se conduit d'une manière analogue.

## *Solubilité dans l'eau et saveur.*

Tous les butirates que j'ai examinés sont solubles à l'état neutre. Ils ont la saveur de la base avec le goût de beurre de l'acide. Le butirate de potasse est déliquescent. Un phénomène remarquable que présente le butirate de chaux, c'est que sa solution saturée à $16^{\mathrm{d}}$, cristallise abondamment quand on en élève la température.

## *Forme.*

Le butirate de baryte cristallise en prismes transparens qui conservent leur transparence dans le vide sec.

Le butirate de strontiane cristallise pareillement en prismes.

Le butirate de chaux cristallise en aiguilles.

Le butirate de cuivre présente des cristaux dont le célèbre Haüy a déterminé la forme, pour être celle d'un prisme à huit pans, terminé de chaque côté par une base oblique avec trois facettes dont chacune remplace une des arêtes situées au contour de cette base.

## *Action du feu.*

Nous prendrons pour exemple le butirate de baryte : lorsqu'il est soumis à la distillation dans des tubes pleins de mercure, il donne, 1.° un résidu de sous-carbonate mêlé d'une trace de charbon; 2.° un produit liquide très-mobile doué d'une odeur forte d'huile de labiée; 3.° un gaz qui pour 30 volumes, en contient 29 volumes d'hydrogène percarburé et 1 volume d'acide carbonique.

### §. 2. DE L'ACIDE CAPROÏQUE.

L'acide caproïque hydraté, comme l'acide butirique, sont liquides à la température ordinaire. Il est très-mobile; il ressemble à une huile volatile. A — 9 il conserve sa liquidité; il n'entre en ébullition qu'au-dessus de $100^{d}$; il peut être distillé sans altération.

A $26^{d}$ sa densité est de 0,922.

Il est incolore; son odeur est celle de l'acide acétique très-foible, ou plutôt celle de la sueur.

Il a une saveur acide piquante, et un arrière-goût douceâtre qui est plus prononcé que celui de l'acide butirique; il blanchit les parties de la langue sur lesquelles on l'applique.

L'eau n'en dissout que quelques centièmes de son poids. L'alcool le dissout en toutes proportions.

L'hydrate d'acide caproïque est formé de

> Acide...... 100
> Eau........ 8,660,

qui contient 7,698 d'oxigène; ce qui est sensiblement le tiers de l'oxigène de l'acide sec, puisque celui-ci est formé pour 100 parties en poids de

> Oxigène. ...... 22,67
> Carbone........ 68,32
> Hydrogène...... 9,00.

### DES CAPROATES.

J'ai examiné plusieurs caproates; mais je me bornerai à

n'exposer que les faits les plus saillans, c'est-à-dire ceux qui distinguent éminemment les caproates des butirates.

Les caproates se distinguent des butirates par la composition : car 100 d'acide caproïque ne saturent que 7,50 d'oxigène dans les bases au lieu de 10,759. Cette différence devient sensible lorsqu'on compare le butirate de baryte au caproate de même base ; en effet, ils contiennent pour 100 d'acide, le premier 97,58 de baryte, le second 72,41.

Le caproate de baryte n'a pas l'odeur du beurre, mais celle de l'acide caproïque.

Il est beaucoup moins soluble dans l'eau que le butirate, puisque 100 parties d'eau qui, à 20$^d$, ont dissous 36 parties de butirate, n'ont dissous que 8 parties de caproate.

Le caproate de baryte présente un phénomène extrêmement remarquable de cristallisation ; car, sa solution évaporée spontanément dans une atmosphère de 18$^d$, donne de belles lames hexagonales qui ont depuis 0$^m$,01 jusqu'à 0$^m$,03 de longueur, tandis que la même solution, évaporée spontanément dans une atmosphère de 30$^d$, donne des aiguilles soyeuses de 0$^m$,01 à 0$^m$,025 de longueur.

Le caproate lamelleux est très-efflorescent ; les cristaux effleuris ne contiennent pas d'eau de cristallisation.

Le caproate de strontiane cristallise pareillement en grandes lames.

## §. 3. DE L'ACIDE CAPRIQUE.

L'acide caprique hydraté à 17$^d$ est sous la forme de petites aiguilles blanches ; à 23$^d$ il est liquide, et sa densité est alors de 0,921. Il exige, pour entrer en ébullition, une température plus élevée que les acides précédens ; aussi faut-il beaucoup de temps pour le distiller au bain-marie.

L'odeur de cet acide est plutôt analogue à celle du précédent qu'à l'odeur du butirique ; cependant sous le rapport de cette propriété, il se distingue de l'acide caproïque, car son odeur rappelle très-sensiblement celle du bouc.

Il est peu soluble dans l'eau et très-soluble dans l'alcool.

L'hydrate d'acide caprique est formé de

  Acide...... 100

  Eau........ 7,4, qui contient 6,596 d'oxigène.

### Des caprates.

Ces sels diffèrent beaucoup des caproates sous le rapport de la composition ; car 100 d'acide sec saturent une quantité de base qui ne contient que 5,89 d'oxigène. Ce rapport donne pour la composition du caprate de baryte :

  Acide ....... 100
  Base........ 56,45 ;

ce qui diffère beaucoup de 72,41, quantité de baryte saturée par 100 parties d'acide caproïque.

Sous le rapport de l'odeur, les caprates se distinguent des sels précédens par cette odeur qui rappelle celle du bouc.

Le caprate de baryte diffère extrêmement du butirate et du caproate de baryte quant à la solubilité dans l'eau, puisque 100 parties d'eau à $20^d$ ne peuvent dissoudre qu'une demi-partie de caprate, tandis qu'elles dissolvent 8 parties de caproate et 56 de butirate.

Le caprate de baryte cristallise en petits cristaux grenus d'un éclat gras, dont je n'ai pu déterminer la forme.

La décomposition spontanée du caprate de baryte dissous dans l'eau aérée est très-remarquable ; il se produit un principe dont l'odeur est absolument la même que celle qu'on remarque dans plusieurs sortes de fromages du commerce, particulièrement dans le fromage de Roquefort persillé ; ce principe se développe aussi dans la décomposition spontanée du phocénate de baryte.

### *Préparation des acides du beurre.*

Les acides volatils du beurre se trouvent à l'état salin dans l'eau-mère du savon fait avec ce corps gras ; pour les en séparer on décompose le savon et son eau-mère par l'acide tartarique ; on sépare le liquide aqueux des acides margarique et oléique, et on lave ceux-ci avec de l'eau chaude à $80^d$, jusqu'à ce que le lavage filtré ne soit plus acide. On réunit tous les liquides aqueux, et en les distillant on recueille de l'eau qui tient en solution les acides *butirique*, *caproïque* et *caprique*.

Le premier est plus abondant que le second, et celui-ci que

le troisième. On neutralise ces acides par l'hydrate de baryte.
On fait évaporer la liqueur à siccité et on traite le résidu
par une quantité d'eau insuffisante pour le dissoudre en totalité. Ce qui n'est pas dissous doit être repris par une quantité
d'eau insuffisante pour le dissoudre et ainsi de suite. On retraite les matières qui ont été dissoutes et ensuite évaporées
spontanément par un procédé analogue au précédent. et cela
jusqu'à ce qu'on obtienne des *cristaux purs d'une seule espèce
de sel;* et voici la manière dont j'ai jugé que j'étois arrivé à
ce résultat. J'ai mis une quantité déterminée des cristaux pré-
sumés purs en macération dans un sixième de la quantité
d'eau nécessaire pour la dissoudre à froid; j'ai obtenu une
solution qui a été séparée d'un résidu. J'ai remis ce résidu
en macération avec une quantité d'eau égale à la première.
J'ai eu une seconde solution et un nouveau résidu qui a été
traité comme le précédent, et ainsi de suite. Chaque solution a été examinée sous le rapport de la proportion du sel
qu'elle contenoit et sous celui des cristaux qu'elle donnoit
par l'évaporation spontanée; ce n'est que lorsqu'elles se sont
trouvées identiques qu'on a conclu que les cristaux dissous
devoient être considérés comme une espèce pure. L'acide
isolé des cristaux à base de baryte, par un procédé que je
vais décrire, a été uni à d'autres bases, et les nouvelles espèces de sels ont été soumises au même genre de traitement
que celui dont je viens de parler.

Le procédé que j'expose ici brièvement, tout simple qu'il
paroît, est de la plus haute importance, parce qu'il est certainement le moyen le plus sûr que l'on ait pour reconnoître
si une substance organique que l'on examine doit être considérée comme une espèce de principe immédiat; c'est faute
de l'avoir mis en pratique que l'on a fait tant d'espèces parmi
ces composés.

On isole les acides du beurre de leurs sels barytiques par
le procédé que j'ai employé pour séparer l'acide phocénique
du phocénate de baryte.

Je découvris l'acide butirique en 1814, mais ce ne fut qu'en
1818 que je parvins à l'isoler complétement des acides caproïque et caprique.

Je renverrai à mes Recherches sur les corps gras, d'origine

organique, les personnes qui désireroient avoir plus de détails sur ces acides. (Cн.)

PHOCINS. (*Mamm.*) Vicq-d'Azyr avoit donné ce nom aux phoques en général, dans les mêmes vues que Péron leur donna celui de phocacés. Voyez Pнoque. (F. C.)

PHOCŒNA. (*Mamm.*) Les naturalistes modernes ont donné cette désignation latine au marsouin, cétacé du genre des Dauphins. (Desm.)

PHŒNICOBALANUS. (*Bot.*) C'étoit chez les anciens le nom d'un fruit qu'on apportoit d'Égypte, et qui causoit l'ivresse aux personnes qui en mangeoient. L'odeur agréable de ces dattes, voisine de celle du coing, les faisoient employer dans la composition de certaines pommades ou onguens odorans. Le nom de *Phœnicobalanus*, donné à ces fruits fait penser que ce pourroient avoir été des dattes d'une variété particulière ; mais les commentateurs sont partagés d'opinion sur ce point, car les uns sont de cet avis, et d'autres que ce sont des fruits de myrobolans. (Lem.)

PHŒNICOPHAUS. (*Ornith.*) Nom tiré du grec et appliqué par M. Vieillot aux Malkohas (voyez ce mot). M. Horsfield a donné dans le n.° 5 de ses *Zoological rechearches* sur l'île de Java, pl. 6, la figure d'une nouvelle espèce de ce genre, par lui nommée *Phœnicophaus javanicus.* (Cн. D.)

PHŒNICOPTERUS. (*Ornith.*) Nom générique donné par Linné au *flammant.* (Cн. D.)

PHŒNICURUS. (*Ornith.*) Le rossignol de muraille ou gorge noire est nommé par Linné *motacilla phœnicurus.* (Cн. D.)

PHŒNIX. (*Bot.*) Dioscoride et ses commentateurs nommoient ainsi l'ivraie vivace, *lolium perenne*, à cause de la couleur écarlate de ses graines, *à seminum colore phœniceo,* dit C. Bauhin : Thalius donne le même nom à la droue, *bromus secalinus*, et l'on trouve encore un chardon, *carduus ferox* de Dodoëns et de Lobel, que ce dernier nomme aussi *phœnix leo.* Le *phœnix* de Rumph est le *poa amboinensis.* Linnæus fait de ce nom un emploi très-différent, en l'appliquant au palmier dattier. (J.)

PHŒNIX. (*Ornith.*) Voyez Pнénix. (Cн. D.)

PHŒOPUS. (*Ornith.*) Ce nom, composé par Gesner, et qui signifie *pied cendré*, a été génériquement employé par M. Cuvier, pour désigner les corlieux, que ce savant distingue des courlis, *numenius*, Linn., surtout en ce que chez ceux-ci le sillon des narines n'occupe qu'une très-petite partie du bec, tandis que chez les autres il règne sur presque toute sa longueur. (Ch. D.)

PHOIX. (*Ornith.*) Aristote, liv. 9, chap. 18, parle d'un héron, nommé *phoix*, qui a l'habitude d'attaquer principalement les yeux des oiseaux. Gesner et Belon pensent qu'il est ici question du butor, *ardea stellaris*, Linn., et, suivant le dernier de ces auteurs, ce nom lui auroit été donné parce que c'étoit celui d'un esclave paresseux, qui auroit été métamorphosé en butor; mais on ne sait où l'ancien naturaliste françois a pris l'histoire de cette métamorphose. (Ch. D.)

PHOLADAIRES. (*Conchyl.*) Petite famille, établie par M. de Lamarck (Anim. sans vert., tome 5, page 441) pour les genres Pholade et Gastrochène, et qu'il caractérise ainsi : Coquille sans fourreau tubuleux, soit munie de pièces accessoires étrangères à ses valves, soit très-bàillante antérieurement. Voyez l'histoire de la Malacologie à l'article Mollusques pour l'analyse critique du système de M. de Lamarck. (De B.)

PHOLADE, *Pholas*. (*Malacoz.*) Genre de malacozoaires acéphalophores, lamellibranches, de la famille des adesmacés, établi et parfaitement défini par Linné, qui le plaçoit à tort dans sa division artificielle des coquilles multivalves et qui peut être caractérisé ainsi : Corps épais, assez peu alongé, subcylindrique ou conique; manteau formant en dessus un lobe qui déborde les sommets, ouvert seulement à sa partie inférieure et antérieure pour le passage d'un pied court, large, aplati à sa base, et prolongé en arrière par deux longs tubes réunis; coquille mince, un peu translucide, finement striée, ovale-alongée, équivalve, inéquilatérale, les valves ne se touchant qu'au milieu de leurs bords; sommets peu marqués et cachés par une callosité produite par les lobes dorsaux du manteau; charnière édentule; une sorte d'appendice comprimé, recourbé ou de cuilleron en dedans du bord cardinal de chaque valve; ligament nul et remplacé par le repli du manteau, qui déborde les sommets, et à la surface duquel se développent souvent une ou plusieurs pièces calcaires, accessoires et reguliéres ; un seul muscle adducteur plus ou moins postérieur, avec une impression palléale profondément sinueuse en arrière et se prolongeant jusqu'à la partie antérieure de la coquille.

L'organisation des pholades n'a presque rien qui la distingue de celle des autres lamellibranches, que la disposition particulière de leur manteau, fermé dans presque toute son étendue, si ce n'est en avant et en dessous, où il présente une fente ovalaire et fort petite pour le passage du pied ; il se prolonge en dessus et en avant de chaque côté en une sorte de lobe plus ou moins alongé, qui se recourbe en dehors, en s'étalant sur la coquille : c'est ce qui produit sur le sommet et les natéces de celle-ci la callosité plus ou moins étendue et épaisse qui les recouvre. C'est aussi à sa surface extérieure que se développent les pièces accessoires de la coquille. Les tubes qui s'ajoutent au manteau en arrière, sont fort considérables, très-épais et complétement réunis, de manière à donner au corps de l'animal une forme conique. Le corps proprement dit est court et renflé ; le pied est surtout fort petit, court et en forme de gros bouton à la partie antérieure et inférieure de l'abdomen ; la bouche est petite, ainsi que les deux paires d'appendices qui l'accompagnent ; les branchies sont également petites, étroites et se prolongent assez en arrière dans l'intérieur du tube respiratoire. La coquille des pholades a une forme toute particulière ; elle est plus ou moins cunéiforme, quelquefois subcylindrique, mais toujours plus renflée en avant. Elle est constamment très-bâillante en avant comme en arrière, assez mince, au point d'être quelquefois presque translucide, de couleur blanche et garnie de côtes très-rudes ou écailleuses, s'irradiant du sommet au bord inférieur, outre les stries d'accroissement, qui sont souvent aussi assez rudes : les valves ne sont réunies que par le muscle adducteur, qui est réellement unique, et plus ou moins médian, quoique ce soit l'analogue du postérieur des bivalves ordinaires. Il m'a été en effet impossible d'apercevoir des traces de l'antérieur, le passage du pied n'en ayant pour ainsi dire pas permis l'existence : l'attache marginale du manteau est, au contraire, fort considérable. Il est rare que cette coquille puisse renfermer toutes les parties de l'animal ;

ainsi le pied, les tubes, les lobes supérieurs du manteau, formant une sorte de ligament charnu, ainsi que la ligne dorsale, sont toujours plus ou moins à découvert, et l'animal ne peut vivre qu'à l'abri dans un trou qu'il s'est formé dans l'argile ou dans la pierre et peut-être même dans le bois. Les parties qui sont continuellement en mouvement, comme le pied et les tubes, ne déposent pas à leur surface des couches calcaires accessoires, comme cela a toujours lieu dans les tarets, qui vivent aussi constamment enfoncés dans des corps submergés; mais il n'en est pas de même du dos du manteau; aussi dans la plupart des espèces, mais non pas dans toutes, comme l'ont cru jusqu'ici la plupart des conchyliologistes, il se forme à sa surface des pièces accessoires. Ces pièces, dont le nombre varie, puisqu'il n'y en a quelquefois qu'une, d'autres fois trois et même cinq, sont bien régulièrement formées, bien symétriques. Elles n'ont rien de comparable avec le tube irrégulier des gastrochènes, des arrosoirs, ni des tarets. Il se pourroit qu'elles eussent plus de ressemblance avec les valves de la coquille des balanes. Quoi qu'il en soit, ces pièces me paroissent fort importantes pour caractériser les espèces de pholades. Malheureusement elles existent rarement dans les collections.

Les pholades sont toutes marines et rivicoles. Il paroît cependant qu'elles peuvent vivre dans l'eau douce, puisque Adanson (Voyage au Sénégal) dit qu'il en a trouvé dans le Niger à une hauteur où la mer ne monte plus pendant la moitié de l'année. Elles vivent constamment enfoncées la bouche et le pied en bas, les tubes en haut, dans des terrains argileux ou dans la pierre calcaire; en sorte que toute leur locomotion consiste à monter ou descendre un peu dans leur trou, afin que leur tube puisse atteindre l'eau dans laquelle elles sont plongées un peu au-dessus de son contact avec le sol, et probablement à creuser leur loge. Elles sont donc au nombre des coquilles térébrantes ou lithophages, pour employer une expression presque consacrée, quoique erronée. Nous avons rapporté à cet article les différentes opinions émises pour expliquer comment ces animaux perforent ainsi les substances dans lesquelles ils se logent, et nous avons dit qu'il nous sembloit que la pierre, par la macération produite par la présence de l'eau et de l'animal, étoit attendrie couche par couche, et qu'alors un simple mouvement de celui-ci suffisoit pour les enlever successivement, à mesure qu'elles se formoient. Cela nous a paru préférable à l'idée d'admettre que ces animaux produiroient un acide qui décomposeroit la pierre : en effet, des pholades, observées bien vivantes, ne nous ont paru avoir aucune trace d'acidité dans leurs humeurs ; et d'ailleurs, d'après l'observation positive d'Olivi (*Zoolog. adr.*, p. 93 ), les pholades se logent dans la lave, ainsi que dans le bois. Les pholades présentent une autre singularité, encore plus inexplicable que leur manière de se loger dans la pierre ; c'est leur phosphorescence. Il paroit qu'il est peu de mollusques qui soient aussi lumineux qu'elles, et l'on dit que les personnes qui les mangent crues et au milieu de l'obscurité, semblent avaler du phosphore. A quoi tient cette faculté ? c'est ce que nous ignorons, n'ayant pas observé par nous-même cette singularité, et personne, je crois, n'ayant essayé d'en donner une explication. Les pholades se nourrissent probablement, comme les autres lamellibranches, des petits animaux que l'eau, en pénétrant dans leur sac palléal, leur amène. Elles se reproduisent aussi sans doute de même. Il faut cependant croire que les œufs s'agglutinent à peu de distance de leurs parens, s'ils n'y sont pas placés par les parens eux-mêmes ; car l'espace qu'occupe la pholade scabrelle, qui est commune au Hàvre dans des bancs horizontaux de glaise, semble s'augmenter dans tous les sens.

L'homme mange plusieurs espèces de ce genre, et, entre autres, sur les côtes de la Méditerranée, où se trouve la plus grosse. Il est même probable que les anciens Romains en furent encore plus amateurs que nous, ce qui explique pourquoi les colonnes du temple de Jupiter Serapis, à Pouzzole, sont percées par des pholades à un niveau bien supérieur au niveau actuel de la mer, puisque, en effet, il paroit qu'il avoit servi de piscine ou de réservoir de poissons de mer, comme l'a remarqué, le premier, M. Desmarest, père, ce qui a renversé toutes les hypothèses des géologues à ce sujet. N'est-il pas possible aussi que les pholades y aient été placées artificiellement ?

Quoique le nombre des espèces de pholades ne soit pas encore bien considérable, il paroît cependant qu'il en existe dans toutes les mers. Je ne vois pourtant pas que les expéditions en Australasie en aient rapporté dans nos collections.

La distinction des espèces de ce genre est réellement assez difficile, surtout, comme il a été observé plus haut, parce que nous les possédons rarement complètes; en sorte qu'il ne nous sera guère possible d'en faciliter la connoissance, en les rangeant en sections, d'après le caractère des pièces accessoires seulement.

A. *Espèces cunéiformes, alongées; l'impression musculaire presque médiane; trois pièces accessoires.*

La P. GRANDE TAILLE : *P. costata*, Linn.; Gmel., n.° 2; Enc. méth., pl. 169, fig. 1, 2. Grande coquille de près de six pouces de long, ovale-oblongue, arrondie en avant et garnie de côtes nombreuses, assez fortes et denticulées ou subsquameuses. Des mers d'Amérique, selon Linné, et aussi de l'Europe australe, suivant M. de Lamarck.

La P. DACTYLE : *P. dactylus*, Linn.; Gmel., n.° 1, p. 3214; Enc. méth., pl. 168, fig. 2 — 4. Coquille oblongue, rétrécie subitement et comme rostrée en avant, garnie de petites côtes radiées, rugueuses, presque nulles en arrière.

M. de Lamarck en distingue une variété plus courte et plus écailleuse en avant. Des mers d'Europe.

La P. ORIENTALE : *P. orientalis*, de Lamk., Anim. sans vert., t. 6, page 444, n.° 2; Enc. méth., pl. 168, fig. 10. Coquille alongée, arrondie et non rostrée antérieurement, avec des côtes finement dentées en avant et presque nulles en arrière. Des mers orientales, de celle de l'Inde.

La P. CALLEUSE : *P. callosa*, de Lamk., *loc. cit.*, n.° 8. Coquille ovale-oblongue, sinueuse, à stries comme crépues en avant, nulles en arrière, avec une callosité globuleuse, saillante sur les sommets. De l'Océan, près Bayonne.

La P. CONCHIFÈRE; *P. conchifera*, Enc. méth., pl. 168, fig. 7, 8, 9. Coquille cunéiforme, un peu alongée, très-atténuée en arrière, comme cancellée par l'entrecroisement des stries d'accroissement qui sont presque squameuses, et les rayons assez marqués ; callosités des sommets larges, ovales, en forme de coquilles bivalves ; deux pièces accessoires, dont une antérieure plus large, triangulaire, la postérieure étroite et alongée. Patrie ?

J'établis cette espèce d'après les figures citées de l'Encyclopédie, qui offrent un caractère particulier dans la forme des callosités apiciales. Il est à remarquer que les pièces accessoires ont une forme particulière dans chacune des trois figures.

La P. striée : *P. striata*, Linn. ; Gmel., page 3215, n.° 3 ; Gualt., *Test.*, 105, fig. *F*. Coquille ovale, traversée de rayons et de stries nombreuses, s'entrecroisant ; callosités très-glabres. Des mers de l'Europe méridionale, des côtes de Barbarie et même de l'Inde ; ce qui est plus douteux.

C'est une espèce incomplétement caractérisée, qui diffère peut-être fort peu de la Ph. calleuse de M. de Lamarck.

B. *Espèces un peu plus alongées, plus minces, à cuilleron étroit; avec une sorte de dent oblique, partant du sommet, sans pièces accessoires.*

La P. scabrelle : *P. candida*, Linn. ; Gmel., page 3215, n.° 4 ; Enc. méth., pl. 168, fig. 11. Coquille fort mince, oblongue, arrondie aux deux extrémités et hérissée partout de côtes et de stries denticulées. Des côtes de la Manche et de l'Océan, où elle est commune, et vit enfoncée dans la vase et même, dit-on, dans le bois.

La P. dactyloïde : *P. dactyloidea*, de Lamk., *loc. cit.*, n.° 4 ; Pennant, Zool. brit., 4, pl. 40, fig. 13 ? Petite coquille ovale-oblongue, rostrée et sinuée en avant, à peine côtelée ; sillons denticulés en travers. Des mers d'Angleterre et de France.

C'est la *P. parva* de Montagu, *Test. brit.*, pag. 22, tab. 1, fig. 7 et 8. Ne seroit-ce pas la jeune de la pholade dactyle ?

La P. silicule ; *P. silicula*, de Lamk., *loc. cit.*, n.° 5. Coquille étroite, oblongue, subpellucide, radiée par des côtes denticulées ; une dent calleuse dans chaque valve. Des mers de l'Isle-de-France.

**C.** *Espèces beaucoup plus courtes, tronquées en arrière et comme divisées en deux par un cordon oblique du sommet à la base; impression musculaire marginale.*

La P. CRÉPUE : *P. crispata,* Linn. ; Gmel., page 3216; Enc. méth., pl. 169, fig. 5 — 7. Coquille ovale, assez épaisse, très-obtuse et très-bâillante en avant, grossièrement striée dans sa longueur. Des côtes de la Manche.

La P. JULAN ; *P. julan,* Adans., Sénég., pl. 19, page 260. Coquille assez petite, à valves rhomboïdales plus arrondies en arrière qu'en avant; treillissées antérieurement, striées seulement en arrière ; trois pièces accessoires ; deux de forme triangulaire sur la callosité ovale des sommets, et une dorsale plus longue. Des côtes du Sénégal, où elle vit enfoncée dans la vase.

**D.** *Espèces courtes, claviformes ou très-renflées en avant, atténuées brusquement en arrière; peu ou point bâillantes, avec plusieurs pièces accessoires, soit en dessus, soit en dessous.* (Genre MARTÉSIA. Leach.)

La P. EN MASSUE : *P. clavata,* de Lamk., *loc. cit.,* page 446, n.° 9; Gualt., *Conch.,* tab. 105, fig. F. Coquille très-obtuse et très-renflée en avant, alongée et comprimée en arrière, avec des sillons arqués, divergens sur la partie renflée et des stries treillissées, et denticulées en arrière. Des mers de l'Europe méridionale.

Je ne rapporte à cette espèce que la variété *A* de M. de Lamarck. Il ne me paroit pas probable que les autres variétés n'en diffèrent pas spécifiquement. M. de Lamarck rapporte à cette espèce la *Ph. striata* de Linn., Gmel., mais il me semble que c'est à tort; car Linné l'établit sur la figure *E.* de Gualtieri, et non sur sa figure *F.* La figure de l'Encyclopédie, pl. 169, fig. 1, 2, 3, me paroit représenter cette espèce.

La P. A FINES STRIES; *P. tenuistriata,* Enc. méth., pl. 169.

fig. 4 — 8. Très-petite coquille, cunéiforme, subglobuleuse, très-renflée en avant, très-finement striée dans toute son étendue ; deux pièces accessoires sur la ligne dorsale, et deux marginales inférieures. Des mers de l'Amérique méridionale. Martini me paroît avoir décrit cette espèce dans ses Mélanges conchyliologiques, *Beschreib. Berl. Naturf.*, t. 2, tab. 12, fig. 6 — 9.

La P. TRÈS-PETITE : *P. pusilla*, Linn., Gmel., page 3216, n.° 5 ; Enc. méth., pl. 169, fig. 8 — 10. Coquille subglobuleuse, assez petite, à stries d'accroissement assez grossières, avec des pièces accessoires ; une marginale inférieure formant une sorte de tube avancé, très-grand ; deux accessoires médianes supérieures. Couleur roussâtre. Cette espèce paroit être de l'Inde et vivre dans le bois, si du moins celle que figure Rumph, tab. 46, fig. H, appartient réellement à cette espèce. Elle me paroit grêle et bien alongée.

F. *Espèces épidermées, sans callosité sur les sommets, avec un sillon oblique de ceux-ci au bord inférieur ; des pièces accessoires, marginales, antérieures, et une espèce de tube en arrière ; une dent décurrente en dedans du sommet outre le cuilleron.* (Genre PHOLADIDOÏDE, angl.)

La P. DE GOODALL : *P. Goodall* (Pl. du Dict.). Coquille mince, fragile, à stries d'accroissement assez marquées, et de couleur roussâtre.

Cette coquille, qui se trouve sur les côtes d'Angleterre, nous a été donnée à Paris par M. Goodall, prévôt d'Exton, amateur très-distingué de conchyliologie. Elle a évidemment des rapports avec les espèces de la troisième section.

### G. *Espèces douteuses.*

La P. DE CAMPÊCHE : *P. campechiensis*, Linn. ; Gmel., page 3216, n.° 8 ; Lister, *Conch.*, t. 432, fig. 275. Coquille étroite, blanche et très-finement striée. De la baie de Campêche. M. Renieri la cite dans son catalogue des coquilles de l'Adriatique.

La P. du Chili; *P. Chiloensis*, Linn., Gmel., page 3217, n.° 10, d'après Molina, Hist. du Chili, page 179. Coquille très-grande, oblongue, un peu déprimée, avec des stries longitudinales, espacées; appendices petites. Des mers du Chili, où elle vit dans les rochers.

La P. cordiforme : *P. cordata*, Linn.; Gmel., page 3216, n.° 9; Schrœter, *Einleit. in Conch.*, 3, page 544, n.° 4, t. 9, fig. 22 — 24. Coquille courte, renflée, hérissée de stries élevées, longitudinales et fines en arrière; le bâillement cordiforme. Couleur d'un blanc sale.

Cette espèce, dont on ignore la patrie, vit attachée aux madrépores. Ce pourroit bien n'être autre chose que la P. *Pusilla.*

La P. térédule : *P. terellula*, Linn.; Gmel., page 3217, n.° 11, d'après Pallas, *Nov. act. Petrop.*, 2, page 240, t. 6, fig. 26, *A*, *D*. Coquille oblongue, blanche, avec une suture granulée, brune, verticale. Des côtes de la Belgique.

Selon Pallas, elle perce le bois.

Quant au *Ph. hians* de Linn., Gmel., page 3217, n.° 12, c'est le type du genre Gastrochène qu'Olivi a rapporté avec doute au *P. pusilla* de Linné et que M. Renieri a trouvé aussi dans la mer Adriatique. (D. B.)

PHOLADE. (*Foss.*) Ce n'est que dans les couches plus nouvelles que la craie, que les espèces de ce genre ont été rencontrées.

Pholade ouverte ; *Pholas aperta*, Desh., Descript. des coq. foss. des environs de Paris, vol. 1.er, p. 21, pl. 2, fig. 10 — 13. Coquille subtétragone, striée, munie d'une cannelure dans chacune des valves; les stries supérieures obliques et aiguës, et les inférieures lisses. Elle est très-bâillante, et son écusson, si elle en a un, n'est pas connu. Longueur, cinq millimètres; largeur, huit à neuf millimètres. On la trouve à Valmondois, département de Seine-et-Oise.

Pholade conoïde; *Pholas conoidea*, Desh., *loc. cit.*, même pl., fig. 1 — 5, et 14 — 17. Coquille ovale, conoïde, agréablement striée, qui a quelques rapports avec la précédente espèce: elle a un écusson très-petit, cordiforme, concave et septifère. Longueur, sept millimètres; largeur, douze millimètres. Cette espèce se trouve à Valmondois. On trouve au même lieu une variété de cette coquille, qui est plus petite, et dont l'écusson est plus relevé vers l'angle postérieur des valves, qu'il recouvre entièrement.

Pholade a grand écusson ; *Pholas scutata*, Desh., *loc. cit.*, même pl., fig. 6 — 9. Cette espèce, qui a la forme d'un œuf, porte deux rayons extérieurs; elle est lisse à sa partie supérieure; l'inférieure est striée et les stries sont plus écartées entre les rayons. Les stries supérieures sont obliques, très-fines, et un peu crêpues. La grandeur de son écusson est égale à celle des valves, et il est recourbé sur lui-même de manière à suivre le contour de valves. Longueur, onze millimètres ; largeur sept millimètres. On trouve cette espèce à Valmondois.

Pholade de Fayolles; *Pholas Fayollesii*, Def. Cette espèce m'a été communiquée par M. Fayolles, ci-devant conservateur du cabinet d'histoire naturelle de Versailles, qui l'avoit trouvée en Touraine. Elle habite des morceaux de calcaire pesant, très-dur et un peu caverneux ; mais dans lequel on ne voit aucune trace de corps organisés. Elle a vingt millimètres de longueur sur douze millimètres de largeur. Un sillon oblique et extérieur se trouve au milieu de chaque valve, et se fait sentir en relief dans l'intérieur. Une légère carène divise en deux portions la moitié postérieure. Quelques-unes de ces coquilles ne sont pas bâillantes, et alors l'extérieur de chaque valve présente quatre divisions. La première est lisse et occupe l'espace antérieur, qui ordinairement présente l'ouverture bâillante. La seconde porte de jolies stries qui aboutissent au sillon médian. La troisième est striée finement, mais irrégulièrement, et la quatrième porte des stries lamelleuses et en moins grand nombre que les autres portions striées. L'écusson est épais et aussi grand que les valves. Les morceaux de calcaire qui contiennent ces pholades, sont criblés de leurs trous, et portent dans certains endroits des valves inférieures de plicatules et des serpules.

*Pholas rugosa*, Broce., *Conch. foss. subapen.*, tom. 2, p. 591, pl. 11, fig. 12. Coquille ovale, gonflée, légèrement carénée à sa partie antérieure, couverte de stries obliques. Longueur, trente-huit millimètres; largeur, vingt-cinq millimètres. A la grandeur près, les valves de cette espèce ont beaucoup de rapports avec celles de la pholade de Fayolles ; elles en différent pourtant par les stries de la seconde division, qui sont beaucoup plus fines, et proportionnellement plus nombreuses dans celle-ci; et par leur partie postérieure, qui est un peu bâillante. Nous ne pouvons parler de l'écusson, que nous ne connoissons pas. On trouve cette espèce dans le Plaisantin.

*Pholas pusilla,* Brocc., *loc. cit.,* même pl., fig. 13. M. Brocchi a trouvé à Sogliano et à Fangonero, près de Sienne, cette espèce, qu'il regarde comme l'analogue des *pholas pumillus* de Linné, et que M. de Lamarck a signalée comme une variété de la pholade en massue. Anim. sans vert., tom. 5, page 446, n.° 9, var. c.

M. Brocchi annonce aussi que dans le Plaisantin et dans la vallée d'Andone on trouve à l'état fossile la *Pholas hians,* Linn., qui vit dans l'Océan atlantique.

*Pholas cylindricus,* Sow., *Min. conch.,* tom. 2, page 225, pl. 198. Coquille alongée transversalement, presque cylindrique, à bout antérieur muriqué et pointu, avec un sinus dans le bord. Longueur, cinq centimètres; largeur, vingt-deux millimètres. On la trouve en Angleterre.

On a observé des pholades fossiles aux environs de Bologne, en Piémont, à Muttenz, à Diekten, et à Aristorf, dans le canton de Bâle. (D. F.)

PHOLADIDOÏDE, *Pholadidoidea.* (*Conchyl.*) Nom sous lequel on a proposé de faire un genre avec la pholade de Goodall. Voyez PHOLADE. (DE B.)

PHOLADITE. (*Foss.*) C'est le nom qu'on a donné quelquefois aux pholades, ainsi qu'aux balanes fossiles. (D. F.)

PHOLADOMYA. (*Foss.*) Dans l'article LUTRAIRE (*Foss.*), après avoir décrit, tom. XXVII, p. 377, de ce Dictionnaire, les différentes espèces qu'on rapportoit à ce genre, nous avions dit qu'on ne pourroit assigner le véritable genre auquel elles appartenoient, que lorsque le hasard auroit procuré quelques-unes de ces coquilles dont on auroit pu distinguer la charnière, ou lorsqu'on auroit beaucoup étudié les rapports des moules intérieurs avec les coquilles à l'état frais.

Depuis, on a trouvé sur les côtes d'Islande des coquilles à l'état frais, que M. G. B. Sowerby a rangées dans un genre nouveau, auquel il a donné le nom de pholadomya dans son ouvrage sur les genres des coquilles vivantes et fossiles. Nous pensons qu'à l'exception de l'espèce qui porte le nom de *lutraria gibbosa*, et qu'on peut soupçonner appartenir à ce genre, les autres, que nous avons signalées dans l'article cité, ont beaucoup plus de rapports avec ce nouveau genre qu'avec celui des lutraires, tant à cause de leur forme, que parce que le têt de ces coquilles est très-mince dans les espèces vivantes, et dans celles qui sont fossiles, et qu'il n'en est pas ainsi pour les lutraires.

Au surplus, il existe à l'état fossile deux espèces qui appartiennent bien certainement au genre Lutraire : l'une, qu'on trouve dans le Plaisantin et au mont Marius près de Rome (Lamk.), se rapporte, selon cet auteur et M. Brocchi, à la *mya oblonga* de Linné, et l'autre, qu'on trouve aux environs de Bordeaux (Lamk.) et dans le Plaisantin (Brocc.), est, selon les mêmes auteurs, l'analogue de la *mactra lutraria*, Linn. (D. F.)

PHOLAS. (*Conchyl.*) Nom latin des PHOLADES. (DESM.)

PHOLCUS. (*Entom.*) Nom donné par M. Walckenaer à un genre d'aranéïdes filitèles qui comprend de petites araignées qui ressemblent à des faucheurs, que l'on trouve fréquemment sur les plafonds, où elles filent quelques brins lâches. Les femelles portent leurs œufs en paquet entre leurs mandibules. (C. D.)

PHOLIDANDRA. (*Bot.*) Necker nomme ainsi le genre *Raputia* d'Aublet, rapporté maintenant aux rutacées. (J.)

PHOLIDIE, *Pholidia*. (*Bot.*) Genre de plantes dicotylédones, à fleurs complètes, monopétalées, de la famille des *myoporinées*, de la *didynamie angiospermie* de Linnæus, offrant pour caractère essentiel : Un calice persistant, à cinq découpures profondes; une corolle monopétale, ample à son orifice, en bosse d'un côté; le limbe court, presque à deux lèvres; la supérieure bilobée, recourbée; l'inférieure à trois lobes égaux; quatre étamines didynames, non saillantes; les anthères barbues; un ovaire supérieur; un style; un stigmate en tête, échancré : un drupe sec, à quatre loges monospermes.

PHOLIDIE A BALAIS; *Pholidia scoparia*, Rob. Brown, *Nov. Holl.*, 517. Arbrisseau dont les tiges sont divisées en rameaux effilés, alongés, garnis de feuilles opposées, subulées. Les fleurs sont pédonculées, solitaires, axillaires, dépourvues de bractées. Leur calice est persistant, à cinq divisions profondes; la corolle bleue, un peu écailleuse en dehors; son tube en entonnoir, plus long que le calice, élargi à son orifice, en bosse d'un côté; le limbe presque à deux lèvres; le drupe sec, à quatre loges : une semence dans chaque loge. Cette plante croit sur les côtes de la Nouvelle-Hollande. (*Poir.*)

PHOLIDOTE. (*Mamm.*) C'est ainsi que Brisson nommoit les pangolins. (F. C.)

PHOLIOTA. (*Bot.*) Tribu établie dans le genre *Agaricus* par Fries et dans la série qu'il désigne par *Derminus*, où sont les espèces munies d'un voile non aranéeux et de feuillets, presque persistans. Le *pholiota* comprend les espèces qui ont le voile sec, annuliforme, tantôt membraneux, tantôt floconneux et radié; le stipe cylindrique, un peu écailleux et à peine bulbeux; le chapeau convexe d'abord, puis un peu aplani, point ombiliqué; les feuillets inégaux, d'une consistance sèche, décolorée, etc. Seize espèce sont décrites dans Fries, *Syst. mycol.*, 1, p. 240. (Lem.)

PHOLIS, *Pholis*. (*Ichthyol.*) Les Grecs donnoient le nom de φολὶς à un poisson toujours enveloppé de mucus. Artédi l'a appliqué à un genre de poissons, de la famille des auchénoptères et voisin de celui des blennies, dont il ne se distingue que par l'absence d'une crête membraneuse sur le vertex et de panaches aux sourcils. (Voyez Auchénoptères et Blennie.)

Parmi les espèces de ce genre nous citerons :

Le Pholis : *Pholis vulgaris*, N.; *Blennius pholis*, Linnæus. Une seule nageoire dorsale; point de barbillons; ouvertures des narines tuberculeuses et frangées; ligne latérale courbe; bouche grande; lèvres épaisses; mâchoire supérieure plus avancée que l'inférieure, et garnie, comme elle, de dents aiguës, fortes et serrées; langue lisse; palais rude; œil grand; anus plus rapproché de la gorge que de la nageoire caudale: teinte olivâtre, avec de petites taches blanches et foncées.

Ce poisson ne dépasse guère la taille de sept pouces : il vit, près des rivages, dans l'Océan et dans la Méditerranée. Nageant avec agilité, glissant entre les doigts, à cause de la viscosité dont il est sans cesse enduit, mordant avec obstination, il échappe en général, avec facilité, aux attaques de ses ennemis. Très-souvent aussi il s'engage profondément dans des trous de rochers, et c'est ce qui lui a valu, en Languedoc, le nom de *perce-pierre*. Il se nourrit de jeunes poissons et de petits crustacés ou testacés. On le prend au filet ou à l'hameçon.

Sa chair est de mauvaise qualité et n'est employée que comme appât.

Rondelet l'a décrit sous deux dénominations différentes : sous celle de *perce-pierre* (chap. 22), et sous celle de *baveux* (chap. 23).

Le Garamit : *Pholis solarias*, N. ; *Blennius solarias*, Forsk. Une seule nageoire dorsale, étendue de la nuque à la caudale ; point de barbillons ; quelques dents plus crochues et plus longues que les autres vers le bout du museau ; corps de diverses teintes, disposées en taches nuageuses ; taille de dix à quatorze pouces.

Ce poisson a été découvert dans les eaux de la mer Rouge par Forskal, qui l'a regardé comme intermédiaire entre les gades et les blennies.

C'est encore à ce genre qu'il faut rapporter le *blennius cavernosus* de M. Schneider, 37, 2. (H. C.)

PHOLIURUS. (*Bot.*) Ce genre de graminées, créé nouvellement par quelques auteurs, lequel étoit auparavant le *rottbollia pannonica* de Host, paroît devoir être réuni à l'*ophiurus* de Gærtner. (J.)

PHOMA. (*Bot.*) Genre de la famille des hypoxylées de De Candolle, établi par Fries, qui le conserve dans la famille des champignons, et qui y place plusieurs plantes considérées jusqu'alors comme des *sphæria* et des *xyloma*. Il est formé par un tubercule nu qui contient un noyau grumuleux à une ou plusieurs loges, s'ouvrant par une ouverture simple par laquelle s'échappent des séminules ou sporidies globuleuses ou alongées.

Phoma du saule : *Phoma salignum*, Fries, *Syst. mycol.*, 2, pag. 547 ; *Sphæria salicina*, Sow., *Fung.*, pl. 372, fig. 1 ; *Xyloma*, Decand., Pers. En forme de petites pustules à peine saillantes ; une à cinq loculaires, convexes, d'un brun noir, un peu en cabochon dans le centre. Il croît en hiver et au printemps sur les feuilles de saule tombées et à leur surface supérieure : il forme en dessus comme en dessous de la feuille une tache noire; il est lisse, orbiculaire ou légèrement anguleux, d'un blanc ferrugineux à l'intérieur, avec les loges un peu creuses, contenant des séminules globuleuses.

PHOMA EN FORME DE PUSTULE : *Phoma pustula*, Fries, *loc. cit.*, *Sphæria pustula*, Pers., *Ann. bot.*, 2, p. 26, tab. 2, fig. 7, *b*. Il est pustuliforme, uniloculaire, lisse, d'un brun fauve, blanc intérieurement, avec le noyau noir. On le rencontre en Europe et en Amérique sur les feuilles de chêne tombées et y formant des pustules solitaires, rarement plus de deux ou trois, et contiguës, noires, un peu luisantes, s'aplatissant un peu. Les séminules sont noires, rejetées sans ordre.

Fries décrit encore quelques espèces : le *phoma populi*, qui croît sur les feuilles sèches des peupliers; le *phoma filum*, qui croît sur les feuilles vivantes du *convolvulus sepium* du peuplier, ainsi que sur les *uredo convolvuli* et *populi*, autres champignons parasites des mêmes plantes; enfin, le *phoma tularostoma*, qui croît au Chili sur les feuilles des *myrtus* et des *lardizabala*. Quelques espèces de *sphæria* ( *Sp. Clusiæ*, *rosæ*, Pers.) paroissent aussi devoir appartenir au genre *Phoma*. (LEM.)

PHONÈME, *Phonemus*. ( *Conchyl.* ) Denys de Montfort (Conchyl. syst., t. 1, page 11 ) désigne ainsi une division générique, qu'il a établie parmi les nautiles microscopiques, non ombiliqués, tranchans, et dont l'ouverture est bordée par une lame étroite, avec un siphon dorsal : ce sont des polystomelles pour M. de Lamarck. Le type de ce genre est le *nautilus vortex*, Von Fichtel, page 33, t. 2, fig. *d*, 1, que Denys de Montfort nomme le PH. TRANCHANT et qu'on trouve vivant dans la mer Adriatique et dans la Méditerranée. (DE B.)

PHONOLITHE. ( *Min.* ) M. d'Aubuisson a très-heureusement traduit par ce nom, tiré d'une langue universelle, le nom de *Klingstein* (pierre sonore), donné par les géognostes allemands à une pierre qui se présente en roche, c'est-à-dire en masse. Nous ne pouvons, d'après nos principes de détermination et de classification des roches, tant homogènes qu'hétérogènes, adopter l'espèce phonolithe ; car, si cette roche est homogène, ou si elle n'est considérée que comme la base homogène d'une roche hétérogène, c'est un pétrosilex parfaitement caractérisé, même un des plus purs : or, nous avons adopté ce nom et cette espèce pour des raisons que nous ne répéterons pas (voyez PÉTROSILEX). Si c'est une roche à base de pétrosilex, nous l'avons également décrite sous un autre nom, celui d'EURITE, créé et défini par M. d'Aubuisson (voyez ce mot). Nous ne pouvons donc employer l'expression de phonolithe que pour distinguer une variété dense, sonore, soit de pétrosilex, soit d'eurite. Cette variété est quelquefois assez bien caractérisée par le son qu'elle rend par le choc, suite de la densité; par sa structure en grand, qui lui permet de se diviser en grandes tables et en prismes; enfin, par sa position géognostique, qui la place au milieu des terrains pyrogènes anciens, trachitiques et porphyriques : mais ces propriétés ne sont pas d'une assez grande valeur pour faire de cette roche une espèce ayant un nom à elle, et il est même difficile d'employer celui de phonolithe comme nom de variété ; car il est plus simple de dire pétrosilex sonore, eurite sonore, que de se servir du nom substantif de phonolithe. Ce seroit donc pour nous un double emploi que de décrire et de faire l'histoire naturelle du phonolithe, après avoir traité particulièrement de l'EURITE et du PÉTROSILEX. Voyez ces mots. (B.)

PHONOS. (*Bot.*) Ce nom a été donné par Théophraste à une plante que l'on nommoit aussi *atractylis* et *fusus agrestis*, parce qu'on en faisoit des fuseaux dans la campagne. C'est peut-être le *carthamus lanatus* ou quelque plante voisine. (J.)

PHOQUE. (*Mamm.*) Ce nom, d'origine grecque (Φωϰέ), et dont les Latins firent *phoca*, fut donné par les anciens, comme il l'a été par les modernes, à des mammifères qui se nourrissent de chair ou de mollusques, dont les membres ont la structure des nageoires, et le corps la forme générale de celui des poissons. De nom propre qu'il étoit d'abord, il est devenu commun à plusieurs espèces, et ce n'est que dans ce sens qu'il est employé aujourd'hui. Jusqu'à ces derniers temps il ne désignoit qu'un genre ; car les différences distinctives des animaux que ce genre renfermoit, n'étaient considérées que comme des différences spécifiques ; mais les espèces de phoques s'étant multipliées, on divisa ce genre artificiellement en plusieurs groupes, en ne prenant les caractères de chacun d'eux que dans des organes rudimentaires. Ainsi Péron, d'après Buffon, les partagea en deux genres; conserva le nom de phoque aux espèces dépourvues de conques externes aux oreilles, et donna celui d'otarie aux espèces pourvues d'oreilles externes; et M. de Blainville en forma des divisions, sans noms particuliers, d'après le nombre des incisives. C'est dans cet état où se trouvoient nos connoissances sur les rapports naturels des phoques, lorsque je publiai un travail spécial sur ces animaux, d'abord dans mon ouvrage sur les dents considérées comme caractères zoologiques; puis dans un mémoire particulier, ayant pour titre : De quelques espèces de Phoques et des groupes génériques entre lesquels elles se partagent, inséré dans le tome neuvième des Mémoires du Muséum d'histoire naturelle. Dans ce mémoire je montre que les phoques se séparent en plusieurs groupes génériques, puisqu'ils se caractérisent par des modifications organiques d'une importance égale au moins à celles qui caractérisent les genres les plus naturels, et en effet leurs caractères communs les élèvent au rang d'un ordre dans la méthode de classification généralement admise aujourd'hui. Nous réunirons donc dans cet article, mais d'une manière fort succincte, tout ce qui a rapport aux phoques considérés comme ordre, comme genres et comme espèces.

Les phoques sont, comme nous venons de le dire, des mammifères dont le corps a la forme générale des poissons, dont les membres antérieurs et postérieurs, fort courts, sont transformés en de véritables nageoires, qui se nourrissent de chair et qui vivent sur les rivages de la mer et sur les bords de quelques lacs : car, quoiqu'extérieurement ils aient plusieurs rapports avec les poissons, et qu'ils puissent vivre fort long-temps au fond des eaux, la respiration dans l'air atmosphérique leur est indispensable. Dans toutes les espèces bien connues, les nageoires antérieures sont formées de cinq doigts, réunis par une membrane et armés d'ongles crochus. Les nageoires postérieures, toujours situées parallèlement au corps, ont aussi cinq doigts réunis par une membrane et garnis d'ongles. La queue est très-courte et rudimentaire.

Les organes des sens paroissent être généralement obtus. L'œil est grand, mais la cornée est très-aplatie et les paupières sont peu étendues et peu mobiles, aussi la vue est-elle bornée. Les narines ont la faculté de s'ouvrir à la volonté de l'animal et de se fermer d'elles-mêmes; et quoique le nez soit d'une étendue médiocre, ses cornets compliqués rendent l'odorat très-fin. Les oreilles, dont la conque, lorsqu'elle existe, est toujours rudimentaire, se ferment lorsque l'animal pénètre dans l'eau, et l'ouïe est foible. La langue est douce; le pelage se compose de poils laineux et soyeux; ces derniers sont généralement courts, durs et serrés les uns contre les autres, et des moustaches, longues, fortes et nombreuses, garnissent les côtés de la lèvre supérieure et le dessus des yeux, et paroissent être le siége d'un toucher très-délicat. On ne sait rien sur ce qui leur est commun dans les organes de la génération; quant aux organes relatifs à la digestion ou plutôt à l'alimentation, on sait seulement que les dents varient pour le nombre et pour la forme dans chaque genre : ce qu'elles ont de commun, c'est que les mâchelières se ressemblent d'une mâchoire à l'autre et que la première ne diffère point essentiellement de la dernière; qu'on ne peut point les distinguer, comme celles des insectivores et des carnassiers, en molaires et en fausses molaires. On est aussi fort ignorant sur leur naturel et sur leurs mœurs; car on n'a pu en observer sous ce rapport qu'un très-petit nombre d'espèces, de sorte que les faits qui ont été rapportés ne sauroient être généralisés. Ces animaux paroissent cependant vivre naturellement en troupes quelquefois fort nombreuses, et les femelles mettent bas, sur les côtes désertes, des petits auxquels elles prodiguent les plus tendres soins.

Ce sont des animaux extrêmement gras, qu'on tue facilement, quand ils sont à terre, et pour la chasse et la pêche desquels on commence à former d'importantes expéditions; leur graisse et leur peau étant devenues un objet de commerce.

Nous divisons ces animaux en sept genres.

### 1. Les Calocéphales.

Ce nom, formé du grec et qui signifie belle tête, a été donné aux phoques qui constituent ce genre, à cause de leur grande capacité cérébrale et de la brièveté de leur museau. Ces animaux ont trente-quatre dents; dix-huit supérieures (six incisives, deux canines, dix mâchelières) et seize inférieures (quatre incisives, deux canines, dix mâchelières). Les mâchelières, toutes tranchantes, sont principalement formées d'une pointe moyenne grande, d'une plus petite antérieurement, et de deux, également plus petites, postérieurement. (Des dents des mammifères, considérés comme caractères zoologiques, pl. 38, fig. 116.)

Ce sont les espèces de ce genre qui se sont prêtées au plus grand nombre d'observations, parce que plusieurs d'entre elles se trouvent dans nos mers, qu'on a pu en faire vivre en captivité, et qu'elles ont été l'objet d'un assez grand nombre de recherches anatomiques. Nous ne répéterons point ce que nous avons dit des caractères communs aux phoques, en commençant cet article; nous ajouterons seulement que, dans les calocéphales, la membrane interdigitale ne dépasse pas les doigts et n'enveloppe même pas entièrement ceux de devant, et que les doigts vont en diminuant de longueur graduellement de l'interne à l'externe, et qu'aux pieds de derrière les deux externes sont les plus longs; que leur pupille est semblable à celle du chat domestique, que les narines ne se prolongent point au-delà du museau et forment entre elles un angle droit; que la langue est échancrée à son extrémité; que les organes de la génération chez la femelle sont très-simples; que ceux du mâle sont tout-à-fait cachés; que les mamelles sont abdominales et au nombre de quatre; et, enfin, que le canal intestinal est très-simple et n'a qu'un très-petit cœcum.

Quoique leurs organes du mouvement et leurs sens aient une structure peu favorable à l'exercice et au développement de l'intelligence, il est peu d'animaux plus heureusement doués, sous ce rapport, que les calocéphales : aussi leur cerveau a-t-il une étendue qui le rend comparable à celui des premiers singes; et les observations auxquelles les actions de ces animaux ont donné lieu, confirment pleinement ce qu'avoit fait préjuger l'inspection de l'encéphale.

Il n'est point d'animaux sauvages plus faciles à apprivoiser, qui aient une conception plus vive et qui soient disposés à plus d'attachement pour ceux qui les soignent : ils les reconnoissent de loin, les appellent du geste et du regard, et se conforment, sans qu'il soit nécessaire d'employer la force, à tous les exercices qu'ils leur demandent et que leur organisation leur permet.

Dans l'eau ils sont d'une agilité extrême, et ils peuvent y passer long-temps sans respirer; à terre ils se meuvent en avançant alternativement leur train de devant et leur train de derrière. Mais, quoiqu'ils aient des muscles vigoureux, des ongles aigus, des dents tranchantes, les moyens de conservation qu'ils ont reçus résident plus encore dans leur intelligence que dans leur force physique.

On peut déjà compter huit ou neuf espèces de calocéphales, quoiqu'il soit difficile de les bien caractériser, à cause des grandes différences de couleurs que présentent les sexes et les âges : sous ce rapport de nombreuses recherches seroient nécessaires.

Le Veau marin : *Calocephalus vitulinus; Phoca vitulina*, Linn.; Phoque commun, Buffon, t. 13, pl. 45, Hist. nat. des Mamm., 41.ᵉ liv., Mai 1824. La longueur de cet animal est d'environ trois pieds, et sa couleur est d'un gris jaunâtre, couvert de taches irrégulières noirâtres; mais il diffère suivant qu'il est sec ou mouillé. Au moment où l'animal sort de l'eau, toute la partie supérieure de son corps et de sa tête, ses membres postérieurs et sa queue sont gris d'ardoise. Le gris de la ligne moyenne le long du dos, de la queue et des pattes, est uniforme; celui des côtés du corps se compose de nombreuses petites taches rondes, sur son fond un peu plus pâle et jaunâtre. Toutes les parties inférieures sont de cette dernière teinte. Lorsque ce pelage est entièrement sec, on ne voit plus de gris que sur la ligne moyenne, où se trouve aussi un petit nombre de taches répandues irrégulièrement; tout le reste du corps est entièrement jaunâtre. Ce pelage est continuellement lubréfié par une matière grasse qui naît d'organes glanduleux principalement situés autour des yeux, sur les épaules, sur les côtés du dos, sur les côtés du ventre et autour de l'anus : cette matière est noirâtre et puante.

Il paroît qu'en vieillissant les teintes diminuent d'intensité et que le pelage devient blanchâtre.

Le veau marin habite les mers boréales, mais il se rencontre assez fréquemment sur nos côtes.

Nous indiquerons comme une variété de cette espèce, mais avec doute cependant, un phoque qui s'est rencontré plusieurs fois sur les côtes d'Hollande et qui est couvert de taches brunes, irrégulières dans leur forme et leur distribution, sur un fond d'un blanc jaunâtre.

CALOCÉPHALE LIÈVRE : *Calocephalus leporinus*, *Phoca leporina*, Lepechin, *Act. acad. Petrop.* t. 1, p. 1, tab. 8 et 9; PHOQUE COMMUN, Hist. nat. des Mamm., 9.ᵉ livraison.

Cette espèce a jusqu'à six pieds de longueur et sa couleur est uniformément d'un jaune pâle, excepté sur le cou, où se trouve une bande transversale noire. Les jeunes ont le dos garni d'un très-grand nombre de petites taches noirâtres, sur un fond gris jaunâtre, et elles forment une ligne le long de l'épine. La bande du cou paroît ne se montrer que lorsque les taches du dos s'effacent, lesquelles ne se voient que quand l'animal est mouillé : lorsqu'il est sec, sa couleur dans ces parties est uniformément jaunâtre. J'ai possédé un très-jeune individu de cette espèce qu'on put facilement apprivoiser. Lorsqu'il étoit contrarié, il souffloit à peu près comme un chat, et lorsque son impatience étoit portée plus loin, il faisoit entendre un petit aboiement. Il ne cherchoit point à mordre pour se défendre, mais à égratigner avec ses ongles, et ne mangeoit jamais qu'au fond de l'eau. Sa nourriture consistoit en poissons de mer : il n'a jamais été possible de lui faire manger du poisson d'eau douce.

Le calocéphale lièvre habite aussi les mers boréales, et celui que j'ai possédé avoit été pris dans la Manche. Lepechin a observé les individus dont il parle sur les côtes de la mer Blanche.

CALOCÉPHALE MARBRÉ : *Calocephalus discolor;* Phoque commun, Hist. nat. des Mamm., 9.ᵉ livraison.

J'ai possédé l'individu sur lequel je fonde cette espèce, en même temps que celui dont je viens de parler. Il étoit très-jeune, sa taille étoit celle du phoque commun ; mais il en différoit beaucoup par les couleurs : tout le fond de son pelage étoit d'un gris très-foncé, veiné de lignes blanchâtres, irrégulières, qui formoient, principalement sur le dos et les flancs, une sorte de marbrure ; et ce dessin se distinguoit mieux lorsque l'animal étoit dans l'eau que quand il étoit sec.

Ce phoque avoit été pris sur nos côtes, et il a vécu quelques semaines à la ménagerie du Roi, montrant, comme les précédens, une très-grande intelligence.

CALOCÉPHALE LAGURE : *Calocephalus lagurus ;* Recherches sur les ossemens fossiles, t. 5, p. 206.

Voici la description que donne mon frère de cette espèce.

« Il est long de trois pieds trois pouces, tout le dessus de « son corps est d'un cendré argenté, avec quelques taches « éparses d'un brun noirâtre ; les flancs et le dessous d'un « cendré presque blanc. Ses ongles sont forts et noirs ; ses « moustaches médiocres, en partie noirâtres, en partie blan- « châtres, et gaufrées à peu près comme dans le phoque com- « mun. »

Ce phoque avoit été envoyé de Terre-Neuve au Muséum d'histoire naturelle, par M. de la Pilaye.

Nous réunirons aux calocéphales trois autres espèces de phoques, qui leur ressemblent généralement, mais qui cependant en diffèrent plus que les espèces, que nous venons de décrire, ne diffèrent entre elles.

CALOCÉPHALE GROËNLANDOIS : *Calocephalus groenlandicus ; Phoca groenlandica*, Oth. Fabricius ; pag. 11, *spec.* 7 ; *Phoca oceanica*, Lepechin, *Act. Petrop.*, t. 1, tab. 7 et 8.

Cette espèce se distingue des précédentes, non-seulement par les couleurs, mais encore par des mâchelières plus petites et plus écartées l'une de l'autre, et qui ont aux maxillaires supérieures un seul tubercule en avant ou en arrière du tubercule moyen, et aux maxillaires inférieures un en avant et deux en arrière de ce même tubercule, par une capacité cérébrale moins étendue, et par une absence de toute espace vide pour l'os lacrimal, qui n'est point remplacé par une membrane, comme dans le veau marin, mais qui manque absolument.

La taille de ce calocéphale est de six à sept pieds; son pelage est d'un gris blanc, excepté la tête, qui est d'un brun noir, et les flancs, sur lesquels se voit une bande oblique en forme de croissant, qui naît aux épaules et va se terminer aux parties postérieures et inférieures.

Au moment de la naissance de cette espèce son pelage est tout blanc; il devient ensuite cendré, avec de nombreuses taches sur toutes les parties inférieures du corps; puis la couleur cendrée s'éclaircit et les taches s'agrandissent; et, enfin, il prend les couleurs de l'adulte pour ne plus les quitter.

Il habite les régions polaires, la mer Blanche, le Groënland, les côtes de la Nouvelle-Zemble, etc.

On dit que l'accouplement de cette espèce a lieu vers le mois de Juillet, et que les femelles mettent bas en Mars ou Avril.

Calocéphale hérissé : *Calocephalus hispidus*, Oth. Fabricius, *Fauna groenlandica*, pag. 1, *sp.* 8; *Phoca hispida*, Schreber, tab. 86.

La tête de ce phoque a de nombreux rapports avec celle du précédent; mais les maxillaires, les frontaux et les palatins sont, comme dans le veau marin, séparés dans l'orbite, et le vide qu'ils laissent entre eux, est rempli par une légère membrane.

Sa taille est de quatre à cinq pieds; son pelage est brun, varié de taches blanches en dessus et blanc en dessous. Les jeunes ont une teinte plus pâle que les adultes, et les vieux mâles répandent une odeur très-puante.

On le trouve, comme les précédens, dans les mers polaires.

Je terminerai la série des espèces de ce genre par le

Calocéphale barbu : *Calocephalus barbatus*; *Phoca barbata*, Oth. Fabricius; *Fauna groenlandica*, pag. 15, *sp.* 9; grand Phoque, Buffon, Suppl., t. 6, pl. 45.

Cette espèce s'éloigne encore plus que les deux précédentes du type de ce genre par les formes de sa tête, dont le chanfrein est singulièrement arqué; et elle s'en éloigne encore par l'excès de longueur du doigt du milieu sur les autres aux pieds du devant. Elle atteint jusqu'à dix pieds de longueur, et son pelage est entièrement noir dans les vieux individus. Les jeunes ont d'abord une teinte enfumée en dessus et sont blancs en dessous; petit à petit ces couleurs changent, se foncent, et c'est le noir qui finit par dominer.

Le calocéphale barbu habite les régions polaires, et les petits naissent en Mars.

On trouve des détails très-instructifs sur quelques-uns des animaux que nous venons de décrire, et l'histoire de plusieurs calocéphales nouveaux, dans le Voyage de M. Thienemann en Islande, que nous regrettons de ne pouvoir faire connoître autrement que par cette note.

### 2. LES STÉNORHYNQUES.

Ce genre ne se compose encore que d'une seule espèce, et cette espèce n'est même que très-imparfaitement connue; on n'en possède que la tête, les membres et la peau : ces parties cependant suffisent pour montrer qu'elle a été formée d'après un type particulier et fort différent de celui des calocéphales, ce qui nous a déterminés à la prendre pour type du genre que nous désignons par le nom de sténorhynque (museau étroit). En effet, la tête de ce phoque est tout en museau, comparativement à celle des calocéphales, et ses dents ont des caractères qui lui sont exclusivement propres. Les incisives sont au nombre de quatre; les canines au nombre de deux, et les mâchelières au nombre de dix (cinq de chaque côté) à l'une et à l'autre mâchoires; et si ces dernières rappellent encore celles du genre précédent, c'est avec des modifications telles qu'on les distingue l'une de l'autre du premier coup d'œil. Leur partie moyenne se compose d'un long tubercule arrondi, cylindrique, recourbé en arrière, et séparé des deux autres tubercules un peu plus petits, l'un antérieur et l'autre postérieur, par une profonde échancrure. (Des dents considérées comme caractères zoologiques, etc., pl. 58 et p. 118.)

Les pieds ne sont remarquables que par leurs très-petits ongles, surtout à ceux de derrière, et c'est ce caractère qui a porté M. de Blainville à donner à cette espèce, qu'il a le premier fait connoître dans le Journal de physique, le nom grec de *leptonyx*. M. Everard Home a fait représenter une tête de ce même phoque dans les Transactions de la société royale de Londres de 1822, part. 1, pl. 29.

STÉNORHYNQUE LEPTONYX, *Stenorhinchus leptonyx*. La longueur du seul individu qu'on possède est de sept pieds. Tout le dessus de son corps est gris noirâtre, un peu teint de jaunâtre, et les côtés deviennent jaunâtres par degré, à cause des petites taches de cette couleur qui s'y mêlent; les flancs, le dessous du corps, les pieds et le dessus des yeux, sont entièrement d'un jaune gris pâle. Ses moustaches sont simples et courtes.

Il paroît que ce phoque se rencontre dans les mers australes et qu'il fréquente les côtes des îles Malouines et de la Nouvelle-Géorgie.

## 5. LES PELAGES.

Ce genre, comme le précédent, n'est encore fondé que sur une seule espèce, mais elles est bien connue, et elle diffère encore plus des genres précédens que ces genres ne diffèrent entre eux. La tête du pelage, au lieu d'avoir le museau obtus des calocéphales, ou le museau effilé des sténorhynques, et la ligne presque droite, sur laquelle, dans ces deux genres, se présentent les pariétaux, les frontaux et les naseaux, a un museau alongé et élargi à son extrémité, et un chanfrein très-arqué. Les dents sont en même nombre que celles du sténorhynque leptonyx, mais leur forme est différente. Les incisives supérieures sont échancrées transversalement à leur extrémité, de sorte que les inférieures, qui sont simples, remplissent ces échancrures quand les mâchoires sont fermées. Les mâchelières, coniques et épaisses, n'ont antérieurement et postérieurement que de petites pointes tout-à-fait rudimentaires, ce qui les distingue très-facilement de celles des calocéphales, qui sont tranchantes, et de celles du sténorhynque, dont les tubercules latéraux sont presque aussi développés que le tubercule principal, bien plus mince d'ailleurs que celui du pelage. (Des dents, etc., pag. 119.)

Les organes des sens, ceux du mouvement et ceux de la génération ne présentent pas des caractères distinctifs très-importans : il paroît que les pieds de derrière manquent quelquefois d'ongles, et que ceux de devant ont leurs doigts entièrement engagés dans la membrane qui les réunit ; ce qui n'est pas dans le veau marin. Les narines, au lieu de former entre elles un angle droit, sont parallèles. L'œil a une pupille alongée, comme celle du chat domestique. Les moustaches sont unies et non pas formées de nœuds ; l'oreille est entièrement dépourvue de conque externe, etc. La voix consiste en un cri aigu et fort, qui sort du fond du gosier et ne varie que par le ton. Les mamelles, situées autour du nombril, sont au nombre de quatre.

PELAGE MOINE : *Pelagius monachus;* PHOQUE A VENTRE BLANC, Buff., Suppl., t. 6, p. 310, pl. 44; *Phoca monachus,* Hermann, Mémoires des naturalistes de Berlin, t. 4; PHOQUE MOINE, F. Cuvier, Annales du Muséum d'hist. nat., t. 20, pag. 587.

Sa longueur est de sept à huit pieds ; sa couleur dans l'eau est noire sur le dos, la tête, la queue et la partie supérieure des pattes. Le ventre, les côtés, la poitrine, le dessous du cou, de la queue et des pattes; le museau, les côtés de la tête et le dessus des yeux, sont d'un blanc gris-jaunâtre. Lorsque l'animal est sec, les parties noires sont beaucoup moins foncées et les parties blanches plus jaunâtres.

Tous les individus de cette espèce qui ont été décrits, avoient été pris dans la mer Adriatique.

### 4. LES STEMMATOPES.

Les phoques qui constituent ce genre s'éloignent tout-à-fait des types dont nous venons de donner les caractères, et paroissent avoir la tête ou les parties voisines surmontées d'un organe particulier dont la nature n'est point encore connue, ce qui m'a porté à leur donner le nom de stemmatopes, qui signifie front couronné.

Les dents sont au nombre de trente : seize supérieures (quatre incisives, deux canines et dix mâchelières); et quatorze inférieures (deux incisives, deux canines et dix mâchelières). Les mâchelières sont à racines simples, courtes

et larges, et leur couronne, striée plutôt que dentelée, sort
très-peu des gencives. (Des dents, considérées comme caractères zoologiques, pl. 38 *B*, pag. 120.) Le museau est étroit
et obtus, et la capacité cérébrale assez étendue. On ne connoît rien, ou à peu près, sur les autres parties de l'organisation; seulement nous avons pu voir qu'il n'y a aucune trace
d'oreille externe; que la langue est douce et échancrée;
que les doigts sont garnis d'ongles, au-delà desquels s'étend
la membrane natatoire.

Le Stemmatope a capuchon : *Stemmatopus cristatus; Phoca
cristata*, Gmelin; *Phoca mitrata*, Camper; *Klapmutz*, Egede,
Descript. d'hist. nat. du Groënland, pag. 62, avec figures; Ellis,
Voyage à la baie d'Hudson, traduction françoise, t. 11, p. 24,
fig. 2; *Phoca leonina*, Fabr.; *Fauna groenlandica; Account of
the Phoca cristata, by J. E. Dekai; Annales of the Lyceum of
nat. hist. of New-York*, v. 1, n.° 3, avec figure.

Sa taille est de sept à huit pieds, et il est remarquable
d'abord à l'espèce de sac globuleux dont la tête est garnie
à son sommet chez les mâles. Ce sac est susceptible de se
gonfler par l'accumulation de l'air; il paroît communiquer
avec les narines et avoir une certaine mobilité au moyen
de laquelle il se porte plus ou moins en avant sur le museau; il paroît aussi être pourvu de muscles particuliers qui
modifient sa forme. Quel est son objet? quel est l'usage que
l'animal en fait? C'est à quoi il seroit difficile de répondre;
mais au moins c'est un organe fort singulier et qui mériteroit qu'on en fît une étude toute spéciale.

Ses couleurs paroissent varier; en général, elles ont été décrites comme étant d'un gris brun aux parties supérieures du
corps, et d'un blanc d'argent aux parties inférieures. Celui
de M. Dekai avoit le dessus du corps couvert de taches irrégulières grises et brunes. Chez les jeunes le blanc domine.

### 5. Les Macrorhins.

Le type de ce genre, qui nous est donné par le phoque à
trompe, *Ph. proboscidea*, Péron, s'éloigne plus encore que celui
des stemmatopes des premiers que nous avons fait connoître; les formes de la tête n'ont plus que des rapports si foibles avec les formes des têtes des autres phoques, qu'on peut

à peine retrouver dans les unes quelques traces des autres, comme on peut le voir dans notre Mémoire sur les Phoques, cité plus haut ; et des différences non moins grandes nous sont présentées par les dents, qui sont au nombre de trente : seize supérieures (quatre incisives, deux canines et dix mâchelières), et quatorze inférieures (deux incisives, deux canines et dix mâchelières). Les incisives sont crochues comme des canines, mais beaucoup plus petites. Les canines sont de fortes défenses : les mâchelières sont à racines simples, et elles offrent cette circonstance singulière, que leur couronne est beaucoup plus petite que leur racine ; elle ressemble à un tubercule, un mamelon, comparativement à la base sphérique qui la soutient. (*Des dents, considérées comme caract. zool.*, pl. 39 *A*, p. 125.) On connoît très-peu les autres parties importantes de l'organisation du phoque à trompe ; tout ce que nous pouvons ajouter, sont ses caractères spécifiques.

Le Macrorhin a trompe : *Macrorhinus proboscideus*; Phoque a trompe, Péron, Voyage aux terres australes, t. 2, p. 34, pl. 32; Lion de mer, Anson, Voyage, traduction françoise, p. 101.

Sa longueur est de vingt-cinq à trente pieds ; c'est un des plus grands mammifères après les cétacés. Il est surtout remarquable par la faculté qu'ont les mâles de prolonger leur museau, par une sorte d'érection, en une espèce de trompe, à l'extrémité de laquelle se trouvent les narines. C'est dans la colère, dit-on, que ce prolongement se manifeste ; dans l'état ordinaire le museau ne dépasse pas les mâchoires. Le pelage est très-ras et sa couleur est généralement d'un gris assez clair ; les femelles ne montrent jamais de trompe. On dit qu'elles mettent bas en Juin, après une gestation de neuf mois, un seul petit, et que les mâles se livrent de grands combats pour leur possession, dans le mois de Septembre, qui est pour ces animaux celui des amours. Leur voix est, dans quelques cas, semblable au mugissement du bœuf.

Ils habitent l'hémisphère austral et se rencontrent sur les côtes méridionales de l'Australasie. Anson rencontra ceux dont il parle dans l'île de Juan Fernandez.

Le Muséum d'histoire naturelle possède un très-jeune phoque dont la tête a plusieurs points de ressemblance avec celle du phoque à trompe, mais aussi plusieurs points de différence. Le jeune âge de cet animal ne permet pas de s'arrêter aux caractères spécifiques qu'il présente, et d'ailleurs on sait que la femelle du phoque à trompe diffère beaucoup du mâle; nous ne le présenterons donc point comme une espèce déterminée et nous nous bornerons à indiquer ses traits distinctifs d'après mon frère.

Il est long de quatre pieds huit pouces. Tout le dessus de son corps est d'un gris foncé, un peu argenté; ses flancs sont gris-blancs, et le dessous est blanchâtre; ses ongles des pieds de devant sont très-forts, et ses moustaches noires et légèrement gaufrées.

Ce phoque venoit des îles Malouines.

Les deux phoques qui vont nous occuper, semblent constituer un groupe particulier par les formes de leur tête, qui ont encore quelques traits de ressemblance avec celles des espèces constituantes des genres précédens, mais qui en diffèrent par plusieurs autres très-importans.

Ces têtes toutefois, quoique formées d'après un même type, nous présentent des différences assez nombreuses pour que nous soyons conduits à penser qu'elles forment elles-mêmes des types particuliers qui peuvent être considérés comme ceux de deux genres distincts, quoique l'un et l'autre de ces genres ne se composent encore manifestement que d'une seule espèce : les analogies, guides naturels dans les sciences d'observations ne permettent point de laisser des espèces aussi différentes que le sont celles que nous allons décrire, par des organes de l'importance de ceux qui constituent les têtes, réunies dans un seul et même genre.

### 6. LES ARCTOCÉPHALES.

Le type de ce genre nous est offert par l'ours marin, *Phoca ursina*, Linn., à en juger, du moins par la tête, qui nous a servi de guide, et qui étoit désignée par ce nom; car nous devons avertir que nous n'avons point d'autre fondement pour donner l'ours marin comme type de ce genre.

Le système de dentition consiste en trente-six dents : vingt à la mâchoire supérieure (six incisives, deux canines, douze màchelières), et seize à l'inférieure (quatre incisives, deux canines, dix machelières). Les quatre incisives moyennes de la mâchoire supérieure sont partagées transversalement dans leur milieu par une échancrure profonde, et les inférieures sont échancrées d'avant en arrière. Les mâchelières n'ont qu'une seule racine, moins épaisse que la couronne, qui consiste en un tubercule moyen, garni à sa base, en avant et en arrière, d'un tubercule beaucoup plus petit. (Des dents, etc., pl. 39, pag. 122.)

La tête est singulièrement surbaissée et le museau rétréci, comparée à la tête des platyrhynques, par lesquels nous terminerons ce que nous avons de positif à dire sur les phoques.

Tout ce qu'on connoit de particulier sur les autres systèmes d'organes, c'est que les oreilles ont une conque externe rudimentaire : que la membrane des pieds de derrière se prolonge en autant de divisions que les doigts, sous forme de lobe très-prolongé; que les membres antérieurs sont placés fort en arrière, ce qui fait paroître le cou plus long.

L'ARCTOCEPHALE OURSIN : *Arctocephalus ursinus; Ursus marinus*, Steller, *Novi comment. petrop.*, 11, p. 331; Buff., Suppl. 6, pl. 47.

Sa longueur est de quatre à six pieds.

Le pelage des adultes est brun et les mâles sont sans crinière.

On dit que les vieux prennent une teinte grisâtre, parce que l'extrémité des poils blanchit et que les jeunes naissent tout noirs.

Les femelles mettent bas au mois de Juin et leur rut a lieu dans le mois de Juillet.

Steller a trouvé cette espèce dans les îles Aleutiennes, et on pourroit croire qu'elle a été retrouvée par Pernetti aux îles Malouines, et par Forster au Cap.

### 7. LES PLATYRHYNQUES.

C'est aussi avec doute que nous donnons le lion marin (*Phoca leonina*) pour type de ce genre; nous n'avons pour cela d'autorité que le nom que portait la tête dont nous avons tiré les caractères sur lesquels ce genre repose, mais quoiqu'il puisse rester des incertitudes sur l'espèce, les traits distinctifs de cette tête n'ont ni moins de réalité, ni moins d'importance.

Le système de dentition est pour le nombre le même que celui des Arctocéphales; mais il paroît que les mâchelières des platyrhynques n'ont de pointe secondaire qu'à leur partie antérieure, et que les incisives, au lieu d'être échancrées, sont pointues.

Dans la tête la région cérébrale est singulièrement élevée et le museau élargi, comparée aux mêmes parties de la tête du genre précédent.

Le PLATYRHYNQUE LION : *Platyrhyncus leoninus*; LION MARIN. Steller, *Nov. act. petrop.*, 2; Forster, 2 Voyages de Cook, t. 4; Pernetti, Voyage aux îles Malouines, t. 2, pl. 10; Buffon, d'après Forster, Suppl. 6, pl. 48.

Sa longueur varie de six à dix pieds, et son corps est entièrement revêtu d'un pelage fauve-brunâtre. Le mâle a une forte crinière sur le cou, qui lui couvre une partie des épaules et de la tête. Les membranes qui réunissent les doigts sont noires, ainsi que les moustaches, qui, dit-on, blanchissent en vieillissant. Les ongles des membres antérieurs sont très-petits et manquent en partie. La voix des mâles ressemble à un fort mugissement; celle des jeunes, beaucoup plus foible et plus douce, a cependant le même caractère.

Si l'on s'en rapporte aux auteurs que nous avons cités plus haut, le lion marin se rencontreroit, comme l'ours marin, dans les mers australes et dans les mers boréales. Steller les a trouvé aux Kouriles, au Kamtschatka, etc.; Forster à la Terre de feu, à la côte des Patagons; Pernetti aux Malouines, etc.

Nous ne déciderons pas si une même espèce de phoque peut se rencontrer à d'aussi grande distance; ces sortes de questions ne peuvent être résolues que par l'expérience, surtout quand il s'agit d'animaux aussi peu connus que le sont ceux qui nous occupent. L'induction et les analogies conduisent cependant à douter d'un fait aussi extraordinaire; ainsi, ce que nous avons dit de l'ours et du lion marins, n'est guère que conjectural : ce sont des animaux dont l'étude est entièrement à recommencer.

D'après les dépouilles qui sont conservées dans les collections d'histoire naturelle et les récits de quelques voyageurs, on seroit conduit à admettre un beaucoup plus grand nombre d'espèces de phoques que celles que nous venons de décrire; mais, n'ayant pu reconnoître leurs caractères génériques, nous avons dû nous abstenir de les classer dans les groupes que nous venons de former; nous nous bornerons à les spécifier ici, autant qu'il dépendra de nous, en les partageant dans les deux divisions sous lesquelles on les a rangés, d'après la présence ou l'absence de l'oreille externe, et en indiquant leurs rapports avec les espèces qui sont bien connues. Les nombreux changemens qu'éprouve le pelage des phoques pendant leur développement, seront long-temps encore un grand obstacle à leur étude, et cette circonstance, jointe à la difficulté de les observer sur les rivages déserts qu'ils habitent ordinairement, ne permet guère de prévoir l'époque où nos connoissances sur cette nombreuse et importante famille de mammifères amphibies égaleront celles que nous possédons sur les mammifères terrestres.

### *Phoques privées d'orcilles externes.*

PH. DE L'ÎLE SAINT-PAUL, *Ph. Coxii.* M. Desmarest a établi cette espèce sur des notes qui se trouvent dans la Description de l'île Saint-Paul, par le navigateur Cox. Ce phoque a, dit l'auteur, le poil couleur de bulle sale : d'autres sont bruns ou plus blancs, et sa taille égale celle du phoque à trompe.

PH. GASSIGIAK : *Ph. maculata,* Bodd. ; GASSIGIAK, Desm. Espèce admise par quelques auteurs. Tout ce qu'on en dit, c'est que les jeunes sont noirs sur le dos et blancs sous le ventre, et les vieux tigrés.

PH. LAKHTAK. M. Desmarest établit cette espèce sur ce que rapporte Kraschenninikow, dans sa Description du Kamtschatka, d'un phoque qui se trouve dans ces mers septentrionales et qui est de la grosseur d'un bœuf.

PH. URIGINE ; *Ph. lupina,* Molina. Cette espèce, que Molina a trouvé sur les côtes du Chili, a de six à huit pieds de longueur et le même nombre de dents que nos calocéphales; mais, dit cet auteur, ils sont bruns, gris et quelquefois blanchâtres, et leurs pieds de devant n'ont que quatre doigts. Les femelles entrent en rut en automne et mettent bas au printemps. La voix des mâles ressemble au mugissement du bœuf.

Ph. de Byron, *Ph. Byronii.* M. de Blainville a fondé cette espèce sur une tête du Cabinet des chirurgiens de Londres, que mon frère pense avoir appartenu à un phoque à oreille ou otarie.

Ph. d'Anson, *Ph. Ansonii.* Comme la précédente, cette espèce est établie par M. de Blainville sur une tête du Cabinet des chirurgiens de Londres; et M. Desmarest donne, comme lui, étant peut-être identiques, le lion marin de Dampier, celui d'Anson, le loup marin de Pernetti, etc. Il est vraisemblable que ce phoque est une otarie.

Ph. océanique, *Ph. oceanica.* Nous avons vu que le phoque de Groënland avoit reçu ce nom de Lepechin.

Ph. tête-de-tortue; *Ph. testudinea*, Shaw. Parson dit que ce phoque vit sur les côtes de l'Europe, qu'il a la tête semblable à celle d'une tortue; le cou alongé, etc.

Ph. a long cou : *Ph. longicollis*, Shaw.; Parson, Trans. phil., t. 47, pl. 6. Espèce dont l'origine est inconnue et qui paroît avoir le cou très-long, parce que les membres antérieurs sont fort éloignés de la tête. Ce dernier caractère appartient aux otaries.

Ph. fascié, *Ph. fasciata*, Shaw. Pallas, qui a décrit la peau de ce phoque, dit que sa couleur est noirâtre, à l'exception du ruban jaune, qui semble dessiner les contours d'une selle sur le dos de l'animal.

Ph. ponctué, *Ph. punctata.* Encyclopédie angloise. Des îles Kouriles : la tête, le dos et les membres tachetés.

Ph. moucheté, *Ph. maculata.* Encyclopédie angloise. Des Kouriles : moucheté de brun.

Ph. noir, *Ph. nigra.* Encyclopédie angloise. Des Kouriles.

Ph. tigré. De Krachenninikow, dans sa Description du Kamtschatka. De la taille d'un très-grand veau; le dos couvert de taches rondes égales; le ventre blanchâtre; les petits entièrement blancs.

*Phoques pourvus d'oreilles externes, ou Otaries.*

O. noire, *O. pusilla; Phoca pusilla*, Linn.; O. de Péron, Desm., Mamm.; petit phoque noir, Buffon, t. 13, pl. 53. Cet animal a deux pieds de long; ses oreilles sont pointues ; son pelage est fourré, luisant, d'un brun noir très-foncé et à sa racine blanchâtre. Le ventre est brun jaunâtre. On n'en connoît point l'origine.

O. DE DELALANDE. Cette otarie a été rapportée du Cap par le voyageur naturaliste Delalande. Sa longueur est de trois pieds six pouces; son pelage est fourré, doux, laineux à sa base; sa pointe, annelée de gris et de noirâtre, donne une teinte généralement d'un gris-brun roussâtre; le ventre est plus pâle et les pattes sont noirâtres. Les moustaches, noires, sont fortes et simples.

O. CENDRÉE; *O. cinerea*, Péron, Voyage aux Terres australes, t. 2, p. 54. Longue de deux pieds neuf pouces. Plus blanchâtre que la précédente, et à pelage dur et grossier.

O. DE MILBERT. La peau de cet animal a été envoyée au Muséum d'histoire naturelle par M. Milbert. Elle provenait d'un animal pris dans le Sud ; sa taille étoit de trois pieds huit pouces, et ses couleurs sont plus blanches que celles des précédentes.

O. D'HAUVILLE; O. DE PÉRON, de Blainville, J. de ph., 91, p. 295. Espèce des îles Malouines, longue de quatre pieds deux pouces; d'un cendré foncé en dessus, blanchâtre aux flancs et sous la poitrine; une bande d'un brun roux règne le long de dessous du ventre, et une bande noirâtre va transversalement d'une nageoire à l'autre.

Les cinq descriptions précédentes sont tirées des Recherches de mon frère sur les ossemens fossiles, t. 5, p. 220.

O. COURONNÉE ; *O. coronata*, Blainv. Espèce fondée par M. de Blainville sur une peau bourrée du Cabinet de Bullok à Londres. Long d'un pied six pouces; pelage noir, varié de taches jaunes; une bande sur la tête et une tache sur le museau, également jaunes.

O. ALBICOLLE : *O. albicollis*, Péron, Voyage aux Terres australes, t. 2, p. 118. Sa longueur est de huit à neuf pieds, et son pelage marqué d'une grande tache blanche à la partie moyenne et supérieure du cou. Elle est des mers australes de la Nouvelle-Hollande.

O. JAUNATRE : *O. flavescens*; *P. flavescens*, Shaw., t. 1, part. 11, p. 260, pl. 73. Sa taille est d'un à deux pieds ; son pelage est d'un jaune pâle uniforme; ses membres antérieurs sont privés d'ongles, et il n'y en a qu'aux trois doigts moyens des pieds de derrière.

O. DES ÎLES FALKLAND : *O. Falklandica ; P. Falklandica*, Shaw. Longue de quatre pieds ; d'un gris cendré ; sans ongles aux membres antérieurs, et quatre doigts onguiculés aux postérieurs.

O. PORCINA : *P. porcina*, Molina, Hist. nat. du Chili, pag. 260. Il ne diffère, suivant Molina, de l'espèce qu'il nomme URIGNE, que par un museau plus alongé, des oreilles plus relevées, et cinq doigts aux pieds de devant.

On a trouvé des débris fossiles de phoques dans des couches de calcaire coquiller marin aux environs d'Angers. Ils annonçoient une espèce près de trois fois plus grande que le VEAU MARIN, *Ph. vitulina*, Linn.; *Calocephalus vitulinus*, et une autre plus petite : mais ils ne consistoient que dans des têtes d'humérus.

FIN DU TRENTE-NEUVIÈME VOLUME.

STRASBOURG, de l'imprimerie de F. G. LEVRAULT, impr. du Roi.